21世纪高等学校物联网专业规划教材

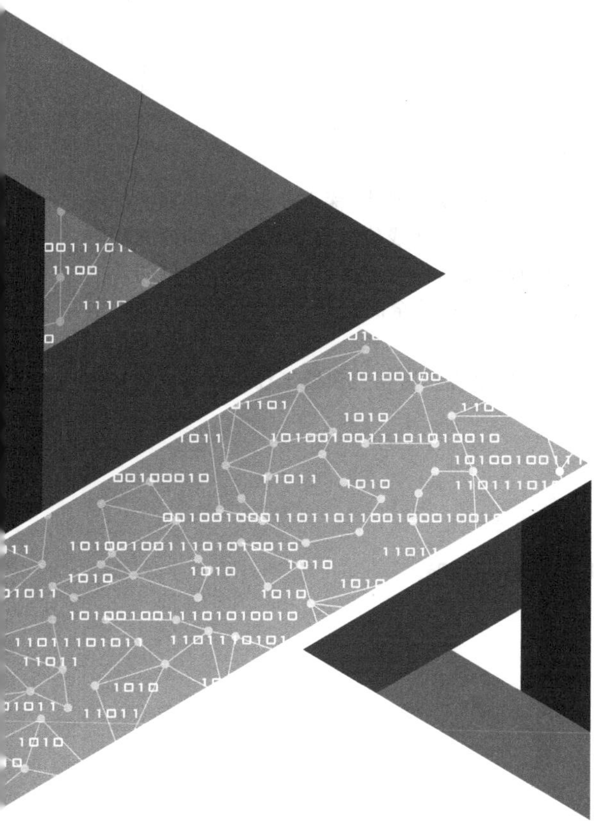

物联网技术与系统设计

刘洪丹 张兰勇 孙蓉 编著

U0286183

清華大學出版社
北京

内 容 简 介

本书全面阐述物联网的基本知识与原理，详细介绍实现物联网的关键技术，深入分析构建物联网所需的国内外标准，着重论述物联网中的两个关键技术，即射频识别技术和无线传感网技术，总结构建物联网系统设计的过程。通过物联网功能实验和物联网的典型应用阐释物联网的应用过程，通过物联网的两个应用实践案例加深读者对物联网的认识。本书逻辑性强，知识结构系统全面，不仅有助于读者认识物联网，而且能为进一步理解和掌握物联网及其应用系统的设计提供参考。

本书可作为物联网工程及相关专业本科生和研究生的教材，也可作为相关领域工程技术人员的参考书或培训教材。

本书封面贴有清华大学出版社防伪标签，无标签者不得销售。
版权所有，侵权必究。举报：010-62782989，beiqinquan@tup.tsinghua.edu.cn。

图书在版编目(CIP)数据

物联网技术与系统设计/刘洪丹，张兰勇，孙蓉编著. —北京：清华大学出版社，2019（2025.2 重印）
（21 世纪高等学校物联网专业规划教材）
ISBN 978-7-302-53132-6

Ⅰ. ①物… Ⅱ. ①刘… ②张… ③孙… Ⅲ. ①互联网络－应用－高等学校－教材 ②智能技术－应用－高等学校－教材 Ⅳ. ①TP393.4 ②TP18

中国版本图书馆 CIP 数据核字(2019)第 112873 号

责任编辑：文 怡
封面设计：刘 键
责任校对：时翠兰
责任印制：曹婉颖

出版发行：清华大学出版社
网 址：https://www.tup.com.cn，https://www.wqxuetang.com
地 址：北京清华大学学研大厦 A 座 **邮 编**：100084
社 总 机：010-83470000 **邮 购**：010-62786544
投稿与读者服务：010-62776969，c-service@tup.tsinghua.edu.cn
质量反馈：010-62772015，zhiliang@tup.tsinghua.edu.cn
课件下载：https://www.tup.com.cn，010-62795954
印 装 者：北京建宏印刷有限公司
经 销：全国新华书店
开 本：185mm×260mm **印 张**：28.75 **字 数**：699 千字
版 次：2019 年 11 月第 1 版 **印 次**：2025 年 2 月第 6 次印刷
定 价：79.00 元

产品编号：082560-01

前言

FOREWORD

计算机的出现促使信息处理技术取得质的飞跃，形成信息技术的第一次产业化浪潮。互联网的发展使信息传输技术获得了巨大提升，形成第二次产业化浪潮。物联网的出现是信息产业革命的第三次浪潮，5G技术以及物联网技术的发展推动了整个信息产业的进步。我们需要确立物联网的典型应用，挖掘物联网应用的真实需求，以应用的需求为牵引，指导关键技术的突破。在攻克关键技术的同时，也应积极进行相关技术和产业标准的制定，为物联网的产业化奠定坚实的基础。

全书共分9章。第1章讨论物联网的概念、体系结构、技术体系和软硬件系统组成，以及物联网的应用与发展。第2章介绍物联网的关键技术，即物联网各层实现过程中所涉及的关键技术。第3章介绍射频识别技术，包括条形码、磁卡(条)、IC卡以及射频识别的概念和工作原理，并给出基于射频识别技术实现的过程以及应用的实例。第4章介绍无线传感网技术，包括无线传感网的实现过程和应用实例。第5章总结物联网设计规划的过程，以及构建物联网过程中所涉及的相关知识。第6章介绍物联网实现过程中所涉及的标准，为物联网的实现提供前提。第7～9章介绍物联网的相关实验、实践和应用，使读者由浅入深地全面认识物联网的应用过程。

本书知识结构系统完整，不仅使读者对物联网有一个全景性的认识和了解，而且为读者进一步理解和掌握物联网及其应用系统的规划设计提供参考。本书在内容上涵盖了物联网的基本概念、理论与技术，在表达方式上层次清楚，图文并茂，语言简洁。本书的特色是：理论联系实际，强调实用性；内容系统全面，体现先进性；技术先进准确，突出工程性。

本书适用范围广，可作为物联网工程或计算机类、电子信息类、自动化类等相关专业的教材，供需要掌握物联网基础知识的高年级本科生和研究生选用，也可作为相关领域工程技术人员的参考书或培训教材。

物联网是信息技术的一次颠覆性创新，其应用发展日新月异，技术在进步，应用在拓展。物联网发展方兴未艾，前景光明。本书旨在既呈现对物联网探究认识之概貌，又抛砖引玉以期更多的物联网技术研究成果问世。但囿于编著者理论水平和时间仓促，书中难免存在一些不妥或疏漏之处，衷心希望广大读者批评指正。

编著者

2019年6月

目录
CONTENTS

第 1 章　物联网概述 …… 1
1.1　物联网的起源和发展 …… 1
1.2　物联网的相关概念 …… 4
1.3　物联网的特征 …… 4
1.4　物联网的组成 …… 5
1.4.1　物联网的硬件平台 …… 6
1.4.2　物联网软件平台的组成 …… 8
1.5　与物联网相关的网络概念 …… 10
1.6　物联网的体系结构 …… 13
1.6.1　物联网体系结构的构建原则 …… 14
1.6.2　物联网体系结构的模型 …… 14
1.7　物联网的应用 …… 15
1.7.1　物联网的主要应用领域 …… 15
1.7.2　物联网产业链 …… 18
第 2 章　物联网关键技术 …… 21
2.1　物联网感知技术 …… 21
2.1.1　传感器技术 …… 22
2.1.2　标示与识别技术 …… 26
2.1.3　特征识别技术 …… 27
2.1.4　定位技术 …… 32
2.2　信息处理技术 …… 39
2.2.1　数据融合 …… 40
2.2.2　数据预处理技术 …… 42
2.2.3　决策融合技术 …… 43
2.3　网络传输技术 …… 43

2.3.1 接入网传输技术 …… 44
2.3.2 汇聚层物联网技术 …… 45
2.3.3 承载网技术 …… 46
2.3.4 通信技术 …… 46
2.3.5 组网技术——网络拓扑控制技术 …… 51
2.3.6 可靠传输控制技术 …… 54
2.3.7 异构网络融合技术 …… 57
2.3.8 中间件技术 …… 60
2.3.9 网关技术 …… 63
2.4 应用层关键技术 …… 64
2.4.1 海量信息多粒度分布式存储 …… 65
2.4.2 海量数据智能处理 …… 68
2.4.3 海量数据并行处理技术 …… 70
2.4.4 云计算 …… 73
2.4.5 服务支撑技术 …… 88
2.5 安全管理技术 …… 91
2.5.1 物联网安全特征与目标 …… 91
2.5.2 物联网面临的安全威胁与攻击 …… 92
2.5.3 物联网安全体系 …… 92
2.5.4 物联网感知互动层的安全机制 …… 93
2.5.5 物联网网络传输层的安全机制 …… 96
2.6 5G 通信下物联网关键技术的发展 …… 100
2.7 本章小结 …… 100

第 3 章 物联网——射频识别技术 …… 102

3.1 自动识别技术 …… 102
3.1.1 条形码识别技术 …… 102
3.1.2 一维条码与二维条码 …… 104
3.1.3 条码的识读 …… 108
3.2 磁卡和 IC 卡技术 …… 109
3.2.1 磁卡技术 …… 109
3.2.2 IC 卡技术 …… 111
3.3 RFID 技术 …… 113
3.3.1 RFID 技术的现状和发展 …… 113
3.3.2 射频识别技术概述 …… 115
3.3.3 RFID 系统的组成 …… 116
3.3.4 RFID 系统的工作原理 …… 123
3.3.5 RFID 数据校验 …… 127
3.3.6 RFID 技术分类 …… 128

3.4 RFID 数据传输协议 …… 132
3.4.1 数据传输协议与方式 …… 132
3.4.2 RFID 数据传输的安全性 …… 134
3.4.3 RFID 数据传输的完整性 …… 138
3.4.4 RFID 数据传输的干扰与抗干扰 …… 139
3.4.5 多电子标签同时识别与系统防冲撞 …… 140
3.5 RFID 工作频率以及编码标准 …… 141
3.6 RFID 技术应用 …… 145
3.7 RFID 应用系统开发示例 …… 147
3.7.1 RFID 读写器设计 …… 147
3.7.2 基于 RFID 技术的 ETC 系统设计 …… 150
3.8 本章小结 …… 153

第 4 章 物联网——无线传感器网络 …… 154

4.1 传感器概述 …… 155
4.1.1 传感器的定义 …… 155
4.1.2 传感器的性能参数及要求 …… 156
4.1.3 传感器的标定与校准 …… 156
4.2 传感器的工作原理 …… 157
4.3 无线传感器网络的发展历程 …… 160
4.4 无线传感器网络的概念 …… 162
4.5 无线传感器网络的特点 …… 165
4.6 无线传感器网络的体系结构 …… 167
4.6.1 传感网的拓扑结构 …… 168
4.6.2 传感网协议体系结构 …… 170
4.7 传感网的关键技术 …… 174
4.8 传感网节点部署与覆盖 …… 177
4.8.1 传感网节点部署 …… 177
4.8.2 传感网覆盖 …… 179
4.8.3 连接与节能 …… 182
4.9 无线传感器网络通信技术 …… 182
4.9.1 IEEE 802.15.4 与 ZigBee …… 182
4.9.2 ZigBee 协议框架 …… 183
4.9.3 基于 ZigBee 协议的传感器网络 …… 184
4.9.4 基于 ZigBee 的无线传感器网络与 RFID 技术的融合 …… 186
4.10 无线传感器网络开发 …… 186
4.10.1 无线传感器网络软件开发 …… 186
4.10.2 无线传感器网络硬件开发 …… 188
4.11 传感网路由协议 …… 191

4.11.1 基于平面结构的路由协议…………………………………………………… 191
4.11.2 基于地理位置的路由协议…………………………………………………… 196
4.11.3 基于分级结构的路由协议…………………………………………………… 198
4.12 传感网操作系统………………………………………………………………… 201
4.12.1 TinyOS 操作系统 ………………………………………………………… 202
4.12.2 μC/OS-Ⅱ操作系统 ……………………………………………………… 205
4.12.3 MantisOS 操作系统 ……………………………………………………… 206
4.13 无线传感器网络应用实例………………………………………………………… 207
4.14 无线传感器网络的应用前景……………………………………………………… 209
4.15 无线传感器网络的安全管理技术………………………………………………… 211
4.15.1 无线传感器网络的信息安全需求和特点………………………………… 212
4.15.2 密钥管理……………………………………………………………………… 214
4.15.3 安全路由……………………………………………………………………… 215
4.15.4 安全聚合……………………………………………………………………… 216
4.15.5 物联网安全问题……………………………………………………………… 216
4.16 本章小结……………………………………………………………………………… 217

第 5 章 物联网的设计与构建……………………………………………………………… 218

5.1 物联网设计概述 ………………………………………………………………………… 218
5.1.1 物联网的设计前提………………………………………………………………… 218
5.1.2 物联网规划的设计步骤…………………………………………………………… 221
5.1.3 物联网分层设计…………………………………………………………………… 225
5.2 物联网的构建 ………………………………………………………………………… 230
5.2.1 物联网应用系统的硬件设计……………………………………………………… 230
5.2.2 物联网应用系统的软件设计……………………………………………………… 233
5.3 物联网系统集成 ……………………………………………………………………… 236
5.3.1 物联网系统集成的目的…………………………………………………………… 237
5.3.2 物联网系统集成技术……………………………………………………………… 237
5.3.3 物联网系统集成内容……………………………………………………………… 237
5.3.4 物联网系统集成步骤……………………………………………………………… 239
5.4 物联网应用系统设计示例 …………………………………………………………… 240
5.4.1 基于 RFID 传感网的智能家居及安防系统……………………………………… 240
5.4.2 基于 RFID 传感网的工业智能控制系统应用示例……………………………… 244
5.5 传感网的广域互联 …………………………………………………………………… 246
5.5.1 传感网广域互联的方式…………………………………………………………… 246
5.5.2 基于 IPv6 的互联接入 …………………………………………………………… 249
5.6 本章小结 ……………………………………………………………………………… 252

第6章　物联网的工作标准……253

6.1　物联网标准制定的意义……253
6.1.1　标准的通用意义……253
6.1.2　标准对物联网的意义……254
6.2　国内外物联网标准机构简介……255
6.3　泛在网标准化……256
6.4　国际物联网标准制定……260
6.4.1　ISO/IEC JTC1……260
6.4.2　IEEE……267
6.4.3　ITU-T……269
6.4.4　IETF……271
6.4.5　EPC Global……272
6.4.6　ETSI……273
6.4.7　3GPP……275
6.4.8　其他标准组织……276
6.5　中国物联网标准制定……277
6.5.1　传感器网络标准工作组……277
6.5.2　电子标签标准工作组……280
6.5.3　其他工作组……282
6.6　RFID标签编码标准……283
6.6.1　ISO/IEC RFID标准体系……284
6.6.2　EPC Global RFID标准……285
6.6.3　UID编码体系……286
6.6.4　国内RIFD标准体系的研究与发展……286
6.7　无线传感器网络标准化……287
6.8　本章小结……294

第7章　物联网功能实验示例……295

7.1　物联网平台资源……296
7.2　Windows系统开发环境……299
7.3　智能传感器模块部分……315
7.3.1　光照传感器……315
7.3.2　人体检测传感器……320
7.3.3　声音检测传感器……323
7.3.4　温湿度传感器……327
7.4　无线通信模块的RFID通信实验……331
7.4.1　RFID自动读卡实验……331
7.4.2　基于RFID的电子钱包应用实验……336

7.5 本章小结 …… 338

第8章 智能农业 …… 339

8.1 智能农业概述 …… 339
8.1.1 智能农业在国内外的发展现状 …… 340
8.1.2 基于物联网的智能农业的意义 …… 341
8.1.3 基于物联网的智能农业的优点 …… 342
8.2 农产品批发市场信息系统建设 …… 342
8.2.1 信息系统总体设计 …… 343
8.2.2 市场业务管理平台 …… 344
8.2.3 信息采集发布平台 …… 345
8.2.4 电子商务平台 …… 346
8.2.5 物流配送平台 …… 347
8.2.6 信息基础平台 …… 349
8.2.7 农产品质量安全信息平台 …… 351
8.3 基于物联网的智能大棚(中国电信方案) …… 353
8.3.1 智能大棚系统总体设计 …… 353
8.3.2 监控软件功能 …… 354
8.3.3 智能大棚系统的关键技术 …… 356
8.3.4 技术方案 …… 356
8.3.5 系统集成方案 …… 358
8.4 智能温室远程监控系统的设计 …… 358
8.4.1 监控系统总体设计 …… 358
8.4.2 下位机系统设计 …… 359
8.4.3 上位机系统设计 …… 360
8.5 5G在智能农业中的应用前景 …… 361
8.6 本章小结 …… 362

第9章 物联网技术应用实践 …… 363

9.1 仓储智能管理系统 …… 363
9.1.1 研究目的 …… 363
9.1.2 系统总体结构 …… 364
9.1.3 RFID系统的理论基础 …… 366
9.1.4 RFID系统传输模型与链路计算 …… 367
9.1.5 ISO/IEC 18000-6C协议与标签识别方法简析 …… 370
9.1.6 系统硬件设计 …… 371
9.1.7 固定式UHF RFID读写器硬件设计 …… 382
9.1.8 通信协议分析与软件设计 …… 384
9.1.9 标签到读写器通信 …… 388

9.1.10 ISO/IEC 18000-6C 协议解码设计 …… 390
9.1.11 读写器与单标签通信 …… 393
9.2 仓储智能管理系统实现 …… 397
9.2.1 搭建测试平台 …… 397
9.2.2 货品操作测试 …… 399
9.3 智能物流监管系统研究 …… 400
9.3.1 智能物流监管系统总体方案设计 …… 401
9.3.2 智能物流监管系统工作流程 …… 404
9.3.3 智能物流监管系统子系统的构成 …… 406
9.3.4 系统硬件设计 …… 406
9.3.5 改进的自适应动态时隙 ALOHA 算法 …… 410
9.3.6 硬件实现 …… 412
9.3.7 基于云服务器的软件设计及实现 …… 416
9.3.8 客户端软件设计与实现 …… 418
9.3.9 数据库设计 …… 422
9.4 智能物流系统实现 …… 425
9.4.1 智能物流系统连接测试平台的搭建 …… 426
9.4.2 智能物流系统联机测试与结果分析 …… 426
9.5 本章小结 …… 429

附录 程序附件 …… 430

参考文献 …… 447

第1章 CHAPTER 1 物联网概述

物联网正在引领信息产业的新浪潮，其广阔的应用前景得到各国政府的高度重视。物联网产业蓬勃发展，对经济发展和社会进步的推动作用正逐步显现。我国正面临转变经济发展方式和调整经济结构的机遇与挑战，各行各业都在谈论物联网（Internet of Things，IoT）。物联网产业以其巨大的应用潜力和发展空间，对我国经济转型势必会起到巨大的推动作用。本章重点讨论物联网的基本概念、定义、特征，并从物联网、传感网和泛在网的关系出发给出一个关于物联网的整体视图，使读者能够对物联网有一个比较全面而准确的认识。

1.1 物联网的起源和发展

物联网的实践最早可以追溯到1990年施乐公司的网络可乐贩售机——Networked Coke Machine。1995年，比尔·盖茨出版了洛阳纸贵的《未来之路》，当时IT界人士几乎人手一册。书中描述了一大堆令人眼花缭乱的新技术和发展前景，不过，盖茨在书中所描述的与物联网有关的观点被人们忽视了。盖茨这样娓娓道来："当袖珍个人计算机普及之后，困扰着机场终端、剧院以及其他需要排队出示身份证或票据等地方的瓶颈路段就可以被废除了。例如，当你走进机场大门时，你的袖珍个人计算机与机场的计算机相连就会证实你已经买了机票。开门也无须用钥匙或磁卡，你的袖珍个人计算机会向控制锁的计算机证实你的身份。而你所遗失或遭窃的照相机将自动发回信息，告诉用户它现在所处的具体位置，甚至当它已经身处不同城市的时候。"这些话，现在读起来是不是觉得很熟悉？没错，他描述的场景，现在已逐步通过RFID智能手机的应用得到逐步实现。而在当年，盖茨是通过在家中的个人实践来实现物联网梦想的。盖茨的豪宅位于美国的西雅图，从1990年开始修建，于1997年建成，共花了7年时间，费用高达1亿美金，成为数字技术前沿科技的结晶。1999年美国麻省理工学院（MIT）的Kevin Ashton教授首次提出物联网的概念，建立了"自动识别中心"（Auto-ID），提出"万物皆可通过网络互联"，阐明了物联网的基本含义。早期的物联网是依托射频识别（Radio Frequency Identification，RFID）技术的物流网络，随着技术和应用的发展，物联网的内涵已经发生了较大变化。2003年美国《技术评论》提出传感网络技术将是未来改变人们生活的十大技术之首。2004年日本总务省（MIC）提出u-Japan计划，该战略力求实现人与人、物与物、人与物之间的连接，希望将日本建设成一个随时、随地、任何物体、任何人均可连接的泛在网络社会。2005 年 11 月 17 日，在突尼斯举行的信息社会世界峰会(World Summit on the Information Society，WSIS)上，国际电信联盟(International Telecommunications Union，ITU)发布《ITU 互联网报告 2005：物联网》，引用了“物联网”的概念。物联网的定义和范围已经发生了变化，覆盖范围有了较大的拓展，不再只是指基于 RFID 技术的物联网。2006 年韩国确立了 u-Korea 计划，该计划旨在建立无所不在的社会(ubiquitous society)，在民众的生活环境里建设智能型网络(如 IPv6、BcN、USN)和各种新型应用(如 DMB、Telematics、RFID)，让民众可以随时随地享有科技智慧服务。2009 年韩国通信委员会出台了《物联网基础设施构建基本规划》，将物联网确定为新增长动力，提出到 2012 年实现“通过构建世界最先进的物联网基础设施，打造未来广播通信融合领域超一流信息通信技术强国”的目标。2008 年后，为了促进科技发展，寻找经济新的增长点，各国政府开始重视下一代的技术规划，将目光放在了物联网上。在我国，2008 年 11 月在北京大学举行的第二届中国移动政务研讨会“知识社会与创新 2.0”提出移动技术、物联网技术的发展代表着新一代信息技术的形成，并带动了经济社会形态、创新形态的变革，推动了面向知识社会的以用户体验为核心的下一代创新(创新 2.0)形态的形成，创新与发展更加关注用户，注重以人为本。而创新 2.0 形态的形成又进一步推动新一代信息技术的健康发展。2009 年欧盟执委会发表了欧洲物联网行动计划，描绘了物联网技术的应用前景，提出欧盟政府要加强对物联网的管理，促进物联网的发展。2009 年 1 月 28 日，奥巴马就任美国总统后，与美国工商业领袖举行了一次“圆桌会议”，作为仅有的两名代表之一，IBM 首席执行官彭明盛首次提出“智慧地球”这一概念，建议新政府投资新一代的智慧型基础设施。当年，美国将新能源和物联网列为振兴经济的两大重点。2009 年 2 月 24 日，2009 IBM 论坛上，IBM 大中华区首席执行官钱大群公布了名为“智慧地球”的最新策略。此概念一经提出，即得到美国各界的高度关注，甚至有分析认为 IBM 公司的这一构想极有可能上升至美国的国家战略，并在世界范围内引起轰动。今天，“智慧地球”战略被美国人认为与当年的“信息高速公路”有许多相似之处，同样被他们认为是振兴经济、确立竞争优势的关键战略。该战略能否掀起如当年互联网革命一样的科技和经济浪潮，不仅为美国关注，更为世界所关注。2009 年 8 月，温家宝总理“感知中国”的讲话把我国物联网领域的研究和应用开发推向了高潮，无锡市率先建立了“感知中国”研究中心，中国科学院、运营商、多所大学在无锡建立了物联网研究院，江南大学还建立了全国首家实体物联网工厂学院。自提出“感知中国”以来，物联网被正式列为国家五大新兴战略性产业之一，写入“政府工作报告”，物联网在中国受到了全社会极大的关注，其受关注程度是在美国、欧盟以及其他各国不可比拟。物联网的概念已经是一个“中国制造”的概念，它的覆盖范围与时俱进，已经超越了 1999 年 Ashton 教授和 2005 年 ITU 报告所指的范围，物联网已被贴上“中国式”标签。截至 2010 年，国家发展和改革委员会(以下简称发改委)、工业和信息化部(以下简称工信部)等部委正在会同有关部门，在新一代信息技术方面开展研究，以形成支持新一代信息技术的一些新政策措施，从而推动我国经济的发展。物联网作为一个新经济增长点的战略新兴产业，具有良好的市场效益，《2014—2018 年中国物联网行业应用领域市场需求与投资预测分析报告》数据表明，2010 年物联网在安防、交通、电力和物流领域的市场规模分别为 600 亿元、300 亿元、280 亿元和 150 亿元。2011 年中国物联网产业市场规模达到 2600 多亿元。美国 2015 年宣布投入 1.6

亿美元推动智慧城市建设，将物联网应用试验平台的建设作为首要任务。欧盟已将物联网正式确立为欧洲信息通信技术的战略性发展计划。

未来5G技术环境下的物联网技术发展，物联网的应用与发展，需要具备良好的网络标准体系与网络安全性两个基本条件。首先，物联网的发展必须要有完整的网络体系来支持物联网通信，这就需要网络的覆盖范围足够大，还要能够支持移动互联。例如在4G网络下，谷歌公司推出的新兴物联网技术，实现了全网络的系统覆盖，但是在网络传输速率上还存在低速率、高能量、可靠性不能满足要求。其次，网络数据传输的安全性，物联网是依靠网络技术发展起来的，物联网的信息大多与用户的私密信息有关，这对网络数据传输的安全性提出了更高的要求，不仅需要专业性的安全技术来保障，还需要相关行业的制度标准来保障。5G技术采用了多种数据加密方式，在安全性能上要明显高于4G网络。因此，5G技术与物联网的融合，将为物联网的大规模发展提供便利条件。

未来物联网发展的需求采用5G的MIMO技术、天线阵列与多址技术，可以将分布在不同区域的传感器与控制点连接在一起，进而能够有效地实现整个通信网络的信号覆盖，快速地实现终端设备与用户之间的信息通信。基于5G的物联网具有很高的实用性，可以高效地将物联网中的物与网连接起来，并能够将物联网的终端设备与通信网络的基站连接在一起，并且还可以采用D2D技术将物联网的终端设计与系统管理设计连接在一起，这样物联网的远端感知层可以通过5G网络直接进行数据传输。由于5G技术对数据的安全性与加密性处理要求较高，这样也给物联网的数据安全提供了保障，在物联网的应用层，通过5G技术的标准与规范对终端获取的信息进行正确的处理，能够高效地对底层的感知设备进行控制与管理。5G技术物联网中的应用具有以下优势。

(1) 信号覆盖面比较广。5G技术目前已经成为物联网未来的发展关键技术之一，它采用天线阵列、与波束赋性、波束追踪技术以及大规模的MIMO电路，提高了5G信号的覆盖范围，使得网络通信的带宽与速率也得到了明显的提升，并能为用户提供移动性与连续性的通信信号，用户下载速度达到了1Gb/s以上，进而能够提高用户在线业务体验，这为5G技术在物联网中的应用奠定了良好的基础。

(2) 热点容量高。5G技术采用多基站网线通信方式，在整个覆盖网络中存在着面向局部的热点区域，使得网络的流量密度变高，用户可以随时随地地接入无线网络，不存在基站变换情况下出现网络拥挤与掉线的情况，能够为用户提供非常高的数据传输速率，方便用户能够高效地处理数据信息。在5G技术的支撑环境下，使得物联网的整体传输速率变得更高，能够快速促进物联网技术的发展。

(3) 5G通信网络可靠性高。5G技术的通信延迟低，能够有效地保证网络的通信效率，在具体的物联网应用中，可以应用在实时管理与控制的安防管理工作中。例如车联网、城市交通、智慧小区建设和工业控制等垂直行业的管理应用，而且这些应用对于网络通信的信号延迟性能要求就比较高，通过5G通信技术能够实现端到端通信的延迟时间极低，而且还具有100%的业务可靠性能的保证。

(4) 低功耗和大连接。5G技术低功耗性能十分适用于实时性场景数据信息的采集，在环境监测、气候条件、公路交通监测、智能农业、森林防火等一些实时性的场景，这些场景要求的图像清晰，传递数据及时，并且要求所有的实时性场景都具有数据包小、低功耗和海量连接的特点，而且在通信的过程中，具有很低的延时。采用 5G 通信技术，对无线网络具有很强的连接能力，能够保证网络连接处在一个低功耗与低成本的水平，提高物联网的通信效率。因此基于 5G 的物联网是未来发展的必然趋势。

1.2 物联网的相关概念

“物联网”的英文名称为 The Internet of Things，简称 IoT。因此，物联网就是物物相连的互联网。这说明物联网的核心和基础是互联网，物联网是互联网的延伸和扩展。其延伸和扩展到了任何人与人、人与物、物与物之间进行的信息交换和通信。

对于物联网可以给出如下基本定义：物联网是通过各种信息感知设施，按约定的通信协议将智能物件互联起来，通过各种通信网络进行信息传输与交换，以实现决策与控制的一种信息网络。定义中隐含了三层意义：①信息全面感知。物联网是指对具有全面感知能力的物件及人的互联集合。两个或两个以上物件如果能交换信息即可称为“物联”。使物件具有感知能力需要在物件上装置不同类型的识别装置，如电子标签、条码与二维码等，或通过传感器、红外感应器以及控制器等感知其存在。同时，这一概念也排除了网络系统中的主从关系，能够自组织。②通过网络传输。互联的物件要互相交换信息，就需要实现不同系统中的实体通信。为了成功通信，它们必须遵守相关的通信协议，同时需要相应的软件、硬件来实现这些协议，并可以通过现有的各种通信网络进行信息传输与交换。③智能决策与控制。物联网可以实现对各种物件(包括人)的智能化识别、定位、跟踪、监控和管理等功能，因此成为组建物联网的目的。其中，智能物件是物联网的核心概念。从技术的角度看，智能物件是指装备了信息感知设施(如传感器)或制动器、微处理器、通信装置和电源的设备。其中，传感器或制动器赋予了智能物件与现实世界交互的能力。微处理器保证智能物件即使在有限的速度和复杂度上，也能对传感器捕获的数据进行转换。通信装置使得智能物件能够将其传感器读取的数据传输给外界，并接收来自其他智能物件的数据。电源为智能物件提供其工作所需的电力。另一方面，从物联网定义中所说的“物”在学术上这种物件应具备：①相应的数据收发器；②数据传输信道；③一定的存储功能；④一定的计算能力(CPU)；⑤操作系统；⑥专门的应用程序；⑦网络通信协议；⑧可被标识的唯一标志。也就是说，物联网中的每个物件都可以寻址，每个物件都可以通信，每个物件都可以控制。物件一旦具备这些性能特征，就可称为智能物件(Smart Object)。

1.3 物联网的特征

目前对物联网概念的表述，可以将其核心要素归纳为“感知、传输、智能、控制”8 个字。物联网的主要特征表现在以下几个方面。

(1) 全面感知。物联网的智能物件具有感知、通信与计算能力。在物联网上部署的信息感知设备(包括 RFID、传感器、二维码等智能感知设施)，不仅数量巨大、类型繁多，而且可随时随地感知、获取物件的信息。每个信息感知设备都是一个信息源,不同类别的感知设备所捕获的信息内容和信息格式不同。例如,传感器获得的数据具有实时性,按一定的频率周期性地采集环境信息,不断地更新数据。

(2) 可靠传输。可靠传输是指把信息感知设施采集的信息利用各种有线网络、无线网络与互联网,将信息实时而准确地传递出去。例如,在物联网上的传感器定时采集的信息需要通过网络传输,由于其数据量巨大,形成了海量信息。在传输过程中,为了保障数据的正确和及时,必须采用各种异构网络和协议,通过各种信息网络与互联网的融合,才能将物件的信息实时准确地传送到目的地。

(3) 智能处理。在物联网中,智能处理是指利用数据融合及处理、云计算、模式识别、大数据等计算技术,对海量的分布式数据信息进行分析、融合和处理,向用户提供信息服务。物联网中的数据通常是体量特别大、数据类别特别多的数据集,即"大数据",并且这样的大数据无法用传统数据库工具对其内容进行抓取、管理和处理。大数据本质也是数据,其关键技术依然包括:①大数据存储和管理;②大数据检索使用(包括数据挖掘和智能分析)。围绕大数据,一批新兴的数据挖掘、数据存储、数据处理与分析技术不断涌现,使得处理海量数据更加容易、更加便宜和迅速。

(4) 自动控制。利用模糊识别等智能控制技术对物体实施智能化控制和利用,最终形成物理、数字、虚拟世界和社会共生互动的智能社会,如图 1-1 所示。

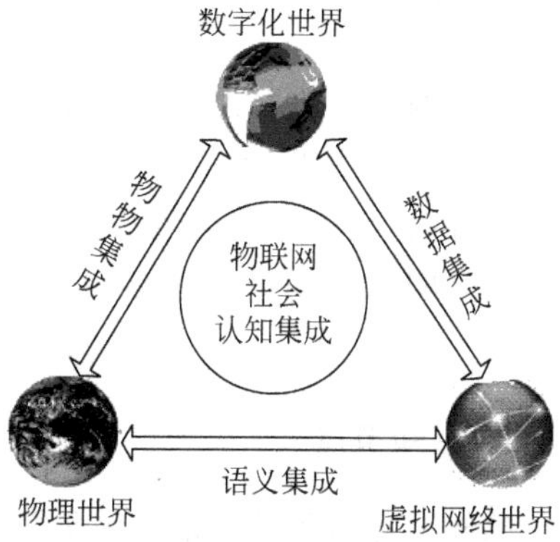

图 1-1　物理、数字、虚拟世界和社会互动共生

1.4　物联网的组成

物联网是一个形式多样、涉及社会和生活各个领域的复杂系统。借鉴计算机网络体系结构模型的研究方法,将物联网系统组成部分按照功能分解成若干层次,由下(内)层部件为上(外)层部件提供服务,上(外)层部件可以对下(内)层部件进行控制。因此,若从功能角度构建物联网体系结构,可划分为感知层、网络层和应用层 3 个层级。依照工程科学的观点,为使物联网系统的设计、实施与运行管理做到层次分明、功能清晰、有条不紊地实现,再将感知层细分成感知控制、数据融合两个子层,将网络层细分成接入、汇聚和核心交换 3 个子层,将应用层细分成智能处理、应用接口两个子层。考虑到物联网的一些共性功能需求,还应有贯穿各层的网络管理、服务质量和信息安全 3 个面。从不同的角度看,物联网会有多种类型,不同类型的物联网,其软硬件平台组成也会有所不同。从其系统组成来看,可以把它分为软件平台和硬件平台两大系统,其中物联网硬件平台的组成如图 1-2 所示。

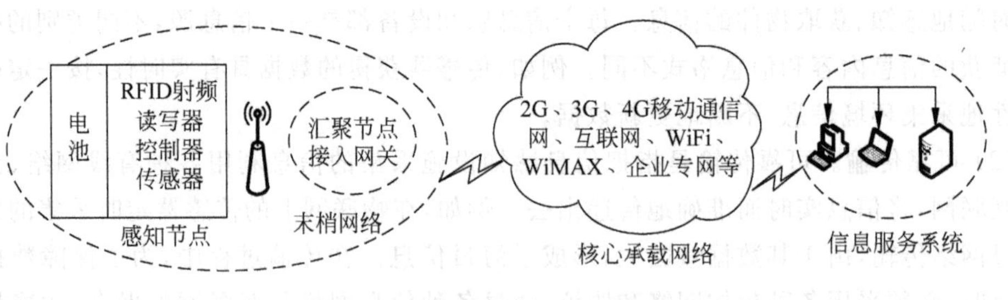

图 1-2 物联网硬件平台的组成

1.4.1 物联网的硬件平台

物联网是以数据为中心的面向应用的网络，主要完成信息感知、数据处理、数据回传以及决策支持等功能，其硬件平台可由传感网、承载网和信息服务系统等几大部分组成。其中，传感网包括感知节点（数据采集、控制）和末梢网络（汇聚节点、接入网关等）；核心承载网为物联网业务的基础通信网络；信息服务系统硬件设施主要负责信息的处理和决策支持。

1. 感知节点

感知节点由各种类型的采集和控制模块组成，如温度传感器、声音传感器、振动传感器、压力传感器、RFID读写器、二维码识读器等，完成物联网应用的数据采集和设备控制等功能。

感知节点包括4个基本单元：传感单元（由传感器和模数转换功能模块组成，如RFID、二维码识读设备、温感设备）、处理单元（由嵌入式系统构成，包括微处理器、存储器、嵌入式操作系统等）、通信单元（由无线通信模块组成，实现末梢节点间以及与汇聚节点的通信）以及电源/供电部分。感知节点综合了传感器技术、嵌入式计算技术、智能组网技术及无线通信技术、分布式信息处理技术等，能够通过各类集成化的微型传感器协作地实时监测、感知和采集各种环境或监测对象的信息，通过嵌入式系统对信息进行处理，并通过随机自组织无线通信网络以多跳中继方式将所感知的信息传送到接入层的基站节点和接入网关，最终到达信息应用服务系统。

2. 末梢网络

末梢网络即接入网络，包括汇聚节点、接入网关等，完成应用末梢感知节点的组网控制和数据汇聚，或完成向感知节点发送数据的转发等功能。也就是在感知节点之间组网之后，如果感知节点需要上传数据，则将数据发送给汇聚节点（基站）；汇聚节点收到数据后，通过接入网关完成和承载网络的连接。当用户应用系统需要下发控制信息时，接入网关接收到承载网络的数据后，由汇聚节点将数据发送给感知节点，完成感知节点与承载网络之间的数据转发和交互功能。

(1) 感知控制层。作为物联网的神经末梢，感知控制层的主要任务是实现全面感知与自动控制，即通过实现对物理世界各种参数（如环境温度、湿度、压力、气体浓度等）的采集与处理，以其需要进行行为自动控制。

（2）数据融合层。在许多应用场合，由单个传感器所获得的信息通常是不完整、不连续或不精确的，需要其他信息源的数据协同。数据融合子层的任务就是将不同感知节点、不同模式、不同媒质、不同时间、不同表示的数据进行相关和综合，以获得对被感知对象的更精确的描述。融合处理的对象不局限于接收到的初级数据，还包括对多源数据进行不同层次抽象处理后的信息。感知节点与末梢网络承担物联网的信息采集和控制任务，构成传感网，实现传感网的功能。

3. 核心承载网络

核心承载网络可以有很多种，主要承担接入网与信息服务系统之间的数据通信任务。根据具体应用需要，承载网络可以是公共通信网，如 3G/4G 移动通信网、WiFi、WiMAX、SDN、互联网以及企业专用网，甚至是新建的专用于物联网的通信网。主要包括接入层和汇聚层，其中接入层是指直接面向用户连接或访问物联网的组成部分。接入层的主要任务是把感知层所获取的数据信息通过各种网络技术进行汇总，将大范围内的信息整合到一起，以供传输与交换。接入层的重点是强调接入方式，一般由基站节点或汇聚节点（Sink）和接入网关（Access Gateway）等组成，完成末梢各节点的组网控制，或完成向末梢节点下发控制信息的转发等功能。也就是在末梢节点之间完成组网后，如果末梢节点需要上传数据，则将数据发送给基站节点，基站节点收到数据后，通过接入网关完成和承载网络的连接；当应用层需要下传数据时，接入网关收到承载网络的数据后，由基站节点将数据发送给末梢节点，从而完成末梢节点与承载网络之间的信息转发和交互。物联网网关作为接入子层的主要设备，起着现场网络管理的功能，并负责现场网络与各种网络层设备的信息转发。另一方面将位于接入层和核心交换层之间的部分称为汇聚层。该层是区域性网络的信息汇聚点，为接入层提供数据汇聚、传输、管理、分发。汇聚层应能够处理来自接入层设备的所有通信量，并提供到核心交换层的上行链路。同时，汇聚层也可以提供接入层虚拟网之间的互连，控制和限制接入层对核心交换层的访问，保证核心交换层的安全。其具体功能包括：①汇集接入层的用户流量，进行数据分组传输的汇聚、转发与交换；②根据接入层的用户流量进行本地路由、包过滤和排序、流量均衡与整形、地址转换，以及安全控制等；③根据处理结果把用户流量转发到核心交换层，或者在本地重新路由；④在 VLAN 之间实现路由功能以及其他工作组所支持的功能；⑤定义组播域和广播域等。

汇聚层的设备一般采用可管理的三层交换机或堆叠式交换机，以达到带宽和传输性能的要求。其设备性能较好，但价格高于接入层设备，而且对环境的要求也较高，对电磁辐射、温度、湿度和空气洁净度等都有一定的要求。汇聚层设备之间以及汇聚层设备与核心交换层设备之间多采用光纤互连，以提高系统的传输性能和吞吐量。

一般来说，用户访问控制设置在接入层，也可以安排在汇聚层。在汇聚层实现安全控制、身份认证时，采用集中式管理模式。当网络规模较大时，可以设计综合安全管理策略，例如在接入层实现身份认证和 MAC 地址绑定，在汇聚层实现流量控制和访问权限约束。

4. 信息服务系统

物联网信息服务系统由各种应用服务器（包括数据库服务器）组成，还包括用户设备（如

PC、手机)、客户端等,主要是对采集数据的融合/汇聚、转换、分析,以及用户呈现的适配和事件的触发等。对于信息采集,从感知节点获取的大量原始数据,对于用户来说只有经过转换、筛选、分析处理后才有实际价值。对这些有实际价值的信息,由服务器根据用户端设备进行信息呈现的适配,并根据用户的设置触发相关的通知信息;当需要对末端节点进行控制时,信息服务系统硬件设施生成控制指令,并发送到末端节点对其进行控制。针对不同的应用,将设置不同的应用服务器。应用服务器按照完成的功能不同可划分为智能处理、应用接口两个子层。其中,智能处理层以数据为中心。物联网的核心功能是对感知数据的智能处理,它包括对感知数据的存储、查询、分析、挖掘、理解,以及基于感知数据的决策和行为控制。物联网的价值主要体现在对于海量数据的智能处理与智能决策水平上。智能处理利用云计算(Cloud Computing)、数据挖掘(Data Mining)、中间件(Middle Ware)等实现感知数据的语义理解、推理和决策。智能处理层对下层网络层的网络资源进行认知,进而达到自适应传输的目的;对上层的应用接口层提供统一的接口与虚拟化支撑。虚拟化包括计算虚拟化和存储资源虚拟化等。智能决策支持系统是由模型库、数据仓库、联机分析处理(On-Line Analytical Processing,OLAP)、数据挖掘及交互接口集成在一起的。物联网应用接口层是指物联网应用涉及面广,涵盖业务需求多,其运营模式、应用系统、技术标准、信息需求、产品形态均不相同,需要统一规划和设计应用系统的业务体系结构,才能满足物联网全面实时感知、多业务目标、异构技术融合的需要。应用接口层的主要任务就是将智能处理层提供的数据信息,按照业务应用需求,采用软件工程方法,完成服务发现和服务呈现,包括对采集数据的汇聚、转换和分析,以及用户层呈现的适配和事件触发等。

应用层是物联网应用的体现。目前,物联网的应用领域主要为绿色农业、工业监控、公共交通、公共安全、城市管理、远程医疗、智能家居、智能交通和环境监测等行业。在这些应用领域均已有成功的尝试,某些行业已经积累了很好的应用案例。物联网应用系统的特点是多样化、规模化和行业化,为了保证应用接口层有条不紊地交换数据,需要制定一系列的信息交互协议。应用接口层的协议一般由语法、语义与时序组成。语法规定智能处理过程的数据与控制信息的结构及格式;语义规定需要发出什么样的控制信息,以及完成的动作与响应;时序规定事件实现的顺序。对不同的物联网应用系统制定不同的应用接口层协议。例如,智能电网的应用接口层的协议与智能交通应用接口层的协议不可能相同。通过应用层接口协议实现物联网的智能服务。

1.4.2 物联网软件平台的组成

一般来说,物联网软件系统建立在分层的通信协议体系之上,相对于硬件技术而言,软件开发及实现更具有特色,通常包括信息感知系统软件、中间件系统软件、网络操作系统(包括嵌入式系统)、物联网管理信息系统(Management Information System,MIS)等。

1. 信息感知系统软件

信息感知系统软件主要完成物品的识别和物品 EPC 的采集和处理,主要由企业生产的物品、物品电子标签、传感器、读写器、控制器、物品电子代码(Electronic Product Code,EPC)等部分组成。存储有 EPC 的电子标签在经过读写器的感应区域时,物品的 EPC 会自动被读写器捕获，从而实现 EPC 信息采集的自动化，采集的数据交由上位机信息采集软件进行进一步处理，如数据校对、数据过滤、数据完整性检查等，这些经过整理的数据可以为物联网中间件、应用管理系统使用。对于物品电子标签国际上多采用 EPC 标签，用 PML 语言来标记每个实体和物品。

2. 中间件系统软件

中间件是位于数据感知设施（读写器）与在后台应用软件之间的一种应用系统软件。中间件具有两个关键特征：一是为系统应用提供平台服务，这是一个基本条件；二是需要连接到网络操作系统，并且保持运行工作状态。中间件为物联网应用提供一系列计算和数据处理功能，其主要任务是对感知系统采集的数据进行捕获、过滤、汇聚、计算，并进行数据校对、解调、数据传送、数据存储和任务管理，减少从感知系统向应用系统中心的数据传送量。同时，中间件还可提供与其他 RFID 支撑软件系统进行互操作等功能。引入中间件使得原先后台应用软件系统与读写器之间非标准的、非开放的通信接口，变成了后台应用软件系统与中间件之间，读写器与中间件之间的标准的、开放的通信接口。

物联网中间件系统包含有读写器接口、事件管理器、应用程序接口、目标信息服务和对象名解析服务等功能模块。

(1) 读写器接口。物联网中间件必须优先为各种形式的读写器提供集成功能。协议处理器确保中间件能够通过各种网络通信方案连接到 RFID 读写器。RFID 读写器与其应用程序间通过普通接口相互作用的标准，大多数采用由 EPC-global 组织制定的标准。

(2) 事件管理器。事件管理器用来对读写器接口的 RFID 数据进行过滤、汇聚和排序操作，并通告数据与外部系统相关联的内容。

(3) 应用程序接口。应用程序接口是应用程序系统控制读写器的一种接口。中间件还要能够支持各种标准的协议，如支持 RFID 以及配套设备的信息交互和管理。同时，还要屏蔽前端的复杂性，尤其是前端硬件（如 RFID 读写器等）的复杂性。

(4) 目标信息服务。目标信息服务由两部分组成：一是目标存储库，用于存储与标签物品有关的信息并使之能用于以后查询；二是服务引擎，提供由目标存储库管理的信息接口。

(5) 对象名解析服务。对象名解析服务（Object Name Service，ONS）是一种目录服务，主要是将每个带标签物品分配的唯一编码与一个或多个拥有关于物品更多信息的目标信息服务的网络定位地址进行匹配。

3. 网络操作系统

物联网通过互联网实现物理世界中的任何物件的互联，在任何地方、任何时间可识别任何物件，使物件成为附有动态信息的“智能产品”，并使物件信息流和物流完全同步，从而为物件信息共享提供一个高效、快捷的网络通信和云计算平台。

4. 物联网管理信息系统

目前，物联网大多是基于简单网络管理协议（Simple Network Management Protocol，SNMP）建设的管理系统，这与一般的网络管理类似。提供名称解析服务（ONS）是很重要的,ONS类似于互联网的DNS,要有授权,并有一定的组成架构。它能把每种物件的编码进行解析,再通过URL服务获得相关物件的更多信息。

物联网管理机构包括企业物联网信息管理中心、国家物联网信息管理中心以及国际物联网信息管理中心。企业物联网信息管理中心负责管理本地物联网,是最基本的物联网信息服务管理中心,为本地用户单位提供管理、规划和解析服务。国家物联网信息管理中心负责制定和发布国家总体标准,负责与国际物联网互联,并且对现场物联网管理中心进行管理。国际物联网信息管理中心负责制定和发布国际框架性物联网标准,负责与各个国家的物联网互联,并且对各个国家物联网信息管理中心进行协调、指导、管理等工作。

1.5 与物联网相关的网络概念

为了更加深入地理解物联网的基本概念和本质,有必要简单阐释与物联网相关的网络概念——传感网、互联网和泛在网。它们与物联网既密切联系,又有本质区别。

1. 物联网与传感网

无线传感器网络(Wireless Sensor Networks,WSN)简称为传感网。传感网是由若干具有无线通信与计算能力的感知节点,以网络为信息传递载体,实现对物理世界的全面感知而构成的自组织分布式网络。传感网的突出特征是采用智能计算技术对信息进行分析处理,从而提升对物质世界的感知能力,实现智能化的决策和控制。

传感网作为传感器、通信和计算机三项技术密切结合的产物,是一种全新的数据获取和处理技术。传感网的这个定义包含了以下主要含义。

(1) 传感网的感知节点包含有传感器节点(Sensor Node)、汇聚节点(Sink Node)和管理节点,且必须具备无线通信和计算能力。

(2) 大量传感器节点随机部署在感知区域(Sensor Field)内部或附近,这些节点能通过自组织方式构成分布式网络。

(3) 传感器节点感知的数据沿其他传感器节点逐跳进行传输,在经过多跳路由后到达汇聚节点,最后可通过互联网或其他通信网络传输到管理节点。传感网拥有者通过管理节点对传感网进行配置和管理,收集监测数据和发布监测控制任务,实现智能化的决策和控制。协作地感知、采集、处理、发布感知信息是传感网的基本功能。

国际上比较有代表性和影响力的无线传感网络实用和研发项目有遥控战场传感器系统(Remote-Monitored Battlefield Sensor System, REMBASS——伦巴斯)、网络中心战(Network Centric Warfare,NCW)及灵巧传感器网络(Smart Sensor Web,SSW)、智能尘(Smart Dust)、Intel-Mote、Smart-Its项目、SensIT、SeaWeb、行为习性监控(Habitat Monitoring)项目、英国国家网格等。尤其是最新试制成功的低成本美军"狼群"地面无线传感器网络标志着电子战领域技战术的最新突破。俄亥俄州正在开发"沙地直线"(A Line in the Sand)无线传感器网络系统。这个系统能够散射电子绊网(Tripwires)到任何地方,以侦测运动的高金属含量目标。民用方面,美、日等发达国家在对该技术不断研发的基础上进行了广泛的应用。

无线传感器网络可以看成是由数据获取网络、数据分布网络和控制管理中心三部分组成的。其主要组成部分是集成有传感器、数据处理单元和通信模块的节点，各节点通过协议自组成一个分布式网络，再将采集来的数据通过优化后经无线电波传输给信息处理中心。因为节点的数量巨大，而且还处在随时变化的环境中，这就使它有不同于普通传感器网络的特性。

首先是无中心和自组网特性。在无线传感器网络中，所有节点的地位都是平等的，没有预先指定的中心，各节点通过分布式算法来相互协调，在无人值守的情况下，节点就能自动组织起一个测量网络。而正因为没有中心，网络便不会因为单个节点的脱离而受到损害。

其次是网络拓扑的动态变化性。网络中的节点是处于不断变化的环境中，它的状态也在相应地发生变化，加之无线通信信道的不稳定性，网络拓扑因此也在不断地调整变化，而这种变化方式是无人能准确预测出来的。

第三是传输能力的有限性。无线传感器网络通过无线电波进行数据传输，虽然省去了布线的烦恼，但是相对于有线网络，低带宽则成为它的天生缺陷。同时，信号之间还存在相互干扰，信号自身也在不断地衰减，诸如此类。不过因为单个节点传输的数据量并不算大，这个缺点还是能忍受的。

第四是能量的限制。为了测量真实世界的具体值，各个节点会密集地分布于待测区域内，人工补充能量的方法已经不再适用。每个节点都要储备可供长期使用的能量，或者自己从外汲取能量(太阳能)。

最后是安全性的问题。无线信道、有限的能量、分布式控制都使得无线传感器网络更容易受到攻击，被动窃听、主动入侵、拒绝服务则是这些攻击的常见方式。因此，安全性在网络的设计中至关重要。

传感网与物联网之间的关系通过感知识别技术，让物品“开口说话、发布信息”，是融合物理世界和信息世界的重要一环，是物联网区别于其他网络的最独特的部分。物联网的“触手”是位于感知识别层的大量信息生成设备，包括 RFID、传感网、定位系统等。在《物联网导论》一书中，作者认为传感网所感知的数据是物联网海量信息的重要来源之一。我国物联网校企联盟认为，传感网的飞速发展对于物联网领域的进步，实现物联化具有重要的意义。

自 2009 年 8 月温家宝总理提出“感知中国”以来，物联网被正式列为国家五大新兴战略性产业之一，写入“政府工作报告”，传感网-物联网百度指数物联网在我国受到了全社会极大的关注，其受关注程度是在美国、欧盟以及其他各国家不可比拟的。

有许多人把传感网的含义扩大为包括物联网，这样的说法有一定道理，“感知中国”的讲话起始于对传感网的关注，但目前看来，人们更趋向于用物联网这个词，物联网的范围大于传感网，于是在很多场合出现了“物联网(传感网)”的提法，而且这似乎成了“官方”的提法。

2. 物联网与互联网

互联网是 20 世纪人类最伟大的发明之一。互联网的出现使人们的交往方式、社会和文化形态等都发生了重大变化。它不仅改变了现实世界，更催生了虚拟世界。互联网缩短了人与人之间的时空距离。它成功地运用计算机网络体系结构的设计思想与原则，组建并运行了一个覆盖全世界的大型网络信息系统。

全球最大的互联网——因特网(Internet)是由计算机连接而成的全球网络，即广域网、局域网及个人计算机按照一定的通信协议组成的国际计算机网络。美国联邦网络委员会

(Federal Networking Council,FNC)认为因特网是全球性的信息系统,通过全球性的地址逻辑地链接在一起,这个地址是建立在网际互联协议(Internet Protocol,IP)或今后其他协议基础之上的,可以通过传输控制协议(Transmission Control Protocol,TCP),或者今后其他接替的协议或与互联网协议(TCP/IP)兼容的协议来进行通信,可以让公共用户或者私人用户使用高水平的服务,这种访问是建立在上述通信及相关的基础设施之上的。具体而言,因特网是一个网络实体,没有特定的网络边界,泛指通过网关连接起来的网络集合;是一个由各种不同类型、规模的独立运行与管理的计算机网络组成的全球信息网络。组成因特网的计算机网络包括局域网(Local Area Network,LAN)、城域网(Metropolitan Area Network,MAN)及广域网(Wide Area Network,WAN)等。这些网络通过普通电话线、高速专用线路、卫星、微波和光缆等通信线路,把不同国家的大学、科研机构、公司、社会团体及政府等组织机构以及个人的网络资源连接起来,从而进行通信和信息交换,实现资源共享。通过多年的发展,因特网已经在社会的各个层面为全人类提供了便利。因特网、移动通信网等可作为物联网的核心承载网。

物联网可以说是互联网应用的拓展、升级。物联网就是物物相连的互联网,它的核心依然是互联网。互联网与物联网的区别在于它们的主要作用。互联网的产生是为了人能够通过网络交换信息,服务的主体是人。物联网是为物而生,主要是为了管理物,让物自主交换信息,服务于人。既然物联网为物而生,要让物具备智能,物联网的真正实现必然比互联网的实现更困难、更复杂。另外,从信息化进程而言,从人的互联到物的互联是一种自然的递进,在本质上互联网与物联网都是人类智慧的物化而已。人的智慧对自然界的影响才是信息化进程本质的原因。

物联网比互联网技术更复杂,产业辐射面更宽,应用范围更广,对经济社会发展的驱动力和影响力更强。但没有互联网作为物联网的基础,那么物联网将只是一个概念。互联网着重于信息的互联互通和共享,虽然它解决的是人与人之间的信息交换问题,但为物联网解决人与人、物与物、人与物之间相连的信息化智能管理与决策控制奠定了基础,提供了条件。物联网与互联网之间的关系可以这样概括:物联网是互联网应用的新产物,它抛开了时间和空间的限制将互联网应用到更加广泛的领域。

3. 物联网与现有网络之间的关系

通过以上对现有各种网络概念的讨论可知:物联网是一种关于人与物、物与物广泛互联,实现人与客观世界进行信息交互的信息网络;传感网是利用传感器作为节点,以专门的无线通信协议实现物品之间连接的自组织网络;泛在网是面向泛在应用的各种异构网络的集合,强调的是跨网之间的互联互通和数据融合/聚类与应用;互联网是指通过 TCP/IP 将异种计算机网络连接起来实现资源共享的网络技术,实现的是人与人之间的通信。目前,传感网和互联网已经发展得比较成熟,物联网还处于发展的初级阶段,其终极目标是泛在网络。物联网与现有网络(如传感网、互联网、泛在网络以及其他网络通信技术)之间的关系如图 1-3 所示。由图 1-3 可以看出物联网与现有网络之间的包容、交互作用关系。物联网隶属于泛在网,但不等同于泛在网,只是泛在网的一部分。物联网起源于射频识别领域,涵盖了物品之间通过感知设施连接起来的传感网;不论传感网是否接入互联网,都属于物联网的范畴;传感网可以不接入互联网,但当需要时,随时可利用各种接入网接入互联网。互联网、移动通信网等可作为物联网的核心承载网。

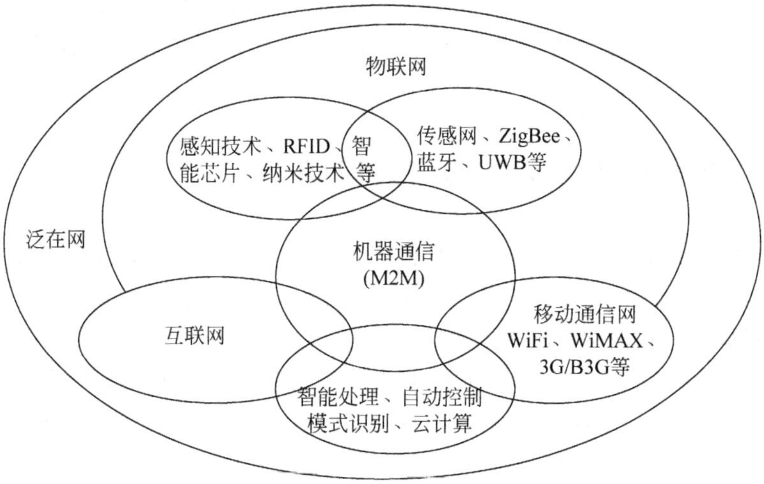

图 1-3　物联网与现有网络之间的关系

4. 物联网和 5G 之间的关系

物联网的发展需要具备两大关键性条件：一是要有完整的标准和网络体系，必须有网络覆盖支持物的互联与移动。当 4G 网络全面覆盖之后，推出的 NB-IoT、eMTC 等物联网技术，才能在其基础上形成真正支撑市场需求的全覆盖网络，满足物联网高可靠、低速率、低功耗等需求。二是安全性，移动通信网络天然对安全性有很高的要求，有 QOS 的保障机制，再加上行业安全机制的要求来保障其安全性，物的互联才有了可靠的安全保障，物联网才具备了大规模发展的条件。而此前的一些技术尚不具备这种安全性保障的条件。移动通信网络与物联网融合的优势在于移动通信网络有多大，物联网覆盖就有多大，不需要客户单独去建网，这对物联网的应用提供了非常大的便利，而且大幅度地降低了建网的成本。随着 4G 演进中的 NB-IoT、eMTC 的成熟，物联网的发展开始起步。未来物联网的需求不断增长，支持未来万物互联的两个最重要的核心需求是海量的连接和 1ms 左右的时延，现在的网络无法给予支撑，但未来 5G 网络由于其低时延、广域覆盖、超密集组网、海量链接等技术特点将可满足物联网的需求。目前 5G 的标准尚未最后形成，真正商用还需要几年时间，物联网也正处在起步阶段。但是在未来，5G 网络的高灵活性能够处理物联网产生的多样化数据，同时物联网也提供优化的 5G 网络有效配置满足终端用户的需求。5G 和物联网将协同发展，共同促进，促使物联网真正迎来井喷式发展。

1.6　物联网的体系结构

体系结构(Architecture)是研究系统各部分组成及相互关系的技术科学。例如，国际标准化组织(International Organization for Standardization，ISO)提出的开放系统互连(Open System Interconnection，OSI)参考模型，就是最著名的计算机网络体系结构。该网络体系结构定义了计算机设备和其他设备如何连接在一起，以形成一个允许用户共享信息和资源的通信系统。体系结构可以精确地定义系统的组成部件及其相互关系，指导开发者遵循一致的原则实现系统，以保证最终建立的系统符合预期的需求。因此，物联网体系结构是设计与实现物联网系统的基础。

1.6.1 物联网体系结构的构建原则

物联网概念的提出，打破了传统的思维模式。在提出物联网概念之前，一直是将物理基础设施和IT基础设施分开：一方面是机场、公路、建筑物；另一方面是数据中心、个人计算机、宽带等。在物联网时代，将把钢筋混凝土、电缆将与芯片、宽带整合为统一的基础设施。在这种意义上的基础设施就像是一块新的地球工地，世界在它上面运转，包括经济管理、生产运行、社会管理以及个人生活等。因此，在设计与实现物联网系统之前需要先建立物联网体系结构，以使最终建立的物联网系统的性能与预期需求一致。研究物联网的体系结构，首先需要明确架构物联网系统的基本原则，以便在已有网络体系结构的基础之上形成参考标准。

物联网有别于现有各种网络，包括互联网。互联网主要是构建一个全球性的计算机通信网；物联网主要是以数据为中心，利用各种网络通信技术进行业务信息的传输，是智能决策与应用技术的综合展现。从不同的功能角度或模型角度建立的体系结构可能具有不同的样式和性能。一般来说，构建物联网体系结构模型应该遵循以下几条原则或评价标准。

(1) 多样性。物联网体系结构应该根据服务类型、节点的不同，具有多种类型，能够平滑地与互联网实现互联互通。

(2) 包容性。物联网尚在发展之中，其体系结构应能满足在时间、空间和能源方面的需求，可以集成不同的通信、传输和信息处理技术，应用于不同的领域。

(3) 可扩展性。对于物联网体系的框架，应该具有一定的扩展性，以便最大限度地利用现有网络通信基础设施，保护已投资利益。

(4) 互操作性。指不同的物联网系统可以按照约定的规则互相访问、执行任务和共享资源。

(5) 安全性。指物联网系统可以保证信息的私密性，具有访问控制和抗攻击能力，具备相当好的健壮性。智能物件互联的安全性将比互联网的安全性更为重要。

1.6.2 物联网体系结构的模型

“化整为零、分而治之”的“分层结构”研究方法，是设计一个复杂的大系统经常采用的一种方法，其中计算机网络体系结构的建立就是一个很好的例证。物联网是一个形式多样、涉及社会各个领域的复杂系统。尽管物联网系统结构复杂，不同应用系统的功能、规模差异较大，但其体系结构的概念与计算机网络系统的体系结构具有相似性。建立物联网体系结构主要是从各种应用需求中抽取组成系统的部件以及部件之间的组织关系。通常，可以从不同角度抽取系统的组成部件以及它们之间的关系，如功能角度、模型角度和处理过程角度等。

借鉴计算机网络体系结构模型的研究方法，将物联网系统组成部分按照功能分解成若干层次，由下(内)层部件为上(外)层部件提供服务，上(外)层部件可以对下(内)层部件进行控制。因此,若从功能角度构建物联网体系结构,可划分为感知层、网络层和应用层三个层级。依照工程科学的观点,为使物联网系统的设计、实施与运行管理做到层次分明、功能清晰、有条不紊地实现,再将感知层细分成感知控制层、数据融合层,将网络层细分成接入层、汇聚层和核心交换层,将应用层细分成智能处理层、应用接口层。考虑到物联网的一些共性功能需求,还应有贯穿各层的网络管理、服务质量和信息安全三个面。物联网体系结构模型如图 1-4 所示。

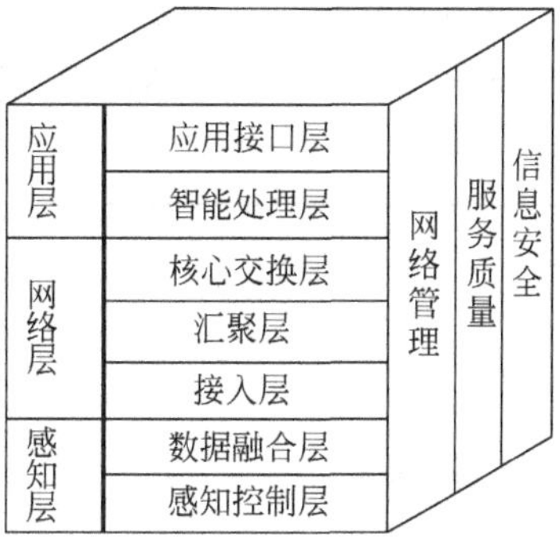

图 1-4　物联网体系结构模型

1.7　物联网的应用

物联网是通信网络的应用延伸和拓展,是信息网络上的一种增值应用。感知、传输、应用三个环节构成物联网产业的关键要素:感知识别是基础和前提;传输是平台和支撑;应用则是目的,是物联网的标志和体现。物联网发展不仅需要技术,更需要应用,应用是物联网发展的强大推动力。

1.7.1　物联网的主要应用领域

物联网的应用领域非常广阔,从日常的家庭个人应用,到工业自动化应用,以至军事反恐、城建交通等。当物联网与互联网、移动通信网相连时,可随时随地全方位"感知"对方,人们的生活方式将从"感觉"跨入"感知",从"感知"到"控制"。目前,物联网已经在智能交通、智能安防、智能物流、公共安全等领域得到实际应用。比较典型的应用包括水电行业无线远程自动抄表系统、数字城市系统、智能交通系统、危险源和家居监控系统、产品质量监管系统等,如图 1-5 所示。

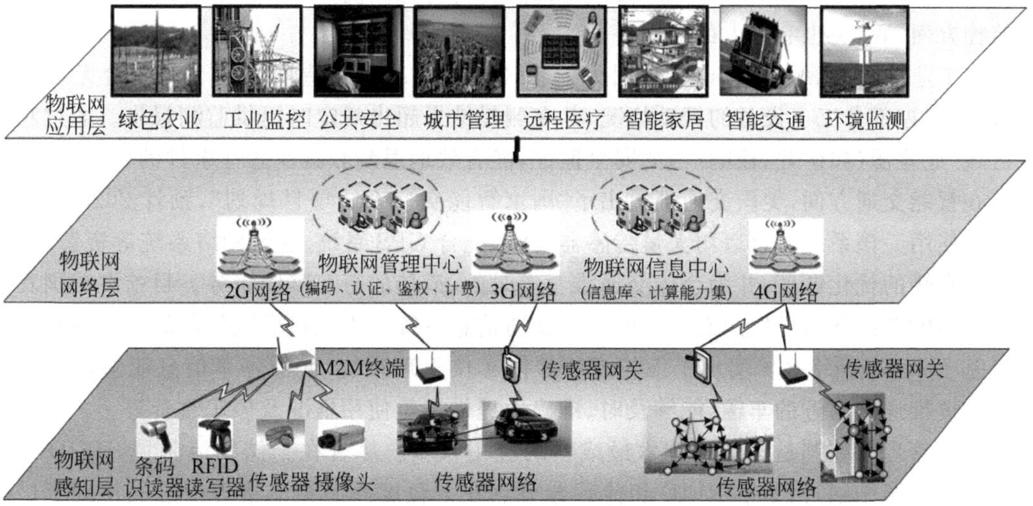

图 1-5　物联网应用场景

表 1-1 中所列应用是一些物联网的实际应用或潜在应用，其中某些应用案例已取得了较好的示范效果。在环境监控和精细农业方面，物联网系统应用最为广泛。

表 1-1 物联网应用类型

应用分类	用户行业	典型应用
数据采集	公共事业基础设施 机械制造 零售连锁行业 质量监管行业 石油化工 气象预测 智能农业	自动水表、电表抄表 智能停车场 环境监控和治理 电梯监控 物品信息跟踪 自动售货机 产品质量监管
自动控制	医疗 智能建筑 公共事业基础设施 工业监控	远程医疗及监控 路灯监控 智能交通 智能电网等
日常生活便利性应用	数字家庭 个人保健 金融 公共安全监控	交通卡 新型电子支付 智能家居 工业楼宇自动化
定位类应用	交通运输 物流管理及控制	警务人员定位监控 物流车辆定位监控

在民用安全监控方面，英国的一家博物馆利用传感网设计了一个报警系统，他们将节点放在珍贵文物或艺术品的底部或背面，通过侦测灯光的亮度改变和振动情况，来判断展览品的安全状态。中国科学院计算技术研究所在故宫博物院实施的文物安全监控系统也是无线传感网技术在民用安防领域中的典型应用。

在医疗监控方面，美国 Intel 公司目前正在研制家庭护理的传感网系统，作为美国“应对老龄化社会技术项目”的一项重要内容。另外，在对特殊医院（精神类或残障类）中病人的位置监控方面，WSN 也有巨大的应用潜力。

在工业监控方面，美国 Intel 公司为俄勒冈的一家芯片制造厂安装了 200 台无线传感器，用来监控部分工厂设备的振动情况，并在测量结果超出规定时提供监测报告。通过对危险区域/危险源（如矿井、核电厂）的安全监控，能有效地遏制和减少恶性事件的发生。

在智能交通方面，美国交通部提出了“国家智能交通系统项目规划”，预计 2025 年将全面投入使用。该系统综合运用大量传感器网络，配合 GPS 系统、区域网络系统等资源，实现对交通车辆的优化调度，并为个体交通推荐实时的、最佳的行车路线服务。目前在美国宾夕法尼亚州的匹兹堡市已经建有这样的智能交通信息系统。中国科学院软件研究所在地下停车场基于 WSN 网络技术实现了细粒度的智能车位管理系统，使得停车信息能够迅速通过发布系统推送给附近的车辆，能够及时、准确地提供车位使用情况及停车收费等。

物流管理及控制是物联网技术最成熟的应用领域。尽管在仓储物流领域，RFID 技术还没有被普遍采纳，但基于 RFID 和传感器节点在大粒度商品物流管理中已经得到了广泛的应用。例如，宁波中科万通公司与宁波港合作，实现了基于 RFID 网络的集装箱和集卡车的智能化管理，还使用 WSN 技术实现了封闭仓库中托盘粒度的货物定位。

智能家居领域是物联网技术能够大力应用的地方。随着人们生活节奏的加快，在工作的过程中，希望可以通过网络实现家庭各种电气设备、家具进行在线观察与控制，及时了解家里的情况，通过感应设备和图像系统相结合，基于 WSN 网络的智能楼宇系统能够将信息发布在互联网上，通过互联网终端可以对家庭状况实时监测。因此在 5G 通信网络的支持下，用户可以利用移动手机控制家里的空调、衣柜、电视机等设备。而且还能通过视频监控系统，随时观察家里的情况，随时随地地享受智能家居服务，同时也有利于促进其他产业发展。

绿色建筑中的应用。为了有效地提高城市的建设环保作用，绿色建筑成为城市建设中的重要发展理念，需要对建设的内部进行全面的控制，这就需要物联网技术进行支持，才能更好地实现绿色的理念与目标，而 5G 技术的低能量、低延迟也符合绿色建筑的理念，也会成为绿色建筑评价的重要指标。

智慧城市中的应用。5G 技术与物联网结合是智慧城市建设的一个重要内容，利用智能视频监控系统可以有效地对城市交通、电子车牌、平安城市等进行管理，再通过大数据技术进行分析，及时对城市的交通、安防进行管理，特别是在智能小区中的应用，这些都需要高速的通信网络进行支持。城市的空气质量检测、气象条件检测、城市交通应急方案等都是典型的智慧城市建设应用，5G 技术与物联网技术的融合不仅能够促进人们生活品质的提高，还能为人们的生活安全提供保障。

《物联网“十二五”发展规划》指出，“智能电网是物联网大量应用的关键行业之一。”5G 时代的到来，大大提高了物联网的振兴速度和发展规模，而物联网是电力系统不可缺少的技术应用。风能的生产和使用是当前电力系统研究的重点。我国的风能发电系统提升了坚强智能电网的操作，为电能资源的开发应用提供了良好平台。但是，分析我国电力状况后发现，电能资源仍然是一个资源缺口。当前，风能发电的技术和经济效益不高，很多风能发电厂举步维艰。而电能资源大量浪费，经济亏损严重，导致在弃风限电的重要关口，相关部门依然是犹豫不决。利用物联网的传感技术改造风力发电机，根据传感器拥有的测量系统和数据分析系统，对天气变化、风力大小级别进行数据分析，并根据相应的数据操作风力发电机，根据物联网的通信技术对风力发电机进行遥感监控，从而保证在风力发电过程中掌握电力资源的输出和风力发电机的运行情况，减少风力发电中能源和经济的支出，有效解决弃风限电的难题。在电力系统变电环节，物联网的智能化技术有助于完成变电站的电压和电流的变换。物联网的智能化技术有利于变电站实现智能化模式。变电站可以自动完成对信息、数据的采集和对电压的变换测量和把控，减少人员支出。长期使用变电站，要求定时对其进行检测和维修。利用物联网的智能化技术和 5G 快速运行模式，可以根据当天的操作，实时更新变电站的检测结果，在检测的同时，将检测数据和结果传送至相关维修人员，以便其及时分析检测数据，并决定是否进行维修。物联网和 5G 的结合，提高了检测效率，明确了检测结果，有效保证了变电站的安全使用。此外，在检测地下电缆时，先运用物联网技术关联地下电缆，再检测所有关联电缆，将检测结果第一时间输送到检测部门，由检测部门对相关结果进行分析。其中，绝缘状态和输送状态的数据检测分析尤为重要，直接影响电缆的使用。随着 5G 技术的成熟，相关专家建议，可以结合物联网和 5G 技术对变电站和地下电缆进行问题检测和预防，保障变电站的安全运行，进而保障整个变电系统的完整性和安全性。安全输电可以保证电力系统最大程度发挥作用。

输电环节主要应用了物联网的智能传感器。它可以将输电线路遇到的问题和故障实时传送到监控部门。相关人员依据输送回来的数据进行绝缘、线路等方面的分析，发现问题并及时解决，从而优化和提升电力系统。智能传感器还可以结合无人机对输电线路进行巡检。无人机携带的高清拍摄机可以对故障线路进行拍摄，使相关人员及时掌握输电线路的故障。5G技术在很大程度上提高了照片的输送效率，可以及时将问题反映到检测部门。因此，可凭借物联网的智能传感器、5G技术和无人机的优势，保障输电线路的安全。配电系统是整个电力系统中与用户直接联系的部分，需要充分发挥主动性。利用物联网技术，可以在配电系统将电力传送给用户的过程中，分析用户所需要的用电功率，在传送途中做出及时调整。整个电系统中，要重视电能资源的配置和调节，保证电能的使用和存储不存在矛盾，并将物联网和5G相结合，评估风险，及时构建相应的问题解决框架，加强配电系统高效传送和抵抗风险的能力。用电环节是电力系统经过发电、变电和配电环节最终要完成的部分。用电环节，将物联网先进技术和5G快速运行的优势相结合，系统可以通过负荷检测，在保证电能充足的情况下降低电压，减少电力资源的使用，实现对发电部分的经济调控。

物联网和云计算技术的应用，可以大大提高运营效率，同时降低管理成本。结合5G网络更大的容量和更快的数据处理速度等优点，汇聚海量数据，以物联网技术为手段，以园区建设为依托，提出基于5G的海量物联网智能管控系统，构建智慧型的产业园区。通过以楼宇的配套设施"风水电暖通"为典型接入，展开覆盖周边设施，外延至周边温度湿度、降雨排水、光照辐射、巡防定位等感知能力，最终形成全面覆盖人财物全方位的管控平台，实现对园区内外设施的高效、节能的"管、控、营"一体化。促进现代产业园区的智能化与节能化发展。物联网应用前景非常广阔，应用领域将遍及工业、农业、环境、医疗、交通、社会各个方面。从感知城市到感知中国、感知世界，信息网络和移动信息化将开辟人与人、人与机、机与机、物与物、人与物互联的可能性，使人们的工作生活时时联通、事事链接，从智能城市到智能社会、智慧地球。物联网的应用领域虽然广泛，但其实际应用却是针对性极强的，是一种"物物相联"的对物应用。尽管它涵盖了多个领域与行业，但在应用模式上没有实质性区别，都是实现优化信息流和物流，提高电子商务效能，便利生产，方便生活的技术手段。

1.7.2 物联网产业链

物联网作为新一代信息技术产业的重要组成部分，我国已将其列入战略性新兴产业重点扶持对象。加快物联网产业发展对推动经济社会发展方式转变，推动产业结构调整升级，提高自主创新能力，具有重要的战略意义。

1. 物联网产业链结构

一般来说，产业是指生产物质产品的集合体，包括农业、工业、交通运输业等，一般不包括商业：有时专指工业，如产业革命；有时泛指一切生产物质产品和提供劳务活动的集合体。通过分析物联网的体系结构、组成和关键技术可知，物联网产业链主要由感知与控制、数据传输、智能处理与应用服务3个环节构成。每个环节都包含着硬件产品、软件产品，以及系统集成、行业应用等关键技术。因此，还可以将物联网产业链细分为核心感知器件、感知层末端设备、网络通信产品制造、网络通信服务提供、软件开发与系统集成、运维及应用服务等环节。物联网产业链如图 1-6 所示。

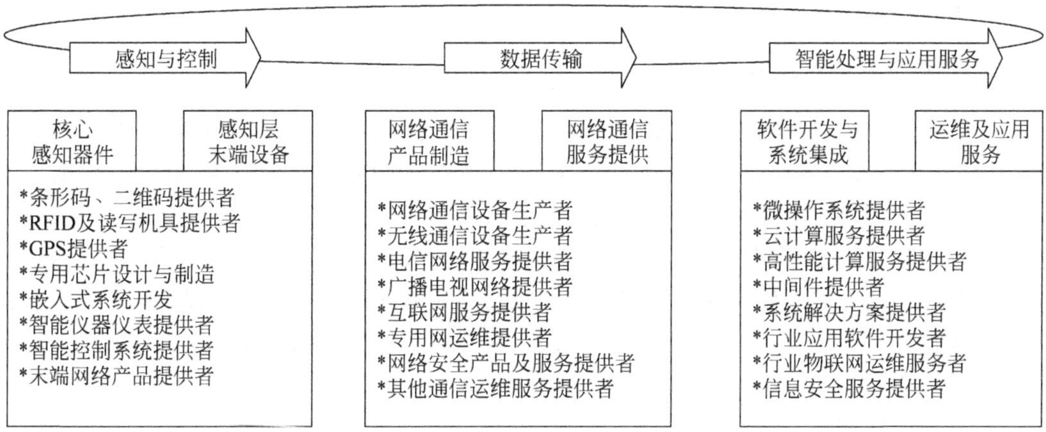

图 1-6 物联网产业链示意图

1）感知与控制产品制造产业

感知与控制设备分为核心感知器件和感知层末端设备。核心感知器件是物联网标识、识别以及采集信息的基础和核心，其感应器件主要包括 RFID、传感器（生物、物理和化学等）、智能仪器仪表、GPS 等；主要控制器件包括微操作系统、执行器、嵌入式系统等。它们用于完成“感”“知”后的“控”类指令的执行。感知层末端设备具有一定独立功能，其典型设备有传感节点设备、传感器网关等完成底层组网（自组网）功能的末端网络产品设备，以及射频识别设备、传感系统及设备、智能控制系统及设备等。

2）数据传输（通信网络）产业

对物联网数据传输提供支撑和服务的产业，涵盖网络产品制造与营销、网络通信服务两大类，涉及互联网、电信网、广播电视网、专网以及其他网络等。

3）智能处理与应用服务产业

智能处理与应用服务产业内涵丰富，主要包括软件与系统集成、运维与应用服务两大产业。软件与系统集成产业主要是软件产品开发和行业解决方案服务：①感知层的主要软件产品，包括微操作系统、嵌入式操作系统、实时数据库、运行集成环境、信息安全软件、组网通信软件等产品。②处理层的软件产品，包括网络操作系统、数据库、中间件、信息安全软件等。其中，中间件是物联网应用中的关键软件，它是衔接相关硬件设备和业务应用的桥梁，主要是对传感层采集来的数据进行初步加工，使得众多采集设备得来的数据能够统一，便于信息表达与处理，使语义具有互操作性，实现共享，便于后续处理应用。③行业解决方案。行业解决方案提供商提供了应用和服务于各行业或各领域的系统解决方案。目前，物联网的应用遍及智能电网、智能交通、智能物流、智能家具、环境保护、医疗卫生、金融服务业、公共安全、国防军事等领域，根据不同行业应用特点，需要提出个性化的解决方案。系统集成服务产业主要是根据用户需求，将实现物联网的硬件、软件和网络集成为一个完整解决方案提供给用户，部分系统集成商也提供软件产品和行业解决方案。

运维及应用服务产业主要指行业、领域的物联网应用系统的专业运维服务，为用户提供统一的终端设备鉴权、计费等服务，实现终端接入控制、终端管理、行业应用管理、业务运营管理、平台管理等服务。无论是政府公共服务领域，还是纯粹的商业领域，第三方服务将是物联网平台运营的发展趋势。

2. 物联网核心产业链的组成

“感、知、控”构成了物联网功能的核心，与感知层直接相关的产业构成核心产业链，涉及硬件、软件和服务等各种业态。在物联网应用中，没有感知和控制的需求，就没有数据传输和数据处理的需求。单纯从物联网实现的功能角度分析，感知层的关联产业处于物联网产业链的关键地位，感知层涉及核心感知器件提供者、感知层末端设备提供者和软件开发者，它们是物联网产业的基础。拥有自主知识产权的感应器件的研发、设计和制造，是我国物联网产业发展的核心环节，与此相关的射频芯片、传感器芯片和系统芯片等核心智能芯片的设计者和生产者，以及感应器件的制造者是其重点。

物联网底层实现了“感”，要实现对物品的“知”，然后实现对物品的“控”，应用层的智能处理非常关键。应用层的软件开发者、系统集成者、运营服务提供者在物联网产业链中具有重要地位。一个应用系统建成之后，持续的应用和经济价值来源于应用层的服务，未来商业模式的创新也要基于应用层平台服务模式建构。在一个实际的物联网应用系统建成后，其经济价值、社会价值是通过运行服务实现的，这是实现物联网核心价值的关键环节。因此，在物联网发展处于应用推广、试点示范的前期，产品生产、技术开发和解决方案提供者均处于主导地位，它们占据着技术应用市场。而当物联网市场真正成熟即进入市场成熟期后，新兴的信息技术服务企业——物联网平台运营服务者将在物联网产业链中发挥主导地位，它们会成为物联网产业的主角，占据物联网服务市场，能够真正产生网络产业、平台产业特有的零边际成本、强用户锁定、高规模效益的经济效能。

物联网网络层属于独立运行服务的成熟通信网络，技术成熟，应用成熟，属于物联网的网络支撑服务系统，不应该属于物联网核心产业链内容。当然，通信网络运营者如果基于自己的通信网络优势，向上、下的感知层、应用层延伸服务，提供应用系统服务，那它就不是传统意义的网络通信提供者了。

第 2 章 CHAPTER 2 物联网关键技术

物联网技术作为一个复杂的综合信息系统，是多种前沿技术的融合，其关键技术涉及信息获取、传输、存储、处理直至应用的全过程。因此掌握其核心技术，才能促进物联网的健康发展。本章基于物联网的构架模型，介绍物联网的关键技术。

2.1 物联网感知技术

节点感知技术是实现物联网的基础，包括用于对物质世界进行感知识别的电子标签、新型传感器、智能化传感网节点技术等。该层的主要功能是通过各种类型的传感器对物质属性、环境状态、行为态势等静态和动态的信息进行大规模、分布式的信息获取与状态辨识，针对具体感知任务，常采用协同处理的方式对多种类、多角度、多尺度的信息进行在线计算与控制，并通过接入设备将获取的信息与网络中的其他单元进行资源共享与交互。感知功能是构建整个物联网系统的基础。感知功能的关键技术包括传感器技术和信息处理技术。其中，传感器技术涉及数据信息的收集，信息处理技术涉及数据信息的加工和处理。下面具体地介绍各项技术的要点。

感知层是物联网的“感官系统”，位于物联网三层结构的最底层，是物联网的实现基础。为了在物联网感知层实现对物理世界“透彻的感知”，各种感知技术分布在感知层，主要包括传感器技术、传感器网络技术、标示与自动识别技术、特征识别技术、GPS 以及智能交互技术等。这些感知技术能够将各种物体和环境的感知信息通过通信模块和接入网关，传递到物联网网络层中。如果将感知层涉及的相关技术统称为感知技术，那么，作为物联网(技术体系)的基础，感知技术为感知物理世界提供最初的信息来源，并将物质世界的物理维度和信息维度融合起来，为超越人类本身对物质产生意识的感官系统开辟新的认知道路。感知技术的本质是信息采集，通过感知技术采集的物理世界的信息和基础网络设施结合，能够为未来人类社会提供无所不在、更为全面的感知服务，真正实现对物理世界认知层次的升华。物联网感知层涉及的技术众多，这里对传感技术和传感网、标示与识别技术、定位技术等做简要分析。

2.1.1 传感器技术

传感器处于观测对象和测控系统的接口位置，是感知、获取和监测信息的窗口。传感器技术是半导体技术、测量技术、计算机技术、信息处理技术、微电子学、光学、声学、精密机械、仿生学和材料科学等众多学科相互交叉的综合性和高新技术，是现代新技术革命和信息社会的重要基础，与通信技术、计算机技术共同构成信息产业的三大支柱。美国和日本等国家都将传感器技术列为国家重点开发关键技术之一。美国国家长期安全和经济繁荣至关重要的 22 项技术中有 6 项与传感器技术直接相关。美国空军 2000 年列举出 15 项有助于提高 21 世纪空军能力的关键技术，传感器技术名列第二。日本对开发和利用传感器技术相当重视，并将其列为国家重点发展核心技术之一。日本科学技术厅制定的 20 世纪 90 年代重点科研项目中有 70 个重点课题，其中有 18 项与传感器技术密切相关。世界各国普遍重视和开发投入，传感器发展十分迅速，在近十几年来其产量及市场需求年增长率均在 10%以上。

传感器可以感知热、力、光、电、声、位移等信号，为物联网系统的处理、传输、分析和反馈提供最原始的数据信息。在某些领域中又称为敏感元件、检测器、转换器等。通常传感器由敏感元件和转换元件组成。其中，敏感元件是指传感器中能直接感受或响应被测量的部分，而转换元件是指传感器中将敏感元件感受或响应的被测量转换成适于传输或测量的电信号的部分。一般这些输出信号都很微弱，因此需要有信号调理与转换电路将其放大、调制等。目前随着半导体技术的发展，传感器的信号调理与转换电路可以和敏感元件一起集成在同一芯片上。传感器的组成框图如图 2-1 所示。

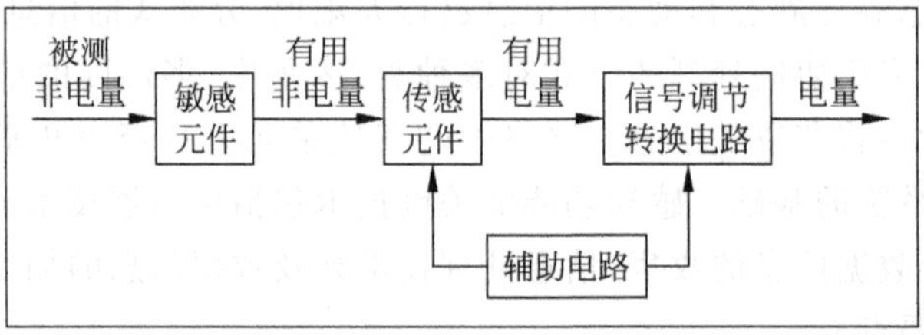

图 2-1 传感器的组成框图

被测非电量信号转换为与之有确定对应关系电量输出的器件或装置称为传感器，也称变换器、换能器或探测器。其中，敏感元件直接感受被测非电量并按一定规律转换成与被测量有确定关系的其他量的元件，传感元件又称变换器，能将敏感元件感受到的非电量直接转换成电量的器件。信号调节与转换电路能把传感元件输出的电信号转换为便于显示、记录、处理和控制的有用电信号的电路。辅助电路通常包括电源等。

目前，使用智能传感器是获取信息的一个重要途径。传感器种类繁多，可按不同的标准分类。按外界输入信号转换为电信号时采用的效应分类，传感器可分为物理、化学和生物传感器；按输入量分类，传感器可分为温度、湿度、压力、位移、速度、加速度、角速度、力、浓度、气体成分传感器等；按工作原理分类，传感器可分为电容式、电阻式、电感式、压电式、热电式、光敏、光电传感器等。表 2-1 给出了常见传感器的分类。随着电子技术的不断进步，传统的传感器正逐步实现微型化、智能化、信息化、网络化。同时，传感器也正经历着一个传统传感器(Dumb Sensor)—智能传感器(Smart Sensor)—嵌入式 Web 传感器(Embedded Web

Sensor)的不断丰富发展的过程。应用新理论、新技术，采用新工艺、新结构、新材料，研发各类新型传感器，提升传感器功能与性能，降低成本，是实现物联网的基础。目前，已经有大量门类齐全、技术成熟的智能传感器产品可供选择使用。

表 2-1　常见传感器的分类

分类方法	传感器类型	描　述
按输入量分类	温度传感器、湿度传感器、压力传感器、浓度传感器等	以被测量类型命名
按输出信号分类	模拟传感器、数字传感器、开关传感器等	以输出信号的类型命名
按工作原理分类	电阻应变式传感器、电容式传感器、电感式传感器等	以传感器工作原理命名
按照敏感材料分类	半导体传感器、陶瓷传感器、光导纤维传感器等	以制造传感器材料命名
按能量关系分类	能量转换型传感器 能量控制型传感器	换能器，直接将被测量转换为输出电能量 由外部供给能量，被测量控制输出电能量

传感器在稳态信号作用下，其输入输出关系称为静态特性。衡量传感器静态特性的重要指标是线性度、灵敏度、重复性、迟滞、分辨率和漂移。

(1) 线性度和灵敏度。传感器的线性度就是其输出量与输入量的实际关系曲线偏离直线的程度，又称为非线性误差。线性度定义为全量程范围内，实际特性曲线与拟合直线之间的最大偏差值与满量程输出值之比。实际使用中几乎每一种传感器都存在非线性。因此，在使用传感器时，必须对传感器输出特性进行线性处理。而灵敏度是其在稳态下输出增量与输入增量的比值。

(2) 重复性。重复性表示传感器在按同一方向做全量程多次测试时，所得特性不一致性的程度。多次按相同输入条件测试的输出特性曲线越重合，其重复性越好，误差也越小。传感器输出特性的不重复性主要由传感器机械部分的磨损、间隙、松动、部件的内摩擦、积尘以及辅助电路老化和漂移等原因产生。

(3) 迟滞和分辨率。迟滞特性表明传感器在正向(输入量增大)行程和反向(输入量减小)行程期间，输出输入特性曲线不重合的程度。传感器的分辨率是在规定测量范围内所能检测输入量的最小变化量。

(4) 漂移传感器的漂移是指在外界的干扰下，输出量发生与输入量无关的、不需要的变化。漂移包括零点漂移和灵敏度漂移等。零点漂移或灵敏度漂移又可以分为时间漂移和温度漂移。时间漂移是指在规定的条件下，零点或灵敏度随时间的缓慢变化；温度漂移为环境温度变化而引起的零点或灵敏度的漂移。

物理传感器的典型代表如下。

(1) 电阻应变式传感器。电阻应变式传感器以应变效应为基础，利用电阻应变片将应变转换为电阻变化。传感器由粘贴在弹性元件上的电阻应变敏感元件组成，当被测物理量作用在弹性元件上，弹性元件的变形引起应变敏感元件的阻值变化，通过转换电路转变成电量输出，电量变化的大小反映了被测物理量的大小。电阻应变片作为应力检测手段已有 50

年的历史，应用最多的是金属电阻应变片和半导体应变片两种，最大特点是使用简便、测量精度高、体积小和动态响应好，在测量各种物理量如压力、转矩、位移和加速度等的传感器中被广泛采用。但缺点是电阻值会随温度变化而变化，易产生误差。随着技术发展，人们发明了很多温度补偿方法，使电阻应变式传感器的准确度有了极大提高，得到广泛应用。

(2) 压电式传感器。以某些物质所具有的压电效应为基础，在外力作用下，在电介质的表面上产生电荷，从而实现非电量测量。压电传感元件是力敏感元件，所以它能测量最终能转换为力的物理量，例如力、压力、加速度等。压电效应分为正压电效应和逆压电效应两种。正压电效应也可以叫作顺压电效应。某些电介质，当沿着一定方向对其施力而使它变形时，内部就产生极化现象，同时在它的一定表面上产生电荷，当外力去掉后，又重新恢复不带电状态。当作用力方向改变时，电荷极性也随着改变。逆压电效应也可以叫作电致伸缩效应。当在电介质的极化方向上施加电场，这些电介质就在一定方向上产生机械变形或机械压力，当外加电场撤去时，这些变形或应力也随之消失。压电式传感器具有响应频带宽、灵敏度高、信噪比大、结构简单、工作可靠、重量轻等优点。近年来，由于电子技术的飞速发展，随着与之配套的二次仪表以及低噪声、小电容、高绝缘电阻电缆的出现，使压电传感器的使用更为方便。因此，压电式传感器在工程力学、生物医学、石油勘探、声波测井、电声学等许多技术领域中获得了广泛的应用。

(3) 光纤传感器。光纤传感器是 20 世纪 70 年代中期发展起来的一种基于光导纤维(Optical Fiber)的新型传感器。光纤传感器以光作为敏感信息的载体，将光纤作为传递敏感信息的媒质，它与以电为基础的传感器有本质区别。光纤传感器的主要优点包括电绝缘性能好、抗电磁干扰能力强、非侵入性、高灵敏度和容易实现对被测信号的远距离监控等。光纤传感器的分类方法很多，以光纤在测试系统中的作用，可以分为功能性光纤传感器和非功能性光纤传感器。功能性光纤传感器以光纤自身作为敏感元件，光纤本身的某些光学特性被外界物理量所调制来实现测量；非功能性光纤传感器是借助于其他光学敏感元件来完成传感功能，光纤在系统中只作为信号功率传输的媒介。根据光受被测量的调制形式，光纤传感器可以分为强度调制光纤传感器、偏振调制光纤传感器、频率调制光纤传感器和相位调制光纤传感器。

化学传感器必须具有对被测化学物质的形状或分子结构进行俘获的功能，同时能够将被俘获的化学量有效地转换为电信号。下面以气体传感器和湿度传感器作为化学传感器的代表进行介绍。

1. 气体传感器

气体传感器是指能将被测气体浓度转换为与其成一定关系的电量输出的装置或器件。气体传感器必须满足下列条件。

(1) 能够检测爆炸气体的允许浓度、有害气体的允许浓度和其他基准设定浓度。

(2) 对被测气体以外的共存气体或物质不敏感。

(3) 性能长期稳定性好。

(4) 响应迅速，重复性好。

气体传感器从结构上区别可以分为两大类，即干式气体传感器和湿式气体传感器。凡构成气体传感器的材料为固体者均称为干式气体传感器；凡利用水溶液或电解液感知被测气体的称为湿式气体传感器。气体传感器通常在大气工况中使用，而且被测气体分子一般要附着于气体传感器的功能材料表面且与之发生化学反应。因此，气体传感器可以归属于化学传感器。气体传感器主要包括半导体传感器、红外吸收式气敏传感器、接触燃烧式气敏传感器、热导率变化式气体传感器和湿式气敏传感器等几种。

2. 湿度传感器

湿度传感器是指能将湿度转换成与其呈一定比例关系的电量输出的装置。湿度传感器包括电解质系、半导体及陶瓷系、有机物及高分子聚合物系三大系列。

电解质系湿度传感器包括无机电解质和高分子电解质湿敏元件两大类。感湿原理为不挥发性盐溶解于水，结果降低了水的蒸汽压，同时盐的浓度降低导致电阻率增加。通过对电解质溶解液电阻的测试，即时知道环境的湿度。其中，半导体及陶瓷湿度传感器按照制作工艺，可以分为涂覆膜型、烧结体型、厚膜型、薄膜型及 MOS 型等；有机物及高分子聚合物湿度传感器的原理在于有机纤维素具有吸湿溶胀、脱湿收缩的特性。利用这种特性，将导电的微粒或离子参入其中作为导电材料，就可将其体积随环境湿度的变化转换为感湿材料电阻的变化，典型代表有碳湿敏元件和结露敏感元件。

生物传感器通常将生物物质固定在高分子膜等固体载体上，被识别的生物分子作用于生物功能性人工膜时，会产生变化的电信号、热信号、光信号输出。生物传感器中固定化的生物物质包括酶、抗原、激素以及细胞等。典型的代表为酶传感器，它主要由固定化的酶膜与电化学电极系统复合而成。酶的催化具有高度的专一性，即一种酶只能作用于一种或一类物质，产生一定的产物。酶传感器既有酶的分子识别功能和选择催化功能，又具有电化学电极响应快、操作简便的优点。

微生物传感器是以活的微生物作为分子识别元件的传感器。主要工作原理有利用微生物体内含有的酶识别分子；利用微生物对有机物的同化作用；利用微生物的厌氧性特点等。微生物传感器尤其适合于发酵过程的测定。

免疫传感器是由分子识别元件和电化学电极组合而成。抗体或抗原具有识别和结合相应的抗原或抗体的特性。在均相免疫测定中，作为分子识别元件的抗原或抗体分子不需要固定在固相载体上，而在非均相免疫测定中，则需将抗体或抗原分子固定到一定的载体上，使之变成半固态或固态。

MEMS 传感器是智能传感器的代表。MEMS(Micro-Electro-Mechanical Systems)是微机电系统的缩写，MEMS 技术建立在微米/纳米尺度上，是对微米/纳米材料进行设计、加工、制造、测量和控制的技术。完整的 MEMS 是由微传感器、微执行器、信号处理和控制电路、通信接口和电源等部件组成的一体化的微型器件系统。该传感器能够将信息的获取、处理和执行集成在一起，组成多功能的微型系统，从而大幅度提高系统的自动化、智能化和可靠性水平。它还使得制造商能将一件产品的所有功能集成到单个芯片上，从而降低成本，适用于大规模生产。

MEMS 传感器首先在物理量测量中获得成功，代表为微机械压力传感器。目前，以膜片为压力敏感元件的硅机械压力传感器已经占据了压力传感器市场的很大份额，具有体积小、重量轻和批量化生产的特点。MEMS 技术进一步在加速度、角速度、温度等其他物理量测量上得到了迅速的推广。

MEMS加速度传感器主要应用于测量冲击和振动。例如，在笔记本电脑里内置加速度传感器，动态监测笔记本的振动情况，在颠簸环境甚至坠落情况下最大程度减小硬盘的损伤；在相机和摄像机中内置加速度传感器可以监测手部的振动，并根据这些振动，自动调节相机的聚焦。

MEMS陀螺仪能够测量沿一个轴或几个轴运动的角速度，是补充MEMS加速度传感器功能的理想技术。如果组合使用加速度计和陀螺仪这两种传感器，系统设计人员就可以跟踪并捕捉三维空间的完整运动，为最终用户提供现场感更强的用户使用体验、精确的导航系统以及其他功能。

智能化传感网节点是一个微型化的嵌入式系统。在感知物质世界及其变化的过程中，需要检测的对象很多，如温度、压力、湿度、应变等。因此，需要针对低功耗传感网节点设备的低成本、低功耗、小型化、高可靠性等要求，研制低速、中高速传感网节点芯片，以及集射频、基带、协议、处理于一体，具备通信、处理、组网和感知能力的低功耗片上系统(System on Chip,SoC)；针对物联网行业应用，研制系列节点产品。这不但需要采用微机电系统加工技术，设计符合物联网要求的微型传感器，使之可识别、配接多种敏感元件，并适用于主被动各种检测方法。另外，传感网节点还应具有强抗干扰能力，以适应恶劣工作环境的需求。

如何利用传感网节点具有的局域信号处理功能，在传感网节点附近局部完成一定的信号处理，使原来由中央处理器实现的串行处理、集中决策的系统，成为一种并行的分布式信息处理系统。这还需要开发基于专用操作系统的节点级系统软件。对于由大量传感网节点构成的物联网，在信息感知的过程中，采用各个节点单独传输数据到汇聚节点的方法是不可行的，需要采用数据融合与智能技术进行处理。因为网络中存有大量冗余数据，会浪费通信带宽和能量资源。此外，还会降低数据的采集效率和及时性。因此将多种数据或信息进行协同处理，组合出高效、符合用户要求的信息的过程。在传感网应用中，多数情况只关心监测结果，并不需要收到大量原始数据；数据融合是处理这类问题的有效手段。例如，借助于数据稀疏性理论在图像处理中的应用，可将其引入传感网数据压缩，以改善数据融合效果。

2.1.2 标示与识别技术

在感知技术中，电子标签用于对采集点信息进行标准化标识。EPC技术将物体进行编号，该编号是全球唯一的，以方便接入网络。编码技术是EPC的核心，该编码可以实现单品识别，使用射频识别系统的读写器可以实现对EPC标签信息的读取，互联网EPC体系中实体标记语言服务器把获取的信息进行处理，服务器可以根据标签信息实现对物品信息的采集和追踪，利用EPC体系中的网络中间件等，对所采集的EPC标签信息进行管理。

RFID技术是一种非接触式的自动识别技术，属于近程通信，与之相关的技术还有蓝牙(Bluetooth)技术等。RFID通过射频信号自动识别目标对象并获取相关数据，识别过程无须人工干预，可工作于各种恶劣环境。RFID使用射频信号对目标对象进行自动识别，获取相关数据，目前该方法是物品识别最有效的方式。根据工作频率的不同，可以把RFID标签分为低频、高频、超高频、微波等不同的种类。RFID技术与互联网、通信等技术相结合，可实现全球范围内物品跟踪与信息共享。

RFID主要采用ISO和IEC制定的技术标准。目前可供射频卡使用的几种射频技术标准有 ISO/IEC 10536、ISO/IEC 14443、ISO/IEC 15693 和 ISO/IEC 18000。应用最多的是 ISO/IEC 14443 和 ISO/IEC 15693，这两个标准都由物理特性、射频功率和信号接口、初始化和反碰撞以及传输协议 4 部分组成。

RFID 与人们常见的条形码相比，明显的优势体现为：①阅读器可同时识读多个 RFID 标签；②阅读时不需要光线，不受非金属覆盖的影响，而且在严酷、肮脏条件下仍然可以读取；③存储容量大，可以反复读、写；④可以在高速运动中读取。当然，目前 RFID 还存在许多技术难点与问题，主要集中在：①RFID 反碰撞、防冲突问题；②RFID 天线研究；③工作频率的选择；④安全与隐私等。

2.1.3　特征识别技术

基于生物特征的电子身份识别指通过对生物体（一般特指人）本身的生物特征来区分生物体个体的电子身份识别技术。从计算机产生之初，使用口令来验证计算机使用者的身份是最早的 EID（Electronic IDentity）应用。随着社会经济的发展，EID 应用逐渐扩展到电子政务和民生领域，负责政府官员、市民和移动终端的身份识别。与互联网相同，物联网能识别用户和物体的一切信息都是用一组特定的数据来表示的。这组特定的数据代表了数字身份，所有对用户和物体的授权也是针对数字身份的授权。如何保证以数字身份进行操作的使用者就是这个数字身份合法拥有者，也就是说保证使用者的物理身份与数字身份相对应，EID 服务就是为了解决这个问题。作为物联网的第一道关口，EID 服务的重要性不言而喻。

目前特征识别研究领域非常多，主要包括语音、脸、指纹、手掌纹、虹膜、视网膜、体形等生理特征识别；敲击键盘、签字等行为特征识别；还有基于生理特征和行为特征的复合生物识别。这些特征识别技术是实现电子身份识别最重要的手段之一。物联网应用领域内，生物识别技术广泛应用于电子银行、公共安全、国防军事、工业监控、城市管理、远程医疗、智能家居、智能交通和环境监测等各个行业。

1. 生物特征识别简介

生物特征识别（Biometric Identification Technology）是利用人体生物特征进行身份认证。它的理论基础有两点：一是基于人的生物特征是不相同的；二是基于这些特征是可以通过测量或自动识别进行验证的。人的生物特征包括生理特征和行为特征。生理特征有指纹、手形、面部、虹膜、视网膜、脉搏、耳郭等；行为特征有签字、声音、按键力度、进行特定操作时的特征等。

生物特征识别的技术基础主要是计算机技术和图像处理技术。随着各种先进的计算机技术、图像处理技术和网络技术的广泛应用，基于数字信息技术的现代生物识别系统迅速发展起来。所有的生物识别系统都包括如下几个处理过程：采集、解码、比对和匹配。生物图像采集包括了高精度的扫描仪、摄像机等光学设备，以及基于电容、电场技术的晶体传感芯片，超声波扫描设备、红外线扫描设备等。在数字信息处理方面，高性能、低价格的数字信号处理器（Digital Signal Processing，DSP）已开始大量地应用于民用领域，其对于系统所采集的信息进行数字化处理的功能也越来越强。在比对和匹配技术方面，各种先进的算法技术不断地开发成功，大型数据库和分布式网络技术的发展，使得生物识别系统的应用得以顺利实现。

随着生物特征识别技术的不断发展，现在它已经成长为一个庞大的家族了。它在国防军事、公安、金融、保险、医疗卫生、计算机管理等领域均发挥了重要作用，出现了专业研制生产生物识别产品的公司，所开发的产品种类丰富，除传统的自动指纹识别系统(AFIS)及门禁系统外，还出现了指纹键盘、指纹鼠标、指纹手机、虹膜自动取款机、面部识别的支票兑付系统等。尤其是在物联网的身份认证、物体识别、安全等方面，有着广阔的应用前景。下面以较为成熟的指纹、手形、面部、虹膜等识别系统为例来介绍生物识别系统。

2. 指纹和手形识别

指纹识别就是利用人的指纹特征对人体身份进行认证的技术。生物识别技术的发展主要起始于指纹研究，它亦是目前在所有的生物识别技术中技术最为成熟，应用最为广泛的生物识别技术。指纹是人与生俱来的身体特征，大约在 14 岁以后，每个人的指纹就已经定型。指纹具有固定性，不会因人的继续成长而改变。指纹也具有唯一性，不同的两个人不会具有相同的指纹。指纹识别发展到现在，已经完全实现了数字化。在检测时，只要将摄像头提取的指纹特征输入处理器，透过一系列复杂的指纹识别算法的计算，并与数据库中的数据相对照，很快就能完成身份识别过程。时至今日，通过识别人的指纹来作为身份认证的这门技术，广泛应用于指纹键盘、指纹鼠标、指纹手机、指纹锁、指纹考勤、指纹门禁等多个方面。如图 2-2 所示，指纹鼠标可用于合法用户识别，使用者可以通过轻敲位于鼠标上端的指纹传感器，将指纹与已经被输入计算机系统的模块对比。一旦指纹被识别，使用者就可以启动计算机的操作系统。为了安全起见，如果长时间不动鼠标，它将自动启动屏幕保护程序，直到使用者再次触摸 ID 鼠标为止。指纹键盘与指纹鼠标类似，广泛应用于计算机用户识别。如图 2-3 所示，指纹手机指的是指纹识别可用于手机的合法用户识别。步入物联网时代，新技术赋予了手机太多的内容：电话、上网、购物、缴费甚至是利用手机进行系统控制，所以仅靠手机本身的密码或者 SIM 卡锁，是不能保障用户的安全的，试想如果利用手机购物，可能你的个人资料和信用卡资料将保存在手机中，一旦手机丢失或者被盗用，后果将十分严重。所以不少手机厂商在集成各种功能的同时，也在手机安全性上大做文章，最新的技术是个人指纹识别。以指纹代替传统的数字密码，不仅可以增加手机银行操作的安全性，此外，手机更可凭指纹认证，上网作购物及收发电子邮件的通行许可，防止黑客攻击。指纹支付依托不侵犯隐私的活体指纹识别技术为基础，客户在进行支付时，当手指在指纹支付终端的读头上按下去之后，终端设备会将用户的指纹数据信息(非图像信息)传至系统，经系统认证识别找到与该指纹信息相对应的付款账户，消费金额将自动从客户的银行账户划至商户。

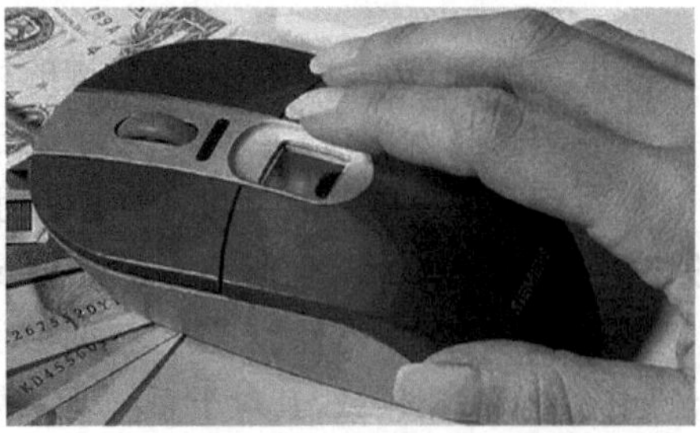

图 2-2 指纹鼠标

图 2-3 指纹手机

图 2-4 中的指纹锁可以应用于车、房锁等私人物品或场所的身份认证。根据不同用户，能够实现智能设置。指纹锁技术不仅能够使汽车的门锁装置不再需要钥匙，同时还具有根据指纹及预储的信息，自动调整汽车驾驶员的座椅高度、前后距离，各个反光镜位置及自动接通车载电话等功能。指纹考勤就是用指纹识别代替刷卡，记录员工的考勤情况，实现考勤登记和考勤管理的系统。这些指纹识别应用的技术基础都是自动指纹识别系统(Automated Fingerprint Identifica-tion SyStem，AFIS)，它是指计算机对输入的指纹图像进行处理，以实现指纹的分类、定位、提取形态和细节特征，再根据所提取的特征进行指纹的比对和识别。系统设计主要着眼于一些需要高级安全保护的场合，例如银行、医疗保健、法律公司、军事部门等。目前正在扩大到物联网、电子商务和保险等许多领域，例如指纹支付。手形识别技术和指纹识别非常的类似，如图 2-5 所示，手形识别通过使用红外线等方法扫描人手，从人手的基本结构提取特征，妥善保存这些特征用于个人身份鉴定。

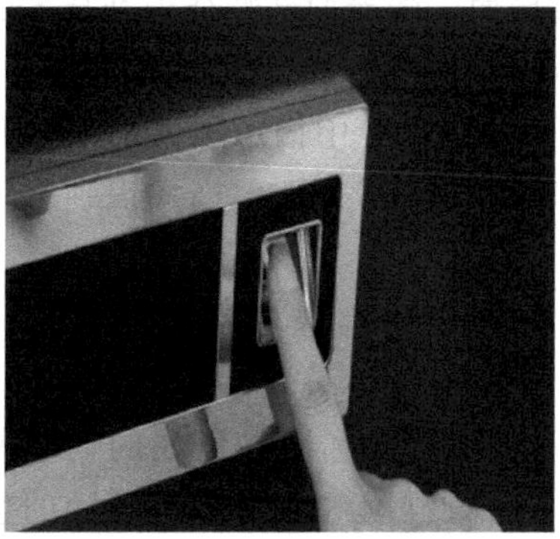

图 2-4　指纹锁

图 2-5　指纹扫描

3. 面部识别

面部识别是根据人的面部特征来进行身份识别的技术，包括标准视频识别和热成像技术两种。标准视频识别是透过普通摄像头记录下被拍摄者眼睛、鼻子、嘴的形状及相对位置等面部特征，然后将其转换成数字信号，再利用计算机进行身份识别。视频面部识别是一种常见的身份识别方式，现已被广泛用于公共安全领域。热成像技术是红外技术中的一种，主要通过分析面部血液产生的热辐射来产生面部图像。与视频识别不同的是，热成像技术不需要良好的光源，即使在黑暗情况下也能正常使用。面部识别的优势在于其自然性和不被被测个体察觉的特点。但面部识别技术难度很高，被认为是生物特征识别领域，甚至是人工智能领域最困难的研究课题之一。

美国南加州大学开发了一套称为 Mugshot 的计算机软件，它把要找的人的面貌先扫描并存储在计算机里，然后通过摄像机在流动的人群中，自动寻找并分析影像，从而辨认出那些已经存储在计算机中的人的脸孔。澳大利亚联邦科学与工业研究组织(Commonwealth Scientific and Industrial Research Organization，CSIRO)的科学家研制出一套自动化脸孔辨认系统，可以从存储的智能卡或者计算机资料库中调出事先存储的人脸图像，与真人的脸孔进行比较，在半秒之内，辨认出这个人的身份。这套系统采用普通的个人计算机和一个普通摄像机作为硬件。科学家指出，这套系统的精确度达 95%，假如再加上一套声音辨认系统，可以把精确度提高至更高的水平。一种新的面部识别技术正在英国伦敦的几家大型商场进行试用。这种面部识别技术通过摄像机扫描繁忙购物中心的人流，所有路过者的面部同时还被转换成数字图像，并由计算机进行处理。如果收集到的面部特征和计算机中事先存储的罪犯面部特征相吻合，警报声就会在控制中心响起并通知警方。

面部识别可以用在办公室大门和电梯中，它是企业级的解决方案。美国的佩罗尔先生牌支票兑付机装有面部识别系统，使用方便，中国台湾星创科技公司推出的FACE ON 2000面部识别系统，使用者可以结合个人电脑、摄影仪，自行制作专属的身份档案，而由于采用独有的特征识别技术，即使未来变胖、变瘦，换了发型，甚至戴上眼镜伪装，仍然能够被识别出来。面部识别并不仅局限于2D的面部图像识别。美国专利商标局(US Patent and Trademark Office)2012年公布的一系列获批的苹果新专利，其中一项名为"3D物体识别"(3D Object Recognition)的专利技术令人吃惊。据称，融入了3D技术的面部识别，避免了拿着一张苹果手机所有者面部照片就能进入手机系统的尴尬局面。随着面部特征识别技术的发展，它不仅用于身份识别，还可以根据面部的表情和细微变化推断人的心理活动，美剧*Lie to me*(该剧灵感源于行为学专家Paul Ekrman博士的研究及著作)中揭示了面部表情和心理活动之间的联系。如果这种联系能够用智能模式识别来分析，那么面部模式识别就可以用来测谎。

4. 虹膜识别

21世纪是一个信息产业爆发式增长的时代，更是一个由感知和网络组成的物联网时代。随着身份识别和认证技术的蓬勃发展，指纹、面部、DNA、虹膜等人体不可消除的生物特征，正逐步取代密码、钥匙，成为保护个人和组织信息安全，防止刑事、经济犯罪活动最有力的"精确识别"技术。虹膜是瞳孔周围有颜色的肌肉组织。研究表明，人的眼虹膜上有很多微小的凹凸起伏和条状组织，其表面特征几乎是唯一的。虹膜识别的工作过程，与指纹识别有些类似。先要将扫描的高清虹膜特征图像转换为数字图像特征代码，存储到数据库中。当进行身份识别时，只需将扫描的待检测者的虹膜图像的图像特征代码与事先存储的图像特征代码相对照，即可判明身份。虹膜识别技术最早由两名美国眼科医生于1986年提出。1991年，世界上第一个虹膜特征提取技术专利由英国剑桥大学约翰·道格曼教授获得。他的研究证明：这项技术能够广泛适用于人类所有的民族、种族。在所有的生物识别技术里，虹膜识别是最适合大规模应用的身份识别技术。虹膜是眼睛中瞳孔和巩膜(眼睛白色部分)之间的环形区域。虹膜生物识别系统依赖于对虹膜纹理模式的检测和识别。虹膜的纹理特征是胎儿在子宫内发育过程中随机发展形成，并在生命的头两年稳固下来的。即使是同一个人，左右眼睛的虹膜也是不同的，同卵双胞胎儿的虹膜也是完全不同的。在所有生物特征识别技术中，虹膜识别的错误率是当前应用的各种生物特征识别中最低的。虹膜识别技术以其高准确性、非接触式采集、易于使用等优点在国内得到了迅速发展。虹膜识别产品现在已被广泛应用于对安全性能有较高要求的国家保密机构的身份认证、军队的保密系统、反恐军事安全、出入境管理、金库门禁、银行柜员授权及保险箱、虹膜ATM机系统、网银及手机虹膜支付、生物护照及电子客票实名制身份验证、监狱门禁控制等领域。

阿联酋是最早大规模启动虹膜边检的国家，每天虹膜比对多达27亿次；2012年初墨西哥成为第一个正式启用虹膜居民身份证的国家，普及人口近1.2亿；印度也从2009年开始精心酝酿其全国虹膜边检计划，一旦实施将是世界上最大的虹膜识别应用项目。虽然虹膜识别技术比其他生物认证技术的精确度高几个到几十个数量级，但虹膜识别也存在缺点。使用者的眼睛必须对准摄像头，而且摄像头近距离扫描用户的眼睛是一种侵入式识别方式，会造成一些用户的反感。但是，利用视网膜进行身份识别时的激光照射则对眼睛会带来一定健康损害。虹膜成像技术采用基于商用 CCD(Charge Coupled Device)、CMOS(Complementary Metal Oxide Semiconductor)成像传感器技术的数码相机来采集高清虹膜特征图像，因此不需要采集者和采集设备之间的直接身体接触。在目前所有的虹膜图像采集系统中，所使用的光源和成像平面镜都不会对人眼做扫描，在所有与眼睛相关的生物识别技术中，虹膜图像采集(虹膜成像)对眼睛的侵扰是最小的。

5. 行为特征识别

行为特征识别中包括语音识别和签字识别等和人类言行相关的特征识别。语音识别主要是指利用人的声音特点进行身份识别的一门技术。它通过录音设备不断地测量、记录声音的波形和变化，将现场采集到的声音与登记过的声音模板进行匹配，从而确定用户的身份。语音识别的优点在于它是一种非接触识别技术，容易为公众所接受。但声音会随音量、音速和音质的变化而影响。例如，一个人感冒时说话和平时说话就会有明显差异。再者，一个人也可有意识地对自己的声音进行伪装和控制，给鉴别带来一定困难。所以语音识别技术由于这些技术问题的困扰，识别精度不高。语音识别技术的延伸还包括嘴唇运动识别技术。签字是一种传统身份认证手段。现代签字识别技术，主要是通过测量签字者的字形及不同笔画间的速度、顺序和压力特征，对签字者的身份进行鉴别。签字与声音识别一样，也是一种行为测定，因此，同样会受人为因素的影响。行为特征识别中的“高端”识别技术——“认知轨迹”识别深受美国国防部高级研究计划局(Defense Advanced Research Projects Agency，DARPA)的重视。2012 年，美国国防部高级研究计划局的军事信息安全专家在弗吉尼亚州阿灵顿召开会议，将生物识别技术融入美国国防部军事赛博安全系统，无须安装新的硬件。其目的不仅节省时间和成本，而且还有助于加强国防部现有计算机的安全性，摆脱对冗长复杂类型密码的严重依赖。在 DARPA 发布的一份关于主动认证(Active Authentication)项目初始阶段的广泛机构公告(DARPA-BAA-12-06)，将开发一种全新的行为特征识别技术，将使生物识别方法不仅在登录阶段可以验证识别国防部的计算机授权用户，还包括用户使用计算机操作的整个过程。这种基于“认知轨迹”捕捉和识别的主动认证项目旨在改变目前国防部赛博安全的主要身份验证方式，即通过用户密码和通用访问卡访问国防部计算机系统，重点开发新的行为特征识别技术而无须安装新的赛博安全软件。“认知轨迹”包括用户在操作计算机时，浏览页面的视觉跟踪习惯、单个页面的浏览速度、电子邮件及其他通信的方法和结构、键盘敲击方式、用户信息搜索和筛选方式以及用户阅读素材的方式等。这些浏览时的行为特征综合起来，就可以创建一个用户的认知轨迹。使用这种认知轨迹来验证国防部计算机用户的身份将取代或扩展使用冗长复杂类型密码和通用访问卡。DARPA 官员说，目前的方法只能验证用户的身份登录，并不能验证正在使用系统的用户是否为最初验证的用户。因此，如果密码被破解或者最初通过身份验证的用户不采取适当措施，未经授权的用户可能非法访问信息系统资源。

6. 复合生物识别

生物特征识别技术各有优缺点，为了在应用中扬长避短、相互补充，从而获得更高的总体识别性能，就出现了复合生物识别技术。既然生物特征包括生理特征和行为特征，那么复合生物识别技术在应用中包括生理特征或行为特征之间的复合。复合生物识别既可以是生理特征之间的复合识别，也可以是生理特征和行为特征的复合识别。在电子身份识别服务中经常用到的分组复合识别方法，就是把生物识别集成起来，分成两组：一组是自然识别，包含面部识别、语音识别、脉搏识别和耳郭识别等；另外一组是精确识别，包含指纹识别、手形识别和虹膜(视网膜)识别等。电子身份识别服务系统通过配置，从这两组中分别选择2～3种组合进行识别。复合生物识别能够提高识别精度，同时改善用户友好度，增加系统的易用性。

在德国汉诺威举办的一次计算机博览会上，一种通过扫描人体脸部特征、嘴唇运动和分辨声音的准许进入系统引起了观众的极大兴趣。这一系统是由柏林一家名为"对话交流系统"的公司设计的。用户在一个摄像机镜头前亮相并自报家门，几秒之内，计算机将扫描进去的人的面部特征、嘴唇运动和声音进行处理，如果所有数据与预先存入的数据相吻合，计算机则放行，否则用户不能进入网络操作。这就是生理特征和行为特征复合的生物识别系统。据美国生物智能识别公司网站(BI2 Technologies. com)近期报道，该公司开发的MORIS(Mobile offender Recognition and Information System，罪犯识别和鉴定移动系统)能够使智能手机变成功能强大的手持生物识别设备。该公司是一家位于美国马萨诸塞州的私人公司。MORIS由70g的硬件设备和配套软件组成，它能把智能手机变成功能强大的手持生物识别设备。它同时具备虹膜识别、指纹扫描和面部识别功能，让警员在几秒钟之内就能确定疑犯的身份，无须特意返回警局。在警员拍摄疑犯的面部照片、扫描虹膜或用MORIS内置的指纹扫描仪获取疑犯的指纹之后，手机通过无线方式将这些数据与数据库中已有的犯罪记录进行匹配。警方认为MORIS完全物有所值，目前已有不少警察局订购了这套售价3000美元的系统。这种多模复合生物识别还体现在美国国防部高级研究计划局(DARPA)所重视的"认知轨迹"。基于"认知轨迹"的主动认证项目，分3个阶段进行。第一阶段的重点是开发使用行为特征识别技术来捕捉用户的"认知轨迹"。第二阶段的重点是开发一个解决方案，复合任何可行的生物识别技术，使用新认证部署在一台国防部标准的台式机或笔记本电脑。未来第三阶段的重点在于开发开放式应用编程接口(API)，更利于"认知轨迹"识别和其他生物特征识别的技术复合。由此可见，多模复合生物识别是生物识别未来发展方向之一。

2.1.4 定位技术

全球定位系统(Global Positioning System，GPS)是美国从20世纪70年代开始研制，于1994年全面建成，具有海、陆、空全方位实时三维导航与定位能力的新一代卫星导航与定位系统。GPS由空间星座、地面控制和用户设备三部分构成。GPS测量技术能够快速、高效、准确地提供点、线、面要素的精确三维坐标以及其他相关信息，具有全天候、高精度、自动化、高效益等显著特点，广泛应用于军事、民用交通(船舶、飞机、汽车等)导航、大地测量、摄影测量、野外考察探险、土地利用调查、精确农业以及日常生活(人员跟踪、休闲娱乐)等不同领域。GPS 的基本定位原理是：卫星不间断地发送自身的星历参数和时间信息，用户接收到这些信息后，经过计算求出接收机的三维位置、三维方向以及运动速度和时间。GPS 作为感知技术，是物联网延伸到移动物体采集移动物体信息的重要技术，也是实现物流智能化、可视化及智能交通的重要技术。

1. 卫星定位技术简介

卫星定位技术有 GPS、GLONASS(GLObal NAvigation Satellite System)、北斗等。美国 GPS 技术比较成熟，且广泛应用。我国北斗卫星导航定位系统也已经取得较大进展，中国北斗导航定位系统预计 2020 年前后覆盖全球，但目前北斗系统的并发容量、定位精度和终端成本还有待进一步改善。俄罗斯的 GLONASS 全球卫星定位导航系统也在重新布网，预计于 2015 年前后在轨卫星将增至 30 颗。GPS 又称为全球定位系统，是目前世界上最常用的卫星导航系统，具有海、陆、空全方位实时三维导航与定位能力。GPS 计划开始于 1973 年，由美国国防部领导下的卫星导航定位联合技术局主导进行研究。1989 年开始发射 GPS 工作卫星，1994 年卫星星座组网完成，GPS 投入使用。除美国的 GPS 外，目前已投入使用的卫星导航系统还有俄罗斯的 GLONASS 和我国的北斗一号区域性卫星导航系统。我国目前正在建设自主研发的北斗二号全球卫星导航系统，届时将可供全球范围的信号覆盖。GPS 由空间星座、地面控制和用户设备等三部分构成。GPS 测量技术能够快速、高效、准确地提供点、线、面要素的精确三维坐标以及其他相关信息，具有全天候、高精度、自动化、高效益等显著特点。

1) 空间部分——GPS 卫星星座

GPS 系统的空间星座部分由 24 颗(21 颗正式运行，3 颗备份)工作卫星组成，最初设计将 24 颗卫星均匀分布到 3 个轨道平面上，每个平面 8 颗卫星，后改为采用 6 轨道平面，每个平面 4 颗星的设计。这保证了在地球上任何时间、地点均可看到 4 颗卫星，作为三维空间定位使用。

2) 地面控制部分——地面监控系统

以美国的 GPS 定位系统为例，其地面控制部分包括 1 个位于美国科罗拉多州的主控中心(Master Control Station)，4 个专用的地面天线，以及 6 个专用的监视站(Monitor Station)。此外还有一个紧急状况下备用的主控中心，位于马里兰州盖茨堡。监测到的卫星资料，立即送到美国科罗拉多州的 SPRINGS 主控制中心，经高速计算机算出每颗卫星轨道参数、修正指令等，将此结果经由雷达上连接到轨道上的卫星上，使卫星保持精确的状态，作为载体导航的依据。

3) 用户设备部分——GPS 信号接收机

要使用 GPS 系统，用户必须具备一个 GPS 专用接收机。接收机通常包括一个和卫星通信的专用天线，用于位置计算的处理器，以及一个高精度的时钟。只要天线不被干扰或遮蔽，同时能收到 3 颗以上卫星信号，就可显示坐标位置。每颗卫星都在不断地向外发送信息，每条信息中都包含信息发出的时刻，以及卫星在该时刻的坐标。接收机会接收到这些信息，同时根据自己的时钟记录下接收到信息的时刻。用接收到信息的时刻减去信息发出的时刻，得到信息在空间中传播的时间。用这个时间乘上信息传播的速度，就得到了接收机到信息发出时的卫星坐标之间的距离。GPS定位虽然应用广泛，但也有其不可避免的缺陷。对时钟的精确度要求极高，造成成本过高，受限于成本，接收机上的时钟精确度低于卫星时钟，影响定位精度。理论上3颗卫星就可以定位，但在实际中用GPS定位至少要4颗卫星，这极大地制约了GPS的使用范围当处室内时，由于电磁屏蔽效应，往往难以接收到GPS信号，因此GPS这种定位方式主要工作在室外。GPS接收机启动较慢，因此定位速度也较慢。由于信号要经过大气层传播，容易受天气状况影响，定位不稳定。但是，GPS作为能够覆盖全球的位置感知技术，可以连续不断地采集物体移动信息，更是物流智能化、可视化的重要技术，广泛应用于智能交通(车联网)和军事领域。

2. 蜂窝定位技术简介

蜂窝定位技术主要应用于移动通信中广泛采用的蜂窝网络。北美地区的E911系统(En-hanced 911)是目前比较成熟的基于蜂窝定位技术的紧急电话定位系统(911是北美地区的紧急电话号码，相当于我国的119)。E911系统需求起源于美国的一起绑架杀人案。1993年，美国一个名叫Jennifer Koon的18岁女孩遭绑架之后被杀害，在这个过程当中，受害女孩用手机拨打了911电话，但是911呼救中心无法通过手机信号确定她的位置。这个事件导致美国联邦通信委员会在1996年推出了要求强制性构建一个公众安全网络的行政性命令，即后来的E911系统。无论在任何时间和地点，E911系统都能通过无线信号追踪到用户的位置，并要求运营商提供主叫用户所在位置能够精确到50～300m。目前大部分的GSM、CDMA、3G等通信网络均采用蜂窝网络架构。在通信网络中，通信区域被划分为一个个蜂窝小区，通常每个小区有一个对应的基站。以GSM网络为例，当移动设备要进行通信时，先连接在蜂窝小区的基站，然后通过该基站接GSM网络进行通信。也就是说，在进行移动通信时，移动设备始终是和一个蜂窝基站联系起来，蜂窝基站定位就是利用这些基站来定位移动设备。中国移动在2002年11月首次开通位置服务，2003年中国联通在其CDMA网上推出"定位之星"业务。运营商提供小区定位服务，主要就是基于蜂窝移动通信系统的小区定位技术。比如，智能手机中的地图和定位软件都使用的是蜂窝定位技术，定位精度与GPS有一定差距。蜂窝定位技术主要包括以下几种。

(1) COO定位。COO(Cell Of Origin)定位是最简单的一种定位方法，它是一种单基站定位。这种方法非常原始，就是将移动设备所属基站的坐标视为移动设备的坐标。这种定位方法的精度极低，其精度直接取决于基站覆盖的范围。如果基站覆盖范围半径为50m，那么其误差就是50m。E911系统初建时采用的就是这种技术。

(2) ToA/TDoA定位。要想得到比基站覆盖范围半径更精确的定位，就必须使用多个基站同时测得的数据。多基站定位方法中，最常用的就是ToA/TDoA定位。ToA(Time of Arrival)基站定位与GPS定位方法相似，不同之处是把卫星换成了基站。这种方法对时钟同步精度要求很高，而基站时钟精度远比不上GPS卫星的水平；此外，多径效应也会对测量结果产生误差。基于以上原因，人们在实际中用的更多的是TDoA(Time Difference of Arrival)定位方法，不是直接用信号的发送和到达时间来确定位置，而是用信号到达不同基站的时间差来建立方程组求解位置，通过时间差抵消掉了一大部分时钟不同步带来的误差。

(3) AoA定位。ToA和TDoA测量法都至少需要3个基站才能进行定位，如果人们所在区域基站分布较稀疏，周围收到的基站信号只有两个，就无法定位。这种情况下，可以使用 AoA(Angle of Arrival)定位法。只要用天线阵列测得定位目标和两个基站间连线的方位,就可以利用两条射线的焦点确定出目标的位置。虽然蜂窝基站定位的精度不高,但其定位速度快,在数秒之内便可以完成定位。蜂窝基站定位法的一个典型应用就是紧急电话定位,例如 E911 系统就在刑事案件的预防和侦破中大展身手。类似于蜂窝基站定位的技术还有基于无线接入点(Access Point,AP)的定位技术,例如 WiFi 定位技术。它与蜂窝基站的 COO 定位技术相似,通过 WiFi 接入点来确定目标的位置。原理就是各种 WiFi 设备寻找接入点时,所根据的是每个 AP 不断向外广播的信息,这信息中就包含有自己全球唯一的 MAC 地址。如果用一个数据库记录下全世界所有无线 AP 的 MAC 地址,以及该 AP 所在的位置,就可以通过查询数据库来得到附近 AP 的位置,再通过信号强度来估算出比较精确的位置。这种基于无线接入点和蜂窝基站合用的定位技术应用也较为广泛。

3. 辅助 GPS 与差分 GPS

辅助 GPS 定位(Assisted Global Positioning System,A-GPS)是一种 GPS 定位和移动接入定位技术的结合体。通过基于移动通信运营基站的移动接入定位技术可以快速地定位,广泛用于含有 GPS 功能的移动终端上。GPS 通过卫星发出的无线电信号来进行定位。当在很差的信号条件下,例如在一座城市,这些信号可能会被许多不规则的建筑物、墙壁或树木削弱。在这样的条件下,非 A-GPS 导航设备可能无法快速定位。如图 2-6 所示,A-GPS 系统可先通过运营商基站信息来进行快速的初步定位,在初步定位中绕开了 GPS 覆盖的问题,可以在 GSM/GPRS、WCDMA 和 CDMA 2000 等网络中使用。

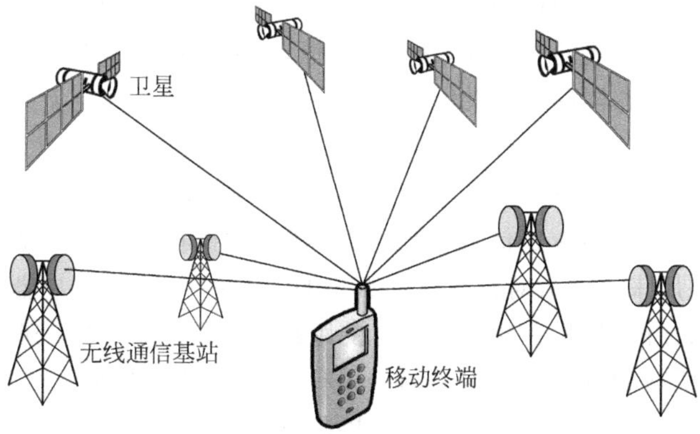

图 2-6　A-GPS 定位示意图

虽然该技术与 GPS 方案一样,需要在移动终端内增加 GPS 接收机模块,并改造移动终端天线,同时要在移动网络上加建位置服务器等设备。但是,使用 A-GPS 相比 GPS 的技术优势突出体现在如下两点。

(1) 可以降低首次定位时间。利用 A-GPS,移动终端接收器不必再下载和解码来自 GPS 卫星的导航数据,因此可以有更多的时间和处理能力来跟踪 GPS 信号,这样能降低首次定位时间,增加灵敏度以及具有最大的可用性。由于移动终端本身并不对位置信息进行计算,而是将 GPS 的位置信息数据传给移动通信网络,由网络的定位服务器进行位置计算,同时移动网络按照 GPS 的参考网络所产生的辅助数据,如差分校正数据、卫星运行状态等传递给手机，并从数据库中查出手机的近似位置和小区所在的位置信息传给手机，这时手机可以很快捕捉到 GPS 信号，首次捕获时间将大大减小，一般仅需几秒，而 GPS 的首次捕获时间可能需要 2～5min。

(2) 可以提高定位精度。在室外等空旷地区，在正常的 GPS 工作环境下，其精度可达 10m 左右，堪称目前定位精度最高的一种定位技术。这一点是 GPS 所望尘莫及的，由于现在的城市高楼林立，或者是由于天气的原因，导致接收到的 GPS 信号不稳定，从而造成或多或少的定位偏差，而这种偏差是不可避免的。不过 A-GPS 由于有基站辅助定位，定位的准确度大大提高，一般精度在 10m 以内，要高于 GPS 的测量精度。另外，基于无线接入点 AP 的定位技术也可以和 GPS 合用，也就是说，A-GPS 中的辅助 GPS 的定位技术并不局限于蜂窝网，也可以基于其他定位技术的辅助。基于 GPS 和无线通信网络的定位技术很多，除基于 AP 和蜂窝、GPS 和蜂窝、AP 和 GPS 配合定位的技术外，还有差分 GPS(Differential GPS,DGPS)。DGPS 是一种通过改善 GPS 的定位方式以提高定位精确度的定位系统。其工作方式为采用相对定位的原理，首先设定一个固定 GPS 参考站(Reference Station)，地理位置已精密校准，再与 GPS 的接收机所定出的位置相比较，即可找出该参考站的 GPS 定位误差，再将此误差实况广播给使用者，DGPS 精确度便可提高数十倍，而达到米级。

4. WSN 节点定位技术

节点定位指的是在无线网络中确定节点的相对位置或者绝对位置。节点定位技术就是指通过一定的方法或手段来确定和获取无线网络中节点位置信息的技术。节点既可以是无线传感器网络节点，也可以不是，例如上述的 GPS 中的节点、蜂窝网中的节点或者其他无线网络中的节点。为了与上述的 GPS 和蜂窝定位区分，所指的节点定位就是无线传感器网络节点定位。作为无线传感器网络的关键技术之一，节点定位是特定无线传感器网络完成具体任务的基础。例如，在某个区域内监测发生的事件，位置信息在节点所采集的数据中是必不可少的。而无线传感器网络的节点大多数都是随机布放的，节点事先无法知道自己的位置；如果缺少了采集节点的位置信息，那么感知到的数据很可能因此失去应用价值而变得毫无意义。例如，在用来监测敌对目标运动状态的 WSN 中，虽然传感器节点在布放时的初始位置是随机的、未知的，但是在对监测目标的跟踪中，监测节点感知到的运动目标的位置、速度是与监测节点所在的位置信息相关的。只有基于监测节点的位置，才可以测算目标的运动方向、运动路线。又如在火灾救援时，在接收到火灾的烟雾浓度超标的信号后，只有知道报警点的准确位置才能够顺利地及时展开救援。虽然节点可以通过使用 GPS 和蜂窝定位，或者是使用其他技术手段获得自己的位置，但是由于无线传感器网络节点的微型化设计和电池供电的能力有限，低功耗是网络设计的一个重要目标，而 GPS 在成本价格、功耗、体积以及扩展性等方面都很难适用于大规模的无线传感器网络。卫星信号要经过大气层传播，容易受天气状况影响，定位不稳定，这极大地制约了 GPS 的使用范围。当处室内时，由于电磁屏蔽效应，往往难以接收到 GPS 信号，因此 GPS 这种定位方式主要工作在室外。而且传感器网络的节点也有可能工作在卫星信号和蜂窝网信号无法覆盖的地方，例如偏僻的岛礁或峭壁的底部。因此，针对无线传感器网络的密集型、节点计算、存储、能量和通信能力有限的特点，必须考虑更适合的自身定位算法。根据定位过程中是否需要测量相邻节点之间的距离或角度信息，可将算法分为距离相关(Range-Based)和距离无(Range-Free)定位算法。距离相关的算法需要节点直接测量距离或角度信息。节点利用 ToA、TDoA、AoA 或 RSSI(Received Signal Strength Indicator,基于接收信号强度指示)等测量方式获得信息,然后使用三边计算法或三角计算法得出自身的位置。该类算法要求节点加载专门的硬件测距设备或具有测距功能,需要复杂的硬件提供更为准确的距离或角度信息。典型的算法有 AHLos 算法、Two-Step LS 算法等。近年来,相关学者提出了比较适合 WSN 的距离无关算法。距离无关算法是依靠节点间的通信间接获得的,根据网络连通性等信息便可实现定位。由于无须测量节点间的距离或角度等方位的信息,降低了节点的硬件要求,更适合于能量受限的无线传感器网络。虽然定位的精度不如距离相关算法,但已可以满足大多数的应用,性价比较高;缺点是此类算法依赖于高效的路由算法,且受到网络结构和参考节点位置的制约。典型的距离无关的算法有 DV-Hop 算法、质心算法、APIT 算法等。

5. 无线室内环境定位

在室内环境中,GPS 由于受到屏蔽和室内墙壁的遮挡,变得很难接收卫星信号;而基站定位的信号受到多径效应(波的反射和叠加原理产生的)的影响,定位效果也会大打折扣。现有大多数室内定位系统都基于信号强度(Radio Signal Strength,RSS),其优点在于不需要专门的定位设备,利用已有的铺设好的网络,如蓝牙、WiFi、ZigBee 传感网络等来进行定位。目前室内环境进行定位的方法主要有红外线定位、超声波定位、蓝牙定位、RFID、超宽带定位(UWB)、ZigBee 定位等。限于篇幅,这里仅对 ZigBee 定位做详细叙述。ZigBee 定位是典型的 WSN 节点定位,通过在待定位区域布设大量的廉价参考节点,这些参考节点间通过无线通信的方式形成了一个大型的自组织网络系统,当需要对待定位区的节点进行定位时,在通信距离内的参考节点能快速地采集到这些节点信息,同时利用路由广播的方式把信息传递给其他参考节点,最终形成了一个信息传递链并经过信息的多级跳跃回传给终端计算机加以处理,从而实现对一定区域的长时间监控和定位。具体的计算方法如下。节点首先读取计算节点位置的参数,然后将相关信息传送到中央数据采集点,对节点位置进行计算,最后,再将节点位置的相关参数传回至该节点。这种计算节点位置的方法只适用于小型的网络和有限的节点数量,因为进行相关计算所需的流量将随着节点数量的增加而呈指数级速度增加。根据从距离最近的参考节点(其位置是已知的)接收到的信息,对节点进行本地计算,确定相关节点的位置。因此,网络流量的多少将由待测节点范围中节点的数量决定。另外,由于网络流量会随着待测节点数量的增加而成比例递增,因此,这种分布式定位计算方法还允许同一网络中存在大量的待测节点。定位引擎根据无线网络中临近射频的接收信号强度指示(RSSI),计算所需定位的位置。在不同的环境中,两个射频之间的 RSSI 信号会发生明显的变化。例如,当两个射频之间有一位行人时,接收信号将会降低 30dBm。为了补偿这种差异,以及出于对定位结果精确性的考虑,定位引擎将根据来自多达 16 个射频的 RSSI 值进行相关的定位计算。其依据的理论是:当采用大量的节点后,RSSI 的变化最终将达到平均值。要求在参考节点和待测节点之间传输的唯一信息就是参考节点的 X 和 Y 坐标。定位引擎根据接收到的 X 和 Y 坐标,并结合根据参考节点的数据测量得出的 RSSI 值,计算定位位置。定位引擎的覆盖范围为 64m×64m,然而,大多数的应用要求更大的覆盖范围。扩大定位引擎的覆盖范围可以通过在一个更大的范围布置参考节点,并利用最强的信号进行相关参考节点的定位计算。具体工作原理如下。

(1) 网络中的待测节点发出广播信息,并从各相邻的参考节点采集数据,选择信号最强的参考节点的 X 和 Y 坐标。

(2) 计算与参考节点相关的其他节点的坐标。

(3) 对定位引擎中的数据进行处理,并考虑距离最近参考节点的偏移值,从而获得待测节点在大型网络中的实际位置。定位引擎采用来自附近参考节点的 RSSI 测量值来计算待测节点的位置。RSSI 将随着天线设计、周围环境以及包括若干其他因素在内的其他附近 RF 源的变化而变化。定位引擎将数个参考节点的位置信息加以平均。增加参考节点的数量,则可降低对各节点具体测试结果的依赖性,同时全面提高精确度。无论在什么情况下设置参考节点,都会影响到定位的精确性,这主要是因为当参考节点设置在离相关表面很近的地方时,会产生天花板或地板的吸附作用。因此,应尽量使用在各方位都具备相同发射能力的全向天线。相比之下,这种基于标记的定位及其扩展算法在上述室内的情况下能够有不错的定位性能。如 AT&T Laboratories Cam-bridge 于 1992 年开发出室内定位系统 Active Badge。上述的这种室内三维位置感知技术利用无线方式进行非接触式定位,可以说任何通过站点发射的无线通信技术都可以提供定位功能。这种技术作用距离短,一般最长为几十米。但它可以在几毫秒内得到厘米级定位精度的信息且传输范围很大,成本较低。其余的室内定位方法可以基于如下几种技术。

① 红外线室内定位技术。红外线室内定位技术定位的原理是:红外线 IR 标识发射调制的红外射线,通过安装在室内的光学传感器接收进行定位。虽然红外线具有相对较高的室内定位精度,但是由于光线不能穿过障碍物,使得红外射线仅能视距传播。直线视距和传输距离较短这两大主要缺点使其室内定位的效果很差。当标识放在口袋里或者有墙壁及其他遮挡时就不能正常工作,需要在每个房间、走廊安装接收天线,造价较高。因此,红外线只适合短距离传播,而且容易被荧光灯或者房间内的灯光干扰,在精确定位上有局限性。

② 超声波定位技术。超声波测距主要采用反射式测距法,通过三角定位等算法确定物体的位置,即发射超声波并接收由被测物产生的回波,根据回波与发射波的时间差计算出待测距离,有的则采用单向测距法。超声波定位系统可由若干个应答器和一个主测距器组成,主测距器放置在被测物体上,在微机指令信号的作用下向位置固定的应答器发射同频率的无线电信号,应答器在收到无线电信号后同时向主测距器发射超声波信号,得到主测距器与各个应答器之间的距离。同时有 3 个或 3 个以上不在同一直线上的应答器做出回应时,可以根据相关计算确定出被测物体所在的二维坐标系下的位置。超声波定位整体定位精度较高,结构简单,但超声波受多径效应和非视距传播影响很大,需要大量底层硬件设施投资,成本太高。

③ 识别即定位。通过物联网感知层进行识别即定位。如利用 RFID 射频识别、车牌或集装箱图像识别、生物识别(人脸、指纹、虹膜)和视频监控等,在识别的同时记录物体或人的位置。如图 2-7 所示,定位管理被认为是无线射频识别技术(RFID)的一个重要发展方向,RFID 技术在实现定位管理系统的灵活性、可维护性和可扩展性方面具有巨大的潜力。基于 RFID 的定位管理系统必须能够根据不同应用的需求进行快速部署,并且能够快速有效地生成位置信息。

蓝牙技术通过测量信号强度进行定位,这是一种短距离低功耗的无线传输技术,在室内安装适当的蓝牙局域网接入点,把网络配置成基于多用户的基础网络连接模式,并保证蓝牙

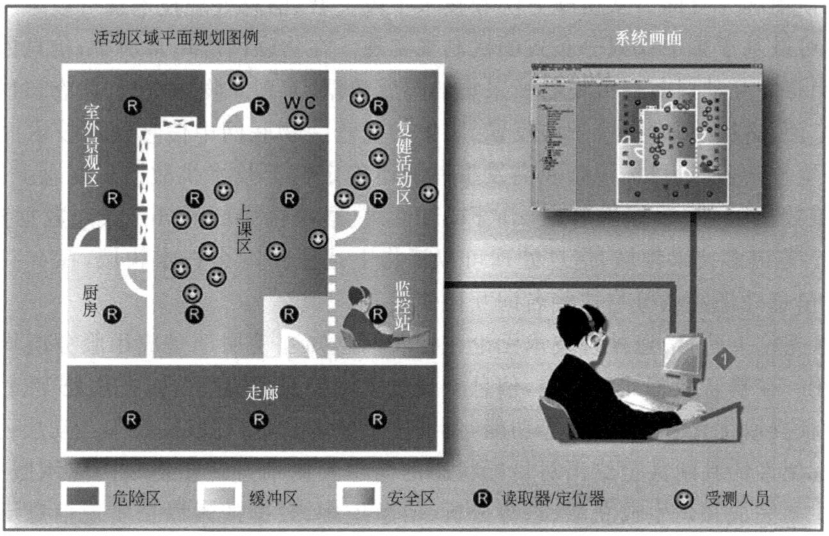

图 2-7 识别即定位示意图

局域网接入点始终是这个微微网(Piconet)的主设备,就可以获得用户的位置信息。蓝牙技术主要应用于小范围定位,例如单层大厅或仓库。采用该技术作室内短距离定位时容易发现设备且信号传输不受视距的影响。其不足在于蓝牙器件和设备的价格比较昂贵,而且对于复杂的空间环境,蓝牙系统的稳定性稍差,受噪声信号干扰大。

④ 大气压传感器定位。压力传感器可以提供高度精确的压力和高度数据,大气压传感器可以实现 30cm 分辨率,使器件能够在较细的粒度测量海拔。例如可以检测用户在高层建筑或购物中心内所在的精确楼层,允许基于位置的服务更准确地反映周边环境。

⑤ 军用仿生定位与导航。自然界中许多动物都具有定位与导航能力。经研究发现,鸟体的定位与导航系统只有几毫克,但精确度极高。目前已有一些国家在利用生物技术手段模拟动物的定位与导航系统来简化军事定位与导航系统,以提高精度、缩小体积、减轻重量、降低成本,增强在复杂条件下的定位与导航能力。除了以上提及的定位技术,还有基于计算机视觉的定位和光跟踪定位、磁场、信标定位,以及基于图像分析的定位技术等。目前很多技术还处于研究试验阶段,如基于磁场压力感应进行定位的技术。基于位置信息的物联网定位已广泛应用于诸多领域,LBS(基于位置的服务)、GIS 和车联网(智能交通)也使定位走向更广阔的应用领域。

2.2 信息处理技术

在物联网应用系统中,传感器提供了对物理变量、状态及其变化的探测和测量所必需的手段,而对物理世界由“感”而“知”的过程则由信息处理技术来实现,信息处理技术贯穿由“感”而“知”的全过程,是实现物联网应用系统物物互联、物人互联的关键技术之一。信息处理技术一般性描述信息处理技术所涉及的内容和范围极其广泛,它可以泛指任何对数据或信息进行操作的方法和过程。从目标上看,信息处理技术以高效能地实现信息的转换、传输、发布和使用等为目标。从实现方法和技术手段上看，信息处理技术既可以采用串行或并行方式，也可以基于集中式或分布式的机制来实现。在物联网应用系统中，信息处理指基于多个物联网感知互动层节点或设备所采集的传感数据，实现对物理变量、状态、目标、事件及其变化的全面、透彻感知，以及智能反馈、决策的过程。物联网中信息处理技术面临数据多源异构、环境复杂多样、目标混杂及突发事件的不确定性等技术挑战。从概念上说，信息处理技术涵盖数据处理、数据融合(Data Fusion)、数据挖掘(Data Mining)、数据整合(Data Integration)等诸多技术领域，信息处理可以泛指上述任何一个技术领域，在有明确上下文的情况下，信息处理甚至可与这些名词互换使用。

从体系架构上看，信息处理技术无论在物联网感知互动层还是应用服务层均承担着支撑性的作用。在物联网感知互动层，信息处理技术主要完成传感器数据预处理、目标事件探测、目标特征提取优化、数据聚合等功能，借助信息处理技术，物联网感知互动层还可以初步完成对目标属性的判断甚至给出对目标状态的简单预测信息。在物联网应用服务层，信息处理技术主要完成知识生成获取、态势分析、信息挖掘、数据搜索以及实现信息反馈决策等功能。下面对物联网感知互动层中信息处理过程所采用的一些关键技术进行简述。

2.2.1 数据融合

数据融合作为主要的信息处理技术之一，在信息系统设计中具有至关重要的作用，在一些文献中它也被称为“信息融合”(Information Fusion)。尽管对这门交叉学科已有二三十年的研究历史，但至今仍没有一个被普遍接受的定义，其主要原因是其应用面非常广泛，各行各业均按自己的理解给出不同的定义。

1. JDL 数据融合模型

目前能被大多数研究者接受的有关数据融合或信息融合的定义是由美国三军实验室理事联合会(Joint Director of Laboratories,JDL)提出的。JDL 从军事应用的角度认为，数据融合是一种多层次、多方面的处理过程，包括对多源数据进行检测、相关、组合和估计，从而提高状态和身份估计的精度，以及对战场态势和威胁的重要程度进行适实完整的评价。JDL 在给出数据融合定义的同时，提出了一个数据融合的层次模型，即数据融合的 JDL 模型。图 2-8 给出了 JDL 模型的示意图。

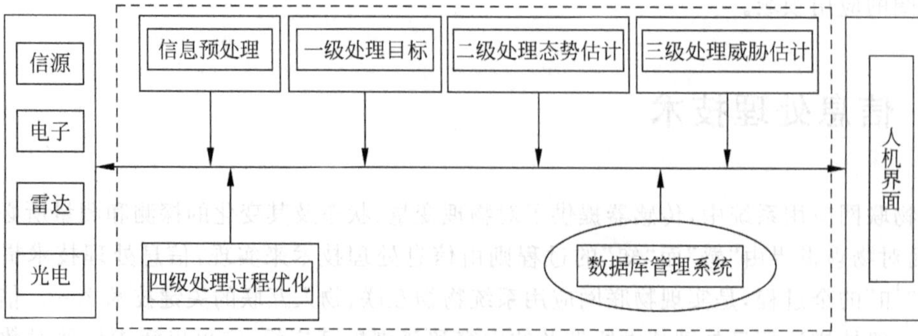

图 2-8　典型信息融合系统 JDL 模型示意图

在 JDL 模型中，数据融合可以分为 5 个不同的处理级别，预处理级（Level0：Sub-Object Assessment）、目标评估级（Level1：Object Assessment）、态势评估级（Level2：Situation Assessment）、影响评估级（Level3：Impact Assessment）和过程优化级（Level4：Processing Refinement），一般认为，前 2 个处理级别属于数据融合的低级层次，以数值计算过程为主；后 3 个处理级别属于数据融合的高级层次，主要采用基于知识及知识推理的方法为主。

获取正确的物理世界信息是物联网应用系统设计的基础目标之一，数据融合是实现这一目标的关键。由于系统资源等限制条件，直接将数据融合的 JDL 模型运用于物联网系统设计较为困难。尽管如此，物联网系统中信息处理技术仍可以充分借鉴 JDL 模型层次化处理的思想进行设计，以满足不同的应用需求。

2. I/O 数据融合模型

Dasarathy 等人基于信息/数据融合过程的输入数据类型和输出数据类型的不同，提出了一个描述信息/数据融合的 I/O 功能模型，图 2-9 给出了一个简化的 Dasarathy 数据融合 I/O 模型。

	数据 (Data)	特征 (Feature)	目标 (Object)
数据 (Data)	DAI-DAO 如：信号检测	DAI-FEO 如：特征提取	DAI-DEO
特征 (Feature)	FEI-DAO	FEI-FEO 如：特征优化	FEI-DEO 如：目标特征
目标 (Object)	DEI-DAO	DEI-FEO	DAI-DEO 如：目标优化

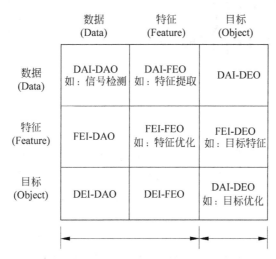

图 2-9　简化的 Dasarathy 数据融合 I/O 模型

可以看到，模型中输入和输出分别对应着数据（Data）、特征（Feature）和目标（Object）3 种不同的类型，不同的输入类型和输出类型的组合则对应着不同的信息/数据融合过程类别。Dasarathy 等人对对角线及其附近位置的信息/数据融合过程类别进行了描述，如数据输入-数据输出类（DAI-DAO）、数据输入-特征输出类（DAI-FEO）、特征输入-特征输出类（FEI-FEO）、特征输入-目标输出类（FEI-DEO）、目标输入-目标输出类（DEI-DEO）等。与数据融合的 JDL 模型比较，Dasarathy 数据融合 I/O 模型中的数据、特征两类输出类型对应的信息/数据融合过程对应于 JDL 模型中的 Level0 处理级别，而目标输出类型对应的信息/数据融合过程对应于 JDL 模型中的 Level1 处理级别。Dasarathy 数据融合 I/O 模型可以进一步扩展其输入输出数据类型，使其与 JDL 模型中的 Level0 至 Level4 处理级别对应起来，即可将输入输出类型扩展为 6 类：数据（Data）、特征（Feature）、目标（Object）、关系

(Relation)、影响(Impact)、响应(Response),信息/数据融合过程类别则可扩展至包括目标输入-关系输出(DEI-RLO)、关系输入-影响输出(RLI-IMO)等。

2.2.2 数据预处理技术

数据预处理技术是指将传感器获得的原始信号或原始数据进行操作,完成数据归一化、噪声剔除抑制、数据配准和信号分离等处理过程。数据预处理为后续特征提取、模式识别、决策融合的实施提供条件。以信号分离为例,信号分离是将混叠的多个独立目标或事件信号分离开来的数据/信号预处理技术。"鸡尾酒会问题"是一个比较经典的信号分离问题,它描述了人可以在嘈杂环境中识别自己感兴趣声音的能力。与此对照,盲源信号分离(Blind Source Separation,BSS)技术就是研究在未知系统的传递函数、源信号的混合系数及其概率分布的情况下,从混合信号中分离出独立源信号的技术。图 2-10 给出了盲源信号分离问题示意图。

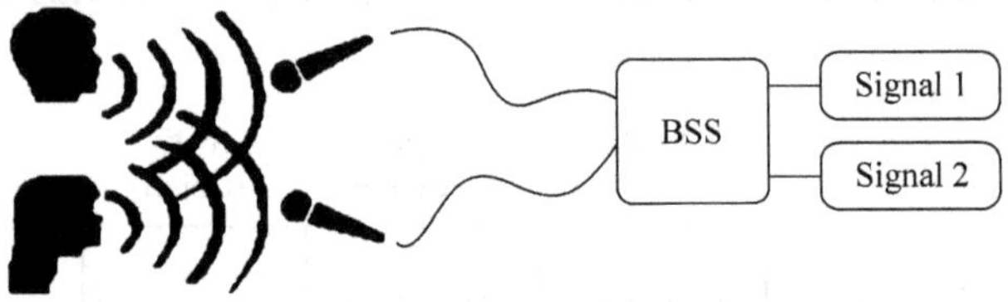

图 2-10 盲源信号分离问题示意图

1. 特征提取技术

特征提取技术是通过提取表示某一特定模式结构或性质的特征,并采用一个特定的数据结构对其进行表示的过程。从概念上说,特征提取技术包括特征生成技术、特征选择技术和特征变换技术,其中特征选择和特征变换可实现特征维数的消减。

2. 模式识别技术

模式识别技术是对来自感知互动层传感节点或设备感知的信号(如振动、声响、图像、视频等)进行分析,进而对其中的物体对象或行为进行判别和解释的过程。事实上,作为人和动物获取外部环境知识,并与环境进行交互的重要基础,模式识别普遍存在于人和动物的认知系统。物联网应用系统的目标之一就是实现对物理世界的全面透彻感知,因此,模式识别技术在物联网感知互动层信息处理过程中具有不可缺少的重要作用。从方法学上看,模式识别可以分为基于统计的模式识别方法和基于结构句法的模式识别方法。从算法实现上看,模式识别算法可以分为有监督学习的方法和无监督学习的方法。模式分类是模式识别的核心内容,目前已有大量的模式分类方法,如决策树、人工神经网络、支持向量机等。Jain 等人把分类器分为 3 种类型:基于相似度或者距离度量的分类器、基于概率密度的分类器和基于决策边界分类器。

2.2.3 决策融合技术

相对于数据融合和特征融合而言，决策融合是一种高层次的融合，每一种传感器基于自身的数据做出局部或者单一决策，然后在融合中心完成融合处理。决策融合给出有关目标身份和类别的最终结果，因此融合结果的好坏直接影响决策水平。决策融合处理的是各个参与决策的实体(可以指传感器或节点等)产生的局部决策数据，所处理的数据量最少，因而对于通信量的要求也最小，而局部决策数据的精度则对最终融合结果有直接的影响。基于多分类器的决策融合是一类具有代表性的物联网感知互动层决策融合技术，可以适用于物联网的分布式计算环境。基于多分类器的决策融合方法按有无训练过程可以分为无须训练的融合和基于训练的融合两大类。这里的训练指的是将各个单分类器的决策结果进行融合以得到最终决策时可能采用的过程，不是指各单分类器完成自身局部决策时可能需要的训练过程。

无须训练的融合算法包括多数投票法、最大(最小、均值和乘积)法等。基于训练的融合方法则包括简单 Bayes 法、BKS 方法、概率乘积法、模糊积分法、基于判决模板(Decision Template)法等。上述决策融合方法对于多分类器中各单分类器的知出结果类型的可适用性、分类器间相关性等方面均有所不同，算法复杂程度亦有差别，以下选择一些典型方法进行介绍。

(1) 多数投票法(Majority Voting)。多数投票法是最简单的一类融合方法，在一些应用场合却相当有效。该方法无须任何训练过程，但这种算法通常假设各分类器间满足相互独立性。

(2) 最大值(最小值、均值和乘积)法(Maximum、Minimum、Average、Product)。这类方法通过一个函数作用于多分类器系统中各单分类器输出的决策结果，从而完成系统的最终决策。这种方法同样无需任何训练过程。

(3) BKS(Behavior-Knowledge Space)法。这种融合方法是一种基于查找表的方法，BKS 查找表需要大数据量的训练集通过训练过程来生成。一旦查找表建立后，多分类器的最终决策则直接根据各分类器局部决策结果，查找表中对应判决标签而产生。

(4) 基于判决模板(Decision Template)法。这种融合方法建立一组判决模板，通过将各分类器的输出结果与这组判决模板进行相似性度量计算，形成最终决策。基于判决模板法在建立判决模板时，同样需要大数据量的训练集通过训练过程来完成。

2.3 网络传输技术

在物联网体系结构的网络层中引入了接入层、汇聚层和核心交换层 3 个子层。接入层通过各种接入技术连接用户末端设备；汇聚层聚合接入层的用户流量，实现数据路由、转发与交换；核心交换层为物联网提供一个高速、安全及 QoS 保障的数据通信环境。汇聚层与核心交换层的网络通信设备与通信线路构成承载网，即传输网。根据对物联网网络层所赋予的含义，其工作范围可以分成两类：一是体积小、能量低、存储容量小、运算能力弱的智能物件的互联，如传感网；二是没有约束机制的智能终端互联，如智能家电、视频监控等。目前，对于智能物件网络层的通信技术有两项：一是基于 ZigBee 联盟开发的 ZigBee 协议，实现传感器节点或者其他智能物体的互联；另一项技术是 IPSO 联盟倡导的通过 IP 实现传感网节点或者其他智能物体的互联。在物联网的机器到机器、人到机器和机器到人的数据传输中，有多种组网及其通信网络技术可供选择。在物联网的实现中，格外重要的是传感网、ZigBee 技术。

2.3.1 接入网传输技术

1. 传感网技术

传感网是集分布式数据采集、传输和处理技术于一体的网络系统，以其低成本、微型化、低功耗和灵活的组网方式、铺设方式以及适合移动目标等特点受到广泛重视。物联网正是通过遍布在各个角落和物体上的形形色色的传感器节点以及由它们组成的传感网络来感知整个物质世界的。目前，面向物联网的传感网主要涉及以下关键技术。

(1) 传感网体系结构及底层协议。对传感网而言，其网络体系结构虽不同于传统的计算机网络和通信网络，但也可以由分层的网络通信协议、传感网管理以及应用支撑技术三部分组成。其中，分层的网络通信协议结构类似于 TCP/IP 体系结构；传感网管理技术主要是对传感器节点自身的管理以及用户对传感网的管理；在分层协议和网络管理技术的基础上，支持传感网的应用支撑技术。

(2) 协同感知技术。协同感知技术包括分布式协同组织结构、协同资源管理、任务分配、信息传递等关键技术，以及面向任务的动态信息协同融合、多模态协同感知模型、跨层协同感知、协同感知物联网基础体系与平台等。只有依靠先进的分布式测试技术与测量算法，才能满足日益提高的测试、测量需求。这显然需要综合运用传感器技术、嵌入式计算机技术、分布式数据处理技术等，协作地实时监测、感知和采集各种环境或监测对象的信息，并对其进行处理、传输。

(3) 对传感网自身的检测与自组织。由于传感网是整个物联网的底层及数据来源，网络自身的完整性、完好性和效率等性能至关重要。因此，需要对传感网的运行状态及信号传输通畅性进行良好监测，才能实现对网络的有效控制。在实际应用当中，传感网中存在大量传感器节点，密度较高，当某一传感网节点发生故障时，网络拓扑结构有可能会发生变化。因此，设计传感 N 时应考虑自身的自组织能力、自动配置能力及可扩展能力。

(4) 传感网安全。传感网除了具有一般无线网络所面临的信息泄露、数据篡改、重放攻击、拒绝服务等多种威胁之外，还面临传感网节点容易被攻击者物理操纵，获取存储在传感网节点中的信息，从而控制部分网络的安全威胁。这显然需要建立起物联网网络安全模型，提高传感网的安全性能。如在通信前进行节点与节点的身份认证；设计新的密钥协商算法，使得即使有一小部分节点被恶意控制，攻击者也不能或很难从获取的节点信息推导出其他节点的密钥；对传输数据加密，解决被窃听的问题；保证网络中传输的数据只有可信实体才可以访问；采用一些跳频和扩频技术减轻网络堵塞等问题。

2. ZigBee 技术

ZigBee 是基于底层 IEEE 802.15.4 标准，用于短距离范围、低数据传输速率的各种电子设备之间的无线通信技术，它定义了网络/安全层和应用层。ZigBee 拥有 250kb/s 的宽带，传输距离可达 1km 以上，功耗小。经过多年的发展，ZigBee 技术体系已经成熟，在标准方面已发布 ZigBee 技术的第 3 个版本 V1.2。对于芯片，已能够规模生产基于 IEEE 802.15.4 的网络射频芯片和新一代的 ZigBee 射频芯片(将单片机和射频芯片整合在一起)。在应用方面，ZigBee 技术已广泛应用于工业自动化、精准农业、智能医疗、智慧家居等众多领域。

3. 蓝牙技术

蓝牙是一种支持设备短距离通信的无线电技术，可以在移动电话、PDA、无线耳机、笔记本电脑等众多设备之间进行无线信息交换。利用该技术可以简化设备终端之间的通信，也能简化设备与互联网之间的相互通信，从而使数据传输准确、高效。蓝牙工作于 2.4GHz ISM 频段，所支持的最大数据速率为 1Mb/s，采用时分双工(TDD)传输方案来实现设备间的全双工传输。为了克服 ISM 频段内不可预测的干扰信号，蓝牙技术特别设计了快速确认和跳频方案以确保链路稳定性，另外，蓝牙技术中还采用了前向纠错编码(Forward Error Correction，FEC)来进一步提高信息传输链路的稳定性。2010 年第二季度蓝牙技术联盟(Special Interest Group，SIG)发布了蓝牙 4.0 技术规范。蓝牙 4.0 包括 3 个子规范，分别是传统蓝牙技术、高速蓝牙技术和蓝牙低功耗技术。蓝牙 4.0 的改进之处主要体现在 3 个方面：电池续航时间、节能和设备种类上。此外，蓝牙 4.0 的有效传输距离也由原先的 10m 增至 60m。

物联网的接入方式较多，需要将多种接入手段整合起来，一般是使用网关设备统一接入到通信网络中，以满足不同的接入需求。常见的近程通信技术除 WSN、ZigBee、蓝牙外，还有多跳移动无线网络(Ad-Hoc)、无线高保真(Wireless Fidelity，WiFi)、全球微波互联接入(Worldwide Interoperability for Microwave Access，WiMAX)、无线局域网(Wireless Local Area Network，WLAN)、无线城域网(Wireless Metropolitan Area Network，WMAN)、M2M、Mesh 网络及全 IP 网络等。M2M 是机器之间建立连接的所有技术和方法的总称，也属于物联网的一种接入方式。

2.3.2 汇聚层物联网技术

汇聚层物联网技术可以分为无线和有线两大类型。无线网络技术主要有无线个人区域网、无线局域网/城域网、3G/4G 移动通信网，以及专用无线通信技术。有线通信网络技术主要有局域网、工业现场总线网络以及电话交换网等。目前，这些通信网络技术均已成熟。

在市场方面，目前 GSM 技术仍在全球移动通信市场占据优势地位；数据通信厂商比较青睐 WiFi、WiMAX、移动宽带无线接入(Mobile Broadband Wireless Access，MBWA)通信技术，传统电信企业倾向使用移动通信网络技术。WiFi、WiMAX、MBWA 和 3G/4G 在高速无线数据通信领域扮演着重要角色。这些通信技术都具有很好的应用前景，它们彼此互补，既在局部有竞争、融合，又不可互相替代。

从竞争的角度来看，WiFi 主要被定位在室内或小范围内的热点覆盖，提供宽带无线数据业务，并结合 VoIP 提供语音业务；3G/4G 所提供的数据业务主要是在室内低移动速度的环境下，而在高速移动时以语音业务为主。因此，两者在室内数据业务方面存在明显的竞争关系。WiMAX 已由固定无线演进为移动无线，并结合 VoIP 解决了语音接入问题，WBMA 与 3G/4G 两者存在较多的相似性，导致它们之间有较大的竞争性。

从融合的角度来看，在技术方面 WiFi、WiMAX、MBWA 仅定义了空中接口的物理层和 MAC 层，4G 技术作为一个完整的网络已经商用。在业务方面，WiFi、WiMAX、WBMA 主要是提供具有一定移动特性的宽带数据业务，4G 是为语音业务和数据业务共同设计的。双方侧重点不同，在一定程度上它们需要互相协作、互相补充。

未来的无线通信网络，将是多个现有网络系统的融合与发展，为用户提供全接入的网络传输系统。未来终端的趋势是小型化、多媒体化、网络化、个性化，并将计算、娱乐、通信等功能集于一身。移动终端将会面向不同的无线接入网络。这些接入网络覆盖不同的区域，具有不同的技术参数，可以提供不同的业务能力，相互补充、协同工作，实现用户在无线环境中的无缝漫游。

2.3.3 承载网技术

目前，有多种通信技术可供物联网作为核心承载网络选择使用，可以是公共通信网（如 3G/4G 移动通信网）、SDH/MSTP 技术、PTN 技术、光传送网（OTN）、互联网、移动互联网、企业专用网、卫星通信等。另外，一种称为软件定义网络（Software Defined Network，SDN）的热门网络技术已经提出。

若将物联网建立在数据分组交换技术基础之上，则将采用数据分组网即互联网作为核心承载网。其中，IPv6 作为下一代 IP 网络协议，具有丰富的地址资源，能够支持动态路由机制，可以满足物联网对网络通信在地址、网络自组织以及扩展性方面的要求。但是，由于 IPv6 协议栈过于庞大复杂，不能直接应用到传感器设备中，需要对 IPv6 协议栈和路由机制做相应的裁剪，才能满足低功耗、低存储容量和低传送速率的要求。目前有多个标准组织进行了相关研究，IPSO 联盟于 2008 年 10 月发布一款最小的 IPv6 协议栈 μIPv6。

软件定义网络是一种全新的网络技术，它通过分离网络设备的控制与数据面，将网络的能力抽象为应用程序接口（Application Programming Interface，API）提供给应用层，从而构建开放可编程的网络环境，在对底层各种网络资源虚拟化的基础上，实现对网络的集中控制和管理。与采用嵌入式控制系统的传统网络设备相比，SDN 将网络设备控制能力集中到中央控制节点，通过网络操作系统以软件驱动的方式实现灵活、高度自动化的网络控制和业务配置。SDN 将打破传统网络设备制造商独立而封闭的控制面结构体系，改变网络设备形态和网络运营商的工作模式，对网络的应用和发展将产生直接影响。

2.3.4 通信技术

信息传输是实现物联网应用和管理的重要基础，通信组网技术为满足物联网中各类信息传输需求提供了技术支持。本节从通信技术、组网技术、中间件技术和网关技术几个方面介绍物联网信息传输方面的关键技术。从通信技术的需求来看，感知网络的无线通信部分继承于传统通信网络，因此传统通信网络中所遇到的问题和挑战，在感知网络的设计中同样会存在，例如无线通信信道中所存在的多径问题，无线通信中信道带宽和发射功率限制的问题。然而，由于感知网络的特性，因此在其设计中还存在一些传统通信网络中所未遇到的问题，特别是以下几个方面：①由于传感器节点的尺寸较小，因此需要无线收发模块的尺寸也较小，从而能够安装在一个较小的结构空间内，同时，其传输能力与通信范围有限；②由于传感器节点在实际布设中有较大的冗余，因此布设节点数量较大，需要无线收发模块的成本较小，对单个节点的通信可靠性要求可以适当降低；③与传统的通信网络相比，感知网络在一部分的应用场景中，网络的拓扑结构变化频繁，会更多地应用到多播和广播通信，无线收发技术必须能够与上层的协议栈进行配合工作，以降低信息传输的功耗。基于上面几个方面的考虑，网络中的无线传输模块设计上不能够过于复杂。因此在通信技术选择上，信息传输特性和实现的复杂度是两个需要着重考虑的因素，信息传输的可靠性、传输的距离和传输的数据率与实现的复杂度之间可以进行折中。

另一方面，感知网络通信技术的设计中，还需要考虑来自环境中的其他无线收发装置所造成的干扰。由于物联网会深入人们生产和生活的各个方面，因此随着物联网应用的普及，无传感器节点与传统通信系统中的无线收发装置之间的干扰会日益突出。

常用的通信技术包括窄带通信技术、扩频通信技术、正交多载波通信技术。下面对其在感知互动网络中应用的优点和缺点进行分析。

1）窄带通信技术

窄带通信技术是指占用带宽不超过无线信道相干带宽的无线通信技术的统称，因此窄带通信信道是频域平坦的无线信道，于是接收机信号处理简单。窄带通信技术根据承载信息的特性不同，可以分为频率调制技术、幅度调制技术和相位调制技术三类。

(1) 频率调制(Frequency Modulation)是一种根据基带信号的变化来改变载波频率的调制方式。数字频率调制也称频移键控(Frequency Shift Keying，FSK)。以二进制频率调制技术为例，基带信息为 0 时调制器输出频率为 ω_1 的波形，基带信息为 1 时调制器输出频率为 ω_2 的波形，而且 ω_1 与 ω_2 之间的改变是瞬间完成的。频率调制的一种实现方法是采用键控法，即利用受矩形脉冲序列控制的开关电路对两个不同的独立频率源进行选通。频率调制器和频率调制的波形如图 2-11 所示。常用的频率调制技术有最小频移键控(Minimum Shift Keying，MSK)和高斯滤波最小频移键控(Gaussian Filtered MSK，GMSK)。

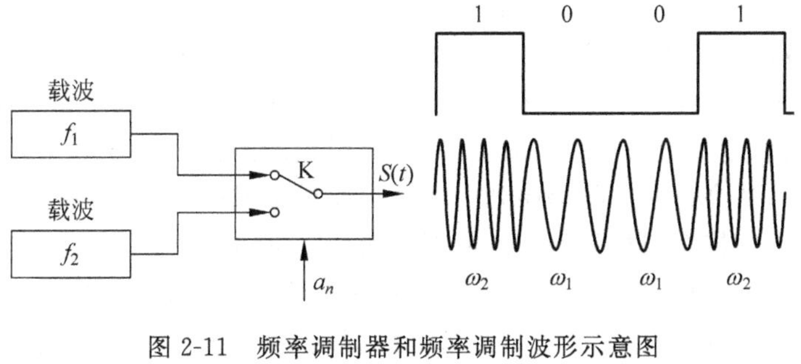

图 2-11 频率调制器和频率调制波形示意图

(2) 幅度调制(Amplitude Modulation)是一种根据基带信号的变化改变载波幅度的调制方式。数字幅度调制技术也称幅移键控(Amplitude Shift Keying,ASK)。幅度调制器可以用一个乘法器来实现,幅度调制器和幅度调制的波形如图 2-12 所示。

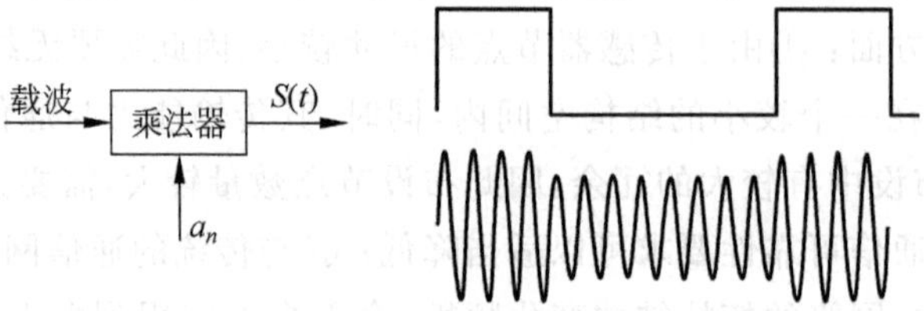

图 2-12 幅度调制器和幅度调制波形示意图

(3) 相位调制(Phase Modulation)是一种根据基带信号的变化改变载波相位的调制方式。数字相位调制技术也称相移键控(Phase Shift Keying,PSK)。相位调制可以分两个步骤进行,先对基带符号进行映射,将其映射为一个与相位变化值相同的符号,然后将这个符号与载波进行相乘,从而改变载波的相位。相位调制器和相位调制后的波形如图 2-13 所示。常用的调相技术有二进制相移键控(Binary Phase Shift Keying,BPSK)、四相相移键控(Quadrature Phase Shift Keying,QPSK)、交错正交四相相移键控(Offset Quadrature Phase Shift Keying,OQPSK)、差分四相相移键控(Differential Quadrature Phase Shift Keying,DQPSK)和 π/4 正交相移键控(π/4-DQPSK)。与其他通信技术相比,窄带技术具有结构简单、实现复杂度低,以及由此而获得的低成本、设备体积小等优点。

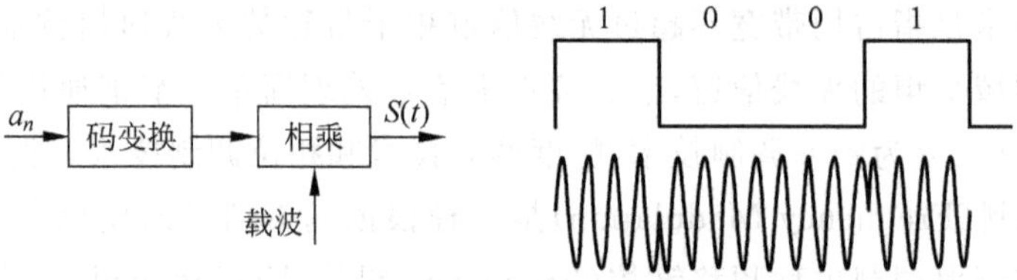

图 2-13 相位调制器和相位调制后的波形

2) 扩频通信技术

扩频通信技术是指利用与信息符号无关的伪随机码,通过调制的方法将信息符号序列的频谱宽度扩展得比原始信号的带宽宽得多的过程。根据调制方法的不同,扩频通信技术可以分为直接序列扩频(Direct Sequence Spread Spectrum,DSSS)、跳频扩频(Frequency Hopping Spread Spectrum,FHSS)和混合扩频等。

(1) 直接序列扩频工作方式简称直扩方式,就是直接用具有高码率的扩频码序列(通常用 M 序列、Walsh 码等)在发射端去扩展信号的频谱,即将低速的基带符号映射成高速的扩频序列,从而实现信号频谱的扩展。而在接收端,用相同的扩频码序列去进行解扩(通常采用匹配滤波处理),从高速的扩频码序列中恢复出原始的基带符号,即把展宽的扩频信号还原成原始的信息。直接序列扩频处理的原理如图 2-14 所示,横坐标是频率,纵坐标是频谱。

(2) 跳频扩频工作方式简称跳频方式,是指用一定码序列进行选择的多频率频移键控技术。也就是说,用扩频码序列去进行频移键控调制,使载波频率不断地跳变,从而对一个窄带信号进行频谱展宽的通信技术。在接收端与发射机取得同步后,控制接收机的本地振

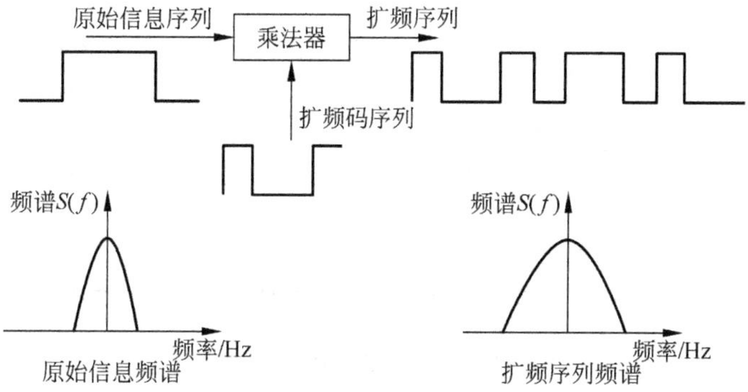

图 2-14　直接序列扩频处理原理图

荡信号频率与发射机的载波频率按同一规律同步跳变，从而实现对信号的频率跳变解除，即解跳。跳频调制器和跳频的载频原理如图 2-15 所示。

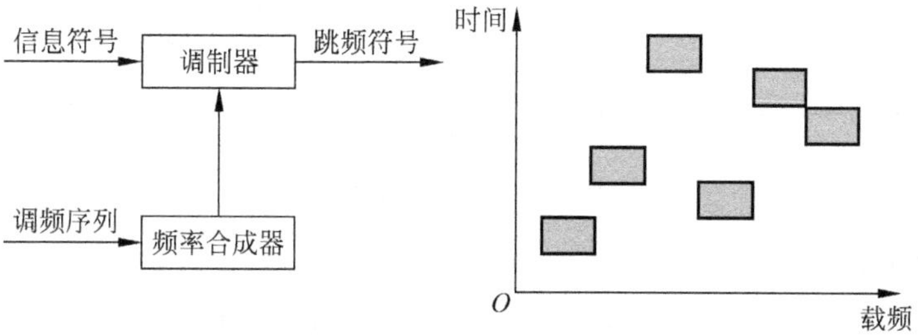

图 2-15　跳频扩频工作方式原理

与其他的通信技术相比，扩频通信技术有以下优点：低检测概率、抗干扰能力强、通信能耗低、信号特性接近噪声，且对其他设备的干扰类似噪声、在同一个射频频带内实现多个发射机的多址接入、在多径信道中鲁棒性好。

3）正文多载波通信技术

正交多载波通信技术的原理是将信道分成若干正交子信道，将高速数据信号转换成并行的低速子数据流，调制到在每个子信道上进行传输。在接收端采用相关技术对每个子载波进行匹配滤波处理，从而将每个子载波上所传输的信息序列分开，以减少子信道之间的相互干扰。在正交多载波通信中，将较宽的无线信道划分成多个子信道，每个子信道上的信号带宽小于信道的相关带宽，因此每个子信道上可以看成平坦性衰落，从而显著降低在高速通信系统中接收机信号处理的复杂度。正交多载波调制系统中，各个子载波的频谱如图 2-16 所示。从图中可以看出各个子载波都互相重叠，这使得正交多载波调制具有频谱效率上的优势。

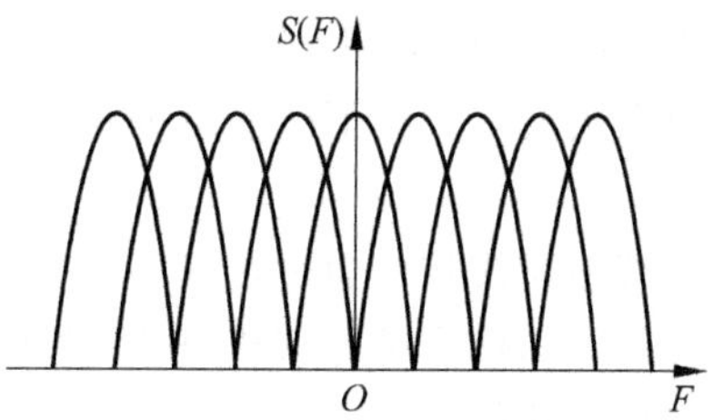

图 2-16　正交多载波调制系统中的子载波频谱示意图

在实际应用中，可以采用快速傅里叶逆变换(Inverse Fast Fourier Transform，IFFT)处理来实现对原始信息序列的多载波调制处理，在接收端对调制信号进行快速傅里叶变换(Fast Fourier Transform，FFT)来进行多载波信号的解调，如图 2-17 和图 2-18 所示。

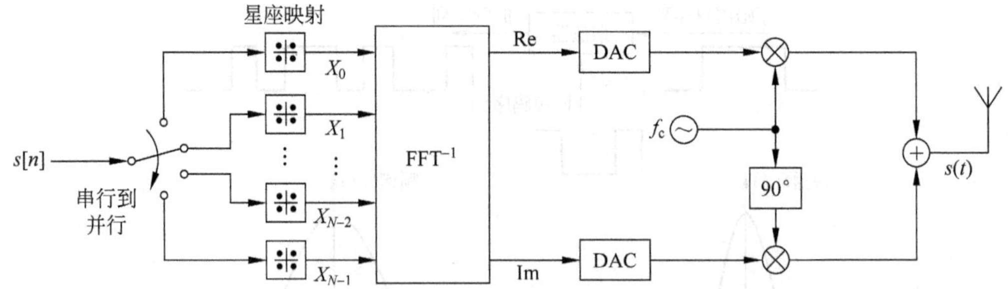

图 2-17　多载波调制发射机原理

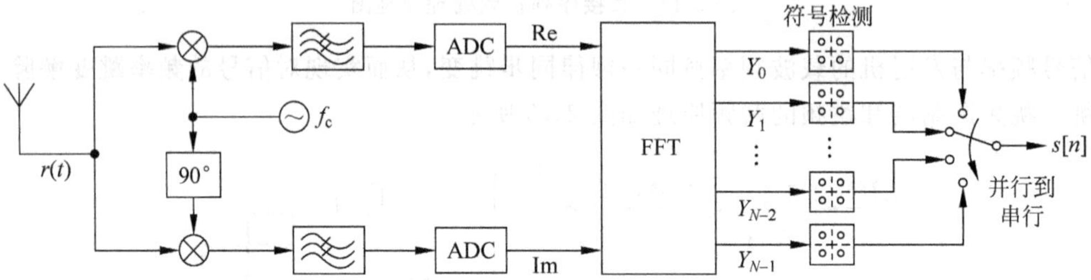

图 2-18　多载波调制接收机原理

4) TD-SCDMA

时分同步码分多址(Time Divisioin-Synchronous Code Division Multiple Access, TD-SCDMA)是一种由我国提出的 3G 通信技术标准。与国内其他两种 3G 标准相同,TD-SCDMA技术也基于 CDMA 技术,通过为不同的信道分配不同的扩频码序列,构造出多个互不相干的通信信道,使得多个用户能够同时进行通信。TD-SCDMA 支持两种带宽模式:1.6MHz 和 5MHz。在 1.6MHz 带宽下,系统的码片速率为 1.28Mcps(百万位每秒)。在 5MHz 带宽下,系统的码片速率为 3.84Mcps。与其他两种 3G 技术不同的是,TD-SCDMA技术采用 TDD 的双工方式,从而具有对业务支持灵活、频率使用灵活等优势。得益于 TDD,TD-SCDMA 的上行时隙和下行时隙的比例可以灵活调整,从而调整上下行数据传输能力的比例。TD-SCDMA 不像其他 FDD 的 3G 技术那样需要成对的频带,因此在频率资源的划分上更加灵活。TD-SCDMA 信道的上行和下行信道特性基本一致,因此基站根据接收即可对下行信道进行估计,而避免了闭环的信道参数反馈,有利于智能天线技术的应用。

智能天线技术通过在基站端安装多个天线辐射元,在发射时通过信号处理模块对输给各辐射元的信号进行移相,从而使得各个辐射元所发射的信号在空间形成一个波束,在目标终端位置获得最大的增益。在接收时,信号处理单元对各个天线所接收的信号进行加权合并,加权的系数与目标终端到基站各个天线元的信道参数有关,从而使得各个目标终端的信号增强。通过采用智能天线技术,使得目标用户的信号得到增强,其他用户的信号减弱,从而减小了用户间的干扰,提高了频谱利用率。

5) WCDMA 与 LTE

世界范围内最为广泛商用的第三代移动通信系统是 3GPP 组织制定的 WCDMA(宽带码分多址)标准,在 3GPP 中,WCDMA 被称作 UTRA(Universal Telecommunication Radio

Access)技术,包含 FDD 和 TDD 两种操作模式。与第二代移动通信系统相比,为支持最高 2Mb/s 的比特速率,WCDMA 系统定义了基于 5MHz 带宽的全新接入网技术,采用发送分集来提高下行链路容量,并且支持上下行链路容量非对称特性的业务。WCDMA 上下行链路都采用快速闭环功率控制,提高了链路的性能。2000 年 3 月,3GPP 发布了第一版 WCDMA 规范,即 R99。从系统角度看,R99 仍采用了分组域和电路域分别承载和处理的方式。随着移动互联网应用和数据业务需求的增长,为实现全 IP 化,3GPP 于 2001 年和 2002 年又相继发布了 R4 和 R5 规范,在核心网引入了软交换和 IMS。R5 规范和 2004 年发布的 R6 规范还分别制定了面向 IP 接入网的 HSDPA(高速下行分组接入)和 HSUPA(高速上行分组接入)技术。为了与支持 20MHz 带宽的 WiMAX 技术竞争,3GPP 在研究制定 LTE(长期演进)即 R7、R8 规范时,不得不放弃长期采用的 CDMA 技术,转而选用 OFDM 作为核心传输技术。OFDM 适用于频率选择性信道和高数据速率传输,LTE 物理层采用了带有循环前缀的 OFDM 作为下行多址方式,采用了带有 CP 的单载波频分多址作为上行多址方式。采用 MIMO 技术的 LTE 系统,下行与上行链路峰值速率可达到 100Mb/s 和 50Mb/s,频谱效率分别是 R6 系统 HSDPA 和 HSUPA 的 3～4 倍和 2～3 倍。

在无线接入网层面,为了满足小于 5ms 的用户面延迟,LTE 取消了重要的网元无线网络控制器,只由单一的 eNodeB 组成。为支持多种无线接入技术的全 IP 网,3GPP 还开展了 SAE(系统框架演进)工作,推出了全新的系统框架 EPS(演进分组系统)。LTE 系统可以被看作是准 4G 系统,目前 3GPP 正在完善和增强 LTE 系统,并开展了面向更高数据传输速率和频谱效率的第四代移动通信系统 LTE-Advanced 的研究。

2.3.5 组网技术——网络拓扑控制技术

网络拓扑结构描述了网络中各节点间的连通性及交互性。拓扑控制研究的问题是:在保证一定的网络连通质量和覆盖质量的前提下,一般以延长网络的生命期为主要目标,兼顾通信干扰、网络延迟、负载均衡、简单性、可靠性、可扩展性等其他性能,形成一个优化的网络拓扑结构。基本的网络拓扑结构包括星状、树状、带状、分簇结构及对等网(MESH)结构。

物联网感知互动层网络拓扑控制的研究是推动物联网进一步发展的关键问题。网络拓扑作为上层协议运行的重要平台,良好性质的结构能提高路由协议和 MAC 协议的效率,有助于实现物联网首要设计目标。网络的自组织方式和节点能力约束使拓扑算法很难获得接近最优状态的拓扑,拓扑控制算法的评价标准取决于算法的效率,高效的算法应同时呈现于两个方面:降低单位数据传输的所耗能量和降低算法的实现代价。从上述分析可知,实质上拓扑控制的内部矛盾可概括为需以尽可能小的能量耗费均衡地实现全局数据的传输,并在此基础上,还需考虑算法本身实现的代价、现实环境中流量的不可预知性以及网络环境等多方面。对于大规模网络系统而言,层级网络拓扑控制是当前研究关注的重点,主要以分簇结构研究为主。分簇结构相对于平面结构具有更好的可扩展性以及能量有效性,并为相关数据的融合提供合理的组织结构。

现阶段对于拓扑控制的研究,主要集中于如何在保证基本网络功能的前提下最小化能耗,而对于自适应应用支持方面涉足较少,未来的研究方向将转为从实际应用需求出发,面向任务/目标实现局部自治组网,并为后续的协同数据处理、信息感知提供优化的拓扑管理与数据交互方法。

1. 网络拓扑分类

网络拓扑可以根据节点的可移动与否和部署的可控与否分为 4 类。

(1) 静态节点、不可控部署。静态节点随机地部署到给定的区域。这是大部分拓扑控制研究所做的假设。对稀疏网络的功率控制和对密集网络的睡眠调度是两种主要的拓扑控制技术。

(2) 动态节点、不可控部署。这样的系统称为移动自组织网络。其挑战是无论独立自治的节点如何运动,都要保证网络的正常运转。功率控制是主要的拓扑控制技术。

(3) 静态节点、可控部署。节点通过人或机器人部署到固定位置。拓扑控制主要是通过控制节点的位置来实现的,功率控制和睡眠调度虽然可以使用,但是是次要的。

(4) 动态节点、可控部署。在这类网络中,移动节点能够互相定位。拓扑控制机制融入移动和定位策略中。因为移动是主要的能量消耗,所以节点间的能量高效通信不再是首要问题。

2. 拓扑控制的设计目标

拓扑控制的设计目标是,在保证网络连通度和覆盖度的前提下,兼顾网络生存时间、通信干扰、传输延迟、负载均衡、简单性、可靠性、可扩展性等性能指标,形成一个优化的网络拓扑结构。

目前,拓扑控制研究已经形成功率控制和睡眠调度两个主要研究方向。功率控制就是为传感器节点选择合适的发射功率;睡眠调度是控制传感器节点在工作状态和睡眠状态之间切换。物联网感知互动层的拓扑控制主要考虑以下问题。

(1) 覆盖度。在覆盖问题中,最重要的因素是网络对物理世界的感知能力。覆盖问题可以分为区域覆盖、点覆盖和栅栏覆盖。区域覆盖研究对目标区域的检测问题;点覆盖研究对一些离散的目标点的覆盖问题;栅栏覆盖研究运动物体穿越网络部署区域被发现的概率问题。

(2) 连通度。传感器节点部署在广阔的空间范围内,通常传感器节点需要以多跳的方式将感知数据传输到汇聚节点。这就要求拓扑控制必须保证网络的连通性,功率控制和睡眠调度都必须保证网络的连通性,这是拓扑控制的基本要求。

(3) 网络生存时间。对于网络生存时间可以有多种理解。一般将网络生命周期定义为直到死亡节点的百分比低于某个阈值时的持续时间。也可以认为网络只有在满足一定的覆盖度或者连通度时才是存活的。

(4) 通信干扰。减少通信干扰与减少 MAC 层的竞争是一致的。功率控制可以调节发射范围,睡眠调度可以调节工作节点的数量。对于功率控制,无线信道竞争区域的大小与网络节点的发射半径成正比,所以减小发射半径就可以减小竞争。睡眠调度显然也可以通过使尽可能多的节点睡眠,以减小干扰和竞争。

3. 功率控制

功率控制是一个十分复杂的问题,其含义是在无线通信过程中选择最恰当的功率级别发送数据分组,以此达到优化网络应用相关性能的目的。功率控制对物联网感知互动层的影响主要表现在以下几个方面。

(1) 功率控制对网络能量有效性的影响。包括降低传感器节点发射功耗和减少网络整体能量消耗。在节点传递分组的过程中,功率控制可以通过信道估计或者反馈控制信息。在保证信道连通的条件下,策略性地降低发射功率的富余量,从而减少发射节点的能量消耗。随着发射节点发射功率的降低,其所能影响到的邻居数量也随之减少,节省了网络中与此次通信不相关节点的接收能量消耗,达到了减少网络整体能量消耗的目的。

(2) 功率控制对网络连通性和拓扑结构的影响。传感器节点的发射功率过低,会使部分节点无法建立通信连接,造成网络的割裂;而发射功率过大,虽然保证了网络的连通,但会导致网络的竞争强度增大。通过功率控制调整网络的拓扑特性,主要就是通过寻求最优的发射功率及相应的控制策略,在保证网络通信连通的同时优化拓扑结构。

(3) 功率控制对网络平均竞争强度的影响。当网络中节点密度一定时,发射节点的邻居节点数量与发射半径的平方成正比,而节点的通过流量与发射半径的倒数成正比,因此网络平均竞争强度与节点发射半径成正比。功率控制可以通过降低网络中节点的发射功率减小网络中的冲突域,降低网络的平均竞争强度。

(4) 功率控制对网络容量的影响。一方面表现为可以有效减少数据传输节点所能影响的邻居节点的数量,允许网络内进行更多的并发数据通信;另一方面,节点通信的传输范围越大,网络中的冲突就越多,节点通信也就容易发生分组丢失或重传,通过功率控制可以降低通信冲突的概率。

(5) 功率控制对网络实时性的影响。在网络中较低的发射功率需要较多的路由跳数才能到达目的节点;而较高的发射功率则可以有效减少源节点与目的节点之间分组传递所需要的跳数。分组的传输时延一定程度上与路由跳数成正比。功率控制技术可以根据网络状态,策略性地改变节点的发射距离,从而使网络具有较好的实时性能。

4. 睡眠调度

由于无线通信模块在空闲侦听时的能量消耗与收发状态时相当,覆盖冗余也造成了很大的能量浪费。只有传感器节点进入睡眠状态,才能大幅度地降低网络的能量消耗,这对于节点密集型和事件驱动型的数据收集网络十分有效。如果网络中的节点都具有相同的功能,扮演相同的角色,就称网络是非层次的或平面的,否则就称为是层次型的,层次型网络通常又称为基于簇的网络。

非层次型睡眠调度的基本思想是每个节点根据自己所能获得的信息,独立地控制自己在工作状态和睡眠状态之间转换。例如,RIS(Randomized Independent Sleeping)算法也称为随机独立睡眠算法,将事件划分为周期,在每个周期的开始,每个节点以某一概率独立地决定自己是否进入睡眠状态,RIS 需要严格的时间同步;SPAN 也是一个典型的非层次型睡眠调度算法,其基本思想是,在不破坏网络原有连通性的前提下,根据节点剩余能量、邻居度等因素,自适应地决定是成为骨干节点还是进入睡眠状态。睡眠节点周期性地苏醒,以判断自己是否应该成为骨干节点;骨干节点周期性地判断自己是否应该退出。

非层次型睡眠调度与层次型睡眠调度的主要区别在于每个节点都不隶属于某个簇,因而不受簇头节点的控制和影响。层次型睡眠调度的基本思想是,由簇头节点组成骨干网络,则其他节点就可以进入睡眠状态。层次型睡眠调度的关键技术是分簇。HEEDC(Hybrid Energy-Efficient Distributed Clustering)算法也称为混合能量高效分布式分簇算法,是层次型睡眠调度的重要代表。HEEDC根据对作为第一因素的剩余能量和作为第二因素的族内通信代价综合考虑,周期性地通过迭代的办法实现分簇。

5. 拓扑控制存在的问题

然而,拓扑控制的研究也存在许多问题,主要包括以下几个方面。模型过于理想化:在覆盖控制研究中,一般使用二值感知模型。二值感知模型是指传感器节点在平面上的感知范围是一个以节点为圆心、以感知距离为半径的圆形区域,只有落在该圆形区域内的点才能被该节点覆盖,这与实际情况相差甚远。大多数研究假设节点是同构的,在功率控制研究中,一般认为网络中的所有节点都具有相同的最大发射功率。然而,即使网络中所有的传感器节点使用相同的发射功率,由于天线、地形环境等方面的差异,各个节点所形成的发射范围差别很大。所以,现实中的节点是异构的。但是,由于节点的异构性给理论分析带来了困难,因此,人们对异构节点的研究和分析还比较少。

(1) 对拓扑控制问题缺乏明确的定义。拓扑控制的目标是要形成优化的网络拓扑,那么什么样的拓扑才算是优化的呢?目前对这个问题还没有清晰的理解。虽然功率控制技术和睡眠调度技术都是拓扑控制的主要研究手段和解决方法,但是这两者都不能作为某个特定的拓扑控制问题的定义。因为拓扑控制不仅是功率控制,也不仅是睡眠调度,而且,对于具体的功率控制问题和睡眠调度问题,也缺乏实用化的定义。

(2) 研究结果没有足够的说服力。大多数的研究对拓扑控制算法只做理论上的分析和小规模的模拟。但是理论分析所基于的模型本身就是理想化的;小规模的模拟又不能仿真大规模的网络及其复杂的部署环境。实验和应用是算法有效性的最有说服力的证明。但是由于实验成本太高,不太可能做大量节点的实验。同样由于成本和技术等方面的原因,传感器节点大规模组网还没有进入实用阶段。这使得目前的研究结果普遍缺乏足够的说服力。因此,对拓扑控制技术验证平台的研究也是十分必要的。

2.3.6 可靠传输控制技术

在传感器节点的能量和带宽等资源普遍受限的条件下,能否为网络中的数据传输提供可靠的传输保证机制和网络拥塞避免机制,是保证信息有效获取的一个基本问题,也是传输控制技术应当解决的问题。

在物联网的感知互动层,存在如下影响数据传输的负面因素:网络中无线链路是开放的有损传播介质,存在着多径衰落和阴影效应(由于通信范围有限,路径损耗较低,一般时忽略不计),加之其信道一般采用开放的ISM频段,使得网络传输的误码率较高。

(1) 同一区域中的多个传感器节点之间同时进行通信,节点在接收数据时易受到其他传输信号的干扰。

(2) 由于能量耗尽、节点移动或遭到外来破坏等原因,造成传感器节点死亡和传输路径失效。

(3) 传感器节点的存储资源极其有限,在网络流量过大时,容易导致协议栈内的数据包存储缓冲区溢出。

基于上述原因，在协议设计时必须提供一定的传输控制机制，以保证网络传输效率。传输控制机制主要可以分为拥塞控制和可靠保证两大类。拥塞控制用于将网络从拥塞状态中恢复出来，避免负载超过网络的传输能力；可靠保证用于解决数据分组传输丢失的问题，使接收端可以获取完整有效的数据信息。

现有的 IP 网络主要使用协议栈中传输层的 UDP 和 TCP 控制数据传输。UDP 是面向无连接的传输协议，不提供对数据包的流量控制及错误恢复；TCP 则提供了可靠的传输保证，但 TCP 无法被直接用于传感网的感知互动层，原因如下。

(1) 在 TCP 中，数据包的传输控制任务被赋予网络的端节点，中间节点只承担数据包的转发。而传感网底层网络以数据为中心，中间节点可能会对相关数据进行处理，从而改变数据分组的数量和大小。

(2) TCP 建立和释放连接的握手机制相对比较复杂，耗时较长，传感网底层网络拓扑的动态变化也给 TCP 连接状态的建立和维护带来了一定的困难。

(3) TCP 采用基于数据分组的可靠性度量，即尽力保证所有发出的数据包都被接收节点正确收到。在传感网底层网络，可能会有多个传感器节点监测同一对象，使得监测数据具有很强的冗余性和关联性。只要最终获取的监测信息能够描述对象的真实状况，具有一定的逼真度就可以，并不一定要求全部数据分组被传输。

(4) 传感网底层网络中非拥塞丢包和多路传输等引起的数据包传输乱序，都会引发 TCP 的错误响应，使得发送端频频进入拥塞控制阶段，导致传输性能下降。

(5) TCP 要求每个网络节点具有独一无二或全网独立的网络地址。在大规模的传感器节点组网时，为了减少长地址位的传输消耗，传感器节点可能只具有局部独立的或地理位置相关的网络地址或采用无网络地址的传输方案，无法直接使用 TCP。

1. 拥塞控制

拥塞控制技术主要包括 3 个环节：拥塞检测、拥塞状态通告和流量控制。

1) 拥塞检测

准确、高效的拥塞检测是进行拥塞控制的前提和基础。目前，主要的拥塞检测方法有两种：检查缓冲区占用情况和检查信道负载。检查缓冲区占用情况指根据节点内部数据分组缓冲区的占用情况，判断网络是否处于拥塞状态。显然，如果缓冲区内积压的待发送分组越多，说明网络的拥塞状态越严重。这种方法的优点在于简单，但是缺乏对信道繁忙程度的了解，判断结果不一定准确。检查信道负载指节点通过监听信道是否处于空闲，判断网络是否处于拥塞状态。显然，如果信道长时间繁忙，则说明网络处于拥塞状态。这种方法的准确度比检查缓冲区占用情况要高，但是长时间监听信道会带来能量的浪费。为了克服这两种方法各自的缺点，形成了一种混合的拥塞检测方案，在缓冲区非空时进行信道状态周期性采样。这种新方法，可以在准确检测网络拥塞的前提下，降低了节点的能量开销。

2) 拥塞状态通告

当网络出现拥塞时，往往需要与数据传输相关的所有节点相互协作才能缓解拥塞状态。因此，若节点发现网络出于拥塞状态时，必须将此消息传递给邻居节点或者上游节点，达到消息反馈甚至控制的作用。节点一般采用以下两种方式扩散拥塞状态通告。

(1) 明文方式(Explicit Congestion Notification,ECN)。节点发送包含拥塞消息的特定类型的控制分组。为了加快该消息的扩散速度,可以通过设定 MAC 层竞争参数来增大其访问信道的优先权。缺点是控制包带来了额外的传输开销。

(2) 捎带方式(Implicit Congestion Notification,ICN)。利用无线信道的广播特性,将拥塞状态信息捎带在正要传输的数据分组包头中,邻居节点通过监听通信范围内的数据传输获取相关信息。与明文方式相比,捎带方式减轻了网络负载,但增加了监听数据传输和处理数据分组的开销。

3) 流量控制

当传感器节点检测到拥塞发生后,将会综合采用各种控制机制减轻拥塞带来的负面影响,提高数据传输效率,即流量控制。流量控制的主要方法有报告速率调节、转发速率调节和综合速率调节。

(1) 报告速率调节。一般来说,传感器节点的播撒密度较高,数据具有很强的关联性和冗余度。但用户一般只关心网络整体返回的监测信息的准确度,而非单个节点的报告。因此,只要保证获取的信息足够描述被监测对象的状态,具有一定的逼真度,就可以对相关数据源节点的报告频率进行调整,以便在发生拥塞时减轻网络的流量压力。

(2) 转发速率调节。若网络对数据采集的逼真度要求较高,则一般不适用于报告速率调节,而是选择在流量汇聚而发生拥塞的中间节点进行转发速率调节。然而,仅依靠调节转发速率将会导致拥塞状态沿着数据传输的相反方向不断传递,最终到达数据源节点。若数据源节点不能支持报告速率调节,将会导致丢包现象的发生。

(3) 综合速率调节。在多跳结构的网络中,传感器节点承担着数据采集和路由转发的双重任务。当拥塞发生时,仅通过单一的速率调节方式,往往不能达到有效的控制效果。检测到拥塞发生的节点沿着向数据源节点的方向,向上游节点扩散后压消息,收到此消息的节点将根据本地的网络状况判断是否继续向其上游节点传播。同时,采取一定的本地控制策略,如丢弃部分数据包、降低报告或转发速率、路由改道等来减轻拥塞。

2. 可靠保证

数据传输的可靠保证主要是通过数据重传来实现的,节点需要暂时缓存已发送的数据分组,并用重传控制机制来重传网络传输过程中丢失的数据分组。数据重传主要包含两个主要步骤:丢包检测和丢包重传。

1) 丢包检测

传感器节点主要通过接收到的数据包包头中相关序列号字段的连续性进行丢包检测,发现数据包丢失后将信息反馈给当前持有该数据包的发送节点请求重传。丢包检测的反馈方式有以下 3 种。

(1) ACK(ACKnowledgment)方式。源节点为发送的每一个数据包设置缓存和相应的重发定时器。若在定时器超时之前收到来自目的节点对此数据包的 ACK 控制包,则认为此数据包已经成功地传输。此时,取消对该数据包的缓存和定时;否则将重传此数据包并重新设置定时器。

(2) NACK(Negative ACKnowledgment)方式。源节点缓存发送的数据包,但无须设置定时器。若目的节点正确收到数据包,则不反馈任何确认指示;若目的节点通过检测数据包序列号检测到数据包的丢失，则反馈 NACK 控制包，要求重传相应的数据包。NACK 只需针对少量丢失的数据包反馈，减轻了 ACK 方式的负载和能耗。缺点在于，目的节点必须知道每次传输的界限，使其不能保证单包发送时的可靠性。

(3) IACK(Immediate ACKnowledgment)方式。发送节点缓存数据包，监听接收节点的数据传输，若发现接收节点发送出该数据包给其下一跳节点，则取消缓存。这种方式不需要传输控制包，负载和能耗最小，但只能在单跳以内使用，且需要节点能够正确地监听到邻居节点的传输情况。

2) 丢包重传

网络中的丢包重传方式主要有两种：端到端重传和逐跳重传。基于端到端控制的重传方式主要依靠目的端节点检测丢包，将丢包信息反馈给数据源节点进行重传处理。控制包和重传数据包的传输需要经历整条传输路径，不但降低了数据重传的可靠性和效率，也加大了网络负载和能量消耗。同时，基于端节点的控制方式使得反馈处理时间相对较长，不利于数据的实时传输。因此，在传感网底层网络中较多地采用了逐跳控制方法，即在每跳传输的过程中，相邻转发节点之间进行丢包检测和重传操作。丢包重传的方向主要包括普通节点向汇聚节点、汇聚节点向普通节点以及双向可靠保证 3 类。

2.3.7　异构网络融合技术

物联网是以感知为目的的技术体系，在其发展初期，离不开互联网、移动通信网、多种网络基础设施的支持，从而形成其网络体系高度异构混杂的现状。同时，物联网自身内部在通信协议、信息属性、应用特征等多个方面具有高度异构性，在融合的环境下，实现异构资源的优势互补与协调管理，最大化网络利用率，并最终达到各网络的协同工作，不仅是技术发展的必然趋势，也是网络运营者实现最佳用户体验和最优资源利用的根本途径。如何解决物联网的异构融合问题，成为物联网今后走向规模产业化的瓶颈。

目前，国际上对异构网络融合技术的研究主要集中在欧美、日本等发达国家和地区。无线世界研究论坛(Wireless World Research Forum，WWRF)是异构技术研究的重要力量，其第 3、第 6 工作组均将异构环境下的关键技术如重配置、移动性管理作为主要研究内容，为欧洲电信标准协会(European Telecommunications Standards Institute，ETSI)、第三代合作伙伴计划(Third Generation Partnership Project，3GPP)、因特网工程任务组(Internet Engineering Task Force，IETF)、国际电信联盟等世界标准化组织的工作贡献力量，并为世界各国开展异构技术的研究指引了方向。

IEEEP 1900 作为以异构网络共存为目标的标准化组织已逐步发展起来，围绕着网络功能需求和功能设计，在网络选择、基于策略的联合资源管理以及动态频谱管理等方面提出了有益的成果，并分析了与 IEEE 802.21(异构网络间的切换机制)、IEEE 802.22.1(动态频谱管理)、3GPP 系统架构演进(System Architecture Evolution，SAE)的异同。应当说，欧盟对于异构网络的研究在整个世界上居于领先地位，其研究呈现体系化的特点，涉及体系架构、协议栈、管理结构、业务等多个层面。

欧盟发起的 IST(Information Society Technology)计划，从 FP4(Framework Program4)到 FP5 再到 FP6，与异构技术研究相关的项目多达 20 多个。从 FP6 开始，欧盟开始专注于完整

的体系构建，环境网络(Ambient Network，AN)、WINNER(Wireless World Initiative New Radio)、E2R(End-to-End Reconfiguration)是其中最具影响力的项目，分别从网络融合的解决方案，实现对异构无线空中接口技术的统一，端到端的重配置能力展开，对整个世界在此方向上的研究起到了积极的推动作用。

然而由于问题本身的复杂性，欧盟研究的技术定位以及研究本身也处于刚刚开始的阶段，目前在一些关键科学问题，如系统的性能、分析建模、资源内优化等理论方面尚有待深入探索。下面仅简单介绍一下异构网络融合相关的多无线电协作技术和资源管理技术。

1. 异构网络融合的多无线电协作技术

物联网中包含了多种异构网络，从接入方式到资源管理与控制等技术都有较大区别，传统的单无线电技术在处理多种网络接入时有很大局限性，随着硬件技术的发展及成本的降低，多无线电系统的设备U盘普及。多无线电指的是单一设备多个独立的无线电系统，每个无线电系统可以使用不同的接入技术及不同的信道，在此基础上，采用多无线电协作技术实现对多无线电接口的管押和资源分配，从而提高网络容量，扩大连通范围，在底层解决异构网络的互联互通问题。

环境网络是一种基于异构网络间的动态合成而提出的全新网络观念。它不是以拼凑的方式对现有体系进行扩充，而是通过制定即时的网间协议，为用户提供访问任意网络(包括移动个人网络)的能力。一个环境网络单元主要由AN控制空间和AN连通性构成。AN控制空间由一系列的控制功能实体组成，包括支持多无线电接入(MRA)、网络连通性、移动性、安全性和网络管理等的实体。不同AN的ACS通过环境网络接口通信，并通过环境服务接口来面对各种应用和服务。在具体实现上，ACS由多无线电资源管理模块和通用链路层构成。环境网络最大的特点是采用MRA技术。MRA技术使终端具有同时与一个接入系统保持多个独立连接的能力。通过MRA技术，可以实现终端在不同AN间的无缝连接以及不同终端在不同AN间的多跳数据传输，以扩大AN的覆盖范围。

作为环境网络实现异构网络互联的第一步，多无线电接入及其资源分配和管理是其他面向用户的异构网络服务的基础。而多无线电协作技术是MRA技术的延伸和扩展，其主要功能是实现多无线电间资源共享和不同环境网络间的动态协同。其他功能还包括有效的信息广播、发现和选择无线电接入，允许用户利用多无线电接口同时发送和接收数据，以及支持多无线电多跳通信等。通过多无线电协作，可使终端具有同时与一个接入系统保持多个连接或同时连接不同接入系统的能力，从而在网络容量、能量控制和移动管理等方面均优于传统技术。

2. 异构网络融合的资源管理技术

在异构网络融合架构下，一个必须要考虑并解决的关键问题是：如何使任何用户在任何时间、任何地点都能获得具有QoS保证的服务。在异构网络融合系统中，由于网络的异构性、用户的移动性、资源和用户需求的多样性和不确定性等因素，导致传统通信网络的相关研究成果无法直接使用，还需要做进一步的研究，目前的研究主要集中在呼叫接入控制、垂直切换、异构资源分配等方面。

1）呼叫接入控制

传统蜂窝网络中的呼叫接入控制算法已经得到了广泛的研究，但难以直接在异构网络中使用，主要有以下原因。

(1) 网络中多种无线接入技术并存。移动通信网络通过其基础设施(基站)控制和管理各移动用户对信道资源的接入，向用户提供具有 QoS 保证的服务。而 WLAN 则采用载波侦听多点接入/冲突避免(CSMA/CA)的信道资源接入方式，其提供的 QoS 支持具有较大的差异性。

(2) 用户移动性。在多网络异构融合的网络环境下，大范围覆盖的高速移动与室内环境的低速或相对静止情况并存，传统的用户均匀移动模型已不再合适，需要考虑不同覆盖区域内用户的不同移动性。

(3) 多种业务类型。异构网络融合系统提供了多种业务类型，需要不同的 QoS 保证。语音、视频等实时业务是时延敏感而分组丢失可承受的，非实时业务是分组丢失敏感而中等时延敏感的，文件传输等尽力而为的业务是分组丢失敏感但对时延相对不敏感的。不同的网络对不同的业务有不同的支持能力。

(4) 跨层设计。在基于分组交换的无线网络中，使用相关层优化必将提高系统性能。因而，在研究异构网络 CAC 算法时，应该通过跨层设计来评估呼叫级(呼叫阻塞率、被迫中断概率)和分组级的 QoS 性能。

2）垂直切换

用户在不同网络之间的移动称为垂直移动，实现无缝垂直移动的最大挑战在于垂直切换。垂直切换就是在移动终端改变接入点时，保持用户持续通信的过程。在多网融合的环境中，传统的采取比较信号强度进行切换的决策方法已不足以进行垂直切换。由于异构网络融合系统的特殊性，垂直切换决策除了需考虑信号强度外，还需考虑以下因素。

(1) 业务类型。不同的业务有不同的可靠性、时延以及数据率的要求，需要不同的 QoS 保证。

(2) 网络条件。由于垂直切换的发生将影响异构资源之间的平衡，这就要求在设计垂直切换策略时，需要利用系统的网络侧信息，如网络可用带宽、网络延时、拥塞状况等，从而有效避免网络拥塞，在不同网络间实现负载平衡。

(3) 系统性能。为了保证系统性能，需要考虑信道传播特性、路径损耗、共信道干扰、信噪比(SNR)以及误比特率(BER)等性能参数。

(4) 移动终端状态。如移动速率、移动模式、移动方向以及位置信息等。

3）异构资源分配

异构网络融合系统中的资源分配算法需要有效地控制实时、非实时等多种业务的无线资源接入，需要能有效处理突发业务、分组交换连接中数据分组随机到达以及数目随机变化等情况；异构网络系统中用户需求具有多样性，网络信道质量具有可变性；不同的无线网络分别由各自的运营商经营，这样的经营模式在今后很长的时间内将无法改变，决定了这些网络更有可能采取一种松耦合的融合方式。因此，异构网络融合系统应该采用新颖的分布式动态信道资源分配算法。

动态内适应的信道资源分配算法，根据用户的 QoS 要求和网络状态动态调整带宽分配，在网络状况允许时，给用户呼叫分配更多的信道资源，以提升用户的 QoS 保证。

网络拥塞时，通过减少对系统中已接纳呼叫的信道分配来容纳更多的呼叫，从而降低系统的呼叫阻塞率和被迫中断概率，提高系统资源的使用率和用户的 QoS。

系统模型的建立对于异构网络环境中信道分配算法的深入分析至关重要。目前在异构网络资源分配的研究中，还没有提出完整的具有一般性的系统模型。大部分文献使用仿真的方法进行分析，或者仅对融合系统中的分立网络分别进行建模。可以利用多维马尔可夫模型、矩阵运算以及排队论等数学方法，对异构网络融合系统建立多维多域的系统模型，获得不同算法下该系统模型的各个状态，进一步推导系统的性能，比较不同算法的优劣。

2.3.8 中间件技术

中间件是一类连接软件组件和应用的计算机软件，它包括一组服务，以便运行在一台或多台机器上的多个软件通过网络进行交互。也有人将中间件定义为分布式系统中位于操作系统和应用软件间的软件层。尽管对中间件的定义有多种，但各类定义对中间件内涵的描述是一致的，即“连接”二字。概括起来，中间件是位于不同软件之间的、能够在各类软件间起到连接作用的软件组件，这里描述的软件既包括操作系统，也包括应用程序及其他可复用的软件模块。中间件技术所提供的互操作性，推动了分布式体系架构的演进。

中间件通常用于支持分布式应用程序，并简化其复杂度。对于应用软件开发，中间件远比操作系统和网络服务更为重要，中间件提供的程序接口定义了一个相对稳定的高层应用环境，不管底层的计算机硬件和系统软件怎样更新换代，只要将中间件升级更新，并保持中间件对外的接口定义不变，应用软件几乎不需任何修改，从而保护了企业在应用软件开发和维护中的投资。

最早具有中间件技术思想及功能的软件是 IBM 公司的 CICS。第一个严格意义上的中间件产品是贝尔实验室开发的 Tuxedo，Tuxedo 在很长一段时期内只是实验室产品，后来被 Novell 公司收购，在经过 Novell 公司并不成功的商业推广之后被 BEA 公司收购。IBM 的中间件 MQSeries 也是 20 世纪 90 年代的产品，其他许多中间件产品也都是最近几年才成熟起来。

现代中间件技术已经不局限于应用服务器、数据库服务器。围绕中间件，Apache 组织、IBM 公司、Oracle(BEA)公司、微软公司各自研发出了较为完整的软件产品体系。中间件技术创建在对应用软件部分常用功能的抽象上，将常用且重要的过程调用、分布式组件、消息队列、事务、安全、连接器、商业流程、网络并发、HTTP 服务器、Web Service 等功能集于一身或者分别在不同品牌的不同产品中分别完成。

商业中间件及信息化市场主要存在微软阵营、Java 阵营、开源阵营。阵营的区分主要体现在对下层操作系统的选择以及对上层组件标准的制定。目前主流商业操作系统主要来自 UNIX、苹果公司和 Linux 的系统以及微软视窗系列。微软阵营的主要技术提供商来自微软公司和其商业伙伴，Java 阵营则来自 IBM 公司、Sun 公司、Oracle 公司、BEA 公司(已被 Oracle 公司收购)及其合作伙伴，开源阵营则主要来自诸如 Apache 公司、Source Forge 等组织的共享代码。

1. 中间件技术的特点

首先满足大量应用的需要。中间件通过 API 等方式向应用开发者提供通用功能调用模块,中间件所提供的功能大多是与应用无关的,或者是从多种应用中抽象出来的通用功能,所以中间件通常可以满足不同种类、大量应用的需求。

其次运行于多种硬件和 OS 平台。现代的中间件系统几乎都采用了跨平台设计,例如采用虚拟机等技术手段实现对多种硬件平台及操作系统平台的兼容。大量商用中间件系统采用 Java 语言编写,Java 语言本身是一种跨平台的编程语言,用其编写的中间件软件系统能够轻易地实现一处编译、多处运行。中间件能够屏蔽掉硬件和操作系统的异构性,解决应用在异构环境下的运行和通信问题。

再次支持分布式计算。中间件提供客户机和服务器之间的连接服务,针对不同的操作系统和硬件平台,它们可以由符合接口和协议规范的多种实现。中间件是一种独立的系统软件或服务程序,分布式应用软件借助这种软件在不同的技术之间共享资源。中间件软件管理着客户端程序和数据库或者早期应用软件之间的通信。中间件在分布式的客户和服务之间扮演着承上启下的角色,如事务管理、负载均衡以及基于 Web 的计算等。最后支持标准的协议与接口,成熟的商用中间件系统都遵循标准化的通信协议与访问接口,如 HTTP、XML、SOAP(简单对象访问协议)、WSDL 等,这使得基于中间件的应用之间能够互联互通。大部分 ESB(企业服务总线)中间件还能够进行各类通信、编码协议间进行自动转换适配,从而将采用不同技术体系的应用整合起来,实现异构技术体系的融合。

2. 中间件技术的分类

中间件包括的范围十分广泛,针对不同的应用需求涌现出多种各具特色的中间件产品。在不同的角度或不同的层次上,对中间件的分类也会有所不同。基于目的和实现机制的不同,中间件主要分为远程过程调用(Remote Procedure Call,RPC)中间件、面向消息的中间件(Message-Oriented Middleware)和对象请求代理(Object Request Brokers,ORB)中间件 3 类。

1) 远程过程调用中间件

远程过程调用是指由本地系统上的进程激活远程系统上的进程。处理远程过程调用的进程有两个:一个是本地客户进程;一个是远程服务器进程。对本地进程控制本地客户进程生成一个消息,并通过网络发往远程服务器。网络信息中包括过程调用所需要的参数,远程服务器接收到消息后调用相应过程,然后将结果通过网络发回客户进程,再由客户进程将结果返回给调用进程。因此,远程系统调用对调用者表现为本地过程调用,但实际上是调用了远程系统上的过程。

由于 RPC 一般用于应用程序之间的通信,而且采用的是同步通信方式,因此比较适合于不要求异步通信方式的小型、简单的应用系统,而对于一些大型的应用,往往需要考虑网络或者系统故障,处理并发操作、缓冲、流量控制以及进程同步等一系列复杂问题,这种方式就很难发挥其优势。

2) 面向消息的中间件

面向消息的中间件是指利用高效可靠的消息传递机制进行平台无关的数据交流,并基于数据通信进行分布式系统的集成。通过提供消息传递和消息排队模型，它可以在分布环境下扩展进程间的通信，并支持多通信协议、语言、应用程序、硬件和软件平台。越来越多的分布式应用采用消息中间件来构建。消息中间件的优点在于能够在客户和服务器之间提供同步和异步的连接，并且在任何时刻都可以将消息进行传输或者存储转发，这也是它比远程过程调用更进一步的原因。另外，消息中间件不会占用大量的网络带宽，可以跟踪事务，并且通过将事务存储到磁盘上实现网络故障时的系统恢复。但是与远程过程调用相比，消息中间件不支持程序控制的传递。

3）对象请求代理中间件

对象请求代理可以看作与编程语言无关的面向对象的RPC应用。从管理和封装的模式上看，对象请求代理和远程过程调用有些类似，不过对象请求代理可以包含比远程过程调用和消息中间件更复杂的信息，并且可以适用于非结构化或者非关系型的数据。公共对象请求代理体系结构（Common Object Request Broker Architecture，CORBA）是由OMG组织制定的一种面向对象应用程序标准体系。对象请求代理是这个模型的核心组件，它的作用在于提供一个通信框架，透明地在异构分布式计算环境中传递对象请求。CORBA规范包括了ORB的所有标准接口。1991年推出的CORBA 1.1定义了接口描述语言OMGIDL和支持Client/Server对象在具体的ORB上进行互操作的API。CORBA 2.0规范描述的是不同厂商提供的ORB之间的互操作。

CORBA定义了一种面向对象的软件构件构造方法，使不同的应用可以共享由此构造出来的软件构件，每个对象都将其内部操作细节封装起来，同时又向外界提供了精确定义的接口，从而降低了应用系统的复杂性，也降低了软件的开发费用。CORBA的平台无关性实现了对象的跨平台应用，开发人员可以在更大的范围内选择最实用的对象加入自己的应用系统之中。CORBA的语言无关性使开发人员可以在更大的范围内相互利用别人的编程技能和成果，是实现软件复用的实用化工具。

3. 中间件与物联网

物联网感知互动层主要由各类集成传感器、执行器和通信模块的终端设备、物联网网关设备等组成，通常以嵌入式系统的形式存在。感知互动层的特点之一就是设备软硬件异构性非常之强。首先，不同应用对硬件资源的需求不同，使得设备所采用的CPU、存储器差别很大，这就造成了软件层面所使用的技术方案多种多样，软件一致性很差，为一种平台开发的应用很难被移植到其他平台上去，软件开发工作中，由于存在大量重复劳动使得开发效率低下、软件通用性和可维护性差；其次，不同应用采用的通信协议不同，为设备间信息交互带来较大障碍，物联网应用除了要兼容各种硬件异构性，还要兼容信息通信层面的异构性，开发难度大大增加。

除了传统的嵌入式操作系统外，嵌入式中间件在这一层面将起到重要的作用。使用嵌入式中间件技术，屏蔽硬件平台、操作系统平台、通信协议的异构性，为感知互动层的物联网应用提供统一的开发、运行环境，降低应用开发难度，加快开发速度，同时也避免了因为应用重复开发而造成的资源浪费。下面介绍与物联网感知互动层相关的中间件系统，例如RFID中间件。在目前的RFID应用中，从前端数据的采集到与后端业务系统的连接，大多采用定制化软件开发的方式。一旦前端标签种类增加，或后端业务系统有所变化，都需要重新编写程序，开发效率低、维护成本高等问题非常突出。RFID 中间件是 RFID 标签和应用程序之间的中介，应用程序端使用中间件所提供一组通用的应用程序接口连接到 RFID 读写器，读取 RFID 标签的数据。这样，即使存储 RFID 标签情报的数据库软件或后端应用程序发生变化，或者读写 RFID 读写器种类增加或发生变化等情况发生时，应用端不需做修改，省去多对多连接的维护复杂性问题。

RFID 中间件可以从架构上分为两种：以应用程序为中心和以架构为中心。

(1) 以应用程序为中心。以应用程序为中心的设计概念是通过 RFID 读写器厂商提供的 API 直接编写特定读写器读取数据的适配器，并传输至后端系统的应用程序或数据库，实现与后端系统或服务连接的目的。

(2) 以架构为中心。随着企业应用系统的复杂度增高，企业无法为每个应用编写适配器，同时面对对象标准化等问题，企业可以考虑采用厂商所提供标准规格的 RFID 中间件。以架构为中心的 RFID 中间件，不但已经具备基本数据搜集、过滤等功能，同时也满足企业多对多的连接需求，并具备平台的管理与维护功能。

此外，由于物联网应用系统的规模比传统信息化系统要大得多，且系统所集成的各类设备、软件种类也比传统信息化系统要多，系统的异构性更强，这对物联网应用构建带来了更大的挑战，同时对中间件技术也提出了更高的要求，相信这将促使中间件技术进一步革新与演进。

2.3.9 网关技术

物联网连接的感知信息系统具有很强的异构性，即不同的系统可以采用不同的信息定义结构、不同的操作系统和不同的信息传输机制。为了实现异构信息之间的互联互通与互操作，未来的物联网不仅需要以一个开放的、分层的、可扩展的网络体系结构为框架，实现异种异构网络能够与网络传输层实现无缝连接，并提供相应的服务质量保证，同时要实现多种设备异构网络接入，这些设备即物联网网关。

在感知互动层中的感知设备，需要通过物联网网关与网络传输层中的设备相连。移动通信网、互联网、行业和应急专网等都是物联网的重要组成部分，这些网络通过物联网的节点、网关等核心设备进行协同工作，并承载着各种物联网的服务，这些设备是物联网的硬件支撑，通过集成各种计算与处理算法，完成异种异构网络的互联互通。因此，物联网网关是连接感知互动层和网络传输层的关键设备，是开展物联网研究和工程化开发的主要内容之一。物联网网关必须考虑以下问题。

1. 对感知设备移动性支持

随着物联网技术的发展，感知互动层节点的移动性需求越来越强。在物联网中，移动可以分为两种形式：节点移动性，单个节点发生移动，并且变换网络的接入位置；网络移动性，若干节点组成的局部网络整体发生移动，并且变换网络的接入位置。因此网关必须能够支持以上两种不同的移动方式，保证感知互动层或其节点在移动过程中的正常路由寻址和不间断通信。

2. 服务发现

感知互动层中包含不同类型的感知设备，因而需要网关支持服务发现的功能。服务发现主要用于解决设备间的相互发现及网络服务的自动获取，对于可靠性相对较低的感知互动层而言，服务的自动发现至关重要，但由此带来的通信开销和请求时延也相当显著。因此，物联网网关需要研究低功耗、低时延服务发现机制。

3. 感知互动层与网络传输层1Pv6/IPv4的报文转换

网关的逐层协议转换是网关的一个基本功能，需要解决以下关键技术：IPv6/IPv4 网络与感知互动层网络中数据包头部网络地址转换以及压缩机制；在不同网络中以及不同结构层次间的网络服务发现机制；感知互动层中不同功能节点与 IPv6/IPv4 网络无缝结合的通信机制；IPv6/IPv4 网络中基于连接的 TCP 与感知互动层间的互通机制。

4. IPSec 与感知互动层安全协议转换

物联网的信息安全是保障整个网络安全的一个重要方面。网关需要对感知互动层以及网络传输层的 IPv6/IPv4 网络的信息机密性和完整性提供支持。信息安全可以通过 OSI 体系中的应用层、传输层、网络层以及数据链路层来实现，具体实现时需要满足感知互动层多项限制因素：轻量级代码、低功耗、低复杂度以及带宽限制要求等。

5. 远程维护管理

物联网的很多场景中，感知互动层节点及其网关部署在环境恶劣的地点，而且节点和网关的数量众多，因而人员现场维护的难度极大，因此网关必须支持远程维护方法。此外，为了感知互动层节点的管理效率，减轻感知互动层网络维护人员的负担，还需要提供基于网关的感知互动层异常情况自动检测及修复机制。通过 IPSec 与感知互动层安全协议的对应转换，实现网络整体的安全保障；实现网关支持的远程维护管理技术。

6. IPv6/IPv4 自适应封装技术

在物联网这个异构互联的系统中，要实现底层设备与互联网相连，需要实现 IPv6/IPv4 自适应封装技术。在感知互动层中，节点使用自身的 ID 组网是常见的方式，这些 ID 可以是压缩的 IPv6/IPv4 地址，也可以是其他标识符，因而网关首先需要包含一种地址翻译机制，自动实现传感器节点标识符到互联网中 IPv6/IPv4 地址的映射。

此外，传感器网络的报文分组小而且多，如果对每个感知互动层报文都单独封装成为一个独立的互联网报文，必将带来极大的资源浪费，因而网关上还需要报文分段和重组机制，能够根据报文类别及序列号等信息将多个感知互动层的小报文打包构成一个较大的互联网报文，在报文传输实时性的基础上，有效节省网络资源。

2.4 应用层关键技术

物联网以终端感知网络为触角，全面感知物理世界的每一个角落，获得客观世界的各种测量数据。但是其最终目标是为人服务，需要将获得的各种物理量进行综合分析，智能地优化人类生产与生活。因此，物联网的系统应用技术包括了对海量信息的智能处理，建立起专家系统、预测模型、行业接口和运营平台，实现人机交互服务。从而构建智能化的行业应用。例如，交通行业涉及的就是智能交通技术，电力行业采用的是智能电网技术，物流行业采用的是智慧物流技术等；生态环境与自然灾害监测、智能交通、文物保护与文化传播、运程医疗与健康监护等。其中智能处理的主要功能是通过具有超级计算能力的中心计算机群对网络内的海量信息进行实时的管理和控制，并为上层应用提供一个良好的用户接口。其中，海量数据智能分析与控制是指依托先进的软件工程技术，对物联网的各种数据进行海量存储与快速处理，并将处理结果实时反馈给网络中的各种“控制”部件。智能技术就是为了有效地达到某种预期目的，对数据进行知识分析所采用的各种方法和手段。

2.4.1 海量信息多粒度分布式存储

如今的互联网已经是一个以数据为中心的网络，而物联网的应用服务需要建立在真实世界的数据采集之上，产生的数据量会比互联网的数据量高几个量级。海量信息的多粒度存储、数据挖掘、知识发现、并行处理技术显得尤为重要。一方面，物联网海量的数据信息再汇聚到应用业务平台后，需要对数据进行存储管理，以便为以后的应用服务提供更好的原始数据。另一方面，面对如此广泛的科学数据，需要根据物联网相关应用的特点，对原始数据进行相应的数学建模、数据挖掘，以得到所需要的信息。

1. 新兴存储技术

随着 Web 2.0 技术的兴起，网络数据资源变得越来越丰富，信息系统的容量也呈指数级增长，可以想象随着物联网技术的深入发展，物联网应用会变得丰富多彩，物联网分布式应用的发展，使得物联网的应用数据必定是进行海量信息存储。

最近几年由于云计算的兴起，云计算的虚拟化平台可以对计算资源(CPU)、网络资源、存储资源(服务器硬盘、存储介质)等进行动态迁移、整合，达到资源利用的最大化，云存储更多使用 x86 机器或者普通机架服务器的硬盘存储与专用的存储设备之间的结合，而非单一专用的存储设备。云存储是将云计算的概念进行了延伸，是指通过集群应用、网格技术或分布式文件系统等功能，将网络中大量的各种不同类型的存储设备通过应用软件集合起来协同工作，共同对外提供数据存储和业务访问功能的一个系统。

如同云状的广域网和互联网一样，云存储对使用者来讲，不是指某一个具体的设备，而是指一个由许许多多个存储设备和服务器所构成的集合体。使用者使用云存储，并不是使用某一个存储设备，而是使用整个云存储系统带来的一种数据访问服务。所以严格来讲，云存储不是存储，而是一种服务。云存储的结构模型也分为 4 个：存储层、基础管理层、应用接口层以及访问层。

2. 分布式数据库技术

从目前分布式系统发展来看，应用数据的存储离不开数据存储技术，数据存储的经典理论基石是由 Eric Brewer 教授提出的 CAP 理论。模型中 C：Consistency，一致性；A：Availability，可用性(指的是快速获取数据)；P：Tolerance of Network Partition，分区容忍性(分布式)。

CAP 理论的基本原理是一个分布式系统中的存储系统不可能满足一致性、可用性和分区容错性 3 个需求，最大集时可以同时满足两个。如果分布式系统对于一致性要求较高，那么该分布式系统在使用时可能出现不可用导致写操作失败的情况；如果分布式系统对于可用性要求较高的，那么该分布式系统在使用时读操作可能不能精确读取到写操作输入的最新值。CAP 理论的使用，使人们能更好地理解分布式系统的设计取决于系统需求的理解，所以系统需求的正确理解是一个分布式系统乃至整个系统设计成功的充分条件。

传统的关系型数据库是满足 CA 因素的数据存储，而大型分布式系统、网站中使用的键值(Key-Value)数据库追求满足 AP。一致性是指数据一致性，值得注意的是，传统的关系型数据库满足的是强一致性，即分布的不同节点读写数据都是某条数据记录的最新状态。而大型网站、分布式系统往往对一些实时性要求不强的数据，实现数据的最终一致性。如数据记录 M，有 3 个可以对 M 进行读写操作的节点 A、B、C，如果 A 对 M 进行了修改，B、C 在读取数据的时候必须读到 M 的最新状态是强一致性。如果 A 对 M 进行了修改，B、C 在读取数据的时候可以在一定的时延内(例如 10s 内)读取的不是 M 的最新状态，但是经过一定的时间后，B、C 再读取 M 时，读到的是 M 的最新状态，这就是数据的最终一致性。

1) 追求 CA 的关系型数据库

数据存储是将应用数据抽象成实体关系模型(Entity-Relationship Model，E-R Model)。通过 E-R 模型在关系型数据库中建立相应的数据库、表，对应用数据记录进行存储。当前主流的关系型数据库有 Oracle、Microsoft SQL Server、Microsoft Access、MySQL 等。

Oracle 关系型数据库是全世界首个基于 SQL 语言的数据库，也是最成功的关系型数据库软件之一，Oracle 公司提供了强大的技术支持，对于一些数据库系统设计的关键技术如索引等，Oracle 数据库提供了很多支持。1977 年，Lawrence J. Ellison 与同事一起成立了 Oracle 公司，他们的成功强力反击了关系数据库无法成功商业化的说法。MySQL 是一个小型关系型数据库，开发者为瑞典 MySQLAB 公司，在 2008 年被 Sun 公司收购，现在连同 Sun 公司被 Oracle 公司收购。MySQL 被广泛应用在 Internet 上的中小型网站中。由于其体积小、速度快、总体拥有成本低，尤其是开源这一特点，许多中小型网站为了降低网站总体拥有成本而选择了 MySQL 作为网站数据库。SQLServer 是 Microsoft 公司推出的商用关系型数据库，其运行环境必须是 Microsoft 公司的 Win 平台系统。SQL Server 有 2000、2005 和 2008 等重要版本。

2) 追求 AP 的 Key-Value 数据库

对于大型网站或者大型分布式系统而言，可用性与分区容忍性优先级要优于数据一致性。最著名的是 Key-Value 数据库，基于一致性哈希思想(由麻省理工学院在 1997 年提出)，谷歌、淘宝等知名互联网平台服务公司均采用这样的技术。一致性哈希算法的初衷是为了解决互联网中的热点(指分布式系统中出现负载过重、请求频繁的热点)问题。一致性哈希算法应该满足以下 4 个必要条件：平衡性(Balance)，哈希的最终结果能够平均地分布到所有的存储节点中去，使得节点的空间得到充分利用。单调性(Monotonicity)，在一个已有的分布式系统中添加一个新的存储节点，哈希算法的结果保证原有的已存储内容可以映射到新的节点中去，而不是映射到已有节点中未使用的存储空间。简单的线性哈希算法不能满足单调性的要求。分散性(Spread)，在分布式系统的终端用户对数据进行存储的时候，有可能看不到所有的存储节点，只能看到其中的一部分。此时，不同的终端用户操作的存储节点的范围可能不相同，从而导致了存储结果的不一致，最终的结果是相同的内容被不同的终端用户映射到不同的存储节点。分散性代表了此种现象发生的程度，哈希算法的优劣取决于分散性的高低。负载(Load)，负载的问题实际上是分散性的另一个角度，不同的终端用户可能将相同的内容映射到不同的存储节点，同一存储节点亦可能被不同的终端用户映射不同的内容。同理，好的哈希算法应该尽可能降低存储节点的负载。

一致性哈希中通过一系列路由算法来进行存储节点内容的操作，主要有关数据操作(读操作、写操作以及维护信息)的步骤如下。

(1) 在将内容映射到存储节点时，使用内容的关键字和存储节点的 ID 进行一致性哈希运算并获得键值。一致性哈希要求键值和存储节点 ID 处于同一值域。例如从 0000～9999 的整数集合。

(2) 根据键值存储内容时，内容将被存储到具有与其键值最接近的 ID 的存储节点上。例如键值为 1001 的内容，系统中有 ID 为 1000、1010、1100 的存储节点，该内容将被映射到 ID 为 1000 的存储节点。

(3) 每个存储节点存储其上行存储节点(ID 值大于自身的节点中最小的)和下行存储节点(ID 值小于自身的节点中最大的)的位置信息(IP 地址)。当存储节点需要查找内容时，就可以根据内容的键值决定向上行或下行存储节点发起查询请求。收到查询请求的存储节点如果发现自己拥有被请求的目标时直接向发起查询请求的存储节点返回确认；如果发现不属于自身的范围，可以转发请求到自己的上行/下行存储节点。

(4) 存储节点加入/退出系统时，相邻的存储节点必须及时更新路由信息。这就要求存储节点不仅存储直接相连的下行存储节点位置信息，还要知道一定深度(n 跳)的间接下行存储节点位置信息，并且动态地维护存储节点列表。当存储节点退出系统时，它的上行存储节点将尝试直接连接到最近的下行存储节点，连接成功后，从新的存储下行节点获得存储下行节点列表并更新自身的存储节点列表。同样地，当新的存储节点加入到系统中时，首先根据自身的 ID 找到下行存储节点并获得下行存储节点列表，然后要求上行存储节点修改其下行存储节点列表，这样就恢复了路由关系。

应用这种 Key-Value 进行数据管理的键/值数据库，主要使用者有亚马逊公司的 SimpleDB、谷歌公司的 BigTable、CouchDB 以及 MongoDB 等。其中 MongoDB 是比较著名的开源键/值数据库系统。

MongoDB 是一个介于关系型数据库和非关系型数据库之间的产品，是键/值数据库中功能最丰富、最像关系型数据库的。比较明显的是 MongoDB 支持的查询语言类似于面向对象的查询语言，几乎覆盖了关系型数据库单表查询的所有功能，甚至支持对数据建立索引机制。

MongoDB 通过自带的分布式文件系统 GridFS 进行海量的数据存储。MongoDB 对海量数据的访问效率惊人，当数据量达到 50GB 以上的时候，MongoDB 的访问速度可以达到 MySQL 的 10 倍以上。

MongoDB 的主要特点如下。

(1) 面向文档存储。可以存储任意数据类型，包括数组和文档对象，这种格式称为 BSON，即 Binary Serialized Document Notation，是一种类似于 JSON 的二进制序列化文档。

(2) 高性能数据存储。采用内存存储技术，查询速度更快，高效存储二进制大对象(例如照片和视频)。数据结构中的每个域可被直接访问。

(3) 模式自由。支持动态查询、完全索引,可轻易查询文档中内嵌的对象及数组。

(4) 支持复制和故障恢复。提供了 Master-Salve、Master-Master 模式的数据复制和恢复技术,支持复杂聚合。

(5) 自动分片。支持云级别的伸缩性,支持水平的数据库集群,可动态添加额外的服务器。

(6) 数据空间预分配。每个存储节点分配一系列文件空间,每个文件被预分配一定大小的空间,第一个文件名为"/.0",大小是 64KB,第二个文件名为"/.1",大小是 128KB,以此类推,避免硬盘碎片的产生。

键/值数据库相对于关系型数据库具备了可扩展性良好、响应服务快速以及编码简单的特点,但是也缺乏关系型数据库的一些特性,如事务一致性、读写实时性以及多表关联查询。在设计物联网应用系统的时候,选取合适的海量数据存储方式和技术需要结合应用实际需求而定。从存储数量量级上以及系统扩容速度上来看,在大型物联网应用系统中进行数据存储与操作,键/值数据库将多于关系型数据库。

2.4.2 海量数据智能处理

面对物联网的海量数据,必须借助于智能处理方法(包括大数据)才能获得相关的知识。在获取海量数据的基础上,通过对物理空间的建模和数据挖掘,提取出对人类处理物理世界有价值的知识。然后利用这些知识产生正确的控制策略,将策略传递到物理世界的执行设备,实现对物理世界的智能决策与控制。

海量数据智能处理是指依托先进的软件工程技术,对物联网的各种数据进行海量存储与快速处理,并将处理结果实时反馈给网络中的各种"控制"部件。智能处理技术就是为了有效地达到某种预期目的,对数据进行知识分析所采用的各种方法和手段:当传感网节点具有移动能力时,网络拓扑结构如何保持实时更新;当环境恶劣时,如何保障通信安全;如何进一步降低能耗。通过在物件中植入智能系统,可以使得物件具备一定的智能性,主动或被动地实现与用户的沟通,这也是物联网的关键技术之一。智能处理技术主要包括人工智能理论、先进的人-机交互技术、智能控制技术与系统等。物联网的实质性含义是要给物体赋予智能,以实现人与物的交互对话,甚至实现物与物之间的交互对话。

1. 数据挖掘和知识发现

物联网应用系统有一部分是对新知识的发现,例如面向前人实验或者一些实地系统中的数据,或者一些科研院所通过多年建立的关于传感网络的样本库,而相对于数据的收集,新的研究人员更加需要对这些分布式的数据进行相关的数据挖掘,当然这些数据样本库也有自己的独特存储结构、访问接口和通信协议。这些都需要很好地运用数据挖掘和知识发现的技术来保证。

因此物联网应用系统中,数据存储能力的爆炸式增长和快速的网络通信协议已使得应用系统能够收集和存储的超大信息量达到 PB(百万兆字节)级以上。而在物联网应用领域中,这类海量信息的存储将是一种常态,所以针对海量数据的数据挖掘技术也是物联网应用系统信息处理中的重要环节。

数据挖掘是指利用关联规则、分类与预测、聚类分析、序列分析、离群点、预测模型等方法,从大量的、不完全的、有噪声的、模糊的、随机的数据中提取隐含在其中的、人们事先不知道的但又是潜在有用的信息和知识的过程。物联网应用系统在应用现场部署了各种终端设备,包括温湿度传感器、光照传感器、控制器等,这些终端感知设备会将海量的数据信息返回到物联网应用系统的存储系统之中,而物联网应用系统的数据处理引擎需要对这些海量数据进行数据挖掘、数据建模,从而得到物联网应用系统前台所需要的逻辑操作。

知识发现相对于数据挖掘是一种更加广义上的概念,即从各种纷杂的信息源的信息中,根据不同的需求获得知识。知识发现的目的是向使用者屏蔽原始数据的烦琐细节,从原始数据中提炼出有意义的、简洁的知识,直接向使用者报告。相对于数据挖掘,知识发现还包含了接收原始数据输入,选择重要的数据项,缩减、预处理和浓缩数据组,将数据转换为合适的格式等更多的内容。

2. 数据挖掘关键技术

传统意义上的数据挖掘,其工作过程大致如下。

(1) 信息的发现。信息发现作为海量数据的数据挖掘的首要保证。根据发现机制的不同,可以归为两个类型:静态发现和动态发现。静态发现是指出人工确定数据源系统,预先由人工进行信息源的设置和配置;动态发现是统一描述、发现和集成(Universal Description Discovery and Integration, UDDI)以及开放网格服务基础结构(Open Grid Service Infrastructure,OGS1)后台的基本思想。数据源将其功能和内容注册到中央注册中心,在运行时可以查询中央注册中心以寻找与用户的处理需要相匹配的数据源。静态发现相对于动态发现而言,灵活度差很多,但是实现较为简单。一旦信息源发生改变,静态发现机制中新的信息源将不能灵活地被更新。

(2) 数据抽取是数据进入数据存储的入口。物联网应用系统的特点就是通过各种类型的传感器,将环境数据、材料数据等看不见的因素转换成标量表示的数据,这类数据抽取是物联网应用系统数据挖掘中。

(3) 数据存储和管理这部分在前面章节中有较为详细的描述。数据展现是指存储在数据存储系统之中的数据信息,必须可以被查询、报表、可视化、统计。传统的数据挖掘技术在数据展现上与数据库技术、统计学技术都有关联。

(4) 异构数据预处理。物联网应用大多数采用分布式数据存储的方式,尤其是一个大的物联网应用系统由若干不同数据类型的应用数据组成,数据预处理是海景数据挖掘中关键的一步。数据的预处理是分析现有的数据存储格式转化成相关的消息中间件或者约定通信协议报文格式,从而规约了海量数据在数据挖掘之前的统一格式。

(5) 高性能传输数据。高性能数据传输是分布式海量数据挖掘的承载手段。如前面章节叙述,海量信息的数据源往往达到 TB 或 PB 数量级的范围。海量数据传输可以通过专用网络、公共网络或者直接互联的形式进行网络传输。专用网络指对外界封闭的网络,例如虚拟专用网络(Virtual Private Network,VPN)或者专用网络,如卫星专网等;公共网络是供大众使用的网络,最常见的是 Internet;直接互联是指直接通过网线互联的形式进行点对点连接。

(6) 数据挖掘中关键的一步是建立相关业务或者领域模型,这点在物联网应用系统中也同样重要。现代的数据挖掘技术中经常利用统计学中的模型,诸如多变量分析的精简变量因素分析、分类的判别分析以及区隔群体的分群分析等方法进行业务模型建立。在使用这些统计学模型的基础之上,数据挖掘得到了更适合数据挖掘的决策树理论、类神经网络和规则归纳法。

① 决策树是一种用树枝状展现数据受各变量影响情形的预测模型,根据对目标变量产生效应的不同而构建分类的规则,常用分类方法有 CART(Classification and Regression Trees)及 CHAID(Chi-Square Automatic Interaction Detector)两种。

② 类神经网络是一种仿真人脑思考结构的数据分析模式,由输入的变量与数值中自我学习并根据学习经验所得的知识不断调整参数,以期建构数据的模型。类神经网络为非线性的设计,与传统回归分析相比,好处是在进行分析时无须限定模式,特别当数据变量间存有交互效应时可自动侦测出;缺点则在于其分析过程为一黑盒子,故一般无法以可读的模型格式展现,每阶段的加权与转换亦不明确,所以类神经网络多用于数据属于高度非线性且带有相当程度的变量交感效应时。

③ 规则归纳法是数据挖掘领域中最常用的格式,类似于程序编写中的选择分支,这是一种由一连串的[如果……/则……(If/Then)]逻辑规则对数据进行细分的技术,在实际运用时如何界定规则为有效是最大的问题,通常需要先将数据中发生数太少的项目剔除,避免产生无意义的逻辑规则。

(7) 信息传输安全性,信息传输的安全性分为信息访问权限和信息安全。在海量信息存储的网络中,对于每个信息资源都进行访问等级授权,访问者需要进行身份验证后才能获取信息。目前权限的机制大多采用联合分组机制,安全检查在进入联合时执行,访问者拥有对其所在的访问组可用的任何访问权限。这种方法的优点在于,所有数据源和处理中心都不必建立独特的安全协议,也不必重新对每个数据请求进行身份验证。缺点在于,如果联合被破坏,很少有防护措施来防止未经授权的用户获得对受控信息的访问。

3. 知识发现关键技术

知识发现技术是数据挖掘更广义的形式。传统的知识发现技术将知识发现的过程分为数据分类、数据聚类、衰退和预报、关联和相关性、顺序发现、描述、辨别以及时间序列分析,这些基本是对数据挖掘在更广义上的丰富。

典型的基于算法的知识发现技术包括或然性和最大可能性估计的贝叶斯理论、衰退分析、最近邻、决策树、K 方法聚类、关联规则挖掘、Web 和搜索引擎、数据仓库和联机分析处理(Online Analytical Processing,OLAP)、神经网络、遗传算法、模糊分类和聚类、粗糙分类和规则归纳等。

在物联网应用系统中,更多地将一些新的图形化的手段集合到知识发现中来,主要有几何投射技术、图标技术、面向像素技术、基于图表技术、混合技术等。

2.4.3 海量数据并行处理技术

并行处理通常定义为"同时完成多个操作或任务"。在 IT 领域,并行处理通常是通过并行计算来实现的,故本节主要对并行计算技术进行介绍。并行计算技术(Parallel

Computing)是指同时使用多种计算资源解决计算问题的过程。传统的计算机软件只能进行串行处理,即同一时间只能处理一个任务,所有任务排队等待计算资源,处理算法被组织成串行的指令流,按顺序在单个处理单元上运行。随着应用对计算能力需求的不断提高,如天气预报、模拟核试验、石油勘探、地震数据处理、飞行器数值模拟和大型事务处理、生物信息处理等,都需要每秒执行万亿次、数十万亿次乃至数百万亿次浮点运算。基于这些应用问题本身内部存在的并行性和单机性能的限制,并行计算是满足它们需求的唯一和可行的途径。并行计算的特点主要包括:将工作分离成离散部分,有助于同时解决;随时并行及时地执行多个程序指令;多计算资源下解决问题的耗时要少于单计算资源下的耗时。

1. 并行计算技术分类

并行计算技术通常可分为时间并行、空间并行及时间空间并行 3 类,分别阐述如下。

1) 时间并行

时间并行指时间重叠。在并行性概念中引入时间因素,使多个处理过程在时间上相互错开,轮流重叠地使用同一套硬件设备的各个部分,以加快硬件周转而赢得速度。时间并行概念的实现方式就是采用流水处理部件。这是一种非常经济而实用的并行技术,能保证计算机系统具有较高的性能价格比。目前的高性能微型机几乎无一例外地使用了流水技术。

2) 空间并行

空间并行指资源重复,在并行性概念中引入空间因素,以"数量取胜"为原则来大幅度提高计算机的处理速度,并行计算科学研究中空间上的并行问题。大规模和超大规模集成电路的迅速发展为空间并行技术带来了巨大生机,因而成为实现并行处理的一个主要途径。空间并行技术主要体现在多处理器系统和多计算机系统。但是在单处理器系统中也得到广泛应用。空间上的并行导致了两类并行机的产生:单指令流多数据流和多指令流多数据流。常用的串行机也称为单指令流单数据流。多指令流多数据流类的机器又可分为以下 5 类:并行向量处理机、对称多处理机、大规模并行处理机、工作站机群、分布式共享存储处理机。

3) 时间空间并行

时间空间并行指时间重叠和资源重复的综合应用,既采用时间并行性又采用空间并行性。显然,这种并行技术带来的高速效益是最好的。

2. 并行编程模型

并行编程模型是在硬件和内存体系结构层之上的抽象概念。目前最重要的并行编程模型是数据并行和消息传递。数据并行将相同的操作同时作用于不同的数据,数据并行编程模型提供给编程者一个全局的地址空间,一般这种形式的语言本身就提供并行执行的语义,因此对于编程者来说,只需要简单地指明执行什么样的并行操作和并行操作的对象,就实现了数据并行的编程。数据并行编程模型的编程级别比较高,编程相对简单,但它仅适用于数据并行问题。消息传递即各个并行执行的部分之间通过传递消息来交换信息、协调步伐、控制执行。消息传递一般是面向分布式内存的,但是它也可适用于共享内存的并行机。消息传递编程模型的编程级别相对较低,但消息传递编程模型可以有更广泛的应用范围。并行计算没有"最好"的模型,要使用哪个模型通常取决于应用的特性和个人的选择。

3. 并行计算 MapReduce

1) MapReduce 简介

MapReduce 是 Google 公司提出的一种用于简化并行计算的编程模型，主要用于大规模数据集的并行运算(TB 级甚至 PB 级)。使用 MapReduce 架构的程序能够在大量普通配置的计算机上实现并行化处理。

MapReduce 是一个主从系统，系统包括主控节点和工作节点。系统通过把对数据集的大规模操作分发给网络上的每个工作节点来实现可靠性。每个工作节点周期性地报告完成的工作和状态的更新。如果一个工作节点保持沉默超过一个预设的时间间隔，主控节点记录下这个节点状态为死亡，并将分配给这个节点的数据分发给别的节点。

MapReduce 的主要概念是 Map(映射)和 Reduce(化简)，其工作流程如图 2-19 所示。Map 是把一组数据一对一地映射为另外的一组数据，其映射的规则由一个 Map 函数来指定，比如对[10,20,30,40]进行除 10 的映射就变成了[1,2,3,4]。Map 过程中原数据中的每个元素都是被独立操作的，而原始数据集没有被更改，因为这里创建了一个新的数据集来保存运算结果。Map 操作是可以高度并行的。Reduce 是对一组数据进行归约，这个归约的规则由一个 Reduce 函数指定，Reduce 操作不如 Map 函数那么适于并行，但是因为化简总是有一个简单的答案，大规模的运算相对独立，所以 Reduce 函数在高度并行环境下也很有用。

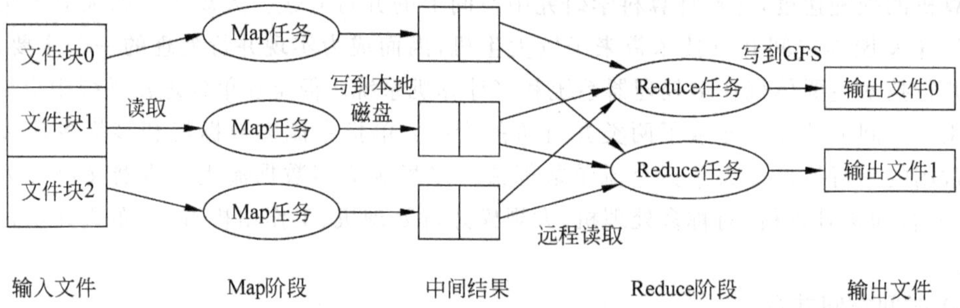

图 2-19 MapReduce 工作流程

通过 MapReduce 的简化编程模型，程序开发人员只需要关心如何编写 Map 和 Reduce 函数来处理数据即可。MapReduce 系统在后台自动完成输入数据的分割、存储，分布式算法调度，分布式错误处理，计算节点通信管理等工作，大大降低了开发并行应用的入门门槛，使那些缺乏并行计算经验的开发人员也可以开发并行应用。

2) MapReduce 的开源实现 Hadoop

Google 公司以论文的形式公开了 MapReduce 的思想，但是并没有将自己内部的实现开放出来。Hadoop 是一个基于 Java 的 Google MapReduce 开源实现，它是 Apache 软件基金会(Apache Software Foundation)下的开源项目，最初是作为 Nutch 开源搜索引擎的一部分。目前 Yahoo! 及 Cloudera 等公司都有开发人员投入 Hadoop 的开发工作，也有将近 100 家公司或组织公开表示正在使用 Hadoop 作为其并行处理平台。Hadoop 中包括许多子项目，其中 Hadoop Map Reduce 实现了 Google Map Reduce 分布式计算框架；HDFS (Hadoop Distributed File System)是类似于 GFS(Google Hie System)的分布式文件存储系统；HBase 是一个类似 Google Big Table 的分布式结构化存储系统。另外，还包括一些提供辅助性功能的子项目，如 Hive、Zookeeper 等。

4. 并行计算技术与物联网

互联网的信息来源是人，而未来物联网的信息来源是物理世界，全世界将有数以百亿级的各类设备不断产生新的信息。互联网的信息量与物联网相比远不在一个数量级上。物联网产生的海量信息对数据传输、存储、挖掘技术带来了巨大挑战，必将推动并行计算相关技术的进一步发展。

2.4.4　云计算

云计算(Cloud Computing)的核心思想是将大量用网络连接的计算资源统一管理和调度，构成一个计算资源池向用户提供按需服务。提供资源的网络被称为"云"。"云"中的资源在使用者看来是可以无限扩展的，并且可以随时获取，按需使用，随时扩展，按使用付费。这种特性使得人们可以像用水用电一样使用 IT 基础设施。

云计算这个名词是借用了量子物理中的电子云(Electron Cloud)，强调说明计算的弥漫性、无所不在的分布性和社会性特征。量子物理上的电子云是指在原子核周围运动的电子不是沿一个固定的轨道，而是以弥漫空间的、云的状态存在，描述电子的运动不是牛顿经典力学而是一个概率分布的密度函数，用薛定谔波动方程来描述，特定的时间内粒子位于某个位置的概率有多大，这跟经典力学的提法完全不同。

电子云有概率性、弥漫性、同时性等特性，云计算来自电子云的概念，IBM 有一个无所不在的计算叫 Ubiquitous，MS (Bill)不久也跟着提出一个无所不在的计算 Pervade，现在人们对无所不在的计算又有了新的认识，称为 Omnipresent。但是，云计算不是纯粹的商业炒作，的确会改变信息产业的格局，现在许多人已经用上了 Google Doc 和 Google Apps，许多远程软件应用，还有许多企业应用如电子商务应用。现在有这样的说法，当今世界只有五台计算机，一台是 Google 的，一台是 IBM 的，一台是 Yahoo 的，一台是 Amazon 的，一台是 Microsoft 的，因为这 5 个公司率先在分布式处理的商业应用上捷足先登，引领潮流。

据此可以初步给出云计算的概念：云计算是一种分布式计算技术，是通过计算机网络将庞大的计算处理程序自动分拆成无数个较小的子程序，再交由多部服务器所组成的庞大系统经搜寻、计算分析之后将计算处理结果回传给用户。通过该技术，网络计算服务提供者可以在数秒之内完成处理数以千万计甚至亿计的信息，达到与"超级计算机"同样强大效能的网络计算服务。云计算的本质基本上可以归结为以下几点。

(1) 资源整合。云计算的前提必须是将各类 IT 资源进行高度的整合。例如通过虚拟化技术将零散的硬件资源整合起，成为集中的、可统一管理的硬件资源池，可以灵活地供用户分配、使用；通过软件服务平台、中间件技术整合各类软件资源，实现软件的复用及按需使用。

(2) 按需服务。云计算是按需的、弹性的，用户可以根据自身需求订购合适的 IT 资源，可以通过自助服务的方式动态更改资源订购量，满足不断变化的 IT 资源需求。用户无须担心 IT 资源的短缺与浪费，一切资源均在云中。

(3) 低成本。云计算通过资源整合、按需服务的方式实现 IT 资源的使用率最大化，从而大幅度降低了单位IT资源的使用成本，实现低成本的运营与使用。

云计算作为分布式计算技术的一种，可以从狭义和广义两个角度理解。狭义的云计算是指IT基础设施的交付和使用模式，通过网络以按需、易扩展的方式获得所需的资源。广义云计算是指服务的交付和使用模式，通过网络以按需、易扩展的方式获得所需的服务；这种服务可以是IT与软件、互联网相关的，也可以是任意其他的服务，它具有超大规模、虚拟化、可靠安全等独特功效。云计算的核心是提供服务。云计算以单中心、多终端应用模式，多中心、多终端应用模式支撑物联网的应用发展。

1. 云计算技术的产生和发展历史

早在20世纪90年代提出的网格计算的思想，就考虑充分利用空闲的CPU资源，搭建平行分布式计算。在1999年，桌面应用还是唯一主流的时候，当时Oracle公司的高管Marc Benioff看准了Web应用将取代桌面应用这一大趋势，创建了Salesforce这家以销售在线CRM(Customer Relationship Management，客户关系管理)系统为主的互联网公司，并定义了SaaS(Software as a Sendee，软件即服务)这个概念。SaaS的意思是软件将会以在线服务的形式提供给用户，而且避免了安装和运行维护等烦琐的步骤。Salesforce的在线CRM一经推出，不仅受到业界的好评和用户的支持，而且越来越多的软件选择了SaaS这种模式来发布。总的来说，由于SaaS的诞生和不断发展，人们开始相信云计算的产品不论在技术上还是在商业上都是可行的。云计算与网格计算有许多相似之处，也是希望利用大量的计算机，构建出具有强大计算能力的系统。但是云计算有着更为宏大的目标，它希望能够利用这样的计算能力，在其上构建稳定而快速的存储以及其他服务。而Web 2.0正为云计算提供这样的机遇。在Web 2.0的引导下，只要有一些有趣而新颖的想法，就能够基于云计算快速搭建Web应用。这正是云计算所带来的直接变化。云计算发展史上的关键点如下：2005年，Amazon公司发布Amazon Web Services云计算平台；2006年，Amazon公司推出弹性计算云(Elastic Compute Cloud，EC2)服务；2008年，Google App Engine发布；2010年，Microsoft公司正式发布Microsoft Azure云平台服务。云计算的产生推动了整个IT产业的发展。以下几个重要的契机促使了云计算的产生和发展。虽然无论从云计算的概念和相关技术的发展看，现在主要由美国的各大IT企业领导和创新，但是云计算作为整个IT产业的下一个浪潮，其发展和进步离不开拥有世界最多人口、经济增长速度最快和世界第二大经济总量的中国。

1) Google的三大核心技术

Google在2003年的S0SP大会上发表了有关GFS(Google File System，Google文件系统)分布式存储系统的论文，在2004年的OSDI大会上发表了有关MapReduce分布式处理技术的论文，在2006年的OSDI大会上发表了关于BigTable分布式数据库的论文。这三篇重量级论文的发表，不仅使大家了解Google搜索引擎背后强大的技术支撑，而且应用这三个技术的开源产品如雨后春笋般涌现，例如使用MapReduce的产品有Hadoop，使用GFS的产品有HDFS，而使用BigTable的产品则有HBase、Hypertable和Cassandra等。这三篇论文和相关开源技术极大地普及了云计算中非常核心的分布式技术。

2) 国外IT巨头

在国外的IT巨头方面，IBM、EMC和微软等IT巨头不仅将部分云计算产品研发项目交由国内的研发中心负责，而且给很多行业客户提供了一些不错的云计算解决方案，其中最具代表性的莫过于 IBM。首先，IBM 在国内研发部门 CDL（IBM 中国开发中心）和 CRL（IBM 中国研究院）都承担了一定的全球云计算产品研发的重担，例如 WebSphere CloudBurst Appliance（WCA）等。其次，IBM 中国云计算中心在之前著名的蓝云的基础上，还推出了名为"6＋1"的云计算解决方案，其中就包括物联网云、分析云、平台云、IDC 云、开发测试云和基础架构云等多种类型的云。结合 IBM 在各个行业累积的经验，它能帮助各类企业和机构解决其所需计算资源的问题。除了 IBM 外，由 VMware、Cisco 和 EMC 组成的 VCE 联盟在虚拟化、存储和网络这三方面都处于优势性地位，所以虽然目前还没有在国内正式开展云计算，但是对于已经使用了它们的产品的企业，并且希望在自身的数据中心中引入云计算技术的企业而言，非常有吸引力。可惜的是，Google 和 Amazon 这两个在云计算界处于领导地位的企业还没有在国内大规模扩展其云计算业务的计划。

3）国内 IT 巨头

一些国内的 IT 巨头也对云计算产生了浓厚的兴趣，其中包括中国移动、中国电信、阿里巴巴、百度和腾讯等，近几年投入最多人力和物力的莫过于中国移动和阿里巴巴。中国移动在第二届中国云计算大会上正式发布其"大云"1.0 系统，其中就包括分布式文件系统、分布式海量数据仓库、分布式计算框架、集群管理、云存储系统、弹性计算系统和并行数据挖掘工具等关键功能，并已面向公众进行测试。

4）国内软硬件厂商

在国内，一些传统的软硬件厂商也参与到云计算这场浪潮当中，例如服务器厂商浪潮推出了用于管理数据中心的云操作系统，专注于移动设备的联想推出了一些云终端等。还有，国内最大的 IDC 之一世纪互联也推出了类似 Amazon EC2 的 IaaS 服务云快线。中国移动云计算作为中国移动蓝海战略的一个重要部分，于 2007 年由移动研究院组织力量，联合中科院计算所，着手发起了一个叫作"大云"的项目。中国移动的大云建设包括两个方向：第一部分是基础架构建设；第二部分是平台及服务的建设。基于这两方面，中国移动推出"软件即服务"，以便中小企业减少 IT 投入成本和 IT 运营复杂性，同时提供办公自动化解决方案。大云 1.0 版于 2010 年正式发布。以此为基础，中国移动逐步展开云计算的商业化步伐。Giwell 是国内首个通信计算云平台，是天地网联科技有限公司研发的新一代云计算平台，其结构如图 2-20 所示。已经有很多企业在国内推动了云计算的普及和发展，但由于相对于发达国家而言，国内在 IT 技术和整体产业方面还有一定的差距。

2. 云计算技术的 3 个层次

按技术特点和应用形式来分，云计算技术主要可以分为 3 个层次，如图 2-21 所示。

1）基础架构即服务

基础架构即服务（Infrastructure as a Service，IaaS）指的是以服务的形式来提供计算资源、存储、网络等基础 IT 架构。用户通常能够根据具体应用需求，通过自助订购等方式来购买所需的虚拟 IT 资源，并通过 Web 界面 Web Service 等方式对虚拟 IT 资源进行配置、监控、管理。IaaS 除了提供虚拟 IT 资源外，还在云架构内部实现了负载均衡、错误监控与恢复、灾难备份等保障性功能，将用户从 IT 基础设施建设、维护的工作中解脱出来，同时也为用户节省了大量建设、运营成本。目前，IaaS 平台的主要提供商包括 VMware、Citrix、

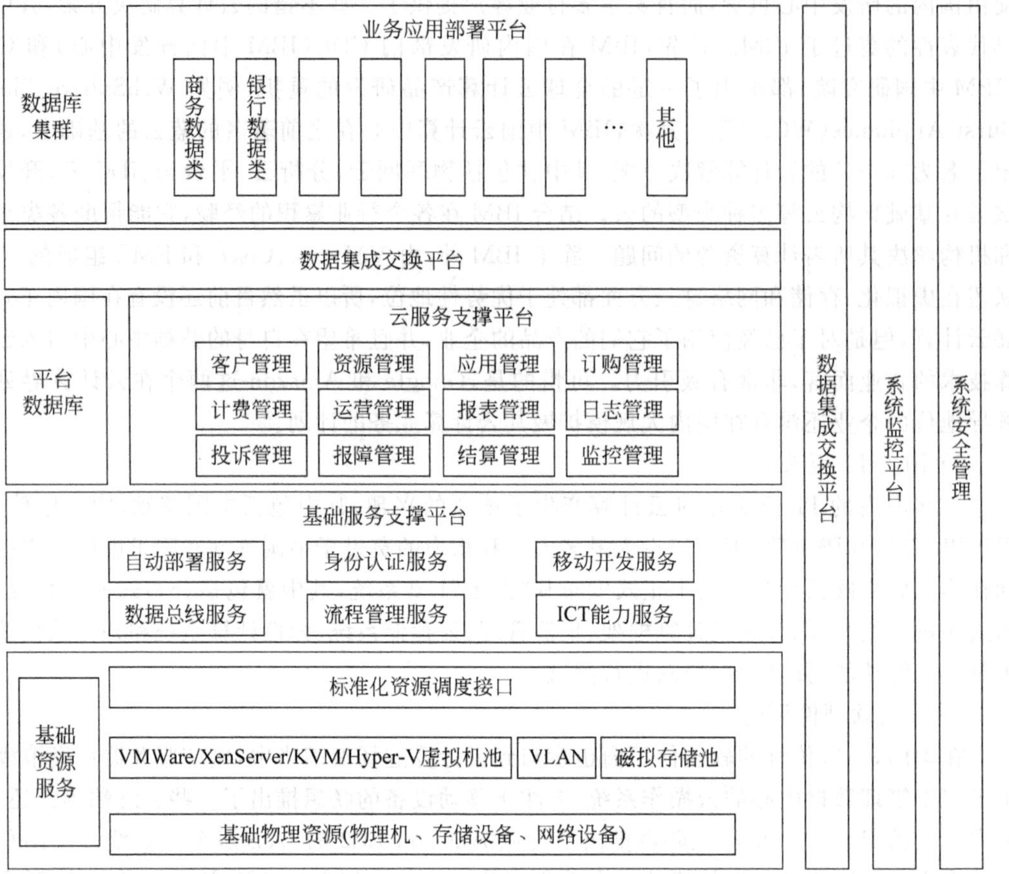

图 2-20 云计算平台业务构架

Redhat、Microsoft、Amazon 等。

从技术层面上来看，IaaS 一般是基于虚拟化(Virtualization)技术来实现的。虚拟化技术是一个广义的术语，它通常指能够使计算元件在虚拟硬件资源的基础上运行的技术。通过虚拟化技术，原有的硬件服务器被虚拟成了等同数量或者更多的虚拟服务器，每个虚拟服务器上可以运行不同的操作系统，拥有不同的计算资源、存储资源和网络带宽。虚拟化技术将有限、固定的 IT 资源根据不同需求进行重新规划，以达到最大利用率，是一个简化管理、优化资源利用效率的解决方案。虚拟化技术通常分为两个层面：软件虚拟化与硬件虚拟化。对于软件虚拟化，客户操作系统在很多情况下是通过虚拟机监视器(Virtual Machine Monitor，VMM)来与硬件进行通信的。VMM 在软件套件中的位置是传统意义上操作系统所处的位置，而客户操作系统的位置是传统意义上应用程序所处的位置。这一额外的通信层需要进行二进制转换，以提供到物理资源(如处理器、内存、存储、显卡和网卡等)的虚拟访问接口。目前具有代表性的软件虚拟化解决方案包括 Xen、KVM、Microsoft Hyper-V、VMwarevSphere/Workstation、Oracle VirtualBox 等。

硬件虚拟化通过采用支持虚拟化技术的硬件设备(通常是 CPU)，提高虚拟化系统的性能。支持虚拟化技术的 CPU 带有针对虚拟化而特别优化的指令集，通过这些指令集，VMM 会很容易地提高性能。由于虚拟化硬件可提供全新的架构，支持操作系统直接在上面运行，从而无须进行二进制转换，减少了相关的性能开销，极大简化了 VMM 设计，进而使 VMM 能够按照通用标准进行编写，性能更加强大。

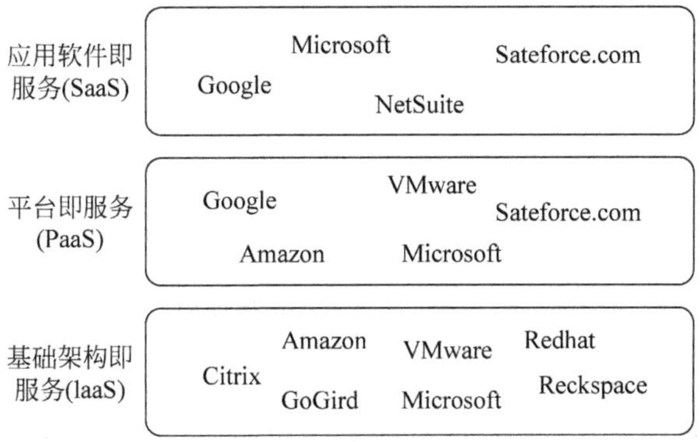

图 2-21　云计算的 3 个层次

2）平台即服务

平台即服务(Platform as a Service，PaaS)是指以服务形式向开发人员提供应用程序开发及部署平台，让他们可利用此平台来开发、部署和管理应用程序。PaaS 平台一般包括数据库、中间件及开发测试工具，并且都以服务形式通过互联网提供。PaaS 可通过远程 Web 服务使用数据存储服务，还可以使用可视化的 API，甚至还允许开发者混合并匹配适合应用的其他平台。用户或者厂商基于 PaaS 平台可以快速开发自己所需要的应用和产品。同时，PaaS 平台可以帮助开发者更好地搭建基于 SOA 架构的企业应用。

3）应用软件即服务

应用软件即服务(Software as a Service，SaaS)是随着互联网技术的发展和应用软件的成熟而兴起的一种完全创新的软件应用模式。它是一种通过 Internet 向终端用户提供应用软件的模式，厂商将应用软件统一部署在自己的服务器上，客户可以根据自己的实际需求，通过互联网向厂商定购所需的应用软件、服务，并按定购的服务多少和时间长短向厂商支付费用，并通过互联网获得厂商提供的技术支持。通过 SaaS，用户无须再购买软件，而是向服务提供商租用基于 Web 的软件来管理企业经营活动，并且无须对软件进行维护，服务提供商会全权管理和维护软件。软件厂商在向客户提供互联网应用的同时，也提供软件的离线操作和本地数据存储，使用户随时随地都可以也用其订购的软件和服务。相比传统软件使用方式而言，SaaS 不仅减少或取消了传统的软件授权费用，而且厂商将应用软件部署在统一的服务器上，免除最终用户在服务器硬件、网络安全设备和软件升级维护上的支出，客户不需要个人电脑和互联网连接之外的其他 IT 投资，就可以通过互联网获得所需软件和服务，大大降低了软件的使用成本。

3. 云计算技术的部署模式

从部署模式上看，云计算系统可以分为公共云计算系统、私有云计算系统和混合云计算系统 3 类。图 2-22 给出了云计算的部署模式。

1）常见的云计算部署模式

(1) 公共云。公共云通常位于因特网等公共网络中，通过 Web 应用或 Web 服务的方

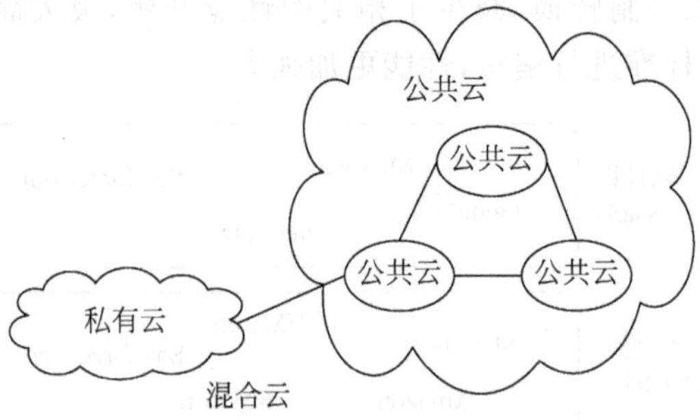

图 2-22 云计算的部署模式

式来向用户提供云计算服务。公共云计算系统具有完备的自助服务功能,能够服务于几乎不限数量的、不限地理位置的、拥有相同基本架构的用户。公共云计算系统以 Amazon、Google、Rackspace、Salesforce. com、Microsoft 等公司推出的产品为代表,向用户提供了丰富多彩的 IT 服务和商业应用。例如 Amazon 公司为应用开发者提供的弹性的、可靠的、自助的 IaaS 服务平台 AmazonEC2; Google 公司、Microsoft 公司分别推出的 Google App Engine、Microsoft Azure Platform 则以 PaaS 的形式为应用开发者提供开放的应用开发、运行环境;在 SaaS 领域,则以 Google 公司的 Gmail/Google Docs、Microsoft 公司的 Microsoft Online Services 为代表,这类公共产品直接为终端用户提供在线邮件、在线办公等应用领域的软件服务。

(2) 私有云。私有云是针对单个机构的需求而特别定制的云计算系统,例如一些金融机构的业务支撑平台、政府机构内部使用的公共政务平台、企业内部的私有 IT 服务平台等。私有云计算系统通常是自封闭的系统,只允许机构内部人员、应用系统使用,信息安全性较高。一般来讲,私有云计算系统都会基于一些成熟的云计算解决方案来搭建,例如 VMware 公司的 vSphere、RedHat 公司的 Enterprise Virtualization、Microsoft 公司的 Hyper-V 虚拟化等。通过采用虚拟化操作系统和网络技术,能够降低机构内部使用服务器和网络设备的数量,提高 IT 资源的利用率和 IT 基础设施的可用度,并使机构内部 IT 资源的管理更为明晰。

(3) 混合云。混合云计算系统表现为公共云、私有云的组合,数个云以某种方式整合在一起,为一些商业计划提供支持。有时用户可能需要用一套单独的证书访问多个云,有时数据可能需要在多个云之间流动,或者某个私有云的应用可能需要临时使用公共云的资源。大多数公司在长时间内都会同时使用企业预置型软件和公共 SaaS 解决方案,混合云计算系统作为客户连接企业预置型软件和公共 SaaS 解决方案的桥梁。另外,利用混合云可以实现私有云和公共云之间的负载均衡,一个达到其饱和点的私有云可以把一些进程自动地迁移到公共云,从而维持整个应用系统的稳定性与可用性。

2) 云计算部署模式的选择策略

机构在对各种云计算部署模式进行比较时,通常会考虑以下因素。

(1) 成本。哪种云现在比较省钱,哪种云长期看比较省钱。

(2) 安全性。同内部网络相比,公共云的安全性如何,对机构本身有何风险。

(3) 法规。如果采用公共云的话,是否能够证明自己遵守必要的法规。

(4) 管制。公共云供应商能够提供怎样的技术和商业实务方面的透明度,使用者是否拥有管理云服务供应商的工具。

最终,各类云计算部署模式没有绝对的好与不好,机构具体采用何种云计算部署模式还得综合自身应用需求、经济实力、经营策略等多方面的因素。

4. 云计算的架构

架构对软件系统而言是极为重要的。因为它不仅定义了系统内部各个模块之间是如何整合和协调的,同时也对其整体表现起着非常关键的作用。而云作为一个非常复杂的大型软件系统,其中包含着许许多多的模块和组件。云计算虽然涉及很多产品与技术,看起来有些复杂,但是云计算本身还是有迹可循和有理可依的,云计算的架构如图 2-23 所示。

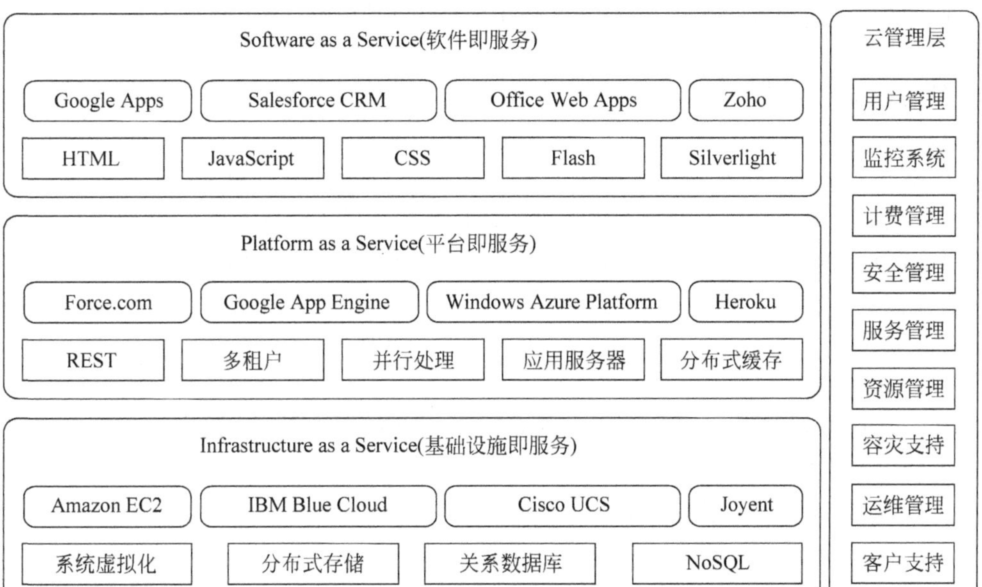

图 2-23　云计算的架构示意图

这个云架构共分为服务和管理两大部分。在服务方面,主要以提供用户基于云的各种服务为主,共包含 3 个层次。其一是 Software as a Service(软件即服务),简称 SaaS,这层的作用是将应用主要以基于 Web 的方式提供给客户;其二是 Platform as a Service (平台即服务),简称 PaaS,这层的作用是将一个应用的开发和部署平台作为服务提供给用户;其三是 Infrastructure as a Service(基础设施即服务),简称 IaaS,这层的作用是将各种底层的计算(例如虚拟机)和存储等资源作为服务提供给用户。从用户角度而言,这 3 层服务是独立的,因为它们提供的服务是完全不同的,而且面向的用户也不尽相同。但从技术角度而言,云服务的这 3 个层次是有一定依赖关系的。例如,一个 SaaS 层的产品和服务不仅需要用到 SaaS 层本身的技术,而且还依赖 PaaS 层所提供的开发和部署平台或者直接部署于 IaaS 层所提供的计算资源上,而 PaaS 层的产品和服务也很有可能构建于 IaaS 层服务之上。在管理方面,主要以云管理层为主,它的功能是确保整个云计算中心能够安全、稳定地运行,并且能够被有效管理。

5. 云计算的架构实例——Cisco UCS

一个能让企业轻松搭建私有云的系统 Cisco UCS(Unified Computing System,统一计算系统),可以用一整套完善的解决方案和系统在企业内部搭建类似 EC2 的云计算系统,并对其架构、三大核心技术和设计理念进行深入分析。

1) UCS 的概念

谈到数据中心,大家肯定会想到一个集中了密密麻麻的网线、繁多的服务器和庞大的存储器的复杂体。而且由于虚拟化技术的引入更打破了原先一台服务器、一个操作系统的假设,现在的数据中心无论在设备的数量上还是在系统之间的异构性上都与日俱增,从而导致数据中心的复杂度进一步上升。

面对这种严峻的情况,Cisco 在 2009 年年初推出了 UCS。UCS 被认为是下一代数据中心平台。它基于 Cisco 的刀片机技术,并在一个紧密结合的刀片机系统中整合了计算、网络、存储与虚拟化功能,旨在降低总体拥有成本(Total Cost of Ownership,TCO),同时提高业务灵活性。该系统包含一套低延时、无丢数据包万兆以太网统一网络(Unified Fabric)阵列,以及多台企业级 x86 架构刀片服务器等设备。简单地说,UCS 就是一套经过大量定制,并对虚拟化做了大量优化的刀片系统。在云计算架构中,UCS 是 IaaS 层的解决方案,企业和云供应商可以通过购买和部署多台 UCS 系统来在其上安装 VMware vSphere,支撑多达几千台虚拟机的运行,以提供私有云或者公有云的服务,同时也简化了数据中心的建设和运营的复杂度。

2) UCS 的架构

UCS 由 6 部分组成,分别是 Cisco UCS 6100 系列互联阵列、Cisco UCS 管理程序、Cisco UCS 2100 系列扩展模块、Cisco UCS 5100 系列刀片机箱、Cisco B 系列刀片服务器和 Cisco UCS 网络适配器。下面将依次介绍这 6 个组成部分。

(1) Cisco UCS 6100 系列互联阵列。互联阵列(Fabric Interconnect)是 Cisco 统一计算系统的核心组成部分,提供线速(Line Rate)、低延时、无丢数据报 10Gb/s 以太网和 FCOE(以太网光纤通道)统一通信给 UCS 5100 系列刀片机箱和机箱里面的 B 系列刀片服务器。所有连接到 Cisco UCS 6100 互联阵列的机箱和刀片服务器将组成一个统一高可用的管理域,并输出 100Mb/s 网络流量给上层的网络交换机(如 Cisco 的 Catalyst 6500 系列)和 4Gb/s的光纤流量给上层的存储交换机(如 Cisco 的 MDS 9000 系列)。6100 系列是在 Nexus 5000 交换机的基础上开发的,但是两者之间有明显的差异。

6100 系列除了提供强大的通信能力外,还内嵌了可管理这个 UCS 的系统管理程序。6100 系列现有两个型号可供选择:一个是提供 20 个端口的 6120XP;另一个则是提供 40 个端口的 6140XP。在效果方面,由于 UCS 系统通过互联阵列来统一所有的通信,无论是以太网流量、光纤流量、机箱内部的刀片机之间的流量,还是刀片机上面的虚拟机之间的流量,因此网络方面的管理得到极大简化,而且使用网络线的数量非常少,这将降低安装和维护的难度。其次,这个互联阵列可扩展性极强,它能支持 40 个刀片机箱,总共多达 320 台刀片。最后,因为 UCS 自带的刀片服务器和刀片机箱不包含存储设备,所以企业需要自备存储,并将其连到和互联阵列相连的存储交换机上。

(2) Cisco UCS 管理程序。Cisco UCS 管理程序能为 UCS 系统创建和管理一个统一的域，可被视为 UCS 的中枢系统，并且提供图形用户界面(GUI)、命令行(CLI)和 XMLAH 三大接口。它直观的图形界面基于 Java 的 Applet 技术，这样它能在浏览器上运行。该管理程序主要有如下 4 个特点：①它将整个 UCS 系统作为一个统一的域来管理。②通过使用服务配置文件来配置服务器的 I/O 连接和固件等，加快了部署的进度。③它提供基于角色的管理和多租户的支持，这使 UCS 管理非常安全，而且很灵活。④它还支持设备发现、资产管理、配置、诊断、监控、故障检测、审核及统计数据收集等工作。它不仅能够将系统的配置信息导出至 CMDB(配置管理数据库)，还支持 ITIL(信息技术基础设施库)流程。

总体而言，其功能主要针对硬件管理，比较接近 IBM 的 Director，而不支持软件方面的管理，如操作系统和应用。估计主要原因不是 Cisco 没有这方面的实力，而是因为 UCS 是为 VMware vSphere 虚拟化系统量身定做的，而 VMware vCenter 对虚拟化系统上面的东西都有非常好的支持。

(3) Cisco UCS 2100 系列扩展模块。扩展模块(Fabric Extender)安装在刀片机箱的 I/O模块里面，在刀片服务器和互联阵列之间提供多达 4 个 10Gb/s 以太网和 FCOE 的连接，同时每个刀片机箱能配置两个矩阵扩展器。大多数刀片机箱都在 I/O 模块里内置交换机，这等于给数据中心原本就非常复杂的网络架构又多加了一层，提升了数据中心的成本和复杂度。为了解决这个问题，Cisco 以扩展模块的形式替换刀片机箱的 I/O 模块里的交换机，将刀片服务器和互联阵列直接连起来，这样将降低网络管理方面的复杂度。另外，扩展模块还涉及 UCS 的一个非常核心的技术——VN-Link，这一技术也简化了 UCS 系统整体 I/O 的架构。

(4) Cisco UCS 5100 系列刀片机箱。Cisco UCS 51W 系列刀片机箱是 UCS 重要的构建模块，支持扩展，高度为 6U，能装在业界标准的 19in(1in＝0.0254m)机架上。机箱后端包括 8 个热插拔风扇、4 个电源接口和两个用于放置 Cisco UCS 2104XP 阵列扩展模块的 I/O托架。一个无源中间面板为每个服务器插槽提供高达 20Gb/s 的 I/O 带宽；两个插槽共 40Gb/s 的 I/O 带宽。该机箱能支持未来的 40Gb/s 以太网标准，每个机箱能装 8 个半宽或 4 个全宽 B 系列服务器，整个 UCS 系统可支持多达 40 个机箱，总共 320 个半宽刀片服务器。这里提到 UCS 的一个优点：它在冗余方面非常强大，从互联阵列到刀片的风扇和硬盘都有相应的冗余选项，如刀片的电源支持 3 种配置，包括非冗余、N＋I 冗余和 N＋N 冗余。

(5) Cisco B 系列刀片服务器。总的来说，B 系列和大多数刀片服务器相差不大，但是它的“内存扩展技术”相当惊艳。这种技术通过一个内存扩展模块(Memory Extension Module)将每个 Xeon 5500 处理器中的内存插槽的数量增加了 4 倍。与普通双路系统(它的最大可用内存一般为 96～144GB)相比，该技术能将内存容量增加到 384GB，这就意味着每台物理服务器所能托管的虚拟机数量也增加了 4 倍，从而降低了每台虚拟机承担的能耗和制冷成本。此外，客户不再需要仅仅为了更大内存容量去购买更贵的 4 路服务器。B 系列分为半宽和全宽两种，目前只有全宽支持内存扩展。

2010 年年初，随着基于 Intel 32mn 制程 Xeon 5600 CPU 的推出，Cisco 也相应地推出了新的刀片服务器系列，称为 C 系列。虽然现在对桌面 PC 而言，内存的容量已普遍满足应用的需要，但由于数据库、Mem-cache 和虚拟机这些吃内存的应用在数据中心占据了越来越大的比例，内存在服务器端的重要性不降反升。Cisco 的“内存扩展技术”将在服务器界得到极大推广，成为各大服务器厂商的标准配置，而且最近 IBM eX5 架构也已经提供了相应的内存扩展技术。

(6) Cisco UCS 网络适配器。为了满足用户的不同需要，每个刀片服务器可搭配不同的网络适配器(Network Adaptor，网卡)，且都是 Mezzanine 规格的 PCI-E 卡，共有以下 3 种型号可供选择。

① Cisco UCS 82598KR-Cl 万兆以太网适配器。其代号为 Oplin，它的效率和性能都非常出色，但只支持以太网。它能很好地配合 NFS 和 iSCSI 协议。

② Cisco UCS M73LKR 融合网络适配器。其代号为 Menlo，它能非常好地兼容现有设施，支持以太网和光纤这两种通信。有两种子型号，一种能非常好地配合 QLogic 设备，而另一种则为 Emulex 设备而定制。

③ Cisco UCS M81KR 虚拟接口卡。其代号为 Palo，主要为虚拟化进行了优化，能支持多达 128 个虚拟接口，支持 SR-IOV 虚拟化技术，也支持以太网和光纤这两种通信方式。

如何给刀片服务器搭配相应的网络适配器呢？应该根据不同的工作负载使用不同的网卡组合。例如，如果数据中心里面已经有很多 QLogic 和 Emulex 设备，可以配 Menlo 卡来保证兼容性；如果安装的是 ffiM WebSphere 的中间件，可以使用 Oplin 卡，因为它只需网络通信，如果用于虚拟化环境，那么很简单，Palo 就是它的绝配。

3) UCS 的核心技术

UCS 的 3 个核心技术包括内存扩展、VN-Link 和统一网络。主要介绍内存扩展技术。

(1) UCS 的核心技术——内存扩展技术，与其他刀片服务器系统相比，UCS 为 x86 虚拟化做了更多的优化，它的核心技术之一就是在它的 B 系列刀片服务器内提供了内存扩展技术。通过这种技术，能够将基于 Xeon 5500 的刀片服务器的内存容量从 144GB 增加到 384GB，从而能装载更多的虚拟机。在深入介绍 Cisco 的内存扩展技术之前，首先介绍普通的 Intel Xeon 5500 内存架构，以便更好地理解什么是“内存扩展”。

(2) Xeon 5500 内存架构在服务器端，Nehalem 分为 3 种类型：EN(Entry，入门级)、EP (Efficient Performance，高效率)和 EX(Expandable，可扩展)。通俗来讲，EN 是单路，EP 是双路，EX 是双路以上。采用 Xeon 5500 芯片的服务器主要为双路。

在总体架构方面，因为之前的 FSB(前端总线)结构不仅极大地限制了处理器之间的信息传输带宽，而且逐渐成为处理器与内存信息交换的瓶颈，还在一定程度上限制了处理器向更多路的扩展，所以 Intel 公司在 Nehalem 中引入了与 AMD 的直连架构非常类似的 QPI 总线。QPI 总线全称 QuickPath Interconnect，它不仅在处理器之间提供一致的点对点连接，而且在处理器和 I/O 之间也提供快速的通信。因为它使得多路处理器之间有专门的总线连接，而无须再通过北桥芯片中转，极大地提高了信息交换速度，提升了多路系统的效率。更重要的是，通过这种架构将使多路系统的设计更简单。Xeon 5500 内嵌两条 QPI 总线，每条 QPI 总线提供 25.6Gb 的带宽。

虽然 Xeon 5500 系统能插 18 根内存条，但从整体而言，插满不一定是最优的，因为如果每个内存通道插入的内存条越多，系统的内存运行频率就越低。例如，当每个通道最多插入一根内存条时，它的运行频率能达到 1333MHz，但当其中一个通道被插入第二根内存条时，其总体运行频率就会降至 1066MHz，假如其中一个通道被插入第三根内存条时，内存运行频率会降至 800MHz。

内存的运行频率是非常关键的，因为它不仅影响到内存的延时，而且还影响到内存的吞吐量。在延时方面，当内存的运行频率从 1333MHz 降至 800MHz 时，延时将提高 10%。在吞吐量方面，当内存的运行频率从 1333MHz 降至 1066MHz 时，吞吐量会下降 9%，很显然，通道内本地读取延时有少量的增加，但是这种做法能极大地扩展内存的数量，而且不需要使用每个通道的第三个插槽来增加容量。

6. 云计算的服务模式

云计算主要有 SaaS、PaaS 和 IaaS 3 种服务模式。对于普通用户而言，主要面对的是 SaaS 这种服务模式。但是对于普通开发者而言，却有两种服务模式可供选择：PaaS 和 IaaS。这两种模式有很多不同，而且它们之间还存在一定程度的竞争。PaaS 的主要作用是将一个开发和运维平台作为服务提供给用户，而 IaaS 的主要作用是将虚拟机或者其他资源作为服务提供给用户。下面将从 7 个方面对 PaaS 和 IaaS 进行比较。

1）开发环境

PaaS 基本上都会给开发者提供一整套包括 IDE 在内的开发和测试环境。而在 IaaS 方面，用户主要还是沿用之前那套开发环境，虽然比较熟悉，但是因为之前配套开发环境在与云的整合方面比较欠缺，所以有时候会很不方便。例如，通过 PaaS 提供的工具部署一个应用到云上，可能只需单击几下鼠标，十多秒即可完成，而在 IaaS 平台上部署应用要复杂一些，特别是在刚开始使用的时候。

2）支持的应用

因为 IaaS 主要是提供虚拟机，而且普通的虚拟机能支持多种基于 x86 架构的操作系统，包括 Linux、OpenBSD 和 Windows 等，所以 IaaS 支持的应用范围非常广泛。但是要让一个应用跑在某个 PaaS 平台却不是一件轻松的事，因为不仅要确保应用基于这个平台所支持的语言，而且也要确保应用只能调用平台所支持的 API。如果应用调用了平台所不支持的 API，那么就需要在部署之前对应用进行修改。

3）通用性

虽然很多 IaaS 平台都存在一定的私有功能，但是由于 OVF 等协议的存在，IaaS 在跨平台和避免被供应商锁定这两方面是稳步前进的。而 PaaS 平台的情况则不容乐观，因为不论是 Google 的 App Engine，还是 Salesforce 的 Force. com，都存在一定的私有 API。

4）可伸缩性

PaaS 平台会自动调整资源来帮助运行于其上的应用更好地应对突发流量，而 IaaS 平台则常需要开发人员手动对资源进行调整。

5）整合率和经济性

PaaS 平台的整合率非常高，例如 PaaS 的代表 Google App Engine 能在一台服务器上承载成千上万个应用，而普通的 IaaS 平台的整合率最多也不会超过 100，而且普遍在 10 左右，因此 IaaS 的经济性远不如 PaaS。

6）计费和监管

因为 PaaS 平台在计费和监管这两方面不仅达到了与 IaaS 平台比肩的操作系统层面（如 CPU 和内存使用量等），而且还能做到应用层面（如应用的反应时间或者应用调用某个服务的次数等），这将会提高计费和管理的精确性。

7）学习难度

熟悉 UMX 系统的程序员能很快上手基于 IaaS 的应用的开发和管理，虽然现有的 IaaS

产品普遍对 Windows 开发环境没有很好的支持。但如果要学会 PaaS 上应用的开发，则有可能需要学一门新的语言或者新的框架，所以在学习难度方面 IaaS 更低。

7. 云计算技术的优缺点

云计算的优点如下。

(1) 低成本。包括降低 IT 基础设施的建设维护成本，应用构建、运营基于云端的 IT 资源；通过订购在线 SaaS 软件服务降低软件购买成本；通过虚拟化技术提高现有 IT 基础设施的利用率；通过动态电源管理等手段实现数据中心的能耗节省。

(2) 高灵活性。通过采用云计算技术，用户可以根据自己的需要定制相应的服务、应用及资源，云计算平台可以按照用户的需求来部署相应的资源、计算能力、服务及应用。同时，利用云计算平台的动态扩展性，在应用业务变化时，可以通过不断添加、删除计算资源的方式来对系统服务能力进行动态调整，实现系统的按需伸缩。

(3) 潜在的高可靠性和高安全性。高可靠性和高安全性是云计算的潜在固有特性。在"云"的另一端，有专业的团队来管理信息，有先进的数据中心来保存数据，同时，严格的权限管理策略可以帮助用户放心地与所指定的目标对象共享数据。通过集中式的管理和先进的可靠性保障技术，理论上讲云计算的可靠性和安全性是相当高的。

云计算的缺点为：一方面，企业在将应用从传统开发、部署、维护模式转换到基于云计算平台的模式时不可避免的有转移成本，转移成本的具体大小由应用复杂度、历史版本关联度、团队工作模式转换难易程度等决定。当然，转移成本大多是一次性的，一旦将应用转移到云平台上后，就不再有转移成本了；另一方面，目前云计算平台的可靠性和安全性还不算太高，特别是安全性，由于缺乏成熟的安全保障技术、云信息安全相关法律条款的约束，云计算在对用户数据安全、隐私保护等方面还有较大的问题。随着技术的进步和相关法律的完善，云计算的安全问题会逐渐弱化。

8. 云计算技术与物联网的关系

在初级阶段，云计算与物联网的结合模式可分为云计算模式和物计算模式，这两种模式有机地结合起来才能实现物联网中所需的计算、控制和决策。所谓云计算模式，指的是在物联网应用层实现的智能计算模式。云计算作为一种基于互联网、大众参与、提供服务方式的智能计算模式，其目的是实现资源分享与整合，其中计算资源是动态的、可伸缩且被虚拟化的。大量复杂的计算任务，如服务计算、变粒度计算、软计算、不确定计算、人参与的计算乃至于物参与的计算，都是云计算所面临的任务。云计算模式一般通过分布式的架构采集来自网络层的数据，然后在"云"中进行数据和信息处理。此模式一般用于辅助决策的数据挖掘和信息处理过程，系统的智能主要体现在数据挖掘和处理上，需要较强的集中计算能力和高带宽。这种模式和中间件技术的结合，可以构成物联网应用支撑中间件。

所谓物计算模式，更多的是指其在物联网的感知层，对于嵌入式终端强调实时感知与控制，对终端设备的性能要求较高的智能计算模式。系统的智能主要表现在终端设备上，但这种智能是嵌入的，是智能信息处理结果的利用，不能建立在复杂的终端计算基础上，对集中处理能力和系统带宽要求比较低。这种模式主要应用在感知层，实现分布式的感知与控制，这种模式和中间件技术的结合可以构成信息采集中间件。之所以在物联网中采用云计算模式，原因就在于云计算事实上具备了很好的特性，是并行计算、分布式计算和网格计算的发展。而物联网中就迫切需要这种分布式的并行，目前物联网采用的云计算模式正是这种分布式并行计算模式，其主要原因如下。

(1) 低成本的分布式并行计算环境。

(2) 云计算模式开发方便，屏蔽掉了底层。

(3) 数据处理的规模大幅度提高。

(4) 物联网对计算能力的需求是有差异的，云计算的扩展性好，都能满足这种差异性所带来的不同需求。

(5) 云计算模式的容错计算能力还是比较强的，健壮性也比较强，在物联网中，由于传感器在数据采集过程的物理分布比较广泛，这种容错计算是必要的。

总之，从目前的发展现状来看，云计算与物联网的结合处于初期发展阶段，目前主要基于云计算技术进行通用计算服务平台的研发，而物联网领域对事件高度并发、自主智能协同等需求特性仍有一定的差距。但是，利用云计算平台实现海量数据分析挖掘(这是衡量物联网智能水平的重要方面)已经成为物联网与云计算在下一阶段结合模式的研究重点，如图 2-24 所示。物联网和云计算同样是一种新兴的技术，云计算与物联网的结合可以分为 3 个层次。

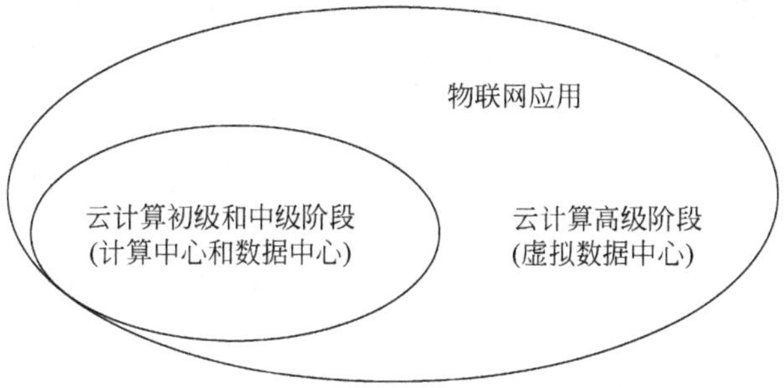

图 2-24　云计算与物联网的两种存在形式

第一个层次，利用 IT 虚拟化技术，为物联网后端应用提供运行支撑平台。从后端应用服务层面来看，物联网可以看作是一个基于互联网的、以提高物理世界的运行、管理、资源使用效率等水平为目标的大规模信息系统。采用服务器虚拟化、网络虚拟化和存储虚拟化，使服务器与网络之间、网络与存储之间也能够达到资源共享的虚拟化，实现计算能力的有效利用，为各类物联网应用提供有力支撑。

第二个层次，在虚拟化基础设施的基础上，通过云计算的方式为物联网应用提供标准化的开发、测试平台，即以 PaaS 的形式实现各类物联网应用的构建。通过云计算技术的应用来提高物联网应用的开发效率，降低开发难度，为大规模物联网应用铺平道路。

第三个层次，物联网、互联网的各种业务与应用在一个“大云”中进行集成，实现物联网与互联网中设备、信息、应用与人之间的交互和整合，形成一个有效的、良性的价值链体系和业务生态系统，推动整个信息产业及各行各业良性的可持续发展。

9. 云计算与数据挖掘

对于物联网来讲，感知层的数据采集只是物联网首要环节，而对感知层所采集海量数据的智能分析和数据挖掘,以实现对物理世界的精确控制和智能决策支撑才是物联网的最终目标,也是物联网智慧性体现的核心,这一目标的实现离不开应用层的支撑。如果从应用层的角度来看物联网,物联网可以看作是一个基于通信网、互联网或专用网络的,以提高物理世界的运行、管理、资源使用效率等水平为目标的大规模信息系统。为了实现这一目标,感知层信息的实时采集决定了必然会产生海量的数据,这除了存储要求之外,更为重要的是基于这些海量数据的分析挖掘,预判未来的发展趋势,才能实现实时的精准控制和决策支撑。如果从发展的角度来看物联网,在初级阶段虽然重视数据收集,但不能忽略数据挖掘与智能处理。其原因在于,目前物联网的发展重在部署,通过部署物联网才能够把数据收集上来,之后才会进行数据挖掘和智能处理。

1) 数据挖掘与物联网

物联网将现实世界的物体通过各种网络连接起来,结合云存储、云计算、云服务,能够为形形色色的行业应用提供服务。物联网具有行业应用的特征,依赖云计算对采集到的各行各业、数据格式各不相同的海量数据进行整合、管理、存储,并在整个物联网中提供数据挖掘服务,实现预测、决策,进而反向控制这些物的集合,达到控制物联网中客观事物运动和发展进程的目的。数据挖掘是决策支持和过程控制的重要技术手段,它是物联网中的重要一环。物联网中的数据挖掘已经从传统意义上的数据统计分析、潜在模式的发现与挖掘,转向物联网中不可缺少的工具和环节。物联网中的数据挖掘需要应对以下新挑战。

(1) 分布式并行整体数据挖掘。物联网的计算设备和数据在物理上是天然分布的,因此不得不采用分布式并行数据挖掘,需要云计算模式。

(2) 实时高效的局部数据处理。物联网任何一个控制端均需要对瞬息万变的环境实时分析并做出反应和处理,需要实时计算模式和利用数据挖掘结果。

(3) 数据管理与质量控制。多源、多模态、多媒体、多格式数据的存储与管理是控制数据质量和获得真实结果的重要保证,需要基于云计算的存储。

(4) 决策和控制。挖掘出的模式、规则、特征指标用于预测、决策和控制。考虑到商业竞争和法律约束等多方面的因素,在许多情况下,为了保证数据挖掘的安全性和容错性,需要保护数据隐私,将所有数据集中在一起进行分析往往是不可行的。分布式数据挖掘系统能将数据合理地划分为若干个小模块,并由数据挖掘系统并行处理,最后再将各个局部的处理结果合成最终的输出模式,这样做可以充分利用分布式计算的能力和并行计算的效率,对相关的数据进行分析与综合,从而节省大量的时间和空间开销。虽然分布式数据挖掘具备这样的优点,但在应用中也面临着算法和系统方面的问题。算法方面,实现数据预处理中各种数据挖掘算法,以及多数据挖掘任务的调度算法。系统方面,能在对称多处理机(Symmetrical Multi Processing,SMP)、大规模并行处理机(Massively Parallel Processor,MPP)等具体的分布式平台上实现,考虑节点间负载平衡、减少同步与通信开销、异构数据集成等问题。物联网特有的分布式特征,决定了物联网中的数据挖掘具有以下特征:①高效的数据挖掘算法。算法复杂度低、并行化程度高。②分布式数据挖掘算法。适合数据垂直划分的算法、重视数据挖掘多任务调度算法。③并行数据挖掘算法。适合数据水平划分、基于任务内并行的挖掘算法。④保护隐私的数据挖掘算法。数据挖掘在物联网中一定要注意保护隐私。

云计算相关技术的飞速发展和高速宽带网络的广泛使用,使得实际应用中分布式数据挖掘的需求不断增长。分布式数据挖掘是数据挖掘技术与分布式计算技术的有机结合，主要用于分布式环境下的数据模式发现，它是物联网中要求的数据挖掘，是在网络中挖掘出来的。通过与云计算技术相结合，可能会产生更多、更好、更新的数据挖掘方法和技术手段。云计算通过廉价的 PC 服务器，可以管理大数据量与大集群，其关键技术在于能够对云内的基础设施进行动态按需分配与管理。云计算的任务可以被分割成多个进程在多台服务器上并行计算，然后得到最终结果，其优点是对大数据量的操作性能非常好。从用户角度来看，并行计算是由单个用户完成的，分布式计算是由多个用户合作完成的，云计算是可以在没有用户参与指定计算节点的情况下，交给网络另一端的云计算平台的服务器节点自主完成计算，这样云计算就同时具备了并行与分布式的特征。数据挖掘在物联网中采取了云服务的方式来提供数据挖掘的结果用于决策与控制。云计算模式能够在分布式并行数据挖掘中，实现高效、实时挖掘。

云服务模式作为数据挖掘的普适模式，能够保证挖掘技术的共享，降低数据挖掘应用的门槛，满足海量挖掘的需求。国内中国科学院计算技术研究所于 2008 年底开发完成了基于 Hadoop 的并行分布式数据挖掘系统 PDMiner。中国移动进一步建设了 256 台服务器、1000 个 CPU、256TB 存储组成的“大云”试验平台，并在与中国科学院计算技术研究所合作开发的并行数据挖掘系统基础上，结合数据挖掘、用户行为分析等需求，在上海、江苏等地进行了应用试点，在提高效率、降低成本、节能减排等方面取得了极为显著的效果。在此基础上中国科学院计算技术研究所于 2009 年开发完成了面向云计算的数据挖掘服务平台 COMS，现已用于国家电网与国家信息安全领域。在国际上，采用 Map-Reduce 并行编程模式实现了机器学习算法，这是在多核环境下并行算法的实现。另外，在多节点的云计算平台上的开源项目 Apache Mahout 0.5 于 2011 年 5 月发布。数据挖掘云服务平台包括以下几个方面的要求。①基础建设。专业人士成为服务的提供者，大众和各种组织成为服务的受益方，按领域、行业进行构建。②虚拟化。即计算资源自主分配和调度。③需求。即大众参与应对个性化和多样化的需求。④可信。算法通用、可查、可调和可视。⑤安全。隐私数据由客户自己在平台终端完成加密保护。

数据挖掘云服务平台，硬件资源管理子系统和后台并行挖掘子系统紧密结合；平台对用户透明，资源抽象成提供数据挖掘服务的“云”；用户通过前台的 Web 交互界面定制数据挖掘任务。数据挖掘云服务系统架构既包括了数据挖掘预处理云服务，也包括了数据挖掘算法云服务，如关联规则云服务、分类云服务、聚类云服务和异常发现云服务，总体上还有工作流子系统，对数据挖掘的任务进行多任务的组合，以达到数据挖掘的目标。总之，数据挖掘是物联网应用中不可缺少的重要一环。物联网如果不能实现智能信息处理和数据挖掘，就无法深刻体现智能，将仅局限于分布式的“物联”形式而无法称为物联网。而数据挖掘云服务是物联网能够应用的一种先进、实用、智能的数据挖掘方式。应该说物联网应用发展的关键就是看系统应用中的智能体现在什么地方，只有突出智能化处理和服务的特征，才能建立起一个巨大的物联网产业。

2）云计算对声音的实时挖掘

反恐情报部门现在不仅可以利用计算机系统对传统电话网的语音情报进行过滤监听、定位，还能截获通过云计算和数据挖掘对语音信息进行实时的深度对比、分析和信息挖掘。借助目前的云计算平台，已经可以对众多的嫌疑人的“声纹”进行存档，通过语音识别这门电子身份识别 EID 技术，能够快速甄别出嫌疑人的“声音身份”。而数据挖掘技术在海量实时语音的通话中能够实时分拣识别出可疑的敏感词、暗语，进行存档，供分析人员分析。

2.4.5 服务支撑技术

应用层主要是集成系统底层的功能，根据行业特点，借助于互联网技术手段，开发各类应用接口和解决方案，将物联网的优势与行业的生产经营、信息化管理、组织调度结合起来，构建智能化的应用服务方案。行业的智能应用涉及较多的系统集成、运营平台和行业接口。专家系统是指含有大量的某个领域专家水平的知识库，能够利用人类专家的知识和经验处理该领域问题并进行智能决策的计算机程序系统。

对于物联网而言，还需要许多共性技术的支持，如网络管理、对象名字解析(ONS)、服务质量保障和信息安全。其中，对象名字解析是在 RFID 应用中需解决的问题。在物联网中，ONS 的功能与互联网的域名解析(DNS)功能类似。要查询 RFID 标签对应的物品的详细信息，必须借助于对象名字解析服务器、数据库与服务器体系。

1. Web 服务技术

Web 服务是一种面向服务的架构的技术，通过标准的 Web 协议提供服务，目的是保证不同平台的应用服务可以互操作。根据 W3C 的定义，Web 服务(Web Service)是一个用以支持网络间不同机器的互动操作的软件系统，网络服务通常是由许多应用程序接口(API)所组成的，它们通过网络(如 Internet)的远程服务器端，执行客户所提交的服务请求，通常包括以下几个功能。

(1) SOAP。一个基于 XML 的可扩展消息信封格式，需同时绑定一个传输用协议。这个协议通常是 HTTP 或 HTTPS，但也可能是 SMTP 或 XMPP。

(2) WSDL。一个 XML 格式文档，用于描述服务端口访问方式和使用协议的细节。通常用来辅助生成服务器和客户端代码及配置信息。

(3) UDDI。一个用来发布和搜索 Web 服务的协议，应用程序可借此协议在设计或运行时找到目标 Web 服务。其中，XML、SOAP 及 WSDL 规范由 W3C 负责制定，OASIS 则负责 UDDI 规范。Web 服务实际上是一组工具，并有多种不同的方法调用。3 种最普遍的手段是远程过程调用(RPC)、面向服务架构(SOA)以及表述性状态转移(REST)。

1) 远程过程调用

Web 服务提供一个分布式函数或方法接口供用户调用，这是一种比较传统的方式。通常在 WSDL 中对 RPC 接口进行定义(类似于早期的 XML-RPC)。尽管最初的 Web 服务广泛采用 RPC 方式部署，但针对其过于紧密的耦合性的批评声也随之不断。这是因为 RPC 式 Web 服务实质上是利用一个简单的映射，以将用户请求直接转化成为一个特定语言编写的函数或方法。如今，多数服务提供商认定此种方式在未来将难有作为，WS-I 基本协议集(WS-I Basic Profile)已不再支持远程过程调用。

2) 面向服务架构

业界比较关注的是遵从面向服务架构(Service Oriented Architecture，SOA)概念来构建 Web 服务。在面向服务架构中，通信由消息驱动，而不再是某个动作(方法调用)。这种

Web 服务也被称为面向消息的服务。SOA 式 Web 服务得到了大部分软件供应商以及业界专家的支持和肯定。作为与 RPC 方式的最大差别,SOA 方式更加关注如何去连接服务而不是特定某个实现的细节。WSDL 定义了联络服务必要内容。

3) 表述性状态转移

表述性状态转移式(Representational State Transfer,REST)Web 服务类似于 HTTP 或其他类似协议,它们把接口限定在一组广为人知的标准动作中(例如 HTTP 的 GET、PUT、DELETE)以供调用。此类 Web 服务关注那些稳定的资源的互动,而不是消息或动作。此种服务可以通过 WSDL 来描述 SOAP 消息内容,通过 HTTP 限定动作接口;或者完全在 SOAP 中对动作进行抽象。由于使用 XML 作为消息格式,并以 SOAP 封装,由 HTTP 传输,Web 服务始终处于较高的开销状态。不过目前一些新兴技术(如新的 XML 处理模型等)正在试图解决这一问题。类似的技术还包括 RMI 中间件系统、CORBA 和 DCOM 等,这些技术不依靠 SOAP 封装参数,而借助于 XML-RPC 和 HTTP 本身。

2. M2M 管理平台与 WMMP

当前各大运营商都在积极推进物联网的应用服务平台建设,并提出了相应的技术与规范,其中,基于物物互联的物联网管理平台——M2M 平台已经初具规模。

M2M 是一种以机器终端智能交互为核心、网络化的应用与服务。它通过在机器内部嵌入无线通信模块,以无线通信等为接入手段,为客户提供综合的信息化解决方案,以满足客户对监控、指挥调度、数据采集和测量等方面的信息化需求。图 2-25 给出了 M2M 业务系统结构图。

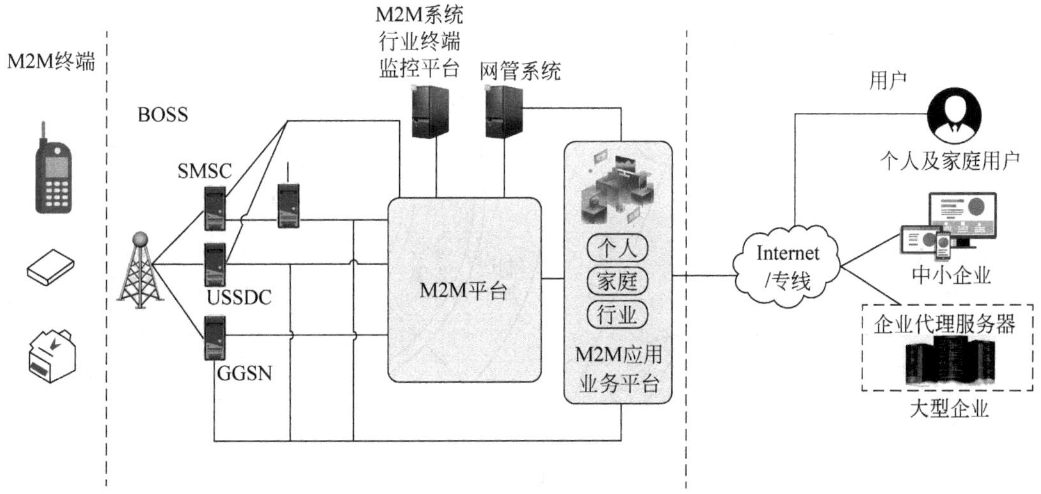

图 2-25 M2M 业务系统结构图

M2M 系统中包含如下功能。

(1) M2M 终端。基于 WMMP,并可接收远程 M2M 平台激活指令、本地故障告警、数据通信、远程升级、数据统计以及端到端的通信交互。

(2) M2M 平台。提供统一的 M2M 终端管理、终端设备鉴权,提供数据路由、监控、用户鉴权、计费等管理功能。

(3) M2M 应用业务平台。为 M2M 应用服务用户提供各类 M2M 应用服务业务，由多个 M2M 应用业务平台构成，主要包括个人、家庭、行业 3 大类 M2M 应用业务平台。

(4) 短信网关。由行业应用网关组成，与短信中心等业务中心或业务网关连接，提供通信能力。负责短信等通信接续过程中的业务鉴权、设置黑白名单、EC/SI 签约关系/黑白名单导入。行业网关产生短信等通信原始话单，送给 BOSS 计费。

(5) USSDC。负责建立 M2M 终端与 M2M 平台的 USSD 通信。

(6) GGSN。负责建立 M2M 终端与 M2M 平台的 GPRS 通信，提供数据路由、地址分配及必要的网间安全机制。

(7) BOSS。与短信网关、M2M 平台相连，完成客户管理、业务受理、计费结算和收费功能。对 EC/SI 提供的业务进行数据配置和管理，支持签约关系受理功能，支持通过 HTTP/FTP 接口与行业网关、M2M 平台、EC/SI 进行签约关系以及黑白名单等同步的功能。

(8) 行业终端监控平台。M2M 平台提供 FTP 录，将每月统计文件存放在 FTP 目录下，供行业终端监控平台下载，以同步 M2M 平台的终端管理数据。

(9) 网管系统。网管系统与平台网络管理模块通信，完成配置管理、性能管理、故障管理、安全管理及系统自身管理等功能。

WMMP(Wireless M2M Protocol)协议是为实现 M2M 业务中 M2M 终端与 M2M 平台之间、M2M 终端之间、M2M 平台与 M2M 应用平台之间的数据通信过程而设计的应用服务层协议，其体系如图 2-26 所示。

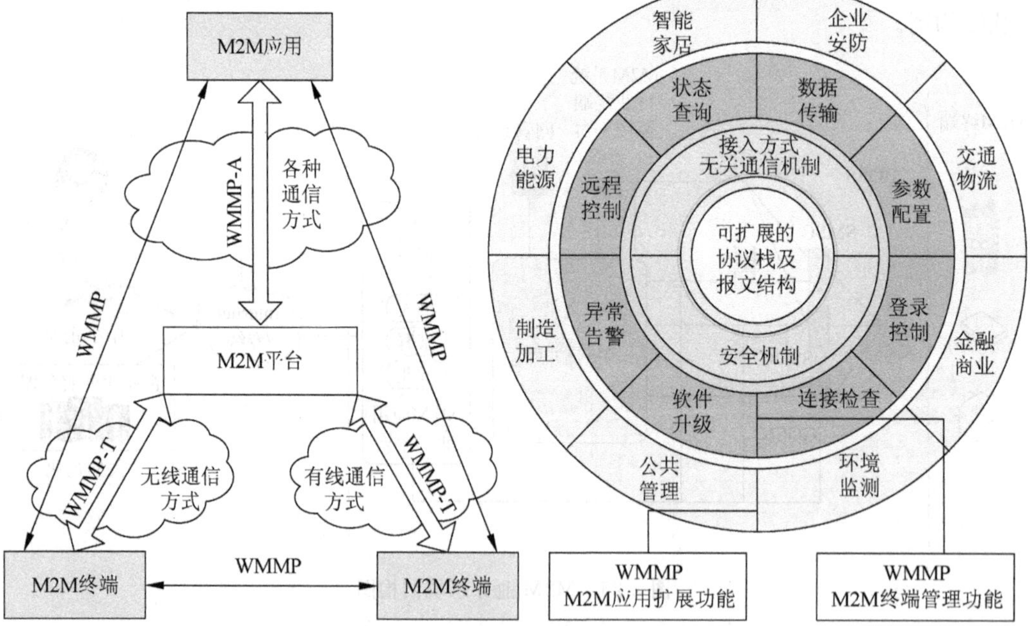

图 2-26 WMMP 体系

WMMP 的核心是其可扩展的协议栈及报文结构，而在其外层是由 WMMP 核心衍生的接入方式无关通信机制和安全机制。在此基础之上，由内向外依次为 WMMP 的 M2M 终端管理功能和 WMMP 的 M2M 应用扩展功能。

协议的消息交互使用简单对象访问协议(Simple Object Access Protocol,SOAP)接口,它包含以下 3 个方面:XML-Envelop 为描述信息内容和如何处理内容定义了框架;将程序对象编码成为 XML 对象的规则;执行远程调用(Remote Procedure Call,RPC)的约定。

协议支持以下两种连接方式:其一基于 HTTP 的标准 Web Service 方式,包括应用系统和 M2M 平台采用 WSDL(Web Services Description Language)来对接口进行描述。要求通信双方作为 Web Service 服务端时,应实现 HTTP 会话的超时机制。即一定时间内,如果客户端没有新的 HTTP 请求,则服务端主动断开连接。会话维持的时间要求可配置。其二是长连接,应用系统可以选择采用长连接和 M2M 平台交互,以提高效率。消息格式的定义和 Web Service 方式一致。

2.5 安全管理技术

实现信息安全和网络安全是物联网大规模应用的必要条件,也是物联网应用系统成熟的重要标志,因此安全管理是物联网应用系统运营的重要支撑技术。本节分析物联网安全特征与目标、物联网面临的安全威胁与攻击;讨论物联网安全体系;着重介绍物联网在感知互动层和网络传输层的安全机制。

2.5.1 物联网安全特征与目标

物联网应用系统信息与网络安全的目标是要保证被保护信息的机密性(Confidentiality)、完整性(Integrity)和可用性(Availability)。这个要求贯穿了物联网的感知信息采集、汇聚、融合、传输、决策等信息处理的全过程,所面临的安全问题有着不同于现有网络系统的特征。

首先,在感知数据采集、传输与信息安全方面,感知节点通常结构简单、资源受限,无法支持复杂的安全功能。感知节点及感知网络种类繁多,采用的通信技术多样,相关的标准规范不完善,尚未建立统一的安全体系。其次,在物联网业务的安全方面,支撑物联网业务的平台具有不同的安全策略,大规模、多平台、多业务类型使得物联网业务层次的安全面临新的挑战。最后,从信息的机密性、完整性和可用性角度分析物联网的安全需求和特征。物联网信息机密性直接体现为信息隐私,如感知终端的位置信息。在数据处理过程中同样也存在隐私保护问题,要建立访问控制机制,控制物联网中信息采集、传输和查询等操作。物联网的以数据为中心的特点和应用密切相关性,决定了物联网总体安全目标包括以下几方面。

(1) 保密性。避免非法用户读取机密数据,一个感知网络不应泄露机密数据到相邻网络。

(2) 数据鉴别。避免物联网节点被恶意注入虚假信息,确保信息来源于正确的节点。

(3) 设备鉴权。避免非法设备接入到物联网中。

(4) 完整性。通过校验来检测数据是否被修改。数据完整性是确保消息被非法(未经认证的)改变后才能够被识别。

(5) 可用性。确保感知网络的信息和服务在任何时间都可以提供给合法用户。

(6) 新鲜性。保证接收到数据的时效性,确保没有恶意节点重放过时的消息。

2.5.2 物联网面临的安全威胁与攻击

物联网具有感知互动层网络资源受限、拓扑变化频繁、网络环境复杂的特点,除面临一般信息网络的安全威胁外,还面临其特有的威胁和攻击,主要有以下几类。

1. 安全威胁

(1) 物理俘获。指攻击者使用一些外部手段非法俘获传感节点,主要针对部署在开放区域内的节点。

(2) 传输威胁。物联网信息传输主要面临中断、拦截、篡改、伪造等威胁。

(3) 自私性威胁。网络节点表现出自私、贪心的行为,为节省自身能量拒绝提供转发数据包的服务。

(4) 拒绝服务威胁。指破坏网络的可用性,降低网络或系统执行某一期望功能的能力,如硬件失败、软件瑕疵、资源耗尽、环境条件恶劣等。

2. 网络攻击

物联网在数据处理和数据通信环境中易受到的攻击类型如下。

(1) 拥塞攻击。指攻击者在获取目标网络通信频率的中心频率后,通过在这个频点附近发射无线电波进行干扰,使得攻击节点通信半径内的所有传感器网络节点不能正常工作,甚至使网络瘫痪。

(2) 碰撞攻击。指攻击者和正常节点同时发送数据包,使得数据在传输过程中发生冲突,导致整个包被丢弃。

(3) 耗尽攻击。指通过持续通信的方式使节点能量耗尽。如利用协议漏洞不断发送重传报文或确认报文,最终耗尽节点资源。

(4) 非公平攻击。攻击者不断发送高优先级的数据包从而占据信道,导致其他节点在通信过程中处于劣势。

(5) 选择转发攻击。攻击者拒绝转发特定的消息并将其丢弃,使这些数据包无法传播,或者修改特定节点发送的数据包,并将其可靠地转发给其他节点。

(6) 黑洞攻击。攻击者通过申明高质量路由来吸引一个区域内的数据流通过攻击者控制的节点,达到攻击网络的目的。

(7) 女巫攻击。攻击者通过向网络中的其他节点申明有多个身份,达到攻击的目的。

(8) 泛洪攻击。攻击者通过发送大量攻击报文,导致整个网络性能下降,影响正常通信。

2.5.3 物联网安全体系

OSI 安全体系架构对于构建物联网的信息安全解决方案,具有重要的指导意义和参考价值。为便于比较,先介绍 OSI 安全体系架构。

OSI 安全体系架构定义了 5 类安全服务、8 类安全机制及安全服务的关系。OSI 的 5 类安全服务为鉴别、机密性、完整性、访问控制和抗抵赖，在 OSI 框架之下，认为每一层和它的上一层都是一种服务关系。5 类安全服务的分类如表 2-2 所示。

表 2-2　OSI 安全服务分类

鉴　　别	机　密　性	完　整　性	访问控制	抗　抵　赖
对等实体鉴别	连接机密性	带恢复的连续完整性	访问控制	有数据原发证明的抗抵赖
数据原发鉴别	无连接机密性	不带恢复的连续完整性		有交付证明的抗抵赖
	选择字段机密性	选择字段的连续完整性		
	通信业务员流机密性	无连接完整性		
		选择字段的无连接完整性		

根据物联网的安全威胁和特征，物联网的安全体系包括以下 3 个部分。

(1) 基于数据的安全，该部分主要处理数据的保密性、鉴别、完整性和时效性。用于保障数据安全的方法主要包括以下两点。

① 安全定位。物联网应具有在存在恶意攻击的条件下仍能有效、安全地确定节点的位置的能力。

② 安全数据融合。物联网应在任何情况下保证融合数据的真实性和准确性。

(2) 基于网络的安全是指网络通信为应用服务层提供数据服务，在考虑网络安全问题时应基于以下安全策略。

① 安全路由。防止因误用或滥用路由协议而导致的网络瘫痪或信息泄露。

② 容侵容错。网络传输层安全技术应避免故障、入侵或者攻击对系统可用性造成的影响。基于网络的安全还应该使用网络可扩展策略、负载均衡策略和能量高效策略等。

(3) 基于节点的安全是指为网络传输层通信和应用服务层数据提供安全基础设施，可采用以下安全机制。

① 安全有效的密钥管理机制。

② 高效冗余的密码算法。

③ 轻量级的安全协议。

2.5.4　物联网感知互动层的安全机制

1. 密钥管理

密钥管理系统是安全的基础，是实现感知信息保护的手段之一。物联网感知互动层密钥管理系统由于计算资源的限制面临两个问题：一是如何构建与物联网体系架构相适应的贯穿多个网络的统一密钥管理系统；二是如何解决物联网感知互动层的密钥管理问题，包括密钥的生成、分配、更新、组播等。实现统一的密钥管理系统有两种方式：一是以互联网为中心的集中式管理方式，由互联网的密钥分配中心负责物联网感知互动层的密钥管理，一旦物联网感知互动层接入到互联网，则通过密钥分配中心与网关节点进行交互，实现对物联网感知互动层节点的密钥管理；二是以物联网感知互动层各局部网络为中心的分布式管理方式，这种方式对汇聚节点或网关的要求比较高，虽然可以通过分簇等层次式网络结构管理，但对多跳通信的边缘节点、分层算法的能耗，使得密钥管理存在成本和开销的问题。物联网感知互动层的密钥管理系统的设计与传统有线网络或资源不受限的无线网络有所不同，其安全需求主要体现在以下方面。

(1) 密钥生成或更新算法的安全性。

(2) 前向私密性。中途退出网络或被俘获的恶意节点无法利用先前的密钥信息生成合法的密钥，继续参与通信。

(3) 后向私密性和可扩展性。新加入的合法节点可利用新分发或者周期性更新的密钥参与网络通信。

(4) 源端认证性和新鲜性。要求发送方身份的可认证性和消息的可认证性，即每个数据包都可以寻找到其发送源且不可否认。

物联网感知互动层的密钥管理机制涉及以下 3 个方面：密钥材料的产生、分配、更新和注销；共享密钥的建立、撤销和更新；会话密钥的建立和更新。

在实现方法上，主要有基于对称密钥和非对称密钥两种方法。在基于对称密钥的分配方式又可以分为 3 类：基于密钥分配中心方式、预分配方式和基于分组分簇方式，比较典型的解决方法有 SPINS 协议、基于密钥池预分配的 E-G 方法、单密钥和多密钥空间随机密钥预分配方法、对称多项式随机密钥预分配方法、基于地理信息的随机密钥预分配方法、低功耗的密钥管理方法等。对称密钥系统在计算复杂度方面有优势，但安全性方面却不如非对称密钥系统。在非对称密钥系统领域，MICA2 节点上实现了基于 RSA 算法的外部节点的认证及 TinySec 密钥的分发和基于椭圆曲线密码的 TinySec 密钥的分发。

2. 鉴别机制

物联网感知互动层鉴别技术主要包括以下 3 种。

(1) 网络内部节点之间的鉴别。物联网感知互动层密钥管理是网络内部节点之间能够相互鉴别的基础。内部节点之间的鉴别是基于密码算法的，具有共享密钥的节点之间能够实现相互鉴别。

(2) 物联网感知互动层节点对用户的鉴别。用户为物联网感知互动层外部的、能够使用物联网感知互动层收集数据的实体。当用户访问物联网感知互动层，并向物联网感知互动层发送请求时，必须要通过物联网感知互动层的鉴别。

(3) 物联网感知互动层消息鉴别。由于物联网感知互动层信息可能被篡改或被插入恶意信息，所以要求采用鉴别机制保证其合法性和完整性，其中鉴别机制包括点对点消息鉴别和广播消息鉴别。

3. 安全路由机制

安全路由机制以保证网络在受到威胁和攻击时，仍能进行正确的路由发现、构建和维护为目标，包括数据保密和鉴别机制、数据完整性和新鲜性校验机制、设备和身份鉴别机制以及路由消息广播鉴别机制等。针对安全威胁而设计的安全路由协议有 TRANS（Trust Routing for Location-aware Sensor Networks）和 INSENS（Intrusion-tolerant Routing Protocol for WSNs）。TRANS 是建立在地理路由之上的安全机制，包括信任路由和不安全位置避免两个模块，信任路由模块安装在汇聚节点和感知节点上，不安全位置避免模块仅安装在汇聚节点上；INSENS 是一种易侵的安全路由协议，包括路由发现和数据转发两个阶段。针对不同的网络攻击，可采用相应的解决方案。例如，针对女巫攻击采用身份验证方法；针对 Hello 泛洪攻击采用双向链路认证方法；针对黑洞攻击采用基于地理位置的路由协议；针对选择转发攻击采用多径路由技术；针对认证广播和泛洪攻击采用广播认证。

4. 访问控制机制

访问控制机制以控制用户对物联网感知互动层的访问为目的，能够防止未授权用户访问物联网感知互动层的节点和数据。访问控制机制包括（但不限于）自主访问机制和强制访问控制。自主访问控制策略包括（但不限于）访问控制表及访问能力表，其中访问控制表是指在通过访问控制表进行访问控制时，能明确指明网内的每种设备可由哪些用户访问，以及进行何种类型的访问（读取、发送控制命令）。访问能力表是指在通过访问能力表进行的访问控制中，能明确指明每个合法用户能够访问哪些设备资源，以及进行何种类型的访问（读取、发送控制命令）。自主访问控制机制包括（但不限于）基于用户身份的访问、基于组的访问及基于角色的访问如果明确指出细粒度的访问控制，那么需要基于每个用户进行访问控制。否则，为了简化访问控制表，提高访问控制的效率，在各种安全级别的自主访问控制模型中，均可通过用户组和用户身份相结合的形式进行访问控制。为了实现灵活的访问控制，可以将自主访问控制与角色相结合，实施基于角色的方位控制，这便于实现角色的继承。

强制访问控制是指当主体的安全级别不高于资源的安全级别时，主体能执行添加操作；当主体的安全级别不低于资源的安全级别时，能执行改写或删除已有数据的操作；当主体的安全级别不低于客体的安全级别时，能执行只读操作；当主体的安全级别不低于客体的安全级别时，能执行发送控制命令操作。强制访问控制可基于单个用户、用户组和角色实施，即为不同的用户、用户组或角色设置不同安全级别的标记，根据这些标记实施强制访问控制。

5. 安全数据融合机制

安全数据融合机制，以保障信息保密性、信息传输安全、信息聚合的准确性为目的，通过加密、安全路由、融合算法的设计、节点间的交互证明、节点采集信息的抽样、采集信息的签名等机制实现。以下介绍基于监督的安全数据融合机制。首先由信任中心或者汇聚节点选取监督节点，可指定也可选举产生，但不包括聚合节点。然后生成监督信息，包括监督范围和周期等。执行监督功能和数据融合同步进行，监督节点利用无线网络广播特点，收集监督范围内普通节点采集的发送给所监督的聚合节点的报文，进行数据融合。监督节点将监督信息发送给路由节点并最终交给汇聚节点，汇聚节点一段时间内未收到监督报文，则判定聚合节点为恶意节点。汇聚节点根据监督节点上传的信息，对聚合节点融合信息的真实性、正确性进行判断。当汇聚节点判定聚合节点融合信息不可靠时，下发撤销聚合节点报文。

6. 容侵容错机制包括3个部分

(1) 判定疑似恶意节点。找出网络中的攻击节点或可能被妥协的节点，汇聚节点或网关随机发送一个通过公钥加密的报文给节点，节点必须利用其私钥对报文进行解密并回送给汇聚节点，如果汇聚节点长期收不到回应报文，则认为该节点遭受入侵。另一种判定机制是利用邻居节点的签名，节点发送给汇聚节点的数据包要获得一定数量的邻居节点的签名，汇聚节点通过验证签名的合法性，判定节点为恶意节点的可能性。

(2) 针对疑似恶意节点的容侵机制。汇聚节点发现网络中可能存在恶意节点后，发送一个信息包，告知疑似恶意节点的邻居节点可能的入侵情况，邻居节点将该节点的状态修改为容侵，该疑似恶意节点仍能在受控状态进行数据转发操作。

(3) 通过节点协作对恶意节点做出处理决定。一定数量的邻居节点发送编造的报警报文给疑似恶意节点，观察其对报警报文的处理情况，邻居节点根据接收到的疑似节点的无效签名数量，决定对其选择攻击或者放弃操作。容错机制主要包括3个方面的容错：网络拓扑中的容错——通过对网络设计合理的拓扑结构，保证网络出现断裂的情况下仍能正常通信；网络覆盖中的容错——在部分节点、链路失效的情况下，如何事先部署或事后移动、补充节点，从而保证对监测区域的覆盖和连通性；数据检测中的容错——在恶劣的网络环境中，当一些特定事件发生时，处于事件发生区域的节点如何正确获取数据的能力。

2.5.5 物联网网络传输层的安全机制

1. IPSec

IPSec(IP Security)是一个开放式的IP网络安全标准。它在TCP栈中间位置的网络层实现，可为上层协议无缝地提供安全保障，高层的应用协议可以透明地使用这些安全服务，而不必设计自己的安全机制。IPSec提供3种不同的形式保护IP网络的数据。

(1) 原发方鉴别。可以确定声称的发送者是真实的发送者，而不是伪装的。

(2) 数据完整性。可以确定所接收的数据与所发送的数据是一致的，保证数据从原发地到目的地的传输过程中，没有任何不可检测的数据丢失与改变。

(3) 机密性。使相应的接收者能获取发送的真正内容，而非授权的接收者无法获知数据的真正内容。IPSec通过3个基本的协议来实现上述3种保护，它们是鉴别报头(AH)协议、封装安全载荷(ESP)协议、密钥管理与交换IKE协议。IPSec的体系架构如图2-27所示。

鉴别报头(Authentication Header，AH)协议，可以保证IP分组的原发方真实性和数据完整性。其原理是将IP分组头、上层数据和公共密钥通过嵌入哈希算法(MD5或SHA-1)计算出AH报头鉴别数据，将AH报头数据加入IP分组，接收方将收到的IP分组运行同样的计算，并与接收到的AH报头比较从而进行鉴别。数据完整性可以对传输过程中非授权数据内容修改，进行检测；鉴别服务可使末端系统或网络设备鉴别用户或通信数据，根据需要过滤通信量，验证服务还可防止地址欺骗攻击及重放攻击。IPSec AH报头格式如

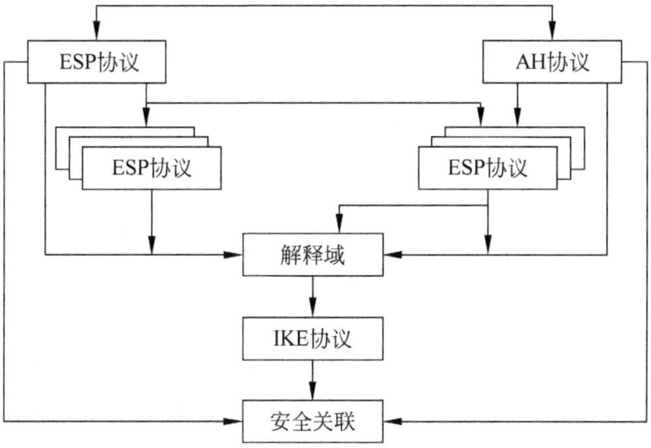

图 2-27　IPSec 的体系架构

图 2-28 所示,AH 各字段含义如下。

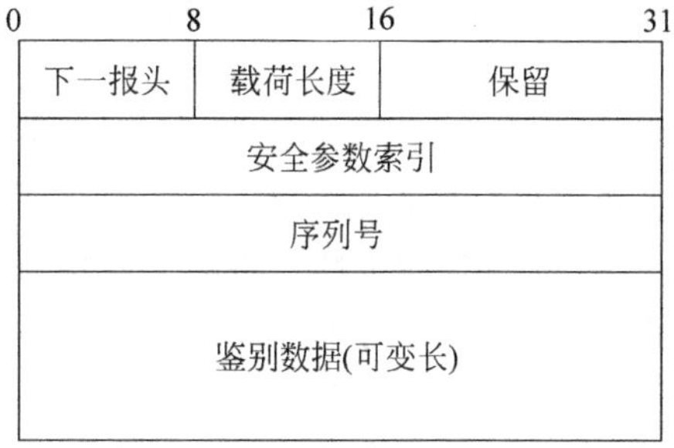

图 2-28　IPSec AH 报头格式

(1) 下一报头。表示紧随验证头的下一个头的类型。

(2) 载荷长度。以 32b(bit,位)为单位的鉴别头长度再减去 2,其默认值为 4。

(3) 保留:留作将来使用。

(4) 安全参数索引。用来标识一个安全关联。

(5) 序列号。增量计数器的值,与 ESP 中的功能相同。

(6) 鉴别数据。一个可变长字段(必须是 32b 的整数倍),用来填入对 AH 包中除鉴别数据字段外的数据进行完整性校验时的校验值,其默认值是 96b。

封装安全载荷(Encapsulating Security Payload,ESP)协议利用加密机制为通过不可信网络传输的 IP 数据提供机密性服务,同时也可以提供鉴别服务。

ESP 协议兼容多种加密算法,系统必须支持密码分组链接模式和 DES 算法,同时也定义了使用其他加密算法:三重 DES、RC5、IDEA、CAST 等算法。鉴别服务要求必须支持 NULL 算法,也定义了其他算法,如 MD5 和 SHA-1 算法。

通过这些加密和鉴别机制为 IP 数据报提供原发方鉴别、数据完整性、反重放和机密性安全服务,可在传输模式和隧道模式下使用。IPSec ESP 报头格式如图 2-29 所示。ESP 报头中许多字段含义与 AH 中字段含义类似,不再重复。ESP 报头中的填充字段主要用来满足某些加密算法对明文分组字节数的要求。

IPSec 的密钥管理包括密钥的确定和分配,分为手工和自动两种方式。IPSec 默认的自动密钥管理协议是 Internet 密钥交换(Internet Key Exchange,IKE),它规定了对 IPSec 对等实体自动验证、协商安全服务和产生共享密钥的标准。

2. 防火墙

防火墙是部署在两个网络系统之间的一个或一组部件(硬件设备或者软件),这类组件

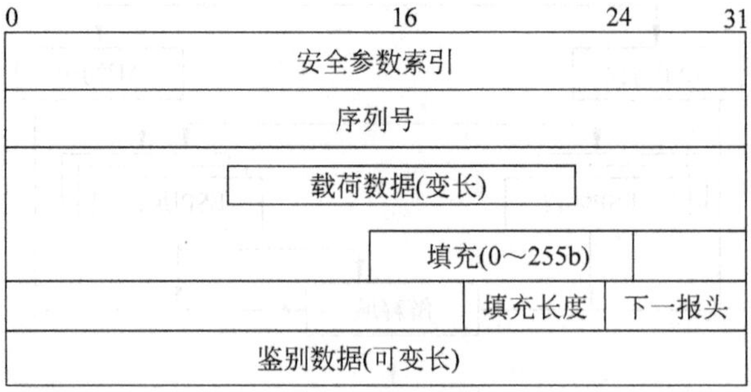

图 2-29 IPSec ESP 报头格式

定义了一系列预先设定的安全策略,要求所有进出内部网络的数据流都通过它,并根据安全策略进行检查,只有符合安全策略,被授权的数据流才可以通过,由此保护内部网络的安全。值得注意的是,防火墙是在逻辑上进行隔离,而不是物理上的隔离。防火墙的安全策略主要包括访问控制、内容过滤、地址转换。防火墙的具体形态如下。

(1) 纯软件防火墙。通过运行在计算机或者服务器系统上的软件,进行数据安全访问策略控制,实现简单,配置灵活。但是并发处理能力和安全防卫水平较差,多用于个人计算机或者中小型企业服务器。

(2) 纯硬件防火墙。将防火墙相关软件固化在专门设计的硬件之上,数据处理能力较纯软件防火墙得到了很大的提升。在一些数据中心,必须使用纯硬件防火墙进行相关的安全防护。

(3) 软硬件结合防火墙。结合了前两种防火墙的优点,在数据中心使用较多。屏蔽路由器结构是防火墙结构中一种最简单的体系结构,屏蔽路由器(或主机)作为内外连接的唯一通道,对出入网络的数据进行包过滤,其结构如图 2-30 所示。

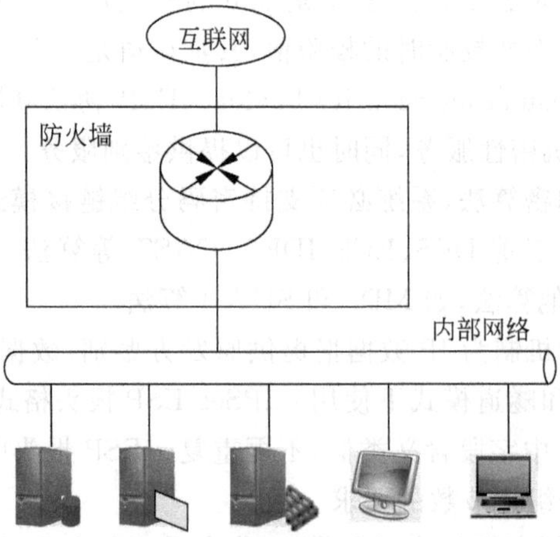

图 2-30 屏蔽路由器的结构

屏蔽主机结构的防火墙使用一个路由器隔离内部网络和外部网络,代理服务器部署在内部网络上。在路由器上设置数据分组过滤规则,使得代理服务器是外部网络唯一可以访问的主机。屏蔽主机的防火墙结构易于实现,应用比较广泛。屏蔽子网结构的防火墙通过建立一个子网络来分隔内部网络和外部网络。子网络是一个被隔离的子网，在内部网络与外部网络之间形成一个隔离带。内外网络进行通信时，必须经过子网络通信，不可以直接通信。

3. 隧道服务

物联网应用系统中有时会使用一些自己建立的内部网络(Intranet)，这类内部网络也必须通过互联网进行互联。这类服务往往是通过隧道技术提供的，最典型的就是虚拟专用网络(Virtual Private Network，VPN)。VPN 是指通过在一个公用网络(如互联网)中建立一条安全、专用的虚拟隧道，连接各地的不同物理网络，从而构成逻辑上的虚拟子网。进入 VPN 专用网络的各个终端，无论物理网络位置是哪里，使用上还是类似于同一个局域网进行操作。隧道技术的原理是在消息的发起端对数据报文进行加密封装，然后通过在互联网中建立的数据通道，将数据传输到消息的接收端，接收端再针对数据包进行解封装，得到最后的原始数据包。隧道技术主要应用于 OSI 的数据链路层和网络层。数据链路层协议主要是将需要传输的协议封装到 PPP 中，把新生成的 PPP 报文封装到隧道协议包中，利用数据链路层协议进行传输。数据链路层隧道协议主要是 L2TP。网络层协议主要是把需要传输的协议包直接封装到隧道协议包中，再通过网络层进行传输。网络层隧道协议主要有 IPSec、IPv6、over IPv4 等。

4. 数字签名与数字证书

数字签名包括两个过程：签名者对给定的数据单元进行签名；接收者验证该签名。签名过程需要使用签名者的私有信息(满足机密性和唯一性)，验证过程应当仅使用公开的规程和公开的信息，这些公开的信息不能计算出签名者的私有信息。数字签名算法与公钥加密算法类似，是私有密钥或公开密钥控制下的数学变换，而且通常可以从公钥加密算法派生而来。

数字证书是一种权威性的电子文档，是由权威公正的第三方机构，即证书授证中心签发的证书。它以数字证书为核心的加密技术可以对网络上传输的信息进行加密和解密、数字签名和签名验证，确保网上传递信息的机密性、完整性。

CA 中心又称为证书授证中心，作为电子商务交易中受信任的第三方，承担公钥体系中公钥的合法性检验的任务。CA 中心为每个使用公开密钥的用户发放一个数字证书，数字证书的作用是证明证书中列出的用户合法拥有证书中列出的公开密钥。CA 中心的数字签名使得攻击者不能伪造和篡改证书。它负责产生、分配并管理所有参与网上交易的个体所需的数字证书，因此是安全电子交易的核心环节。

5. 身份识别与访问控制

物联网应用系统针对不同用户，通常会为用户设定一个用户名或标识符的索引值。身份识别是后续交互中用户对其标识符的一个证明过程，通常是由交互式协议实现的。一些物联网应用系统会采用一些新兴的身份识别技术，例如在智能家居中使用基于使用者的指纹、面容、虹膜等生物特征进行身份识别。身份识别往往与访问控制机制联合使用。访问控制机制确定权限，授予访问权。实体如果试图进行非授权访问将被拒绝。授权中心或者被访问实体都建有访问控制列表，记录了访问规则。此外，还可以为访问的实体和被访问的实体划分相应的安全等级和范围，制定访问交互中双方的安全等级以及范围必须满足的条件。

2.6 5G 通信下物联网关键技术的发展

1. 实现物联网关键技术就是 5G 通信技术

之前的 4 代无线移动通信的革新，到现如今，无论是哪一代，都在传输率、网络频谱、通信方式和高智能的发展上实现了质的飞跃。所谓的无线移动通信，就是利用蜂窝网的一种通信方式，首先在美国诺贝尔实验室被提出。随着时代的进步，如今移动通信已经发展到了能够进行高质量传输视频图像的 4G 通信，并在向 5G 通信方向迈进。手机的革新也是由移动通信不断发展所推动的。从大哥大的第一代通信网络到诺基亚手机的 2G 通信，再到如今的智能手机的出现，无不是移动网络在支撑手机的发展，从而给人们带来更方便快捷的体验。随着 4G 技术的不断发展，清晰的语音已经将 4G 中简单的通话技术所代替，因此运营商也发生了相应的业务转变，5G 技术的诞生将成为必然，并且必将会让通信技术发生翻天覆地的改变，从而让人们的生活更加方便快捷。

2. 2020 年 5G 有望商业化，从而极大地推动了物联网以及物联网关键技术的发展

推动未来移动通信发展的两大关键技术就是移动互联网技术和物联网，5G 技术依靠这两大平台将会有一个良好的发展。现今的移动互联网技术对人们的各方面生活都有着深刻的影响作用，移动互联网在用户体验方面会给客户带来极致的感受。在 2020 年之后，移动互联网技术将在移动云、超高清视频、现实和虚拟现实方面让客户享有更加良好的业务体验，这些功能也会给用户带来身临其境的感受，从而让人类社会的信息交互方式达到进一步的变革。在未来的移动流量方面，进一步发展移动互联网技术，会使移动流量的增长速度超过千倍，从而对移动通信的产业和技术带来新的发展机遇。物联网会影响到移动通信的服务范围，从古至今的通信方式，就是人与人再到物与物，再到智能通信，物联网在移动通信的技术渗透方面起到了重要作用。在 5G 技术商用化以后，物联网技术会随着车联网、智能家居、工业控制、移动医疗等方面的应用达到一个爆发式的增长，网络会被更多的设备所使用，实现一个互联网普及化的状态。而且，5G 技术会推动很多新兴产业的发展，从而让移动通信进入到人们生活的方方面面。但是相应地，随着互联网业务的多样化和设备连接的井喷式增长，新的技术挑战也会随之到来，给移动通信带来新的发展动力的同时，也会有很多考验。

2.7 本章小结

物联网的关键技术是在物联网发展、演进的过程中逐步总结出来的。物联网关键技术按照功能可以分为 4 类：感知技术、通信组网技术、应用服务技术、安全管理技术。感知技术主要包括传感器技术和信息处理技术；通信组网技术涉及通信技术、组网技术、中间件技术、网关技术等；应用服务技术包括海量信息多粒度分布式存储技术、海量数据挖掘与知识发现技术、海量数据并行处理技术、云计算技术、服务支撑技术；安全管理技术对物联网提供了有力的支撑。物联网的不断发展将会对各种关键技术提出更多、更高的要求，同时促进关键技术的进一步革新和突破。

第 3 章 CHAPTER 3 物联网——射频识别技术

射频识别技术是一种综合利用多门学科、多种技术的应用技术。所涉及的关键技术包括芯片技术、天线技术、无线收发技术、数据变换与编码技术以及电磁场与微波技术等。

3.1 自动识别技术

自动识别技术就是应用一定的装置，通过被识别物件和识别装置之间的接近活动，主动地获取被识别物件的相关信息，并提供给后台计算机系统来完成相关后续处理的一种技术。常用的自动识别技术有条形码识别技术、磁卡(条)和 IC 卡技术、射频识别技术、图像识别技术、光学字符识别(OCR)技术和生物识别技术等。本章主要介绍条形码、磁卡(条)、IC 卡和射频识别技术的基本概念和工作原理，并给出基于射频识别技术应用系统的开发案例，供读者参考。

3.1.1 条形码识别技术

条形码技术是集条码理论、光电技术、计算机技术、图像技术、条码印制技术于一体的一种针对识别技术。条形码技术具有速度快、准确率高、可靠性强、寿命长、成本低等特点，因而被广泛应用。条形码(简称条码)由一组规则排列的条、空和对应的字符组成，用以表达一组信息的图形标识符。“条”指对光线反射率较低的部分，“空”指对光线反射率较高的部分，这些条和空组合的数据表达一定的信息，并能够用特定的设备识读，转换成与计算机兼容的二进制和十进制信息。

1. 条码的编码

条码的编码指按一定的规则，用条、空图案表示数字或字符集合。条码编码方法有两种：宽度调节法和模块组配法。宽度调节法指条码的条(空)宽的宽窄设置不同，用宽单元表示二进制 1，窄单元表示二进制 0；模块组配法指条码符号中每个字符的条与空分别由若干个模块组配而成，模块宽的条表示二进制 1，模块宽的空表示二进制 0。

2. 模块的概念

构成条码的基本单位是模块，模块是指条码中最窄的条或空。模块的宽度通常以 mm 或 mil[①]（千分之一英寸）为单位。构成条码的一个条或空称为一个单元，一个单元包含的模块数是由编码方式决定的。在有些码制中（如 EAN 码），所有单元由一个或多个模块组成；而另一些码制，如 39 码中，所有单元只有两种宽度，即宽单元和窄单元，其中的窄单元即为一个模块。

3. 条码符号的密度

密度指单位长度的条码所表示的字符个数。对于一种码制而言，密度主要由模块的尺寸决定，模块尺寸越小，密度越大，所以密度值通常以模块尺寸的值来表示（如 5mil）。通常 7.5mil 以下的条码称为高密度条码，15mil 以上的条码称为低密度条码，条码密度越高，要求条码识读设备的性能（如分辨率）也越高。高密度的条码通常用于标识小的物体，如精密电子元件。低密度条码一般应用于远距离阅读的场合，如仓库管理。

4. 条码的宽窄比

对于只有两种宽度单元的码制，宽单元与窄单元的比值称为宽窄比，一般为 2～3（常用的有 2∶1、3∶1）。宽窄比较大时，阅读设备更容易分辨宽单元和窄单元，因此比较容易阅读。

5. 条码的对比度

条码的对比度（PCS）是条码符号的光学指标，PCS 值越大则条码的光学特性越好。其数学表达式为

$$PCS = (RL - RD)/RLX100\%$$

其中 RL 表示条的反射率；RD 表示空的反射率。

6. 条码字符集

字符集指某种条码所含全部条码字符的集合。条码字符中字符总数不能大于该种码制的编码容量。

7. 条码的连续性与非连续性

连续性指每个条码字符之间不存在间隔；相反，非连续性指每个条码字符之间存在间隔。连续性条码密度相对较高，非连续性条码密度较低。

8. 定长条码与非定长条码

定长条码指仅能表示固定字符个数的条码；非定长条码指能表示可变字符格式的条码。定长条码由于限制了字符个数，译码误读率相对较低；非定长条码具有灵活、方便等优点，但译码误读率较高。

---

① 1mil=0.0254mm。

9. 条码双向可读性

条码双向可读性指从条码的左、右两侧开始扫描都可被识读的特性。双向可读的条码，识读过程译码器需要判别扫描方向。

10. 条码的码制

码制指条码符号的类型，不同类型的条码符号，其条、空图案对数据的编码方法各有不同。每种码制都具有固定的编码容量和所规定的条码字符集。目前常用的一维码码制有EAN码、UPC码、交叉25码、39码、128码以及库德巴(Codabar)码等。不同的码制有各自应用的领域。一个完整的条码的组成次序依次为静区(前)、起始符、数据符、中间分割符(主要用于EAN码)、校验符、终止符、静区(后)，如图3-1所示。

图 3-1 条码符号的组成

其中，静区指条码左右两端外侧与空的反射率相同的限定区域。它能使阅读器进入准备阅读的状态，当两个条码相距较近时，静区则有助于对它们加以区分，静区的宽度通常应不小于6mm。起始/终止符指位于条码开始和结束的若干条与空，标志着条码的开始和结束，同时提供了码制识别信息和阅读方向的信息。数据符是位于条码中间的条、空结构，它包含条码所表达的特定信息。

3.1.2 一维条码与二维条码

目前，按照维数的不同，条形码可以分为一维条码和二维条码两种。

1. 一维条码

一维条码指通常说的传统条码，只在一个方向(一般是水平方向)上表达信息。按照用途分为商品用条码(如EAN码和UPC码)和物流条码(如EAN128码、ITF码、39码)两种。常用的一维条码——商品用条码如图3-2所示，其尺寸用基本宽度单位——模块表示，其中两条中间分隔符将数据符分成两半。

6 912345 678926

图 3-2 商品用条码

(1) EAN码。EAN码是全球推广应用的商品用条码，是定长的纯数字条码，有EAN-13、EAN-8码。EAN-13码的一个模块宽度为0.33mm，左空最小宽度为11个模块，右空最小宽度为7个模块。商品条码的每一个字符由2个条、2个空组成，一个字符的宽度为7个模块。EAN-8码的起始符、中间分隔符、校验符和终止符的结构与ENA-13码相同，其左右空的最小宽度均为7个模块。

(2) UPC码。UPC码是美国统一编码委员会制定的一种在北美地区应用的条码。在技术上 UPC 码与 EAN 码完全一样，定长、纯数字型码，有 5 种版本，常用的商品用条码版本为 UPC-A 码和 UPC-E 码。UPC-A 码只包括 12 个数字，是 EAN-13 码的一种特殊形式，其符号长度与 EAN-13 码符号相同，条的高度也相同，但整个标准尺寸的条码符号的高度低于 EAN-13 码的 0.33mm。UPC-A 码左侧第一个数字字符为系统字符，最后一个字符是校验字符，它们分别放在起始符与终止符的外侧，表示系统字符与校验字符的条码符号的条长，且起始符与终止符的条码字符的条长相等。UPC-E 码左侧第一个字符为编码系统字符，只能取数值 0，其终止符与 UPC-A 码不同。

(3) UCC/EAN-128 码。UCC/EAN-128 码是一种连续型非定长条码，是唯一能够表示应用标识的条码符号，能够更多地标识贸易单元中需要表示的信息，如产品批号、规格、生产日期、有效期等。UCC/EAN-128 码是由一组平行的条和空组成的长方形图案。每个字符由 3 个条和 3 个空共 11 个模块组成，终止符由 4 个条和 3 个空共 13 个模块组成。

(4) 交叉 25 码。交叉 25 码是一种高密度的物流码，第一个数字由条开始，第二个数字由空组成。应用于商品批发、仓库、机场、生产/包装识别。

(5) 39 码。39 码是一种可表示数字、字母等信息的条码，主要用于工业、图书及票证等方面的自动化管理，目前使用极为广泛。

(6) 库德巴码。库德巴码可表示数字和字母信息的条码，主要用于医疗卫生、图书情报、物资流通等领域自动识别。

2. 二维条码

随着条码技术应用领域的不断扩展，传统的一维条码渐渐表现出了它的局限性。首先，使用一维条码，必须通过连接数据库的方式提取信息才能明确条码所表达的信息含义，因此在没有数据库或者不便联网的地方，一维条码的使用就受到了限制。其次，一维条码表达的只能为字母和数字，而不能表达汉字和图像，在一些需要应用汉字的场合，一维条码便不能很好地满足要求。另外，在某些场合下，大信息容量的一维条码通常受到标签尺寸的限制，也给产品的包装和印刷带来了不便。二维条码是用某种特定的几何图形按一定规律在平面(二维方向)上分布的黑白相间的图形。它在代码编制上利用计算机内部的逻辑基础的“0”和“1”，使用若干个与二进制相对应的几何图形体来表示文字数值信息，通过图像输入设备或光电扫描设备自动识读来实现信息自动处理。二维条码解决了一维条码存在的许多问题，能够在横向和纵向两个方位同时表达信息，不仅能在很小的面积内表达大量的信息，而且能够表达汉字和存储图像。

常见的二维条码可分为行排式(堆积式)和矩阵式(棋盘式)两大类，包括行排式、矩阵式以及自主知识产权的汉信码、CM 码、GM 码、龙贝码。

1) Code49 码

Code49 码是一种多层、连续型、可变长度的条码符号，它可以表示全部的 128 个 ASCII 字符，如图 3-3 所示。每个 Code49 条码符号由 2～8 层组成，每层有 18 个条和 17 个空。层与层之间由一个层分隔条分开。每层包含一个层标识符，最后一层包含表示符号层数的信息。

2) Code16K 码

Code16K 码是一种多层、连续型、可变长度的条码符号，可以表示全 ASCII 字符集的

128 个字符及扩展 ASCII 字符，如图 3-4 所示。它采用 UPC 及 Code128 字符。一个 16 层的 Code16K 符号，可以表示 77 个 ASCII 字符或 154 个数字字符。Code16K 码通过唯一的起始符/终止符标识层号，通过字符自校验及两个模数 107 的校验字符进行错误校验。

图 3-3 Code49 条码

图 3-4 Code16K 码

3）PDF(Portable Data File，便捷数据文件)417 码

PDF417 码是一种多层、可变长度、具有高容量和纠错能力的二维码，如图 3-5 所示。它可以表示超过 1100 字节、1800 个 ASCII 字符或 2700 个数字的数据，可通过线性或二维成像设备识读。

4）Codeone 码

Codeone 码是一种由成像设备识别的矩阵式二维码。条码符号中包含可由快速线性探测器识别的图案，每一模块的宽和高的尺寸为 X，如图 3-6 所示。Codeone 码共有 10 个版本及 14 种尺寸。最大的符号，即版本 B 可以表示 2218 个数字字母型字符或 3550 个数字，以及 560 个纠错字符。Codeone 码可以表示全部 256 个 ASCII 字符，另加 4 个功能字符及 1 个填充字符。

5）DataMatrix 码

DataMatrix 码是矩阵式二维码，如图 3-7 所示。DataMatrix 码有 ECC000-140 和 ECC200 两种类型，可表示全部 ASCII 字符及扩展 ASCII 字符，最大数据容量为 2335 个文本字符、2116 个数字或 1556 字节。

图 3-5 PDF417 码

图 3-6 Codeone 码

图 3-7 DataMatrix 码

6）MaxiCode 码

MaxiCode 码是一种固定长度的矩阵二维码，如图 3-8 所示。MaxiCode 码由紧密相连的多行六边形模块和位于符号中央位置的定位图形组成，共有 7 种模式，可表示全部 ASCII 字符和扩展 ASCII 字符，其最大数据容量为 93 个文本字符、138 个数字。

7）QR 码

QR 码是日本电装公司在 1994 年向世界公布的快速响应矩阵码的简称。它可容纳大量信息，可表示 7089 个字符，密度高，可对英文、数字、汉字进行编码，360°全方位高速阅读，即使损坏或污损也可读取，具有识读速度快、数据密度大、占用空间小的优势，如图 3-9 所示。

8）汉信码

汉信码是中国物品编码中心研制的具有自主知识产权的矩阵二维码，如图 3-10 所示。它具有汉字编码能力强、抗污损、抗畸变识读能力、识读速度快、信息密度高、纠错能力强、图形美观等优点，是一种十分适合在我国广泛应用的二维码。

图 3-8　MaxiCode

图 3-9　QR 码

图 3-10　汉信码

9）CM 码（紧密矩阵码）

CM 码是中国自主知识产权的一种高容量接触式识读的二维码，如图 3-11 所示。它具有低误码率、编码信息广泛、支持用户自定义信息、支持隐形防伪印刷等优点。CM 码长宽比可任意调整，具备 1～8 共 8 个纠错等级，极大地提高了条码自身的纠错能力，采用了先进的结构设计和数据压缩模式，其编码数据容量有了质的飞跃，在第 6 级纠错的情况下仍可达到 32KB 容量。

10）GM 码（网络矩阵码）

GM 码是深圳矽威公司研发的一种二维码，具有纠错能力强、污损容忍度高、抗形变能力强、识读范围大、储存密度高等优点，如图 3-12 所示。目前，在电子商务、电子政务、物流、产业链及移动增值业务等方面得到广泛应用。

11）龙贝码

龙贝码是目前中国拥有完全自主知识产权的二维码，如图 3-13 所示。它具有全方位同步信息，无剩余码字与剩余位，无版本限制，任意调节外形及长宽比，数据结构化压缩和编码，多种及多重语言系统，多重信息加密功能等优点。此外，它还有极强的抗破损、抗污染能力，条码表面任意区域的污损都不会影响数据信息的正确性。龙贝码应用于证照、物流、电子商务、国防军事、商品流通和公共安全等领域。

图 3-11　CM 码

图 3-12　GM 码

图 3-13　龙贝码

3.1.3 条码的识读

条码符号是图形化的编码符号。对条码符号的识读需要借助一定的专用设备，将条码符号中含有的编码信息转换成计算机可识别的数字信息。从系统结构和功能上讲，条码识读系统由阅读系统、信号整形、译码和计算机系统等部分组成，如图 3-14 所示。

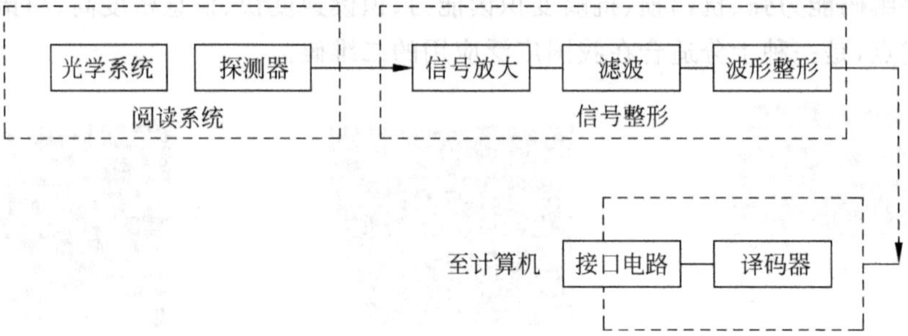

图 3-14 条码识读系统的组成

1. 阅读系统

阅读系统由光学系统和光电探测器(即光电转换器件)组成，它完成对条码符号的光学扫描，并通过光电探测器，将条码条空图案的光信号转换成电信号。条码阅读系统的主体是光学系统，如图 3-15 所示，包含两部分：①一个扫描器光路，用于产生一个光点，该光点能沿某一轨迹做直线运动；②一个条码符号反射光的接收系统。当条码扫描器光源发出的光照射到条码上时，反射光经凸透镜聚焦后，照射到光电转换器上。光电转换器接收到与空和条相对应的强弱不同的反射光信号，将光信号转换成相应的电信号输出到放大电路进行放大。

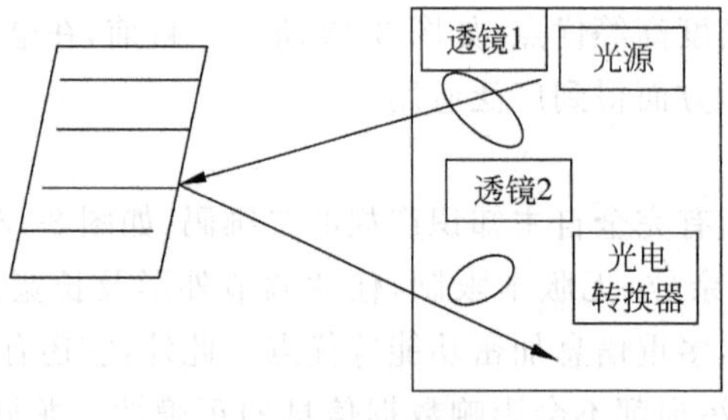

图 3-15 条码阅读的光学系统

2. 信号整形

信号整形部分由信号放大、滤波、波形整形部分组成。它能够将接收到的光信号经光电转换器转换成电信号，并通过放大电路进行放大。放大后的电信号仍然是一个模拟信号，为了避免由条码中的疵点和污点导致错误信号，在放大电路后加一整形电路，把模拟信号转换成数字信号，以便计算机系统能准确判断。信号整形系统的功能在于将条码的光电扫描信号处理成为标准电位的矩形波信号，其高低电平的宽度和条码符号的条空尺寸相对应。

3. 译码

译码部分一般由嵌入式微处理器构成，其功能是对条码的矩形波信号进行译码。它首先通过识别起始、终止字符来判断出条码符号的码制及扫描方向，通过测量脉冲数字电信号0、1的数目来判断条和空的数目，通过测量0、1信号持续的时间来判别条和空的宽度，由此得到被识读的条码的条和空的数目以及相应的宽度和所用的码制。再根据码制所对应的编码规则，将条形符号转换成相应的数字、字符信息。最后，通过接口电路，将所得的数字和字符信息通过接口电路输出到条码应用系统中的计算机系统数据终端。

综上所述，条码识读的基本工作原理如下：由光源发出的光线经过光学系统照射到条码符号上面，被反射回来的光经过光学系统成像在光电转换器上，使之产生电信号，信号经过电路放大后产生一模拟电压，它与照射到条码符号上被反射回来的光成正比，再经过滤波、整形，形成与模拟信号对应的方波信号，经译码器解释为计算机可以直接接收的数字信号。

3.2　磁卡和IC卡技术

磁卡和IC卡是自动识别中常见的识别技术。在IC卡推出之前，从世界范围来看，磁卡由于技术基础好，得到了广泛应用；但与后来发展起来的IC卡相比，存在信息存储量小，磁条易读出和伪造，保密性差，以及需要计算机网络或中央数据库的支持等缺点。相比之下，IC卡具有信息安全、便于携带、标准化方面比较完善等优点，因此迅速发展，在身份认证、银行、电信、公共交通、车场管理等领域得到越来越多的应用。

3.2.1　磁卡技术

磁卡一般作为识别卡用，可以写入、储存、改写信息内容，特点是可靠性强，记录数据密度大，误读率低，信息输入、读出速度快。由于磁卡的信息读写相对简单、容易，使用方便，成本低，从而较早地获得了应用发展，并进入了多个应用领域，如金融、财务、邮电、通信、交通、旅游、医疗、教育、宾馆等。

1. 磁卡简介

磁卡(Magnet IC Card)或磁条卡(Magnet IC Stripe Card)，是以液体磁性材料或磁条为信息载体，将液体磁性材料涂覆在卡片上(如存折)或将宽6～14mm的磁条压贴在卡片上，如常见的银联卡等。磁条卡分为两种：高磁(HICO)卡和低磁(LOCO)卡。

2. 磁卡的物理结构及数据结构

一般而言，应用于银行系统的磁卡上的磁带有3个磁道(Track)，分别为Track1、Track2及Track3，每个磁道都记录着不同的信息，这些信息有不同的应用，也有一些应用系统的磁卡只使用了两个磁道，甚至只有一个磁道。磁道的应用分配一般是根据特殊的使用要求而定制的,如银行系统、证券系统、门禁控制系统、身份识别系统、驾驶员驾驶执照管理系统等,都会对磁卡上的3个磁道提出不同的应用格式要求。符合国际流通应用系统磁卡上的3个磁道的标准定义如下。

(1) Track1。Track1的数据标准制定最初由国际航空运输协会(International Air Transportation Association,IATA)完成。Track1上的数据和字母记录了航空运输中的自动化信息,如货物标签信息、交易信息、机票订票/订座情况等。这些信息由专门的磁卡读写设备进行数据读写处理,并且在航空公司中有一套应用系统为此服务。应用系统包含一个数据库,所有这些磁卡的数据信息都可以在此找到记录。

(2) Track2。Track2的数据标准制定最初由美国银行家协会(American Bankers Association,ABA)完成。该磁道上的信息已经被当今很多银行系统所采用。它包含了一些最基本的相关信息,如卡的唯一识别号码、卡的有效期等。

(3) Track3。Track3的数据标准制定最初由财政行业(THRIFT)完成,主要应用于一般的储蓄、货款和信用单位等那些需要经常对磁卡数据进行更改、重写的场合。典型的应用包括现金售货机、预付费卡(系统)、借贷卡(系统)等。这类应用很多都是处于"脱机"(Off Line)的模式,即银行(验证)系统很难实时对磁卡上的数据进行跟踪,表现为用户卡上磁道上(Tracts)的数据与银行(验证)系统所记录的当前数据不同。

3. 磁道上允许使用的数字和字符

在磁卡上的3个磁道一般都使用位(bit,b)方式来编码。根据数据所在的磁道不同,由5b或7b组成1字节。

(1) Track1(IATA)的记录密度为210bpi(位每英寸),可以记录0~9数字及A~Z字母等,总共可以记录多达79个数字或字符(包含起始结束符和校验符),每个字符(1字节)由7b组成。由于Track1上的信息不仅可以用数字0~9来表示,还能用字母A~Z来表示信息,因此Track1上信息一般记录了磁卡的使用类型、范围等一些"标记"性、"说明"性信息。例如在银行用卡中,Track1记录了用户的姓名、卡的有效使用期限以及其他的一些"标记"信息。

(2) Track2(ABA)的记录密度为75bpi,可以记录0~9数字,不能记录A~Z字符。总共可以记录多达40个数字(包含起始结束符和校验符),每个数据(1字节)由5b组成。

(3) Track3(THRIFT)的记录密度为210bpi,可以记录0~9数字,不能记录A~Z字母,总共可以记录多达107个数字或字符(包含起始结束符和校验符),每个字符(1字节)由5b组成。

由于Track2和Track3上的信息只能用数字0~9等来表示,不能用字母A~Z来表示信息,因此在银行用卡中,Track2、Track3一般用以记录用户的账户信息、款项信息等,当然还有一些银行所要求的特殊信息。

在实际的应用开发中,如果希望在Track2或Track3中表示数字以外的信息,如ABC等,一般应采用按照国际标准的ASCII码来映射。例如,要将字母A记录在Track2或Track3上时,则可以用A的ASCII值0x41来表示。0x41可以在Track2或Track3中用两个数据来表示4和1,即0101和0001。

4. 磁卡识别系统的通信

磁卡技术是接触识读，与条码相比主要有3点不同：①可进行部分读写操作；②给定面积的编码容量比条码大；③对于物件逐一标识成本比条码高。接触性识读，其最大的缺点是灵活性太差。磁卡与读卡器之间的通信是通过磁场进行的。读出时需要将磁卡划过读卡器，读卡器再通过磁头拾取磁卡上磁极性的变化；写入时，读卡器产生一个磁场，通过在磁卡上一个较小的区域内有效地改变磁极性的取向向磁卡写入信息。磁卡与读写器之间交换信息的速率一般为12 000b/s。与磁卡有关的通信参数包括记录介质的物理特性、磁卡上磁道的定位、编码技术、译码技术和数据格式等。磁卡上的信息容易被其他磁场更改或被消除，或由于环境的因素而造成损害。为避免这些损坏，往往需要开发抗磁性较强的磁卡。

3.2.2 IC卡技术

IC卡是超大规模集成电路技术、计算机技术以及信息安全技术等发展的产物。目前这项技术已成为一门新兴的技术产业，并以其强大的生命力飞速发展。

1. 何谓IC卡

20世纪70年代初，法国人罗兰德·莫瑞诺提出IC卡的概念。IC卡即集成电路卡(Integrated Circuit Card)，也称为智能卡(Smart Card)、芯片卡，是指以芯片作为交易介质的卡。它将集成电路芯片镶嵌于塑料基片的指定位置上，利用集成电路的可存储特性，保存、读取和修改信息。

IC卡的芯片尺寸很小，一般内部无电源，用EEPROM来存储数据，这样数据不会因断电而丢失，又可方便修改数据。实际上，目前流行的各种卡都是混合型的芯片，即在芯片内部采用多种类型的存储芯片。这主要是因为不同的存储器所占的体积不同，这对超微芯片的生产极为重要。另外，不同的存储器各有各的特点，因此操作系统存储区常采用ROM，CPU的内部缓存区采用RAM，数据应用区采用EEPROM。IC卡应用系统由IC卡、读写器以及后台计算机管理系统组成。其中，读写器是一种接口设备(IFD)。它是IC卡与应用系统之间的桥梁，不同系统读写器差别很大，但都具备对卡的如下基本操作功能：①向卡提供稳定的电源和时钟，向无触点卡发射射频信号，并提供卡工作所需的能量；②IC卡插入/退出的识别和控制；③实现读写器与卡之间的数据交换，并提供控制信号；④对加密数据系统提供相应的加密/解密处理及密钥管理机制；⑤提供外部控制信息，与其他设备进行信息交换。

2. IC卡的类型

1）按功能分类

根据IC卡芯片的功能有如下几种类型。

(1) 存储器卡。存储器卡的内嵌芯片相当于普通串行EEPROM存储器。这类IC卡信息存储方便，使用简单，价格便宜；但由于它本身不具备信息保密功能，一般只能用于保密性要求不高的应用场合。

(2) 逻辑加密卡。逻辑加密卡内嵌芯片在存储区外增加了控制逻辑，在访问存储区之前需要核对密码，只有密码正确时才能进行存取操作。这类IC卡信息保密性较好，使用方法与普通存储器卡类似。

(3) CPU卡。CPU卡内嵌芯片相当于一个特殊类型的单片机，内部除了带有控制器、存储器、时序控制逻辑等外，还带有算法单元和操作系统。CPU卡具有存储容量大、处理能力强、信息存储安全等特性，广泛用于信息安全性要求特别高的场合。

(4) 超级智能卡。这类卡上具有MPU和存储器，并装有键盘、液晶显示器和电源，有的还具有指纹识别装置等。

2) 根据数据读写方式分类

根据IC卡对卡内数据进行读写方式的不同可以分为接触式IC卡和非接触式IC卡两大类。接触式IC卡具有标准形状的铜皮触点，读写机具上有一个带触点的卡座，通过卡座上的触点与卡上的铜皮触点的接触后，实现对卡上数据进行读写和处理。接触式IC卡可包含一个微处理器，使其成为真正的智能卡，或者只是简单地成为一个存储卡(作为保密信息存储器件)。国际标准ISO 7816对此类IC卡的机械特性、电器特性等进行了严格的规定。通常所说的IC卡多指接触式IC卡。

非接触式IC卡(又称感应式IC卡、射频卡)与接触式IC卡的区别是卡片内封装有感应天线，无外露部分，对卡上芯片的读写和操作是通过读写机具(基站)发出的电磁波来进行的。其内嵌芯片除了CPU、逻辑单元、存储单元外，增加了射频收发电路。国际标准ISO 10536阐述了对非接触式IC卡的规定。这类IC卡一般用于使用频繁、信息量相对较少、可靠性要求较高的场合。

3) 根据应用领域分类

若根据应用领域划分IC卡类型，可分为金融芯片卡和非金融芯片卡两种。金融芯片卡又分为信用卡和现金储值。金融芯片卡已成为全球银行卡的应用趋势，市场上有两种金融芯片卡标准：一种是国际上应用较多的EMV标准；另一种是我国央行的PBOC 2.0标准。从2014年起，我国各银行将陆续停发磁条卡，只发行金融芯片IC卡。

3. IC卡系统通信

接触式IC卡系统主要由收(付)费卡、读卡器、中央控制单元三部分组成。接触式IC卡内通信是通过收(付)费卡表面的电接触点与读写器装置之间进行接触而实现通信的，因而在实际操作时收(付)费卡必须插入读卡器才能传送消息。接触式IC卡收(付)费卡与读写器装置之间的信息传递速率通常为9600b/s。接触式IC卡的ISO标准体系指标(包括体系方式和规程)在ISO 7816的第二部分中做了说明。大多数接触式IC卡的电源是由读写器通过收(付)费卡表面的触点提供的。在有些情况下，电池也可装入收(付)费卡中。依照ISO规定，IC卡可在5V±0.5V及1～5MHz的任何频率(时钟速率)下正常工作。

非接触式IC卡系统采用射频通信技术在读卡器和IC卡之间采用半双工通信方式，以1356MHz的高频电磁波为媒介，采用106kb/s(载波频率的128分频)的传输速率进行通信。由于基带数字信号不可以直接进行传输，在读卡器和IC卡之间进行通信时，需要对该基带信号进行调制和解调处理。非接触式IC卡系统是一个数字通信系统，一般采用数字调制方法进行调制。在读卡器发送给非接触式IC卡数据时，采用100%或10%的幅度调制。

当非接触式 IC 卡给读卡器返回数据时，采用负载调制方式。负载调制是幅度调制的一种形式，它是通过改变天线的负载，从而改变天线两端信号幅度的一种调制方式。

4. IC 卡与磁卡的区别

IC 卡与磁卡有较大的区别。IC 卡是通过卡里的集成电路存储信息，而磁卡是通过卡内的磁力记录信息的。IC 卡通过芯片上写有的密钥参数进行识别，在使用时必须通过读写设备间特有的双向密钥认证。它在出厂时，先对 IC 卡进行初始化(加密)；交付使用时还需通过 IC 卡发行系统将各用户卡生成自己系统的专用密钥。因此，IC 卡的信息安全性很高。

3.3 RFID 技术

射频识别(RFID)技术是众多自动识别技术中的一种，也是当今第三次信息浪潮——物联网的关键技术之一。有人称其为一项具有革命性的技术。射频识别技术的应用领域广泛，发展迅速，正在逐步走向成熟。随着高科技的蓬勃发展，智能化管理已经走进了人们的社会生活，一些门禁卡、第二代身份证、公交卡、超市的物品标签等，这些卡片正在改变人们的生活方式。其实秘密就在这些卡片都使用了射频识别技术，可以说射频识别已成为人们日常生活中最简单的身份识别系统。射频识别技术带来的经济效益已经开始呈现。射频识别是结合了无线电、芯片制造及计算机等学科的新技术。其中，无线射频识别技术是一种非接触的自动识别技术，其基本原理是利用射频信号和空间耦合(电感或电磁耦合)传输特性，实现对被识别物体的自动识别。

3.3.1 RFID 技术的现状和发展

RFID 技术的前身可以追溯到第二次世界大战(约 1940 年)期间，当时该技术被英军用于识别敌我双方的飞机。采用的方法是在英方飞机上安装识别标签(类似于现在的主动式标签)，当雷达发出微波查询信号时，装在英方飞机上的识别标签就会作出相应的回执，使得发出微波查询信号的系统能够判别出飞机的身份，此系统称为敌我识别(Identity Friend or Foe，IFF)系统，目前世界上的飞行管制系统仍是在此基础上建立的。而被动式 RFID 技术应该归结为雷达技术的发展及应用，因此其历史可追溯到 20 世纪初期。1922 年雷达诞生，雷达发射无线电波并通过接收到的目标反射信号来测定和定位目标的位置及其速度。随后，在 1948 年出现了早期研究 RFID 技术的一篇具有里程碑意义的论文 *Communication by Means of Reflected Power*。后来信息技术如晶体管集成电路、微处理芯片、通信网络等新技术的发展，拉开了 RFID 技术的研究序幕。在 20 世纪 60 年代出现了一系列的 RFID 技术论文、专利及文献。

RFID 的应用已于 20 世纪 60 年代应运而生，出现了商用 RFID 系统——电子商品监视(Electronic Article Surveillance，EAS)设备。EAS 被认为是 RFID 技术最早且最广泛应用于商业领域的系统。

20世纪70年代，RFID技术成为人们研究的热门课题，各种机构都开始致力于RFID技术的开发，出现了一系列的研究成果，并且将RFID技术成功应用于自动汽车识别(Automatic Vehicle Identification，AVI)的电子计费系统、动物跟踪以及工厂自动化等。

20世纪80年代是充分使用RFID技术的10年。虽然世界各地开发者的方向有所不同，但是美国、法国、意大利、西班牙、挪威以及日本等国家都在不同应用领域安装和使用了RFID系统。第一个实用的RFID电子收费系统于1987年在挪威正式使用。1989年美国达拉斯南路高速公路也开始使用不停车收费系统。在此期间，纽约港备局和新泽西港备局开始在林肯路的汽车入口处使用RFID系统。

20世纪90年代是RFID技术繁荣发展的10年，主要体现在美国大量配置了电子收费系统。1991年在俄克拉荷马州建成了世界第一个开放的高速公路不停车收费系统，汽车可以高速通过计费站。世界上第一个包括电子收费系统和交通管理的系统于1992年安装在休斯敦，该系统中首次使用了Title21标签，而且这套系统和安装在俄克拉荷马州的RFID系统相兼容。同时，在欧洲也广泛使用了RFID技术，如不停车收费系统、道路控制和商业上的应用。而一种新的尝试是德州仪器(TI)公司开发的TIRIS系统用于汽车发动机的起动控制。由于已经开发出了小到能够密封到汽车钥匙中的标签，因此RFID系统可以方便地应用于汽车防盗中，如日本丰田汽车、美国福特汽车、日本三菱汽车和韩国现代汽车的欧洲车型已将RFID技术用于汽车防盗系统中。RFID技术已经在许多国家和地区的公路不停车收费、火车车辆跟踪与管理中得到应用，如澳大利亚、中国、菲律宾、巴西、墨西哥、加拿大、日本、马来西亚、新加坡、新西兰、南非、韩国、美国和欧洲国家等。借助于电子收费系统，出现了一些具有新功能的RFID技术。例如，一个电子标签可以具有多少账号，分别用于电子收费系统、停车场管理、费用征收、保安系统以及社区管理。在美国达拉斯，车辆上有一个电子标签也能用于在北达拉斯的计费系统，并且可用于通过关口和停车场收费，以及在其附近的娱乐场所、乡村停车场、团体及商业住宅区中使用。

为适应数字化信息社会发展的需求，RFID技术的研究与开发也正突飞猛进地发展。在美国、日本及欧洲等国家和地区正在研究各种各样的RFID技术。各种新功能的RFID系统不断地涌现，满足了市场各种各样的需求。从20世纪末到21世纪初，RFID技术中的一个重大的突破就是微波肖特基(Schottky)二极管可以被集成在CMOS(Complementary Metal Oxide Semiconductor)集成电路上。这一技术使得微波RFID电子标签只含有一个集成芯片成为可能。在这方面，IMB、Tagmaster，Micron、Single Chip System(SCS)、Motorola、Siemens、Microchip以及日本的Hitachi、Maxell等公司表现积极。目前，Microchip、Hitachi、Maxell和Tagmaster等公司已有单一芯片的不同频段的电子标签供应市场，而且已加入防碰撞协议(Anti-Collision Protocol)，使得一个阅读器可以同时读出至少40个微波电子标签的内容信息，同时也增加了许多功能，如电子钱包需要的低功耗读写功能、数据加密功能等，为RFID系统的应用提供更加广泛的应用前景。

RFID技术在我国也有一定范围的应用。自1993年我国政府颁布实施“金卡工程”计划以来，加速了我国国民经济信息化的进程。由此，各种RFID技术的发展及应用十分迅猛。1996年1月，北京首都机场高速公路天竺收费站安装了不停车收费系统，该设备从美国Amtech公司引进。因该系统没有真正实现一卡通功能而限制了其速卡通用户的数量。为适应全国信息化技术的要求，我国铁道部于1999年开始投资建设自动车号识别系统，并于2000年开始正式投入使用，作为电子清算的依据。该项目由兰州远望公司和哈尔滨铁路科学研究所共同研制；2001年7月，上海市虹桥国际机场组合式不停车电子收费系统(ETC)试验开通，被国家经贸委和交通部确定为"高等级公路电子收费系统技术开发和产业化创新"项目的示范工程；中国香港已有80多万辆过往关口的车辆使用了速通卡，大大加快了通关速度。与此相适应，深圳市海关正在建设不停车通关系统，在往来车辆上安装了具有防盗等功能的主、副两个微波电子标签。深圳市的机荷、梅观高速公路的不停车收费系统在2002年12月已进入试运行。在我国西部四川宜宾市建立了国内第一个RFID实验工程，用于市内车辆交通管理与不停车收费。在2001年，我国交通部也已宣布开发使用电子车牌管理系统，给RFID技术的应用增添了新的活力。在2005年时，IBM公司提出了一种Blue Bot系统，该系统由无线局域网的IEEE 802.11b和RFID标签一起组成，机器人身上携带RFID阅读器，由机器人在室内进行移动定位，通过对机器人身上携带的RFID阅读器的持续监测并对数据进行记录后分析，从而实现对机器人的室内移动定位。在2008年，有两位印度的学者将前文提到的LANDMARC算法改进应用到三维立体空间中，从而实现三维空间的空间定位。但是，这种尝试没有实质性的应用，没有搭建实际的三维立体空间环境进行实验，仅仅停留在理论仿真的层面。与此同时，在2008年，有两位来自法国的学者提出了一种名叫VIRE的系统，该系统也是通过对LANDMARC系统进行改进，将虚拟界标(Virtual Landmarks)的思想用于室内定位算法，并且所选环境是基于室内的三维立体空间环境。该系统将室内空间进行数学建模，将立体的室内空间模型化为一个已知长宽高的长方体。在该立方体内通过三维坐标体系进行网格化划分成多个小的长方体小格，并通过虚拟标签的思想假设在小格处放置标签，而在长方体顶部间隔式的放置一些RFID阅读器，通过安放的这些RFID阅读器进行读取，当检测到虚拟标签有交集时则对目标位置进行定位。2009年，为了降低定位成本，两位研究学者提出了一种将阅读器进行移动读取数据的算法。2014年，研究者们开始考虑天线方向对信号强度值接收的影响，所以在建立数据库的时候将方向考虑进来进行建立指纹库。2015年，学者们发现信号采集设备的多样性对定位精度也会产生很大的影响，于是采样归一化的思想将信号强度值进行归一化处理，从而降低设备多样性带来的定位误差问题。2016年，为解决当将观测值进行匹配射频地图库的时候，两个相邻位置RSS值不同造成不一致的现象，提出了一种多维核函数密度估计方法。通过引入空间核函数来丰富指纹库从而生成一种平滑的、一致的相似性分布进而估计最优位置。2017年，研究者们提出了一种将RSSI和相位信息结合，以距离为依据，将与阅读器距离具有相似性的标签进行划分，按照RSSI和相位为标准的聚类效果，确定候选标签进行定位。

3.3.2 射频识别技术概述

1. 射频识别的定义

射频识别(RFID)是一种非接触式的自动识别技术，它利用射频信号及其空间耦合的传输特性，实现对静止或移动物品的自动识别。RFID常称为感应式电子芯片或近接卡、感应卡、非接触卡、电子标签、电子条码等。一个简单的RFID系统由阅读器(Reader)、应答器(Transponder)或电子标签(Tag)组成，其原理是由读写器发射一特定频率的无线电波能量给应答器，用以驱动应答器电路，读取应答器内部的ID码。应答器的形式有卡、纽扣、标签等多种类型，电子标签具有免用电池、免接触、不怕脏污，以及芯片密码为世界唯一、无法复制、安全性高、长寿命等特点。所以，RFID标签可以贴在或安装在不同物品上，由安装在不同地理位置的读写器读取存储于标签中的数据，实现对物品的自动识别。RFID的应用非常广泛，目前典型应用有动物芯片、汽车芯片防盗器、门禁管制、停车场管制、生产线自动化、物料管理、校园一卡通等。

2. 射频识别技术的特点

射频识别技术的主要特点是通过电磁耦合方式来传送识别信息，不受空间限制，可快速地进行物体跟踪和数据交换。由于RFID需要利用无线电频率资源，必须遵守无线电频率管理的诸多规范。具体来说，与同期或早期的接触式识别技术相比，RFID还具有如下特点。

(1) 数据的读写功能。只要通过RFID读写器即可不需接触，直接读取射频卡内的数据信息到数据库内，且可一次处理多个标签，也可以将处理的数据状态写入电子标签。

(2) 电子标签的小型化和多样化。RFID在读取上不受尺寸大小与形状的限制，不必为了读取精确度而配合纸张的固定尺寸和印刷品质。此外，RFID电子标签更易于小型化，便于嵌入到不同物品内，因此可以更加灵活地控制物品的生产和控制，特别是在生产线上的应用。

(3) 耐环境性。RFID最突出的特点是可以非接触读写(读写距离从10cm至几十米)，可识别高速运动物体，抗恶劣环境，对水、油和药品等物质具有强力的抗污性。RFID可以在黑暗或脏污的环境之中读取数据。

(4) 可重复使用。由于RFID为电子数据，可以反复读写，因此可以回收标签重复使用，提高利用率，降低电子污染。

(5) 穿透性。RFID卡即便是被纸张、木材和塑料等非金属或非透明材质包覆，也可以进行穿透性通信；但是不能穿过铁质金属物体进行通信。

(6) 数据的记忆容量大。数据容量会随着记忆规格的发展而扩大，未来物品所需携带的数据量会愈来愈大，对卷标所能扩充容量的需求也增加，对此RFID将不会受到限制。

(7) 系统安全性。将产品数据从中央计算机中转存到标签上将为系统提供安全保障，大大提高系统的安全性。射频标签中数据的存储可以通过校验或循环冗余校验的方法得到保证。

3.3.3 RFID系统的组成

在实际RFID解决方案中，不论是简单的RFID系统还是复杂的RFID系统，都包含一些基本组件。组件分为硬件组件和软件组件。从端到端的角度看，一个RFID系统由电子标签、读写器天线、读写器、传感器/执行器/报警器、控制器、主机和软件系统、通信设施等部分组成。图3-16所示给出了以读写器为中心的RFID系统组成结构。

若从功能实现的角度看，可将RFID系统分成边沿系统和软件系统两大部分，如图3-16所示，这种观点同现代信息技术观点相吻合。边沿系统主要是完成信息感知，属于硬件组件

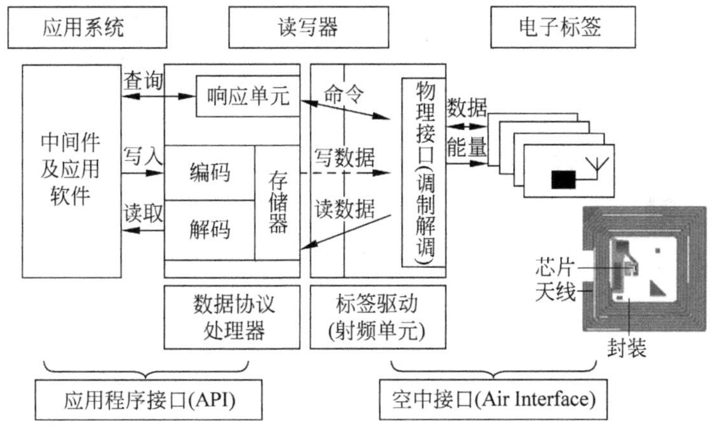

图 3-16 RFID 系统组成结构

部分；软件系统完成信息的处理和应用；通信设施负责整个 RFID 系统的信息传递。

1. RFID 系统的硬件组件

RFID 系统中的硬件组件包括电子标签、读写器(包括传感器/执行器/报警器和边沿接口电路)、控制器和读写天线；系统中还要有主机，用于处理数据的应用软件程序，并连接网络。

1) 电子标签

电子标签也称应答器，是一个微型的无线收发装置，主要由内置天线和芯片组成。芯片中存储有能够识别目标的信息，当读写器查询时它会发射数据给读写器。RFID 标签具有持久性、信息接收传播穿透性强、存储信息容量大、种类多等特点。根据电子标签组成原理和工作方式不相同，有被动式、主动式、半主动式电子标签之分。

(1) 被动式电子标签。被动式电子标签无板载电源，其电源由读写器供给。电子标签必须利用读写器的载波来调制自身的信号，标签产生电能的装置是天线和线圈。标签进入 RFID 系统工作区后，天线接收特定的电磁波，线圈产生感应电流供给标签工作。被动式标签与读写器之间的通信，总是由读写器发起，标签响应，然后由读写器接收标签发出的数据。被动式标签的读写距离小于主动式和半主动式标签，一般为 3cm～9m。被动式电子标签由微芯片和天线组成，如图 3-17 所示。

微芯片主要由数字电路及存储器组成，图 3-18 所示是被动式标签微芯片的内部结构原理示意图。电源控制/整流器模块将读写器天线发出的电磁波交流信号经过整流转换为直流电源，为微芯片及其组件工作供电。时钟提取器从读写器的天线信号中提取时钟信号。调制器调制接收到的读写器信号，标签对接收的调制信号做出响应，然后传回读写器。逻辑单元负责标签和读写器之间通信协议的实施。存储器用于存储微处理器记忆数据，记忆体一般是分段的(分块或字段)，寻址能力就是地址读写范围，不同的分块可以存储不同的数据类型。例如，部分标记标签对象的标识数据，数据校验(循环冗余校验(CRC))保证发送数据的准确性等。近年来随着技术的进步，可以将小规模的微芯片做得很小；然而一个标签的物理尺寸不仅取决于它的芯片的大小，还与其天线有关。标签天线是电子标签与读写器的空中接口，不管是何种电子标签读写设备，均少不了天线或耦合线圈。标签天线用于接收读写器的射频能量和相关的指令信息，发射带有标签信息的反射信号。

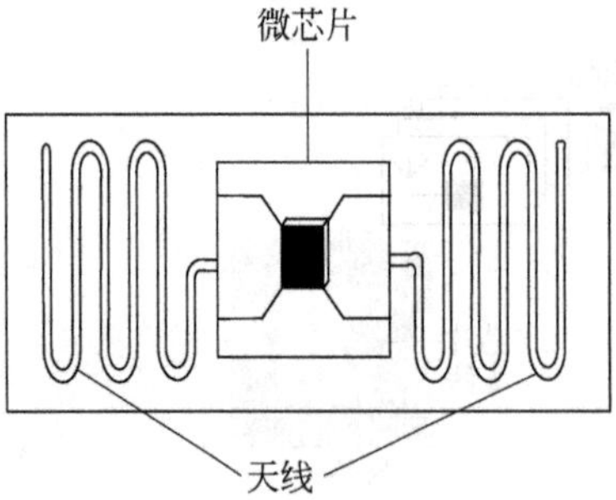

图 3-17　被动式电子标签组成原理示意图

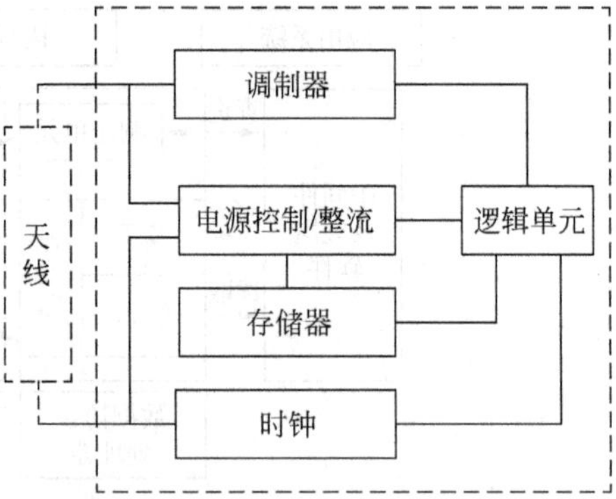

图 3-18　微芯片的内部结构原理示意图

标签天线设计与标签相关，天线长度与标签波长成正比。偶极子天线由直线电导体组成，总长度是半个波长。双偶极子天线由两个偶极子组成，大大降低了标签的敏感性。因此，读写器可以在不同的标签环境下读标签。叠偶天线由两个或两个以上直电导体并联构成，每导体长度均为半个波长。当两个导体折叠时称为二线折叠偶极子天线，由 3 个导体折叠的偶极子称为三线折叠偶极子天线。图 3-19 所示给出了几种偶极子天线的结构示意图。

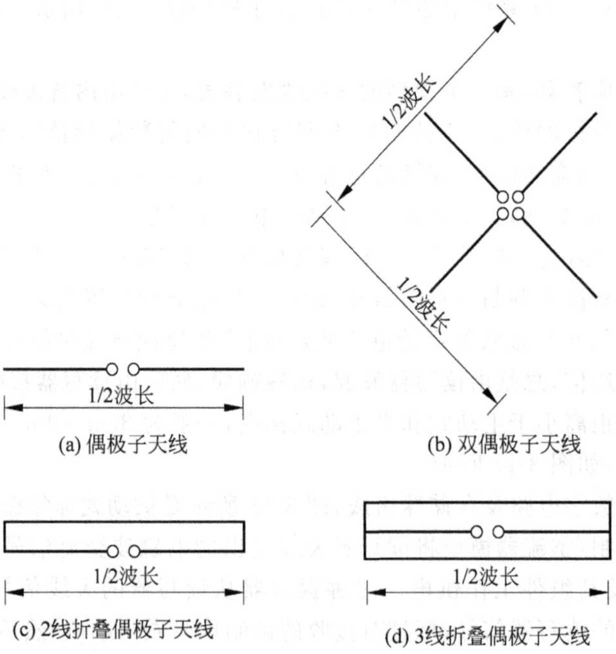

图 3-19　偶极子天线结构示意图

一般一个标签天线长度远超过标签微芯片大小，因此最终由天线尺寸决定一个标签的物理尺寸。天线设计可以基于如下几个因素：①标签同读写器之间的距离；②标签同读写器之间的方位和角度；③产品类型；④标签的运动速度；⑤读写器天线极化类型。微芯片和天线之间的连接点是标签最薄弱的地方，如果这些连接点受损，标签可能失效或性能显著下降。

目前，标签天线是采用薄带的金属（如铜、银或铝）构成。然而，将来有可能会直接使用导电油墨、碳或铜镍将天线印刷在标签标识、容器、产品的包装上。微芯片是否也用这种导电油墨印刷技术正在研究中。到那时，这些先进的技术可能使制作一个 RFID 电子标签就像用计算机打印一个条形码和物品的包装条一样容易。这样，RFID 标签价格可能会大幅下跌。被动式电子标签具有构造简单、价格低、寿命长、抗恶劣环境等特点。例如，有些标签可以在水下工作，有的具有抗化学腐蚀、抗酸能力。被动式电子标签广泛用于各种场合，如门禁或交通系统、安全保障系统、身份证、消费卡等。

(2) 主动式电子标签。主动式电子标签有一个板载电源（如电池或太阳能电池）为标签电子电路工作提供能量。主动式电子标签可以主动向读写器发送数据，它不需要读写器发射来激活数据传输。板载电路包括微处理器、传感器、输入输出端口和电源电路等。因此，这类电子标签可以测量环境温度和生成平均温度数据，然后将这些数据、当时日期和唯一标识符等发送到读写器。主动式电子标签同读写器之间的通信始终都是由标签主动发起的，读写器做出响应。在这类标签中，不管读写器是否存在，标签都能够连续发送数据。另外，这类标签在读写器没有询问时，可以进入休眠状态或低功耗状态，从而可以存储电池能量。另外，读写器可以通过发出适当的命令唤醒休眠的电子标签。因此，与主动连续发送电子标签相比，这类标签通常具有较长的生存时间。因为标签仅仅在读写器询问时发送数据，这样可以大量减少电磁射频噪声。这类主动式电子标签也称为发射机/接收机（或应答器）。

主动式电子标签的阅读距离一般可达 30m 以上。主动式电子标签通常包括：微芯片；天线，以射频组件的形式发送标签信号和接收读写器的信号响应，而半主动式标签的天线，一般由铜薄带金属组成；板载电源；板载电子电路。微芯片和天线的构成与被动式电子标签相同，区别在于板载电源和板载电子电路部分。

① 板载电源。所有的主动式电子标签都有板载电源（电池）为板载电子电路提供能量和发送数据。根据电池的使用寿命，一般主动式电子标签的寿命为 2～7 年。决定寿命的因素之一是电子标签的发送数据的时间间隔：间隔越大，电池持续时间越长，标签的寿命越长。例如，标签每隔几秒钟发送一次，增加到每分钟发送一次或每小时发送一次，则会增加电池寿命。另外，板载传感器和处理器也会消耗电能，缩短电池寿命。当电池消耗完后，标签就停止发送数据，即使标签在读写器的读取范围内，读写器也无法读取标签信号，除非标签向读写器发送了电池状态信息。

② 板载电子电路。板载电子电路可以使标签主动发送数据和完成一项特殊任务，如计算、显示某种参数值，执行传感器感知等，还可以提供同外部传感器的连接。因此，根据传感器的类型，这类标签可以完成各种各样的感知任务。换句话说，这个元件的功能是无限的。但是其功能和物理大小是成比例的，功能越强，要求物理尺寸越大，不过只要标签易于部署和没有硬件大小的限制，这种增长是可以接受的。

(3) 半主动式电子标签。半主动式电子标签也有板载电源和完成特殊任务的电子元件。板载电源仅仅为标签的运算操作提供能量，但其发送信号由读写器提供电源。半主动式电子标签也称为电池辅助电子标签。标签和读写器之间的通信始终是读写器处于主动发起方，标签则是被动地响应。为什么使用半主动式电子标签而不用被动式电子标签？因为半主动式电子标签不像被动式电子标签由读写器来激活自己，它可以读取一个更远距离的读写器信号。因为无须通电激活，这样在读写器区域内，标签有充分的时间被读写器读取数据。因此，即使标签目标在高速移动，它仍可被可靠读取数据。此外，半主动式电子标签通过使用透明材料和吸附剂性材料，使其具有更好的可读性。在理想条件下，半主动式标签使用反向散射调制技术，其读写距离最大可达 30m。

2）读写器

(1) 读写器的组成。读写器是一个捕捉和处理 RFID 标签数据的设备，可以是单独的个体，也可以嵌入到其他系统之中。读写器也是构成 RFID 系统的重要部件之一，由于它能够将数据写到 RFID 标签中，因此称为读写器。但早期由于其功能单一，在许多文献中称为阅读器、查询器等。读写器还负责与主机接口，通过计算机软件来读取或写入标签内的数据信息。由于标签是非接触式的，因此必须借助读写器来实现标签和应用系统之间的数据通信。读写器的组成结构如图 3-20 所示。读写器的硬件部分通常由收发机、微处理器、存储器、外部传感器/执行器/报警器的输入输出(I/O)接口、通信接口以及电源等组成。

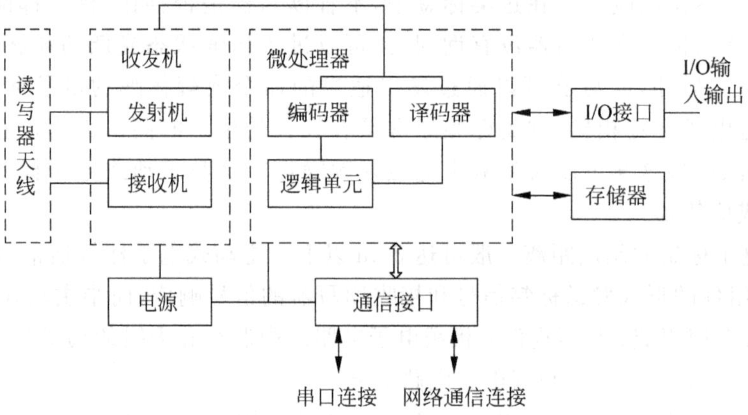

图 3-20　读写器的组成结构

① 收发机。收发机包含有发射机和接收机两个部分，通常由收发模块组成。发射机在读写器的读写区域内发送电磁波功率信号。接收机负责接收标签返回读写器的数据信号。并传送给微处理器。收发模块同天线模块相连接。目前，有的读写器收发模块可以同时连接 4 个天线。

② 微处理器。微处理器是实现读写器和电子标签之间通信协议的部件，同时它还完成接收数据信号的译码和数据纠错功能。另外，微处理器还有低级数据滤波和处理逻辑功能。

③ 存储器。存储器用于存储读写器的配置参数和阅读标签的列表。因此，如果读写器与控制器/软件系统之间的通信中断，所有阅读标签数据就会丢失。存储容量的大小受实际应用情况的限制。

④ 外部传感器/执行器/报警器的输入输出接口。为了降低能耗，读写器不能始终处于开启状态。因此，读写器需要一个能够在工作周期内开启和关闭读写器的控制机制。输入输出端口提供了这种机制，使读写器依靠外部事件开启和关闭读写器工作。

⑤ 通信接口。通信接口为读写器和外部实体提供通信指令，通过控制器传输数据和接收指令并做出响应。一般情况下，通信接口可以根据通信要求分为串行通信接口和网络通信接口。串行通信接口是目前读写器普遍的接口方式。读写器同计算机通过串行端口

RS-232或 RS-485 连接。因此，串行通信被推荐为 RFID 最小系统的首选方式。串行通信的缺点是通信受电缆长度的限制，通信数据速率较低，更新维护成本也高。网络通信接口通过有线或无线方式连接网络读写器和主机。读写器就像一台网络设备，其优点是同主机的连接不受电缆线的限制，维护更新容易；缺点是网络连接可靠性不如串行接口，一旦网络通信链路失败，就无法读取标签数据。随着物联网技术的应用推广，网络通信接口将作为一个标准逐渐成为主流。网络读写器可以根据应用自动发现读取目标，嵌入式服务器允许读写器接收命令，并通过标准浏览器显示读取结果。

(2) 读写器功能。读写器可将主机的读写命令传送到电子标签，再把从主机发往电子标签的数据加密，并将电子标签返回的数据经解密后发送到主机。读写器和标签的所有行为均由应用软件来控制完成。在系统中，应用软件作为主动方对读写器发出读写指令，而读写器则作为从动方只对应用软件的读写指令做出回应。读写器接收到应用软件的动作指令后，回应的结果就是对电子标签做出相应的动作，建立某种通信关系。电子标签响应读写器的指令，因此相对于标签来说，读写器就是指令的主动方。在 RFID 系统的工作程序中，应用软件向读写器发出读取命令，作为响应，读写器和标签之间就会建立特定的通信，读写器触发标签工作，并对所触发的标签进行身份验证，然后标签开始传送所要求的数据信息。具体来说，读写器具有以下功能。

① 读写器与标签之间的通信，在规定的技术条件下，读写器可与电子标签进行通信。

② 通过标准接口(如 RS-232 等)，读写器可以与计算机网络连接，实现多读写器的网络通信。

③ 读写器能在读写区域内查询多标签，并能正确识别各个标签，具备防碰撞功能。

④ 能够校验读写过程中的错误信息。

⑤ 对于有源标签，读写器能够识别有源标签的电池信息，如电池的总电量、剩余电量等。

综上所述，读写器的功能包括：发送和接收功能，用来与标签和分离的单个物品进行通信；对接收信息进行初始化处理；连接主机网络，将信息传送到数据交换与管理系统。

3) 控制器

控制器是读写器芯片有序工作的指挥中心，其主要功能是：与应用系统软件进行通信；执行从应用系统软件发来的动作指令；控制与标签的通信过程；基带信号的编码与解码；执行防碰撞算法；对读写器和标签之间传送的数据进行加密和解密；进行读写器与电子标签之间的身份认证；对键盘、显示设备等其他外部设备的控制。其中，最重要的是对读写器芯片的控制操作。

4) 读写器天线

天线是一种以电磁波形式把前端射频信号功率接收或辐射出去的设备，是电路与空间的界面器件，用来实现导行波与自由空间波能量的转化。在 RFID 系统中，天线分为电子标签天线和读写器天线两大类，分别承担接收能量和发射能量的作用。

在确定的工作频率和带宽条件下，天线发射射频载波，并接收从标签或反射回来的射频载波。目前，RFID 系统主要集中在 LF(135kHz)、HF(13.56MHz)、UHF(860～960MHz)和微波(2.45GHz)频段，不同工作频段的 RFID 系统，其天线的原理和设计有着根本不同。RFID 读写器天线的增益和阻抗特性会对 RFID 系统的作用距离等产生影响，RFID 系统的工作频段反过来对天线尺寸以及辐射损耗有一定要求。所以，RFID天线设计的好坏，关系到整个RFID系统的成功与否。

RFID系统读写器天线的特点是：①足够小，以至于能够贴到需要的物品上；②有全向或半球覆盖的方向性；③能提供尽可能大的信号给标签的芯片；④无论物品位于什么方向，天线的极化都能与读卡机的询问信号相匹配；⑤具有鲁棒性；⑥非常便宜。

在选择读写器天线的时应考虑的主要因素有：①天线的类型；②天线的阻抗；③在应用到物品上的RF的性能；④在有其他的物品围绕贴标签物品时的RF性能。

RFID系统的天线类型主要有偶极子天线、微带贴片天线、线圈天线等。偶极子天线辐射能力强，制造工艺简单，成本低，具有全向方向性，通常用于远距离RFID系统；微带贴片天线的方向图是定向的，但工艺较复杂，成本较高；线圈天线用于电感耦合方式，适合于近距离的RFID系统。

5）通信设施

通信设施为不同RFID系统管理提供安全通信连接，是RFID系统的重要组成部分。通信设施包括有线、无线网络以及与读写器、控制器和计算机连接的串行通信接口。无线网络可以是个域网（如蓝牙技术）、局域网（如802.11x、WiFi）、广域网（如GPRS、3G/4G技术）、卫星通信网络（如同步轨道卫星L波段的RFID系统）。

2. RFID系统中的软件组件

RFID系统中的软件组件主要完成数据信息的存储、管理以及对RFID标签的读写控制，是独立于RFID硬件之上的部分。RFID系统归根结底是为应用服务的，读写器与应用系统之间的接口通常软件组件来完成。一般情况下，RFID软件组件包含有：①边沿接口系统；②RFID中间件，即为实现采集信息的传递与分发而开发的中间件；③企业应用接口，指企业前端软件，如设备供应商提供的系统演示软件、驱动软件、接口软件、集成商或者客户自行开发的RFID前端操作软件等；④应用软件，主要指企业后端软件，如后台应用软件、管理信息系统（MIS）软件等。

1）边沿接口系统

边沿接口系统完成RFID系统硬件与软件之间的连接，通过使用控制器实现同RFID硬软件之间的通信。边沿接口系统的主要任务是从读写器中读取数据和控制读写器的行为，激励外部传感器、执行器工作。此外，边沿接口系统还具有以下功能：①从不同读写器中过滤复制数据；②允许设置为基于事件方式触发外部执行机构；③提供智能功能，选择发送到软件系统；④远程管理功能。

2）RFID中间件

RFID中间件是介于读写器和后端软件之间的一组独立软件，它能够与多个RFID读写器和多个后端软件应用系统连接。应用程序使用中间件所提供的通用应用程序接口（API），就能够连接到读写器，读取RFID标签数据。即中间件屏蔽了不同读写器和应用程序后端软件的差异，从而减轻了多对多连接的设计与维护的复杂性。使用RFID中间件有3个主要目的：①隔离应用层和设备接口；②处理读写器和传感器捕获的原始数据，使应用层看到的都是有意义的高层的事件，大大减少所需处理的信息；③提供应用层接口，用于管理读写器和查询RFID观测数据，目前大多数可用的RFID中间件都有这些特性。

3）企业应用接口

企业应用接口为 RFID 前端操作软件，主要是提供给 RFID 设备操作人员使用的，如手持读写设备上使用的 RFID 识别系统、超市收银台使用的结算系统和门禁系统使用的监控软件等。此外，还应包括将 RFID 读写器采集到的信息向软件系统传送的接口软件。

前端软件最重要的功能是保障电子标签和读写器之间正常通信，通过硬件设备的运行和接收高层的后端软件控制来处理和管理电子标签和读写器之间的数据通信。前端软件完成的基本功能如下。

（1）读/写功能。读功能就是从电子标签中读取数据，写功能就是将数据写入电子标签。这中间涉及编码和调制技术的使用，例如采用 FSK 还是 ASK 方式发送数据。

（2）防碰撞功能。很多时候不可避免地会有多个电子标签同时进入读写器的读取区域，要求同时识别和传输数据，此时就需要前端软件中具有防碰撞功能。具有防碰撞功能的 RFID 系统可以同时识别进入识别范围内的所有电子标签，其并行工作方式大大提高了系统的效率。

（3）安全功能。确保电子标签和读写器双向数据交换通信的安全。在前端软件设计中，可以利用密码限制读取标签内的信息、读写一定范围内的标签数据以及对传输数据进行加密等措施来实现安全功能；也可以使用与硬件结合的方式来实现安全功能。标签不仅提供了密码保护，而且能对数据从标签传输到读取器的过程进行加密，而不仅是对标签上的数据进行加密。

（4）检/纠错功能。由于使用无线方式传输数据很容易被干扰，使得接收到的数据产生畸变，从而导致传输出错。前端软件可以采用校验和的方法，如循环冗余检验（Cyclic Redundance Check，CRC）、纵向冗余检验（Longitudinal Redundance Check，LRC）、奇偶检验等检测错误。可以结合自动重传请求（Automatic Repeat reQuest，ARQ）技术重传有错误的数据来纠正错误，以上功能也可以通过硬件来实现。

4）应用软件

由于信息是为生产决策服务的，因此，RFID 系统所采集的信息最终要向后端应用软件传送，应用软件系统需要具备相应的处理 RFID 数据的功能。应用软件的具体数据处理功能需要根据客户的具体需求和决策的支持度来进行软件的结构与功能设计。

应用软件也是系统的数据中心，它负责与读写器通信，将读写器经过中间件转换之后的数据插入到后台企业仓储管理系统的数据库中，对电子标签管理信息和采集到的电子标签信息等集中进行存储和处理。一般来说，后端应用软件系统需要完成以下功能。

（1）RFID 系统管理。系统设置以及系统用户信息和权限。

（2）电子标签管理。在数据库中管理电子标签序列号，每个物品对应的序号和产品名称、型号规格，以及芯片内记录的详细信息等，完成数据库内所有电子标签的信息更新。

（3）数据分析和存储。对整个系统内的数据进行统计分析，生成相关报表，对采集到的数据进行存储和管理。

3.3.4 RFID 系统的工作原理

RFID 系统的基本工作原理是：由读写器通过发射天线发送特定频率的射频信号，当电子标签进入有效工作区域时产生感应电流，从而获得能量被激活，使得电子标签将自身编码信息通过内置天线发射出去；读写器的接收天线接收到从标签发送来的调制信号，经天线的调制器传送到读写器信号处理模块，经解调和解码后将有效信息送到后台主机系统进行相关处理；主机系统根据逻辑运算识别该标签的身份，针对不同的设定做出相应的处理和控制，最终发出信号控制读写器完成不同的读写操作。

从电子标签到读写器之间的通信和能量感应方式来看，RFID 系统一般可以分为电感耦合（磁耦合）系统和电磁反向散射耦合（电磁场耦合）系统。电感耦合系统是通过空间高频交变磁场实现耦合的，依据的是电磁感应定律；电磁反向散射耦合（即雷达原理模型）发射出去的电磁波碰到目标后反射，同时携带回目标信息，依据的是电磁波的空间传播规律。电感耦合方式一般适合于中、低频率工作的近距离 RFID 系统；电磁反向散射耦合方式一般适合于高频、微波工作频率的远距离 RFID 系统。两种耦合方式如图 3-21 所示。

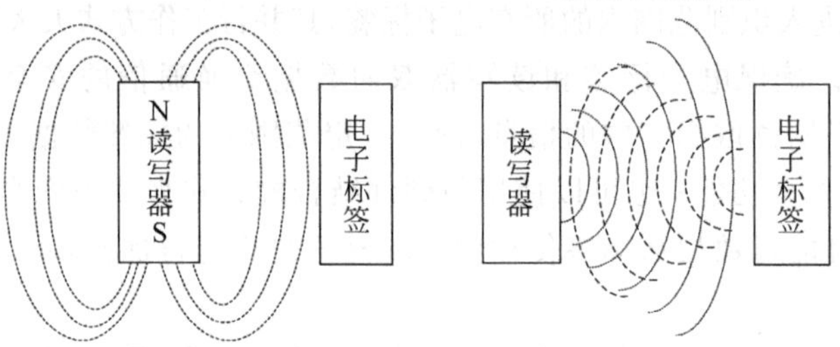

图 3-21 电感耦合和电磁反向散射耦合

1. 电感耦合 RFID 系统

电感耦合工作方式对应于 ISO/IEC 14443 协议。电感耦合电子标签由一个电子数据作为载体，通常由单个微芯片及天线（大面积线圈）等组成。在标签中的微芯片工作所需的全部能量由阅读器发送的感应电磁能提供。高频的强电磁场由阅读器的天线线圈产生，并穿越线圈横截面和周围空间，以使附近的电子标签产生电磁感应。电感耦合 RFID 系统如图 3-22 所示。

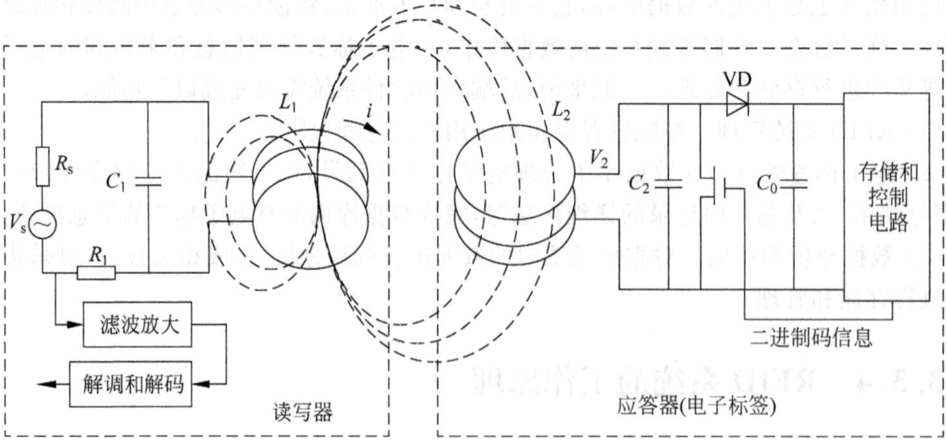

图 3-22 电感耦合 RFID 系统

1）应答器的能量供给

阅读器天线线圈激发磁场，其中一小部分磁力线穿过电子标签天线线圈，通过感应在电子标签的天线线圈上产生电压 U，将其整流后作为微芯片的工作电源。电容器 C_r 与阅读器的天线线圈并联，电容器与天线线圈的电感一起，形成谐振频率与阅读器发射频率相符的并联振荡回路，该回路的谐振使得阅读器的天线线圈产生较大的电流。电子标签的天线线圈和电容器 C_1 构成振荡回路，调谐到阅读器的发射频率。通过该回路的谐振，电子标签线圈上的电压 U 达到最大值。这两个线圈的结构可以被解释为变压器（变压器的耦合）。

2）数据传输

对于电子标签和阅读器天线之间的作用距离不超过 0.16λ，并电子标签处于近场范围内，电子标签与阅读器的数据传输为负载调制（电感耦合、变压器耦合）。如果把谐振的电子标签放入阅读器天线的交变磁场，那么电子标签就可以从磁场获得能量。采用从供应阅读器天线的电流在阅读器内阻上的压降就可以测得这个附加的功耗。电子标签天线上负载电阻的接通与断开促使阅读器天线上的电压发生变化，实现了用电子标签对天线电压进行振幅调制。而通过数据控制负载电压的接通和断开，这些数据就可以从标签传输到阅读器了。此外，由于阅读器天线和电子标签天线之间的耦合很弱，因此阅读器天线上表示有用信号的电压波动比阅读器的输出电压小。在实践中，对 13.56MHz 的系统，天线电压（谐振时）只能得到约 10mV 的有用信号。因为检测这些小电压变化很不方便，所以可以采用天线电压振幅调制所产生的调制波边带。如果电子标签的附加负载电阻以很高的时钟频率接通或断开，那么在阅读器发送频率将产生两条谱线，此时该信号就容易检测了，这种调制也称为副载波调制。

2. 电磁反向散射耦合 RFID 系统

雷达技术为 RFID 的反向散射耦合方式提供了理论和应用基础。当电磁波遇到空间目标时，其能量的一部分被目标吸收，另一部分以不同的强度散射到各个方向。在散射的能量中，有一小部分被反射回发射天线，并被天线接收（因此发射天线也是接收天线对接收信号进行放大和处理），即可获得目标的有关信息。

RFID 反向散射耦合方式一个目标反射电磁波的频率由反射横截面来确定。反射横截面的大小与一系列的参数有关，如目标的大小、形状和材料，电磁波的波长和极化方向等。由于目标的反射性能通常随频率的升高而增强，所以 RFID 反向散射耦合方式采用特高频（UHF）和超高频（SHF），应答器和读写器的距离大于 1m。RFID 反向散射耦合方式的原理框图如图 3-23 所示，读写器、应答器和天线构成一个收发通信系统。

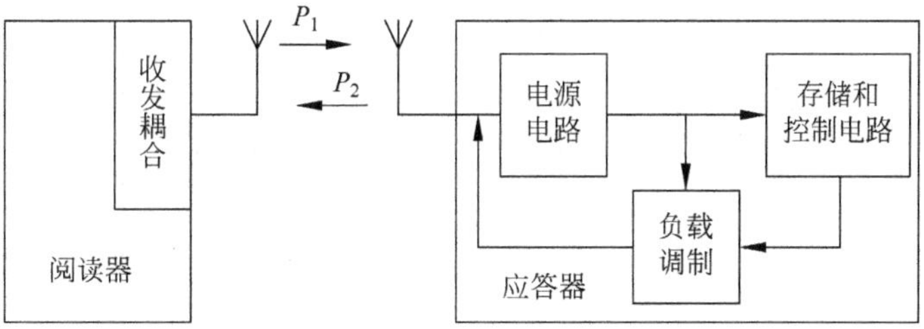

图 3-23 RFID 反向散射耦合方式的原理框图

1）应答器的能量供给

无源应答器的能量由读写器提供，读写器天线发射的功率 P_1 经自由空间衰减后到达应答器，设到达功率为 P_1'。P_1' 中被吸收的功率经应答器中的整流电路后形成应答器的工作电压。

在 UHF 和 SHF 频率范围内，有关电磁兼容的国际标准对读写器所能发射的最大功率有严格的限制，因此在有些应用中，应答器采用完全无源方式会有一定困难。为解决应答器的供电问题，可在应答器上安装附加电池。为防止电池不必要的消耗，应答器平时处于低功耗模式，当应答器进入读写器的作用范围时，应答器由获得的射频功率激活，进入工作状态。

2）应答器至读写器的数据传输

由读写器传到应答器的功率一部分被天线反射，反射功率 P_2 经自由空间后返回读写器，被读写器天线接收。接收信号经收发耦合器电路传输到读写器的接收通道，被放大后经处理电路获得有用信息。

应答器天线的反射性能受连接到天线的负载变化的影响，因此，可采用相同的负载调制方法实现反射的调制。其表现为反射功率 P_2 是振幅调制信号，它包含了存储在应答器中的识别数据信息。

3）读写器至应答器的数据传输

读写器至应答器的命令及数据传输，应根据 RFID 的有关标准进行编码和调制，或者按所选用应答器的要求进行设计。

3. 声表面波应答器

1）声表面波器件

声表面波（Surface Acoustic Wave，SAW）器件以压电效应和与表面弹性相关的低速传播的声波为依据。SAW 器件体积小、重量轻、工作频率高、相对带宽较宽，并且可以采用与集成电路工艺相同的平面加工工艺，制造简单，重获得性和设计灵活性高。声表面波器件具有广泛的应用，如通信设备中的滤波器。在 RFID 应用中，声表面波应答器的工作频率目前主要为 2.45GHz。

2）声表面波应答器

声表面波应答器的基本结构如图 3-24 所示，长长的一条压电晶体基片的端部有指状电极结构。基片通常采用石英铌酸锂或钽酸锂等压电材料制作，指状电极为电声转换器（换能器）。在压电基片的导电板上附有偶极子天线，其工作频率和读写器的发送频率一致。在应答器的剩余长度上安装了反射器，反射器的反射带通常由铝制成。

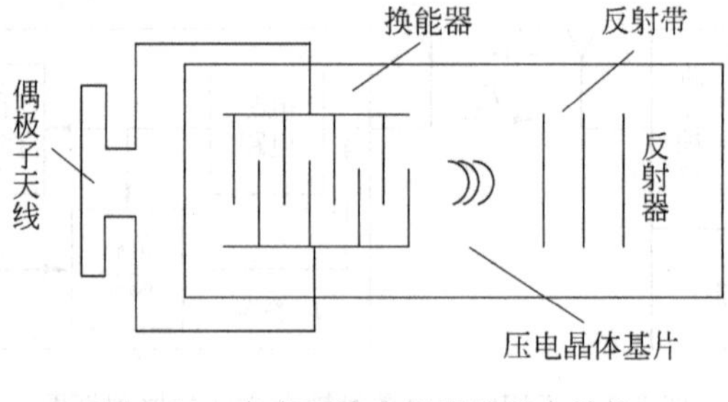

图 3-24 声表面波应答器的基本结构

读写器送出的射频脉冲序列电信号，从应答器的偶极子天线馈送至换能器。换能器将电信号转换为声波。转换的工作原理是利用压电衬底在电场作用时的膨胀和收缩效应。一个时变输入电信号（即射频信号）引起压电衬底振动，并沿其表面产生声波。严格地说，传输的声波有表面波和体波，但主要是表面波，这种表面波纵向通过基片。一部分表面波被每个分布在基片上的反向带反射，而剩余部分到达基片的终端后被吸收。一部分反向波返回换能器，被转换成射频脉冲序列电信号（即将声波变换为电信号），并被偶极子天线传送至读写器。读写器接收到的脉冲数量与基片上的反射带数量相对应，单个脉冲之间的时间间隔与基片上反射带的空间间隔成比例，因而通过反射的空间布局可以表示一个二进制的数字序列。

由于基片上的表面波传播速度缓慢，在读写器的射频脉冲序列电信号发送后，经过约 1.5ms 的滞后时间，从应答器返回的第一个应答脉冲才到达。这是表面波应答器时序方式的重要优点。因为在读写器周围所处环境中的金属表面上的反向信号以光速返回到读写器天线（例如，与读写器相距 100m 处的金属表面反射信号，在读写器天线发射之后 0.6ms 就能返回读写器），所以当应答器信号返回时，读写器周围的所有金属表面反射都已消失，不会干扰返回的应答信号。声表面波应答器的数据存储能力和数据传输取决于基片的尺寸和反射带之间所能实现的最短间隔，实际上，16～32b 的数据传输速率约为 500kb/s。

声表面波 RFID 系统的作用距离主要取决于读写器所允许的发射功率，在 2.45GHz 下，其作用距离可达 1～2m。采用偶极子天线的好处是它的辐射能力强，制造工艺简单，成本低，而且能够实现全向性的方向图。微带贴片天线的方向图是定向的，适用于通信方向变化不大的 RFID 系统；但其工艺较为复杂，成本也相对较高。

3.3.5 RFID 数据校验

在 RFID 的实际运用中，要求阅读器能够对其辐射范围内标签数据进行识别，并且要确保准确性，要完成这个要求，就需要 RFID 系统的数据具有一定程度的完整性。鉴于此，不仅需要 RFID 系统有很强的解决信息碰撞能力，同样对系统的抗干扰能力提出严格的要求。RFID 系统电子标签与阅读之间的数据传输是通过无线自主的方式进行传播的，这种传输方式特别容易受到其他信号的干扰，在干扰信号的影响下，传输的数据会失去原有的准确性，通常会接收到错误的信息，针对这种情况，RFID 系统采取了相应的方法来解决这些干扰问题，主要采用以下方法来避免。

1. 奇偶校验法

奇偶校验法实施方便简单，是被广泛使用的一种检测错误的方法。该方法的原理是在每字节中嵌入奇偶校验位，在进行传输的时候，将奇偶校验位和数据一起传输，在接收端进行校验时可以采用奇校验或是偶校验，但是必须和发射端采取相匹配的校验方法。如果校验结果两者不匹配，则该次信息传输失败，判定为传输错误。但是，奇偶校验法存在是不能确定具体错误位的弱点，当错误位是奇数位时，该种方法能正确识别错误，然而，当错误位是偶数时，不能识别出来。

2. 纵向冗余校验法

纵向冗余校验(Long autodial Redundancy Cheek,LRC)的主要思想是把要发送的数据位依次进行异或和运算。在数据接收的一端将收到的数据与传出的数据进行比对,若是结果为零,说明接收到的数据是正确的,反之,当出现其他的比对结果时,证明数据在传输的过程中受到了干扰,导致传输的数据是错误的。但是,该方法会出现误读的情况,当出现多个错误相互抵消时,此时会出现比对结果同样也为零的情况,会被误判为正确的结果,便出现了误读。因此,纵向冗余校验法不适合校验大量数据块的情形。

3. 循环冗余校验法

循环冗余校验法(Cyclic Redundancy Cheek,CRC),有的学者称其为多项式编码。CRC 校验法像前面介绍的方法一样也需要进行计算校验位,将数据块计算好的校验位附加到数据块中一同进行传输。接收端接收到数据后,按照相应的计算规则重新计算校验和,最后将接收的数据和计算结果进行对比,从而判断出接收到的数据是否发生错误。CRC 校验和是通过循环计算出来的,通过生成多项式与另外一个多项式进行相除,相除后得到的剩余多项式便是 CRC 校验和。在接收端接收到 CRC 校验和之后,重新根据相应规定计算 CRC 校验和,计算结果如果为零,证明接收到的数据没有被干扰。与奇偶校验法相比较,CRC 校验法的可靠性更高。

3.3.6 RFID 技术分类

对于 RFID 技术,可依据标签的供电形式、工作频率、可读性和工作方式进行分类。

1. 根据标签的供电形式分类

在实际应用中,必须给电子标签供电它才能工作,虽然它的电能消耗非常低(一般是 10mW 级)。按照标签获取电能的方式不同,常把标签分成有源式、无源式及半有源式。

1) 有源式标签

有源式标签通过标签自带的内部电池进行供电,它的电能充足,工作可靠性高,信号传送的距离远。另外,有源式标签可以通过设计电池的不同寿命,对标签的使用时间或使用次数进行限制,它可以用在需要限制数据传输量或者使用数据有限制的地方。有源式标签的缺点主要是价格高,体积大,标签的使用寿命受到限制,而且随着标签内电池电力的消耗,数据传输的距离会越来越短,影响系统的正常工作。

2) 无源式标签

无源式标签的内部不带电池,需靠外界提供能量才能正常工作。无源式标签中天线与线圈是典型的产生电能的装置,当标签进入系统的工作区域,天线接收到特定的电磁波,线圈就会产生感应电流,再经过整流并给电容充电,电容电压经过稳压后作为工作电压。无源式标签具有永久的使用期,常常用在标签信息需要每天读写或频繁读写多次的地方,而且无源式标签支持长时间的数据传输和永久性的数据存储。无源式标签的缺点主要是数据传输的距离要比有源式标签短。因为无源式标签依靠外部的电磁感应来供电,它的电能就比较弱，数据传输的距离和信号强度就受到限制，需要敏感性比较高的信号接收器才能可靠识读。但它的价格、体积、易用性决定了它是电子标签的主流。

3）半有源式标签

半有源式标签内的电池仅对标签内要求供电来维持数据的电路供电，或者对标签芯片工作所需电压提供辅助支持，为本身耗电很少的标签电路供电。标签未进入工作状态前，一直处于休眠状态，相当于无源标签，标签内部电池能量消耗很少，因而电池可维持几年，甚至长达10年有效。当标签进入读写器的读取区域时，受到读写器发出的射频信号激励，进入工作状态后，标签与读写器之间信息交换的能量支持以读写器供应的射频能量为主（反射调制方式），标签内部电池的作用主要在于弥补标签所处位置的射频场强不足，标签内部电池的能量并不转换为射频能量。

2．根据标签的工作频率分类

从应用概念来说，电子标签的工作频率也就是射频识别系统的工作频率，是其最重要的特点之一。电子标签的工作频率不仅决定着射频识别系统工作原理（电感耦合还是电磁耦合）和识别距离，还决定着电子标签及读写器实现的难易程度和设备的成本。工作在不同频段或频点上的电子标签具有不同的特点。射频识别应用占据的频段或频点在国际上有公认的划分，即位于ISM波段。典型的工作频率有125kHz、133kHz、13.56MHz、27.12MHz、433MHz、902～928MHz、2.45GHz、5.8GHz等。

1）低频段电子标签

低频段电子标签，简称为低频标签，其工作频率范围为30～300kHz。典型工作频率有125kHz、133kHz（也有接近其他频率的，如TI公司使用134.2kHz）。低频标签一般为无源标签，其工作能量通过电感耦合方式从读写器耦合线圈的辐射近场中获得。低频标签在与读写器之间传送数据时，应位于读写器天线辐射的近场区内。低频标签的阅读距离一般小于1m。

低频标签的典型应用有动物识别、容器识别、工具识别、电子闭锁防盗（带有内置应答器的汽车钥匙）等。与低频标签相关的国际标准有ISO 11784/11785（用于动物识别）、ISO 18000-2（125～135kHz）。低频标签有多种外观形式，应用于动物识别的低频标签外观有项圈式、耳牌式、注射式、药丸式等。

低频标签的主要优势体现在：标签芯片一般采用普通的CMOS工艺，具有省电、廉价的特点；工作频率不受无线电频率管制约束；可以穿透水、有机组织、木材等；非常适合近距离、低速度、数据量要求较低的识别应用等。低频标签的劣势主要体现在：标签存储数据量较少；只能适合低速、近距离识别应用。

2）中高频段电子标签

中高频段电子标签的工作频率一般为3～30MHz，典型工作频率为13.56MHz。该频段的电子标签，从射频识别应用角度来看，因其工作原理与低频标签完全相同，即采用电感耦合方式工作，所以宜将其归为低频标签类中。另一方面，根据无线电频率的一般划分，其工作频段又称为高频，所以常将其称为高频标签。

高频电子标签一般也采用无源方式，其工作能量同低频标签一样，也是通过电感（磁）耦合方式从读写器耦合线圈的辐射近场中获得。在与读写器进行数据交换时，标签必须位于读写器天线辐射的近场区内。中频标签的阅读距离一般也小于 1m(最大读取距离为 1.5m)。

高频标签由于可方便地做成卡状,其典型应用包括电子车票、电子身份证、电子闭锁防盗(电子遥控门锁控制器)等。相关的国际标准有 ISO 14443、ISO 15693、ISO 18000-3 (13.56MHz)等。

高频标签的基本特点与低频标签相似,由于其工作频率的提高,可以选用较高的数据传输速率。电子标签天线的设计相对简单,标签一般制成标准卡片形状。

3) 超高频与微波电子标签

超高频与微波频段的电子标签,简称微波电子标签,其典型工作频率为 433.92MHz、862(902)～928MHz、2.45GHz 和 5.8GHz,微波电子标签可分为有源标签与无源标签两类。工作时电子标签位于读写器天线辐射场的远区场内,标签与读写器之间的耦合方式为电磁耦合方式。读写器天线辐射场为无源标签提供射频能量,将有源标签唤醒。相应的射频识别系统阅读距离一般大于 1m,典型情况为 4～7m,最大可达 10m 以上。读写器天线一般均为定向天线,只有在读写器天线定向波束范围内的电子标签可被读写。

由于阅读距离的增加,应用中有可能在阅读区域中同时出现多个电子标签的情况,从而提出了多标签同时读取的需求,进而这种需求发展成为一种潮流。目前,先进的射频识别系统均将多标签识读问题作为系统的一个重要特征。以目前技术水平来说,无源微波电子标签比较成功的产品多集中在 902～928MHz 工作频段上。2.45GHz 和 5.8GHz 射频识别系统多以半有源微波电子标签产品面世。半有源标签一般采用纽扣电池供电具有较远的阅读距离。

微波电子标签的选用,主要考虑其是否无源、无线读写距离、是否支持多标签读写、是否适合高速识别应用、读写器的发射功率容限、电子标签和读写器的价格等方面。对于可无线写的电子标签而言,通常情况下写入距离要小于识读距离,其原因在于写入时要求有更大的能量。

微波电子标签的数据存储容量一般限定在 2Kb 以内,再大的存储容量似乎没有太大的意义。从技术及应用的角度来看,微波电子标签并不适合作为大量数据的载体,其主要功能在于标识物品并完成无接触的识别过程。典型的数据容量指标有 1Kb、128b、64b 等。

微波电子标签的典型应用包括移动车辆识别、电子身份证、仓储物流应用、电子闭锁防盗(电子遥控门锁控制器)等。相关的国际标准有 ISO 10374、ISO 18000-4(2.45GHz)/-5 (5.8GHz)/-6(860～930MHz)/-7(433.92MHz)、ANSINCITS 256—1999 等。

3. 根据标签的可读性分类

根据使用的存储器类型,可以将标签分成只读(Read Only,RO)标签、可读写(Read and Write,RW)标签和一次写入多次读出(Write Once Read Many,WORM)标签。

1) 只读标签

只读标签内部只有只读存储器(Read Only Memory,ROM)。ROM 中存储有标签的标识信息。这些信息可以在标签制造过程中由制造商写入 ROM 中,电子标签在出厂时,即已将完整的标签信息写入标签。这种情况下,在应用过程中,电子标签一般具有只读功能。也可以在标签开始使用时由使用者根据特定的应用目的写入特殊的编码信息。

只读标签信息的写入，更多的情况是在电子标签芯片的生产过程中将标签信息写入芯片，使得每一个电子标签拥有唯一的标识 UID(如 96b)。应用中，需再建立标签唯一 UID 与待识别物品的标识信息之间的对应关系(如车牌号)。只读标签信息也有的在应用之前由专用的初始化设备将完整的标签信息写入。

只读标签一般容量较小，可以作为标识标签。对于标识标签来说，一个数字或者多个数字、字母、字符串存储在标签中，其存储内容是进入信息管理系统中数据库的钥匙(Key)。标识标签中存储的只是标识号码，用于对特定的标识项目(如人、物、地点)进行标识，关于被标识项目的详细的特定信息，只能在与系统相连接的数据库中进行查找。

2) 可读写标签

可读写标签内部的存储器，除了 ROM、缓冲存储器之外，还有非活动可编程记忆存储器。这种存储器一般是 EEPROM(电可擦除可编程只读存储器)，它除了存储数据功能外，还具有在适当的条件下允许多次对原有数据的擦除和重新写入数据的功能。可读写标签还可能有随机存储器(Random Access Memory，RAM)，用于存储标签反应和数据传输过程中临时产生的数据。

可读写标签一般存储的数据比较大，这种标签一般都是用户可编程的，标签中除了存储标识码外，还存储有大量的被标识项目的其他相关信息，如生产信息、防伪校验码等。在实际应用中，关于被标识项目的所有信息都是存储在标签中的，读标签就可以得到关于被标识目标的大部分信息，而不必连接到数据库进行信息读取。另外，在读标签的过程中，可以根据特定的应用目的控制数据的读出，实现在不同的情况下所读出的数据部分不同。

一般电子标签的 ROM 区存放有生产商代码和无重复的序列码，每个生产商的代码是固定和不同的，每个生产商的每个产品的序列码也是肯定不同的。所以每个电子标签都有唯一码，这个唯一码又是存放在 ROM 中，所以标签就没有可仿制性，是防伪的基础点。

3) 一次写入多次读出标签

应用中，还广泛存在着一次写入多次读出(Write Once Read Many，WORM)的电子标签。WORM 标签既有接触式改写的电子标签，也有无接触式改写的电子标签。WORM 标签一般大量用在一次性使用的场合，如航空行李标签、特殊身份证件标签等。RW 卡一般比 WORM 卡和 RO 卡价格高得多，如电话卡、信用卡等。WORM 卡是用户可以一次性写入的卡，写入后数据不能改变，比 RW 卡要便宜。RO 卡存有一个唯一的 ID 号码，不能修改，具有较高的安全性。

4. 根据标签的工作方式分类

根据标签的工作方式，可将电子标签分为被动式、主动式和半主动式。

1) 主动式电子标签

一般来说，主动式 RFID 系统为有源系统，即主动式电子标签用自身的射频能量主动地发送数据给读写器，在有障碍物的情况下，只需穿透障碍物一次。由于主动式电子标签自带电池供电，它的电能充足，工作可靠性高，信号传输距离远。其主要缺点是标签的使用寿命受到限制，而且随着标签内部电池能量的耗尽，数据传输距离越来越短，从而影响系统的正常工作。

2）被动式电子标签

被动式电子标签必须利用读写器的载波来调制自身的信号，标签产生电能的装置是天线和线圈。标签进入RFID系统工作区后，天线接收特定的电磁波，线圈产生感应电流供给标签工作，在有障碍物的情况下，读写器的能量必须来回穿过障碍物两次。这类系统一般用于门禁或交通系统中，因为读写器可以确保只激活一定范围内的电子标签。

3）半主动电子标签

在半主动式RFID系统里，电子标签本身带有电池；但是标签并不通过自身能量主动发送数据给读写器，电池只负责对标签内部电路供电。这类标签需要被读写器的能量激活，然后才通过反向散射调制方式传送自身数据。

3.4 RFID数据传输协议

3.4.1 数据传输协议与方式

从阅读器到电子标签方向的数据传输过程中，所有已知的数字调制方法都可以选用，而与工作频率和耦合方式无关。常用的数据调制解调方式有幅度调制键控(ASK)、频移键控(FSK)和相移键控(PSK)等方式。数据编码一般又称为基带数据编码，一方面便于数据传输，另一方面可以对传输的数据进行加密。常用的数据编码方式有反向不归零码(Non-Return to Zero，NRZ)、曼彻斯特编码(Manchester)、单极性归零编码(Unipolar RZ)、差动双相编码(DBP)、米勒编码(Miller)、差动编码、脉冲宽度编码(Pulse Width Modulation，PWM)、脉冲位置编码(Pulse Position Modulation，PPM)等方式，如图3-25所示。

(1) NRZ编码。NRZ编码用"高"电平表示1，"低"电平表示0。此码型不宜传输，有以下原因：有直流，一般信道难于传输零频附近的频率分量；接收端判决门限与信号功率有关，不方便使用；不能直接用来提取位同步信号，因为NRZ中不含有位同步信号频率成分；要求传输线有一根接地。

(2) 曼彻斯特编码。曼彻斯特编码在半个比特周期时的负跳变表示1，半个比特周期时的正跳变表示0。曼彻斯特编码在采用副载波的负载调制或者反相散射调制时，通常用于从标签到读头的数据传输，因为这有利于发现数据传输的错误。

(3) 单极性归零编码。当发码为1时，发出正电流，但正电流持续的时间短于一个码元的时间宽度，即发出一个窄脉冲；当发码为0时，完全不发送电流。单极性归零编码可用来提取位同步信号。

(4) 差动双相编码(DBP，FM0编码，类似组成原理FM码)。差动双相编码在半个比特周期中的任意的边沿表示二进制0，而没有边沿就是二进制1，此外在每个比特周期开始时，电平都要反相。因此，对于接收器来说，位节拍比较容易重建。

(5) 米勒编码。米勒编码在半个比特周期内的任意边沿表示1，而经过下一个比特周期内不变的电平表示0。一连串的零在比特周期开始时产生跳变。对于接收器来说，要建立位同步也比较容易。

(6) 差动间歇编码即为PIE(Pulse Interval Encoding)。编码的全称为脉冲宽度编码，

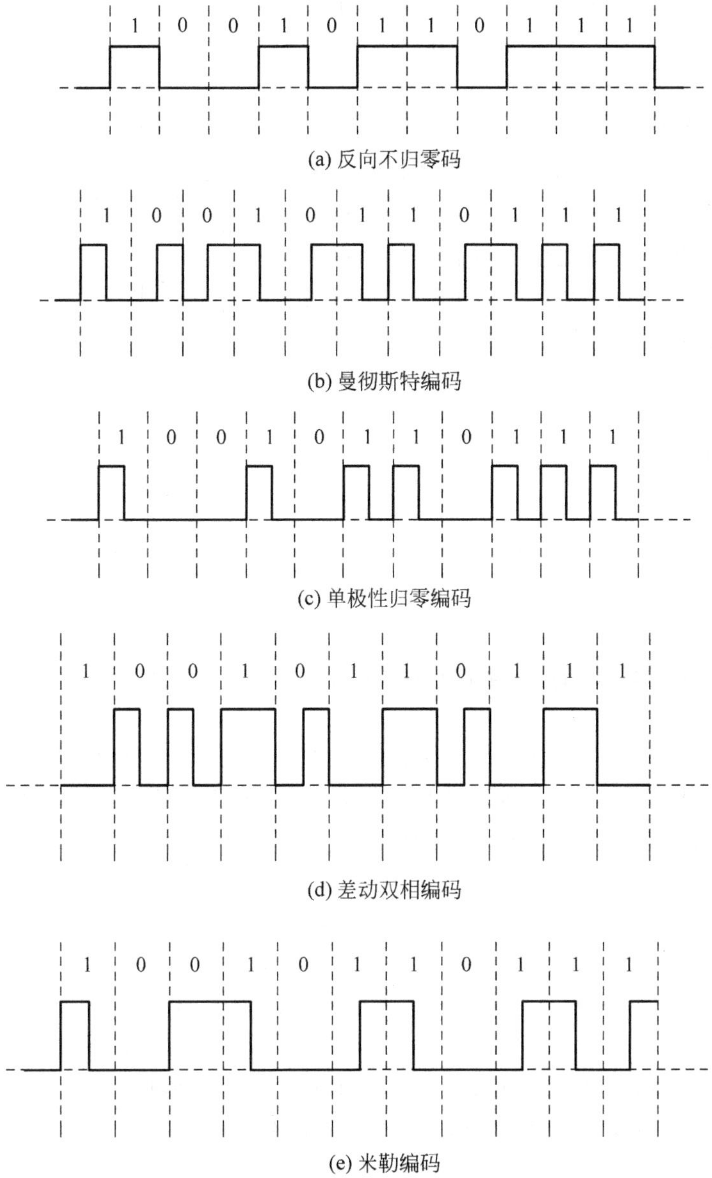

图 3-25 RFID 系统中的数据编码

原理是通过定义脉冲下降沿之间的不同时间宽度来表示数据。在该标准的规定中，由阅读器发往标签的数据帧由 SOF(帧开始信号)、EOF(帧结束信号)、数据 0 和 1 组成，如图 3-26 所示。在标准中定义了一个名称为 Tari 的时间间隔，也称为基准时间间隔，该时间段为相邻两个脉冲下降沿的时间宽度，持续为 25μs。

选择编码方法的考虑因素如下。

(1) 电子标签能量的来源。在 RFID 系统中使用的电子标签常常是无源的，而无源标签需要在读写器的通信过程中获得自身的能量供应。为了保证系统的正常工作，信道编码方式必须保证不能中断读写器对电子标签的能量供应。在 RFID 系统中，当电子标签是无源标签时，经常要求基带编码在每两个相邻数据位元间具有跳变的特点，这种相邻数据间有跳变的码，不仅可以保证在连续出现 0 时对电子标签的能量供应，而且便于电子标签从接收到的码中提取时钟信息。

(2) 电子标签的检错的能力。出于保障系统可靠工作的需要，还必须在编码中提供数据一级的校验保护，编码方式应该提供这种功能。可以根据码型的变化来判断是否发生误码或有电子标签冲突发生。在实际的数据传输中，由于信道中干扰的存在，数据必然会在传输过程中发生错误，这时要求信道编码能够提供一定程度的检测错误的能力。曼彻斯特编码、差动双向编码、单极性归零编码具有较强的编码检错能力。

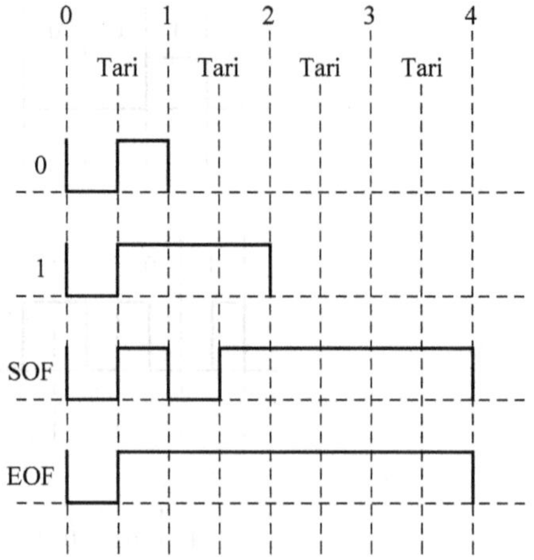

图 3-26　差动间歇编码

(3) 电子标签时钟的提取。在电子标签芯片中，一般不会有时钟电路，电子标签芯片一般需要在读写器发来的码流中提取时钟。曼彻斯特编码、米勒编码、差动双向编码容易使电子标签提取时钟。

3.4.2　RFID 数据传输的安全性

在选择 RFID 系统时，应该根据实际情况考虑是否选择具有密码功能的系统。在一些对安全功能没有要求的应用中，如工业自动控制、工具识别、动物识别等应用领域，若引用密码过程，则会使费用增高。与此相反，在高安全性的应用中(例如车票、支付系统)，若省略密码过程，则可能会由于使用假冒的应答器来获取未经许可的服务，从而形成非常严重的疏漏。高度安全的系统化应该能够防范以下单项攻击。

(1) 为了复制或改变数据，未经授权的读取数据载体。

(2) 将外来的数据载体置入某个阅读器的询问范围内，企图得到非授权出入建筑物或不付费的服务。

(3) 为了假冒真正的数据载体，窃听无线电通信并重放数据。

RFID 系统常用的系统安全手段有许多种，下面分别介绍。

1. 相互对称的鉴别

对称算法是指加密密钥和解密钥要一样，这种算法的安全程度依赖于密钥的保密程度，而且密钥的分发困难。阅读器和标签之间的相互鉴别是建立在国际标准 ISO 97980-2《三通相互鉴别》的基础上。双方在通信中互相检测另一方的密码。在这个过程中，所有电子标签和阅读器构成了某项应用的一部分，具有相同的密钥尤(对称加密过程)。当某个电子标签首先进入阅读器的询问范围时，它无法断定参与通信的对方是否属于同一个应用。从阅读器来看，需要防止假冒的伪造数据。另一方面，电子标签同样需要防止未经认可的数据读取或重写。互鉴别的过程从阅读器发送“查询”命令给电子标签开始，如图 3-27 所示。

于是，在电子标签中产生一个随机数 4，并回送给阅读器。阅读器收到 4 后，产生一个随机数使用共同的密钥尺和共同的密码算法 ek，阅读器算出一个加密的数据块，用令牌 1

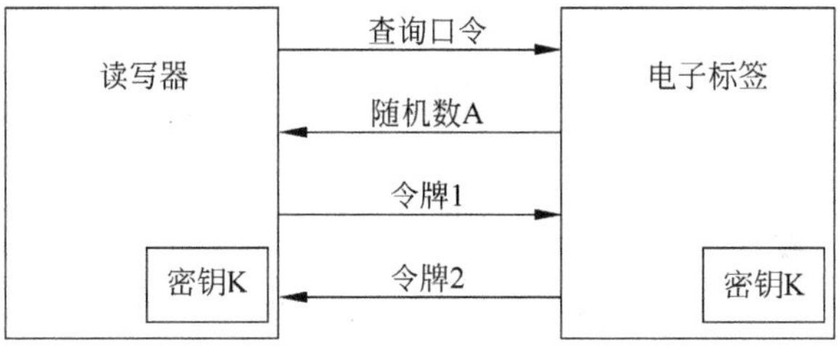

图 3-27　电子标签和阅读器相互鉴别的过程

(Token1)表示。Token1 包含两个随机数及附加的控制数据，并将此数据块发送给电子标签：

$$\text{Token1} = \text{ek}(B \parallel A \parallel \text{IDA} \parallel \text{电文 1})$$

在标签中收到的 Token1 被译码，并将从明码报文中取得的随机数次与原先发送的随机数 4 进行比较。如果二者一致，则电子标签确认两个公有的密钥是一致的。电子标签中再产生一个随机数 4，用于算出一加密的数据块，用令牌 2(Token2)表示，其中也包含有 5 和控制数据，Token2 由电子标签发送给阅读器：

$$\text{Token2} = \text{ek}(B \parallel A \parallel \text{电文 2})$$

阅读器将 Token2 译码，检查原先发送的 B 与刚收到的是否一致。如果两个随机数一致，则阅读器也证明了两个公有的密钥是一致的。于是阅读器和电子标签均已查实属于共同的系统，双方更进一步的通信是合法的。综上所述，相互鉴别的过程具有以下优点。

(1) 密钥从不经过空间传输，而只是传输加密的随机数。

(2) 总是两个随机数同时加密，排除为了计算密钥用 4 执行逆变换获取 Token1 的可能性。

(3) 可以使用任意算法对令牌进行加密。

(4) 通过严格使用来自两个独立源(电子标签、阅读器)的随机数，使回放攻击而记录鉴别序列的方法失败。

(5) 从产生的随机数可以算出随机的密钥，以便加密后续传输的数据。

2. 利用导出密钥的鉴别

相互对称的鉴别方法有一个缺点，即所有属于同一应用的电子标签都是用相同的密钥尺来保护。这种情况对于具有大量电子标签的应用来说是一种潜在的危险。由于这些电子标签以不可控的数量分布在众多的使用者手中，而且廉价并容易得到，因此必须考虑电子标签的密钥被破解的可能。如果发生这种情况，改变密钥的代价将会非常大，实现起来也会很困难。

对图 3-27 描述的鉴别过程进行改进，如图 3-28 所示。主要的改进措施是每个电子标签采用不同的密钥来保护。为此，在电子标签生产过程中读出它的序列号，用加密算法和主控密钥 TM 计算密钥 AJ，而电子标签就这样被初始化。每个电子标签因此接收了一个与自己识别号和主控密钥相关的密钥。

利用导出密钥的相互鉴别过程如下：首先由读写器读取电子标签的 ID 号，再用阅读器通过安全模块(Security Authentication Module，SAM)，使用主控密钥计算出电子标签的专用密钥，以便启动鉴别过程。

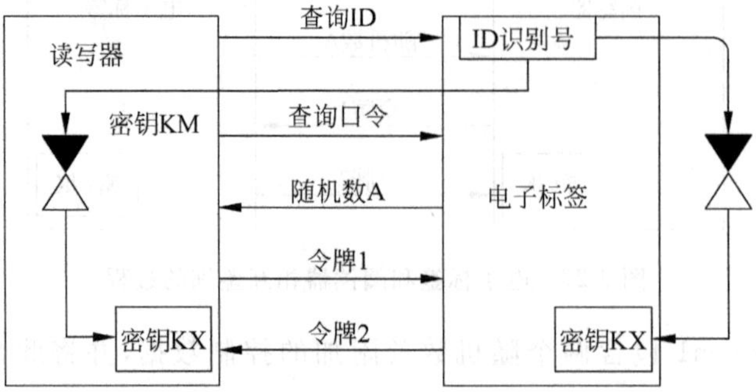

图 3-28 鉴别过程改进

3. 加密的数据传输

数据在传输时受到物理影响而可能面临某种干扰，可以用这种模型扩展到一个隐藏的攻击者。攻击者的类型可以分为两种类型：试图窃听数据和试图修改数据的攻击者，如图 3-29 所示。攻击者 1 的行为表现为被动的，并试图通过窃听传输线路发现秘密而达到非法目的。攻击者 2 处于主动状态，操作传输数据并为了其个人利益而修改它。加密过程可以用来防止主动攻击和被动攻击，为此传输数据（明文）可以在传输前改变（加密），使隐藏的攻击者不能推断出信息的真实内容（明文）。

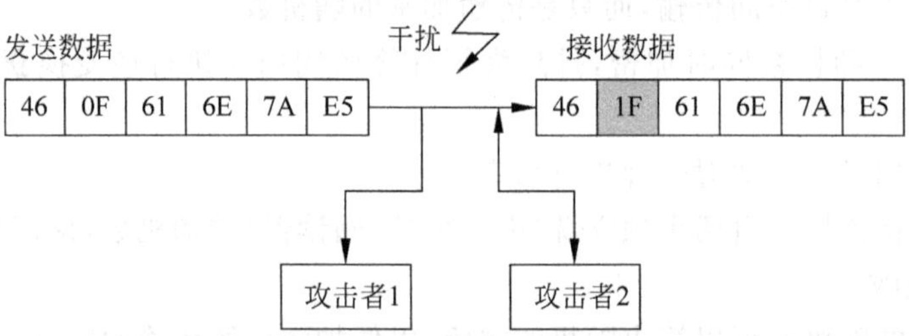

图 3-29 数据传输攻击图

加密的数据传输总是按相同的模式进行：传输数据（明文）被密钥 K 和加密算法变换（密码术）为秘密数据（密文）。如果不了解加密算法和加密密钥尺，则隐藏的攻击者将无法解释所记录的数据，即从密文不可能重现传输数据。在接收器中，使用加密密钥 F 和加密算法加密数据变换回原来的形式（解密）。

如果加密密钥 X 和解密密钥 7T 是相同的或者相互间有直接的关系，那么这种加密解密算法就称为对称密钥算法。如果解密过程与加密密钥 K 的知识无关，那么这种加密解密算法就称为非对称算法。对 RFID 系统来说，最常用的算法就是使用对称算法，所以这里不对其他方法做进一步的讨论。

如果每个符号在传输前单独加密，这种方法称为序列密码（也称流密码）。相反，如果多个符号划分为一组进行加密，则称其为分组密码。通常分组密码的计算强度大，因而分组密码在 RFID 系统中用得较少。因此，下面把重点放在序列密码上，如图 3-30 所示。

所有加密方法的基本问题是安全分配密钥尺，因为在启动数据传输过程之前，必须让参与通信方知道。

数据流密码：每一步都用不同的函数把明文的字符序列变换为密码序列的加密算法，就是序列密码法或流密码法。流密码法的理想实现方法是所谓的“一次插入”法，也称为Vemam密码法。

加密数据前，要产生一个随机密钥尺，而且这个密码对双方都适用。作为密钥使用的随机序列的长度至少必须与要加密的信息长度相等，因为与明文相比，如果密钥较短，有可能被攻击者通过密码分析而破解，从而导致传输线路被攻击。此外，密码只能使用一次，这意味着为了安全地分配，密钥需要极高的安全水平。然而，对RFID系统来说，这种形式的流密码是完全不适用的。

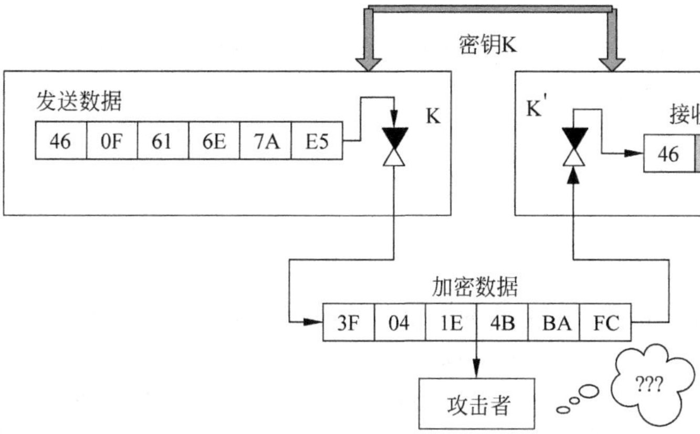

图3-30 对传输数据加密能有效地保护数据不被窃听和修改

为了克服密码的产生和分配问题，系统应按照“一次插入”原则创建流密码，而使用伪随机数序列来取代真正的随机序列。伪随机序列用伪随机数发生器产生，如图3-31所示。

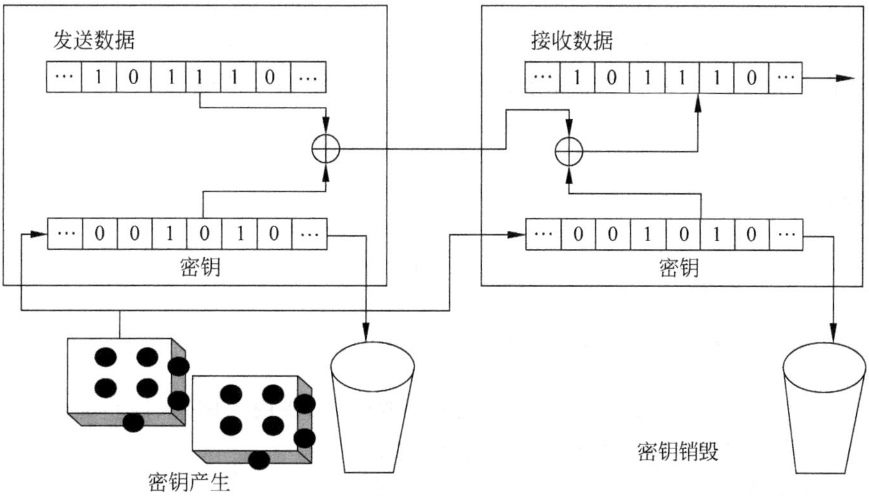

图3-31 “一次插入”密钥从随机数产生且只能使用一次，再被销毁

3.4.3 RFID数据传输的完整性

数据的完整性用来描述数据传输过程中一组、一帧或一个数据报的内在关联一致性。使用非接触技术传输数据时，很容易遇上干扰，使传输数据发生改变，从而导致传输错误。通常采用数据检错与纠错算法来解决，最常采用的方法有奇偶校验、纵向冗余校验、循环冗余校验等。这些方法用于识别传输错误，并启动校正措施，或者舍弃错误传输的数据，或者要求重新传输有错误的数据块。

1. 奇偶校验

奇偶校验是一种很简单且广泛使用的校验方法。这种方法是把一个奇偶校验位组合到每一字节中，并被传输，即每字节发送 9 位。可以采用奇校验或偶校验。在接收端对接收到的数据进行与发送端相同的校验方法，如果校验位不符，则可识别传输错误。然而，这种方法的缺点是识别错误的能力低。如果错误改变的位数为奇数，那么错误可以识别，但是却无法识别偶数次的改变。

实现方法：在每个被传送码的左边或右边加上 1 位奇偶校验位 0 或 1，若采用奇校验位，只需把每个编码中 1 的个数凑成奇数；若采用偶校验位，只要把每个编码中 1 的个数凑成偶数。检验原理：这种编码能发现 1 个或奇数个错，但因码距较小，不能实现错误定位。对奇偶校验码的评价：它能发现一位或奇数个位出错，但无错误定位和纠错能力。尽管奇偶校验码的检错能力较低，但对出错概率统计，其中 70%～80%是一位错误，另因奇偶校验码实现简单，故它还是一种应用最广泛的校验方法。实际应用中，多采用奇校验，因奇校验中不存在全 0 代码，在某些场合下更便于判别。奇偶校验的校验方程如下：

设 7 位信息码组为 $C_7C_6C_5C_4C_3C_2C_1C_0$，校验码为 C_0，则对偶校验，当满足

$$C_7 \oplus C_6 \oplus C_5 \oplus C_4 \oplus C_3 \oplus C_2 \oplus C_1 \oplus C_0 = 0$$

时，为合法码；对奇校验，当满足

$$C_7 \oplus C_6 \oplus C_5 \oplus C_4 \oplus C_3 \oplus C_2 \oplus C_1 \oplus C_0 = 1$$

时，为合法码。这里的$\oplus$表示模 2 相加，对于偶校验，合法码字应满足

$$\sum_{i=1}^{n} C_0 \oplus C_i = 0$$

对于奇校验，合法码字应满足

$$\sum_{i=1}^{n} C_0 \oplus C_i = 1$$

2. 循环冗余校验码(Cyclic Redundancy Check，CRC)

CRC 码是一种检错、纠错能力很强的数据校验码，主要用于网络、同步通信及磁表面存储器等应用场合。循环冗余校验码的编码方法如下。

循环冗余校验码由两部分组成，左边为信息位，右边为校验位。若信息位为 N 位，校验位为 K 位，则该校验码被称为$(N+K,N)$码，如图 3-32 所示。

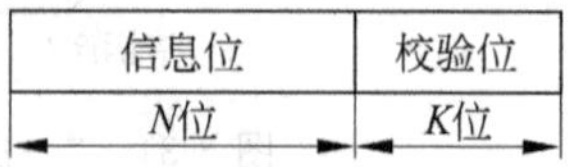

图 3-32 循环冗余校验码的格式

编码步骤如下。

(1) 将待编码的 N 位有效信息位表示为一个 $n-1$ 阶的多项式 $M(X)$。

(2) 将 $M(X)$左移 K 位，得到 $M(X) \cdot X^K$（K 由预选的 $K+1$ 位的生成多项式 $G(X)$ 决定）。

(3) 用一个预选好的 $K+1$ 位的 $G(X)$对 $M(X) \cdot X^K$ 作模 2 除法。

$$\frac{M(X) \cdot X^K}{G(X)} = Q(X) + R(X)/G(X)$$

(4) 把左移 K 位后的有效信息位与余数作模 2 加法，形成长度为 $N+K$ 的 CRC 码。

$$M(X) \cdot X^K + R(X) = Q(X) \cdot G(X)$$

例 3.1　选择生成多项式为 $G(X)=X^4+X+1$(10011)，请把 8 位有效信息 11110111 编码成 CRC 码。

解：

步骤 1：$M(X)=X^7+X^6+X^5+X^4+X^2+X^1+1=11110111$。

步骤 2：$M(X) \cdot X^4=111101110000$（即左移 4 位）。

步骤 3：模 2 除，$M(X) \cdot X^4/G(X)=111101110000/10011=11100101+1111/10011$，即 $R(X)=1111$。

步骤 4：模 2 加，得到循环冗余码为 $M(X) \cdot X^4+R(X)=111101110000+1111=111101111111$。

3.4.4 RFID 数据传输的干扰与抗干扰

由于标签与阅读器之间的数据传输经过空间传输信道，因而空间信道面临的干扰问题同样会出现在阅读器与电子标签之间的数据传输过程中。干扰带来的直接影响是阅读器与电子标签通信过程的数据错误，电子标签和阅读器两个方面都有可能出错。电子标签在接收阅读器发出的命令和数据信息时，可能导致的错误结果有以下几种。

(1) 电子标签错误地响应阅读器的命令。

(2) 造成电子标签工作状态的混乱。

(3) 造成写入电子标签错误地进入休眠状态。

阅读器在接收电子标签发送的数据信息时出错可能导致以下结果。

(1) 不能识别正常工作的电子标签，误判电子标签故障。

(2) 将一个电子标签判别为另外一个电子标签，造成识别错误。

可能的抗干扰措施如下。

(1) 通过电子标签与阅读器通信约定的数据完整性方法，检验出收到干扰出错的数据。

(2) 通过数据编码提高数据传输过程中的抗干扰能力，使得数据传输过程不容易受到干扰。

(3) 通过数据编码与数据完整性校验，纠正数据传输过程中的某些差错。

(4) 通过多次重发、比较，剔除出错的数据并保留判断为正确的数据。

3.4.5 多电子标签同时识别与系统防冲撞

RFID 的一个优点就是多个目标识别。RFID 系统工作时，在阅读器的作用范围内可能会有多个应答器同时存在。在多个阅读器和多电子标签的 RFID 系统中，存在两种形式的冲突方式：一种是同一电子标签同时收到不同阅读器发出的命令；另一种是一个阅读器同时收到多个不同电子标签返回的数据。第一种情况在实际使用中要尽量避免，下面仅考虑实际系统中最容易出现的情况，即一个阅读器和多个电子标签的系统。在这种形式的系统中，存在两种基本的通信：从阅读器到电子标签的通信和从电子标签到阅读器的通信。从阅读器到电子标签的通信，类似于无线电广播方式，多个接收机（电子标签）同时接收同一个发射机（阅读器）发出的信息。这种通信方式也被称为无线电广播。从电子标签到阅读器的通信称为多路存取，使之在阅读器的作用范围内有多个电子标签的数据同时传送给阅读器。

无线电通信系统中多路存取方法一般具有以下几种形式：空分多路法（SDMA）、频分多路法（FDMA）、时分多路法（TDMA）、码分多路法（CDMA）。RFID 系统多路存取技术的实现对电子标签和阅读器提出了一些特殊的要求，因为必须使人们感觉不到浪费时间，必须可靠地防止由于电子标签的数据相互冲突而不能读出。下面仅就几种在 RFID 系统中采用的多路存取方法和特点进行简单的介绍。

1. 空分多路法

空分多路法是在分离的空间范围内进行多个目标识别的技术。一种方式是将阅读器和天线的作用距离按空间区域进行划分，把多个阅读器和天线放置在这个阵列中。这样，当电子标签进入不同的阅读器范围时，就可以从空间上将电子标签区别开来。其实现的另外一种方式可以在阅读器上利用一个相控阵天线，并使天线的方向性图对准某个电子标签。所以不同电子标签可以根据其在阅读器作用范围内的角度位置区别开来。

空分多路法的缺点是复杂的天线系统和相当高的实施费用，因此采用这种技术的系统一般是在一些特殊应用场合，例如这种方法在大型的马拉松活动中就获得了成功。

2. 频分多路法

频分多路法是把若干个使用不同载波频率的传输通路同时供通信用户使用的技术。一般情况下，这种 RFID 系统下行链路（从阅读器到电子标签）频率是固定的（如 125kHz），用于能量供应和命令数据的传输。而对于上行链路（从电子标签到阅读器），电子标签可以采用不同的、独立的副载波频率进行数据传输（如 433～435MHz 内的若干频率）。

频分多路方法的一个缺点是阅读器的成本高，因为每个接收通路必须有单独接收器供使用，电子标签的差异更为麻烦。因此，这种防碰撞方法也限制在少数几个特殊的应用上。

3. 时分多路法

时分多路法是把整个可供使用的通路容量按时间分配给多个用户的技术。时分多路法首先在数字移动系统范围推广使用。对RFID系统来说,时分多路法构成了防碰撞算法最大的一族。这种方法又可分为电子标签控制法和阅读器控制法,如图3-33所示。

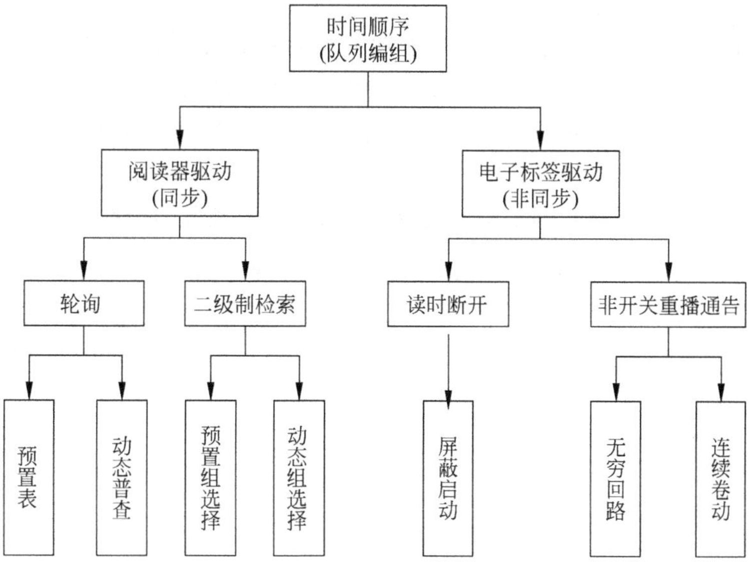

图3-33 RFID系统中时分多路防冲撞技术分类

电子标签控制法的工作是非同步的,因为这里没有阅读器的数据传输控制,例如ALOHA法。按照电子标签成功完成数据读取后是否通过阅读器发出的命令进入“静止”状态(即不再发送自己的ID号和数据),电子标签控制法又可分为开关断开法和非开关法。

在阅读器控制法中,所有的电子标签同时由阅读器进行观察和控制。通过一种规定的算法,在阅读器作用范围内,首先在选择的电子标签组中选中一个电子标签,然后完成阅读器和电子标签之间的通信(如识别、读出和写入数据)。在同一时间只能建立一个通信关系,所以如果要选择另外一个电子标签,应该解除与原来电子标签的通信关系。阅读器控制方法可以进一步划分为轮询法和二进制搜索法。

轮询法需要有所有可能用到的电子标签的序列号清单。所有的序列号被阅读器依次询问,直至某个有相同序列号的电子标签响应为止。然而,这个过程依赖于电子标签的数量,只适用于作用区内仅有几个已知电子标签的场合。

最灵活的和应用最广泛的是二进制搜索法。对这种方法来说,为了从一组电子标签中选择其中之一,阅读器发出一个请求命令,阅读器通过合适的信号编码,能够确定发生碰撞的准确比特位置,从而对电子标签返回的数据做出进一步的判断,发出另外的请求命令,以最终确定阅读器作用范围内的所有电子标签。

3.5 RFID工作频率以及编码标准

由于RFID的应用牵涉众多行业,因此其相关的标准非常复杂。从类别看,RFID标准可以分为以下4类:技术标准(如RFID技术、IC卡标准等)、数据内容与编码标准(如编码格式、语法标准等)、性能与一致性标准(如测试规范等)、应用标准(如船运标签、产品包装标准等)。具体来讲,RFID 相关的标准涉及电气特性、通信频率、数据格式和元数据、通信协议、安全、测试、应用等方面。

与 RFID 技术和应用相关的国际标准化机构主要有国际标准化组织(ISO)、国际电工委员会(EC)、国际电信联盟(ITU)、世界邮联(UPU)。此外,还有一些区域性标准化机构(如 EPC Global、UID Center、CEN)、国家标准化机构(如 BSI、ANSI、DIN)和产业联盟(如 ATA、AIAG、EIA)等,也制定与 RFID 相关的区域、国家、产业联盟标准,并通过不同的渠道提升为国际标准。表 3-1 所示列出了目前 RFID 系统主要频段的标准与特性。

表 3-1 RFID 系统主要频段标准与特性

	低频	高频	超高频	微波
工作频率/Hz	125～134	13.56	868～915	2.45～5.8G
读取距离/m	1.2	1.2	4(美国)	15(美国)
速度	慢	中等	快	很快
潮湿环境	无影响	无影响	影响较大	影响较大
方向性	无	无	部分	有
全球适用频率	是	是	部分	部分
现有 ISO 标准	11784/85,14223	14443,18000-3,15693	18000-6	18000-4/555

RFID 是从 20 世纪 80 年代开始逐渐走向成熟的一项自动识别技术。近年来由于集成电路的快速发展,RFID 标签的价格持续降低,因而在各个领域的应用发展十分迅速。为了更好地推动这一新产业的发展,国际标准化组织(ISO)、以美国为首的 EPC Global、日本 UID 等标准化组织纷纷制定 RFID 相关标准,并在全球积极推广这些标准。

1. ISO/IEC RFID 标准体系

RFID 标准化工作最早可以追溯到 20 世纪 90 年代。1995 年,国际标准化组织 ISO/IEC 联合技术委员会 JTCI 设立了子委员会 SC31(以下简称 SC31),负责 RFID 标准化的研究工作。SC31 子委员会由来自各个国家的代表组成,如英国的 BS1IST34 委员、欧洲 CENTC225 成员。他们既是各大公司内部咨询者,也是不同公司利益的代表者。因此在 ISO 标准化制定过程中,有企业、区域标准化组织和国家三个层次的利益代表者。SC31 子委员会负责的 RFID 标准可以分为 4 个方面:数据标准(如编码标准 ISO/IEC 15691、数据协议 ISO/IEC 15692、ISO/IEC 15693,解决了应用程序、标签和空中接口多样性的要求,提供了一套通用的通信机制);空中接口标准(ISO/IEC 18000 系列);测试标准(性能测试 ISO/IEC 18047 和一致性测试标准 ISI/IEC 18046);实时定位(RTLS)(ISO/IEC 24730 系列应用接口与空中接口通信标准)方面的标准。这些标准涉及 RFID 标签、空中接口、测试标准以及读写器与应用程序之间的数据协议,它们考虑的是所有应用领域的共性要求。

ISO 对于 RFID 的应用标准由应用相关的子委员会制定。RFID 在物流供应链领域中的应用方面的标准由 ISOTC 122/104 联合工作组负责制定,包括 ISO 17358(应用要求)、ISO 17363(货运集装箱)、ISO 17364(装载单元)、ISO 17365(运输单元)、ISO 17366(产品包装)、ISO 17367(产品标签)。RFID在动物追踪方面的标准由ISO TC23SC19来制定,包括ISO 11784/11785(动物RFID畜牧业的应用)和ISO 14223(动物RFID畜牧业的应用高级标签的空中接口、协议定义)。

从ISO制定的RFID标准内容来看,RFID应用标准是在RFID编码、空中接口协议、读写器协议等基础标准之上,针对不同使用对象,确定了使用条件、标签尺寸、标签粘贴位置、数据内容格式、使用频段等方面特定应用要求的具体规范,同时也包括数据的完整性、人工识别等其他一些要求。通用标准提供了一个基本框架,应用标准是对它的补充和具体规定。这一标准制定思想,既保证了RFID技术具有互通性与互操作性,又兼顾了应用领域的特点,能够很好地满足应用领域的具体要求。

2. EPC Global RFID标准

EPC Global是由美国统一代码协会(UCC)和国际物品编码协会(EAN)于2003年9月共同成立的非营利性组织,其前身是1999年10月1日在美国麻省理工学院成立的非营利性组织——Auto-ID中心。Auto-ID中心以创建物联网为使命,它与众多成员企业共同制定一个统一的开放技术标准。EPC Global旗下有沃尔玛集团、英国Tesco等100多家欧美零售流通企业,同时有IBM、微软、飞利浦、Auto-ID Lab等公司提供技术研究支持,目前已在加拿大、日本、中国等建立了分支机构,专门负责EPC码段在这些国家的分配与管理、EPC相关技术标准的制定以及EPC相关技术在本国宣传普及和推广应用等工作。

与ISO通用性RFID标准相比,EPC Global标准体系面向物流供应链领域,可以看成一个应用标准。EPC Global的目标是解决供应链的透明性和追踪性,透明性和追踪性是指供应链各环节中所有合作伙伴都能够了解单件物品的相关信息,如位置、生产日期等。为此,EPC Global制定了EPC编码标准,它可以实现对所有物品提供单件唯一标识;也制定了空中接口协议、读写器协议。这些协议与ISO标准体系类似。在空中接口协议方面,EPC Global的策略尽量与ISO兼容,如EPC C1 Gen2 UHF RFID标准已递交到ISO,将成为ISO 180006C标准。但EPC Global空中接口协议有其局限范围,仅关注UHF(860～930MHz)。

除信息采集外,EPC Global非常强调供应链各方之间的信息共享,为此制定了信息共享的物联网相关标准,包括EPC中间件规范、对象名解析服务(Object Naming Service,ONS)、物理标记语言(Physical Markup Language,PML)。这就从信息的发布、信息资源的组织管理、信息服务的发现以及大量访问之间的协调等方面做出规定。物联网的信息量和信息访问规模大大超过普通的因特网;但物联网是基于因特网的,与因特网具有良好的兼容性。因此,物联网系列标准是根据自身的特点参照因特网标准制定的。

EPC Global物联网体系架构由EPC编码、EPC标签及读写器、EPC中间件、ONS服务器和EPCIS服务器等部分构成。EPC赋予物品唯一的电子编码,其位长通常为64b或96b,也可扩展为256b。

物联网标准是EPC Global所特有的,ISO仅考虑自动身份识别与数据采集的相关标准,而对数据采集以后如何处理、共享并没有做出规定。物联网是未来的一个目标,对当前应用系统建设来说具有指导意义。

3. UID 编码体系

日本在电子标签方面的发展，始于 20 世纪 80 年代中期的实时嵌入式系统 TRON，T-Engine 是其中核心的体系架构。日本泛在中心制定 RFID 相关标准的思路类似于 EPC Global，其目标也是构建一个完整的标准体系，即从编码体系、空中接口协议到泛在网络体系结构。

在 T-Engine 论坛领导下，泛在中心于 2003 年 3 月成立，并得到日本经济产业省、总务省和大企业的支持，目前包括微软、索尼、三菱、日立、日电、东芝、夏普、富士通、NTT DoCoMo、KDDI、J-Phone、伊藤忠、大日本印刷、凸版印刷、理光等重量级企业。

泛在中心的泛在识别技术体系架构由泛在识别码(uCode)、信息系统服务器、泛在通信器和 uCode 解析服务器 4 部分构成。uCode 采用 128B 记录信息，提供了 340×1036 编码空间，并可以以 128B 为单元进一步扩展至 256B、384B 或 512B。uCode 能包容现有编码体系的元编码设计，以兼容多种编码，包括 JAN、UPC、ISBN、IPv6 地址，甚至电话号码。uCode 标签具有多种形式，包括条码、射频标签、智能卡、有源芯片等。泛在 ID 中心把标签进行分类，设立了 9 个级别的不同认证标准。信息系统服务器用来存储和提供与 uCode 相关的各种信息。uCode 解析服务器用于确定与 uCode 相关的信息存放在哪个信息系统服务器上，其通信协议为 uCodeRP 和 eTP，其中 eTP 是基于 eTron(PKI)的密码认证通信协议。泛在通信器主要由 IC 标签、标签读写器和无线广域通信设备等部分构成，用来将读到的 uCode 送至 uCode 解析服务器，并从信息系统服务器上获得有关信息。

4. 我国 RIFD 标准体系的研究与发展

目前，全球 RFID 标准呈三足鼎立局面，国际标准 ISO/IEC 18000、美国的 EPC Global 和日本的 Ubiquitous ID，技术差别不大却各不兼容，因此造成了几大标准在中国的混战局面。

在我国，由于技术标准的不统一，RFID 技术在应用中遇到了很多问题，如缺乏 RFID 系列技术标准，编码与数据协议冲突等。为使 RFID 技术在我国得到更广阔的应用，“十一五”期间，中国物品编码中心联合中国标准化协会等单位，承担“863”计划、“RFID 技术标准的研究”项目，系统开展了 RFID 相关标准的研究制定工作。此外，中国物品编码中心以全国信息技术标准化技术委员会自动识别与数据采集技术分委会和我国自动识别技术企业为依托，结合物联网应用，全方位推进我国 RFID 技术研究和标准化工作。

全国信息技术标准化技术委员会自动识别与数据采集技术分技术委员会(SC31 标委会)于 2002 年组建成立，其秘书处设在中国物品编码中心，对口国际 SC31 开展标准化研究工作，是负责全国自动识别和数据采集技术及应用的标准化工作组织。

2004 年初，中国国家标准化管理委员会宣布，正式成立电子标签国家标准工作组，负责起草、制定中国有关电子标签的国家标准，使其既具有中国的自主知识产权，同时又与目前国际的相关标准互通兼容，促进中国的电子标签发展纳入标准化、规范化的轨道。

2005 年 4 月，中国信息产业商业联合会联合众多组织和企业成立“中国 RFID 联盟”(下称“R 盟”)据悉，国际 RFID 联盟组织也将成为 R 盟常务理事。R 盟将致力于促进 RFID 的产业化进程，以解决目前市场推广中存在的技术标准、实施成本和市场需求等三大难题。

2006 年 6 月，发表了《中国射频识别(RFID)技术政策白皮书》。

2010 年 5 月，第十六届国际自动识别和数据采集技术标准化分委员会(SC31)年会在北京成功举行。该会议是我国第一次承办的自动识别与数据采集技术领域标准化国际会议，吸引了来自全球 10 多个国家的国家团体和机构代表出席会议。SC31 标委会将致力于国际 RFID 标准进展的跟踪，对于标准的过程性投票文件严格审核，加快 RFID 关键技术标准的制修订工作，填补国内 RFID 标准的空白，履行 SC31 标委会与国际 SC31 的对口职责，对国内企业提交的 RFID 技术提案组织专家组审评，对于有创新性的技术提案尽快提交国际 SC31，争取国内 RFID 技术提案在国际标准中的地位。

3.6　RFID 技术应用

RFID 系统的最大优点是减少了人工干预，可应用于跟踪和识别物体、人或动物的多个行业，并在不断发展。

1. RFID 技术与传感器技术

当电子标签具有感知能力时，RFID 与无线传感网的界限就变得模糊不清了。很多主动式和半主动式电子标签结合传感器进行设计，使得传感器可以发送数据给读写器，而这些电子标签并不完全是无线传感网的节点，因为它们之间缺乏通过相互协同组成的自组织网络进行通信，但是它们又超越了一般的电子标签。另一方面，一些传感器节点正在使用 RFID 读写器作为它们感知能力的一部分。温度标签、振动传感器、化学传感器都大大提高了 RFID 技术的功能。

若将智能传感器与准确的时间、位置感应的电子标签结合起来，将能够记录给定物体的状态及其被处理的情况。例如，人们正在研究开发易腐食品是否过期的生物传感器，这种传感器十分微小，能检测出任何生物或化学制剂。这种传感器由发射器和计算机芯片组成，它能嵌入电子标签，能在水瓶里甚至肉品包装袋的积水底部工作。RFID 生物传感器的研制还需要几年时间，但有些公司，包括麦当劳最大的牛肉供应商——金州食品公司，自 2002 年以来一直在试验 RFID 生物传感器。由 RFID 传感器构成的系统最终将跟踪和监测所有的食品供应，防止污染和生物恐怖主义者。

2. 应用近距离无线通信技术组成无线支付系统

近距离无线通信(Near Field Communication，NFC)技术是由飞利浦公司发起，由诺基亚公司、索尼公司等著名厂商联合主推的一项无线通信技术。NFC 工作在 13.56MHz 频段，其数据传输速率取决于工作距离，可以是 106kb/s、212kb/s 或 424kb/s；其最长通信距离为 20cm，在大多数应用中，实际工作距离不会超过 10cm。NFC 技术的出现将在很大程度上改变人们使用某些电子设备的方式，甚至改变信用卡、现金和钥匙的使用方式，它可以应用在手机等便携型设备上，实现安全的移动支付和交易、简便的端对端通信、在移动中轻松接入信息等功能。

NFC 与 RFID 技术所针对的行业不同，NFC 技术针对消费类电子产品，而 RFID 技术针对所有行业，包括物流、交通等诸多行业。从某种意义上讲，NFC也是RFID的一种应用，也可以把NFC看成RFID的升级。RFID与NFC是相互促进的：一方面，RFID应用的普及需要无处不在的读写器；另一方面，NFC是与手机紧密结合的技术，NFC的普及将解决RFID读写器存在的一些难题，为RFID的进一步发展助力。此外，RFID市场的存在和扩大，也给NFC技术的推广普及提供了基础环境。从通信角度来看，近距离内工作的RFID技术也是近距离无线通信技术的一种。RFID技术的下一个应用热点将是手机、个人数字助理(PDA)和汽车电子产品等消费性的电子产品领域，它们的表现形式将是基于NFC等技术的非接触式移动支付等，例如以手机取代电子钱包、信用卡、积分卡、银行卡和交通卡等。

NFC手机与用户识别模块(SIM卡)整合，让手机拥有小额付费功能，并同时可以兼容如Master Card Paypass及VISA Wave等多张非接触式感应信用卡，以一部手机就可乘地铁、公交，还能当作电子钱包，而无须携带许多张卡出门。空中下载(Over The Air，OTA)技术是通过移动通信的空中接口对SIM卡数据及应用进行远程管理的技术。借由OTA，可以简单便捷地配置NFC手机的多元化服务。这种移动支付模式将带给消费者极大的方便，它可以随时随地快速选择新的支付模式。NFC手机将会内建密钥以增加安全性，也可以设定让每一笔交易都必须经过使用者以密码或其他生物特征确认，在系统支持下还能记录每笔交易信息，而客户也可以随时通过手机查询每次充值或交易的记录。NFC手机还可以读取内建感应线圈的海报提供的优惠信息。如果主要路标也布有内建感应线圈的电子标签，手机就能接收道路、旅游、环境、消费与公共服务等相关信息，使NFC的应用更加多元化。

3. RFID技术与4G

RFID技术在当前的移动通信领域中已经有所应用，但是大部分还处于试验阶段，从RFID的标记、地址号码和传感功能这3个本质特点来看，RFID在4G产业中的应用前景非常广阔。移动通信技术发展到4G的直接结果是一个结构更加复杂和功能更加强大的通信系统，除传统的人与人之间的通信外，设备与设备之间的通信业务(Machine to Machine，M2M)也得到迅速发展，而RFID在其中扮演关键的角色，因为RFID所具有的标记、地址号码和传感功能能够解决M2M中很多实际的问题。虽然设备或物品本身并不具备感知的功能，但可以利用支持RFID技术的4G终端了解设备或物品所处的外界环境，从而更好地实现对设备或物品的数据读取、状态监测和远程管理控制等诸多业务。新融合的需求对移动设备提出了前所未有的挑战，如果需要手持设备支持丰富的融合业务，除了强大的处理器之外，还需要支持无线局域网(WLAN)、超宽带(UWB)、蓝牙、ZigBee、通用移动电话业务(UMTS)等诸多无线协议，用以支持移动通信、娱乐体验的需求。

4G手机加上RFID技术可以实时传递信息和上传或下载多媒体影音档案，提供数据的读取与更新，存储用于对象识别与获取信息的功能。该研究表明，通过4G系统结合日常生活中各项物品，如家电用品、日常用品、大众运输、餐厅、电影及卖场等内含的电子标签，各项物品的服务经4G手机上的读写器读取之后，产品的具体信息将显示于4G手机屏幕，从而达到服务数字化，并且无所不在、无所不用，大大提高了人们数字生活的方便程度。若RFID的相关设备成本可以降低的话，未来日常生活中的各项物品均有可能内嵌电子标签，那样RFID技术与4G系统的结合可为人类未来的生活带来极大方便。

3.7 RFID 应用系统开发示例

运用 RFID 技术设计开发一个实际应用系统是主要目的所在。下面通过一个 RFID 应用系统的示例，在介绍阅读器的开发技术基础上，介绍 RFID 在 ETC 系统中的应用示例。

3.7.1 RFID 读写器设计

一个实际的 RFID 应用系统一般由硬件和软件两部分组成，其中硬件部分的关键是读写器。读写器的硬件结构主要可以分为主控制器模块和射频发射模块两部分以及其他辅助部分，其组成框图如图 3-34 所示。

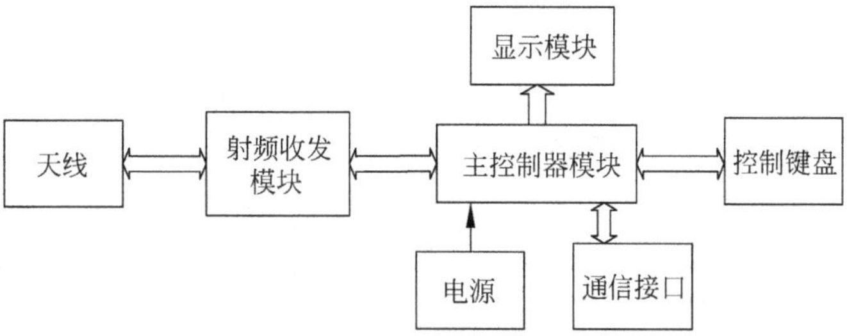

图 3-34　RFID 系统读写器硬件组成框图

1. 主控制器

读写器的主控制器可以采用 NIOSII 软核处理器，该软核处理器被嵌入到 Altera Cyclone FPGA 系列的 EPIC6T144C8 中。

1) Altera Cyclone FPGA 系列简介

FPGA 是英文 Field Programmable Gate Array 的缩写，即现场可编程门阵列。它是在可编程阵列逻辑(Programmable Array Logic，PAL)、门阵列逻辑(Gate Array Logic，GAL)、可编程逻辑器件(Programmable Logic Device，PLD)等可编程器件的基础上进一步发展的产物。它是作为专用集成电路(Application Specific Integrated Circuit，ASIC)领域的一种半定制电路而出现的，既解决了定制电路的不足，又克服了原有可编程器件门电路数有限的缺点。

Altera Cyclone FPGA 是目前市场上性价比最高的 FPGA。Cyclone 器件具有为大批量价格敏感应用优化的功能集，其应用市场包括消费类、工业类、汽车业、计算机和通信类。Cyclone 器件基于成本优化的全铜 1.5VSRAM 工艺，容量为 2910～20060 个逻辑单元，具有多达 294 912b 的嵌入 RAM。

Altera Cyclone FPGA 支持各种单端 I/O 标准，如 LVTTL、LVCMOS、PCI 和 SSTL-2/3，通过 LVDS 和 RSDS 标准提供多达 129 个通道的差分 I/O 支持。每个 LVDS 通道的速率高达 640Mb/s。Cyclone 器件具有双数据速率(DDR)SDRAM 和 FCRAM 接口的专用电路。Cyclone FPGA 中有两个锁相环(PLL)提供 6 个输出和层次时钟结构，以及复杂设计的时钟管理电路。这些业界最高效架构特性的组合使得FPGA系列成为ASIC最灵活和最合算的替代方案。

2）NIOS Ⅱ简介

NIOS Ⅱ系列软核处理器是Altera的第二代FPGA嵌入式处理器，其性能超过200DMIPS，在Altera FPGA中实现仅需35美分。Altera的Stratix、StratixGX、Stratixn和Cyclone系列FPGA全面支持NIOS Ⅱ处理器，以后推出的FPGA器件也将支持NIOS Ⅱ。

NIOS Ⅱ系列包括3种产品：NIOS Ⅱ/f(快速)——最高的系统性能，中等FPGA使用量；NIOSII/s(标准)——高性能，低FPGA使用量；NIOS Ⅱ/e(经济)——低性能，最低的FPGA使用量。这3种产品具有32位处理器的基本结构单元——32位指令大小、32位数据和地址路径、32位通用寄存器和32个外部中断源。使用同样的指令集架构(ISA)，100%与二进制代码兼容，设计者可以根据系统需求的变化更改CPU，选择满足性能和成本的最佳方案，而不会影响已有的软件投入。

3）SOPC简介

使用可编程逻辑技术把整个系统放到一块硅片上，称为SOPC(System on Programmable Chip，可编程片上系统)。SOPC是一种特殊的嵌入式系统：首先它是片上系统(SoC)，即由单个芯片完成整个系统的主要逻辑功能；其次，它是可编程系统，具有灵活的设计方式，可裁减、可扩充、可升级，并具备软硬件在系统中可编程的功能。

SOPC结合了SoC和PLD、FPGA各自的优点，一般具备以下基本特征：①至少包含一个嵌入式处理器内核；②具有小容量片内高速RAM资源；③丰富的IP Core资源可供选择；④足够的片上可编程逻辑资源；⑤处理器调试接口和FPGA编程接口；⑥可能包含部分可编程模拟电路；⑦单芯片、低功耗、微封装。

SOPC设计技术涵盖了嵌入式系统设计技术的全部内容，除了以处理器和实时多任务操作系统(RTOS)为中心的软件设计技术，以PCB和信号完整性分析为基础的高速电路设计技术以外，SOPC还涉及目前已引起普遍关注的软硬件协同设计技术。由于SOPC的主要逻辑设计是在可编程逻辑器件内部进行，而BGA封装已被广泛应用在微封装领域，传统的调试设备(如逻辑分析仪和数字示波器)已很难进行直接测试分析，因此，必将对以仿真技术为基础的软硬件协同设计技术提出更高的要求。同时，新的调试技术也已不断涌现出来，如Xilinx公司的片内逻辑分析仪ChipScope ILA就是一种价廉物美的片内实时调试工具。

2. 射频收发模块

目前，射频收发模块可供选择的产品主要有SkyeModule模块和CC1100模块。

1）SkyeModule模块简介

SkyeModule是SkyeTec公司生产的超高频(562～955MHz)读写器模块，可以对基于ISO 18000-6B、EPCClasslGenz空中接口标准的标签进行可读写操作。SkyeTek公司已经为SkyeModule模块制定了专门的通信协议，控制器只需按照通信协议格式就可以通过串行接口或USB接口与SkyeModule模块进行通信，读取标签信息或对SkyeModule模块进行配置。

两根串口线分别是TXD和RXD连接(没有握手协议)。TXD和RXD可以在模块上找到相应的点。根据SkyeTek Protocol v3协议(ASCII或二进制格式)，数据在主机和SkyeModule之间进行交换。图3-35所示为典型的例子。发送1的ASCII码，即49(十进制）＝0X31（十六进制）＝0b00110001（二进制）。

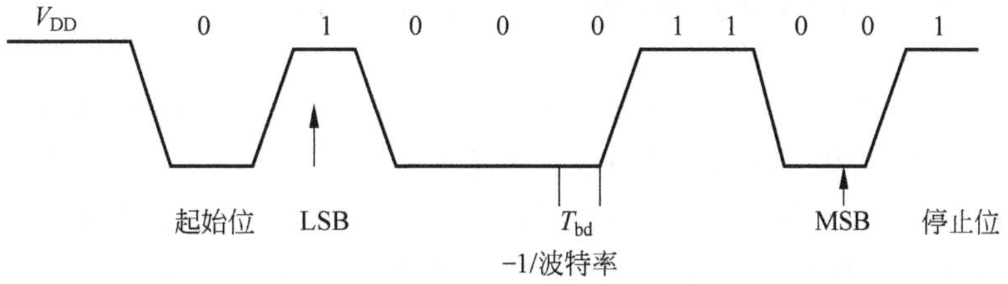

图 3-35 SkyeModule 发射器示意图

对于 SkyeModule 模块，波特率是可选的，通过相应的系统参数来设置，程序出厂默认波特率为 38 400 波特，无奇偶检验，8 位数据，1 位停止位。

当 SkyeModule 模块和 PC 相连时，应进行 TTL 和 RS-232 间的电平转换。

2）CC1100 模块简介

CC1100 是一种低成本真正单片的 UHF 收发器，它是为低功耗无线应用而设计的。其电路主要设定于 315MHz/433MHz/868MHz 和 915MHz 的 ISM 和 SRD（短距离设备）频率波段，也可以很容易地设置为 300～348MHz、400～464MHz 和 800～928MHz 的其他频率。

RF 收发器集成了一个高度可配置的调制解调器。这个调制解调器支持不同的调制格式，其数据传输速率可达 500kb/s。通过开启集成在调制解调器上的前向误差校正选项，能使性能得到提升。

CC1100 可为数据包处理、数据缓冲、突发数据传输、清晰信道评估、连接质量指示和电磁波激发提供广泛的硬件支持。其主要操作参数和 64 位传输/接收 FIFO（先进先出）堆栈可通过 SPI 接口控制。在一个典型系统里，CC1100 和一个微控制器及若干被动元件一起使用，只需少量的外部元件，其典型应用电路如图 3-36 所示。

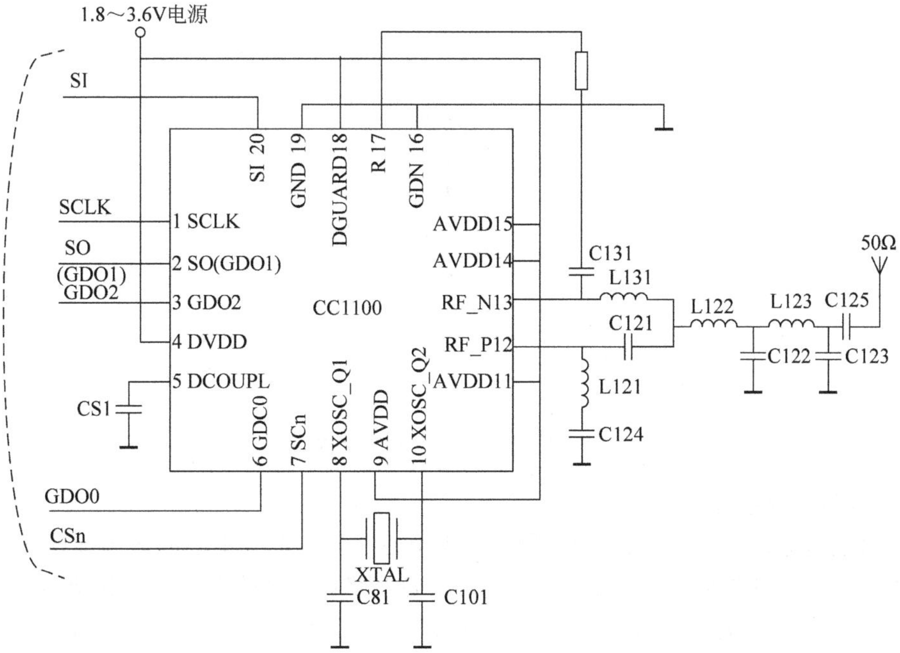

图 3-36 CC1100 典型应用电路

3.7.2 基于 RFID 技术的 ETC 系统设计

ETC(Electronic Toll Collection System,电子收费)系统又称不停车收费系统,是利用 RFID 技术实现车辆不停车自动收费的智能交通系统。ETC 系统在国外已有较长的发展历史,美国、欧洲等国家和地区的电子收费系统已经局部联网并逐步形成规模效益。我国以 IC 卡、磁卡为介质,采用人工收费方式为主的公路联网收费方式,无疑将受到这一潮流的影响。

在不停车收费系统特别是高速公路自动收费应用上,RFID 技术可以充分体现出它的优势,即在让车辆高速通过完成自动收费的同时,还可以解决原来收费成本高、管理混乱以及停车排队引起的交通拥塞等问题。

1. ETC 系统的组成

ETC 系统广泛采用了现代高新技术,尤其是电子方面的技术,包括无线电通信、计算机、自动控制等多个领域。与一般半自动收费系统相比,ETC 系统具有两个主要特征:一是在收费过程中流通的不是传统的现金,而是电子货币;二是实现了公路的不停车收费。使用 ETC 系统的车辆只需按照限速要求直接驶过收费道口,收费过程通过无线通信和机器操作自动完成,不必再像以往一样在收费亭前停靠、付款。ETC 系统的功能包括收费站、收费数据采集、管理收费车道的交通、车道控制机与后台结算网络的数据接口、内部管理功能、查询系统。ETC 系统的结构如图 3-37 所示。

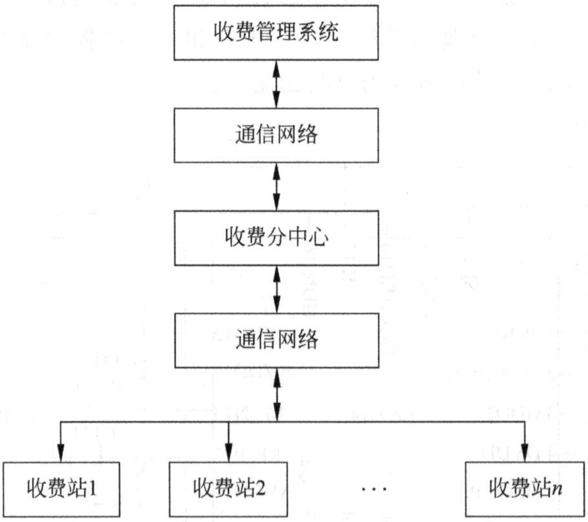

图 3-37 ETC 系统结构

1) 收费管理系统

收费管理系统是 ETC 系统的控制和监视中心。各收费分中心的运作都要通过收费管理系统来完成。它提供以下几个功能:①汇集各个路桥自动收费系统的收费信息;②监控所有收费站系统的运行状态;③管理所有标识卡和用户的详细资料,并详细记录车辆通行情况，管理和维护电子标签的账户信息；④提供各种统计分析报表及图表；⑤收费管理中心可通过网络连接各收费站，以进行数据交换和管理（也可采用脱机方式，通过便携机或权限卡交换数据）；⑥查询缴费情况、入账情况、各路段的车流量等情况；⑦执行收费结算，形成电子标签用户和业主的转账数据。

2）收费分中心

收费分中心的主要功能有：①接收和下载收费管理系统运行参数（费率表、黑名单、同步时钟、车型分类标准及系统设置参数等）；②采集辖区内各收费站上传的收费数据；③对数据进行汇总、归档、存储，并打印各种统计报表；④给收费管理系统上传数据和资料；⑤票证发放、统计和管理；⑥抓拍图像的管理；⑦收费系统中操作、维修人员权限的管理；⑧数据库、系统维护，网络管理等。

3）通信网络

通信网络负责在收费系统与运行系统之间以及各站口的收费系统之间传输数据。

（1）收费站与收费中心的通信。出于对安全的考虑，收费站与收费中心之间采用TCP/IP进行文件传输的方式。

（2）收费站数据库服务器与各车道控制机之间的数据通信。该模块与车道控制系统的通信模块是对等的，提供的主要功能为：①更新数据，即当接收完上级系统下传的更新数据并写入数据库后，向各车道控制机发送更新后的数据；②接收数据，即实时接收车道上传的原始过车记录和违章车辆信息；③发送控制指令，即当接收到车道监控系统发来的车道控制指令后，将该指令实时地转发到对应的车道控制机中。

4）收费站

收费站采用智能型远距离非接触收费机。当车辆驶抵收费站时，通过车辆上配备的电子标签“刷卡”，收费站的收费机将数据写入卡片并上传给收费站的微机，可使唯一车辆收到信号，车辆在驶至下一个收费站并刷卡后，经过卡片和收费机的3次相互认证，将电子标签上的相关信息发给收费站的收费机。经收费机无线接收系统核对无误后完成一次自动收费，并开启绿灯或其他放行信号，控制道闸抬杆，指示车辆正常通过。如收不到信号或核对该车辆通行合法性有误，则维持红灯或其他停车信号，指示该车辆属于非正常通行车辆，同时安装的高速摄像系统能将车辆的有关信息数据快速记录下来，并通知管理人员进行处理。车主的开户、记账、结账和查询（利用互联网或电话网），可利用计算机网络进行账务处理，通过银行实现本地或异地的交费结算。收费计算机系统包括一个可记录存储多达20万部车辆的数据库，可以根据收费接收机送来的识别码、入口码等进行检索、运算与记账，并将运算结果送到执行机构。执行机构可显示车牌号、应交款数、余款数等。

2. ETC系统的硬件设计

ETC系统的工作流程为：当有车进入自动收费车道并驶过在车道的入口处设置的地感线圈时，地感线圈就会产生感应而生成一个脉冲信号，由这个脉冲信号启动射频识别系统。由读写器的控制单元控制天线搜寻是否有电子标签进入读写器的有效读写范围。如果有，则向电子标签发送读指令，读取电子标签内的数据信息，送给计算机，由计算机处理完后再由车道后面的读写器写入电子标签，打开栏杆放行并在车道旁的显示屏上显示此车的收费信息，这样就完成了一次自动收费。如果没找到有效的标签，则发出报警，放下栏杆阻止恶意闯关，迫使其进入旁边预设的人工收费通道。

从ETC的工作流程分析可知一个较为完整的ETC车道所需的各个组成部分，据此可设计如图3-38所示的ETC车道自动收费系统框图。ARM嵌入式系统主要完成总体控制，MSP430单片机则主要负责车辆缴费信息的显示，二者互为冗余且都可控制整个系统。一旦一方出现异常，另一方即可发出报警信息，在故障排除前代其行使职责，以保证ETC车道的正常工作。具体各部分的硬件选择和设计将在后面具体说明。

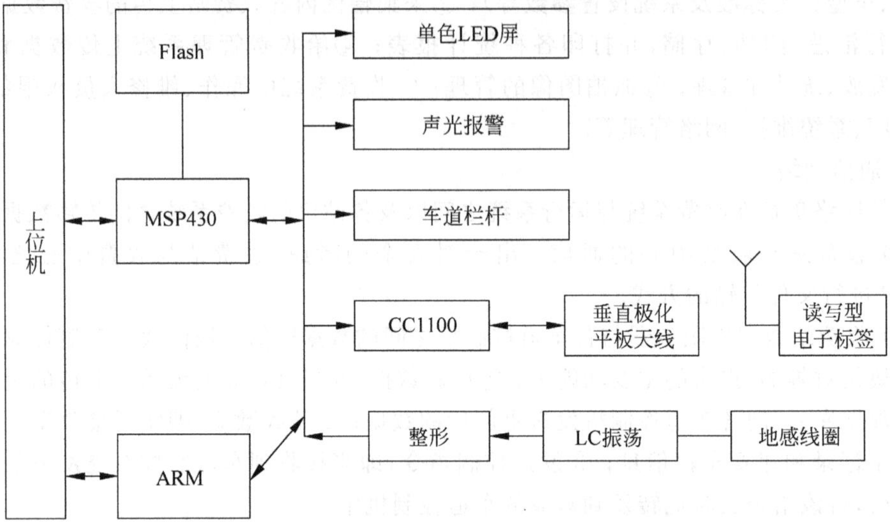

图3-38 ETC车道自动收费系统框图

1）车辆检测器的设计

车辆检测器是高速公路交通管理与控制的主要组成部分之一，是交通信息的采集设备。它通过数据采集和设备监控等方式，在道路上实时地检测交通量、车辆速度、车流密度和时空占有率等各种交通参数，这些都是智能交通系统中必不可少的参数。检测器检测到的数据通过通信网络传送到本地控制器中或直接上传至监控中心计算机中，作为监控中心分析、判断、发出信息和提出控制方案的主要依据。它在自动收费系统中除了采集交通信息外还扮演着ETC系统开关的角色。

使用车辆检测器作为ETC系统的启动开关。当道路检测器检测到有车辆进入时，就发送一个电信号给RFID读写器的主控CPU，由主控CPU启动整个射频识别系统，对来车进行识别，并完成自动收费。

目前，常用的车辆检测器种类很多，有电磁感应检测器、波频车辆检测器、视频检测器等，具体包括环形线圈（地感线圈）检测器、磁阻检测器、微波检测器、超声波检测器、红外线检测器等。其中，地感线圈检测器和超声波检测器都可做到高精度检测，且受环境以及天气的影响较小，更适用于ETC系统。但是，超声波检测器必须放置在车道的顶部，而ETC系统中最关键的射频识别读写器天线也需要放置在车道比较靠上的位置，二者就有可能会互相影响，且超声波检测器价格较高，故其性价比稍逊于地感线圈检测器。更重要的是，地感线圈的技术更加成熟。

地感线圈检测器的原理结构框图如图3-39所示，其工作原理是：埋设在路面下使环形线圈电感量随之降低，当有车经过时会引起电路谐振频率的上升，只要检测到此频率随时间变化的信号，就可检测出是否有车辆通过。环形线圈的尺寸可随需要而定，每车道埋设一个，计数精度可达到±2%。

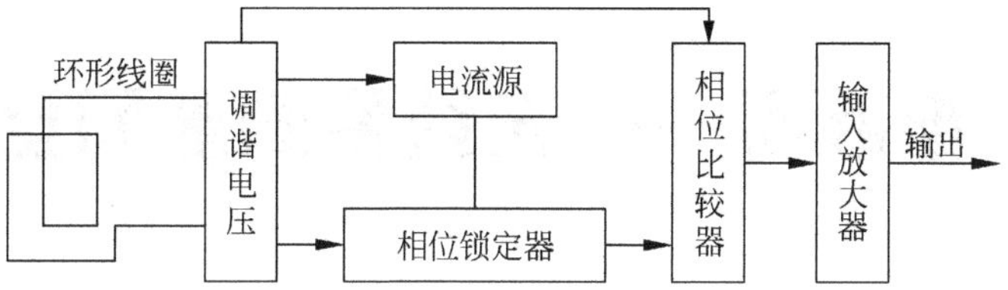

图 3-39 地感线圈检测器的原理结构图

2）双核冗余控制设计

考虑到不停车电子收费系统需要常年在室外环境下工作，会受到各种恶劣天气的影响以及各种污染的侵蚀，对其核心控件采取冗余设计，以保证系统的正常工作，即采用了双核控制的策略——嵌入式系统和单片机的冗余控制。这一策略的具体内容是：平时二者都处于工作状态，各司其职，嵌入式系统负责总体控制，单片机负责大屏幕显示，相互通信时都先检查对方的工作状态，一旦某一个 CPU 状态异常，另一个就立即启动设备异常报警，并暂时接管其工作以保证整个系统的正常工作，直到故障排除，恢复正常状态。之所以选择嵌入式系统和 MSP430 单片机，是因为嵌入式系统的实时性、稳定性更好，功能更加强大，有利于产品的更新换代；而 MSP430 单片机则以超低功耗、超强功能的低成本微型化的 16 位单片机著称，这有利于降低系统功耗，提高系统寿命，其众多的 I/O 接口也可为日后的系统升级提供足够的空间。

这种冗余设计的实现主要是通过两套控制系统完成的，即嵌入式系统和 MSP430 单片机都各有一套控制板，都可与射频收发芯片进行信息交换，都可采集地感线圈的脉冲信号，都可控制栏杆、红绿灯、声光报警、显示屏等车道设备。这二者之间采用 RS-485 通信，每次通信时都先检测对方的工作状态；如果出现异常，则紧急启动本控制系统中的备用控制程序。

3）电子标签与阅读器

电子标签与阅读器的核心收发模块可采用 CC1100，有关内容可查看相关资料。自动识别技术作为物联网的主要技术之一，虽然基本成熟，但还有很多问题急需解决。例如，射频标签的微型化、中间件系统和即将面临的安全问题等，都需要进一步学习和研究。

3.8 本章小结

RFID 技术是一种先进的自动识别技术。它的主要任务是提供关于个人、动物和货物等被识别对象的信息。本章首先对现有的自动识别技术进行了简要的介绍，介绍 RFID 技术的发展历史、分类，分析各种自动识别技术的特点；然后介绍 RFID 的工作原理，RFID 的技术分类，以及其工作频段和编码标准，最后介绍了 RFID 技术的应用，并结合 ETC 系统给出了 RFID 的应用示例。使读者对 RFID 技术概念、工作原理和流程、关键技术以及应用领域都有了一个全面的认识。

第4章 CHAPTER 4 物联网——无线传感器网络

随着无线通信、集成电路、传感器以及微机电系统(MEMS)等技术的飞速发展和日益成熟,低成本、低功耗、多功能的微型传感器的大量生产,使得能够无线传输并具备传感器性能的微型传感器节点组网工作,这些传感器在微小体积内通常集成了信息采集、数据处理和无线通信等多种功能。本章旨在介绍无线传感器网络及其应用。传感器网络(Sensor Network)的概念最早由美国军方提出,起源于1978年美国国防部高级研究计划局(DARPA)开始资助卡耐基-梅隆大学进行分布式传感器网络的研究项目,当时此概念局限于由若干具有无线通信能力的传感器节点自组织构成的网络。随着近年来互联网技术和多种接入网络以及智能计算技术的飞速发展,2008年2月,ITU-T发表了《泛在传感器网络》(*Ubiquitous Sensor Networks*)研究报告。报告指出,传感器网络已经向泛在传感器网络的方向发展,它是由智能传感器节点组成的网络,可以以"任何地点、任何时间、任何人、任何物"的形式被部署。该技术可以从安全保卫和环境监控到推动个人生产力及增强国家竞争力等方面,在广泛的领域中推动新的应用和服务。从以上定义可见,传感器网络已被视为物联网的重要组成部分,如果将智能传感器的范围扩展到RFID等其他数据采集技术,从技术构成和应用领域来看,泛在传感器网络等同于现在提到的物联网。无线传感器网络是一个比较新的技术领域,近年来,世界一些国家加大投入,研究开发新技术,积极攻克标准、技术和应用的制高点。我国也把这项技术发展列入国家中长期科技发展规划。无线传感器网络(WSN)所使用的硬件首先是传感器,感知振动、温度、压力、声音。把无线传感器做得较小、较精致,特别是供电技术,无线传感器与RFID不同,不能做成无电源的,供电方式有采用微型太阳电池等方式。

无线传感器网络不可能做得太大,只能在局部使用,例如战场、地震监测、建筑工程、保安、智能家居等。但是"物联网"就大得不得了。物联网可以把世界上任何物件通过电子标签和网络联系起来,是一种"无处不在"的概念。它与当前蓬勃发展的电子商务、网络交易有关。

如果把互联网(物联网完全依托在互联网上)比作人体,则RFID可以视为"眼睛",无线传感器网络可以视为"皮肤"。RFID解决"WHO",利用应答器,实现的是对物件的标识与识别;而无线传感器网络解决"HOW",利用传感器,实现对物体状态的把握;眼睛可以识别,皮肤可以感觉,眼睛的功能不在于感觉温度的变化,而皮肤的功能也不是用来辨别哪个人或哪件东西。无线传感器网络利用无线技术可以自成体系地单独使用,也可以作为互联网的"神经末梢"。应答器是物联网的"神经末梢"和节点，而无线传感器网络的节点是传感器。把传感器和应答器的功能统一称为"感知"，再把物联网中的物物相连的节点——应答器说成是"传感器"，这样就把传感器变成物联网的"节点"，也就是把无线传感网换成了物联网。

本章在传感器基本概念的基础上，介绍传感器的简单工作原理以及典型的传感器技术。然后重点介绍传感网的基本概念、关键技术，传感网节点的部署和覆盖问题，网络拓扑结构、协议体系结构以及传感网的技术应用等。

4.1　传感器概述

传感器最早来自"感觉"一词。人用眼睛看可以感觉到物体的形状、大小和颜色；用耳朵听，可以感觉到声音；用鼻子嗅，可以感觉气味。这种视觉、听觉、味觉和触觉是人感觉外界刺激所必须具备的感官，它们就是天然的传感器。

从字面上看，要求传感器不但要对被测量敏感，即"感"，而且具有把它对被测量的响应传送出去的功能，即"传"。通常传感器又称为变换器、转换器、检测器、敏感元件、换能器和一次仪表等。从仪器仪表学科的角度强调，它是一种感受信号的装置，所以称为"传感器"。从电子学的角度则强调它是能感受信号的电子元件，称为"敏感元件"，如热敏元件、磁敏元件、光敏元件及气敏元件等。在超声波技术中，则强调的是能量转换，称为"换能器"，如压电式换能器。这些不同的名称在大多数情况下并不矛盾，例如，热敏电阻既可以称为"温度传感器"，也可以称为"热敏元件"。但有些情况下，则只能用"传感器"一词，如利用压敏元件并具有质量块、弹簧和阻尼等结构的加速度传感器，是用"敏感元件"等词来称谓的，只有用"传感器"才更为贴切。可见，其他的提法在含义上有些狭窄，而"传感器"是使用最为广泛且更具概括性的用词。

4.1.1　传感器的定义

传感器是一种能把特定的被测量信息按一定规律转换成某种可用信号输出的器件或装置，以满足信息的传输、处理、记录、显示和控制等要求。应当指出，这里所谓的"可用信号"是指便于处理、传输的信号，一般为电信号，如电压、电流、电阻、电容、频率等。传感器的共同特点是利用各种物理、化学、生物效应等实现对被检测量的测量。可见，在传感器中包含着两个必不可少的概念：一是检测信号；二是能把检测的信息变换成一种与被测量有确定函数关系而且便于传输和处理的量。例如，传声器(话筒)就是这种传感器，它感受声音的强弱，并转换成相应的电信号；气体传感器感受空气环境中气体成分的变化；电感式位移传感器能感受位移量的变化，并把它们转换成相应的电信号。随着信息科学与微电子技术，特别是微型计算机与通信技术的快速发展，传统传感器已开始与微处理器、微型计算机相结合，形成了兼有信息检测和信息处理等多项功能的智能传感器。

4.1.2 传感器的性能参数及要求

传感器的优劣，一般通过若干性能指标来表示。除在一般检测系统中所用的特征参数（如灵敏度、线性度、分辨率、准确度、频率特性等）外，还常用阈值、漂移、过载能力、稳定性、可靠性以及与环境相关的参数、使用条件等。不同的传感器常常根据实际需要来确定其指标参数，有些指标可以低些或不考虑。下面简单介绍阈值、漂移、过载能力、稳定性、重复性的定义，以及可靠性的指标内容和传感器工作要求。

(1) 阈值。零位附近的分辨力，是指能使传感器输出端产生可测变化量的最小被测输入量值。

(2) 漂移。一定时间间隔内传感器输出量存在着与被测输入量无关的、不需要的变化，包括零点漂移与灵敏度漂移。

(3) 过载能力。传感器在不致引起规定性能指标永久改变的条件下，允许超过测量范围的能力。

(4) 稳定性。传感器在具体时间内仍保持其性能的能力。

(5) 重复性。传感器输入量在同一方向做全量程内连续重复测量所得输出输入特性曲线不一致的程度。产生不一致的主要原因是传感器的机械部分不可避免地存在着间隔、摩擦和松动等。

(6) 可靠性。通常包括工作寿命、平均无故障时间、保险期、疲劳性能、绝缘电阻、耐压等指标。

(7) 传感器工作要求。主要要求有高精度、低成本、高灵敏度、稳定性好、工作可靠、抗干扰能力强、动态特性良好、结构简单、使用维护方便、功耗低等。

4.1.3 传感器的标定与校准

1. 传感器的标定

标定是指利用标准设备产生已知非电量（标准量），或用基准量来确定传感器输出电量与非电输入量之间关系的过程。工程测试中传感器的标定在与其使用条件相似的环境状态下进行，并将传感器所配用的滤波器、放大器及电缆等和传感器连接后一起标定。标定时应按传感器规定的安装条件进行安装。

(1) 标定系统的组成。一般由被测非电量的标准发生器、被测非电量的标准测试系统、待标定传感器所配接的信号调节器和显示器、记录器等组成。

(2) 静态标定。指输入已知标准非电量，测出传感器的输出，给出标定曲线、标定方程和标定常数，计算灵敏度、线性度、滞差、重复性等传感器的静态指标。静态标定用于检测传感器（或系统）的静态特性指标。对标定设备的要求是：具有足够的精度，至少应比被标定的传感器及其系统高一个精度等级，且符合国家计量量值传递的规定，或经计量部门检查合格。量程范围应与被标定的传感器的量程相适应；性能稳定可靠；使用方便，能适用于多种环境。

(3) 动态标定。用于确定动态性能指标。通过确定其线性工作范围(用同一频率、不同幅值的正弦信号输入传感器,测量其输出)、频率响应函数、幅频特性和相频特性曲线、阶跃响应曲线来确定传感器的频率响应范围、幅值误差、相位误差、时间常数、阻尼比和固有频率等。

2. 传感器的校准

传感器需定期检测其基本性能参数,判定是否可以继续使用。如能继续使用,则应对其有变化的主要指标(如灵敏度)进行数据修正,以确保传感器的测量精度。这个过程称为传感器的校准。校准与标定的内容是基本相同的。

总之,由于传感器种类很多,一种传感器可以测量几种不同的被测量,而同一种被测量可以用几种不同类型的传感器来测量。再加上被测量要求千变万化,为此选用的传感器也不同。传感器的工作原理与测量电路密切相关,为了能够正确选用传感器,必须熟悉常用传感器的工作原理、结构性能、测量电路和使用性能等方面的内容。

4.2 传感器的工作原理

传感器是一种以一定精度把被测量(主要是非电量)转化为与之有确定关系、便于应用的某种物理量(主要是电量)的测量装置。传感器的这一描述确立了传感器的基本结构与工作原理。

1. 传感器的组成

当前,电子技术、微电子技术、电子计算机技术的迅速发展,使电学量具有易于处理、便于测量等特点,因此传感器一般由敏感元件、转换元件、变换电路以及辅助电源组成,其基本组成如图 4-1 所示。

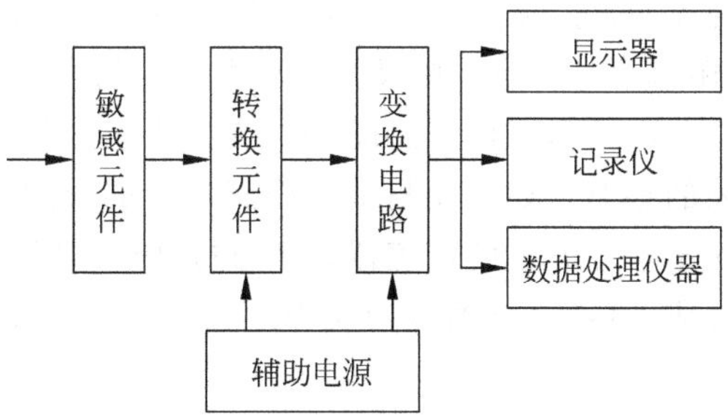

图 4-1　传感器的基本组成

(1) 敏感元件。敏感元件直接感受被测量,并输出与被测量成确定关系的某一物理量的元件。

(2) 转换元件。转换元件(Transduction Element)是传感器的核心元件,它以敏感元件的输出为输入,把感知的非电量转换为电信号输出。转换元件本身可作为一个独立的传感器使用。这样的传感器一般称为元件式传感器,如图 4-2 所示。例如,电阻应变片在进行应变测量时，就是一个元件式传感器，它直接感受被测量——应变，输出与应变有确定关系的电量——电阻变化。

转换元件也可不直接感受被测量，而是感受与被测量成确定关系的其他非电量，再把这一"其他非电量"转换为电量。这时转换元件本身不作为一个独立的传感器使用，而作为传感器的一个转换环节；而在传感器中，尚需要一个非电量(同类的或不同类的)之间的转换环节，这一转换环节需要由另外一些部件(敏感元件等)来完成。这样的传感器通常称为结构式传感器，如图 4-3 所示。传感器中的转换元件决定了传感器的工作原理，也决定了测试系统的中间变换环节；敏感元件等环节则大大扩展了转换元件的应用范围。在大多数测试系统中，应用的都是结构式传感器。

图 4-2 元件式传感器

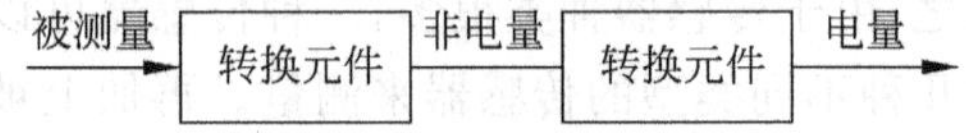

图 4-3 结构式传感器

(3) 变换电路。变换电路(Transduction Circuit)将上述电路参数接入转换电路，便可转换成电量输出。实际上，有些传感器很简单，仅由一个敏感元件(兼做转换元件)组成，它感受被测量时直接输出电量，如热电偶；有些传感器由敏感元件和转换元件组成，没有转换电路；还有些传感器的转换元件不止一个，要经过若干次转换，较为复杂，大多数是开环系统，也有些是带反馈的闭环系统。

2. 传感器的结构形式

传感器的结构形式取决于传感器的设计思想，而传感器设计的重要一点是选择信号的方式，把选择出来的信号的某一个方面性能在结构上予以具体化，以满足传感器的技术要求。

1) 选择固定信号方式的传感器直接结构

固定信号方式是把被测量以外的变量固定或控制在某个定值上。以金属导线的电阻为例，电阻是金属的种类、纯度、尺寸、温度、应力等的函数。例如，仅选择根据温度产生的变化作为信号时，就可制成电阻温度计；当选择尺寸或应力的变化作为信号时，就可制成电阻应变片。显然，对于确定的金属材料，在设计温度计时要防止应力带来的影响，而在设计应变片时要防止温度变化带来的影响。如果在测试中控制前者的应力和后者的温度，则可选择固定的信号方式。选择固定信号方式的传感器采用直接结构形式。这种传感器由一个独立的传感元件和其他环节构成，直接将被测量转换为所需输出量。直接式传感器的构成方法如图 4-4 所示。

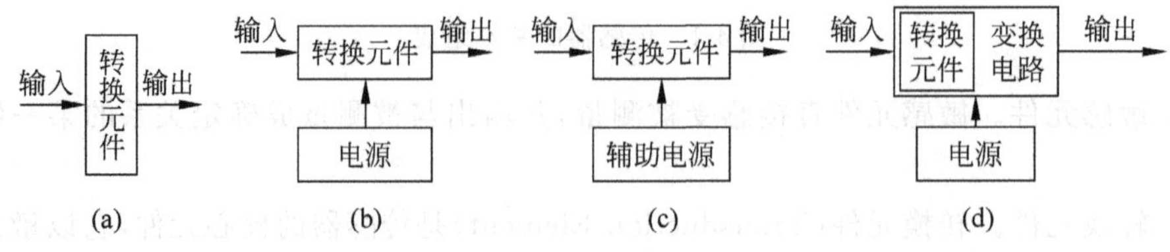

图 4-4 直接式传感器的构成方法

2）选择补偿信号方式的传感器补偿结构

在大多数情况下，传感器特征受到周围环境和内部各种因素的影响，当这些影响不能被忽略时，必须采取一定措施，以消除这些影响。在设计某些传感器时，面临两种变量：一个是需要的被测量，另一个是不希望出现而又存在的某种影响量（通常称为干扰量）。假设被测量和影响量都起作用时的变化关系为第一函数，仅仅是影响量起作用时的变化关系为第二函数。对于被测量来说，如果影响量的作用效果是叠加的，则可取两函数之差；如果影响量的作用效果是乘积递增，则可取两函数之商，即可消除影响量的影响，这种信号方式称为补偿方式。实际补偿信号方式的传感器结构是补偿式结构，如图 4-5 所示。

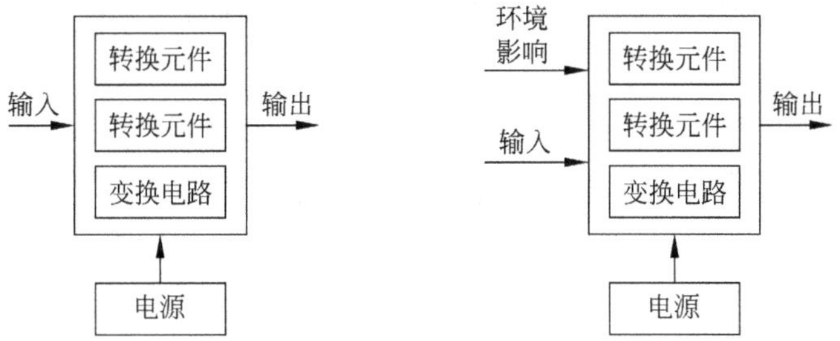

图 4-5　补偿信号方式的传感器结构

图 4-5 中使用两个原理和特征完全一样的传感元件，其中一个接收输入信号（被测量），另一个不接收输入信号。两个元件对环境、内部条件的特征变化相同。虚设一个传感元件的目的，在于抵消环境及内部条件对接收输入信号的传感元件的影响。

3）选择差动式信号方式的传感器差动结构

使被测量反向对称变化，影响量同向对称变化，然后取其差，就能有效地将被测量选择出来，这就是差动方式。图 4-6 所示为实现差动方式的差动式传感器的构成方法。其结构特点是把输入信号加在原理和特征一样的两个转换元件上，但在变换电路中，是转换元件的输出对输入信号（被测量）反向变换，对环境、内部条件变化（影响量）同向变换，并且以两个转换元件输出之差为总输出，从而有效地抵消环境、内部条件变化所带来的影响。

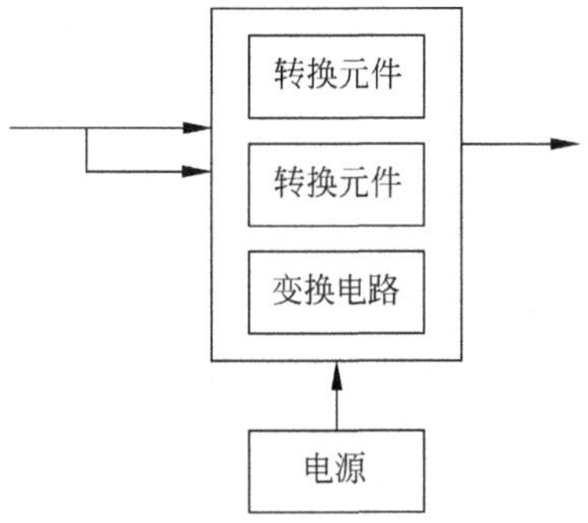

图 4-6　差动方式的差动式传感器的构成方法

4）选择平均信号方式的传感器平均结构

平均信号方式来源于误差分析理论中对随机误差的平均效应和信号（数据）的平均处理。在传感器结构中，利用 n 个相同的转换元件同时感受被测量，则传感器的输出为各元件输出之和。采用平均结构的传感器有光栅、磁栅、容栅、感应同步器等，带有弹性敏感元件的电阻应变式传感器在进行力、压力、扭矩等量的测试时，粘贴多枚电阻应变片，在具有差动作用的同时具有明显的平均效果。平均结构的传感器不仅有效地采用平均信号方式，大幅度降低测试误差，而且可弥补传感器制造工艺缺陷所带来的误差，同时还可以补偿某些非测量载荷的影响。

5）选择平衡信号方式的传感器闭环结构

一般由敏感元件、转换元件组成的传感器均属于开环式传感器，这种传感器和相应的中间变换电路、显示分析仪器等构成开环测试系统。在开环式传感器中，尽管可以采用补偿、差动、平均等结构形式，有效地提高自身性能，但仍然存在两个问题：第一，在开环系统中，各环节之间是串联的，环节误差存在累积效应。要保证总的测试准确度，需要降低每一环节的误差，因此提高了对每一环节的要求。第二，随着科技和生产的发展，对传感器技术提出了更高的要求，传感器乃至整个测试系统的静态特性、动态特性、稳定性、可靠性等同时具有较高性能，而采用开环系统很难满足这一要求。

依据测量学中的零示法测量原理，选择平衡信号方式，采用闭环式传感器结构，可有效地解决上述问题。闭环传感器采用控制理论和电子技术中的反馈技术，极大地提高了性能。同开环传感器相比，闭环传感器在结构上增加了一个由反向传感器构成的反馈环节，其原理结构如图 4-7 所示。

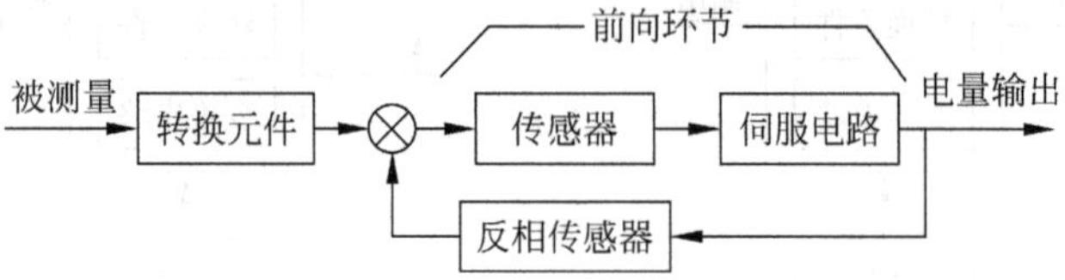

图 4-7　闭环式传感器结构

构成反馈环节的反向传感器(转换元件)一般为磁电式、压电式等具有双向特性的传感器，实现“电-机”变换，起到力发生器或力矩发生器的作用。

4.3　无线传感器网络的发展历程

信息化革命促进了传感器信息的获取从单一化逐渐向集成化、微型化和网络化的方向发展。伴随着网络化的潮流以及传感相关技术的飞速进步，无线传感器网络的发展跨越了三个阶段：无线数据网络、无线传感器网络、普适计算。

无线传感器网络起源于美国军方的作战需求。1978 年 DARPA 在卡耐基-梅隆大学成立了分布式传感器网络工作组。工作组根据军方对军用侦查系统的需求，研究传感器网络中的通信、计算问题。此后，DARPA 又联合 NSF (美国自然科学基金委员会)设立了多项有关无线传感器网络的研究项目。这些研究推动了以网络技术为核心的新军事革命，建立了网络中心战的思想体系，由此也拉开了无线传感器网络研究的序幕。20 世纪 90 年代中期以后，无线传感器网络引起了学术界、军界和工业界的极大关注，美国通过国防部和国家自然基金委员会等多种渠道投入巨资支持无线传感器网络技术的研究，其他发达国家也相继启动了许多关于无线传感器网络的研究计划。

(1) Sensor IT 为美国国防部高级研究计划局于 1998 年开展的研究计划，Sensor IT 是 Sensor Information Technology 的缩写。该计划共有 29 个研究项目，分别在 25 个研究机构完成。Sensor IT 的研究目标主要是针对适应战场高度动态的环境，建立快速进行任务分配和查询的反应式网络系统，利用无线传感器网络的协作信息处理技术发挥战场网络化观测的优势。

(2) WINS 由 DARPA 资助，加州大学洛杉矶分校与罗克韦尔研究中心合作开展的 WINS (Wireless Integrated Network Sensors)开始于 1996 年。该研究计划的目标是结合

MEMS 技术、信号处理技术、嵌入式计算和无线通信技术，构造大规模、复杂的集成传感系统，实现物理世界与网络世界的连接。

(3) Smart Dust 在 DARPA/MTO MEMS 的资助下，U. C. Berkeley 大学于 1998 年开始了名为 Smart Dust 的研究计划，其目标是结合 MEMS 技术和集成电路技术研制体积不超过 $1mm^3$，使用太阳电池，具有光通信能力的自治传感器节点。由于体积小、重量轻，该节点可以附着在其他物体上，甚至可以在空气中浮动。

(4) Sea Web 由美国海军研究办公室支持，目标是研究基于水声通信的无线传感器网络的组网技术。该项目针对水声通信带宽窄、速率低、时延抖动大等特点，利用无线传感器网络获取的信息对水声信道时变、空变的特点进行建模。该项目在 1999—2004 年间进行了多次实验，取得了大量的现场数据，验证了构造水声传感器网络系统的可行性。

(5) Hourglass 是哈佛大学于 2004 年开展的研究项目，旨在构建一个健壮、可扩展的数据采集网络，即把传感器网络连接起来，提供一个对广泛分布的传感数据进行采集、过滤、聚集和存储的框架，并致力于将这个框架推进成为一个可以部署多传感器网络应用的平台。其关键在于为异构的无线传感器网络提供网格 API，以统一地存取传感数据。

(6) Sensor Webs 是 2001 年以来，由美国国家航空与航天局(NASA)的 JPL 实验室所开展的计划，致力于通过近地低空轨道飞行的星载传感器提供全天候、同步、连续的全球影像，实现对地球突发事件的快速反应，并准备用在将来的火星探测项目上。目前，已经在佛罗里达宇航中心周围的环境监测项目中进行测试和进一步完善。

(7) IrisNet 是 Intel 公司与美国卡内基·梅隆大学合作开发的技术，其主要设想是利用 XML 语言将分散于全球的传感器网络上的数据集中起来，并加以灵活利用，使其成为传感信息世界中的 Google。在“搜索空停车场”的实例中，它在多个停车场里设置摄像头，并组成网络，根据所拍摄的录像建立停车空位信息数据库，为用户提供查询空车位的服务。

(8) 网络嵌入式系统技术(NEST)战场应用实验作为 DARPA 主导的一个重要项目，致力于为火控和制导系统提供准确的目标定位信息。该项目成功地验证了能够准确定位敌方狙击手的无线传感器网络技术。这些传感器节点能够跟踪子弹产生的冲击波，在节点范围内测定子弹发射时产生声震和枪震的时间，以判定子弹的发射源。三维空间的定位精度可达 1.5m，定位延时达 2s，甚至能显示出敌方射手采用跪姿和站姿射击的差异。

在无线传感器网络这个新兴、充满着智能的普适计算环境中，任意时间、任意的地点与外界信息的交流将变得更加方便，而且无线传感器网络利用天然的传输媒介，把普适计算的“透明”这个显著特点表现得淋漓尽致。因此，用无线传感器网络来实现普适计算是可行的，而且也是普适计算发展的趋势。这一切都将深刻地改变着人类与自然的交互方式。因而需要一种与信息空间发展相适应的计算模式来满足人们的信息需求，普适计算应运而生。1991 年 Mark Weiser 提出了普适计算(Pervasive Computing)的思想，即把计算机嵌入环境或日常工具中，让计算机本身从人们的视线中消失，使人们注意的中心回归到要完成的任务本身，并可以随时随地和透明地获得数字化的服务，其特点如下。

(1) 普适性数量众多的计算设备被布置和嵌入到环境中，通过这些设备，用户可以随时随地得到计算服务。

(2) 透明性在普适计算环境下，计算过程对于用户是透明的，服务的访问方式是十分自然的甚至是用户本身注意不到的，这使用户最大限度地将注意力放在要完成的任务上。

(3) 动态性在普适计算环境中,用户通常处于移动状态,导致在特定的空间内用户集合将不断变化;另外,移动设备也会动态地进入或退出一个计算环境,导致计算系统的结构也在发生动态变化。

(4) 自适应性计算系统可以感知和推断用户需求,自发地提供用户需要的信息服务。

(5) 永恒性计算系统不会关机或者重新启动,计算模块可以根据需求、系统错误或系统升级等情况加入或离开计算系统。

成功的研究项目包括加州大学洛杉矶分校电子工程系的 WINS、加州大学伯克利分校的 WEBS、科罗拉多大学的 MANTIS、南加州大学信息科学院的 SCADDS、俄亥俄州大学的 ExScal、麻省理工学院的 NMS 和 AMPS、哈佛大学的 CodeBlue 以及普渡大学的 ESP 项目等。另外,很多知名的机构和实验室如 ffiM、微软、英特尔、斯托尼布鲁克分校 WINGS 实验室、南加州大学 RESL 实验室、耶鲁大学的 ENALAB 实验室、加州大学洛杉矶分校 CENS 实验室等也在从事无线传感器网络的研究。

同时,可用于传感器节点的硬件平台和面向无线传感器网络操作系统的开发方面也取得了很大进展,传感器节点越来越走向智能化和集成化,如加利福尼亚大学洛杉矶分校的 Medusa MK-2 传感器节点、加州大学伯克利分校的 MICA 系列传感器、PicoRadio 传感器节点均已商用,而加州大学伯克利分校的 TinyOS 操作系统是目前进行软件开发最常用操作系统,具体可参阅第 10 章的实验内容。

继欧美之后,日本、韩国、澳大利亚以及中国等也积极开展了无线传感器网络的研究。在国内,中国科学院于 1999 年首次将无线传感器网络用于"重点地区灾害实时监测、预警和决策支持示范系统"项目中。其后,传感器网络的研发被确定为我国信息产业科技发展"十一五"计划中需要重点突破的核心技术。以中科院上海微系统所开发的微传感器系统平台为代表,中科院软件所、电子所、自动化所等研究所,以及清华大学、哈尔滨工业大学、电子科技大学、西北工业大学、国防科技大学等高院都较早地进行了无线传感器网络的研究。为了扩大研究领域,将无线传感器网络从基础研究发展到应用研究,中科院和武汉大学先后与香港科技大学和香港城市大学建立了联合实验室,共同开展研究工作。2005 年,电子科技大学联合几家科研机构在自主搭建的平台上构建无线传感器网络,完成了硬件平台和操作系统的设计和实现。很多学者针对无线传感器的节点定位、时间同步、能量路由等问题做了研究并提出了新的算法,推进了无线传感器理论研究。

2006 年,无线传感器网络被国务院《国家中长期科学和技术发展规划纲要》列为信息产业优先发展课题之一。国家自然科学基金委、国防科工委和国家发改委从 2003 年起,对无线传感器网络相关课题投入了越来越多的支持。2006 年至今,很多中小型通信和电子企业均已开始了无线传感器网络监控系统的研究。无线传感器网络对国民经济带来巨大的经济效益,并影响人们的生活方式,已成为当今研究的一个热点问题。

4.4 无线传感器网络的概念

无线传感器网络(WSN)是由部署在监测区域内大量的微型传感器节点通过无线电通信形成的一个多跳的自组织网络系统,其目的是协作感知、采集和处理网络覆盖区域里被监测对象的信息，并发送给观察者。由于微型传感器的体积小、重量轻，有的甚至可以像灰尘一样在空气中浮动，因此，人们又称无线传感器网络为智能尘埃(Smart Dust)，将它散布于四周以实时感知物理世界的变化。

无线传感器网络是一种无中心节点的全分布系统。通过随机投放的方式，众多传感器节点被密集部署于监控区域。这些传感器节点集成有传感器、数据处理单元和通信模块，它们通过无线信道相连，自组织地构成网络系统。传感器节点借助于其内置的形式多样的传感器，测量所在周边环境中的热、红外、声呐、雷达和地震波信号，探测包括温度、湿度、噪声、发光强度、压力、土壤成分和移动物体的大小、速度和方向等众多人们感兴趣的物理现象。传感器节点间具有良好的协作能力，可通过局部的数据交换来完成全局任务。由于传感器网络的节能要求，多跳、对等的通信方式较之传统的单跳、主从通信方式更适合于无线传感器网络，同时还可有效避免在长距离无线信号传播过程中所遇到的信号衰落和干扰等各种问题。通过网关，传感器网络还可以连接到现有的网络基础设施上(如 Internet、移动通信网络等)，从而将采集到的信息传给远程的终端用户使用。

传感网与普通的 Ad-Hoc 网络不同，前者以收集和处理信息为目的，后者以通信为目的。传感网集中了传感器技术、嵌入式计算技术和无线通信技术，能协作地感知、收集和测控各种环境下的感知对象，通过对感知信息的协作式数据处理，获得感知对象的准确信息，再通过 Ad-Hoc 方式传送到需要这些信息的观察者，即用户。协作地感知、采集、处理、发布感知信息是传感网的基本功能。

由传感网的描述可知传感网包含有传感器、感知对象和观察者 3 个基本要素。通常情况下，一个典型传感网系统的基本组成如图 4-8 所示。它由分布式传感器节点、汇聚节点、互联网和远程用户管理节点组成。

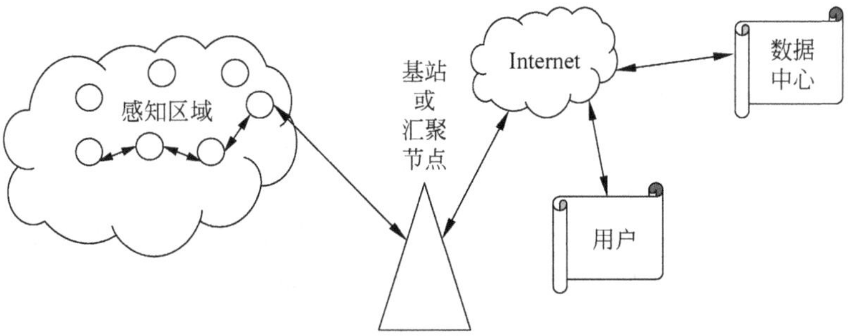

图 4-8　传感网系统的基本组成

大量传感器节点散布在感知区域内部或附近，这些节点都可以采集数据，并利用自组织多跳路由(Multi-hop)无线方式构成网络，把数据传送到汇聚节点。同时，汇聚节点也可以将数据信息发送给各节点。汇聚节点直接与互联网或卫星通信网络以有线方式或无线方式相连，通过互联网或无线方式实现与管理节点(即用户)之间的相互通信。管理节点对传感网进行配置和管理，发布测控任务并收集监测数据。

1. 传感器节点的组成

传感器节点是一个微型化的嵌入式系统，它构成了传感网的基础层支持平台。典型的传感器节点由数据采集的感知模块、数据处理模块、无线通信模块和节点供电的电源供给模块组成。图 4-9 是传感器节点硬件基本组成示意图。其中，感知模块由传感器、A/D 转换器组成，负责感知监控对象的信息；数据处理模块包括存储器和微处理器等部分，负责控制整个传感器节点的操作，存储和处理本身采集的数据以及其他节点发来的数据，无线通信模块完成节点间的交互通信工作，一般为无线电收发装置；电源供给模块负责供给节点工作所消耗的能量，一般为小体积的电池。同时，有些节点上还装配有能源再生装置、移动或执行机构、定位系统及复杂信号处理（包括声音、图像、数据处理及数据融合）等扩展设备，以获得更完善的功能。

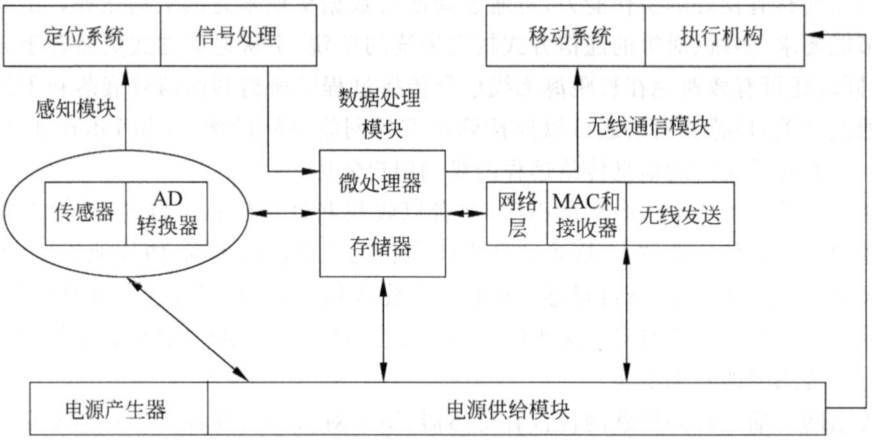

图 4-9 传感器节点硬件基本组成示意图

由于具体的应用背景不同，目前国内外出现了多种传感网节点的硬件平台。典型的节点包括美国 CrossBow 公司开发的 Mote 系列节点 Mica2、MicaZ 和 Mica2Dot，以及 Infineon 公司开发的 EYES 传感器节点等。实际上，各平台最主要的区别是采用了不同的处理器、无线通信协议以及与应用相关的不同传感器。常用的处理器有 Intel Strong ARM、Texas Instrument MSP430 和 Atmel Atmega，常用的无线通信协议有 IEEE 802.11b、IEEE 802.15.4/ZigBee 和 Bluetooth 等。与应用相关的传感器有光传感器、热传感器、压力传感器以及湿度传感器等。虽然具体应用不同，传感器节点的设计也不尽相同，但其基本结构是一样的。

2. 汇聚节点

汇聚节点的处理能力、存储能力和通信能力比普通传感器节点更强，它连接着传感网与互联网、移动通信网或者卫星通信网等，实现两种协议栈协议之间的转换，同时发布管理节点的监测任务，并将收集到的数据转发到外部网络上。汇聚节点既可以是一个具有增强功能的传感器节点，有足够的能量提供给更多的内存与计算资源，也可以是没有监测功能仅带有无线通信接口的特定网关设备。

3. 管理节点

管理节点用于动态地管理整个传感网。终端用户通过管理节点对传感网进行管理与配置，发布感知任务及收集感知数据。管理节点通常为运行网络管理软件的 PC、便携式计算机或手持终端设备。

4.5　无线传感器网络的特点

无线通信网络技术在过去的几十年间取得了飞速的发展。作为 Internet 在无线和移动范畴的扩展和延伸，无线自组网络（Ad-Hoc Network）由若干采用无线通信的节点动态地形成一个多跳的移动性对等网络，从而不依赖于任何基础设施。无线传感器网络与无线自组网络有很多相似之处，总的来说，它们都具有以下特点。

（1）分布式网络中没有严格的控制中心。所有节点地位平等，节点之间通过分布式的算法来协调彼此的行为，是一个对等式网络。节点可以随时加入或离开网络，任何节点的故障不会影响整个网络的运行，具有很强的抗毁性。

（2）自组织通常网络所处物理环境及网络自身有很多不可预测因素。例如，节点的位置不能预先精确设定；节点之间的相邻关系预先不知道；部分节点由于能量耗尽或其他原因而死亡，新的节点加入到网络中；无线通信质量受环境影响不可预测；网络环境中的突发事件不可控等。这样，就要求节点具有自组织的能力，无须人工干预和任何其他预置的网络设施，可以在任何时刻、任何地方快速展开并自动组网，自动进行配置和管理，通过适当的网络协议和算法自动转发监测数据。

（3）拓扑变化网络中节点具备移动能力。节点在工作和睡眠状态之间切换以及传感器节点随时可能由于各种原因发生故障而失效，或者有新的传感器节点补充进来以提高网络的质量，加之无线信道间的互相干扰、地形和天气等综合因素的影响，这些都会使网络的拓扑结构随时发生变化，而且变化的方式与速率难以预测。这就要求网络系统能够适应拓扑变化，具有动态可重构的性能。

（4）多跳路由由于节点发射功率的限制，节点的覆盖范围有限，通常只能与它的邻居节点通信，如果要与其覆盖范围以外的节点进行通信，则需要通过中间节点的转发。此外，多跳路由是由普通网络节点协作完成的，没有专门的路由设备。这样每个节点既可以是信息的发起者，也可以是信息的转发者。

（5）安全性差。由于采用了无线信道、分布式控制等技术，网络更容易受到被动窃听、主动入侵等攻击。因此，网络的通信保密和安全性十分重要，信道加密、抗干扰、用户认证和其他安全措施都需要特别考虑，以防止监测数据被盗取和获取伪造的监测信息。

无线传感器网络与无线自组网络有着许多相似之处。在无线传感器网络的研究初期，人们一度认为成熟的 Internet 技术加上无线自组网络的机制对无线传感器网络的设计是足够充分的。但随后的深入研究表明，无线传感器网络有着与无线自组网络明显不同的技术要求和应用目标。无线自组网络以传输数据为目的，致力于在不依赖于任何基础设施的前提下为用户提供高质量的数据传输服务；而无线传感器网络以数据为中心，将能源的高效使用作为首要设计目标，专注于从外界获取有效信息。除此以外，无线传感器网络还具有以下区别于无线自组网络的独有特征。

（1）规模大、密度高。为获取尽可能精确、完整的信息，无线传感器网络通常密集部署在大片的监测区域中，其节点的数量和密度较无线自组网络成数量级的提高。它并非依靠单个设备能力的提升，而是通过大量冗余节点的协同工作来提高系统的工作质量。

(2) 动态性强。无线传感器网络工作在一定的物理环境中。不断变化的外界环境（如无线通信链路时断时续，突发事件产生导致网络任务负载变化等）往往会严重影响系统的功能，这就要求传感器节点能够随着环境的变化而适时地调整自身的工作状态。此外，网络拓扑结构的变化也要求系统能够很好地适应自身动态多变的“内在环境”。

(3) 应用相关。无线传感器网络通过感知客观世界的物理量来获取外界的信息。由于不同应用相关不同的物理量，因而对网络系统的要求也不同，其硬件平台、软件系统和通信协议也必然会有很大差异。这使得无线传感器网络不能像 Internet 那样有统一的通信协议平台，只有针对每一个具体的应用来开展设计工作，才能实现高效、可靠的系统目标，这也是无线传感器网络设计不同于传统网络的显著特征。

(4) 以数据为中心在无线传感器网络中，人们通常只关心某个区域内某个观测指标的数值，而不会去具体关心单个节点的观测数据。例如，人们可能希望知道“监测区域东北角上的温度是多少”，而不会关心“节点 8 所探测到的温度值是多少”。这就是无线传感器网络以数据为中心的特点，它不同于传统网络的寻址过程，能够快速、有效地组织起各个节点的信息并融合提取出有用信息直接传送给用户。这种以数据本身作为查询或传输线索的思想更接近于自然语言交流的习惯。用户使用传感器网络查询事件时，直接将所关心的事件通告给网络，而不是通告给某个确定编号的节点。网络在获得指定事件的信息后汇报给用户。

(5) 可靠性通过随机撒播传感器节点。无线传感器网络可以大规模部署于指定的恶劣环境或无人区域，由于传感器节点往往在无人值守的状态下工作，这使得网络的维护变得十分困难，甚至不太可能。因而要求传感器节点非常坚固、不易损坏，在环境因素变化不可预知的情况下能够很好地适应各种极端的环境。此外，为防止监测数据被盗取和获取伪造的监测信息，无线传感器网络的通信保密和安全也十分重要，这要求无线传感器网络的设计必须具有很好的鲁棒性和容错性。

(6) 传感器节点的能量、计算能力和存储容量有限。随着传感器节点的微型化，在设计中大部分节点的能量靠电池提供，其能量有限，而且由于条件限制，难以在使用过程中给节点更换电池，所以传感器节点的能量限制是整个传感网设计的瓶颈，它直接决定了网络的工作寿命。另一方面，传感器节点的计算能力和存储能力都较低，使其不能进行复杂的计算和数据存储。

(7) 传感网的拓扑结构易变化，具有自组织能力。由于传感网中节点节能的需要，传感器节点可以在工作和休眠状态之间切换，传感器节点随时可能由于各种原因发生故障而失效，或者添加新的传感器节点到网络中，这些情况的发生都使得传感网的拓扑结构在使用中很容易发生变化。此外，如果节点具备移动能力，也必定会带来网络拓扑的变化。由于网络的拓扑结构易变化，因而传感网具有自组织、自配置的能力。它能够对由于环境、电能耗尽因素造成的传感器节点改变网络拓扑的情况做出相应的反应，以保证网络的正常工作。

(8) 传感网具有自动管理和高度协作性。在传感网中，数据处理由节点自身完成，这样做的目的是减小无线链路中传送的数据量，只有与其他节点相关的信息才在链路中传送。以数据为中心的特性是传感网的又一个特点，由于节点不是预先计划的，而且节点位置也不是预先确定的，这样就有一些节点由于发生较多错误或者不能执行指定任务而被中止运行。

为了在网络中监视目标对象，配置冗余节点是必要的，节点之间可以通信和协作，共享数据，这样可以保证获得被监视对象比较全面的数据。对用户来说，向所有位于观测区内的传感器发送一个数据请求，然后将采集的数据送到指定节点处理，可以用一个多播路由协议把消息送到相关节点。这需要一个唯一的地址表，对于用户而言，不需要知道每个传感器的具体身份号，所以可以用于以数据为中心的组网方式。

(9) 传感器节点具有数据融合能力。在传感网中，由于传感器节点数目大，很多节点会采集到具有相同类型的数据，因而，通常要求其中的一些节点具有数据融合能力，对来自多个传感器节点采集的数据进行融合，再送给信息处理中心。数据融合可以减少冗余数据，从而可以减少在传送数据过程中的能量消耗，延长网络寿命。

(10) 传感网是以数据为中心的网络。目前的互联网是先有计算机终端系统，然后再互联成为网络，终端系统可以脱离网络独立存在。在互联网中，网络设备用网络中唯一的 IP 地址标识，资源定位和信息传输依赖于终端、路由器、服务器等网络设备的 IP 地址。如果想访问互联网中的资源，首先要知道存放资源的服务器 IP 地址。可以说，目前的互联网是一个以地址为中心的网络。

(11) 传感网存在诸多安全威胁。由于传感网节点本身的资源(如计算能力、存储能力、通信能力和电量供应能力)十分有限，并且节点通常部署在无人值守的野外区域，使用不安全的无线链路进行数据传输，因此传感网很容易受到多种类型的攻击，如选择性转发攻击、采集点漏洞攻击、伪造身份攻击、虫洞攻击、Hello 消息广播攻击、黑洞攻击、伪造确认消息攻击以及伪造、篡改和重放路由攻击等。

(12) 传感网与现有无线网络具有明显区别。传感网与无线 Mesh 网络相比，传感网的业务量较小，无线 Mesh 网络业务量较大，主要是互联网业务(包括多媒体业务)。传感网移动性较强，因而能源问题是传感网的主要问题；而无线 Mesh 网络是固定的，即使移动，其移动性也很小，所以可以直接由电网供电，其节点能量不受限制。

传感网是无线 Ad-Hoc 网络的一种典型应用，虽然它具有无线自组织特征，但与传统的 Ad-Hoc 网络相比，又有许多不同，它们之间的主要区别是：①在网络规模方面，传感网包含的节点数量比 Ad-Hoc 网络高几个数量级；②在分布密度方面，传感网节点的分布密度很大；③由于能量限制和环境因素，传感网节点易损坏、易出故障；④由于节点的移动和损坏，传感网的拓扑结构频繁变化；⑤在通信方式方面，传感网节点主要使用广播通信，而 Ad-Hoc 节点采用点对点通信；⑥传感网节点能量、计算能力和存储能力受限；⑦由于传感网节点数量的原因，节点没有统一的标识；⑧传感网以数据为中心。

4.6　无线传感器网络的体系结构

传感网作为一种自组织通信网络，其基本组成单元是感知节点和汇聚节点(或基站节点)。尽管传统通信网络技术中已成熟的解决方案可以借鉴到传感网技术中来，但由于传感网是能量受限制的自组织网络，加上其工作环境和条件与传统网络有非常大的不同，所以设计网络时要考虑更多的对传感网有影响的因素，尤其是传感网的协议体系结构、拓扑结构以及协议标准。

4.6.1 传感网的拓扑结构

传感网的拓扑结构是组织传感网节点的组网技术，有多种形态和组网方式。按照组网形态和方式，传感网的结构有集中式、分布式和混合式。传感网的集中式结构类似于移动通信的蜂窝结构，集中管理；传感网的分布式结构，类似 Ad-Hoc 网络结构，可自组织网络接入连接，分布式管理；传感网的混合式结构是集中式与分布式结构的组合。如果按照节点功能及结构层次来看，传感网通常可分为平面网络结构、分级网络结构、混合网络结构和 Mesh 网络结构。传感器节点经多跳转发，通过基站或汇聚节点或网关接入网络，在网络的任务管理节点对感应信息进行管理、分类和处理，再把感知信息送给用户使用。研究和开发有效、实用的传感网结构，对构建高性能的传感网十分重要，因为网络的拓扑结构严重制约传感网通信协议（如 MAC 协议和路由协议）设计的复杂度和性能的发挥。下面根据节点功能及结构层次分别加以介绍。

1. 平面网络结构

平面网络结构是传感网中最简单的一种拓扑结构，所有节点为对等结构，具有完全一致的功能特性，也就是说每个节点均包含相同的 MAC、路由、管理和安全等协议，如图 4-10 所示。这种网络拓扑结构简单，易维护，具有较好的健壮性，实际上就是一种 Ad-Hoc 网络结构形式。由于没有中心管理节点，故采用自组织协同算法形成网络，其组网算法比较复杂。

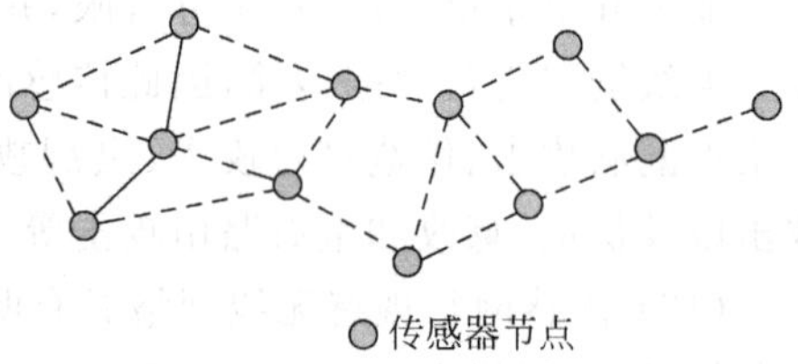

图 4-10 传感网平面网络结构

2. 分级网络结构

分级网络结构（也叫层次网络结构）如图 4-11 所示。网络分为上层和下层两部分：上层为骨干节点，下层为一般传感器节点。通常网络可能存在一个或多个骨干节点，骨干节点之间或一般传感器节点之间采用的是平面网络结构，具有汇聚功能的骨干节点和一般传感器节点之间采用的是分级网络结构。所有骨干节点为对等结构，骨干节点和一般传感器节点有不同的功能特性，也就是说每个骨干节点均包含相同的 MAC、路由、管理和安全等功能协议，而一般传感器节点可能没有路由、管理和汇聚处理等功能。这种分级网络通常以簇的形式存在，按功能分为簇首（具有汇聚功能的骨干节点，即 Cluster Head）和成员节点（一般传感器节点，即 Members）。这种网络拓扑结构扩展性好，便于集中管理，可以降低系统建设成本，提高网络覆盖率和可靠性；但是集中管理开销大，硬件成本高，一般传感器节点之间可能不能够直接通信。

3. 混合网络结构

混合网络结构如图 4-12 所示，它是传感网平面网络结构和分级网络结构的一种混合拓扑结构，网络骨干节点之间以及普通传感器节点之间都采用平面网络结构，而网络骨干节点和普通传感器节点之间采用分级网络结构。这种网络拓扑结构和分级网络结构不同的是普通传感器节点之间可以直接通信,不需要通过汇聚节点来转发数据。同分级网络结构相比,这种结构支持的功能更加强大,但所需的硬件成本更高。

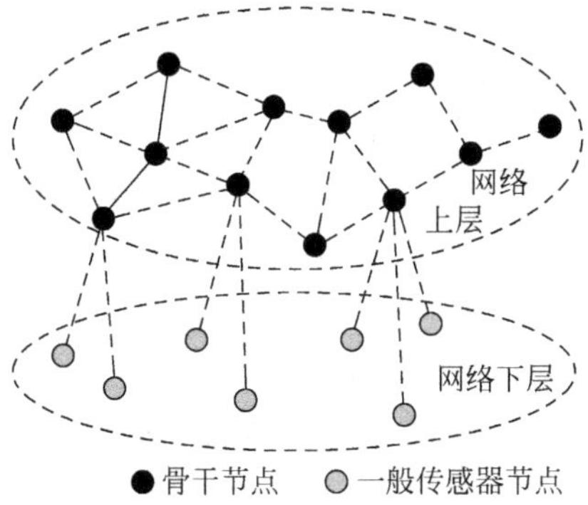

图 4-11　分级网络结构

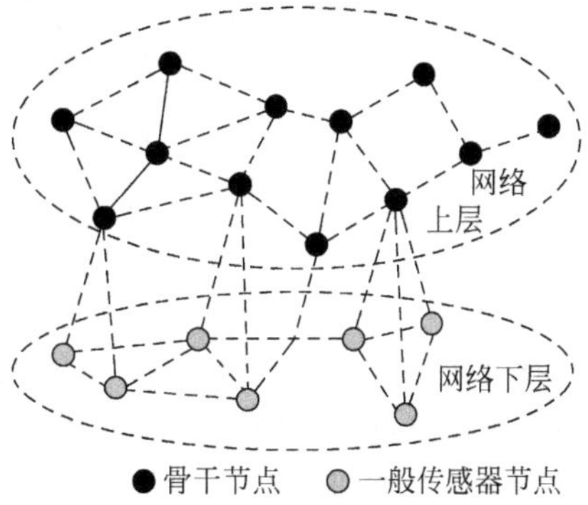

图 4-12　混合网络结构

4. Mesh 网络结构

Mesh 网络结构是一种新型的传感网拓扑结构,它与前面的传统网络拓扑结构具有一些结构和技术上的不同。从结构来看,Mesh 网络是规则分布的网络,不同于完全连接的网络结构(如图 4-13 所示),通常只允许和节点最近的邻居通信如图 4-14 所示。网络内部的节点一般都是相同的,因此 Mesh 网络也称为对等网。Mesh 网络是构建大规模传感网的一个很好的结构模型,特别是那些分布在一个地理区域的传感网,如人员或车辆安全监控系统。

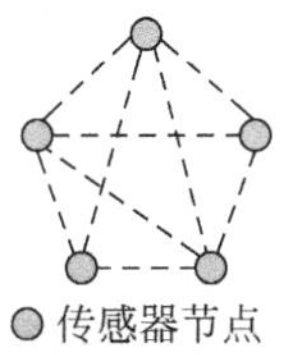

图 4-13　完全连接的网络结构

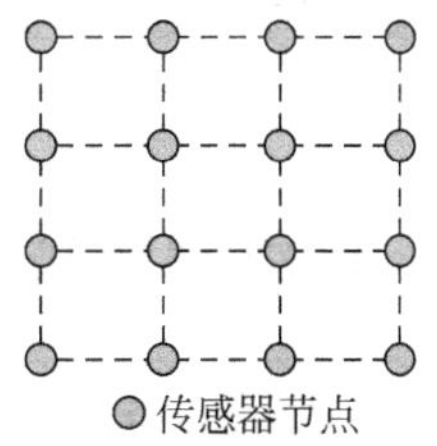

图 4-14　Mesh 网络结构

尽管这里反映通信拓扑的是规则结构,然而节点实际的地理分布不必是规则的 Mesh 结构形态。由于通常 Mesh 网络结构的节点之间存在多条路由路径,网络对于单点或单个链路故障具有较强的容错能力和健壮性。Mesh 网络结构最大的优点就是尽管所有节点都是对等的地位,且具有相同的计算和通信传输功能,但某个节点可被指定为簇首节点,而且可执行额外的功能。一旦簇首节点失效,另一个节点就可以立刻补充并接管原簇首那些额外执行的功能。

对于完全连接的分布式网络,其路由表随着节点数增加而呈指数增加,且路由设计复杂度是一个 NP-hard 问题。通过限制允许通信的邻居节点数目和通信路径,可以获得一个具有多项式复杂度的再生流拓扑结构,基于这种结构的流线型协议本质上就是分级的网络结构。采用分级网络结构技术可简化 Mesh 网络路由设计,如图 4-15 所示,由于其数据处理可以在每个分级的层次里完成，因而比较适合于传感网的分级式信号处理和决策。

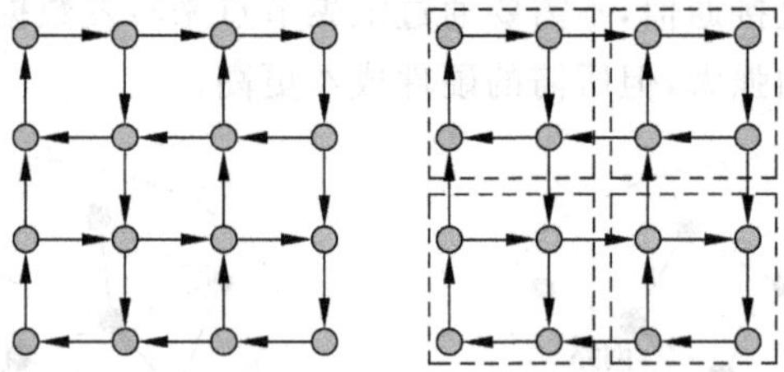

图 4-15 采用分级网络结构

从技术上来看，基于 Mesh 网络结构的无线传感器具有以下特点。

(1) 无线节点构成网络。这种类型的网络节点是由一个传感器或执行器构成且连接到一个双向无线收发器上的。数据和控制信号是通过无线通信的方式在网络上传输的，节点可以方便地通过电池来供电。

(2) 节点按照 Mesh 拓扑结构部署。网内每个节点至少和一个其他节点通信，这种方式可以实现比传统的集线式结构或星状拓扑更好的网络连通性。

(3) 支持多跳路由。来自一个节点的数据在其到达一个主机网关或控制器之前，可以通过其余节点转发，在不牺牲当前信道容量的情况下，扩展无线网络的范围是传感网设计和部署的一个重要目标。通过 Mesh 方式的网络连接，只需短距离通信链路，经受较少的干扰，因而可以为网络提供较大的吞吐量和较高的频谱利用率。

(4) 功耗限制和移动性取决于节点类型和应用的特点。通常基站或汇聚节点移动性较低，感知节点移动性较高。基站通常不受电源限制，而感知节点通常由电池供电。

(5) 存在多种网络接入方式。可以通过星状、Mesh 等节点方式和其他网络集成。在传感网实际应用中，通常根据应用需求来灵活选择合适的网络拓扑结构。

4.6.2 传感网协议体系结构

网络协议体系结构是网络的协议分层以及网络协议的集合，是对网络及其部件所应完成功能的定义和描述。对传感网来说其网络体系结构不同于传统的计算机网络和通信网络。图 4-16 所示是传感网协议体系结构示意图。该网络体系结构由分层的网络通信协议模块、传感器网络管理模块和应用支撑服务模块 3 部分组成。分层的网络通信协议模块类似于 TCP/IP 体系结构；传感器网络管理模块主要是对传感器节点自身的管理以及用户对传感器网络的管理；应用支撑服务模块是在网络通信协议模块和传感器网络管理模块的基础上，给出支持传感网的应用支撑技术。其中传感网通信协议由物理层、数据链路层、网络层、传输层和应用层组成。

1. 分层的网络通信协议

1) 物理层

物理层解决简单而又强壮地调制、发送、接收技术问题，包括信道的区分和选择、无线信号的监测、调制/解调以及信号的发送与接收。该层直接影响到电路的复杂度和能耗，其主要任务是以相对较低的成本和功耗，以克服无线传输媒体的传输损伤为基础，给出能够获得较大链路容量的传感器节点网络。

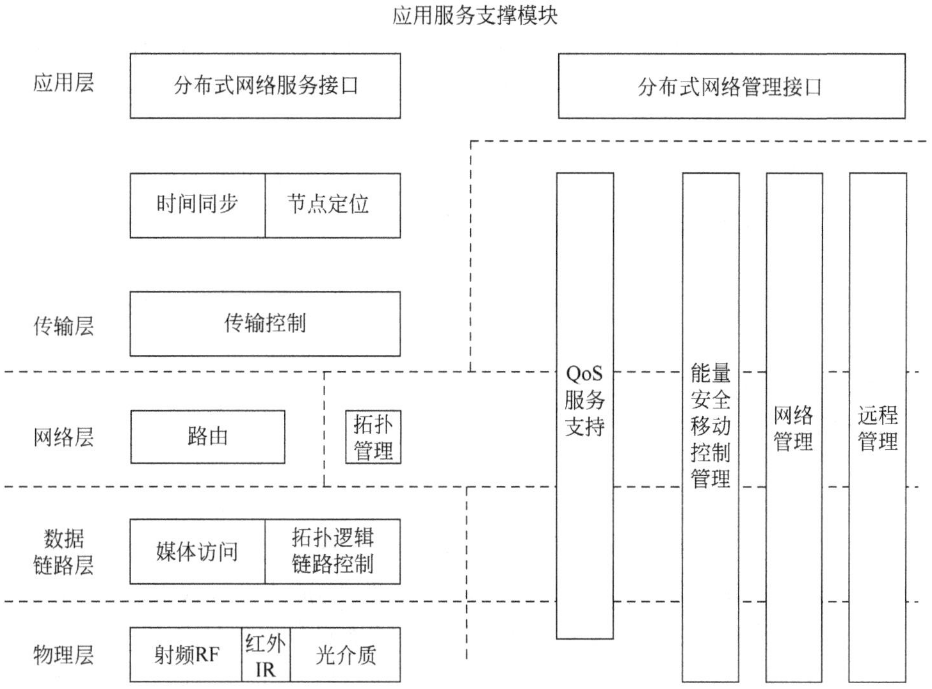

图 4-16 传感网协议体系结构示意图

传感网采用的传输媒体主要有无线电、红外线、光波等。其中，无线电是主流传输媒体。物理层还涉及频段的选择、节能的编码、调制算法的设计、天线的选择、抗干扰及功率控制等。在频段选择方面，ISM 频段由于具有无须注册、有大范围可选频段、没有特定标准等优点而被普遍采用。国外已研制出来的无线传感器有很多已采用 ISM 频段，如美国无线传感器制造商 Crossbow 的产品大都采用 433MHz 和 915MHz 频段，蓝牙技术、ZigBee 技术（还包括 868MHz、915MHz 物理层，基于直接序列扩频技术）都可以采用 2.4GHz 频段。目前，对物理层的研究比较薄弱，还有很多问题待解决，如简单、低能耗传感网的超带宽和通带宽调制机制设计问题，微小、低能耗、低费用的无线电收发器的硬件设计问题等。

2）数据链路层

数据链路层的作用是负责数据成帧、帧检测、媒体访问和差错控制，其主要任务是加强物理层传输原始比特的功能，使之对网络显现为一条无差错链路。该层又可细分为媒体访问控制（MAC）子层和逻辑链路控制（LLC）子层。其中，MAC 子层规定了不同的用户如何共享可用的信道资源，即控制节点可公平、有效地访问无线信道；LLC 子层负责向网络提供统一的服务接口，采用不同的 MAC 方法屏蔽底层，具体包括数据流的复用、数据帧的检测、分组的转发/确认、优先级排队、差错控制和流量控制等。

数据链路层的内容主要集中在 MAC 协议。传感网的 MAC 协议旨在为资源（特别是能量）受限的大量传感器节点建立具有自组织能力的多跳通信链路，实现公平、有效的通信资源共享，处理数据包之间的碰撞，重点是如何节省能量。目前，传感网比较典型的 MAC

协议有基于随机竞争的 MAC 协议、基于时分复用的 MAC 协议和基于 CDMA 方式的信道分配协议等。

3) 网络层

网络层协议主要负责路由的生成与路由的选择,包括网络互联、拥塞控制等。网络层路由协议有多种类型,如基于平面结构的路由协议、基于地理位置的路由协议、分级结构路由协议等。

(1) 基于平面结构的路由协议。泛洪技术是一种适用于传感网的最简单、最直接的路由算法,接收到消息的节点以广播形式转发分组,无须建立和维护网络拓扑结构。但这种路由算法存在重叠(Overlap)和闭塞(Implosion)及盲目使用资源等缺陷。为了克服这些缺陷,提出了一些新的算法,如以数据为中心的自适应路由协议(SPIN)、定向扩散协议等。

(2) 基于地理位置的路由协议。这类协议假定每个节点都知道自己的地理位置以及目标节点的地理位置。

(3) 分级结构路由协议。比较典型的分级结构路由协议是由 MIT 学者 Heinzelman 等人设计的分簇的低功耗自适应集群构架(LEACH)。该协议包括周期性的簇建立阶段和稳定的数据通信阶段。在簇建立阶段,相邻节点动态地形成簇,而且节点以等概率随机选择方式成为簇头。在数据通信阶段,簇内节点把数据发给簇头,簇头进行数据融合并把结果发送给汇聚节点。通过随机地选择簇头节点将整个网络的能量分配到每个节点中,从而大大延长了系统的生命周期。LEACH 协议的特点是分层和数据融合,其中分层利于网络的扩展性,数据融合则能够减少通信量。

4) 传输层和应用层

传输层负责数据流的传输控制,帮助维护传感网应用所需的数据流,提供可靠、开销合理的数据传输服务。应用层协议基于检测任务,包括节点部署、动态管理、信息处理等,因此在应用层需要开发和使用不同的应用层软件。

2. 传感网管理技术

1) 能量管理

在传感网中,电源能量是各个节点最宝贵的资源。为了使传感网的使用时间尽可能长,必须合理有效地利用能量。例如,传感器节点接收到其中一个相邻节点的一条消息后,可以关闭接收机,这样可以避免接收重复的消息;当一个传感器节点剩余能量较低时,可以向其相邻节点广播,通知它们自己剩余能量较低,不能参与路由功能,而将剩余能量用于感知任务。传感网的能量管理部分控制节点对能量的使用,目前所要考虑的功耗问题如下。

(1) 微控制器的操作模式(工作模式、低功耗模式、休眠模式及工作频率减慢等)和无线传输芯片的工作模式(休眠、空闲、接收、发射等)。

(2) 从一种操作模式转换到另外一种操作模式的转换时间及功耗。

(3) 整体系统工作的功耗映射关系及低功耗网络协议设计。

(4) 无线调制解调器的接收灵敏度和最大输出功率。

(5) 附加品质因素,如发射前端的温漂和频率稳定度、接收信号场指示(RSS1)信号的标准。

2）拓扑管理

在传感网中，为了节约能量，一些节点在某些时刻会进入休眠状态，导致网络的拓扑结构不断变化。为了使网络能够正常运行，必须进行拓扑管理。拓扑管理主要是节约能量，制定节点休眠策略，保持网络畅通，提高系统扩展性，保证数据能够有效传输。

3）QoS 服务支持

QoS 服务支持是网络与用户之间以及网络上相互通信的用户之间关于数据传输与共享的质量约定。为满足用户要求，传感网必须能够为用户提供足够的资源，以用户可以接受的性能指标进行工作。

4）网络管理

网络管理是对网络上的设备和传输系统进行有效监视、控制、诊断和测试所采用的技术和方法。网络管理包括故障管理、计费管理、配置管理、性能管理和安全管理。

5）网络安全

传感网多用于军事、商业领域，安全性是其重要的内容。由于传感网中节点的随机部署、网络拓扑的动态性以及信道的不稳定性，使传统的安全机制无法使用。因此，需要设计新型的网络安全机制。可借鉴扩频通信、接入/鉴权、数字水印、数据加密等技术。

目前，传感网安全主要集中在密钥管理、身份认证和数据加密方法、攻击检测与抵御、安全路由协议和隐私等方面。

6）移动控制

移动控制管理用于检测和记录传感器节点的移动状况，维护到达汇聚节点的路由，还可使传感器节点能够跟踪它的邻居。传感器节点获知其相邻传感器节点后，能够平衡其能量和任务。

7）远程管理

对于某些应用环境，传感网处于不容易访问的环境之中，为了对传感网进行管理，采用远程管理是十分必要的。通过远程管理，可以修正系统的 Bug，升级系统，关闭子系统，监控环境的变化等，使传感网工作更有效。

3. 传感网的应用支撑技术

传感网的应用支撑技术为用户提供各种具体的应用支持，包括时间同步、节点定位以及向用户提供协同应用服务接口等一些中间件技术。

1）时间同步

在传感网中，每个节点都有自己的时钟。由于不同节点的晶体振荡器频率存在误差以及环境干扰，即使在某个时刻所有节点都达到了时间同步，此后也会逐渐出现偏差。传感网的通信协议和应用要求各节点间的时钟必须保持同步。多个传感器节点相互配合工作，即使在节点休眠时也要求时钟同步。时间同步机制是传感网的关键机制。

2）节点定位

在传感网中，位置信息对于传感网应用至关重要，没有位置信息的数据几乎没有意义。节点定位是指确定传感网中每个节点的相对位置或绝对位置。节点定位在军事侦察、环境检测、紧急救援等应用中尤其重要，是传感网的关键技术之一。目前人们提出了两类传感器节点定位方法：基于测量距离的定位方法、与测量距离无关的定位方法。基于测量距离的定位方法首先使用测距技术，测量相邻节点间的实际距离或方位，再使用三角计算、三边计算、多边计算、模式识别、极大似然估计等方法进行定位。与测量距离无关的定位方法主要有 APIT 算法、质心算法、DV-Hop 算法、Amorphous 算法等。

3）分布式协同应用服务接口和分布式网络管理接口

传感网的应用是多种多样的，为了适应不同的应用环境，人们提出了各种应用层协议。该研究领域目前比较活跃，已提出的协议有任务安排和数据分发协议（TADAP）、传感器查询和数据分发协议（SQDDP）等。分布式网络管理接口主要指传感器管理协议（SMP），由它把数据传输到应用层。

4.7 传感网的关键技术

传感网作为当今信息领域新的研究热点，涉及多学科交叉的研究领域，所需要研究的内容包括通信、组网、管理、分布式信息处理等许多方面，可分为 4 部分：网络通信协议、核心支撑技术、自组织管理、开发与应用。其中，每部分又有许多需要研究解决的关键技术。

1. 网络通信协议及功率控制

由于传感器节点的计算能力、存储能力、通信能力以及携带的能量都十分有限，每个节点只能获取局部网络的拓扑信息，其上运行的网络协议也不能太复杂。同时，传感器拓扑结构动态变化，网络资源也在不断变化，这些都对网络协议提出了更高的要求。传感网协议负责使各个独立的节点形成一个多跳的数据传输网络，目前研究的重点是网络层协议和数据链路层协议。网络层的路由协议决定监测信息的传输路径；数据链路层的介质访问控制用来构建底层的基础结构，控制传感器节点的通信过程和工作模式。

在传感网中，路由协议不仅关心单个节点的能量消耗，更关心整个网络能量的均衡消耗，这样才能延长整个网络的生存期。同时，传感网是以数据为中心的，这在路由协议中表现得最为突出，每个节点没有必要采用全网统一的编址，选择路径可以不用根据节点的编址，更多的是根据感兴趣的数据建立数据源到汇聚节点之间的转发路径。

传感网的 MAC 协议首先要考虑节省能源和可扩展性，其次才考虑公平性、利用率和实时性等。在 MAC 层的能量浪费主要表现在空闲侦听、接收不必要数据和碰撞重传等。为了减少能量的消耗，MAC 协议通常采用“侦听/休眠”交替的无线信道侦听机制，传感器节点在需要收发数据时才侦听无线信道，没有数据需要收发时就尽量进入休眠状态。由于传感网是应用相关的网络，应用需求不同时，网络协议往往需要根据应用类型或应用目标环境特征定制，没有任何一个协议能够高效地适应所有不同的应用。

2. 网络拓扑控制

对于传感网而言，网络拓扑控制具有特别重要的意义。通过拓扑控制自动生成良好的网络拓扑结构，能够提高路由协议和 MAC 协议的效率，可为数据融合、时间同步和节点定位等奠定基础，有利于节省节点的能量来延长网络的生存期。所以，拓扑控制是传感网的核心技术之一。

目前，传感网拓扑控制的主要问题是在满足网络覆盖度和连通度的前提下，通过功率控制和骨干网节点选择，剔除节点之间不必要的无线通信链路，生成一个高效的数据转发网络拓扑结构。拓扑控制可以分为节点功率控制和层次型拓扑控制两个方面。功率控制机制用于调节网络中每个节点的发射功率，在满足网络连通度的前提下，减小节点的发送功率，均衡节点单跳可达的邻居数目；层次型拓扑控制机制利用分簇机制，让一些节点作为簇头节点，由簇头节点形成一个处理并转发数据的骨干网，其他非骨干网节点可以暂时关闭通信模块，进入休眠状态以节省能量。除了传统的功率控制和层次型拓扑控制，人们也提出了启发式的节点唤醒和休眠机制。该机制能够使节点在没有事件发生时设置通信模块为休眠状态，而在有事件发生时及时自动醒来并唤醒邻居节点，形成数据转发的拓扑结构。这种机制重点在于解决节点在休眠状态和活动状态之间的转换问题，不能独立作为一种拓扑结构控制机制，因此需要与其他拓扑控制算法配合使用。

3. 网络安全技术

传感网作为任务型的网络，不仅要进行数据传输，还要进行数据采集和融合、任务协同控制等。如何保证任务执行的机密性、数据产生的可靠性、数据融合的高效性以及数据传输的安全性，是传感网安全需要全面考虑的问题。

为了保证任务的机密布置以及任务执行结果的安全传递、融合，传感网需要实现一些最基本的安全机制——机密性、点到点的消息认证、完整性鉴别、新鲜性、认证广播和安全管理。除此之外，为了确保数据融合后数据源信息的保留，水印技术也成为传感网安全的研究内容。虽然在安全研究方面，传感网没有引入太多的内容，但传感网的特点决定了它的安全与传统网络安全在研究方法和计算手段上有很大不同。首先，传感网单元节点的各方面能力都不能与目前互联网的任何一种网络终端相比，所以必然存在算法计算强度和安全强度之间权衡的问题，如何通过更简单的算法实现尽量坚固的安全外壳是传感网安全的主要挑战；其次，有限的计算资源和能量资源往往需要对系统的各种技术进行综合考虑，以减少系统代码的数量，如安全路由技术等；再者，传感网任务的协作特性和路由的局部特性使节点之间存在安全耦合，单个节点的安全泄漏必然威胁网络的安全，所以在考虑安全算法时要尽量减小这种耦合性。

4. 时间同步技术

时间同步是传感网系统协同工作的一个关键机制。例如，测量移动车辆速度需要计算不同传感器检测事件时间差，通过波束阵列确定声源位置节点间的时间同步。NTP 是互联网上广泛使用的网络时间协议，但只适用于结构相对稳定、链路很少失败的有线网络系统；GPS 系统能够以纳秒级精度与世界标准时间 UTC 保持同步，但需要配置固定的高成本接收机，同时，在室内、森林或水下等有掩体的环境中，无法使用 GPS 系统。因此，它们不适用于传感网。

目前已提出了多个时间同步机制，其中 RBS、TINY/MINI-SYNC 和 TPSN 被认为是 3 个基本的同步机制。RBS 机制是基于接收者-接收者的时钟同步：一个节点广播时钟参考分组，广播域内的两个节点分别采用本地时钟记录参考分组的到达时间，通过交换记录时间来实现它们之间的时钟同步。TINY/MINI-SYNC 是简单的轻量级的同步机制：假设节点的时钟漂移遵循线性变化，那么两个节点之间的时间偏移也是线性的，可通过交换时标分组来估计两个节点间的最优匹配偏移量。TPSN 采用层次结构实现整个网络节点的时间同步：所有节点按照层次结构进行逻辑分级，通过基于发送者-接收者的节点对方式，每个节点能够与上一级的某个节点进行同步，从而实现所有节点都与根节点的时间同步。

5. 定位技术

位置信息是传感器节点采集数据中不可缺少的部分，没有位置信息的监测消息是毫无意义的。确定事件发生的位置或采集数据的节点位置是传感网最基本的功能之一。为了提供有效的位置信息，随机部署的传感器节点必须能够在布置后确定自身位置。

由于传感器节点存在资源有限、随机部署、通信易受环境干扰甚至节点失效等特点，定位机制必须满足自组织性、健壮性、能量高效、分布式计算等要求。根据节点位置是否确定，传感器节点分为信标节点和位置未知节点。信标节点的位置是已知的；位置未知节点需要根据少数信标节点，按照某种定位机制确定自身的位置。

在传感网定位过程中，通常会使用三边测量法、三角测量法或极大似然估计法确定节点位置。根据定位过程中是否实际测量节点间的距离或角度，传感网中的节点定位有基于距离的定位、距离无关的定位两种类型。

6. 数据融合与管理

传感网是能量约束的网络，减少传输的数据量能够有效地节省能量，提高网络的生存期。因此，在各个传感器节点数据收集过程中，可利用节点的本地计算和存储能力、数据处理融合能力去除冗余信息，从而达到节省能量的目的。由于传感器节点的易失效性，传感网也需要数据融合技术对多份数据进行综合，以提高信息的准确度。

1）数据融合技术

数据融合技术已经在目标跟踪、目标自动识别等领域得到了广泛的应用。在应用层设计中，可以利用分布式数据库技术，对采集到的数据进行逐步筛选，达到融合的效果。在网络层中，很多路由协议均结合了数据融合机制，以期减少数据传输量。

数据融合技术在节省能量、提高信息准确度的同时，需要以牺牲其他性能为代价。首先是延迟的代价，在数据传送过程中寻找易于进行数据融合的路由、进行数据融合操作、为融合而等待其他数据的到来，这三个方面都可能增加网络的平均延迟。其次是健壮性的代价，传感网相对于传统网络有更高的节点失效率以及数据丢失率，数据融合可以大幅度降低数据的冗余性，但丢失相同的数据量可能损失更多的信息，因此相对而言也降低了网络的健壮性。

2）数据管理技术

从数据存储的角度来看，传感网可被视为一种分布式数据库。以数据库的方法在传感网中进行数据管理，可以将存储在网络中的数据逻辑视图与网络中的实现进行分离，使得传感网用户只需关心数据查询的逻辑结构，而无须关心实现细节。虽然对网络所存储的数据进行抽象会在一定程度上影响执行效率，但可以增强传感网的易用性。加州大学伯克利分校的 TinyDB 系统和康奈尔大学的 Cougar 系统，是目前具有代表性的传感网数据管理系统。

传感网的数据管理与传统的分布式数据库有很大差别。由于传感器节点能量受限且容易失效，数据管理系统必须在尽量减少能量消耗的同时提供有效的数据服务。同时，传感网中节点数量庞大，且传感器节点产生的是无限的数据流，无法通过传统的分布式数据库的数据管理技术进行分析与处理。此外，对传感网数据的查询经常是连续查询或随机抽样查询，这也使得传统分布式数据库的数据管理技术不适用于传感网。

传感网数据管理系统主要有集中式、半分布式、分布式以及层次式 4 种结构。目前大多数研究集中在半分布式结构。传感网中数据的存储采用网络外部存储、本地存储和以数据为中心的存储 3 种方式。相对于其他两种方式，以数据为中心的存储方式可以在通信效率和能量消耗两个方面取得折中。基于地理散列表的方法是一种常用的以数据为中心的数据存储方式。在传感网中，既可以为数据建立一维索引，也可以建立多维分布式索引(DIM)。

传感网的数据查询语言目前多采用类 SQL 的语言。查询操作可以按照集中式、分布式或流水线式查询进行设计。集中式查询由于传送了冗余数据而消耗额外的能量；分布式查询利用聚集技术可以显著降低通信开销；而流水线式查询可以提高分布式查询的聚集正确性。在传感网中，对连续查询的处理也是需要考虑的，利用自适应技术可以处理传感网节点上的单连续查询和多连续查询请求。

7. 嵌入式操作系统

传感器节点是一个微型嵌入式系统，携带非常有限的硬件资源，要求操作系统能够节能、高效地使用其有限的内存、处理器和通信模块，且能够对各种特定应用提供最大的支持。在面向传感网的操作系统的支持下，多个应用可以并发地使用系统的有限资源。

传感器节点有两个突出特点：一是并发性密集，即可能存在多个需要同时执行的逻辑控制，这需要操作系统能够有效地满足这种发生频繁、并发程度高、执行过程比较短的逻辑控制流程；二是传感器节点模块化程度很高，要求操作系统能够让应用程序对硬件进行控制，且保证在不影响整体开销的情况下，应用程序中的各个部分能够进行重新组合。针对上述特点，美国加州大学伯克利分校研发了 TinyOS 操作系统，在科研机构的研究中得到比较广泛的使用，但仍然存在不足之处。

4.8 传感网节点部署与覆盖

节点部署是传感网工作的基础，它直接关系到网络监测信息的准确性、完整性和时效性。节点部署涉及覆盖、连接和节约能量消耗等方面。

4.8.1 传感网节点部署

1. 传感网的节点部署问题

所谓节点部署，就是在指定的监测区域内，通过适当的方法布置传感网节点以满足某种特定需求。节点部署的目的，是通过一定的算法布置节点，优化已有网络资源，以期网络在未来应用中获得最大利用率或单个任务的最少能耗。节点部署是传感网进行工作的第一步,也是网络正常工作的基础,只有把传感器节点在目标区域布置好,才能进一步进行其他的工作和优化。

合理的节点部署不仅可以提高网络工作效率,优化利用网络资源,还可以根据应用需求的变化改变活跃节点的数目,以动态调整网络的节点密度。此外,在某些节点发生故障或能量耗尽失效时,通过一定策略重新部署节点,可保证网络性能不受大的影响,使网络具有较强的健壮性。设计传感网的节点部署方案一般需要考虑以下问题。

(1) 如何实现对监测区域的完全覆盖并保证整个网络的连通性。对监测区域的完全覆盖是获取监测信息的前提;由于地形或者障碍物的存在,满足覆盖也不一定能够保证网络是连通的,而在节点数量最小化的同时实现覆盖和连通更具有挑战性。

(2) 如何减少系统能耗,最大化延长网络寿命。传感网节点大都是靠电池供电的,电源用完也就意味着节点失效,因此在考虑覆盖和连通性的同时要考虑节能问题。

(3) 当网络中有部分节点失效时,如何对网络进行重新部署。当某些节点能源耗尽或者发生故障时,可能出现覆盖"漏洞",甚至导致网络无法连通,出现分割,这时需要重新对网络进行部署。此时需要考虑:采用什么样的方式进行再部署、是局部调整还是全局变化、每步调整是否影响原有的部署、有什么信息可以参考等。

2. 节点部署算法

关于传感网节点部署算法,尚处在研究形成阶段。根据传感网节点可移动与否,可把节点部署算法分为移动节点部署算法、静止节点部署算法和异构/混合节点部署算法 3 类。

1) 移动节点部署算法

从某种意义上说,移动节点部署问题并不是一个新问题,它与移动机器人的部署是同一类型问题。针对这一问题,国内外已进行了相关研究,提出了许多算法。

(1) 增量式节点部署算法。该算法是逐个部署传感网节点,利用已经部署的传感网节点计算出下一个节点应该部署的位置,旨在达到网络的覆盖面积最大。该算法需要每个节点都有测距和定位模块,而且每个节点至少与一个其他节点可视。该算法适用于监测区域环境未知的情况,如巷战、危险空间探测等。其优点是利用最少的节点覆盖探测区域;缺点是部署时间长,每部署一个节点可能需要移动多个节点。

(2) 基于人工势场(或虚拟力)的算法。该算法把人工势场(或虚拟力)用于移动节点的自展开问题,把网络中的每个节点作为一个虚拟的正电荷,每个节点受到边界障碍和其他节点的排斥,这种排斥力使整个网络中的所有节点向传感网中的其他地域扩散,并避免越出边界,最终达到平衡状态,也就是达到了感知区域的最大覆盖状态。该算法的优点是算法简单易用,并能达到节点快速扩散到整个感知区域的目的,同时每个节点所移动的路径比较短;其缺点是容易陷入局部最优解。

(3) 基于网格划分的算法。这类算法通过网格化覆盖区域,把网络对区域的覆盖问题转化为对网格或网格点的覆盖问题,网格划分有矩形划分、六边形划分、菱形划分等。这类算法的优点是可以利用最少的节点达到对任务区域的完全覆盖。

(4) 基于概率检测模型的算法。这类算法通过引入概率检测模型,在确保网络连通性的条件下,寻求以最少数目的节点达到预期的覆盖需求,并得到具体的节点配置位置。

2）静止节点部署算法

静止节点部署算法一般有确定性部署和自组织部署两种部署算法。确定性部署算法是指手工部署传感网，节点间按设定的路由进行数据传输。这是最简单、直观的一种方法，一般适用于规模较小、环境状况良好、人工可以到达的区域。例如，在室内等封闭空间部署传感网，可以将问题转化为经典的画廊问题（线性规划问题）；如果在室外开放空间部署（小规模）传感网，则可以利用移动节点部署算法中基于网格划分的节点部署算法或者基于矢量的节点部署算法。

与确定性部署相对应的是不确定性部署，也称自组织部署。当监测区域环境恶劣或存在危险时，人工部署节点是无法实现的。同样，当布设大型传感网时，由于节点数量众多、分布密集，采用人工方式部署节点也是不切合实际的。此时，通常通过飞机、炮弹等载体随机地把节点抛撒在监测区域内，节点到达地面以后自组成网。通过空中散播部署节点虽然很方便，但在节点被散播到监测区域后的初始阶段，形成的网络一般不是最优化的。有的地方有较高的感知密度，有的地方感知密度较低，甚至出现覆盖漏洞或者部分网络不连通，此时需要针对“问题”区域进行二次部署。

3）异构/混合节点部署算法

目前，传感网技术主要以同构的传感网作为研究对象。所谓同构，是指传感网的所有节点都是同一类型的。在实际应用中，可能会部署一些异构的传感网。也就是说，在构成传感网的节点中，有一小部分是异构节点；与其他大部分廉价的节点相比，它在电源、传输带宽、计算能力、存储空间、移动能力等方面具有明显的优势。当然，这些异构节点的成本相对较高。在传感网中部署适量的异构节点，不仅能提高传感网的数据传输成功率，而且能延长网络寿命。

4.8.2　传感网覆盖

如何利用节点完成对目标区域的检测或监控，是传感网的覆盖问题。覆盖问题不仅反映了网络所能提供的“感知”服务质量，而且通过合理的覆盖控制还可以使网络空间资源得到优化，降低网络的成本和功耗，延长网络的寿命，使得网络更好地完成环境感知、信息获取和有效传输的任务。

1. 传感网覆盖理论模型

传感网覆盖问题（Coverage Problem）考虑两个问题：一是初始传感器节点的布置是否覆盖了整个目标区域；二是这些节点能否完整、准确地采集目标区域的信息。可以归结为以下两个问题。

1）艺术馆问题

设想艺术馆的业主想在馆内放置摄像机，以便能够预防小偷盗窃。为了实现这个想法，需要回答两个问题：首先是到底需要多少台摄像机；其次，这些摄像机应当放置在哪些地方才能保证馆内每个点至少被一台摄像机监视到。假定摄像机可以有 360°的视角并能以极大速度旋转，而且摄像机可以监视任何位置，视线不受影响。问题优化要实现的目标就是所需摄像机的数目应该最小化。在这个问题当中，艺术馆通常建模成二维平面的简单多边形。一个简单的解决办法就是将多边形分成不重叠的三角形,每个三角形里面放置一台摄像机。通过三角测量法将多边形分成若干个三角形,这样可以实现任何一个多边形都可被[n/3]台摄像机所监视到,其中 n 表示多边形所包含的三角形的数目。这也是最糟糕情况下的最佳结果。图 4-17 所示是将一个简单多边形用三角测量法拆分的例子,放置两台监视摄像机足以覆盖整个艺术馆。尽管这个问题在二维平面可以得到最优解,然而扩展到三维空间,这个问题就变成了 NP-hard 问题了。

2) 圆覆盖问题

圆覆盖问题是指在一个平面上最多需要排列多少个相同大小的圆,才能够完全覆盖整个平面。换言之,就是给定了圆的数目,如何使得圆的半径最小。图 4-18 给出了 7 个圆最优覆盖的一个示例。

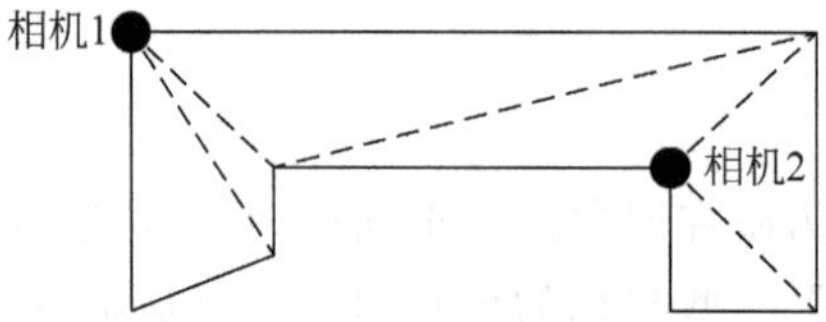

图 4-17 多边形三角测量法以及见识摄像机的位置配置图

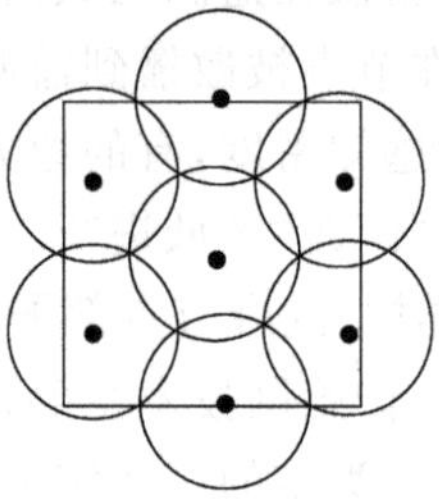

图 4-18 7 个圆实现最优覆盖示例

2. 传感网覆盖问题

在不同的应用中,覆盖问题可以从不同的角度建模。以下是影响覆盖问题应该考虑的一些因素。

(1) 传感器节点部署方法。传感器节点部署通常有确定性部署和随机性部署两种方法。在一些友好的、容易接近的环境中可以选择确定性部署算法;而在一些军事领域的应用或者遥远、荒凉的环境中,必须选择随机部署算法。

(2) 感知半径和通信半径。传感网中的节点,其感知半径可以相同也可以不同;其通信半径则与网络的连通性有着密切关系,可以和感知半径相等,也可以不相等。

(3) 附加的需求。如基于能量效率的覆盖(Energy-Efficiency Coverage)和连通的覆盖(Connected Coverage)。

(4) 算法的特性。如集中式与分布式/局部化特性。

3. 传感网覆盖方式

由于传感网是基于应用的网络,不同的应用具有不同的网络结构与特性。因此,传感网的覆盖也有着多种方式。

1) 确定性覆盖和随机覆盖

按照传感网节点不同配置方式(即节点是否需要知道自身位置信息),可将传感网的覆盖分为确定性覆盖、随机覆盖两大类。如果传感网的状态相对固定或是环境已知,可根据先配置的节点位置确定网络拓扑情况或增加关键区域的传感器节点密度，这种情况被称为确定性覆盖。此时的覆盖控制问题是一种特殊的网络或路径规划问题。典型的确定性覆盖有确定性区域/点覆盖、基于网格(Gird)的目标覆盖和确定性网络路径/目标覆盖三种类型。

在许多自然环境中，由于网络情况不能预先确定，且多数确定覆盖模型会给网络带来对称性与周期性特征，从而掩盖了某些网络拓扑的实际特性。加上传感网自身拓扑变化复杂，导致采用确定性覆盖在实际应用中具有很大的局限性，不能适用于战场等危险或其他环境恶劣的场所。因此，需要节点随机分布在感知区域，即随机覆盖，具体又分为随机节点覆盖和动态网络覆盖两类。随机节点覆盖是指在传感网中感知节点随机分布且预先不知节点位置的条件下，网络完成对监测区域的覆盖任务。动态网络覆盖则是考虑一些特殊环境中部分感知节点具备一定运动能力的情况。这类网络可以动态完成相关覆盖任务，更具灵活性和实用性。

2) 区域覆盖、点覆盖和栅栏覆盖

按照传感网对覆盖区域的不同要求和不同应用，有区域覆盖、点覆盖、栅栏覆盖三种。区域覆盖(Area Coverage)要求目标区域中的每一点至少被一个节点覆盖，同时保证网络内各节点间的连通性，并在满足覆盖和连通要求的前提下尽可能减少所需节点数，使网络成本最低。在战场实时监控等应用中，就需要对目标区域内的每一个点进行监测。图 4-19 显示了传感网对给出的正方形区域进行覆盖的例子。

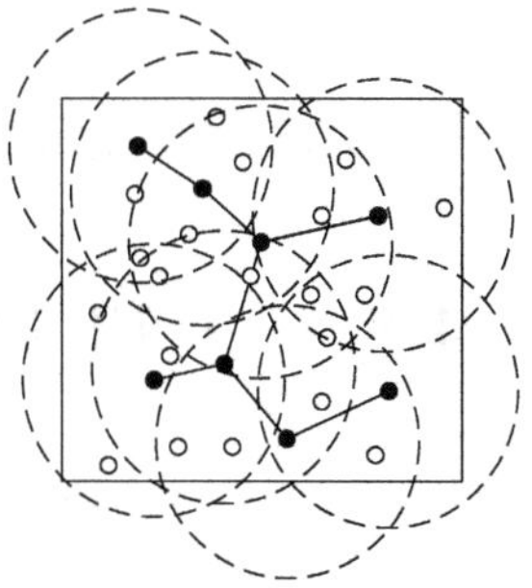
图 4-19　区域覆盖

在点覆盖(Point Coverage)中，所关心的是覆盖目标区域中的一组点，它只需对目标区域内的有限个离散点进行监测，并确定覆盖这些点所需的最少节点数以及节点的位置。图 4-20 显示了一组随机分布的传感器覆盖一组观测点的例子。栅栏覆盖(Barrier Coverage)考虑的是当移动目标沿任意路径穿越传感网的部署区域时，网络检测到该移动目标的概率问题。该问题的意义在于：一方面可以确定最佳网络部署，使得目标检测概率最大；另一方面，当穿越敌方的监控区域时，可以选择一条最安全的路径。目标穿越网络时被检测到的概率不但与目标运动路径相关，还与目标在网络中所处的时间相关。目标在网络中所处时间越长，被检测到的概率越大。图 4-21 显示了一个一般的栅栏覆盖问题，路径的起点和终点是从区域的底部和顶部的边界线上选择的。

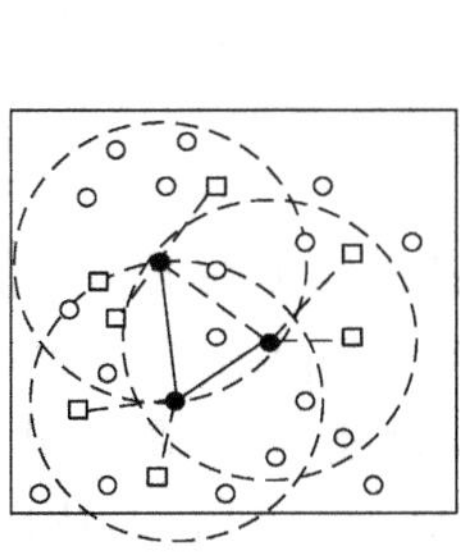
图 4-20　点覆盖

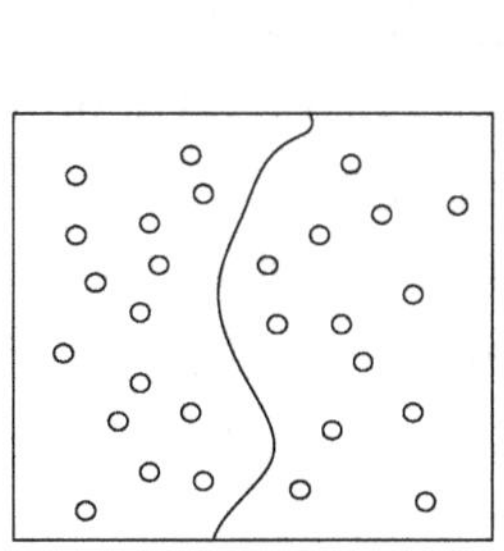
图 4-21　栅栏覆盖

4.8.3 连接与节能

连接问题(Connectivity Problem)考虑的是：节点间的连接情况能否保证所采集的信息能够准确地传递给汇聚节点。围绕这个问题，可以从两方面展开讨论。

(1) 纯连接(Pure Connectivity)。不论网络是否运行，都要保证网络任意两节点是连通的，这是网络运行的基础。

(2) 路由连接(Routing Algorithm based Connectivity)。这是指在网络运行时，按照某种特定的算法实现任意两点间的连接，是对纯连接的优化。不同的路由算法，对连接效果有很大的影响。

节能主要考虑两个问题：①网络部署时传感器节点消耗的能量要少；②网络在使用过程中能量的平均消耗量最低。前者主要是减少部署时能量的消耗，后者主要是从能量平衡的角度考虑延长网络寿命。

4.9 无线传感器网络通信技术

4.9.1 IEEE 802.15.4 与 ZigBee

IEEE 802.15.4 通信协议是短距离无线通信的 IEEE 标准，它是无线传感器网络通信协议中物理层与 MAC 层的一个具体实现。IEEE 于 2002 年开始研究制定低速无线个域网(WPAN)标准 IEEE 802.15.4。该标准规定了在个域网中设备之间的无线通信协议和接口。该标准采用载波监听多点接入/冲突避免(CSMA/CA)的媒体接入方式，形成星状和点对点的拓扑结构。虽然采用基于竞争的接入方式，但 PAN 协调器可以通过超高帧结构为需要发送即时消息的设备提供时隙。整个网络可以通过 PAN 协调器接入其他高性能网络。

IEEE 802.15.4 标准主要包括物理层和 MAC 层的标准。IEEE 目前正在考虑以 IEEE 802.15.4 的物理层为基础实现无线传感器网络的通信架构。

ZigBee 技术是一种面向自动化和无线控制的低速率、低功耗、低价格的无线网络方案。在 ZigBee 方案被提出一段时间后，IEEE 802.15.4 工作组也开始了一种低速率无线通信标准的制定工作。最终 ZigBee 联盟和 IEEE 802.15.4 工作组决定合作共同制定一种通信协议标准，该协议标准被命名为 ZigBee。

ZigBee 的通信速率要求低于蓝牙，由电池供电设备提供无线通信功能，并希望在不更换电池并且不充电的情况下能正常工作几个月甚至几年。ZigBee 支持 Mesh 型网络拓扑结构，网络规模可以比蓝牙设备大得多。ZigBee 无线设备工作在公共频段上（全球为 2.4GHz，美国为 915MHz，欧洲为 868MHz），传输距离为 10～75m，具体数值取决于射频环境以及特定应用条件下的输出功耗。ZigBee 的通信速率在 2.4GHz 时为 250kb/s，在 915MHz 时为 40kb/s，在 868MHz 时为 20kb/s。

IEEE 802.15.4 主要制定协议中的物理层和 MAC 层。ZigBee 联盟则制定协议中的网络层和应用层，主要负责实现组网、安全服务等功能以及一系列无线家庭、建筑等解决方案，负责提供兼容性认证、市场运作以及协议的发展延伸。这样，就保证了消费者从不同供应商处买到的 ZigBee 设备可以一起工作。

IEEE 802.15.4 关于物理层和 MAC 层的协议为不同的网络拓扑结构(如星状、Mesh 型以及簇树形等)提供了不同的模块。ZigBee 协议的网络路由策略通过时隙机制可以保证较低的能量消耗和时延。ZigBee 网络层的一个特点就是通信冗余，这样当 Mesh 型网络中的某个节点失效时，整个网络仍能够正常工作。物理层的主要特点在于具备能量和质量监测功能，采用空闲频道评估以实现多个网络的并存。

4.9.2　ZigBee 协议框架

完整的 ZigBee 协议栈自上而下由应用层、应用汇聚层、网络层、数据链路层和物理层组成，如图 4-22 所示。应用层定义了各种类型的应用业务，是协议栈的最上层用户。

应用汇聚层负责把不同的应用映射到 ZigBee 网络层上，包括安全与鉴权、多个业务数据流的汇聚、设备发现和业务发现。网络层的功能包括拓扑管理、MAC 管理、路由管理和安全管理。数据链路层又可分为逻辑链路控制子层(LLC)和介质访问控制子层(MAC)。IEEE 802.15.4 的 LLC 子层与 IEEE 802.2 的相同，其功能包括传输可靠性保障、数据报的分段与重组、数据报的顺序传输。IEEE 802.15.4 的 MAC 子层通过 SSCS(Service Specific Convergence Sublayer)协议能支持多种 LLC 标准，其功能包括设备间无线链路的建立、维护和拆除，确认模式的帧传送与接收，信道接入控制、帧校验、预留时隙管理和广播信息管理。

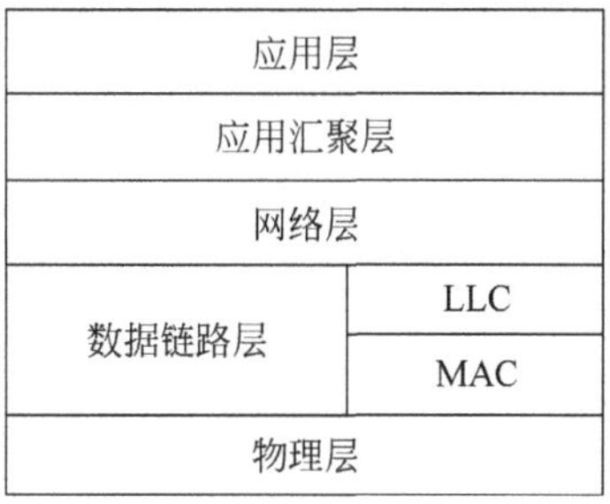

图 4-22　ZigBee 协议框架

物理层采用直接序列扩频(Direct Sequence Spread Spectrum，DSSS)技术。

ZigBee 网络的拓扑主要有星状、网状和簇树形，如图 4-23 所示。星状拓扑具有组网简单、成本低和电池使用寿命长的优点；但网络覆盖范围有限，可靠性不及网状拓扑结构，一旦中心节点发生故障，所有与之相连的网络节点的通信都将中断。网状拓扑具有可靠性高、覆盖范围大的优点；缺点是电池使用寿命短、管理复杂。簇树形拓扑综合了以上两种拓扑的特点，这种组网通常会使 ZigBee 网络更加灵活、高效、可靠。ZigBee 的技术特点为 ZigBee 网络节点设备工作周期较短、收发信息功率低，并且采用了休眠模式(当不传送数据时处于休眠状态，当需要接收数据时由 ZigBee 网络中称作“协调器”的设备负责唤醒它们)，所以 ZigBee 技术特别省电，避免了频繁更换电池或充电，从而减轻了网络维护的负担。由于采用了碰撞避免机制并为需要固定带宽的通信业务预留了专用时隙，避免了发送数据时的竞争和冲突，而且 MAC 层采用了完全确认的数据传输机制，每个发送的数据报都必须等待接收方的确认信息，因此从根本上保证了数据传输的可靠性。由于 ZigBee 协议栈设计简练，因此它的研发和生产成本相对较低。随着产品产业化，ZigBee 通信模块价格预计能降到 1.5 ～2.5 美元。短时延 ZigBee 技术与蓝牙技术的时延对比可知，ZigBee 的各项时延指标都非常短。ZigBee 节点休眠和工作状态转换只需 15ms，入网约 30ms，而蓝牙为 3～10s。

一个 ZigBee 网络最多可以容纳 254 个从设备和 1 个主设备，一个区域内最多可以同时存在 100 个 ZigBee 网络。安全 ZigBee 技术提供了数据完整性检查和鉴权功能，加密算法采用 AES-128，并且各应用可以灵活地确定其安全属性，使网络安全能够得到有效的保障。

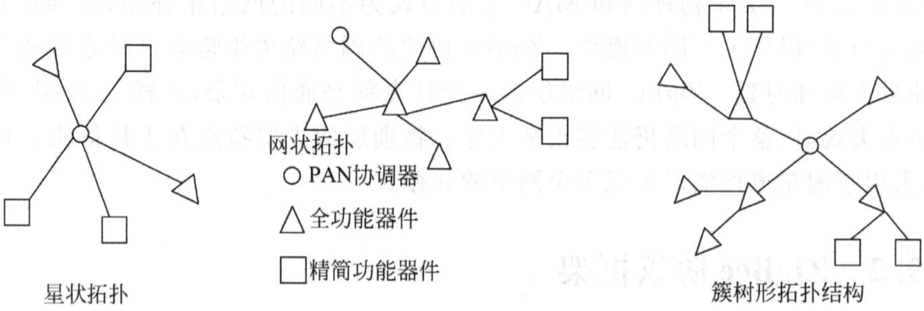

图 4-23　ZigBee 网络拓扑图

4.9.3　基于 ZigBee 协议的传感器网络

一种基于 ZigBee 的无线传感器网络的实现方案。该系统是一种燃气表数据无线传输系统，其无线通信部分使用 ZigBee 技术。

1. 无线传感器的构建

利用 ZigBee 技术构建的无线传感器，其基本结构如图 4-24 所示。

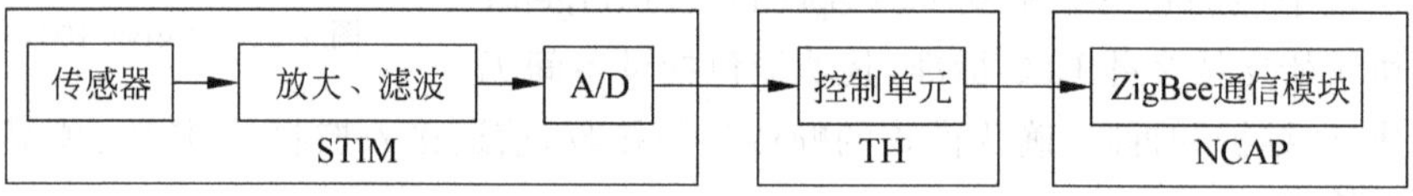

图 4-24　无线传感器节点结构框图

STIM 部分包括传感器、放大和滤波电路、A/D 转换；TH 部分主要由控制单元组成；NCAP 负责通信。“燃气表数据无线传输系统”项目中实现了无线燃气表传感器的设计；STIM 选用“CG-L-J2.5/4D 型号”的燃气表；TH 选用 Atmel 公司的 80C51，8 位 CPU；NCAP 选用赫立讯公司 IP-Link 1000-B 无线模块。在此方案中，燃气表的数据为已经处理好的数据。由于燃气表数据为一个月抄一次，所以在设计的过程中不用考虑数据的实时性问题。赫立讯公司为 ZigBee 技术而开发的一款无线通信模块，其主要特点如下：支持多达 40 个网络节点的链接方式；300～1000MHz 的无线收发器；高效率发射、高灵敏度接收；高达 76.8kb/s 的无线数据速率；IEEE 802.5.4 标准兼容产品；内置高性能微处理器；具有两个 UART 接口；10 位、23K 采样率 ADC 接口；微功耗待机模式。这样为无线传感器网络中降低功率损耗提供了一种灵活的电源管理方案。存储芯片选用有 64KB 的存储空间的 Atmel 公司 24C512EEPR0M 芯片；按一户需要 8 字节的信息量计算，可以存储 8000 多个用户的海量信息，对一个小区完全够用。所有芯片选用 3.3V 的低压芯片，可以降低设备的能源消耗。

在无线传输中，数据结构的表示是一个关键的部分，它往往可以决定设备的主要使用性能。这里把它设计成以下结构，在完整接收到以上格式的数据后，通过 CRC 来完成对数据是否正确进行判读，这在无线通信中是十分必要的。

数据头	命令字	数据长度	数据	CRC

- 数据头：字节固定为“AAAAAA”。
- 命令字：1 字节具体的命令。01 为发送数据，02 为接收数据，03 为进入休眠，04 为唤醒休眠。
- 数据长度：1 字节为后面“数据”长度的字节数。
- 数据：0～20 字节为具体的有效数据。
- CRC：2 字节是从命令字到数据的所有数据进行校检。

2. 无线传感器网络的构建

IEEE 802.15.4 提供了 3 种有效的网络结构（树状、网状、星状）和 3 种器件工作模式（协调器、全功能模式、简化功能模式）。简化功能模式只能作为终端无线传感器节点；全功能模式既可以作为终端传感器节点，也可以作为路由节点；协调器只能作为路由节点。无线传感器网络可以大致组成 3 种基本的拓扑结构。

（1）基于星状的拓扑结构具有天然的分布式处理能力，星状中的路由节点就是分布式处理中心，即它具有路由功能，一定的数据处理和融合的能力，每个终端无线传感器节点都把数据传给其所在拓扑的路由节点，在路由节点完成数据简单、有效的融合，然后对处理后的数据进行转发。相对于终端节点，路由节点功能更多，通信也更频繁，功耗较高，所以其电源容量也比终端传感器节点电源的容量大，可考虑为大容量电池或太阳能电源。

（2）基于网状的拓扑结构这种结构的无线传感器网络连成一张网，网络非常健壮，伸缩性好，在个别链路和传感器节点失效时，不会引起网络分立。可以同时通过多条路由通道传输数据，传输可靠性非常高。

（3）基于树状的拓扑结构在这种结构下传感器节点被串联在一条或多条链上，链尾与终端传感器节点相连。这种方案在中间节点失效的情况下，会使其某些终端节点失去连接。

“燃气表数据无线传输系统”项目中采用星状拓扑结构，主要因为其结构简单，实现方便，不需要大量的协调器节点，且可降低成本。每个终端无线传感器节点为每家的燃气表（平时无线通信模块为掉电方式，通过路由节点来激活），手持式接收机为移动的路由节点。整个网络的建立是随机的、临时的；当手持接收机在小区里移动时，通过发出激活命令来激活所有能激活的节点，临时建立一个星状的网络，其网络建立及数据流的传输过程如下。

① 路由节点发出激活命令。

② 终端无线传感器节点被激活。

③ 在每个终端无线传感器节点分别延长某固定时间段的随机倍数后，节点通知路由节点自己被激活。

④ 路由节点建立激活终端无线传感器节点表。

⑤ 路由节点通过此表对激活节点进行点名通信，直到表中的节点数据全部下载完成。

⑥ 重复①～⑤，直到小区中所有终端节点数据下载完毕。

当一个移动接收机在小区里移动时,可以通过动态组网把小区用户燃气信息下载到接收机中,再把接收机中的数据拿到处理中心去集中处理。通过以上步骤建立的通信,在小区实际无线抄表系统中得到了很好应用。

4.9.4 基于 ZigBee 的无线传感器网络与 RFID 技术的融合

利用 RFID 电子标签可只存储一个唯一的身份识别号码,来标识某个特定的设备的性能。但由于 RFID 抗干扰性较差,而且有效距离一般小于 10m,这对它的应用是一个限制。如果将 ZigBee 的无线传感器网络(WSN)与 RFID 结合起来,利用前者高达 100m 以上的有效半径,形成无线传感器身份识别(WSID)网络,其应用前景不可估量。ZigBee 可以感知更复杂的信息并自觉分发这些信息。目前,可读 RFID 电子标签对大部分公司来说仍然略显昂贵,以致公司不愿推广使用它;不过在未来的几年里,其价格有望大幅降低,必然会大量应用。另外,尽管 ZigBee 产品的主要用途并不是代替可读 RFID 电子标签,但利用更多的传感器和更少的网关,可以降低可读写 RFID 电子标签的成本,促进无线传感器网络与 RFID 结合应用。结合了 RFID 之后,大大拓展了基于 ZigBee 的无线传感器网络的功能。读者可以通过第 10 章的实验加深对无线传感器网络的认识。

4.10 无线传感器网络开发

4.10.1 无线传感器网络软件开发

1. 无线传感器网络软件开发的特点与设计要求

无线传感器网络因其资源受限,并有动态性强、数据中心等特点,对其软件系统的开发设计提出了如下要求。软的实时性:由于网络变化不可预知,软件系统应能及时调整节点的工作状态,自适应动态多变的网络状况和外界环境,其设计层次不能过于复杂,且具有良好的事件驱动与响应机制。能量优化:由于传感器节点电池能量有限,设计软件系统时应尽可能考虑节能,这需要用比较精简的代码或指令来实现网络的协议和算法,并采用轻量级的交互机制。模块化:为使软件可重用,便于用户根据不同的应用需求快速进行开发,应当将软件系统的设计模块化,让每个模块完成一个抽象功能,并制定模块之间的接口标准。面向具体应用软件:系统应该面向具体的应用需求进行设计开发,使其运行性能满足应用系统的服务质量(QoS)要求。可管理:为维护和管理网络,软件系统应采用分布式的管理办法,通过软件更新和重配置机制来提高系统运行的效率。

2. 无线传感器网络软件开发的内容

无线传感器网络软件开发的本质是从软件工程的思想出发,在软件体系结构设计的基础上开发应用软件。通常,需要使用基于框架的组件来支持无线传感器网络的软件开发。框架中运用自适应的中间件系统,通过动态地交换和运行组件,支撑起高层的应用服务架构，从而加速和简化应用的开发。无线传感器网络软件设计的主要内容就是开发这些基于框架的组件，以支持下面 3 个层次的应用。

(1) 传感器应用(Sensor Application)提供传感器节点必要的本地基本功能，包括数据采集、本地存储、硬件访问、直接存取操作系统等。

(2) 节点应用(Node Application)包含针对专门应用的任务和用于建立和维护网络的中间件功能。其设计分成 3 个部分：操作系统、传感驱动、中间件管理。节点应用层次的框架组件结构如图 4-25 所示。

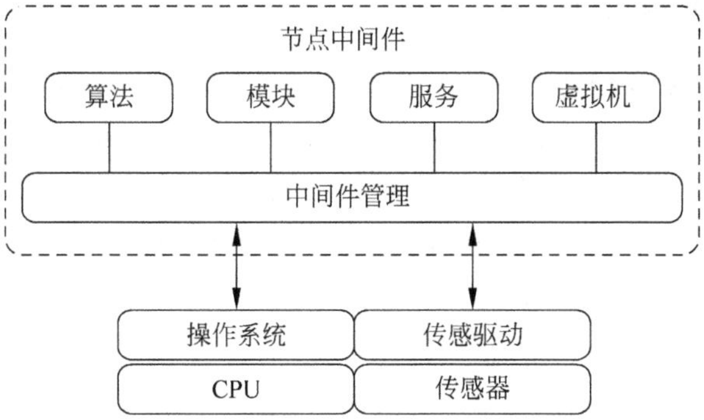

图 4-25　节点应用层次的框架组件结构

① 操作系统。操作系统由裁剪过的只针对特定应用的软件组成，它专门处理与节点硬件设备相关的任务，包括启动载入节点应用层次的框架组件结构程序、硬件的初始化、时序安排、内存管理和过程管理等。

② 传感驱动。初始化传感器节点，驱动节点上的传感单元执行数据采集和测量工作。它封装了传感器应用为中间件提供良好的 API 接口。

③ 中间件管理。该管理机制是一个上层软件，用来组织分布式节点间的协同工作。

④ 模块。封装网络应用所需的通信协议和核心支撑技术。

⑤ 算法。用来描述模块的具体实现算法。

⑥ 服务。包含了用来与其他节点协作完成任务的本地协同功能。

⑦ 虚拟机。能够执行与平台无关的程序。

(3) 网络应用(Network Application)描述整个网络应用的任务和所需要的服务，为用户提供操作界面来管理网络评估运行效果。网络应用层次的框架组件结构如图 4-26 所示。

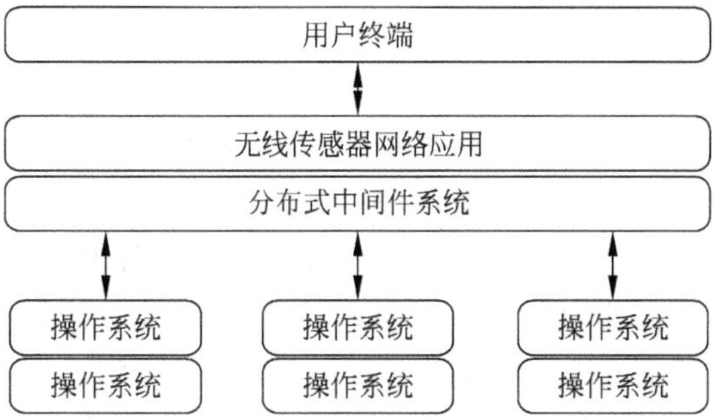

图 4-26　网络应用层次的框架组件结构

网络中的节点通过中间件的服务连接起来，协作地执行任务。中间件逻辑上是在网络层，但物理上仍存在于节点内，它在网络内协调服务间的互操作，灵活便捷地支撑起无线传感器网络的应用开发。为此，需要依据上述3个层次的应用，通过程序设计来开发实现框架中的各类组件，这也就构成了无线传感器网络软件设计的主要内容。

4.10.2 无线传感器网络硬件开发

1. 硬件系统的设计特点与要求

传感器节点是为无线传感器网络特别设计的微型计算机系统。无线传感器网络的特点，决定了传感器节点的硬件设计应该重点考虑以下3方面的问题。

(1) 低功耗。无线传感器网络对低功耗的需求一般都远远高于目前已有的蓝牙、WLAN等网络。传感器节点的硬件设计直接决定了节点的能耗水平，还决定了各种软件通过优化(如网络各层通信协议的优化设计、功率管理策略的设计)可能达到的最低能耗水平。通过合理地设计硬件系统，可以有效降低节点能耗。

(2) 低成本。在无线传感器网络的应用中，成本通常是一个需要考虑的重要因素。在传感器节点的开发阶段，成本主要体现在软件协议的开发上。一旦产品定型，在产品生产和使用过程中，主要的成本都集中在硬件开发和节点维护两个方面。因此，传感器节点的硬件设计应该根据具体应用的特点来合理选择器件，并使节点易于维护和管理，从而降低开发与维护成本。

(3) 稳定性和安全性。传感器节点的稳定性和安全性需要结合软硬件设计来实现。稳定性设计要求节点的各个部件能够在给定的应用背景下(可能具有较强的干扰或不良的温、湿度条件)正常工作，避免由于外界干扰产生过多的错误数据。但是过于苛刻的硬件要求又会导致节点成本的提高，应在分析具体应用需求的条件下进行权衡处理。此外，关于节点的电磁兼容设计也十分重要。安全性设计主要包括代码安全和通信安全两个方面。在代码安全方面，某些应用场合可能希望保证节点的运行代码不被第三方了解。例如某些军事应用中，在节点被敌方俘获的情况下，节点的代码应该能够自我保护并锁死，避免被敌方所获取。很多微处理器和存储器芯片都具有代码保护的能力。在通信安全方面，有些芯片能够提供一定的硬件支持，如CC2420具有支持基于AES-128的数据加密和数据鉴权能力。除上述几项要求之外，硬件设计中还应该考虑节点体积、可扩展性等方面的需要。

2. 硬件系统的设计内容

无线传感器网络节点的基本硬件功能模块组成如图4-27所示，主要由传感器模块、数据处理模块、换能器模块、无线通信模块、电源模块和其他外围模块组成。

数据处理模块是节点的核心模块，用于完成数据处理、数据存储、执行通信协议和节点调度管理等工作；换能器模块包括各种传感器和执行器，用于感知数据和执行各种控制动作；无线通信模块用于完成无线通信任务；电源模块是所有电子系统的基础，电源模块的设计直接关系到节点的寿命；其他外围模块包括看门狗电路、电池电量检测模块等，也是传感器节点不可缺少的组成部分。

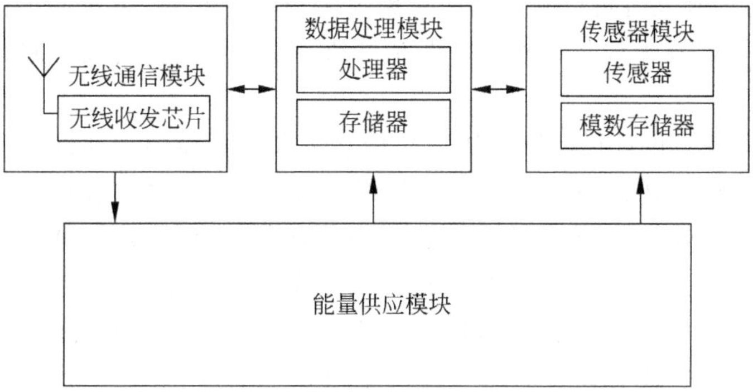

图 4-27　无线传感器网络节点的基本硬件功能模块

尽管无线传感器网络的硬件开发技术取得了很大进展，但还有一些问题尚未完全解决。总的来说，硬件系统设计还面临着以下 3 方面的挑战。

(1) 多种应用需求之间的矛盾和权衡如上所述，低成本、低功耗、稳定性、安全性、小体积和可扩展性是对传感器节点设计提出的要求。然而由于工艺水平等方面的限制，在节点硬件设计中经常会遇到相互矛盾的情况，例如为了减小节点体积，必须使用集成度更高的器件，最佳的方案是使用 SoC 设计，但这可能会降低节点的可扩展性；另外，为了增加节点的稳定性，应该采用高稳定度的时间基准，但这会增加节点的成本。因此，针对具体应用，权衡多方面因素的影响进行合理设计，是节点硬件开发所面临的主要挑战。

(2) 高能量密度电池和能量收集技术电池体积通常决定了传感器节点的体积。提高电池能量密度能够在不改变电池体积的前提下增加电池电量，从而延长电池寿命。目前已经研究了多种高能量密度的电池，但其成本往往过高，不适合传感器节点的低成本需求。

(3) 硬件的可扩展性设计传感器节点的设计往往要根据具体应用的需求进行优化，这就意味着很难实现节点设计的标准化，以至于限制无线传感器网络的发展。如果能够在不显著提高成本的前提下实现硬件的可扩展性，包括处理能力、存储能力、通信能力的可扩展，就能将节点设计标准化，从而加速无线传感器网络产业的发展。

3. 传感器节点的开发

(1) 数据处理模块。设计分布式信息采集和数据处理是无线传感器网络的重要特征之一。每个传感器节点都具有一定的智能性，能够对数据进行预处理，并根据感知到的不同情况做出不同处理。这种智能性主要依靠数据处理模块实现。可见数据处理模块是传感器节点的核心模块之一。目前处理器模块中使用较多的是 Atmel 公司的 AVR 系列单片机。它采用 RISC 结构，吸取了 PIC 及 8051 单片机的优点，具有丰富的内部资源和外部接口。在集成度方面，其内部集成了几乎所有关键部件；在指令执行方面，微控制单元采用 Harvard 结构，因此指令大多为单周期；在能源管理方面，AVR 系列单片机提供了多种电源管理方式，尽量节省节点能量；在可扩展性方面，提供了多个 I/O 口且和通用单片机兼容；此外，AVR 系列单片机提供的 USART(通用同步异步收发器)控制器、SPI(串行外围接口)控制器等与无线收发模块相结合，能够实现大吞吐量、高速率的数据收发。TI 公司的 MSP430 超低功耗系列处理器，不仅功能完善、集成度高，而且根据存储容量的大小提供多种引脚兼容的系列处理器，使开发者可以根据应用对象灵活选择。此外，作为 32 位嵌入式处理器的 ARM 单片机，也已经在无线传感器网络方面得到了应用；但受到成本方面的限制，目前应用还不是很广泛。

(2) 换能器模块。设计换能器模块包含传感器和执行器两种部件，主要包含各种类型的传感器，如传声器、光传感器、温度传感器、湿度传感器、振动传感器和加速度传感器等。同时，作为一种监控网络，传感器节点中还可能包含各种执行器，如电子开关、声光报警设备、微型电动机等执行器。大部分传感器的输出是模拟信号，但通常无线传感器网络传输的是数字化的数据，因此必须进行模/数转换(ADC)。类似地，许多执行器的输出也是模拟的，因此还必须进行数/模转换(DAC)。在网络节点中配置 ADC 和 DAC 能够降低系统的整体成本，尤其是在节点有多个传感器且可共享一个转换器的时候。作为一种降低产品成本的方法，传感器节点生产厂商可以选择不在节点中包含 ADC 或 DAC，而是使用数字换能器接口。

为了解决换能器模块与数据处理模块之间的数据接口问题，目前已制定了 IEEE 1451.5 智能无线传感器接口标准。IEEE 1451 系列标准(如 IEEE 1451.1—1999 标准和 IEEE 1451.2—1997 标准)是由 IEEE 仪器和测量协会的传感器技术委员会发起的。1993 年，IEEE 和国家标准与技术协会(美国商务部的下属部门)共同举办了有关会议，探讨传感器兼容的问题，随后产生了 IEEE 1451 标准。由于网络通信协议的数量增长太快，以至于无法生产出与众多协议兼容的传感器。解决的方法是开发智能传感器接口，将其用作所有传感器的通信协议，这便是 IEEE 1451。在 IEEE 1451.2 中，建立了标准换能器电子数据表(Transducer Electronic Data Sheet, TEDS)。该标准实现了传感器和"网络适配器(NCAP)"(即传感器和网络间的协议处理器)之间接口的标准化，从而使智能传感器的应用更加方便。作为这个标准的一部分，TEDS 给传感器提供了一种向网络中其他各种设备(如测量系统、控制系统和网络上的任何设备)描述自身属性的一种方法。TEDS 含有几乎所有可能的与传感器有关的参数，包括制造商信息、校准和性能参数等，这就增强了传感器和执行器之间的互操作性，使得通信网络和传感器密不可分。传感器可以平等地与温度计、湿度计以及机器人执行器通信。由于传感器和 NCAP 的接口是标准化的，因而网络仅需为其使用的通信协议提供单一 NCAP 设计即可，每个传感器可以复用该 NCAP。

(3) 无线通信模块。设计无线通信模块由无线射频电路和天线组成，目前采用的传输媒质主要包括无线电、红外线和光波等，它是传感器节点中最主要的耗能模块，是传感器节点的设计重点。本节主要讨论无线通信模块所采用的传输媒质、选择的频段、调制方式及目前相关的协议标准。

(4) 电源模块。设计电源模块是任何电子系统的必备基础模块。对传感器节点来说，电源模块直接关系到传感器节点的寿命、成本、体积和设计复杂度。如果能够采用大容量电源，那么网络各层通信协议的设计、网络功率管理等方面的指标都可以降低，从而降低设计难度。容量的扩大通常意味着体积和成本的增加，因此电源模块设计必须首先合理选择电源种类。市电是最便宜的电源，不需要更换电池，而且不必担心电源耗尽。但市电的应用，一方面因受到供电电缆的限制而削弱了无线节点的移动性和使用范围；另一方面，用于电源电压转换电路需要额外增加成本，不利于降低节点造价。但是对于一些市电使用方便的场合，比如电灯控制系统等，仍可以考虑使用市电供电。

(5) 外围模块。设计传感器节点的主要外围模块包括看门狗电路、I/O 电路、低电量检测电路等。①看门狗(Watch Dog)。看门狗能增强系统的鲁棒性,它能够有效地防止系统进入死循环或者程序跑飞。传感器节点工作环境复杂多变,可能由于干扰造成系统软件运行混乱。例如,在因干扰造成程序计数器计数值出错时,系统会访问非法区域而跑飞。看门狗的工作原理是:在系统运行以后启动看门狗的计数器,看门狗开始自动计数。到了指定的时间后,看门狗如果仍没有被置位,那么看门狗计数器就会溢出,从而引起看门狗中断,造成系统复位,恢复正常程序流程。为了保证看门狗的正常动作,需要程序中在每个指定的时间段内都必须至少置位看门狗计数器一次(俗称“喂狗”)。对于传感器节点,可用软件设定看门狗功能允许或禁止,还可以设定看门狗的反应时间。②I/O 模块。休眠模式下微处理器的系统时钟将停止,然后由外部事件中断重新启动系统时钟,从而唤醒 CPU 继续工作。在休眠模式下,微处理器本身实际上已经不消耗什么电流,要想进一步减小系统功耗,就要尽量将传感器节点的各个 I/O 模块关掉。随着 I/O 模块的逐个关闭,节点的功耗越来越低,最后进入深度休眠模式。需要注意的是,在让节点进入深度休眠状态前,需要将重要系统参数保存在非易失性存储器中。③低电量检测电路。由于电池的寿命是有限的,为了避免节点工作中发生突然断电的情况,当电池电量将要耗尽时必须要有某种指示,以便及时更换电池或提醒邻居节点。此外,噪声的干扰和负载的波动会造成电源端电压的波动,在设计低电量检测电路时应该注意到这一点。

4.11 传感网路由协议

传感网路由协议的任务是将分组从源节点(通常为传感节点)发送到目的节点(通常为汇聚节点),主要实现两大功能:一是选择适合的优化路径;二是沿着选定的路径正确转发数据。由于传感器网资源严重受限,因此路由协议要遵循的设计原则包括:不能执行过于复杂的计算,不能在节点保存太多的状态信息,节点间不能交换太多的路由信息等。为了有效地完成上述任务,已经提出了很多种路由协议利用了传感网的以下特点:①以数据为中心,即传感器节点按照数据属性寻址,而不是 IP 寻址;②传感器节点监测到的数据往往被发送到汇聚节点;③原始监测数据中有大量冗余信息,路由协议可以合并数据、减少冗余性,从而降低带宽消耗和发射功耗;④能量优先,即传感器节点的计算速度、存储空间、发射功率、电源能量有限,需要节约这些资源。

根据传感网结构,可以将路由协议分为基于平面结构的路由协议、基于地理位置的路由协议和基于分级结构的路由协议 3 类。①基于平面结构的路由协议,其所有节点通常都具有相同的功能和对等的角色;②基于地理位置的路由,其网络节点利用传感器节点的位置来路由数据;③基于分级结构的路由协议,其节点通常扮演不同的角色。

4.11.1 基于平面结构的路由协议

在基于平面结构的路由协议中,逻辑视图是一个平面,节点的地位是平等的。这类路由协议的优点是不存在特殊节点,路由协议的鲁棒性较好,交通流量平均地分散在网络中;缺点是缺乏可扩展性,限制了网络的规模。基于平面结构的路由协议是最简单的路由形式,最有代表性的算法是泛洪路由算法、SPIN 路由算法和 DD 路由算法。

1. Flooding 路由算法

泛洪(Flooding)是一种传统的路由技术。泛洪算法的主要思想是由槽节点发起数据广播,然后任意一个收到广播的节点都无条件地将该数据副本广播出去,每个节点都重复这样的过程,直到数据遍历全网或者达到规定的最大跳数。该算法不用维护网络拓扑结构和路由计算,实现简单;但是也会带来一些问题,最主要的是内爆、重叠以及资源盲点等。内爆现象如图 4-28 所示,节点 S 通过广播将数据发送给自己的邻居节点 A、B 和 C,A、B 和 C 又将同样的数据包转发给 D,这种将同一个数据包多次转发给同一个节点的现象就是内爆,会极大地浪费节点能量。重叠现象是传感网特有的,如图 4-29 所示,节点 A 和 B 感知范围发生了重叠,重叠区域的事件被相邻的两个节点探测到,那么同一事件被传给它们共同的邻居节点 C 多次,这也浪费能量。重叠现象是一个很复杂的问题,比内爆问题更难解决。

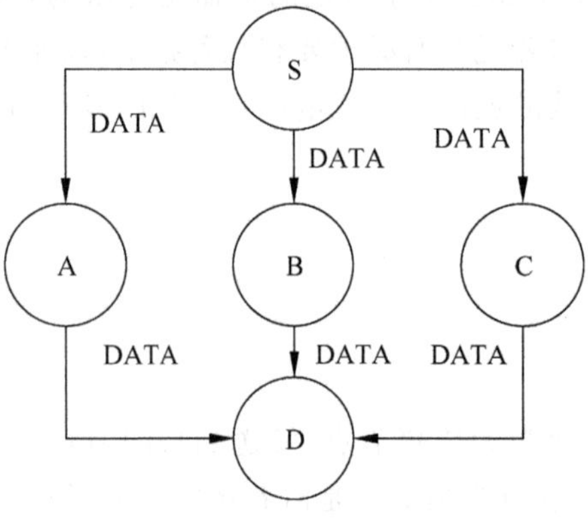

图 4-28 泛洪算法的内爆现象

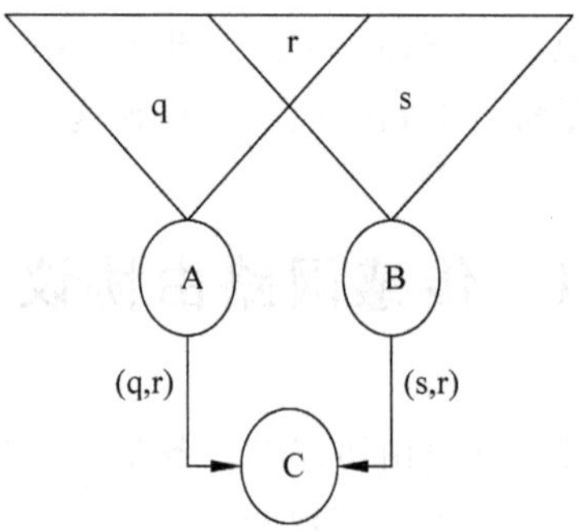

图 4-29 泛洪算法的重叠现象

Gossiping 算法是泛洪算法的改进,但与泛洪算法不同,其每一个节点并不是向所有的邻居节点发送数据包的副本,而是随机选择一个或者几个邻居来转发数据包。由于一般传感网的链路冗余度较大,适当选择转发的邻居数量,可以保证几乎所有节点都可以接收到数据包。

2. SPIN 路由算法

SPIN(Sensor Protocols for Information via Negotiation)是一组基于协商并且具有能量自适应功能的信息传播协议。SPIN 协议是最早的一类无线传感器路由协议的代表,是对泛洪路由协议的改进。

1) 基本思想

SPIN 协议是一种以数据为中心的自适应路由协议。该协议考虑到了 WSN 中的数据冗余问题:临近的节点所感知的数据具有相似性,通过节点间协商的方式减少网络中所传输的数据量;节点只广播其他节点所没有的数据,以减少冗余数据,从而有效减少能量消耗。

在 SPIN 协议中提出了元数据(Metadata,是对节点感知数据的抽象描述)的概念。元数据是原始感知数据的一个映射,可以用来描述原始感知数据,而且元数据所需的数据位比原始感知数据要少,采用这种变相的数据压缩策略可以进一步减少通信过程中的能量消耗。

SPIN 协议采用 3 次握手协议来实现数据的交互,协议运行过程中使用 3 种报文数据,分别为 ADV、REQ 和 DATA。ADV 用于数据的广播,当某一个节点有数据可以共享时,可以用 ADV 数据包通知其邻居节点;REQ 用于请求发送数据,当某一个收到 ADV 的节点希望接收 DATA 数据包时,发送 REQ 数据包;DATA 为原始感知数据包,里面装载了原始感知数据。

SPIN 协议有两种工作模式,即 SPIN1 和 SPIN2,其中 SPIN2 在 SPIN1 的基础上做了一些能量上的考虑,本质上还是一样的。如图 4-30 所示,在 SPIN1 中,当节点 A 感知到新事件之后,主动给其邻居节点广播描述该事件的元数据 ADV 报文,收到该报文的节点 B 检查自己是否拥有 ADV 报文中所描述的数据,如图 4-30(a)所示。如果没有,节点 B 就向节点 A 发送 REQ 报文,在 REQ 报文列出需要节点 A 给出的数据列表,如图 4-30(b)所示。当节点 A 收到了 REQ 请求报文,它就将相关的数据发送给节点 B,如图 4-30(c)所示。节点 B 发送 ADV 报文通知其邻居节点自己有新的消息,如图 4-30(d)所示,出于节点 A 中保存有 ADV 的内容,节点 A 不会响应 B 节点的 ADV 消息。协议按照这样的方式进行,以实现 SPIN1 的算法。如果收到 ADV 报文的节点发现自己已经拥有了 ADV 报文中描述的数据,那么它不发送 REQ 报文,图 4-30(c)中就有一个节点没有发送 REQ 报文。

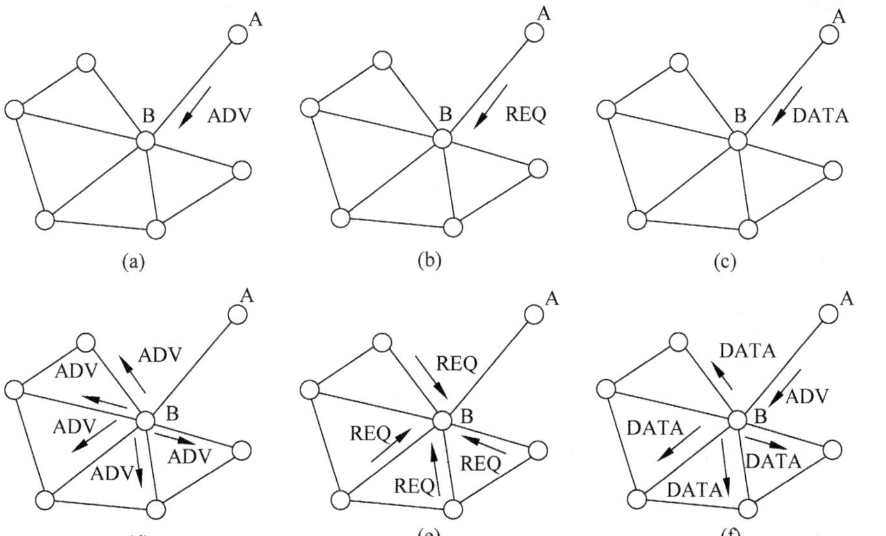

图 4-30　SPIN 协议工作流程

SPIN2 模式考虑了节点剩余能量值,当节点剩余能量低于某个门限值时就不再参与任何报文的转发,仅能够接收来自其他邻居节点的报文和发出 REQ 报文。

SPIN 协议下,节点不需要维护邻居节点的信息,这在一定程度上能适应节点移动的情况。在能耗方面,模拟结果证明比传统模式减少一半以上。该算法不能确保数据一定能到达目标节点,尤其是不适用于高密度节点分布的情况。

2）关键问题

SPIN 协议通过节点之间的协商，解决 Flooding 协议和 Gossiping 协议的内爆和重叠现象。

3）扩展分析

SPIN 协议是一种不需要了解网络拓扑结构的路由协议，由于它几乎不需要了解“一跳”范围内的节点状态，网络的拓扑改变对它的影响有限，因此该协议也适合在节点可以移动的 WSN 中使用。SPIN 协议通过使用协商机制和能量自适应机制，节省了能量，解决了内爆的问题。SPIN 协议引入了元数据的概念，通过这种数据压缩方法来减少数据的传输量，是一种值得借鉴的方法。在 SPIN 协议中出现了多个节点向同一个节点同时发送请求的情况，有关的退避机制需要考虑。

3. DD 路由算法

定向扩散协议（Directed Diffusion，DD）是一种基于查询的路由方法，这和传统路由算法的概念不同。DD 算法是一种基于数据相关的路由算法，汇聚节点周期地通过泛洪的方式广播一种称为“兴趣”的数据包，告诉网络中的节点它需要收集什么样的信息。“兴趣”在网络中扩散的同时也建立了路由路径，采集到和“兴趣”相关的数据的节点通过“兴趣”扩散阶段建立的路径将采集到的“兴趣”数据传送到汇聚节点。

1）基本思想

定向扩散协议中引入了几个基本概念：兴趣、梯度和路径加强。整个过程可以分为兴趣扩散、梯度建立以及路径加强 3 个阶段，如图 4-31 所示。

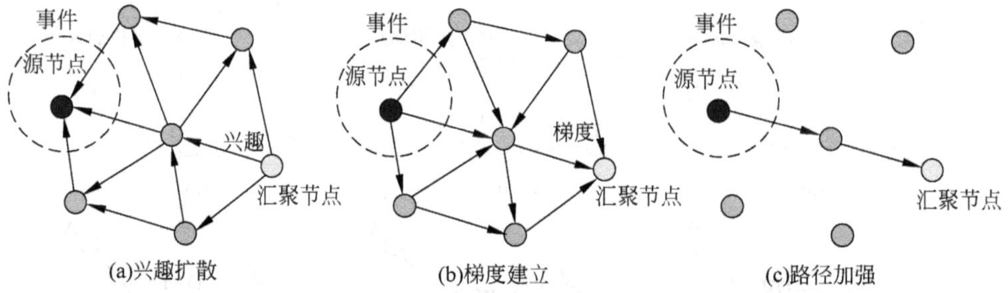

图 4-31 DD 算法示意图

定向扩散协议的路由建立过程由汇聚节点发起，汇聚节点周期地广播一种称为“兴趣”的数据包，告诉网络中的节点它需要收集什么样的信息。这个过程称为兴趣扩散阶段，该阶段采用泛洪的方式传播汇聚节点的“兴趣”消息到网络中所有节点。在“兴趣”消息的传播过程中，协议逐跳地在每个传感器节点上建立反向的从数据源到汇聚节点的梯度场，传感器节点将采集到的数据沿着梯度场传送到汇聚节点，梯度场的建立根据成本最小化和能量自适应原则。“兴趣”扩散完成之后，网络的梯度建立过程也就完成了。当网络中的传感器节点采集到相关的匹配数据以后，向所有感兴趣的邻居节点转发这个数据，收到该数据的邻居节点，如果不是汇聚节点，采取同样的方法转发该数据。这样，汇聚节点会收到从不同路径上传送过来的相同数据，在收到这些数据以后，汇聚节点选择一条最优的路径作为强化路径，后续的数据沿着这条路径传输。

2）DD 路由协议的关键技术

DD 路由协议的核心技术是解决兴趣扩散阶段的梯度建立过程，加强路径的选择和建立过程以及路由的维护过程。在兴趣扩散阶段，汇聚节点周期性地向邻居节点广播兴趣消息。兴趣消息中包含有任务类型、目标区域、数据传输率、时间戳等参数。每个节点都有一个兴趣 Cache，兴趣 Cache 中的每一项都对应着不同的兴趣。兴趣 Cache 中的每个兴趣表项包含如下几个字段：时间字段（指示最近收到匹配兴趣的时间信息）；梯度字段（指示和该兴趣消息有联系的邻居节点所需的数据传输率和数据发送方向，也就是感兴趣的邻居节点）；持续时间字段（指示兴趣大致的生命周期）。当一个节点接收到一个“兴趣”时，它按照下面的 3 条原则来处理该“兴趣”。

（1）预先在兴趣 Cache 中检查是否存在相同的兴趣表项，如果没有，就根据接收到的兴趣信息创建一个新的兴趣表项，该表项建立一个唯一的梯度域和该邻居节点对应，梯度域中记录了发送该“兴趣”消息的邻居节点以及相关的数据传输率。

（2）如果该节点有相同的兴趣表项存在，但是没有兴趣来源的梯度信息，节点会以指定的数据传输率增加一个梯度域，并更新兴趣表项的时间信息和持续时间字段。

（3）如果该节点有相同的兴趣表项和兴趣来源的梯度信息，那就只简单地进行时间信息和持续时间字段的更新。

一个兴趣表项可能有多个梯度域，每个梯度域对应一个和该“兴趣”消息有联系的邻居节点。节点接收到一个“兴趣”消息之后，再把该“兴趣”消息发送给与自己相邻的节点。如果一个节点收到的“兴趣”消息和刚刚转发的“兴趣”消息一样，为了避免消息循环则丢弃该“兴趣”消息。兴趣扩散完成后，对于某个事件的梯度也就在网络中建立起来了。

当传感器节点采集到与兴趣匹配的数据时，将数据发送给对应梯度域中的邻居节点。由于每个节点可能从多个邻居节点中收到“兴趣”消息，兴趣表项中存在多个梯度域，节点要向多个梯度域中记录的邻居节点转发数据。节点接收到一个数据后，首先在兴趣 Cache 中查找是否有相匹配的兴趣表项，如果没有匹配的兴趣表项，表示此节点不需要接收这个数据，读数据被丢弃；如果找到了匹配的兴趣表项，就在数据 Cache 中查找最近是否收到过相同的数据（防止形成环路），如果不存在相同的数据，就把该数据加到数据 Cache 中，否则丢弃该数据。

接收节点通过检查数据 Cache，可以计算接收数据的传输率。接收节点查找相关的兴趣表项可以获得梯度域中登记的数据传输率信息，当梯度域中记录的数据传输率不小于接收数据率时，接收节点将自己接收到的数据传给和梯度域对应的邻居节点；否则，当梯度域中记录的数据传输率小于接收数据率时，接收节点将按照梯度域小记录的数据传输率来向相关的节点发送数据。这种情况下，同一个数据包会经过多条路径到达汇聚节点，汇聚节点通过一定的标准（如最小时延）来选择一条最优的路径作为强化路径。

假设将数据传输时延作为强化路径的选择标准，则选择最先传送过来新数据的邻居节点作为强化路径下的汇聚节点，并向该邻居节点发送路径加强消息。路径加强消息中包含新设定的较高的发送速率值。收到路径加强消息的邻居节点，通过分析来确定该消息描述的几个已有的兴趣，只是增加了发送速率，则断定这是一条路径强化消息，从而更新相应路由表项中的数据发送速率。按照同样的规则选择强化路径的下一跳邻居节点。这个过程是一个基于局部最优的贪婪算法。当建立了到源节点的强化路径以后，后继数据将沿着强化路径以较高的数据速率进行传输。

DD数据传输率增加一个梯度域，并更新兴趣表项的时间信息和持续时间字段。如果该节点有相同的兴趣表项和兴趣来源的梯度信息，那么只是简单地进行时间信息和持续时间字段的更新。在DD路由协议中，为了对失效路径进行修复和重建，规定已经加强过的路径上的节点都可以触发和启动路径的加强过程。如图4-32所示，节点C能正常收到来自邻居节点的事件，可是长时间没有收到来自数据源的事件，节点C就断定它和数据源之间的路径出现故障。于是节点C就主动触发一次路径加强过程，重新建立它和数据源之间的路径。

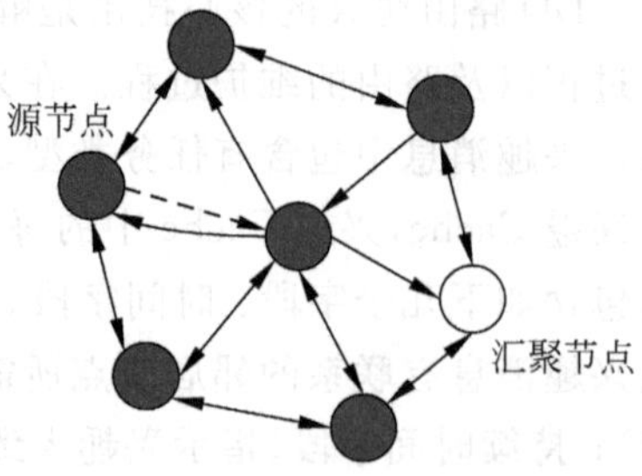

图4-32 路径的本地修复

在DD算法中采用了数据融合的方法，数据融合包括梯度建立阶段兴趣消息的融合和数据发送阶段的数据融合，这两种融合方法都需要缓存数据。DD中的兴趣融合基于事件的命名方式，类型相向、监测区域完全覆盖的兴趣在某些情况下可以融合为一个兴趣。DD中数据融合采用的是抑制副本的方法。

4.11.2 基于地理位置的路由协议

在传感网中，节点通常需要获取它的位置信息，这样它采集的数据才有意义。例如在森林防火的应用中，消防人员不仅要知道森林中发生火灾事件，还要知道火灾的具体位置。地理位置路由假设节点知道自己的地理位置信息，以及目的节点或者目的区域的地理位置，利用这些地理位置信息作为路由选择的依据，节点按照一定策略转发数据到目的节点。地理位置的精确度和代价相关，在不同的应用中会选择不同精确度的位置信息来实现数据的路由转发。下面以GEAR路由协议为例进行介绍。

在数据查询类应用中，汇聚节点需要将查询命令发送到事件区域内的所有节点。采用泛洪方式将查询命令传播到整个网络，建立汇聚节点到事件区域的传播路径，这种路由建立过程的开销很大。GEAR(Geographical and Energy Aware Routing)路由机制根据事件区域的地理位置信息，建立汇聚节点到事件区域的优化路径，避免了泛洪传播方式，从而减少了路由建立的开销。

GEAR路由假设已知事件区域的位置信息，每个节点知道自己的位置信息和剩余能量信息，并通过一个简单的Hello消息交换机制知道所有邻居节点的位置信息和剩余能量信息。在GEAR路由中，节点间的无线链路是对称的。

GEAR路由中查询消息传播包括两个阶段：首先，汇聚节点发出查询命令，并根据事件区域的地理位置将查询命令传送到区域内距汇聚节点最近的节点；然后，从该节点将查询命令传播到区域内的其他所有节点。监测数据沿查询消息的反向路径向汇聚节点传送。

1. 查询消息传送到事件区域

GEAR路由用实际代价(Learned Cost)和估计代价(Estimate Cost)两种代价值表示路

径代价。当没有建立从汇聚节点到事件区域的路径时，中间节点使用估计代价来决定下一跳节点。估计代价定义为归一化的节点到事件区域的距离以及节点的剩余能量两部分，节点到事件区域的距离用节点到事件区域几何中心的距离来表示。由于所有节点都知道自己的位置和事件区域的位置，因而所有节点都能够计算出自己到事件区域几何中心的距离。节点计算自己到事件区域估计代价的公式如下：

$$F(N,R)=\alpha\cdot \text{Distance}(N,R)+(1-\alpha)\cdot \text{Left\_Enery}(N)$$

式中，$F(N,R)$为节点N到事件区域R的估计代价；Distance(N,R)为节点N到事件区域R的距离；Left_Enery(N)为节点N的剩余能量；α为比例参数。查询信息到达事件区域后，事件区域的节点沿查询路径的反方向传输监测数据，数据消息中“捎带”每跳节点到事件区域的实际能量消耗值。对于数据传输经过的每个节点，首先记录捎带信息中的能量代价，然后将消息中的能量代价加上它发送该消息到下一跳节点的能量消耗，替代消息中的原有“捎带”值来转发数据。节点下一次转发查询消息时，用刚才记录到的事件区域的实际能量代价代替式中的$F(N,R)$，计算它到汇聚节点的实际代价。节点用调整后的实际代价选择到事件区域的优化路径。

从汇聚节点开始的路径建立过程采用贪婪算法。节点在邻居节点中选择到事件区域代价最小的节点作为下一跳节点，并将自己的路由代价设为该下一跳节点的路由代价加上到该节点一跳通信的代价。如果节点的所有邻居节点到事件区域路由代价都比自己的大，则陷入了路由空洞(Routing Void)。如图4-33所示，节点C是节点S的邻居节点中到目的节点T代价最小的节点，但节点G、H、I为失效节点，节点C的所有邻居节点到节点T的代价都比节点C大。可采用如下方式解决路由空洞问题：节点C选取邻居中代价最小的节点B作为下一跳节点，并将自己的代价值设为B的代价加上节点C到节点B一跳通信的代价，同时将这个新代价值通知节点S。当节点S再转发查询命令到节点T时就会选择节点B而不是节点C作为下一跳节点。

2. 查询消息在事件区域内传播

当查询命令传送到事件区域后，可以通过泛洪方式传播到事件区域内的所有节点。但当节点密度比较大时，泛洪方式开销比较大，这时可以采用迭代地理转发策略。如图4-34所示，事件区域内首先收到查询命令的节点将事件区域分为若干子区域，并向所有子区域的中心位置转发查询命令。在每个子区域中，最靠近区域中心的节点接收查询命令，并将自己所在的子区域再划分为若干子区域并向各个子区域中心转发查询命令。该消息传播过程是一个迭代过程，当节点发现自己是某个子区域内唯一的节点，或者某个子区域没有节点存在时，停止向这个子区域发送查询命令。当所有子区域转发过程全部结束时，整个迭代过程终止。

泛洪机制和迭代地理转发机制各有利弊。当事件区域内节点较多时，迭代地理转发的消息次数少，而节点较少时使用泛洪策略的路由效率高。GEAR路由可以使用如下方法在两种机制中做出选择：当查询命令到达区域内的第一个节点时，如果该节点的邻居数量大于一个预设的阈值，则使用迭代地理转发机制，否则使用泛洪机制。

GEAR路由通过定义估计路由代价为节点到事件区域的距离和节点剩余能量，并利用捎带机制获取实际路由代价，进行数据传输的路径优化，从而形成能量高效的数据传输路径。GEAR路由采用的贪婪算法是一个局部最优的算法，适合传感网中节点只知道局部拓扑信息的情况；其缺点是由于缺乏足够的拓扑信息，路由过程中可能遇到路由空洞，反而降低了路由效率。如果节点拥有相邻两跳节点的地理位置信息，则可以大大减小路由空洞的产生概率。GEAR路由中假设节点的地理位置固定或变化不频繁，适用于节点移动性不强的应用环境。

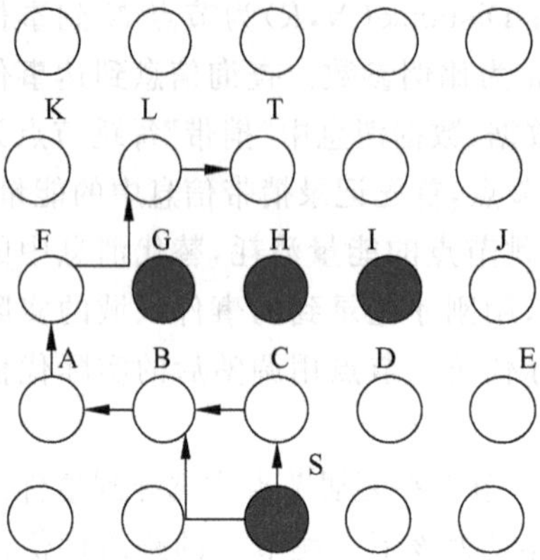

图 4-33　贪婪算法的路由空洞

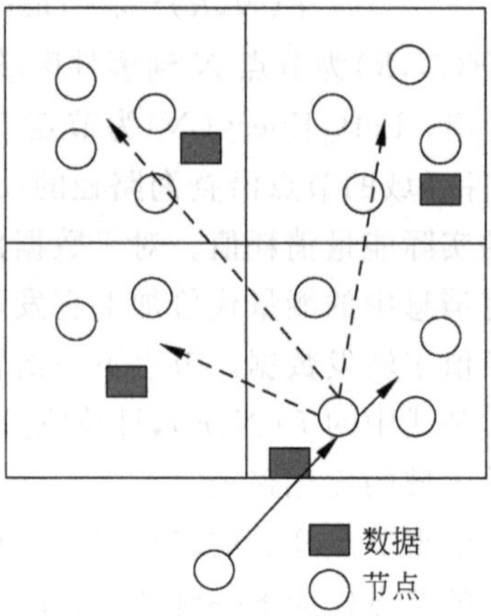

图 4-34　区域内的迭代地理转发

4.11.3 基于分级结构的路由协议

分级结构路由是与平面路由相对的概念，主要特点是出现了分簇的结构。相对于平面结构中每一个点都是对等的，具有分簇结构的层次拓扑路由将节点分成若干个集合（簇），每一个簇有一个节点充当簇头节点，簇头节点负责管理簇内事务以及与其他簇进行数据交换。簇内其他节点仅仅与簇头节点进行数据交换，而与其他簇成员不发生联系。这样簇内成员组成一个低层次的节点集合，通过相应算法进行数据交换，所有簇头节点组成一个高层次的节点集合，各个簇头之间再通过相应算法进行数据交换。

1. 分簇式路由协议的产生与特点

在基于簇的路由协议中，网络被划分为大小不等的簇(Cluster)。所谓簇，就是具有某种关联的网络节点集合。每个簇由一个簇头(Cluster Head)和多个簇内成员(Cluster Member)组成。在分层的簇结构网络中，低一级网络的簇头是高一级网络中的簇内成员，由最高层的簇头与汇聚节点(Sink Node)通信。这类算法将整个网络划分为相连的区域。

在分簇的拓扑管理机制下，网络中的节点可以划分为簇头节点和簇内成员节点两类。在每个簇内，根据一定的算法选取某个节点作为簇头，用于管理或控制整个簇内成员节点，协调成员节点之间的工作，负责簇内信息的收集和数据的融合处理以及簇间转发。分簇路由机制具有以下几个优点。

(1) 成员节点大部分时间可以关闭通信模块（休眠），由簇头构成一个更上一层的连通网络来负责数据的长距离路由转发。这样既保证了原有覆盖范围内的数据通信，也在很大程度上节省了网络能量。

(2) 簇头融合了成员节点的数据之后再进行转发,减少了数据通信量。

(3) 成员节点的功能比较简单,无须维护复杂的路由信息。这大大减少了网络中路由控制信息的数量,减少了通信量。

(4) 分簇式的拓扑结构便于管理,有利于分布式算法的应用,可以对系统变化做出快速反应,具有较好的可扩展性,适合大规模网络。

2. 分簇式路由协议的工作原理

通过等概率地随机循环选择簇头,将整个网络的能量负载平均分配到每个传感器节点,从而达到降低网络能量耗费、延长网络生命周期的目的。分簇式路由协议的执行过程是以轮(Round)为单位的,每轮循环的基本过程如下。

(1) 簇的建立阶段。每个节点选取一个介于0和1的随机数,如果这个数小于某个阈值,该节点成为簇头。然后,簇头向所有节点广播自己成为簇头的消息。每个节点根据接收到广播信号的强弱来决定加入哪个簇,并回复该簇簇头。

(2) 数据传输阶段。簇内的所有节点按照TDMA(时分复用)时隙向簇头发送数据。簇头将数据融合之后把结果发给汇聚节点。

(3) 重新成簇。在持续工作一段时间之后,网络重新进入启动阶段,进行下一轮的簇头选取,重新建立簇。

3. 典型分簇式路由协议简介

1) LEACH 协议

LEACH(Low-Energy Active Clustering Hierarchy)协议由MIT的Heinzelman等人提出,它是第一个在无线传感网中提出的分簇式路由协议,在无线传感网路由协议中占有重要地位,其他基于分簇的路由协议(如TEEN、PEGASIS等)大都由LEACH发展而来。LEACH节约能量的主要原因就是它运用了数据压缩技术和分簇动态路由技术,通过本地的联合工作来提高网络的可扩展性和鲁棒性,通过数据融合来减少发送的数据量,通过把节点随机地设置成“簇头节点”来达到在网络内部负载均衡的目的,防止簇头节点的过快死亡。LEACH协议分为两个阶段进行:第一阶段是建立阶段,负责簇的形成和簇头的选举。簇建立阶段和稳定运行阶段所持续的时间总和为一轮。为减少协议开销,稳定运行阶段的持续时间要长于簇建立阶段。在簇建立阶段,传感器节点随机生成一个0～1的随机数,并且与阈值$T(n)$做比较,如果小于该阈值,则该节点就会当选为簇头。$T(n)$按照下列公式计算:

$$T(n)=\begin{cases}\dfrac{k}{N-k[r\bmod(n/k)]}, & n\in G\\ 0, & \text{其他情况}\end{cases}$$

式中,k为节点成为簇头节点的百分数;r为当前轮数;G为在最近的$1/k$轮中未当选簇头的节点集合。簇头节点选定后,广播自己成为簇头的消息,节点根据接收到消息的强度决定加入哪个簇,并告知相应的簇头,完成簇的建立过程。然后,簇头节点采用TDMA的方式,为簇内成员分配传送数据的时隙。

所有被推选出的簇头都向网络中的其他节点广播一个通告来宣布自己的簇头角色。而所有其他节点在收到这些通告之后，会根据通告的强度来决定自己到底加入哪个簇。簇头节点在收到愿意加入簇的节点的回应信息后，就会根据簇内节点的数目创建一个TDMA表，为每个簇内节点分配一个传输时隙。最后，簇头节点将这张表的信息以广播的方式告知簇内的成员。同时不同的簇用不同的CDMA通信方式，这样就减少了不同簇的节点之间的干扰。

第二个阶段是稳定阶段，负责收集数据和给簇头传输数据。簇头节点在收到簇内成员的数据并对这些数据进行聚合后传送给基站。经过一段时间之后，网络再一次回到协议的建立阶段，开始新一轮的工作。LEACH是第一个分簇路由协议，比以往的协议具有以下优势。

(1) 利用将区域划分成簇、簇内本地化协调和控制的形式，有效地进行了数据收集。大多数的节点只需要将数据短距离传输到簇头节点，仅有小部分的节点(簇头节点)负责将数据远距离传送到汇聚节点，从而节省更多节点的能量。

(2) 独特的选簇算法，保证簇头位置的随机轮换，节点是否决定要成为簇头要看其是否在$1/k$轮中当选过簇头。同时，所做决定是独立于其他节点而不需要协商的。这种机制保证了能量消耗平均分布于全网。

(3) 首次运用了数据融合的方式，本地数据融合大大减少了簇头节点传送到汇聚节点的数据量，进一步减少了能量消耗，提高了网络寿命。

但LEACH协议也存在以下不足。

(1) 由于簇头节点负责接收簇内成员节点发送的数据，进行数据融合，然后将数据传送到基站，簇头消耗能量比较大，是网络中的瓶颈。

(2) LEACH协议中簇头选举是随机循环选举，有可能簇头位于网络的边缘或者几个簇头相邻较近，某些节点不得不传输较远的距离来与簇头通信，这就导致能耗大大增加。

(3) 簇头选举没有根据节点的剩余能量以及位置等因素，会导致有的簇过早死亡，簇与族之间节点的能量消耗不均衡。

(4) LEACH协议要求节点之间以及节点与基站之间均可以直接通信，网络的扩展性不强，不适用于大型网络。对于大型网络而言，对离簇头较远的簇内节点和离汇聚节点较远的簇头而言，传输所消耗的能量大大增加。这样簇头节点能耗分布不均匀，导致某些节点快速死亡，从而降低了网络的性能。

2) HEED协议

HEED(Hybrid Energy-Efficient Distributed Clustering)协议将延长生命周期、可扩展性和负载平衡作为WSN中3个最重要的需求，并通过将能量消耗平均分布到整个网络来延长网络的生命周期。

簇头的选择主要依据主、次两个参数。主参数依赖于剩余能量，用于随机选取初始簇头集合；次参数依赖于簇内通信代价，用于确定落在多个簇范围内的节点最终属于哪个簇，以及平衡簇头之间的负载。考虑到分簇后簇内的通信开销，HEED协议以AMRP(簇内平均可达能量)作为衡量簇内通信代价的标准。

HEED协议的簇头选择算法采用了完全分布式的簇头产生方式，能够在有限次迭代内完成簇头选择，将报文开销控制在较小的范围内。HEED在簇头选择标准以及簇头竞争机制上都与 LEACH 不同。实验结果表明，HEED 分簇速度更快，能产生更加分布均匀的簇头及更合理的网络拓扑。

3）PEGASIS 协议

PEGASIS(Power-Efficient Gathering in Sensor Information Systems)并不是严格意义上的分簇路由协议，它只是借鉴了 LEACH 中分簇算法的思想。PEGASIS 中的簇是一条基于地理位置的链。其成簇的基本思想是，假设所有节点都是静止的，根据节点的地理位置形成一条相邻节点之间距离最短的链。这类似于旅行商问题，是一个经典的 NP 问题。算法假设节点通过定位装置或者通过发送能量递减的测试信号来发现距自己最近的邻居节点，然后从距基站最远的节点开始，采用贪婪算法来构造整条链。与 LEACH 算法相比，PEGASIS 中的通信只限于相邻节点之间。这样，每个节点都以最小功率发送数据，并且每轮只随机选择一个簇头与基站通信，减少了数据通信量。实验结果表明，PEGASIS 支持的 WSN 的生命周期是 LEACH 的近 2 倍。

4）TEEN 协议

TEEN(Threshold Sensitive Energy Efficient Sensor Network Protocol)采用类似于 LEACH 的分簇算法，只是在数据传送阶段使用不同的策略。根据数据传输模式的不同，通常可以简单地把 WSN 分为主动型(Proactive)和响应型(Reactive)两种类型。主动型 WSN 持续监测周围环境，并以恒定速率发送监测数据；而响应型 WSN 只是在被监测对象发生突变时才传送监测数据。TEEN 的具体做法是在协议中设置硬、软两个阈值，以减少发送数据的次数。在每轮簇头轮换时将两个阈值广播出去。当监测数据第一次超过设置的硬阈值时，节点把这次数据设为新的硬阈值，并在接下来的时隙内发送它。之后，只有监测数据超过硬阈值并且监测数据的变化幅度大于软阈值时，节点才会传送最新的监测数据，并将它设为新的硬阈值。通过调节两个阈值的大小，可以在精度要求和系统能耗之间取得合理的平衡。采用这样的方法，可以监视一些突发事件和热点地区，减少网络通信量。仿真结果表明，TEEN 比 LEACH 更有效。

5）APTEEN 协议

APTEEN(Adaptive Periodic Threshold Sensitive Energy Efficient Sensor Network Protocol)是 LEACH 和 TEEN 两者的结合，兼有主动型和响应型两种数据传输模式，是一种混合型数据传输模式的 WSN。APTEEN 基于邻近节点监测同一对象的假设，由基站采用模拟退火算法将簇内节点分成 sleeping-idle 节点对，idle 节点负责响应查询，sleeping 节点进入休眠状态以节省能量，两个节点在簇头轮换时转换角色。APTEEN 修改了 LEACH 的 TDMA，每对 sleeping-idle 节点所属时隙相隔 TDMA 帧长的一半，如果有紧急数据，sleeping-idle 节点对可以相互占用对方时隙，提高数据响应速度。

4.12　传感网操作系统

传感网具有能量有限、计算能力有限、传感器节点数量大、分布范围广、网络动态性强以及网络中的数据量大等特征，这就决定了网络节点的操作系统应具有代码小、模块化、低功耗以及并发性等特点。下面介绍几种常用的传感网操作系统。

4.12.1 TinyOS 操作系统

TinyOS 是加州大学伯克利分校开发的一种开源嵌入式操作系统，主要应用于传感网。

1. TinyOS 的特点

在传感网诞生之前，已经出现许多专门针对嵌入式系统设计的操作系统，如 Vx-Works、μC/OS、RT-Linux 等，广泛应用于 PDA、移动电话等设备。尽管这些嵌入式操作系统在降低资源开销，提高系统可靠性、实时性等方面表现出色，但对传感器节点而言，它们对硬件资源的要求过高。例如，Vx-Works 内核加上基本运行库及 TCP/IP 包后，约为 400KB，已经超出目前应用最广泛传感器节点 MicaZ 的程序存储器容量。

TinyOS 是首个专门针对无线传感网的特点和需求而设计的操作系统，它与其他常见的嵌入式操作系统相比具有以下 3 个显著的特点：①采用简单的先进先出的非抢占式任务调度策略；②采用基于组件的程序模型；③集成 ActiveMessage 通信协议。

2. 任务调度策略

TinyOS 的任务调度采用简单的先进先出策略，任务之间不允许互相抢占。在通用操作系统里，这种先进先出的调度策略是不可接受的，因为长任务一旦占据了处理器，其他任务无论是否紧急，都必须一直等待至长任务执行完毕。

TinyOS 可以采用先进先出的调度箪略，其原因是基于这样一个事实：在传感网中绝大多数应用中，所需要执行的任务都是短任务。典型的任务有：采集一个数据；接收一条消息；发送一条消息。尽管如此，为进一步缩减任务的运行时间，TinyOS 采用分阶段操作模式减少任务的运行时间。该操作模式下，数据采集、接收消息、发送消息等需要与低速外部设备交互的操作都被分为两个阶段。第一阶段，程序启动硬件操作后迅速返回；第二阶段硬件完成操作后通知程序。分阶段操作的实质就是使请求操作的过程与实际操作的过程相分离。

TinyOS 的中断处理程序具有比所有任务更高的优先级，一旦发生中断，处理器将停止执行任务，转而执行相应的中断服务程序。不同的是，TinyOS 中断处理程序往往是提交一个任务，而其他操作系统的中断处理程序则一般会向因等待该中断事件而被阻塞的任务发送一条消息。TinyOS 的这种运行方式被称为事件驱动。采用事件驱动执行模型对节省能量有十分重要的作用。如果在持续的一段时间内没有中断事件发生，任务队列为空，TinyOS 就可使处理器进入休眠模式。

通过研究 TinyOS 源代码可以发现，TinyOS 具有一个长度为 8 个单元的环形任务队列，每个单元用于存储任务函数入口地址，两个指针 FULL 和 FREE 分别指向最早进入队列的任务单元和第一个为空的单元。提交一个任务就是将任务函数入口地址填入 FREE 指针所指向的队列单元，然后将 FREE 指针移至下一个单元；任务调度器在执行一个任务后，将把 FULL 指针移至下一个单元。如果任务调度器发现 FREE 指针与 FULL 指针相等，则表明队列中无任务，系统将进入休眠状态。

3. 通信模型

TCP/IP 是在计算机网络中应用非常普遍的通信协议，但它并不适用于传感网。首先，在传感网中，通信消耗的能量最为可观，因此必须尽可能减小报文的长度；而 TCP/IP 通信控制开销过大。其次，TCP/IP 采用了复杂的存储器管理机制，这既需要较大的存储器开销，又带来了较大的时延。

ActiveMessage 是加州大学伯克利分校为并行和分布式计算机通信开发的一种高效的通信机制。它可以被看成是一种轻量级的远程进程调用(RPC)，其基本思想是让消息本身带有消息处理程序的地址和参数，当消息到达目的节点后系统立即产生中断调用，并由中断处理机制启动消息处理程序。ActiveMessage 能很好地实现通信与计算的重叠。与 TCP/IP 相比，ActiveMessage 的另一个优势就是它不需要额外的通信缓冲区，在通信的接收方，消息中的用户数据可以直接送入应用程序预先为它分配好的存储区。

基于以上的原因，TinyOS 采用 ActiveMessage 作为节点之间通信的机制。在 TinyOS 中，每种类型的消息都被分配一个独一无二的类型号，该类型号被包括在 ActiveMessage 报文头中。接收到该消息的节点，将根据类型号去触发相应的事件处理函数。例如，在一个典型的用于环境监测的网络中，一般需要设置以下几种类型的消息：①Beacon 消息，该消息起源于槽节点，网络中的其他节点通过接收此消息建立从自己到槽节点的路由；②Report 消息，各节点通过此消息把采集到的环境数据发送至槽节点；③Exchange 消息，用于相邻节点之间交换信息。由于这三种消息的功能不同，节点在收到消息所做的处理也不同，因此必须分别设置不同的事件处理函数。通常可以分别以类型号 10、11、12 来标识这三类消息，如图 4-35 所示。从图中可以看到，类型号为 10 的消息从节点 A 发送到节点 B 的流程，节点 B 的通信组件在完整地接收到该消息后，将会主动触发(Signal)用户组件中与消息的类型号相对应的事件函数。

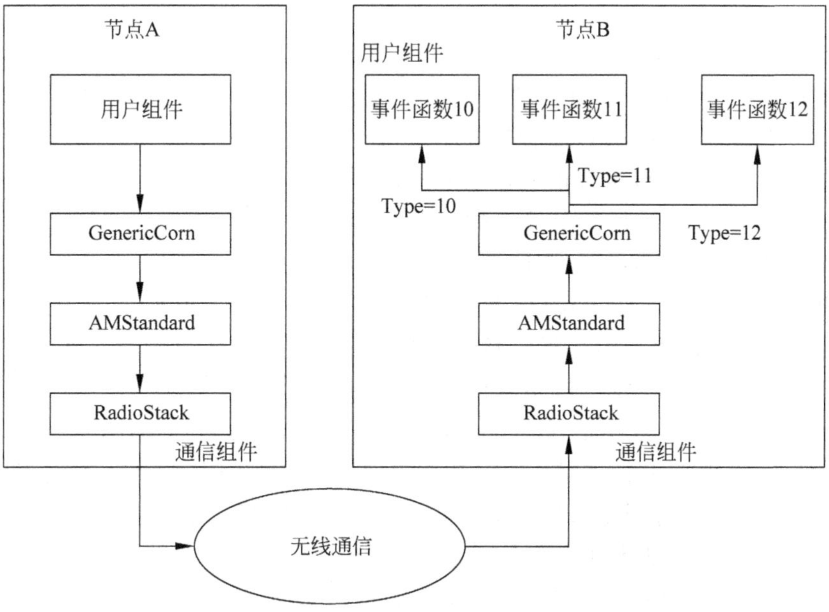

图 4-35 基于 ActiveMessage 的 TinyOS 通信模型

4. 组件

TinyOS 本身是由一组组件构成的，为实现 TinyOS 和 TinyOS 应用程序的开发设计，加州大学伯克利分校推出了一种支持组件的程序设计语言——NesC。TinyOS 提供了大多数传感网硬件平台和应用领域里都可用到的组件，如定时器组件、传感器组件、消息收发组件、电源管理组件等，而用户只需针对特殊硬件和特殊应用开发少许组件。

TinyOS 组件由 4 部分组成：命令函数、事件函数、任务和一个固定大小的局部存储区，如图 4-36 所示。组件之间通过接口实现交互。接口就是声明的一组函数，其中的函数有两种类型：一类称为命令函数，以关键字描述，这类函数由接口的提供者实现；另一类称为事件函数，以关键字 event 描述，这类函数由接口的使用者实现。事件函数用于直接或间接地响应硬件事件。底层组件的事件函数直接作为硬件中断的中断处理程序，如收发器中断、定时器中断等。组件之间交互的具体方式是上层组件调用下层组件中的命令函数，下层组件触发上层组件中的事件函数。

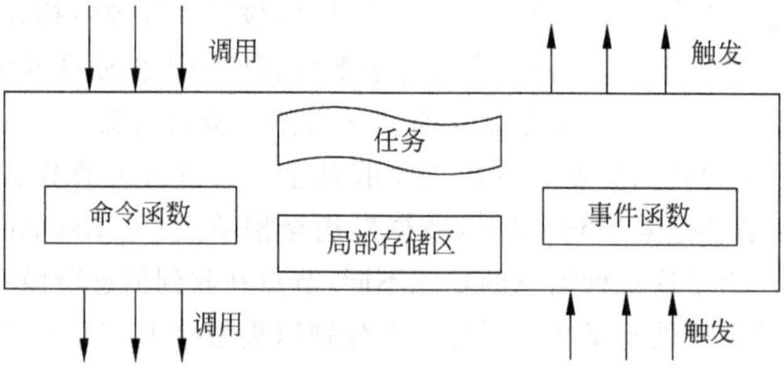

图 4-36 TinyOS 组件模块

5. TinyOS 基于组件的程序模型

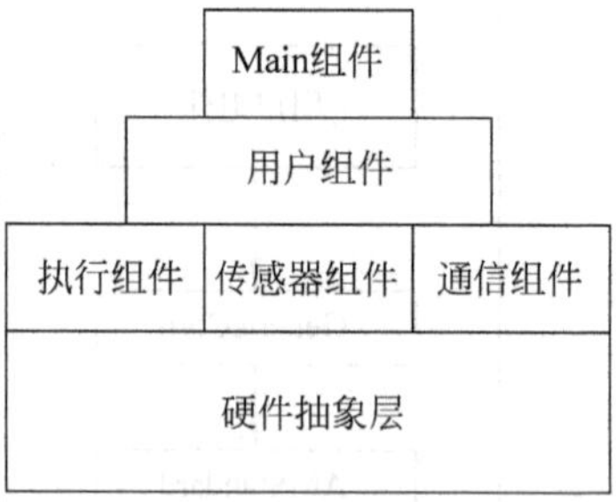

图 4-37 TinyOS 基于组件的程序模型

TinyOS 程序模型如图 4-37 所示。一个完整的 TinyOS 程序就是一个由若干组件按一定层次关系装配而成的复合组件。在 TinyOS 程序模型中，处于最上层的是 Main 组件。该组件由操作系统提供，传感器上电复位后会首先执行该组件中的函数，其主要功能是初始化硬件、启动任务调度器以及执行用户组件的初始化函数。每个 TinyOS 程序至少应该具有一个用户组件，该用户组件通过接口调用下层组件提供的服务，实现程序功能，如数据采集、数据处理、数据收发等。用户组件是开发 TinyOS 程序设计的重点。TinyOS 提供一些常用组件，如执行组件、传感器组件、通信组件。执行组件用于控制 LED 指示灯、继电器、步进电机等硬件模块；传感器组件用于采集环境数据，如温度、亮度等；通信组件则实现与其他节点的通信。TinyOS 提供了两种通信组件：通过无线电收发器通信的组件和通过 UART 口通信的组件，后者仅应用于槽节点中。硬件抽象层对上层组件屏蔽了底层硬件的特性，从而实现上层组件的硬件无关性，以方便程序移植。

6. TinyOS 在 Windows 下的安装使用

TinyOS 系统软件包是开源代码，用户可以从网站(http://www.tinyos.net/)下载。在 Windows 下，首先准备以下软件包。

(1) Cygwin 安装包。

(2) Java 开发工具。

(3) AVR 工具包：① avr-binutils；② avr-gcc；③ avr-libc；④ avarice；⑤ avr-insight；⑥avrdude。

(4) MSP430 工具包：①msp430tools-base；②msp430tools-python-tools；③msp430tools-binutils；④msp430tools-gcc；⑤msp430tools-libc。

(5) TinyOS 源码包及相关工具包：①nesc；②tinyos-deputy；③tinyos-tools；④tinyos-2.1.0。

(6) Graphviz 工具。

TinyOS 2.0 版本的安装过程如下。

(1) 搭建 Java 环境。下载并安装 Java1.5(Java5)。Java 是最常用的 PC 和节点/网关之间交互方法。

(2) 安装 Cygwin 平台。这种方式提供了一个 Shell 环境和开发 TinyOS 时用到的大多数 UNIX 工具，如 Perl 和 Shell 脚本。

(3) 安装目标节点交叉编译器。因为要编译 MCU 上的程序，所以需要能够生成相应汇编语言的编译器。如果使用 CC2430 系列的节点，就需要 IAR 的工具链；如果是 telos 系列的节点，则需要 MSP430 工具链。

(4) 安装 nesC 编译器。TinyOS 是用 nesC 编写的。nesC 是 C 的一个分支，它支持 TinyOS 中的并发模型，并且使用基于组件的编程。nesC 编译器是相对于节点独立的，它的编译输出会传递给目标节点的编译器，可对代码进行优化。

(5) 安装 TinyOS 源代码树，并设置环境变量。对于 TinyOS 程序的编译和下载，需要用到源代码树。

(6) 安装 Graphviz 图形工具。TinyOS 环境有个 nesdoc 工具，用来从源代码生成 HTML 文档。这个过程牵扯到画图和展示 TinyOS 组件间的关系。Graphviz 是 nesdoc 用来画图的一个开源工具。

4.12.2 μC/OS-Ⅱ操作系统

μC/OS-Ⅱ操作系统是一种性能优良、源码公开且被广泛应用的免费嵌入式操作系统。它是一种结构小巧、具有可剥夺实时内核的实时操作系统。内核提供任务调度与管理、时间管理、任务间同步与通信内存管理和中断服务等功能，具有可移植、可裁减、可剥夺、可确定等特点。

基于多任务的 μC/OS-Ⅱ采用基于优先级的调度算法。CPU 总是让处于就绪态的、优先级最高的任务运行，而且具有可剥夺型内核，使得任务级的响应时间得以优化，保证了良好的实时性。其任务的切换状态如图 4-38 所示。

在 μC/OS-Ⅱ中，CPU 要不停地查询就绪表中是否有就绪的高优先级任务，如果有则做任务切换，运行当前就绪的优先级最高的任务；否则，运行优先级最低的空闲任务(Idle Task)。

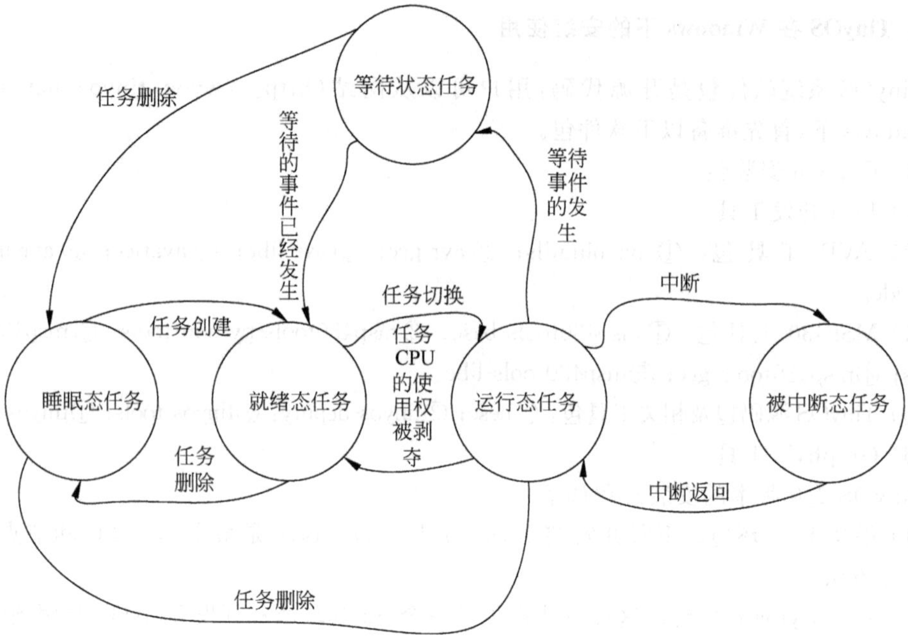

图 4-38 μC/OS-Ⅱ中任务切换状态图

由于多任务的系统需要进行任务切换或者中断服务与任务间的切换。而每次切换就是保存正在运行任务的当前状态，即 CPU 寄存器中的全部内容保存在运行任务的堆栈内。入栈工作完成后，就把下一个将要运行的任务的当前状况从任务的堆栈中重新装入 CPU 的寄存器中，并开始下一个任务的运行。因此，μC/OS-Ⅱ需要预先为每个任务分配堆栈空间。在 μC/OS-Ⅱ中的任务堆栈空间可以根据任务的实际需求分配合适的大小。

基于多任务的 μC/OS-Ⅱ总是运行进入就绪状态任务中优先级最高的任务，使用的是可剥夺型内核。这样，最高优先级的任务何时可以执行，何时就可以得到 CPU 的使用权，实时性好。μC/OS-Ⅱ的以上特点使其可以成为传感网节点操作系统的一个选择。

4.12.3 MantisOS 操作系统

MantisOS 是一个多模型系统，提供多频率通信，适合多任务传感器节点，具备动态重新编程等特点。MantisOS 基于线程管理模型开发，提供线程控制 API（应用编程接口）。目前，对 MantisOS 的研究理论很多，但都是针对 MantisOS 系统特性进行的研究，在具体应用上仍然没有产生一个详细的应用开发模型。MantisOS 的体系结构分为核心层、系统 API 层以及网络栈和命令行服务器 3 部分，如图 4-39 所示。其中核心层包括进程调度和管理、通信层、设备驱动层，系统 API 层与核心层进行交互，向上层提供应用程序接口。MantisOS 为上层应用程序的设计提供了丰富的 API，如线程创建、设备管理、网络传输等。利用这些 API，便可组成功能强大的应用程序。

在 MantisOS 中，应用程序的运行会产生一个或多个用户级线程。它和网络栈以及命令行服务器处在同一层中，每个线程具备不同功能，而这些功能是通过调用系统 API 与底

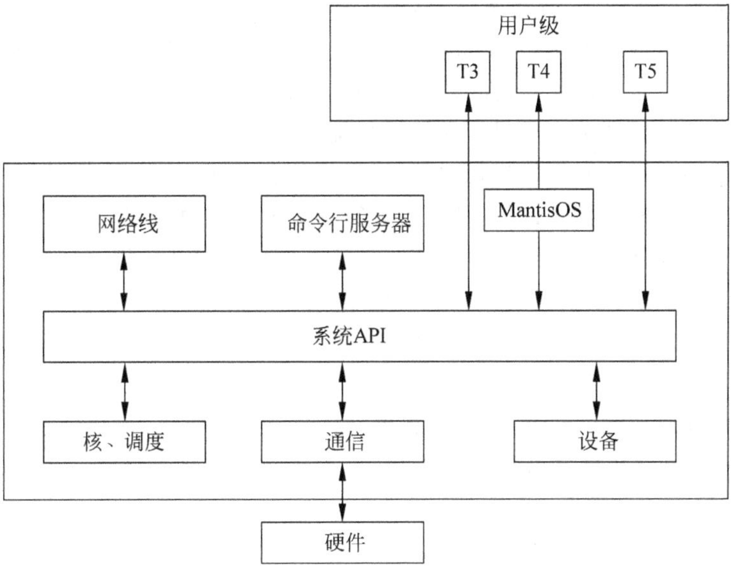

图 4-39　MantisOS 体系结构

层设备硬件进行交互控制来实现的。在 MantisOS 上开发应用程序，具备的硬件包括传感器节点（如 MicaZ、Mica2DoT 等），以及 PC、传感器板、编程板、串口连接线和电源插座等设备。PC 作为前端设备，同时需要安装下列软件：操作系统（Windows 环境下需要安装 Cygwin）、MantisOS 工具包、MantisOS 系统源代码。另外，可用记事本或者文本编辑器作为源代码编写工具。开发过程为：分析 MantisOS 体系结构及其特点，建立需求分析，通过系统 API 屏蔽底层硬件细节，将应用程序建立在 MantisOS 平台的最上层，在 PC 上进行调试和编译，最后进行测试，逐步完成应用程序的开发。

4.13　无线传感器网络应用实例

1. 环境监测应用的场景描述

环境监测是环境保护的基础，其目的是为环境保护提供科学的依据。目前，无线传感器网络在环境监测中发挥着越来越重要的作用。由于环境测量的特殊性，要求传感器节点必须足够小，能够隐藏在环境中的某些角落里，避免遭到破坏。因此在实际应用中更多的是使用一些微型传感器节点，它们分布在被监测环境之中，实时测量环境的某些物理参数（如温度、湿度、压力等），并利用无线通信方式将测量的数据传回监控中心，由监控中心根据这些参数做出相应的决策。由于单个传感器节点能力有限，难以完成环境测量的任务，通常是将大量的微型传感器节点互联组成无线传感器网络，以对感兴趣的环境进行智能化的不间断的高精度数据采集。与传统的环境监测手段相比，使用无线传感器网络进行环境监测有以下 3 个显著优势。

（1）由于传感器节点的体积很小且整个网络只需要部署一次，因此传感器网络对被监测环境的人为影响要小得多。这尤其适用于那些对环境非常敏感的生物场所监测。

(2) 传感器节点数最大，分布密度高，每个节点可以采集到某个局部环境的详细信息，这些信息经汇总融合后传到基站，因此传感器网络具有数据采集量大、探测精度高的特点。

(3) 传感器节点本身具有一定的计算能力和存储能力，可以根据物理环境的变化进行较为复杂的监测。传感器节点还具有无线通信能力，能够实现节点间的协同监测。通过采用低功耗的无线通信模块和无线通信协议，可以使传感器网络的生命期延续很长时间，从而保证了传感器网络的实用性。此外，节点的计算能力和无线通信能力还使得无线传感器网络能够重新编程和重新部署，并对环境变化、传感器网络自身变化以及网络控制指令做出及时反应，因而能够适应复杂多变的环境监测应用。

基于环境监测的无线传感器网络的体系构架，主要由低功耗的微小传感器节点通过自组织方式构成。这些节点具有功耗低、工作时间长、成本低的特点，可以实现危险区域内的低成本无人连续在线监测；同时，无线传感器网络节点布置密集，在每个监测点都有多个节点进行测量，可以通过数据融合提高数据精度，而单节点失效对测量效果并没有太大的影响，因而增强了网络的容错性。另外，除了能够对环境进行监测外，无线传感器网络还可以对指定区域进行查询。这些特点都是传统监测系统所不具备的。

2. 环境监测应用中无线传感器网络的体系架构

在实际的环境监测应用中，将传感器节点部署在被监测区内，由这些传感器节点自主形成一个多跳网络。由于节点分布密度较大，使得监测数据能够满足一定的精度要求。在某些复杂的环境监测应用中，传感器网络根据实际需要变换监测目标和监测内容，工作人员只需要通过网络发布命令以及修改监测的内容就能达到监测目的。图 4-40 为一种典型的适用于环境监测的传感器网络系统结构。

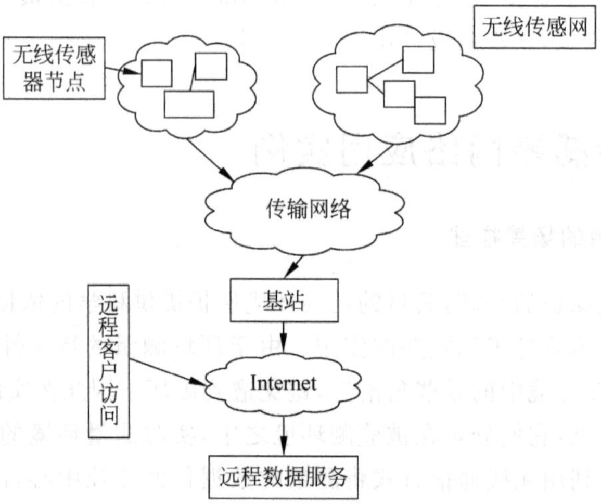

图 4-40 典型的适用于环境监测的传感器网络系统结构

它是一个层次型网络结构，最底层为部署在实际监测环境中的传感器节点，向上层依次为网关、传输网络、基站，最终连接到 Internet。为获得准确的数据，传感器节点的分布密度往往很大，并且可能部署在若干个不相邻的监控区域内，由此形成多个传感器网络。体系结构中各要素的功能是：传感器节点将测量的数据传送到一个网关节点，网关节点负责将传感器节点传来的数据经由一个传输网络发送到基站上。需要说明的是,处于传感器网络边缘的节点必须通过其他节点向网关发送数据。由于传感器节点具有计算能力和通信能力,可以在传感器网络中对采集的数据进行一定的处理,如数据融合。这样可以大大减少数据通信量,减轻靠近网关的传感器节点的转发负担,这对节省节点的能量是很有好处的。由于节点的处理能力有限,它所采集的数据在传感器网络内只进行了粗粒度的处理,用户需要做进一步的分析处理才能得到有用的数据。传输网络负责协同各个传感器网络网关节点,它是一个综合网关节点信息的局部网络。基站是一台和Internet相连的计算机,它将传感数据通过Internet发送到数据处理中心,同时它还具有一个本地数据库副本,以缓存最新的传感数据。用户可以通过任意一台计算机接入到Internet的终端访问数据中心,或者向基站发出命令。在图4-40中,每个传感区域都有一个网关负责搜集传感器节点发送来的数据,所有的网关都连接到上层传输网络上。传输网络包括具有较强计算能力和存储能力,并具有不间断电源供应的多个无线通信节点,用于提供网关节点和基站之间的通信带宽和通信可靠性。传感器网络通过基站与Internet相连。基站负责搜集传输网络送来的所有数据发送到Internet,并将传感数据的日志保存到本地数据库中。基站到Internet的连接必须有足够的带宽并保证链路的可靠性,以避免监测数据丢失。如果环境监测应用在非常偏远的地区,基站需要以无线的方式连入Internet,使用卫星链路是一种比较可靠的方法,这时可以将监控区域附近的卫星通信站作为传感器网络的基站。传感器节点搜集的数据最后都通过Internet传送到一个中心数据库存储。中心数据库提供远程数据服务,用户通过接入Internet的终端使用远程数据服编译,最后进行测试,逐步完成应用程序的开发。

4.14　无线传感器网络的应用前景

无线传感器网络的应用领域非常广阔,它能应用于军事、精准农业、环境监测和预报、健康护理、智能家居、建筑物状态监控、复杂机械监控、城市智能交通、空间探索、大型车间和仓库管理,以及机场、大型工业园区的安全监测等领域。随着传感器网络的深入研究和广泛应用,传感器网络将会逐渐深入人类生活的各个领域。

1. 在军事领域的应用

无线传感器网络由密集型、低成本、随机分布的节点组成,具有可快速部署、自组织、隐蔽性强和高容错性的特点。某个节点因受外界环境影响失效不会导致整个系统瘫痪,因此适合工作在恶劣的战场环境中,可完成对敌军地形和兵力布防及装备的侦察、实时监视场、定位攻击目标、战场评估、监测和搜索核攻击和生化攻击等功能。在战场中,无线传感器网络通过飞机播撒、特种炮弹发射等方法布置于军事要地,传感器节点收集该区域内武器装备、物资供给、地形地貌、敌军布防等有价值的信息,通过卫星直接发送至作战指挥部或通过汇聚节点将数据发送至指挥所,有利于指挥员迅速做出作战决策,也为火控和制导系统提供准确的目标定位信息,从而达到“知己知彼、百战不殆”。在战后,无线传感器网络可以部署在目标区域收集战场损害评估数据。

典型的军事方面应用是美国BAE公司开发的“狼群”地面无线传感器网络系统,该系统可以监听敌方雷达和通信，分析网络系统运动，还可以干扰敌方发射机或通过算法数据报渗透对方计算机，可以大大提高美军的电子作战能力。另外，还有美国科学应用国际公司采用磁力计传感器节点和声传感器节点构建的无线传感器网络电子周边防御系统，部署在恶劣环境下监视敌人，为美国军方提供情报信息。

2. 在环境监测和预报中的应用

无线传感器网络由于低成本和无须现场维护等优点为环境科学研究数据获取提供了方便，可以应用于自然灾害监控、研究环境变化对农作物的影响、土壤和空气成分、海洋环境监测、大面积地表监测、森林火灾监控等。2002年，英特尔公司与加州大学伯克利分校以及大西洋学院联合在大鸭岛上部署了无线传感器网络，用来监测海鸟生活习性。该网络由温度、湿度、光、大气压力、红外等传感器以及摄像头在内的近10种类型传感器节点组成，通过自组织无线网络，将数据传输到100m外的基站内，再经由卫星将数据传输到加州的服务器并进行分析研究。除此之外，在美国的ALERT研究计划中，通过温度、湿度、光、风、降雨量等传感器节点组成无线传感器网络，用来监测降雨量、河水水位和土壤水分，并依此预测爆发山洪的可能性。类似地，可以利用无线传感器网络监测森林环境信息，预测森林火险；另外，也可以应用于精细农业中，监测葡萄园内气候变化，监测土壤和病虫害等。

3. 医疗健康方面应用

无线传感器网络是自组织的网络，可以完成对周围区域的感知，它在远程医疗、人体健康状况监测等医疗领域有着广泛的应用前景。医生可以利用安装在病人身上的传感器节点远程了解到病人身体的指标变化及生理数据等情况，以此判断病人的病情并进行处理。英特尔公司利用运动、压力、红外等传感器节点组成无线传感器网络，实现了对独居老人的远程监测。无线传感器网络为未来的远程医疗提供了更加方便、快捷的技术实现手段。

4. 智能交通方面应用

智能交通系统(Intelligent Transportation Systems，ITS)是交通进入智能化时代的标识，是当今公路交通发展的趋势。信息化、智能化、社会化的新型现代交通系统，集合了先进的信息技术、无线通信技术、电子传感技术、电子控制技术及计算机处理技术，实现了交通的网络化、信息化和智能化，使人-车-环境信息实时交互，便于车辆运行更加安全和快捷。20世纪80年代以来，世界上一些发达国家纷纷投入智能交通系统的研究与开发。美国交通部于1995年3月出版了《国家智能交通系统项目规划》，明确规定了智能交通系统的7大领域和29个用户服务功能。在国内，“十五”期间，国家有关部门和城市在智能交通的很多方面开展了工作。

5. 其他应用

在工业应用方面，将无线传感器网络部署于煤矿、核电厂、大楼、桥梁、地铁等现场和大型机械、汽车等设备上，可以监测工作现场及设备的温度、湿度、位移、气体、压力、加速度、振动、转速等信息，用以指导安全保障工作。

商业应用方面，无线传感器网络可用于物流和供应链管理，管理员可以通过系统实时监测到仓库存货状态；将传感器节点嵌入家具和家电中，组成无线传感器网络，为人类提供方便和人性化的智能家居环境。

在空间探索方面，可以借助航天器部署传感器节点，实现对星球表面大范围、长时期、近距离的监测和探索，美国国家航空和宇宙航行局喷气推进实验室研制的 Sensor Webs 就是为将来的火星探测、选定着陆场地等需求进行技术研制，该项目已在佛罗里达宇航中心的环境监测项目中进行测试和完善。

总之，无线传感器网络在智能交通、大型工程项目、防范灾害等很多方面有着良好的应用前景，该项技术会对人类生产生活产生深远的影响。但是，目前大部分的研究工作还处于起步阶段，少数投入使用的商业产品距离实际需求还相差很远，开展对无线传感器网络的研究，对整个国家的社会和经济将有重大的战略意义。

4.15　无线传感器网络的安全管理技术

网络安全技术历来是网络技术的重要组成部分。网络技术的发展史已经充分证明了这样一个事实：没有足够安全保证的网络是没有前途的。

安全管理本来应该是网络管理的一个方面，但是因为在日常使用的公用信息网络中存在着各种各样的安全漏洞和威胁，所以安全管理始终是网络管理中最困难、最薄弱的环节之一。随着网络的重要性与日俱增，用户对网络安全的要求也越来越高，由此形成了现在的局面：网络管理系统主要进行故障管理、性能管理和配置管理等。而安全管理软件一般是独立开发的。一般认为，网络安全问题包括以下一些研究内容。

(1) 网络实体安全。如计算机机房的物理条件、物理环境及设施的安全标准，计算机硬件、附属设备及网络传输线路的安装及配置等。

(2) 软件安全。如保护网络系统不被非法侵入，系统软件与应用软件不被非法复制、不被篡改、不受病毒的侵害等。

(3) 网络中的数据安全。如保护网络信息的数据安全、不被非法存取，保护其完整性、一致性等。

(4) 网络安全管理。如网络运行时突发事件的安全处理等，包括采取计算机安全技术、建立安全管理制度、开展安全审计、进行风险分析等内容。

由此可见，网络安全问题的涉及面非常广，已不单是技术和管理问题，还有法律、道德方面的问题，需要综合利用数学、管理科学、计算机科学等众多学科的成果才可能较好地予以解决，所以网络安全现在已经成为一个系统工程。

如果仅从网络安全技术的角度看，加密、认证、防火墙、入侵检测、防病毒、物理隔离、审计技术等是网络安全保障的主要手段，对应的产品也是当前网络安全市场的主流，现在常用的网络安全系统一般综合使用上述多种安全技术。尽管如此，网络安全问题并没有得到很好的解决，现在仅互联网上每年仍然会发生不计其数的网络入侵事件。

无线传感器网络作为一种起源于军事领域的新型网络技术，其安全性问题显得更加重要。由于和传统网络之间存在较大差别，无线传感器网络的安全问题也有一些新的特点。

4.15.1 无线传感器网络的信息安全需求和特点

1. 无线传感器网络的信息安全需求

无线传感器网络的安全需求是设计安全系统的根本依据。尤其是无线传感器网络中资源严格受限，为使有限的资源发挥出最大的安全效益，首先要做细致、准确的安全需求分析。由于无线传感器网络具有和应用密切相关的特点，不同的应用有不同的安全需求，因此下述需求分析仅是一般意义上的讨论，对于具体应用还需具体分析。通信安全需求包括以下内容。

(1) 节点的安全保证。传感器节点是构成无线传感器网络的基本单元，如果入侵者能轻易找到并毁坏各个节点，那么网络就没有任何安全性可言。节点的安全性包括以下两个具体需求。

① 节点不易被发现。无线传感器网络中普通传感器节点的数量众多，少数节点被破坏不会对网络造成太大影响。但是，一定要保证簇首等特殊节点不被发现，这些节点在网络中只占极少数，一旦被破坏整个网络就面临完全失效的危险。

② 节点不易被篡改。节点被发现后，入侵者可能从中读出密钥、程序等机密信息，甚至可以重写存储器，将该节点变成一个“卧底”。为防止为敌所用，要求节点具备抗篡改能力。

(2) 被动抵御入侵的能力。实际操作中由于诸多因素的制约，要把无线传感器网络的安全系统做得非常完善是非常困难的。对无线传感器网络安全系统的基本要求是：在局部发生入侵的情况下保证网络的整体可用性。因此，在遭到入侵时网络的被动防御能力至关重要。被动防御要求网络具备以下一些能力。

① 对抗外部攻击者的能力。外部攻击者是指那些没有得到密钥，无法接入网络的节点。外部攻击者无法有效地注入虚假信息，但是可以进行窃听、干扰、分析通信量等活动，为进一步攻击收集信息，因此对抗外部攻击者首先需要解决保密性问题。其次，要防范能扰乱网络正常运转的简单网络攻击，如重放数据报等，这些攻击会造成网络性能下降。再次，要尽量减少入侵者得到密钥的机会，防止外部攻击者演变成内部攻击者。

② 对抗内部攻击者的能力。内部攻击者是指那些获得了相关密钥并以合法身份混入网络的攻击节点。由于无线传感器网络不可能阻止节点被篡改，而且密钥可能被对方破解，因此总会有入侵者在取得密钥后以合法身份接入网络。由于至少能取得网络中一部分节点的信任，内部攻击者能发动的网络攻击种类更多，危害更大，也更隐蔽。

(3) 主动反击入侵的能力。主动反击入侵的能力是指网络安全系统能够主动地限制甚至消灭入侵者，为此至少需要具备以下能力。

① 入侵检测能力。和传统的网络入侵检测相似，首先需要准确识别网络内出现的各种入侵行为并发出警报。其次，入侵检测系统还必须确定入侵节点的身份或者位置，只有这样才能在随后发动有效反击。

② 隔离入侵者的能力。网络需要具有根据入侵检测信息调度网络正常通信来避开入侵者，同时丢弃任何由入侵者发出的数据报的能力。这样相当于把入侵者和己方网络从逻辑上隔离开来，可以防止它继续危害网络。

③ 消灭入侵者的能力。要想彻底消除入侵者对网络的危害就必须消灭入侵节点。但是让网络自主消灭入侵者是较难实现的。由于无线传感器网络的主要用途是为用户收集信息,因此可以在网络提供入侵信息的引导下,由用户通过人工方式消灭入侵者。

2. 无线传感器网络的信息安全特点

与传统网络相比,无线传感器网络的特点使其在安全方面有一些独有优势。在分析无线传感器网络安全特点的同时,提出实现无线传感器网络安全面临的挑战性问题。必须看到,在深刻理解无线传感器网络安全问题特点的基础上,合理发挥无线传感器网络的安全优势并据此克服资源约束带来的挑战,是解决无线传感器网络安全问题的必由之路。与传统网络安全问题相比,无线传感器网络安全问题具有以下特点。

(1) 内容广泛。传统 Internet 等数据网络为用户提供的是通用的信息传输平台,其安全系统解决的是信息的安全传输问题。而无线传感器网络是面向特定应用的信息收集网络,它要求安全系统支持数据采集、处理和传输等更多的网络功能,因此无线传感器网络安全问题要研究的内容也更加广泛。

(2) 需求多样。无线传感器网络作为用户和物理环境之间的交互工具,大多以局域网的形式存在,不论是工作环境还是网络的用途都与传统的公用网络存在很大差异,不同用户对网络的性能以及网络安全性的需求呈现出多样化的特点。

(3) 对抗性强。在一些军事应用中,传感器网络本身就是用于进攻或防御的对抗工具。攻击者往往是专业人员,相关经验丰富,装备先进,并且会动用一切可能的手段摧毁对方网络。对此类无线传感器网络来说,安全性往往是最重要的性能指标之一。

综上所述,在复杂的安全环境、多样的安全需求和无线传感器网络自身资源限制等因素的综合作用下,无线传感器网络的安全性面临以下挑战性问题。

(1) 无线传感器网络中节点自身资源严重受限,能量有限、处理器计算能力弱、通信带宽小、内存容量小,这极大地限制了传感器节点本身的对抗能力。

(2) 无线传感器网络主要采用无线通信方式,与有线网络相比,其数据报更容易被截获。其信道的质量较差,可靠性比较低,也更容易受到干扰。

(3) 无线传感器网络内不存在控制中心来集中管理整个网络的安全问题,所以安全系统必须适应网络的分布式结构,并自行组织对抗网络入侵。

在面临这些挑战性问题的同时,与传统网络相比,无线传感器网络在安全方面也具有自己独有的优势,总结为以下几个方面。

(1) 无线传感器网络是典型的分布式网络,具备自组网能力,能适应网络拓扑的动态变化,再加上网络中节点数目众多,网络本身具有较强的可靠性,所以无线传感器网络对抗网络攻击的能力较强,遇到攻击时一般不容易出现整个网络完全失效的情况。

(2) 随着 MEMS 技术的发展,完全可能实现传感器节点的微型化。在那些对安全要求高的应用中,可以采用体积更小的传感器节点和隐蔽性更好的通信技术,使网络难以被潜在的网络入侵者发现。

(3) 无线传感器网络是一种智能系统,有能力直接发现入侵者。有时网络入侵者本身就是网络要捕捉的目标,在发起攻击前就已经被网络发现,或者网络攻击行为也可能暴露攻击者的存在,从而招致网络的反击。

(4) 无线传感器网络不具有传统网络的通用性，每个网络都是面向特定应用设计的，目前没有统一的标准。在这种情况下，入侵者难以形成通用的攻击手段。

4.15.2 密钥管理

针对无线传感器网络安全面临的挑战性问题，人们在密钥管理、安全路由和安全数据聚合等多个方面进行了研究。

加密和鉴别为网络提供机密性、完整性、认证等基本的安全服务，而密钥管理系统负责产生和维护加密和鉴别过程中所需的密钥。相比其他安全技术，加密技术在传统网络安全领域已经相当成熟，但在资源受限的无线传感器网络中，任何一种加密算法都面临如何在非常有限的内存空间内完成加密运算，同时还要尽量减小能耗和运算时间的问题。在资源严格受限的情况下，基于公开密钥的加密、鉴别算法被认为不适合在无线传感器网络中使用。而无线传感器网络是分布式自组织的，属于无中心控制的网络，因此也不可能采用基于第三方的认证机制。考虑到这些因素，目前的研究主要集中在基于对称密钥的加密和鉴别协议。

1. 单密钥方案

无线传感器网络中最简单的密钥管理方式是所有节点共享同一个对称密钥来进行加密和鉴别。研究人员设计的 TinySec 就使用全局密钥进行加密和鉴别，一个已经在 Mica 系列传感器平台上实现的链路层安全协议，它提供了机密性、完整性保护和简单的接入控制功能。在对节点进行编程时，TinySec 所需的密钥和相关加密、鉴别算法被一并写入节点的存储器，无须在运行期间交换和维护密钥，加之选用了适于在微控制器上运行的 RC5 算法，这使得它具有较好的节能性和实时性。由于 TinySec 在数据链路层实现，对上层应用完全透明，网络的路由协议及更高层的应用都不必关心安全系统的实现，所以其易用性非常好。

加密和解密过程中将消耗大量能量和时间，因此在无线传感器网络中要尽量减少加密、解密操作。为此研究人员提出 SecureSense 安全框架，允许节点根据自己所处的外部环境、自身资源和应用需求为网络提供动态的安全服务，从而减少不必要的加密、解密操作。SecureSense 也使用开销比较小的 RC5 算法，提供语义安全、机密性、完整性和防止重放攻击等安全机制。

以上两个协议都使用了固定长度的密钥，加密强度是一定的。从理论上说，密钥越长则安全性越好，但是计算开销也越大。为便于根据不同数据报中信息的敏感程度实施不同强度的加密，UCLA 和 Rockwell 开发的 WINS 传感器节点上实现了 Sensor Ware 协议，可高效、灵活地利用有限的能量。由于采用了 RC6 算法，无须改变密钥长度，只要简单地调整参数即可改变加密强度，因此非常适合需要动态改变加密强度的场合。

总之，单密钥方案的效率最高，对网络基本功能的支持也最全面，但缺点是一旦密钥泄露，那么整个网络安全系统就形同虚设，对无人值守并且大量使用低成本节点的无线传感器网络来说这是非常严重的安全隐患。

2. 多密钥方案

为消除单密钥系统存在的安全隐患，可以使用多密钥系统，就是不同的节点使用不同的密钥，而同一节点在不同时刻也可使用不同的密钥。这样的系统相比单密钥系统要严密得多，即使有个别节点的密钥泄露出去也不会造成太大危害，系统的安全性大大增强。

SPINS 安全协议框架是一个典型的多密钥协议，它提供了两个安全模块：SNEP 和 μTESLA。SNEP 通过全局共享密钥提供数据机密性、双向数据鉴别、数据完整性和时效性等安全保障。μTESLA 首先通过单向函数生成一个密钥链，广播节点在不同的时隙从中选择不同的密钥计算报文鉴别码，再延迟一段时间公布该鉴别密钥。接收节点使用和广播节点相同的单向函数，它只需和广播者实现时间同步就能连续鉴别广播数据报。由于 μTESLA 算法只认定基站是可信的，只适用于从基站到普通节点的广播数据报鉴别，普通节点之间的广播数据报鉴别必须通过基站中转。因此，在多跳网络中将有大量节点卷入鉴别密钥和报文鉴别码的中继过程，除了可能引发安全方面的问题，由此带来的大量通信开销也是以广播通信为主的无线传感器网络难以承受的。

LEAP 采用了另一种多密钥方式：每个节点和基站之间共享一个单独的密钥，用于保护该节点发送给基站的数据。网络内所有节点共享一个组密钥，用于保护全局性的广播。为保障局部数据聚合的安全进行，每个节点都和它所有的邻居节点之间还共享一个组密钥。同时，任意节点都与其每个邻居节点之间拥有一个单独的会话密钥，用于保护和邻居节点之间的单播通信。由于 LEAP 使用不同的密钥保护不同的通信关系，其对上层网络应用的支持好于 SPINS 协议，但其缺点是每个节点要维护的密钥个数比较多，开销较大。

为降低密钥管理系统传递密钥带来的危险，减少用于密钥管理的通信量，可采用随机密钥分配机制。通过从同一个密钥池中随机选择一定数量的密钥分配给各个节点，就能以一定的概率保证其中任意一对节点拥有相同的密钥来支持相互通信。随机分配机制不必传输密钥，能适应网络拓扑的动态变化，安全性较好，但是其扩展性仍然有限，难以适应大规模的网络应用。

总之，由于入侵者很难同时攻破所有密钥，多密钥方案的安全性较好，但是网络中必须有部分节点承担繁重的密钥管理工作，这种集中式的管理不适合无线传感器网络分布式的结构。这种结构性差异将引起一系列问题，当网络规模增大时，用于密钥管理的能耗将急剧增加，影响系统的实际可用性。此外，多密钥系统仍无法彻底解决密钥泄露问题。

4.15.3 安全路由

无线传感器网络中一般不存在专职的路由器，每个节点都可能承担路由器的功能，这和无线自组网络是相似的。因此，网络路由是无线传感器网络研究的热点问题之一。本书第 6 章将详细地介绍无线传感器网络的路由进展，对于任何路由协议，路由失败都将导致网络的数据传输能力下降，严重的会造成网络瘫痪，因此路由必须是安全的。但现有的路由算法如 SPIN、DD、LEACH 等都没有考虑安全因素，即使在简单的路由攻击下也难以正常运行，解决无线传感器网络的路由安全问题的要求已经十分紧迫。

与外部攻击者相比，那些能够发送虚假路由信息或者有选择的丢弃某些数据包的攻击者对路由安全造成的危害最大，因此网络安全系统要具有防范和消除这些内部攻击者的能力。当前实现安全路由的基本手段有两类：一类是利用密钥系统建立起来的安全通信环境来交换路由信息；另一类是利用冗余路由传递数据报。

由于实现安全路由的核心问题在于拒绝内部攻击者的路由欺骗，因此有研究者将SPINS协议用于建立无线自组网络的安全路由，这种方法也可以用于无线传感器网络。在这类方法中，路由的安全性取决于密钥系统的安全性。前面已经提到，无线传感器网络的特点决定其密钥系统是脆弱的，难以抵挡设计巧妙的网络攻击。例如，在虫孔(Wormhole)攻击中，入侵者利用其他频段的高速链路把一个地点收集到的数据报快速传递到网络中的其他地点再广播出去，从而使相距很远的节点误以为它们相邻。因为这些攻击完全是基于入侵者拥有的强大硬件设施发动的，根本就无须靠窃取密钥等方法接入网络，密钥系统对此类网络攻击无能为力。

J. Deng等研究人员提出了对网络入侵具有抵抗力的路由协议INSENS。在这个路由协议中，针对可能出现的内部攻击者，网络不是通过入侵检测系统，而是综合利用了冗余路由及认证机制化解入侵危害。虽然通过多条相互独立的路由传输数据报可能避开入侵节点，但使用冗余路由也存在相当大的局限性，因为冗余路由的有效性是以假设网络中只存在少量入侵节点为前提的，并且仅仅能解决选择性转发和篡改数据等问题，而无法解决虚假路由信息问题。冗余路由在实际网络使用中也存在问题，如在网络中难以找到完全独立的冗余路径，或者即使成功地通过多条路由将数据传输回去，也将导致过多的能量开销。

4.15.4 安全聚合

数据聚合是无线传感器网络的主要特点之一。通过在网络内聚合多个节点采集到的原始数据，可以达到减少通信次数、降低通信能耗，从而延长网络生存时间的作用。目前在无线传感器网络内实现安全聚合主要通过以下两个途径。

(1) 提高原始数据的安全性。就是要保证用于聚合的原始数据的真实性，现有的手段主要是数据认证。但是从前面对密钥系统介绍可知，现有的高强度认证机制不但引入了更多的时间和能量开销，还限制了网络的数据聚合能力，而那些对数据聚合支持较好的协议又存在比较严重的安全隐患。

(2) 使用安全聚合算法。由于相邻节点采样值具有相似性，聚合节点可通过对多个原始数据进行综合处理来减轻个别恶意数据的危害。但是必须看到，这种办法也存在局限性，聚合节点并不总能获得多个有效的冗余数据，而且对于不同的应用效果也不同。在环境监测等时间驱动型应用中可能取得较好效果，但是在目标侦察、定位等事件触发型应用中这样做不但会引起更大的延时，还可能会把重要信息过滤掉。

4.15.5 物联网安全问题

网络安全一直是网络技术的重要组成部分，加密、认证、防火墙、入侵检测、物理隔离等是网络安全保障的主要手段，现在常用的网络安全系统一般综合使用上述多种安全技术。在物联网中，传感网的建设要求RFID电子标签预先被嵌入任何与人息息相关的物品中。人们在观念上似乎还不是很能接受自己周围的生活物品甚至包括自己时刻都处于一种被监控的状态，这直接导致嵌入电子标签势必会使个人的隐私权问题受到侵犯。因此，如何确保标签物的拥有者个人隐私不受侵犯便成为射频识别技术以至物联网推广的关键问题。而且一旦政府在这方面和国外的大型企业合作，如何确保企业商业信息、国家机密等不会泄露也至关重要。所以说，在这一点上，物联网的发展不仅是一个技术问题，更有可能涉及政治、法律和国家安全问题。

1. 隐私问题

借助 RFID 和互联网，人们身边的各类物品都可升级为"网民"，电子标签有可能预先被嵌入任何物品中，比如人们的日常生活物品中，人们可能被扫描、定位和追踪，这势必会使个人的隐私问题受到侵犯。因此，如何确保标签物的拥有者个人隐私不受侵犯便成为物联网推广的关键问题。

2. 国家安全问题

"物联网"使地球联系得更紧密，必然涉及国家、政府机密以及企业的商业秘密的保护问题，这不仅是技术问题，更是国家的安全问题。如果物联网技术在中国普及实施，如何保证国家安全的信息不被泄露尤其重要。

3. 物联网的政策和法规问题

物联网涉及各行各业，是多种力量的整合。物联网需要国家的产业政策和立法上要走在前面，要制定出适合这个行业发展的政策和法规，保证行业的正常发展。

4.16 本章小结

传统的传感器正逐步实现微型化、智能化、信息化、网络化，正经历着一个从传统传感器(Dumb Sensor)—智能传感器(Smart Sensor)—嵌入式 Web 传感器(Embedded Web Sensor)的内涵不断丰富的发展过程。传感网可以看成是由数据获取网络、数据分布网络和控制管理中心 3 部分组成的。其主要组成部分是集成有传感器、数据处理单元和通信模块的节点，各节点通过协议自组成一个分布式网络，再将采集来的数据通过优化后经无线电波传输给信息处理中心。本章介绍了无线传感器网络的概念、无线传感器网络的体系结构和特点等相关内容和知识，使读者对无线传感器网络有了更深一层的理解和认识。

第5章 CHAPTER 5 物联网的设计与构建

物联网的设计与构建是物联网应用发展的集中体现。它需要运用工程方法学，涉及物联网工程需求分析与可行性研究、网络硬件设计、应用软件设计、工程实施、运行维护与管理等多项具体工作。本章通过介绍物联网应用、物联网组网设计原则和步骤、物联网组网规划和物联网应用面临的挑战等内容，使读者对物联网的应用和组网有一个粗略的认识。

5.1 物联网设计概述

随着物联网技术和应用业务的迅猛发展，用户对物联网的需求也飞速增长。不管是从头开始构建一个新的物联网应用系统，还是通过增加一些新的特性进行升级，网络工程师大致遵循一个相同的开发过程。这个过程的实质就是从信息化工程角度客观地决定一个特定的物联网系统是否满足一个企业及其用户的要求。

5.1.1 物联网的设计前提

物联网是一种信息网络。借鉴互联网建设的经验，任何网络建设方案的设计都应坚持实用性、先进性、安全性、标准化、开放性、可扩展性、可靠性与有效性等原则。

1. 物联网组网网络规划需要进行的主要工作

(1) 网络需求分析。包括环境分析、业务需求分析、管理需求分析、安全需求分析。

(2) 网络规模与结构分析。包括确定网络规模、拓扑结构分析、与外部网络互联方案。

(3) 网络扩展性分析。包括综合布线需求分析、施工方案分析。

(4) 网络工程预算分析。包括资金分配分析、工程进度安排等。

2. 物联网组网规划原则

网络建设是一项不可忽视的投资，规划和设计十分重要。网络建设包括局域网建设、广域互联、移动无线等方方面面。网络建设是一项系统工程，无论规模大小，都希望建成后能够提供高效服务，长时间稳定运行，在短期内不会出现技术落后。物联网的设计应该遵循一定的原则，而设计体系结构是设计物联网必不可少的环节，其原则具体如下。

1）实用性和先进性原则

在设计物联网系统时首先应该注重实用性，紧密结合具体应用的实际需求。在选择具体的网络通信技术时一定要同时考虑当前及未来一段时间内的主流应用技术，不要一味地追求新技术和新产品：一方面新的技术和产品还有一个成熟的过程，立即选用则可能会出现各种意想不到的问题；另一方面，最新技术的产品价格肯定非常昂贵，会造成不必要的资金浪费。在组建物联网时，尽可能采用先进的信息感知技术，以适应多种数据、语音（VoIP）、视频（多媒体）传输的需要，使整个系统在相当长一段时期内保持技术上的先进性。性价比高，实用性强，是对任何一个网络系统最基本的要求。组建物联网也一样，特别是在组建大型物联网系统时更是如此。如若不然，虽然网络性能足够了，但如果企业目前或者未来相当长一段时间内都不可能有实用价值，那会造成投资的浪费。

2）安全性原则

根据物联网自身的特点，除了需要解决通信网络的传统网络安全问题之外，还存在着一些与现有网络安全不同的特殊安全问题。如物联网机器/感知节点的本地安全问题、感知网络的传输与信息安全问题、核心承载网络的传输与信息安全问题以及物联网业务的安全问题等。物联网安全涉及许多方面，最明显、最重要的就是对外界入侵、攻击的检测与防护。现在的互联网几乎时刻受到外界的安全威胁，稍有不慎就会被病毒、黑客入侵，致使整个网络陷入瘫痪。在一个安全措施完善的网络中，不仅要部署病毒防护系统、防火墙隔离系统，还可能要部署入侵检测、木马查杀和物理隔离系统等。当然，所选用系统的具体等级要根据相应网络的规模大小和安全需求而定，并不一定要求每个网络系统都全面部署这些防护系统。

不同的机构有不同的安全性需求。很多业务只有普通的安全性需要，如保护客户数据或财务记录。但有些机构需要非常高的安全性，如政府部门或进行高度机密开发工作的公司。这种机构可能需要对职员进行严格的安全限制，用严格的手段来控制信息的进出。因为安全性问题将以异常的或不可知的方式影响一个单位，即使是专用小企业也开始注意安全性。设计者应该调查每种应用、每种数据的安全性需求。

从用户的角度看，安全性是对用户所需信息和设备的完整性保证。用户级的安全需求包括经常自动备份、发生问题后及时恢复、对关键数据进行管理等。然而，对于用户来说安全性可能会带来一些麻烦，因为安全措施会使简单工作复杂化。所以，有些用户提到的安全性需求可能并非所需。大量的负面评价可能意味着要改动安全程序，改善用户培训方式，或者在安全性和简单性之间进行折中。

3）标准化、开放性和可扩展性原则

物联网系统是一个不断发展的应用信息网络系统，所以它必须具有良好的标准化、开放性、互联性与可扩展性。标准化是指积极参与国际和国内相关标准制定。物联网的组网、传输、信息处理、测试、接口等一系列关键技术标准应遵循国家标准化体系框架及参考模型，推进接口、架构、协议、安全、标识等物联网领域标准化工作；建立起适应物联网发展的检测认证体系，开展信息安全、电磁兼容、环境适应性等方面监督检验和检测认证工作。

开放性和互联性是指凡是遵循物联网国家标准化体系框架及参考模型的软硬件、智能控制平台软件、系统级软件或中间件等都能够进行功能集成、网络集成、互联互通，实现网络通信、资源共享。

可扩展性是指设备软件的系统级抽象，核心框架及中间件构造、模块封装应用、应用开发环境设计、应用服务抽象与标准化的上层接口设计、面向系统自身的跨层管理模块化设计、应用描述及服务数据结构规范化、上下层接口标准化设计等要有一定的兼容性，保障物联网应用系统以后扩容、升级的需要，能够适应物联网应用不断深入发展的需要，易于扩展网络覆盖范围、扩大网络容量和提高网络功能，使系统具备支持多种通信媒体、多种物理接口的能力，可实现技术升级、设备更新等。

在进行物联网应用系统设计时，在有标准可执行的情况下，一定要严格按照相应的标准进行设计，而不要我行我素，特别是节点部署、综合布线和网络设备协议支持等方面。只有基于开放式标准，包括各种传感网、局域网、广域网等，再坚持统一规范的原则，才能为其未来的发展奠定基础。

4）可靠性和有效性原则

可靠性与有效性原则决定了所设计的物联网系统是否能满足用户应用和稳定运行的需求。可靠性和有效性也是紧密相关的。从用户的角度来看，可靠性就是能稳定地提供服务。一个可靠的系统在绝大部分时间内系统资源可被用户使用。可靠性也意味着提供给用户的服务水平(以系统性能来衡量)也必须持久。有效性体现在网络的可用性及稳定性方面。物联网系统应能长时间稳定运行，而不应经常出现这样或那样的运行故障；否则给用户带来的损失可能是非常巨大的，特别是大型、外贸、电子商务类型的企业。

电源供应在物联网系统的可用性保障方面也居于重要地位，尤其是关键网络设备和关键用户机，需要为它们配置足够功率的不间断电源(UPS)，以免数据丢失。例如服务器、交换机、路由器、防火墙之类关键设备要接在有 1 小时以上(通常是 3 小时)的 UPS 电源上，而关键用户机则需要支持 15 分钟以上的 UPS 电源。

为保证各项业务应用，物联网必须具有高可靠性，尽量避免系统的单点故障。要在网络结构、网络设备、服务器设备等各个方面进行高可靠性的设计和建设。在采用硬件备份、冗余等可靠性技术的基础上，还需要采用相关的软件技术提供较强的管理机制、控制手段和事故监控与网络安全保密等技术措施，以提高整个物联网系统的可靠性。同时，也要让用户量化其需求。网络故障是否可以接受；如果可以接受，可以接受到何种程度；何时可以接受；响应时间多长叫太长，即使是用户的粗略估计也远胜于没有量化的模糊需求。

3. 物联网设计分析

环境分析是指对企业的信息环境基本情况的了解和掌握。例如，单位业务中信息化的程度、办公自动化应用情况、计算机和网络设备的数量配置和分布、技术人员掌握专业知识和工程经验的状况以及地理环境(如建筑物的结构、数量和分布)等。通过环境分析可以对建网环境有个初步的认识，便于后续工作的开展。

(1) 物联网的规模认定。包括哪些部门需要联入网络；哪些资源需要在网络中共享；有多少网络用户/信息插座；有多少传感节点和传感节点的覆盖范围；传感网采用什么接入形式；采用什么档次的设备；网络及终端设备的数量等。

(2) 业务需求规划。包括业务需求分析的目标是明确企业的业务类型及应用系统软件种类,确定其所产生的数据类型,以及它们对网络功能指标(如带宽、服务质量)的要求。业务需求是企业建网中首先要考虑的环节,是进行网络规划与设计的基本依据。那种以设备堆砌来建设网络,缺乏企业业务需求分析的网络规划是盲目的,会为网络建设埋下各种隐患。

(3) 管理需求规划。网络的管理是企业建网不可或缺的方面,网络是否按照设计目标提供稳定的服务主要依靠有效的网络管理。网络管理包括两个方面:其一是人为制定的管理规定和策略,用于规范人员操作网络的行为;其二是指网络管理员利用网络设备和网管软件提供的功能对网络进行的操作、维护。

(4) 安全性需求规划。企业网络安全性分析要明确以下安全性需求:企业的敏感性数据及其分布情况;网络用户的安全级别;可能存在的安全漏洞;网络设备的安全功能要求;网络系统软件的安全评估;应用系统的安全要求;防火墙技术方案;安全软件系统的评估。

(5) 物联网扩展性规划。物联网的扩展性有两层含义:一是指新的部门(设备)能够简单地接入现有网络;二是指新的应用能够无缝地在现有网络上运行。可见,在规划网络时,不但要分析网络当前的技术指标,而且还要估计网络未来的增长,以满足新的需求,保证网络的稳定性,保护企业的投资。扩展性分析要明确以下指标:企业需求的新增长点有哪些;网络节点和布线的预留比率是多少;哪些设备便于网络扩展;带宽的增长估计;主机设备的性能;操作系统平台的性能;网络扩展后对原来网络性能的影响。

(6) 与外部网络的互联规划。建网的目的就是要拉近人们交流信息的距离,网络的范围当然越大越好(尽管有时不是这样)。电子商务、家庭办公、远程教育等 Internet 应用的迅猛发展,使得网络互联成为企业建网一个必不可少的方面。与外部网络的互联涉及以下方面的内容:是接入 Internet 还是与专用网络连接;接入 Internet 选择哪个 ISP;用拨号上网还是租用专线;企业需要和 ISP 提供的带宽是多少;ISP 提供的业务选择;上网用户授权和计费。

5.1.2　物联网规划的设计步骤

物联网规划是在用户需求分析和系统可行性论证的基础上,确定物联网总体方案和体系结构的过程。网络规划直接影响到物联网的性能和分布情况,它是物联网体系建设的一个重要环节。

1. 设计过程

物联网设计过程描述是开发一个应用系统必须完成的基本任务。但是每个项目都有其自身的独特需求,需要略做修改以完成不同的任务。通过分成多个阶段,大项目被拆分成多个易理解、易处理的部分。如果把一个项目看成是一个任务表,阶段就是这类简单的任务。换而言之,每个阶段都包括将项目推动到下一个阶段必须做的工作。一个物联网系统开发项目的生命周期一般由以下几个阶段组成(见图 5-1)。

(1) 用户需求分析。

(2) 物联网系统性能分析。

(3) 物联网逻辑设计(又称概念设计)。

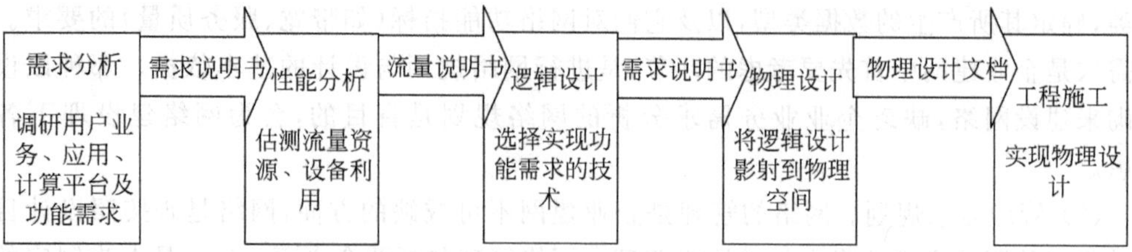

图 5-1 物联网设计过程

(4) 物联网物理设计(又称最终设计)。

(5) 物联网工程施工,包括安装、调试、运行与维护。

这个过程既可应用于流程周期,也可应用于循环周期。换言之,这个过程只是定义了生命周期的各个阶段。到底是在完成了一个环节之后再开始下一个环节(即流程周期),还是循环地做几个轮回(即循环周期),这将根据用户单位的实际情况具体确定。

另外,为了达到建成实用物联网系统的最终目标,工程设计者还应整理出一些相关的材料,例如需求分析评估报告、设计文档等。每个阶段都形成文档输出,并作为下一阶段的输入。当然并不是每个项目都需要这些阶段及其输出。小项目可以越过一些环节,或将它们综合起来。一旦理解了为什么会有这些环节、任务和输出,就可以考虑哪些文档材料是项目所必需的。

1) 用户需求分析

用户需求分析是工程设计过程中最为关键的阶段,因为需求提供了物联网工程设计应达到的目标。但是,尽管收集需求信息对工程设计来说是最基本的,却因为要从多方面搜集和整理信息太困难而常被忽略。

收集需求信息意味着要与用户、经理及其他信息网络管理员交谈,然后归纳和解释谈话结果。通常,不同的用户会有不同的应用需求,一个组织机构的各个方面也会有其需求。一般来说,以下需求信息值得关注:①用户业务需求;②应用需求;③计算平台需求;④网络通信需求。图 5-2 显示了这些需求的层次性,在每层提供相应的服务和需求。

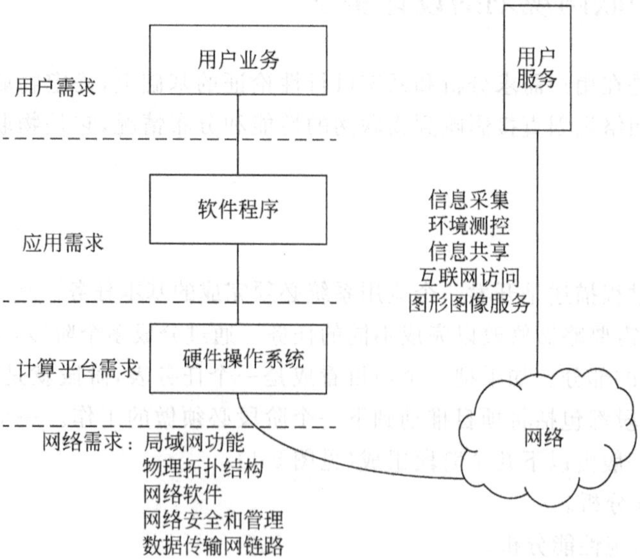

图 5-2 物联网应用需求范围

收集需求的过程有一系列步骤。首先，从上层管理者或业主开始收集用户业务信息。接着收集用户群体的需求，收集支持用户及其应用及计算平台需求。网络自身是最后考虑的对象，开始收集需求时不需要考虑网络和网络技术。收集需求信息是很耗时的工作，而且不能立即提供一个结果。但是，需求分析有助于设计者更好地理解网络应该具有的性能。

在需求分析阶段应该尽量明确地定义用户的需求。详细的需求描述会使得最终的网络更有可能满足用户业务要求。明确的需求描述帮助防止"蠕动需求"，即需求渐渐增加以至不可辨认的过程。收集需求时还必须同时考虑机构的现状和将来的发展需要。好的需求收集技术不仅会对个人的工作有所帮助，同时还会提高整个机构的工作效率，为它们在市场竞争中提供有力工具。

在需求分析后，要规范地把需求记录在一份需求说明书中。在形成需求说明书后，管理者与网络设计者应该正式达成共识。

2）物联网系统性能分析

物联网系统性能分析是指根据对物联网应用系统的响应时间、事物、处理的实时性进行评估，确定系统需要的存储量及备用的存储量。具体地说，就是根据物联网的用户权限、容错程度、安全性方面的要求等，确定采取何种措施及方案。物联网系统性能分析包括两种情况：一是已有应用系统的升级或改善，须先分析现有网络的体系结构及其性能。这种物联网系统性能分析是需求收集阶段的补充，需求告诉将要干什么，分析告诉现在处于什么状态；二是建设新物联网系统，新物联网应用系统设计的效率依赖于现有基础计算设备是否能支持新的需求。现有网络设备及其支持系统对新的开发可能很有用，也可能是一种负担。在设计过程开始之前撰写需求说明书时，还应分析与现有物联网系统和新系统相关的其他资源。

质量(如用户对存储量和通信流量的评价)和数量(如测到的流量大小和来自网络管理者的统计数据)方面的信息都应该被收集。

流量测量和收集统计数据的过程通常称之为基线测量，它给物联网性能提供了一个"快照"。随着时间的推移，管理人员可将后来得到的测量结果与此基线进行对比，看看网络是否仍能满足要求。当用户报告了性能问题而且在完成了一个解决方案之后，进行基线测量也是很重要的。通过比较两组性能测量的结果，可以很容易了解这个工程方案是否有效。

在这个阶段，要编制出一份正式的流量说明文档，作为物联网系统性能分析的结果提供给逻辑设计阶段使用。物联网系统性能分析阶段一般应完成如下几项具体工作：①现有物联网的逻辑拓扑结构图；②反映网络容量的每个应用、网段及网络整体所需的通信容量和模式；③详细的统计数据、基本的测量值和所有其他直接反映现有网络性能的测量值；④应用接口和网络提供的服务质量报告；⑤限制因素清单，如必须使用现有线缆和设备等。

3）物联网逻辑设计

物联网逻辑设计阶段将描述满足用户需求的网络行为和性能，详细说明数据如何在网络上传输，但并不涉及网络元素的物理位置，设计者利用需求分析和现有物联网应用系统分析的结果来设计逻辑网络结构。如果现有的软、硬件不能满足新网络系统的需要，就必须将它们升级。如果现有系统能继续使用，新设计可以将它们集成进来。在进行逻辑设计时，应该确定满足用户需求的服务、网络互连设备、网络结构和寻址。在该阶段应该形成一份包括以下内容的逻辑设计文档：①网络拓扑图；②寻址策略；③安全措施；④具体的软件、硬件、网络互连设备和基本的服务；⑤招聘和培训新网络员工工作；⑥对软件、硬件、服务、员工和培训费用的初步预算。

4）物联网物理设计

物联网物理设计阶段的主要任务是如何实现逻辑设计。在这个阶段，需要确定具体的软件、硬件、网络设备、服务和综合布线系统。

物联网物理设计阶段给出的结果用以指导如何购买和安装设备，所以物理设计文档必须尽可能详细、清晰，一般包括如下内容：①物理网络图和综合布线系统方案；②设备和部件的详细清单；③软件、硬件和安装费用的预算；④施工日程表，详细说明施工时间和期限；⑤安装后的系统测试与验收计划；⑥用户培训计划。

5）物联网工程施工

工程施工阶段的工作主要是具体实施前 4 个阶段所确定的任务，主要包括：①最后修订的网络结构图（逻辑网络图和物理网络图）；②做了清晰标记的线缆、连接器和网络互连设备；③所有便于系统运行、维护和纠错施工的记录和文档，包括测试结果和流量记录。

所有软、硬件在开始安装之前必须到位并进行测试。在物联网系统投入运行之前，所需要的资源都应该妥善安排。如果在开始施工前，某个至关重要的子系统没能就位，部分或者整个系统可能就要重新设计。网络系统安装以后，工作任务就转到了接受用户反馈意见和监控等工作上。每当有新的需求出现时，物联网工程生命周期就会重复。

2. 网络系统初步设计

全面、详细地了解了用户需求后，在用户和项目经理认可的前提下，就可以正式进行物联网系统设计了。首先需要给出一个初步的方案，一般包括以下几个方面。

（1）确定网络的规模和应用范围。确定物联网覆盖范围（这主要根据终端用户的地理位置分布而定）和定义物联网应用的边界（着重强调的是用户的特点行业和关键应用，如管理信息系统、ERP 系统、数据库系统、广域网连接、VPN 连接等）。

（2）统一建网模式。根据用户物联网规模和终端用户地理位置分布确定物联网的总体架构。例如，是要集中式还是要分布式，是采用客户/服务器相互作用模式还是对等模式等。

（3）确定初步方案。将物联网系统的初步设计方案用文档记录下来，并向项目经理人和用户提交，审核通过后方可进行下一步运作。

3. 物联网系统详细设计

（1）确定网络协议体系结构。根据应用需求，确定用户端系统应该采用的拓扑类型，可选择的网络拓扑通常包括星状、树状和混合型等。如果涉及接入广域网系统，则还需确定采用哪一种中继系统，确定整个网络应该采用的协议体系结构。

（2）设计节点规模。确定物联网的主要感知节点设备的档次和应该具备的功能，这主要根据用户网络规模、应用需求和相应设备所在的位置而定。传感网中核心层设备性能要求最高，汇聚层的设备性能次之，边缘层的性能要求最低。在接入广域网时，用户主要考虑带宽、可连接性、互操作性等问题，即选择接入方式，因为中继传输网和核心交换网通常都由 NSP 提供，无须用户关心。

(3) 确定网络操作系统。在一个物联网系统中,安装在服务器中的操作系统决定了整个系统的主要应用、管理模式,也基本上决定了终端用户所采用的操作系统和应用软件。网络操作系统主要有 Microsoft 公司的 Windows Server 2003 和 Windows Server 2008 系统,它们是目前应用面最广、容易掌握的操作系统,在绝大多数中小型企业中采用。另外还有一些 Linux 系统,如 Red Hat Enterprise Linux 4. 0、Red Flag DC Server 5. 0 等。UNIX 系统品牌也比较多,目前最主要应用的是 Sun 公司的 Solaris 10. 0、IBM 公司的 AIX 5L 等。

(4) 网络设备的选型和配置。根据网络系统和计算机系统的方案,选择性价比最好的网络设备,并以适当的连接方式加以有效的组合。

(5) 综合布线系统设计。根据用户的感知节点部署和网络规模,设计整个网络系统的综合布线图,在综合布线图中要求标注关键感知节点的位置和传输速率、接口等特殊要求。综合布线图要符合国际、国内布线标准,如 EIA/TIA 568A/B\ISO/IEC 11801 等。

(6) 确定详细方案。最后确定网络总体及各部分的详细设计方案,并形成正式文档项目经理和用户审核,以便及时发现问题,予以纠正。

(7) 系统测试和试运行系统设计后还不能马上投入正式运行,而是要先做一些必要的性能测试和小范围的试运行。性能测试一般需要利用专用测试工具进行,主要测试网络接入性能、响应时间,以及关键应用系统的并发运行等。试运行是对物联网系统的基本性能进行评估;试运行时间一般不少于一个星期。小范围试运行成功后即可全面试运行,全面试运行时间一般不少于一个月。在试运行过程中出现的问题应及时加以改进,直到用户满意为止,当然这需要结合用户的投资和实际应用需要等因素综合考虑。

5.1.3　物联网分层设计

1. 信息感知层设计

传感器能感知到被测的信息,并能将检测到的信息按一定规律转换成为电信号或其他所需形式的信息输出,以满足信息的传输、处理、存储、显示、记录和控制等要求,它是实现自动检测和自动控制的首要环节。由于传感器仅仅能够感知信号,并无法对物体进行标识,而要实现对特定物体的标识和信息获取,更多地要通过信息识别与认证技术。自动识别技术在物联网时代,扮演的是一个信息载体和载体认识的角色,它的成熟与发展决定着互联网和物联网能否有机融合。从物联网的定义可以看出,互联网是物联网的基础。要实现万物相连,统一的物品编码是物联网实现的前提,就像互联网中计算机入网需要分配 IP 地址一样。

产品电子编码(Electronic Product Code,EPC)旨在为每一件单品建立全球、开放的标识标准,实现全球范围内对单件产品的跟踪与追溯,从而有效提高供应链管理水平,降低物流成本。EPC 的载体是 RFID 电子标签,并借助互联网来实现信息的传递。EPC 是一个完整的、复杂的、综合的系统。

EPC 网络使用射频技术实现供应链中贸易项信息的真实可见性。它由 5 个基本要素组成:产品电子代码、识别系统(EPC 标签和识读器)、对象名解析服务(ONS)、物理标记语言(PML)以及 Savant 软件。EPC 本质上是一个编号,此编号用来唯一确定供应链中某个特定的贸易项。EPC 编号位于由一片硅芯片和一个天线组成的标签中,标签附着在商品上。使用射频技术，标签将数字发送到识读器，然后识读器将数字传到作为对象名解析服务的一台计算机或本地应用系统中。ONS 告诉计算机系统在网络中到哪里查找携带 EPC 的物理对象的信息，如该信息可以是商品的生产日期。PML 是 EPC 网络中的通用语言，用来定义物理对象的数据。Savant 是一种软件技术，在 EPC 网络中扮演中枢神经的角色并负责信息的管理和流动，确保现有的网络不会超负荷运行。

EPC/RFID 技术是以网络为支撑的大系统，一方面利用现有的 Internet 网络资源；另一方面可在世界范围内构建出实物互联网。基于 EPC/RFID 的物联网系统如图 5-3 所示。在这个由 RFID 电子标签、识别设备、Savant 服务器、EPC 信息服务系统以及众多数据库组成的实物互联网中，识别设备读出的 EPC 码只是一个指针，由这个指针从 Internet 找到相应的 IP 地址，并获取该地址中存放的相关物品信息，交给 Savant 软件系统处理和管理。由于在每个物品的标签上只有一个 EPC 码，计算机需要知道与该 EPC 匹配的其他信息，这就需要用 ONS 来提供一种自动化的网络数据库服务，Savant 将 EPC 码传给 ONS，ONS 指示 Savant 到一个保存着产品文件的 EPC 信息服务器中查找，Savant 可以对其进行处理，还可以与 EPC 信息服务器和系统数据库交互。

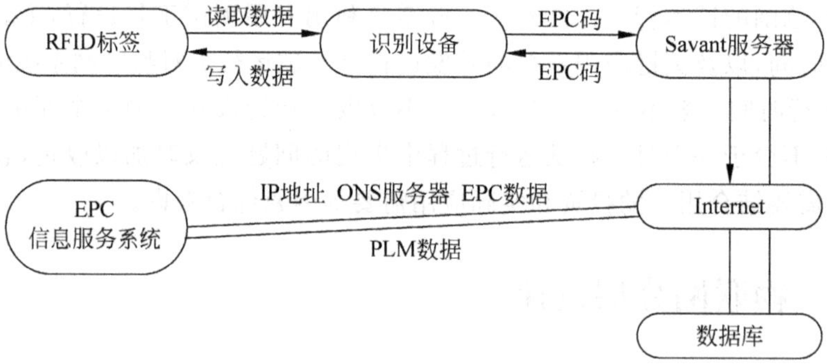

图 5-3 基于 EPC/RFID 的物联网系统

2. 物联接入层

物联接入层的主要任务是将信息感知层采集到的信息，通过各种网络技术进行汇总，将大范围内的信息整合到一起，以供处理。各类接入方式有多跳移动无线网络(Ad-Hoc)、传感器网络、WiFi、3G/4G、Mesh 网络、WiMAX、有线或卫星等方式。接入单元包括将传感器数据直接传送到通信网络的数据传输单元(Data Transfer Unit，DTU)以及连接无线传感网和通信网络的物联网网关设备。

集成了传感器技术、微机电系统(MEMS)技术、无线通信技术和分布式信息处理技术的无线传感器网络(Wireless Seizor Networks，WSN)是互联网从虚拟世界到物理世界的延伸。无线通信网是由一系列无线通信设备、信道和标准组成的有机整体，因此可以在任何地点进行交流。基于 802.15.4 标准的无线通信网的组织结构如图 5-4 所示。

无线传感器网络经历了节点技术、网络协议设计和智能群体研究等三个阶段，吸引了大量的学者对其展开了各方面的研究，并取得了包括有关节点平台和通信协议技术研究的一些进展，但还没有形成一套完整的理论和技术体系来支撑这一领域的发展，还有众多的科学和技术问题尚待突破，是信息领域具有挑战性的课题。对无线传感器网络的基础理论和应

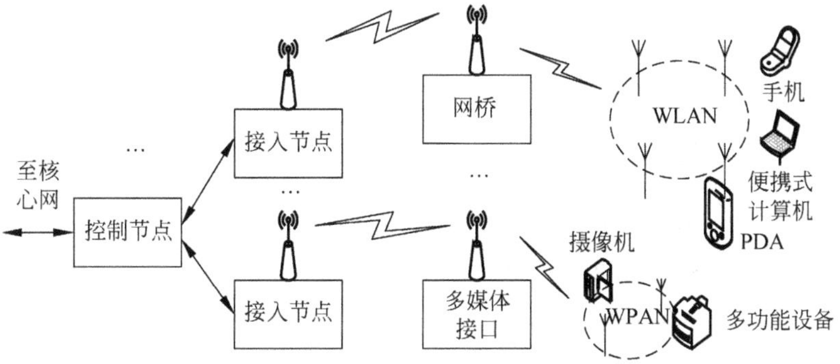

图 5-4　无线通信网的组织结构示意图

用系统进行研究具有非常重要的学术意义和实际应用价值。

3. 网络传输层

网络传输层的基本功能是利用互联网、移动通信网、传感器网络及其融合技术等，将感知到的信息无障碍、高可靠性、高安全性地进行传输。随着互联网的迅猛发展，传统路由器因其固有的局限，已成为制约发展的瓶颈。异步传递模式 ATM 作为宽带综合业务数字网 B-ISDN 的最终解决方案，已被国际电信联盟电信标准分局(ITU-T)所接受。20 世纪 90 年代中期以来，因特网的骨干网和高速局域网大都是采用 ATM 实现的。IP over ATM 已成为跨电信产业和计算机产业的多年持久的热点。先后有重叠模式的 CIPOA、LANE 和多协议的 MPOA 以及集成模式的 IP 交换机、标记交换机等多项技术出现，移动互联网的出现带来了移动网和互联网融合发展的新时代。移动网和互联网的融合也会是在应用、网络和终端多层面的融合。为了满足移动互联网的特点和业务模式需求，在移动互联网技术架构中要具有接入控制、内容适配、业务管控、资源调度、终端适配等功能。构建这样的架构需要从终端技术、承载网络技术、业务网络技术端到端的考虑。图 5-5 给出了满足移动互联网业务模式需求的技术架构。这是一种开放和可控的移动互联网架构，将移动网络的特有能力通过业务接入网关开放给第三方(互联网应用)，并结合移动网络的端到端 QoS 控制机制，实现业务接入的控制和资源的合理分配。同时利用了互联网 Web 2.0 的 Mashup 技术，将互联网上已有的应用整合为适合移动终端的应用，便于已有互联网应用的引入。将移动网络的特有能力通过标准的接口开放给第三方，便于开发具有移动特色的互联网应用。通过内容的整合、适配，便于已有互联网应用的引入，将互联网上已有的应用整合为移动终端适合的内容。网络接入网关可以识别接入到移动网络中的应用，并可基于应用提供相应的接入策略和资源分配策略。

4. 智能处理层

智能处理层主要任务是开展物联网基础信息运营与管理，是网络基础设施与架构的主体。目前运营层主要由中国电信、中国移动、广电网等基础运营商组成，从而形成中国物联网的主体架构。智能处理层用于支撑跨行业、跨应用、跨系统之间的信息协同、共享、互通的功能。智能处理层对下层(网络传输层)的网络资源进行认知，进而达到自适应传输的目的。对上层(应用接口层)提供统一的接口与虚拟化支撑，虚拟化包括计算虚拟化和存储虚拟化

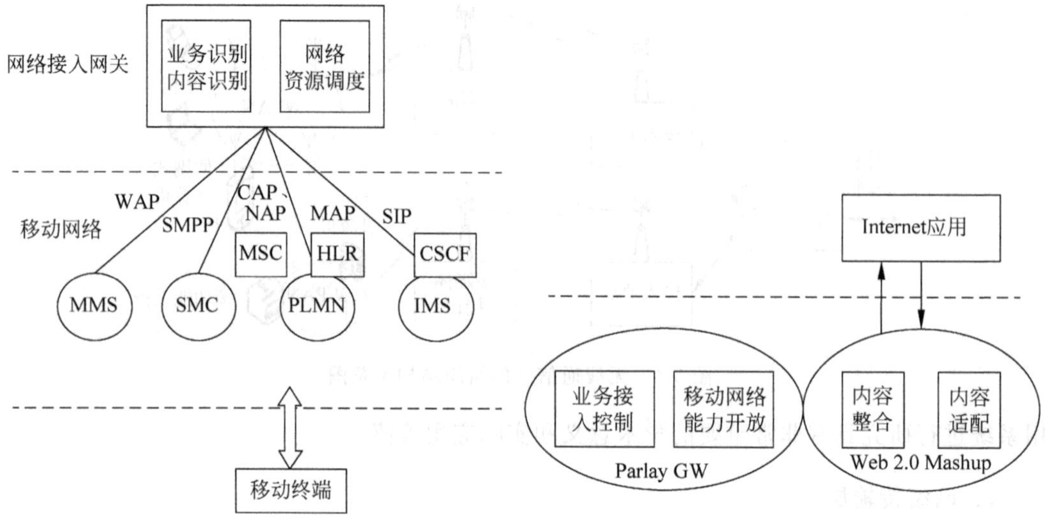

图 5-5 移动互联网业务模式需求的技术架构

等内容。而智能处理层则要完成信息的表达与处理，最终达到语义互操作和信息共享的目的。

智能处理层是"智慧"的来源，在高性能计算、普适计算与云计算的支撑下，将网络内海量的信息资源通过计算分析整合成为一个可以互联互通的大型智能网络，为上层服务管理和大规模行业应用建立起一个高效、可靠和可信的技术支撑平台。例如，通过能力超级强大的中心计算及存储机群和智能信息处理技术，对网络内的海量信息进行实时高速处理，对数据进行智能化挖掘、管理、控制与存储。

云计算和云存储平台作为海量感知数据的存储、分析平台，将是物联网网络传输层的重要组成部分，也是智能处理层和应用接口层的基础。在产业链中，通信网络运营商将在物联网网络层占据重要的地位。而正在高速发展的云计算和云存储平台将是物联网发展的又一助力。

云计算是一种基于互联网的新的计算模式，将计算、数据、应用等资源作为服务通过互联网提供给用户。在云计算环境中，用户不需要了解"云"中基础设施的细节，不必具备相应的专业知识，也无须直接进行控制，而只需要关注自己真正需要什么样的资源，以及如何通过网络来得到相应的服务。云计算的工作模式如图 5-6 所示。

云计算是互联网计算模式的商业实现方式，提供资源的网络被称为"云"。在互联网中，成千上万台计算机和服务器连接到由专业网络公司搭建的能进行存储、计算的数据中心形成"云"。"云"可以理解成互联网中的计算机群，这个群可以包括几万台计算机，也可以包括上百万台计算机。"云"中的资源在使用者看来是可以无限扩展的。用户可以使用计算机和各种通信设备，通过有线和无线的方式接入到数据中心，随时获取、实时使用、按需扩展计算和存储资源，按实际使用的资源付费。目前微软、雅虎、亚马逊等公司正在建设这样的"云"。

云计算的优点是安全、方便，共享的资源可以按需扩展。云计算提供了可靠、安全的数据存储中心，用户可以不用再担心数据丢失、病毒入侵。这种使用方式对于用户端的设备要求很低。用户可以使用一台普通的个人计算机，也可以使用一部手机，就能够完成用户需要

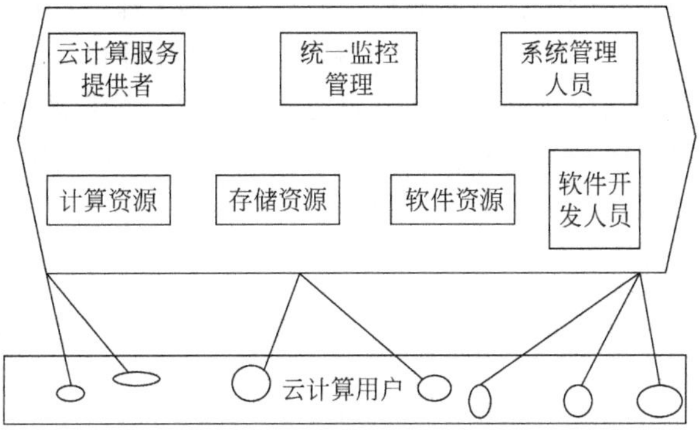

图 5-6 云计算的工作模式

的访问与计算。

云计算更适合于中小企业和低端用户。由于用户可以根据自己的需要，按需使用云计算中的存储与计算资源，因此云计算模式更适用于中小企业，可以降低中小企业的产品设计、生产管理、电子商务的成本。苹果公司推出的 iPad 的关键功能全都聚焦在互联网上，包括浏览网页、收发电子邮件、观赏影片照片、听音乐和玩游戏。当有人质疑 iPad 的存储容量太小时，苹果公司的回答是：当一切都可以在云计算中完成时，硬件的存储空间早已不是重点。

云计算体现了软件即服务的理念。软件即服务是 21 世纪开始兴起、基于互联网的软件应用模式，而云计算恰恰体现了“软件即服务”的理念。云计算通过浏览器把程序传给成千上万的用户。从用户的角度来看，将省去在服务器和软件购买授权方面的开支。从供应商的角度来看，这样只需要维持一个程序就可以了，从而降低了运营成本。云计算可以将开发环境作为一种服务向用户提供，使用户能够开发出更多的互联网应用程序。

在智能处理层，一般是以中间件的形式对数据提供存储和处理，为数据中心采用数据挖掘、模式识别和人工智能等技术提供数据分析、局势判断和控制决策等处理功能。总之，要用数据库与海量存储等技术解决信息如何存储，用搜索引擎解决信息如何检索，用数据挖掘和机器学习等技术解决如何使用信息，用数据安全与隐私保护等技术解决信息如何不被滥用的诸多问题。

5. 应用接口层

应用接口层是物联网和用户（包括人、组织和其他系统）的接口，与行业需求结合，实现物联网的智能应用。应用接口层根据用户的需求，构建面向各类行业实际应用的管理平台和运行平台，并根据各种应用的特点集成相关的内容服务。为了更好地提供准确的信息服务，必须结合不同行业的专业知识和业务模型，以完成更加精细和准确的智能化信息管理。

为了满足物联网特征的需求，物联网业务平台必须能提取并抽象下层网络的能力。将相关的信息封装成标准的业务引擎，向上层应用提供商提供便利的业务开发环境，简化业务的开发难度，缩短业务的开发周期，降低业务的开发风险，而对最终用户进行统一的用户管理和鉴权计费，以增强各种智能化应用的用户体验，同时向平台运营人员提供对用户和业务的统一管理，方便其进行安全维护。

图 5-7 是物联网行业运营平台体系架构。该平台包括 3 部分：业务接入和部署提供、业务管理支撑、业务平台门户。其中，业务接入和部署提供部分包括 3 个功能层：业务引擎层、业务适配层、业务部署层；业务管理支撑部分包括 5 个功能模块：鉴权计费、用户管理、SP/CP(服务提供商、内容提供商)管理、运营统计、网管维护；业务平台门户为维护人员和业务提供商提供标准的平台接口和操作界面。

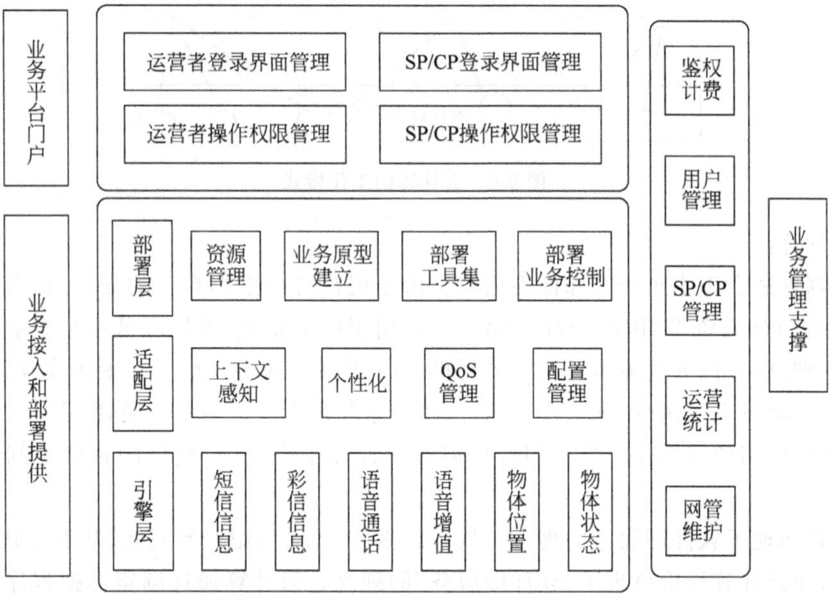

图 5-7 物联网行业运营平台体系结构

物联网各层次间既相对独立又紧密联系。为了实现整体系统的优化功能，服务于某一具体应用，各层间资源需要协同分配与共享。以应用需求为导向的系统设计可以是千差万别的，并不一定所有层次的技术都需要采用。即使在同一个层次上，选择的技术方案也可以进行按需配置。但是，优化的协同控制与资源共享首先需要一个合理的顶层系统设计来为应用系统提供必要的整体性能保障。

5.2 物联网的构建

目前来看，可以把物联网看成以电子标签、传感器等感知设施和 EPC 码为基础建立在计算机互联网基础上的智能物件互联网，传感网是其最复杂的一个组成部分。一个应用系统可能有几个到几万、上百万不等的感知节点，应用环境除了室内外，还包括在不同温度、湿度、电磁干扰下的户外环境。因此，末梢感知节点采集控制设备、接入层技术是物联网的关键和难点。

5.2.1 物联网应用系统的硬件设计

构建一个物联网应用系统，首先是进行用户需求分析和网络分析，然后进行逻辑设计和物理设计。按照物联网系统的组成结构，一般将其分成硬件系统和软件系统来分别进行。

1. 硬件技术选用

在物联网中，由末梢节点与接入网络完成数据采集和控制功能。按照接入网络的复杂性不同可分为简单接入和多跳接入方式。简单接入是在采集设备获取信息后通过有线或无线方式将数据直接发送至承载网络。目前，RFID 读写设备主要采用简单接入方式。简单接入方式可用于终端设备分散、数据量少的业务应用。多跳接入是利用传感网技术，将具有无线通信与计算能力的微小传感器节点通过自组织方式，各节点能根据环境的变化，自主完成网络自适应组织和数据的传递。多跳接入方式适用于终端设备相对集中、终端与网络间传递数据量较小的应用。通过采用多跳接入方式可以降低末梢节点、接入层和承载网络的建设投资和应用成本，提升接入网络的健壮性。

对于近距离无线通信，IEEE 802.15 委员会制定了 3 种不同的无线个人局域网(WPAN)标准。其中，IEEE 802.15.3 标准是高速率的 WPAN 标准，适合于多媒体应用，有较高的网络 QoS 保证。IEEE 802.15.1 标准即蓝牙技术，具有中等速率，适合于蜂窝电话和 PDA 等的通信，其 QoS 机制适合于话音业务。IEEE 802.15.4 标准和 ZigBee 技术完全融合，专为低速率、低功耗的无线互联应用而设计，对数据速率和 QoS 的要求不高。目前，对于小范围内的物品、设备联网，ZigBee 技术以其复杂度低、功耗低、数据速率低及成本低等特点在传感网应用系统中有较为广泛的应用；尤其在控制系统中，ZigBee 自组网技术已经成为传感网的核心技术。ZigBee 技术主要应用于小范围的基于无线通信的控制和自动化等领域，包括工业控制、消费性电子设备、汽车自动化、农业自动化和医用设备控制等，同时也支持地理定位。

2. 基于 ZigBee 的传感网硬件设计

把 ZigBee 技术与传感器结合起来，就可形成传感网。传感网一般由感知节点、汇聚(Sink)节点、网关节点构成。感知节点、汇聚节点完成数据采集和多跳中继传输。网关节点具有双重功能：一是充当网络协调器，负责网络的自动建立和维护、数据汇聚；二是作为监测网络与监控中心的接口，实现互联网、局域网与监控中心交换传递数据。

1）基于 ZigBee 的传感网组成

在消费性电子设备中嵌入 ZigBee 芯片后，就可实现信息家用电器设备的无线互联。例如，利用 ZigBee 技术可较容易地实现相机或者摄像机的自拍、窗户远距离开关控制、室内照明系统的遥控，以及窗帘的自动调整等。尤其是当在手机或者 PDA 中嵌入 ZigBee 芯片后，可以用来控制电视开关、调节空调温度及开启微波炉等。基于 ZigBee 技术的个人身份卡能够代替家居和办公室的门禁卡，记录所有进出大门的个人信息，若附加个人电子指纹技术后，可实现更加安全的门禁系统。嵌入 ZigBee 芯片的信用卡可以方便地实现无线提款和移动购物，商品的详细信息也能通过 ZigBee 向用户广播。

对于基于 ZigBee 技术的传感网不同的具体应用，传感网节点的组成也有所不同。通常，就一项具体应用而言，感知节点、感知对象和观察者是传感网的 3 个基本要素。一个传感网系统的组成如图 5-8 所示。对于如图 5-8 所示的传感网系统，主要由 ZigBee 感知节点

(探测器)、若干具有路由功能的汇聚节点和 ZigBee 中心网络协调器(网关节点)组成,是传感网测控系统的核心部分,负责感知节点的管理。在图 5-8 中,A、B、C 和 D 为具有路由功能的汇聚节点,感知节点与汇聚节点自主形成一个多跳的网络。感知节点(传感器、探测头)分布于需要监控的区域内,将采集到的数据发送给就近的汇聚节点,汇聚节点根据路由算法选择最优传输路径,通过其他的汇聚节点以多跳的方式把数据传送到网络协调器(网关节点),最后通过 GPRS 网络或者互联网把接收到的数据传送给监控中心。

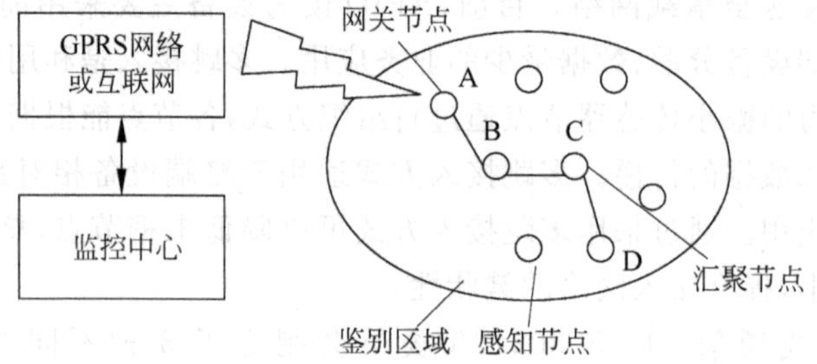

图 5-8 传感网系统的组成

此系统具有自动组网功能,网络协调器一直处于监听状态,新添加的感知节点会被网络自动发现,这时汇聚节点会把感知的数据送给协调器,由协调器进行编址并计算其路由信息,更新数据转发表和设备关联表等。

2) 网络节点的硬件设计

对于不同的应用,网络节点的组成略有不同,但均应具有端节点和路由功能:一方面实现数据的采集和处理;另一方面实现数据融合与路由。网络节点的硬件设计至关重要。

目前,国内外已经开发出多种传感器节点,其组成大同小异,只是应用背景不同,对节点性能的要求不尽相同,所采用的硬件组成也有差异。典型的节点系列包括 Mica 系列、SensoriaWINS、Toles 等,实际上各平台最主要的区别是采用了不同的微处理器、无线通信协议和与应用相关的不同传感器。最常用的无线通信协议有 IEEE 802.11b、IEEE 802.15.4 (ZigBee)和蓝牙,以及自定义的协议。微处理器从 4 位的微控制器到 32 位 ARM 内核的高端微控制器都有所应用。通常,就 ZigBee 网络而言,感知节点由 RFD 承担,汇聚节点、网关节点由 FFD 实现。由于各自的功能有所不同,在硬件构成上也不相同,例如可选用 CC2430 作为 ZigBee 射频芯片。

(1) 感知节点硬件结构。基于 ZigBee 技术的感知节点硬件结构框图如图 5-9 所示。由该图可以看出,感知节点主要由传感器模块和无线发送/接收模块组成。在实际应用中,例如对温度和湿度测量的模拟信号需要经过一个多路选择通道控制,依次送入微处理器后由微处理器进行校正编码,然后传送到基于 ZigBee 技术的收发端。

(2) 网关节点硬件结构。主要承担传感网的控制和管理功能,实现数据的融合处理,它连接传感网与外部网络,实现两种协议之间的通信协议转换,同时还承担发布监测终端的任务,并把收集到的数据转发到外部网络。一个网关节点的硬件结构如图 5-10 所示,网关节点包含有 GPRS 模块和 ZigBee 射频芯片模块。GPRS 模块通过现成的 GPRS 网络将传感器采集到的数据传输到互联网上,用户可以通过个人计算机来观测传感器采集到的数据。

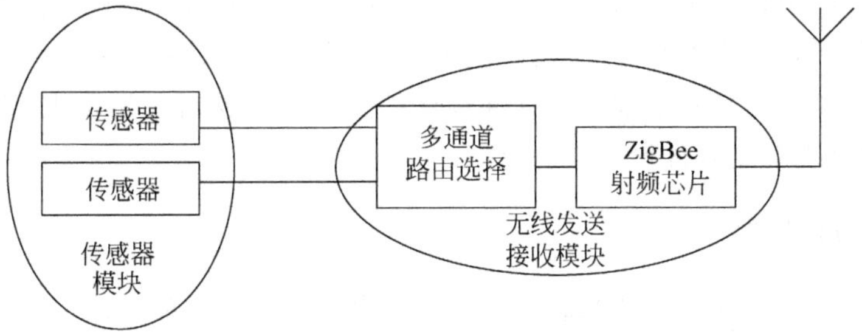

图 5-9 感知节点硬件结构

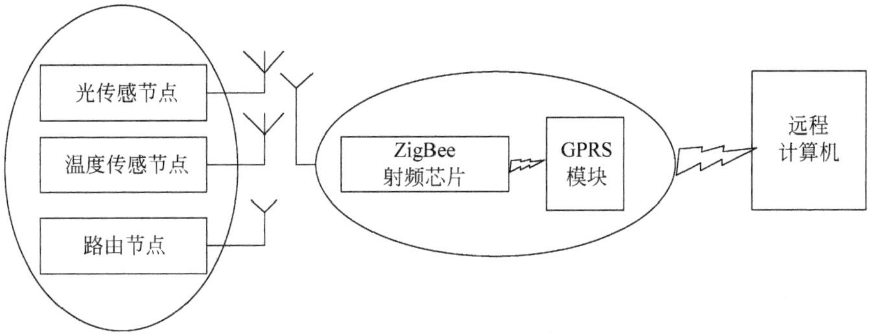

图 5-10 网关节点的硬件结构

5.2.2 物联网应用系统的软件设计

物联网应用系统软件是比较复杂的。以 ZigBee 技术组建传感网为例，其系统应用软件包括传感器节点软件、汇聚节点软件、管理节点以及后台管理软件，如图 5-11 所示。

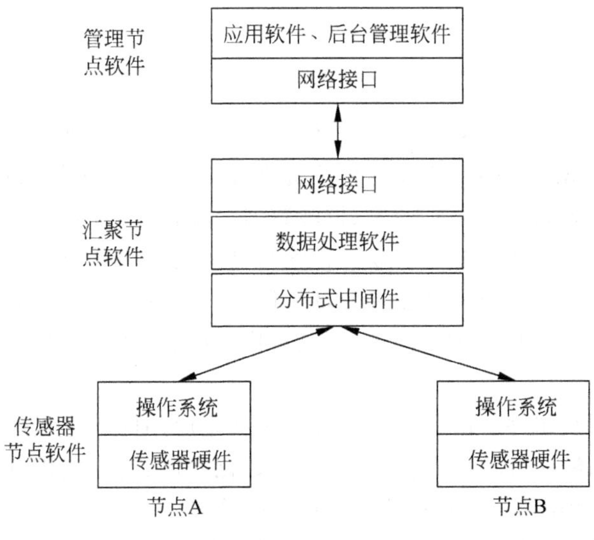

图 5-11 网络系统应用软件结构

物联网系统应用软件主要用于：①控制底层硬件的工作，为各种算法、协议提供可控的运行环境；②实现网络系统的自组织、协同工作、安全与能量优化等；③为用户有效地管理网络系统提供工具。物联网系统应用软件设计的关键是要针对应用需求，满足应用功能与性能需求，其中管理节点软件设计较为复杂。

1. 传感器节点软件

传感器节点软件系统用于控制底层硬件的工作行为，为各种算法、协议的设计提供一个可控的操作环境，同时便于用户有效管理网络，实现网络的自组织、协作、安全和能量优化等功能，以降低网络的使用复杂度。通常传感器节点软件运行采用分层结构，如图 5-12 所示。

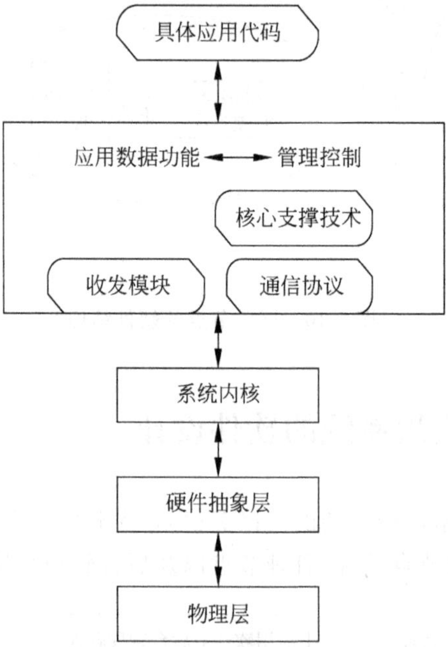

图 5-12　节点软件分层结构

硬件抽象层在物理层之上，用来隔离具体硬件，为系统提供统一的硬件接口，诸如初始化指令、中断控制、数据收发等。系统内核负责进程调度，为应用数据功能和管理控制功能提供接口。应用数据功能协调数据收发、校验数据，并确定数据是否需要转发。管理控制功能实现网络的核心支撑技术和通信协议。在编写具体的应用代码时，要根据应用数据功能和管理控制功能提供的接口和一些全局变量来设计。传感器节点软件组件包含针对专门应用任务和用于建立与维护网络的中间件，涉及操作系统、传感驱动和中间件管理，如图 5-13 所示。

(1) 节点操作系统组件。由裁剪过的只针对特定应用的软件组成，专门处理与节点硬件设备相关的任务，包括启动载入程序、硬件初始化程序、时序安排、内存管理和过程管理等，以及通过无线通信电路发送和接收信号过程的管理。

(2) 节点传感驱动组件。负责初始化传感器节点，驱动节点上的传感单元执行数据采

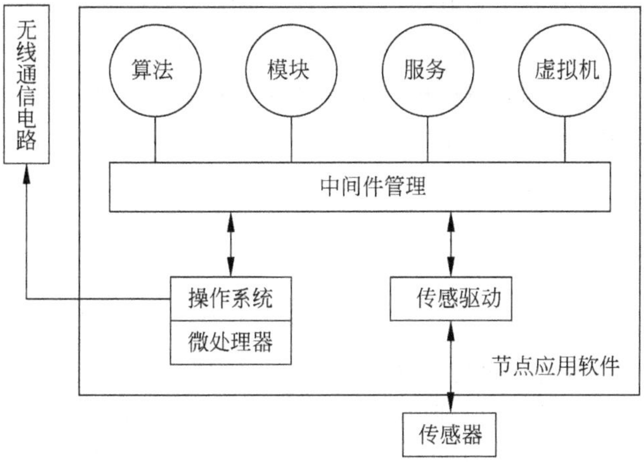

图 5-13 传感器节点应用软件设计

集和测量任务。由于它封装了传感器探测功能，可以为中间件提供良好的 API 接口。

(3) 节点中间件管理组件。用来组织分布式节点间的协同工作。节点中间件管理组件将节点的本地服务抽象为模块、算法、服务及虚拟机。模块封装网络应用所需要的通信协议，包括信道访问控制、拓扑控制与路由选择、定位、时间同步、安全控制等。算法用来描述模块中不同功能具体实现算法。服务包含与其他节点协同工作时要求本地节点完成的任务。虚拟机负责执行与平台无关的一些程序。

2. 汇聚节点软件

汇聚节点软件由分布式中间件、数据处理软件与网络接口软件组成。分布式中间件用来向数据处理软件屏蔽多个传感器节点的复杂网络结构，数据处理软件只需要按照算法来计算、比较和处理数据。网络接口软件完成汇聚节点提供互联网或移动通信网络与管理节点的通信。

3. 管理节点软件

管理节点软件由网络接口与应用软件组成。应用软件执行应用层规定的计算任务，主要实现整个应用任务和所需要的服务，为用户提供操作界面，管理整个网络并评估运行效果。

物联网中的节点通过中间件的服务被连接起来，协作地执行任务。中间件逻辑上在网络层，但物理上仍存在于节点内，它在网络内协调服务间的互操作，灵活便捷地支撑起物联网的应用开发。

另外，一个完整的物联网应用系统软件还要包括用户端的数据库系统设计，例如选用 Access 数据库平台和 ADO 数据库连接技术，并使用 Delphi 编程语言实现界面、管理、查询操作以及 GPRS 上数据的收发等。

4. 后台管理软件

一般来说，物联网是由大量的无线自主节点相互协作分工完成数据采集、处理和传输的。从微观角度来看，物联网节点状态的获取难度远大于普通网络节点。从宏观角度来看，物联网的运行效率和性能也比一般计算机网络难于度量和分析。因此，物联网的性能分析与管理是一个重点和难点，而且网络的分析与管理需要后台管理系统来提供支持。网络后台管理系统软件一般由传感网、传输网和后台管理平台 3 部分组成，如图 5-14 所示。

图 5-14 后台管理软件系统

传感网采集环境数据并通过传输网络将数据传输到后台管理平台，后台管理平台对这些数据进行分析、处理、存储，以得到传感网的相关信息，对传感网的运行和环境状况进行监测。另外，后台管理平台也可以发起任务并通过传输网络告知传感网，从而完成特定的任务。如后台管理软件询问“温度超过 80℃的地区有哪些”之后传感网将会返回温度超过 80℃的地区的数据信息。后台管理软件系统的一般组成如图 5-15 所示。数据库用于存储所有数据，包括传感网的配置数据、节点属性、传感数据、后台管理软件的一些数据等。数据处理引擎负责传输网络和后台管理软件之间的数据交换、数据分析、数据处理，将数据存储到数据库，从数据库中读取数据，将数据按照某种方式传递给图形用户界面，以及接收图形用户界面产生的数据等。后台组件利用数据库中的数据实现一些逻辑功能或者图形显示功能，它可能会包括网络拓扑显示组件、节点显示组件、图形绘制组件等。图形用户界面是用户对网络进行监测的窗口，用户通过它可以了解物联网的运行状态，也可以分配任务。

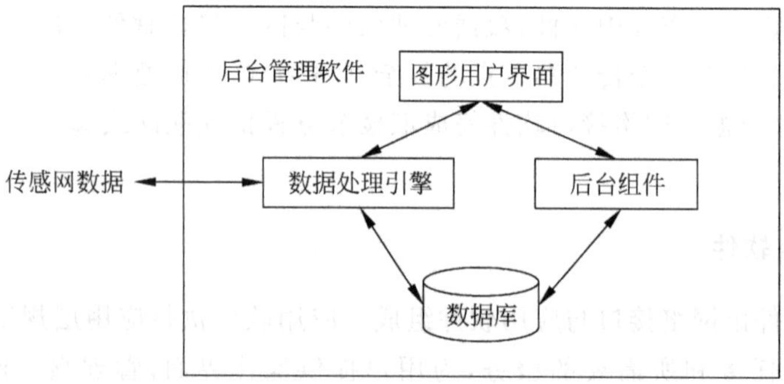

图 5-15 后台管理软件系统的一般组成

5.3 物联网系统集成

系统就是“体系、制度、体制、秩序、规律和方法”。集成的含义是“成为整体、组合、综合及一体化”，表示将单个元件组装成一体的过程。集成以有机结合、协调工作、提高效率、创造效益为目的，将各个部分组合成具有全新功能、高效和统一的有机整体。

5.3.1　物联网系统集成的目的

物联网系统集成的主要目的就是用硬件设备和软件系统将网络各部分连接起来，不仅实现网络的物理连接，还要求能实现用户的相应应用需求。因此，物联网系统集成不仅涉及技术，也涉及企业管理、工程技术等方面的内容。目前，物联网系统集成技术可划分为两个域：一个是接口域，即路由网关；另一个是物联网的服务域。服务域的作用主要是为路由网关提供一个统一访问物联网的界面，简化两者的集成难度，更重要的是，通过服务界面能有效控制和提高物联网的服务质量，保证两者集成后的可用性。

物联网系统集成的本质就是最优化的综合，统筹设计一个大型的物联网系统。物联网系统集成包括感知节点数据采集系统的软件与硬件、操作系统、数据融合剂处理技术、网络通信技术等的集成，以及不同厂家产品选型、搭配的集成。物联网系统集成所要达到的目标就是整体性能最优，即所有部件和成分合在一起后不但能工作，而且系统是低成本、高效率、性能匀称、可扩充性和可维护性好的系统。

5.3.2　物联网系统集成技术

物联网系统集成技术包括两个方面：一是应用优化技术；二是多物联网应用系统的中间件平台技术。应用优化技术主要是面向具体应用，进行功能集成、网络集成、软硬件操作界面集成，以优化应用解决方案。多物联网应用的中间件平台技术主要是针对物联网不同应用需求和共性底层平台软件的特点，研究、设计系列中间件产品及标准，以满足物联网在混合组网、异构环境下的高效运行，形成完整的物联网软件系统架构。通常，也可以将物联网系统集成技术可分为软件集成、硬件集成和网络系统集成 3 种类型。

(1) 软件集成是指某特定的应用环境架构的工作平台，是为某一特定应用环境提供解决问题的架构软件的接口，是为提供工作效率而创造的软件环境。

(2) 硬件集成是指以达到或超过系统设计的性能指标把各个硬件子系统集成起来。例如办公自动化制造商把计算机、复印机、传真机设备进行系统集成，为用户创造一种高效、便利的工作环境。

(3) 网络系统集成作为一种新兴的服务方式，是近年来信息系统服务业中发展势头比较迅速的一个行业。它所包含的内容较多，主要是指工程项目的规划和实施；决定网络的拓扑结构；向用户提供完善的系统布线解决方案；进行网络综合布线系统的设计、施工和测试，网络设备的安装测试；网络系统的应用、管理以及应用软件的开发和维护等。物联网系统集成就是在系统(体系、秩序、规律和方法)的指导下，根据用户的需求优选各种技术和产品，整合用户资源，提出系统性组合的解决方案；并按照方案对系统性组合的各个部件或子系统进行综合组织，使之成为一个经济、高效和优化的物联网系统。

5.3.3　物联网系统集成内容

物联网系统集成需要在信息系统工程方法的指导下，按照网络工程的需求及组织逻辑，采用相关技术和策略，将物联网设备(包括节点感知部件、网络互联设备及服务器)、系统软件(包括操作系统、信息服务系统)系统性地组合成一个有机整体。具体来说,物联网系统集成包含的内容主要是物联网软硬件产品、技术集成和应用服务集成。

1. 物联网软硬件产品、技术集成

物联网软硬件集成不仅是各种网络软硬件产品的组合,更是一种产品与技术的融合。无论是传感器还是感知节点的元器件,无论是控制器还是自动化软件,本身都需要进行单元的集成,信息的融合,而执行机构、传感单元和控制系统之间的更高层次的集成,则需要先进行适用、开放稳定的工业通信段来实现。

(1) 硬件集成。所谓硬件集成就是使用硬件设备将各个子系统连接起来,例如汇聚节点设备把多个末梢节点感知设备连接起来;使用交换机连接局域网用户计算机等;使用路由器连接子网或其他网络等。一个物联网系统会涉及多个制造商生产的网络产品的组合使用。例如传输信道采用传输介质(电缆、光缆、蓝牙、红外及无线电等)组成;感知节点设施、通信平台采用交换和路由设备(交换机、路由器等)组成。在这种组合中,系统集成者要考虑的首要问题是不同品牌产品的兼容性或互换性,力求这些产品集成为一体时,产生的合力最大、内耗最小。

(2) 软件集成。这里所说的"软件",不仅包括操作系统平台,还包括中间件系统、企业资源计划(ERP)系统、通用应用软件和行业应用软件等。软件集成要解决的首要问题是异构软件的相互接口,包括物联网信息平台服务器和操作系统的集成应用。

2. 物联网应用服务集成

从应用角度看,物联网是一种与实际环境交互的网络,能够通过安装在微小感知节点上的各种传感器、标签等从真实环境中获取相关数据,然后通过自组织的无线传感网将数据传送到计算能力更强的通用计算机互联网上进行处理。物联网应用服务集成就是指在物联网基础应用平台上,应用系统开发商或网络系统集成商为用户开发或用户自行开发的通用或专用应用系统。

一个典型的物联网应用的目的是对真实世界的数据的采集,其手段总是通过射频识别技术来实现多跳的无线通信,并使用网络管理手段来保证物联网的稳定性。基于这一特点,物联网应用系统涵盖了三大服务域:①满足应用需求的数据服务域,该服务域应对物联网的数据进行融合和网内数据处理;②提供基础设施的网络通信服务域;③保障网络服务质量的网络管理服务域,包括网络拓扑控制、定位服务、任务调度、继承学习等。这些服务域相互之间是松散的,没有必然的联系,可依据一定的方式进行组合、替换,并通过一个高度抽象的服务接口呈现给应用程序。对这些服务单元进行组合、集成,可灵活地构造出适合应用需求的新的服务元。因此,物联网应用服务集成具体包含以下内容。

(1) 数据和信息集成。数据和信息集成建立在硬件集成和软件集成之上,是系统集成的核心。通常要解决的主要问题有合理规划数据信息、减少数据冗余、更有效地实现数据共享和确保数据信息的安全保密。

(2) 人与组织机构集成。组建物联网的主要目的之一是提高经济效益,如何使各部门协调一致地工作,做到市场销售、产品生产和管理的高效运转,是系统集成的重要指标。例如，面向特定的企业专门设计开发的企业资源计划（ERP）系统、项目管理系统以及基于物联网的电子商务系统等，这也是物联网系统集成的较高境界。如何提高每个人和每个组织机构的工作效率，如何通过系统集成来促进企业管理和提高生产管理效率，是系统集成面临的重大挑战，也是非常值得研究的问题之一。

5.3.4　物联网系统集成步骤

物联网系统集成一般可采用如图 5-16 所示的步骤进行，总体上可分为 3 个阶段，每个阶段又可分为若干个具体实施步骤。①系统集成方案设计阶段。包括用户组网需求分析、系统集成方案设计、方案论证 3 个实施步骤。②工程实施阶段：包括形成可行的解决方案、系统集成施工、网络性能测试、工程差错纠错处理、系统集成总结等步骤。③工程验收和维护阶段。包括系统验收、系统维护和服务，以及项目总结等步骤。

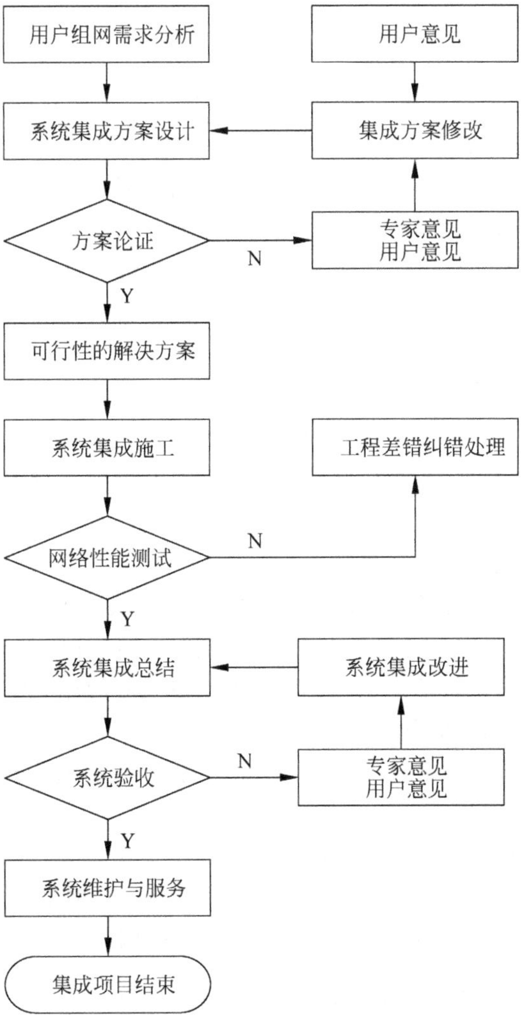

图 5-16　物联网系统集成的步骤

5.4 物联网应用系统设计示例

物联网是面向应用的、贴近客观物理世界的网络系统，它的产生、发展与应用密切相关联。就传感网而言，经过不同领域研究人员多年来的努力，已经在军事领域、精细农业、安全监控、环保监测、建筑领域、医疗监护、工业监控、智能交通、物流管理、自由空间探索、智慧家居等领域得到了充分的肯定和初步应用。传感网、RFID 技术是物联网应用研究的热点，两者相结合组成物联网可以较低的成本应用于物流和供应链管理、生产制造和装配，以及安防等领域。在此仅以两个具体应用案例简单介绍物联网应用系统的设计与组建。

5.4.1 基于 RFID 传感网的智能家居及安防系统

随着科学技术的进步和人们生活水平的提高，在家庭里出现了越来越多信息家电，例如，冰箱、空调、传真和数字电视等。如何把它们组成一个智能化的网络将是一个非常美好的事情；同时，家居环境的安全防范也成为日趋重要的问题。计算机智能家居安全防控（简称安防）显然是物联网应用的一个重要领域，具有广阔的发展前景。在传统有线安防系统建设中存在布线难、成本高以及布防、撤防不方便等缺点，难以满足人们越来越高的安防需求。采用 RFID 和传感网技术融合组建智能安防系统能有效解决这些问题。作为物联网应用设计示例，给出一个基于 RFID 传感网的智能家居及安防系统。

1. 智能家居及其安防系统的功能需求

作为一个智能家居及其安防系统，其基本功能是将信息家电组成一个智能化网络，并能够进行安全防范报警，包括报警模式、联网、联动抓拍、智能控制息等。

（1）报警模式。一般需要在家居环境内提供外出、在家、就寝 3 种布防模式，也可以根据实际需要自定义安防模式。

（2）联网。智能化家居网络系统建立在智能小区局域网平台上，并能将其连入计算机互联网。如果发生警情，报警信息能够及时上传至智能小区管理中心，保安人员会及时与业主联系并上门服务。同时报警信息也能够即时发给设定好的相关固定电话和移动手机；室内报警机也会发出报警声音和闪烁图标等。

（3）联动抓拍。窃贼入侵家居环境后，触发探测器，启动摄像机及时抓拍窃贼图像（若干幅）并保存在室内分机内。

（4）智能控制。依赖智能家居系统提供一种简洁之美，如智能照明平台使得家庭中的照明系统直接连接到家庭网络，实现智能操控；可通过一个网络浏览器找到并控制房间的照明灯，而不必知道或在意正在使用的是 WiFi 还是 4G 网络。

2. 智能家居及其安防系统设计及部署

家居智能化网络是具有易变的网络拓扑，因此，家居智能化网络需要进行自组织，自动实现网络配置，从而保持网络的连通性。自组织过程结束后，网络进入正常运行阶段。当网络拓扑结构再次发生变化时，网络需要再次进行自组织，保持变化后网络的连通性。作为一个智能家居及其安防系统，一般应包含远程监控控制中心和现场监控网络两个部分。远程监控控制中心主要由监控中心服务器、数据库系统与应用软件和 GPRS 通信模块组成；现场监控网络主要由无线传感网络实现，包括监控中心节点和监控终端节点组成。监控中心节点由 GPS 接收机、单片机、射频模块和 GPRS 通信模块组成；监控终端节点由传感器和射频模块组成等。由 GPRS 网络实现远程监控中心和现场监控网络之间的通信。在此仅讨论智慧家居安防系统现场监控网络部分的设计与实现。

智能家居安防系统的功能主要是在家居环境中的巡逻定位与报警，因此，智能家居安防系统的现场监控网络部分所关心的问题是，在什么位置或区域发生了什么事件。这时通过 RFID 技术来实现家庭安防智能巡逻机器人实现巡逻定位，利用 WSN 完成家庭环境参数的分布式智能监控。

智能家居安防系统的现场监控网络部署如图 5-17 所示。这是一个以智能家居网关为中心协调器所组建的 ZigBee 星状网络。在家居环境中安装的各种安防监测模块节点，一旦监测到异常情况，立刻会将异常情况的具体信息发送到家居智能网关；家居智能网关对接收到的信息进行相应的处理，如进行无线报警、现场报警或派遣巡逻机器人对警情做进一步探测等。智能巡逻机器人是网络中的移动节点，充当移动路由器，同时可以根据家居智能网关的指令对家居环境内可能出现隐患的区域进行更为详细的监控。贴上智能 RFID 标签的物体主要用于智能机器人的巡逻定位。智能巡逻机器人在以 0.5m/s 低速前进时能识别 RFID 标签，并能完成从一个 RFID 标签到另一个 RFID 标签的定位。

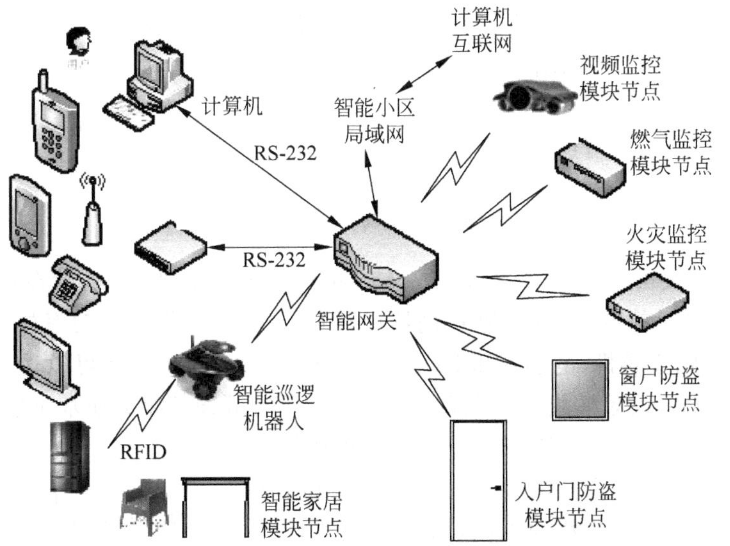

图 5-17　智能家居安防系统组成示意图

(1) RFID 传感网定位。在家居环境中，实现移动节点的定位需要解决 3 个问题，即移动节点在哪里，要到哪里去，应该怎么走。在本示例系统中，采用 RFID 标签作为路标，用 WSN 进行导航的巡逻定位方法。也就是说，为了实现事件定位，对家居环境中的一些固定物体，如冰箱、电视机、沙发、桌子、椅子和书柜等，以及某些重要位置贴上无源 RFID 标签，作为家居环境的位置路标。安装有 RFID 读卡器的智能巡逻机器人在家庭环境中进行巡逻，一旦监测到周围有 RFID 标签，立刻停止前进，读取 RFID 标签，并通过传感网将标签值发给家居智能网关。每个 RFID 标签的具体位置、与其相邻 RFID 标签位置信息以及各个 RFID 标签之间的相对位置关系以位置表、邻居表和导航表的形式预先存储在智能网关中。智能网关根据具体的巡逻任务、当前 RFID 标签值并结合这 3 张表的信息为智能巡逻机器人进行导航。这种设计方法既继承了 RFID 技术自动识别目标的特性，同时可实现传感网主动感知与通信的功能。

(2) 家居智能网关。家居智能网关是通信、决策、报警的核心，通常部署在智能家居网络的中心，如安放在客厅中。家居智能网关一方面利用 ZigBee 网络对布防在家居环境中的各个安防监测模块节点进行环境数据采集和处理，同时实现家居内部网络设备的管理和控制；另一方面通过 GSM 模块实现与外网用户的远程通信。当安防监测模块节点监测到异常情况时，家居智能网关通过 GSM 模块向远端用户发送报警短消息或拨打报警电话，实现远程无线监控。

图 5-18 是家居智能网关的组成原理示意图，主要由个人计算机、GSM 模块、现场报警模块和射频模块以及天线组成，可以 RF、W-LAN、RS-485、PLC 等通信方式实现通信。一般家居智能网关具有无线遥控功能，可以通过本地、互联网、电话对家用信息电器进行远程控制和智能照明管理，可以通过无线密钥进行撤/布防，可以读取/发布信息，具有语音留言功能等。

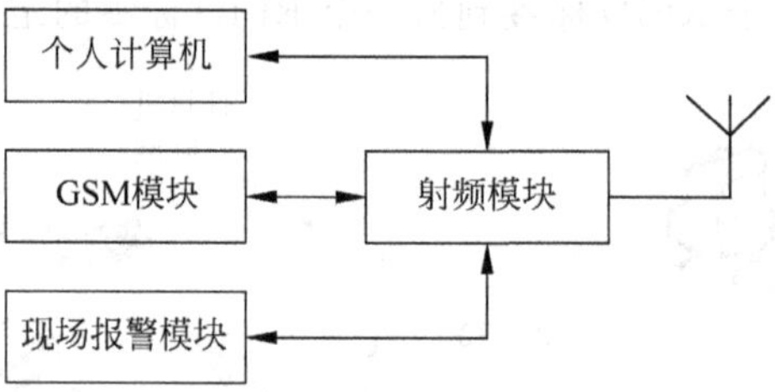

图 5-18　家居智能网关的组成原理示意图

其中，射频模块可采用 TI 公司的 CC2430 和 CC2591。CC2430 芯片在单个芯片上整合了 ZigBee 射频(RF)前端、内存和微控制器(MCU)。CC259 集成了功率放大器、低噪声放大器、平衡转换器、交换机、电感器和 RF 匹配网络等，最大输出功率可以达到 22dBm，灵敏度可以提高 6dBm。射频模块在室内无障碍物情况下有效通信距离通常应达到 40m。

(3) 安防监测节点。在家居环境中可能出现安全隐患的区域部署各类安防监测模块，形成安防监测感知节点。根据监测环境参数的不同，这些感知节点的工作原理略有区别，但基本上都是由安防传感器(温度、湿度、烟雾、红外以及振动)和射频模块组成，如图 5-19 所示。

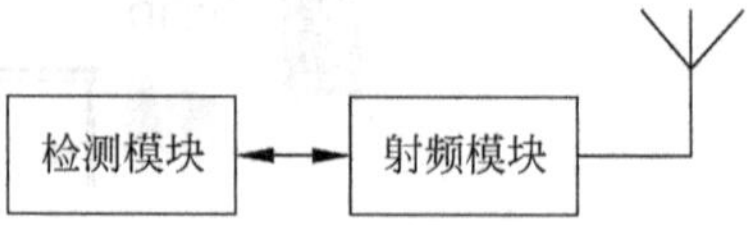

图 5-19　安防监测感知节点框图

(4) 智能巡逻机器人。图 5-20 为智能巡逻机器人的组成原理图，包含有 ZigBee 射频模块、RFID 读卡器、摄像头以及温度、烟雾等微型安防传感器。其中，RFID 读卡器有效读卡距离应达到 15cm，读卡速率为 5card/s。在家居安防系统中，智能巡逻机器人主要有以下几个功能：①充当家居安防传感网的移动路由节点。ZigBee 星状网精简了系统设计，每个节点只能与家居智能网关通信。在实际家居环境中，卧室内安防节点发射的信号可能会受到内墙及室内障碍物的影响，导致客厅中的家居智能网关接收到的信号很弱，若增加多个路由节点又会增加网络的复杂度，通常是在网络中设置一个移动路由节点来解决。在一定时间内，当家居智能网关收不到回复信号时，就命令巡逻机器人到特定的位置(由 RFID 标签标识)采集信号较弱的节点数据，再转发给家居智能网关。②智能巡逻机器人装有各种安防传感器，执行巡逻任务时，对各个有安全隐患的区域进行较为仔细地监控，例如对煤气管道附近的区域进行全面燃气泄漏检测等。③当某个安防监测模块节点监测到异常情况时，家居智能网关导航智能机器人进行现场详细巡逻，以确定是否是因环境干扰信号而造成的误报。一旦确定出现警情，开启摄像头进行现场拍照。

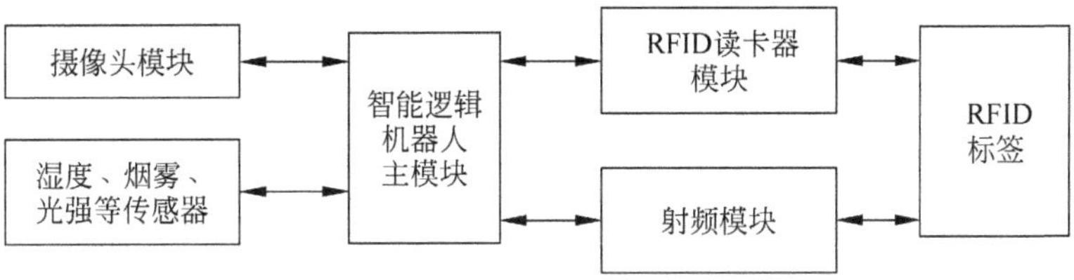

图 5-20　智能巡逻机器人的组成原理框图

3. ZigBee 网络通信程序流程

由于 ZigBee 网络是一种无线自组网络，具有全功能节点(FFD)和半功能节点(RFD)两种类型的设备。RFID 一般作为终端感知节点，FFD 作为协调器或路由汇聚节点。因此，应用软件设计包括 RFD 程序和 FFD 程序两部分，且均包括初始化程序、发射程序和接收程序、协议栈配置、组网方式配置程序以及各处理层设置程序。初始化程序主要是对 CC2430、USAR 串口、协议栈、LCD 等进行初始化；发射程序将所采集的数据通过 CC2430 调制并通过 DMA 直接送至射频输出；接收程序完成数据的接收并进行显示、远传及返回信息处理；PHY、MAC、应用层、网络层程序设置数据的底层、上层的处理和传输方式。

例如，对于一个温湿度测控系统，若采用主从节点方式传送数据，可将与 GPRS 连接的网关节点作为主节点，其他传感器节点作为从节点；从节点可以向主节点发送中断请求。传感器节点打开电源、初始化、建立关联连接之后直接进入休眠状态。当主节点收到中断请求时触发中断、激活节点、发送或接收数据包，处理完毕后继续进入休眠状态，等待有请求时再次激活。若有多个从节点同时向主节点发送请求，主节点来不及响应处理而丢掉一些请求时，则从节点在发现自己的请求没有得到响应后几秒钟再次发出请求，直到得到主节点的响应为止。在程序设计中可采用中断的方法来实现数据的接收与发送。由于在本示例中，ZigBee 网络通信(包括汇聚节点、传感器节点)选用 CC2430 芯片作为 ZigBee 射频模块，其通信流程如图 5-21 所示。在这种系统通信模式中，只允许在网关节点和汇聚节点之间交换数据，即汇聚节点向网关节点发送数据、网关节点向汇聚节点发送数据。当网关节点与汇聚节点之间没有数据交换时，感知节点处于休眠状态。

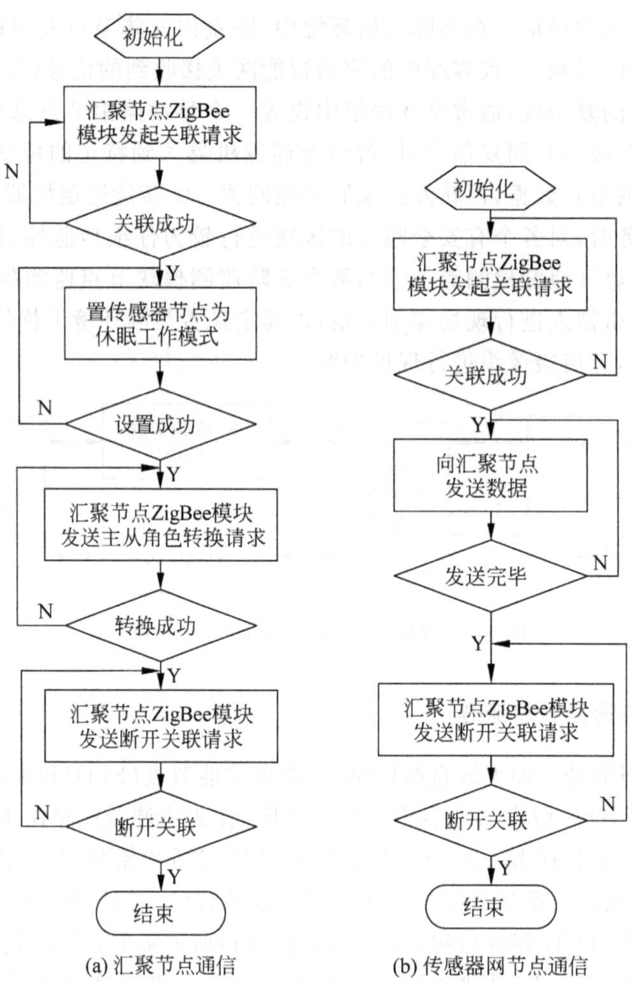

图 5-21 ZigBee 网络通信流程框图

5.4.2 基于 RFID 传感网的工业智能控制系统应用示例

在工业企业部门，为了提高产品整体质量，及时、准确地获取生产数据，并对数据进行及时分析处理，减少生产浪费，缩短产品周期，常需要组建企业内部的生产过程控制管理系统。作为企业内物联网应用系统设计示例，一个基于 RFID 技术的工业企业内部生产监控管理系统组成如图 5-22 所示。这个物联网系统主要包含有 GM 二维条码（电子标签）、RFID 读写器、中间件系统和互联网几个组成部分。

1. 利用二维条码与 RFID 读写器感知节点数据

工业生产现场主要有生产设备、工作人员、生产原料、产品等构成。在图 5-22 的方案中，GM 二维条码贴于每件产品上，所使用的 RFID 读写器可为手持式或固定式，以方便地应用于生产过程。中间件系统含有 EPC 数据，后端应用数据库软件系统还包含 ERP 系统等。这些都与互联网相连，可及时有效地跟踪、查询、修改或增减数据。当在某个企业生产的产品被贴上存储有 EPC 标识的 RFID 标签后，则在该产品的整个生命周期，该 EPC 代码将成为它的唯一标识，以此 EPC 编码为索引就能实时地在 RFID 系统网络中查询和更新产品的数据信息。

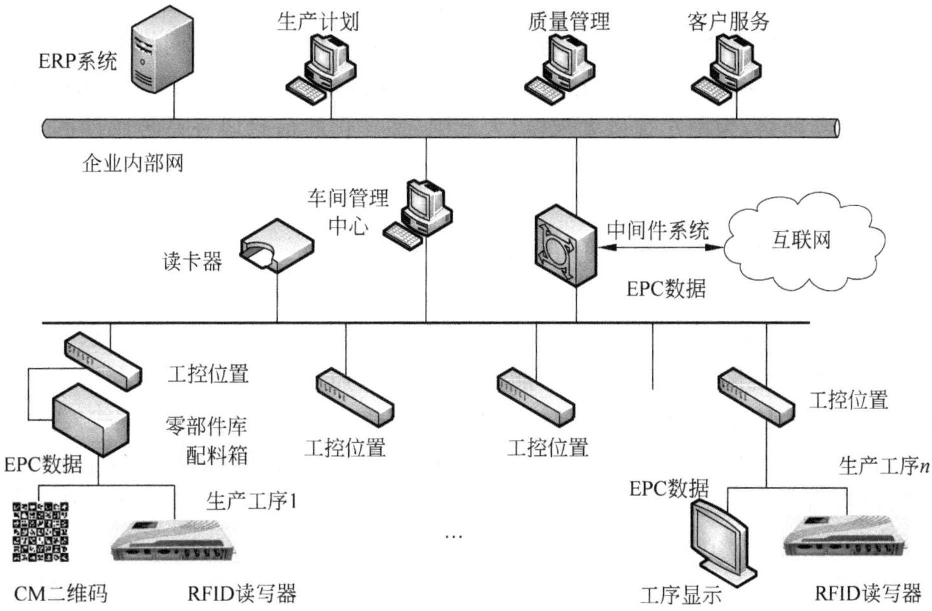

图 5-22　企业内生产管理应用系统组成示意图

2. 车间内各个流通环节对产品进行定位和定时追踪

在车间内每一道工序都设有一个 RFID 读写器，并配备相应的中 *N* 件系统联入互联网。这样，在半成品的装配、加工、转运以及成品装配和再加工、转运和包装过程中，当产品流转到某个生产环节的 RFID 读写器时，RF1D 读写器在有效的读取范围内就会监测到 GM 二维条码的存在。

对于某一个局部环节而言，其具体工作流程为：RFID 读写器从含有一个 EPC 的标签上读取产品电子代码，RFID 读写器将读取的产品电子代码传送到中间件系统进行处理；中间件系统以该 EPC 数据为数据源，在本地服务器获取包含该产品信息的 EPC 信息服务器的网络地址，同时触发后端应用系统以做更深层的处理或计算；由本地 EPC 信息服务器对本次阅读器的记录进行读取并修改相应的数据，将 EPC 数据经过中间件系统处理后，传送到互联网。

该方案的设计非常人性化和智能化，基于这样的通信平台，指挥操作员或者生产管理人员在办公室就可以对工业生产现场的情况进行很好的掌握，为工业生产提供了很多方便。

5.5 传感网的广域互联

传感网以其监测精度高、布网及使用灵活、可靠性高、经济性好等特点，在工业测控、环境监测、医疗监护、智能交通、智能家居、军事侦察等领域都具有非常广阔的应用前景。这些应用决定了它们不能完全孤立而必须与基础网络相连，以便通过基础网络上的设备方便地对其进行管理、控制与访问，或借助已有网络设施实现传感网的大规模组网。通过基础网络互联多个传感器网络，为用户提供大规模、大范围、多样化的信息服务是传感网的主要应用模式。

5.5.1 传感网广域互联的方式

对于传感网的广域互联，所要解决的问题是如何在满足特定应用要求的网络指标(如延时、可靠性，以及数据准确度等)下，尽可能节约能耗，从而延长传感网的生存期。对于这些应用，作为应用查询终端的传感网需要一种方便客户获取传感网中数据的方式。但是，通常实际客户处在互联网上，由于互联网中的客户与传感网中的数据源之间跨越了多种不同的通信体制，在它们之间若不能直接有效地互联互通，将限制传感网的实际应用，因此，传感网与互联网的互联成为一个迫切需要解决的问题。

由于 TCP/IP 的广泛应用，使计算机局域网、互联网早已成为事实上的网络协议标准，并且已经拓展到无线通信领域，传感网与互联网的互联接入往往处于从属地位。即选用边缘网或末端网接入传统互联网的方式，侧重于将传感网作为互联网的补充接入现有体系。

经过多年的技术更迭，互联网现有体系与相关技术已经发生了明显的改变。最近，一些研究机构甚至预测无线传感网和互联网将共同发展，成为影响人类生活的重要技术和生产力，常称之为“共生”模式。有些研究成果以 GENI 计划为契机，提出了一种全新的模式，即把互联网作为从属网络补充接入传感网。在这种模式下，传感网与互联网将遵从全新的互联体系结构，以传感网为主导。显然，这种理念与构想是一种革命性的模式，但这种模式依赖于新型互联网体系结构、传感网组网技术、移动自组织架构、硬件系统的发展及人们对网络运用模式等各方面的革命性创新。当前，在传感网与互联网的融合互联接入策略上，从协议栈角度来看，主要有网关策略、覆盖策略和无线网状网策略 3 种类型。

1. 网关策略

传感网的广域互联方式比较多，有多种具体实现方案，但主要是网关策略。网关策略可以分为应用层网关(也称为代理接入方式)、时延自适应策略和虚拟 IP 策略 3 种方式。网关策略最明显的特点是：其协议都需要配置专用的网关节点，需要网关节点对传感网和互联网的数据进行双向分析，以解决传感网节点与互联网主机之间的数据交互问题。

1) 应用层网关(代理)策略

应用层网关策略也被称为基于代理的策略，应用层网关(代理)一方面通过 IP 与互联网主机相连；另一方面与传感网连接。它通过一个代理来架设连接两个网络的桥梁，这也是一种最简单直接的方法。所谓代理接入是指汇聚节点通过某种通信方式接入代理服务器，然后再接入到终端用户所在的互联网。最简单的代理服务器是一个定制的程序，它运行在能访问传感网和互联网的网关上，如图 5-23 所示，因此也称为应用网关接入。互联网中客户机和传感器节点之间的交互都要通过代理，故传感网使用的通信协议可以任意选择。代理服务器能够工作于两种方式：作为中继或作为前端。作为中继时，它只是简单地将来自传感网的数据传递到互联网中的客户机。客户机必须根据代理的要求进行注册，代理将数据从传感网传输到已注册的客户机。当代理作为传感网的前端时，它提前搜集来自传感器的数据，并将信息存储在数据库中。客户机可以通过各种方式向代理查询特定传感器的信息，如通过 SQL 或基于 Web 接口查询。

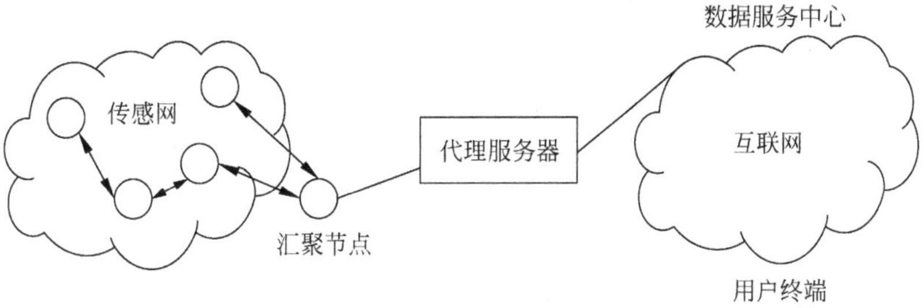

图 5-23 基于代理的接入方式

基于代理的接入方式适用于传感网工作在安全，且距离用户较近的区域。其优点在于利用功能强大的 PC 作为网关将两个网络分离开来，由此，可以在传感网中实现特殊的通信协议，不但减少了汇聚节点的软硬件复杂度，也减小了汇聚节点的能耗。此外，这种结构还可将汇聚节点收集的数据实时传输到代理服务器，再由代理服务器存储、处理和决策。

代理接入方式的缺点也很明显，作为前端的代理虽然可以配置安全措施，如用户、数据的认证，但是使用代理在传感网与互联网间引入了一个单一失效点。如果代理出现故障，所有传感网与传感网间的通信都将失效。一个可能的解决方法是利用一系列后备代理提供冗余，但增加了使用代理的复杂性。另外，还存在其他的缺陷，例如：一个代理通常专用于特定的任务或特定的协议，特定的应用需要特定的代理实现，代理之间没有通用的路由机制。当利用 PC 作为代理服务器时其代价和体积均较大，不便于部署，在恶劣的环境中无法正常工作，尤其在军事应用中不利于网络节点隐蔽，容易被发现。

2）时延自适应网策略

类似于基于代理的接入方式，一种更为有效、通用性更强的网关接入方式是时延自适应网(Delay Tolerant Network，DTN)策略。DTN 是从 Ad-Hoc、传感网等自组织无线网络中抽象出来的一种网络模型，其典型特征是节点之间的链路间歇性中断且中断持续时间较长，以至于在任意时刻源节点和目的节点间可能不存在路径。在延迟容忍的移动无线网络中，为确保消息进行少副本、短延迟、少能耗的高效传递，选择合适的传输策略显然至关重要。

DTN 采用的设计理念是：①传输层与网络层要适应本地的通信环境；②采用 non-chatty 的通信模型；③采用存储-转发的技术进行数据传输；④针对丢失数据采用重传机制。因此，DTN 是一种基于存储-转发消息(Message)的体系结构，并在应用层与传输层之间加入了一个 bundle 层。通过 bundle 层内进行存储，转发路由，在一定程度上解决了较长的可变时延、非对称的数据传输问题；同时采用 custody top-by-hop 传输机制提供端到端的可靠传输，解决了链路数据传输高丢包、高错误率的问题。

DTN 是一种基于链路恢复的策略，主要是对协议栈进行改造，使不可靠、长时延链路具有常规链路的特征。然而，DTN 体系结构也面临着一些严峻考验：①DTN 采用存储-转发的数据传输方式，不能对实时性要求较高的数据提供较好的服务；②由于网络连接的间断性，DTN 不能对带宽要求较高，对抖动有限制的多媒体数据提供流量控制；③DTN 采用 top-by-hop 的 custody 传输方式，在高时延、错误、持续连接的异构网络环境中，不能提供端到端的可靠性传输；④对于间断或者周期性连接中的路径选择和调度问题，DTN 并未提出有效的解决方法；⑤DTN 尚未开发出具体的路由算法，如何在 DTN 中提供最佳路由，提供动态的通信调度仍然是急待解决的问题。

3）基于虚拟 IP 地址的策略

基于虚拟 IP 地址的网关策略的主要思想是，在传感网内部标志和互联网协议的 IP 地址之间建立一套协议转换机制。

2. 覆盖策略

覆盖策略与网关策略最大的区别是没有明确的网关，协议之间的适配依赖于协议栈的修改。对于覆盖策略大体可以分为两种方式：一种方式是采用互联网协议覆盖传感网协议的策略；另一种策略与之相反，采用传感网协议覆盖互联网协议。在覆盖策略中，比较典型的是直接接入方式。

直接接入方式是指将汇聚节点直接接入终端用户所在网络。直接接入的核心技术就是将 TCP/IP 覆盖传感网的通信协议，实现传感网与互联网的无缝连接。它只需将一个或多个传感器节点连接到互联网即可，不再引入中介节点或网关，如图 5-24 所示用于传感网的 TCP/IP，也可使用 GPRS 技术实现传感网的数据路由。

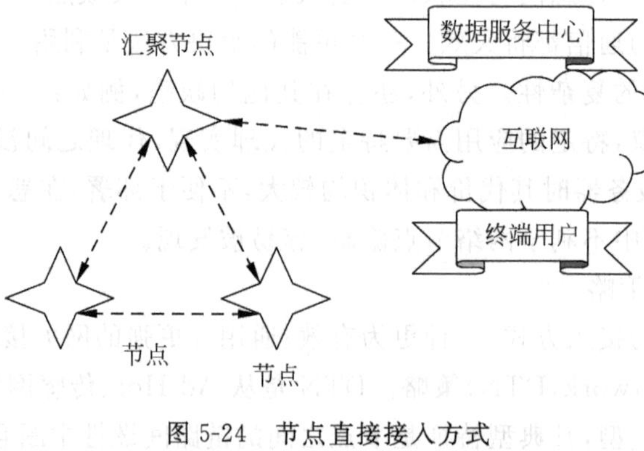

图 5-24 节点直接接入方式

在如图 5-23 所示的接入方式中，汇聚节点既可通过无线通信模块和监测区域内的节点无线通信，又可利用低功耗、小体积的嵌入式 Web 服务器接入互联网，实现传感网内部与互联网的隔离。嵌入式 Web 服务器可运行轻量级 TCP/IP，并能提供安全认证机制。在传感网内部可以采用更加适合自身特点的 MAC 协议、路由协议和拓扑控制，实现网络的能量有效性、扩展性和简单性等目标。

然而，一般的传感器节点由于缺少必要的内存和计算资源，无法运行完整的 TCP/IP 协议栈。虽然可将 TCP/IP 协议栈进行裁减，以满足资源需求，但将 TCP/IP 用于传感网仍存在许多问题。如不适于无线环境、路由算法不适于传感网等缺陷。

若采用传感网协议覆盖互联网协议的策略，则会提高组网的灵活性，且适合将异构传感网通过互联网互联。缺点是传感网协议种类众多，很难找到一个通用的覆盖模式；但随着网络应用模式或传感网协议的发展，传感网协议覆盖互联网的模式将会得到较大规模的应用。

3. 无线网状网策略

从网络结构来看，无线网状网（Mesh）不再是以往的基于有中心结构的星状网络连接，所有的接入点之间以完全对等的方式连接，因此增加了网络的可扩展能力。无线网状网能够为位于郊区的居民社区、临时性高密度集会场所或者所有无法铺设有线网的地区提供便捷有效的最后 1km 接入。无线网状网由于可以利用多种通信手段（如 IEEE 802.11、WiMAX 等），被认为是一种有效的异构互联技术。

同样利用无线网状网良好的异构互联性质，可以将无线网状网作为一种全新的无线传感网接入手段。在无线传感网络中部署无线路由器，形成一种被称为网状传感网的网络结构。这些路由器装配有 IEEE 802.15.4 接口，可以与传感器节点直接通信。网状传感网络能够连接多个传感网络，提高网络的可扩展性和可靠性，提高数据吞吐量，并且能够支持节点移动性。

5.5.2 基于 IPv6 的互联接入

目前，IPv6 已被认为是解决 IPv4 缺陷而应用于互联网的下一代网络协议。它具有地址资源丰富、地址自动配置、安全性高、移动性好等优点，能够满足传感网在地址、安全等方面的需求，所以在传感网络上使用 IPv6 协议已成为一种新的互联接入方式。

传感网与 IPv6 网络互联有 3 种可行的方案：Peer to Peer（P2P）网关方式、重叠方式和全 IP 互联方式。传感网无论是采用 Peer to Peer 网关方式还是重叠方式实现与 TCP/IP（v6）网络的互联，都必须经过某些特定节点进行传感网与互联网之间的协议转换或协议承载。为了更方便地实现传感网与 IPv6 网络的互联接入，以及更为充分地利用 IPv6 协议的一些新的特征，近年又提出了全 IP 互联接入方式。

1. P2P 方式

P2P 是一种分布式系统，具有资源分散及健壮性等特点。在互联的传感网中引入 P2P 技术，可屏蔽底层网络差异、节点变化及异构访问方式，保证传感网灵活加入、变更或退出，为用户提供多个接入点，并使得整个系统易于部署、扩展。所谓 P2P 方式是指通过设置特定的网关节点，在传感网与互联网的相同协议层次之间进行协议转换，实现网络之间的互联。按照网关节点所工作的协议层次不同，可进一步细分为应用网关和 NAT 网关两种接入方式。

（1）应用网关方式。在传感网与互联网之间设置一个或多个代理服务器，是实现二者互联的最简单方式。从协议角度看，由于代理服务器工作在应用层，因此又称为应用网关方式。图 5-25 给出了应用网关方式的协议栈结构。在该方式下，由于内外网在所有协议层次上都可以完全不同，所以传感网完全可以根据自身特点与要求设计相应的通信协议。在该方式下，只有网关节点才需要支持 IPv6 协议。

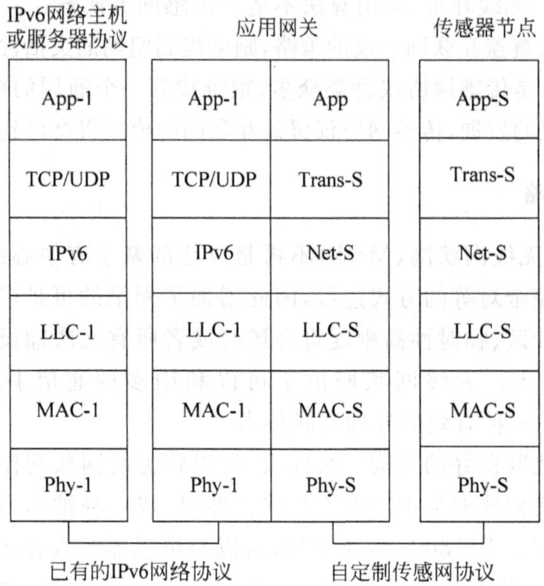

图 5-25 应用网关方式协议栈结构

(2) NAT 网关方式。NAT 网关的功能主要包括两个方面：一是通过汇聚节点获取信息并进行转换；二是与互联网进行通信。假设在传感网中采用以地址为中心的私有网络层协议，而互联网采用标准的 IPv6 协议，由 NAT 网关在网络层完成传感网与互联网之间的地址和协议转换。NAT 网关方式的协议栈结构如图 5-26 所示。由此可以看出，在 NAT 网关方式，传感网与互联网在传输层(包括)以上各层都可以采用相同的协议，以便 TCP/IP 协议族的许多现有协议(如 UDP、FTP 等)能够在传感网中得到有效继承。在网络层，传感网也可不采用 IPv6 作为网络层协议。

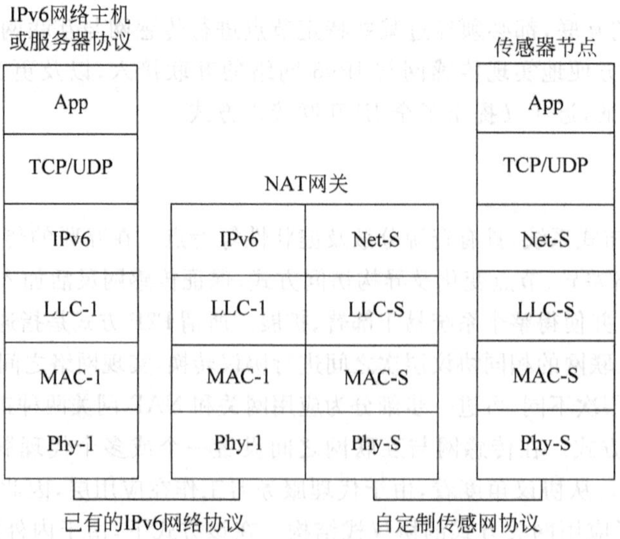

图 5-26 NAT 网关方式协议栈结构

采用 NAT 网关实现传感网与 IPv6 网络互联的主要目的是降低数据分组在内网中传输所带来的控制开销及能量消耗。

2. 重叠方式

所谓重叠方式是指在传感网与互联网采用不同协议栈的情况下，它们之间通过协议承载而不是协议转换实现彼此之间的互联。可将传感网与互联网之间的重叠方式细分为 WSN over IPv6 和 IPv6 over WSN。

(1) WSN over IPv6 方式。WSN over IPv6 方式类似于当前在互联网上实现专用网络连接的虚拟专用网(Virtual Private Network，VPN)。在该方式下，互联网上所有需要与传感网通信的节点以及连接内外网的网关节点被称作 WSN 的虚节点(Virtual Node)，它们所组成的网络被称作传感网的虚网络(Virtual Network)，虚网络被看作实网络(即传感网)在互联网上的延伸。在实网络部分每个传感网节点都运行适应传感网特点的私有协议，节点之间的通信基于私有协议进行；在虚网络部分传感网私有协议的网络层被作为应用承载在 TCP/UDP/IP 上，TCP/UDP/IP 以隧道的形式实现虚节点之间的数据传输功能。WSN over IPv6 方式的协议栈结构如图 5-27 所示。

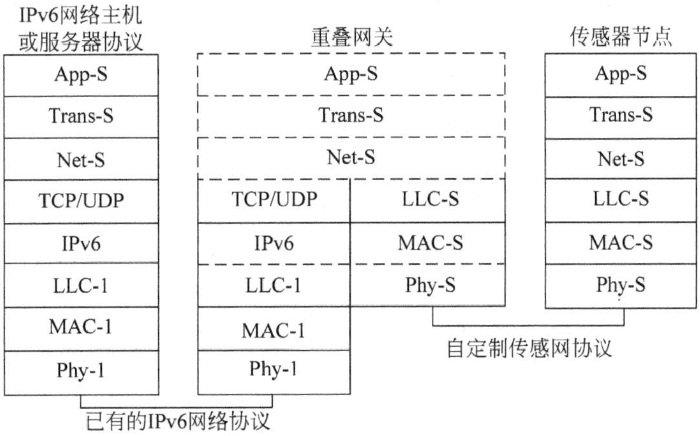

图 5-27 WSN over IPv6 方式的协议栈结构

(2) IPv6 over WSN 方式。对于互联网用户而言，由于它们可能需要对传感网内部的某些特殊节点，如具有执行能力的节点、担负某些重要职能的簇首节点等直接进行访问或控制，因而这些特殊节点往往也需要支持 TCP/IP(v6)。受通信能力的限制，这些节点与网关节点之间以及它们彼此之间可能并非一跳可达，因此，为了实现它们之间的数据传输，就需要通过一定的方式在已有的传感网协议上实现隧道功能，于是出现了 IP over WSN 的形式。在该方式下传感网的主体部分仍采用私有通信协议，IPv6 只被延伸到一些特殊节点。该方式协议栈如图 5-28 所示，其中示出了各类节点的协议栈结构以及特殊节点产生和接收的数据在各类节点处的处理流程。

3. 全 IP 方式

对于传感网而言无论采用 Peer to Peer 网关方式还是重叠方式与互联网实现互联，都必须经过某些特定节点进行网络之间的协议转换或协议承载。为了更方便地实现传感网与

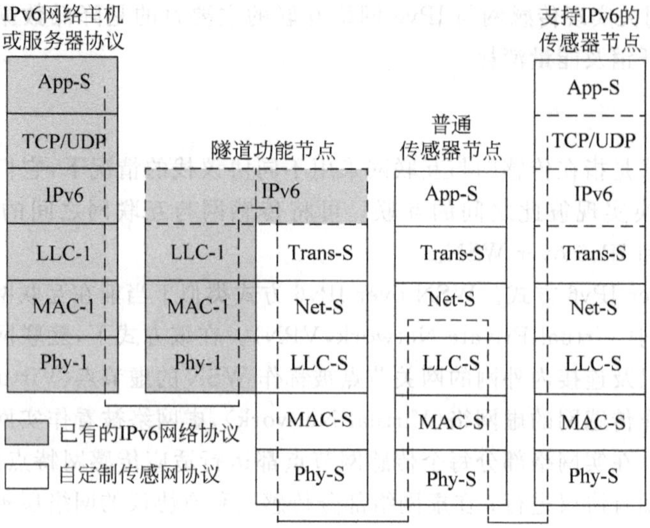

图 5-28 IPv6 over WSN 方式协议栈

互联网之间的互联，更为充分地利用 IPv6 的一些新特征，提出了全 IP 互联方式。该方式要求每个普通的传感器节点都支持 IPv6，内外网通过采用统一的网络层协议（IPv6）实现彼此之间的互联是传感网与互联网之间的一种无缝结合方式。

在传感网上实现全 IP 方式接入需要解决许多问题，例如传感网节点支持 IPv6 的程度，TCP/UDP/IP 头压缩，IPv6 地址自动配置，如何承载以数据为中心的业务，如何剪裁 TCP/IP协议栈，怎样考虑节能的无线 TCP 机制等。因此，一些研究对全 IP 方式持赞同态度；也有一些研究对全 IP 方式持反对意见，尤其是剪裁 TCP/IP 协议栈问题。IPv6 最初并没有考虑嵌入式应用，要想在传感网中实现 IPv6，就要在协议栈的裁减方面付出努力。从开放系统互联参考模型（ISO/OSI7 层协议）的角度来看，没必要在每一个无线传感节点上都实现高层协议栈。对于与人交互的节点，例如智能手持终端等，需要实现高层协议，以实现友好的人机界面；而在某些情况，这些节点的功能则可以融入已有设备，例如 PC 等，此时的协议栈就不必考虑存储容量问题。另外，对于那些不需要与人交互的节点，例如仅采集某种信息的感知节点，就不必实现高层协议，只要能实现传输功能即可。当前，对全 IP 方式的争论仍在继续，需要以谨慎、细致的态度对其展开深入分析，以便得出更为科学合理的结论。

5.6 本章小结

物联网是在互联网基础之上，利用射频识别、感知技术、无线通信技术、计算机技术等，构造一个覆盖世界上万事万物的实物信息网络。与其说物联网是一个网络，不如说是一个应用业务集合体，将千姿百态的各种业务网络组成一个信息网络。因此，本章首先介绍了规划设计物联网的一些基本原则和设计步骤；然后就物联网应用系统规划、设计、系统集成方法进行了讨论，并给出了物联网在经济领域、公共管理领域和公众服务领域的具体应用系统，以及相应地物联网应用系统设计示例；最后讨论了传感网广域互联的技术和基于 IPv6 的互联接入方式。

第6章 CHAPTER 6 物联网的工作标准

目前很多标准化组织均开展了与物联网相关的标准化工作。本章主要介绍这些标准化组织的工作现状及相关物联网标准制定情况。同时也全面客观地分析了物联网标准化过程中所面临的问题,为我国物联网标准化体系的发展和完善提供参考。

标准化工作对一项技术的发展有着很大的影响。缺乏标准将会使技术的发展处于混乱的状态,而盲目的自由竞争会形成资源的浪费,多种技术体制并存且互不兼容,给广大用户带来不便。标准制定的时机也很重要,标准制定和采用得过早,有可能制约技术的发展和进步,标准制定和采用得过晚,可能限制技术的应用范围。

传统的计算机和通信领域标准体系一般不涉及具体的应用标准,而物联网各标准组织都比较重视应用方面的标准制定,这与传统的计算机和通信领域的标准体系有很大不同,同时也说明了"物联网是由应用主导"的观点在国际上已成为共识。

总的来说,国际上物联网标准工作还处于起步阶段。目前各标准组织自成体系,国际体系尚未形成。这是巨大的挑战,更是难得的机遇,中国必须抓住这个时机,积极参与物联网标准化的制定和推动工作,从而引领信息产业界占领制高点,推动中国的物联网走向世界,并在引导世界潮流方面取得更大的成就。

6.1 物联网标准制定的意义

标准的制定是一个领域发展的制高点。当今世界,谁掌握了标准的制定权,就掌握了技术和经济竞争的主动权。标准化水平已成为衡量一个国家综合实力的标志,要在激烈的国际竞争中立于不败之地,必须深刻认识标准对国民经济与社会发展的重要意义。

6.1.1 标准的通用意义

俗话说:"没有规矩,不成方圆。"古人早已深谙其中的道理。秦始皇灭了六国,建立秦朝后,便统一了文字、货币、度量衡,成为维护中国封建国家统一的重要基础。拿破仑戎马一生,他在临死前说:"我的伟大不在于我曾经的胜利,滑铁卢一战已使它随风而去,我的伟大在于我的法典,它将永远庇护法兰西的人民享受自由"。源远流长的标准化为人类文明的发展提供了重要的技术保障。

标准的实质是一种统一，它是对重复性事物和概念的统一规定。标准的任务是实现规范，它的调整对象是各种各样的市场经济客体。从某种意义上来说，标准具有鲜明的法律属性。它和法律法规一起，共同保障着市场经济有效、正常运行。其次，经济全球化浪潮使标准竞争上升到了战略高度。早在2000年，欧盟、美国、加拿大等发达国家和组织纷纷制定各自的标准化国家发展战略，以应对因经济全球化对自身带来的影响。

面对国际形势和国内发展对标准化工作提出的挑战和要求，我国也高度重视。《国家中长期科学和技术发展规划纲要(2006—2020年)》明确把实施技术标准战略作为我国科技发展的两大战略之一；《国民经济和社会发展第十一个五年规划纲要》中，有15处对标准化工作提出了新要求。这些都充分说明，标准化战略已上升为国家意志。

6.1.2 标准对物联网的意义

物联网标准的制定是物联网发挥自身价值和优势的基础支撑。由于物联网涉及不同专业技术领域、不同行业部门，物联网的标准既要涵盖不同应用场景的共性特征以支持各类应用和服务，又要满足物联网自身可扩展、系统和技术等内部差异性。所以物联网标准的制定是一个历史性的挑战。

目前，很多标准化组织均开展了与物联网相关的标准化工作，但尚未形成一套较为完备的物联网标准规范，仍有多项标准和技术在争夺主导地位，这种现象严重制约了物联网技术的广泛应用和产业的迅速发展，所以亟须建立统一的物联网体系架构和标准技术体系。

当前，在物联网产品开发和应用实施的过程中，共性问题是物联网标准的缺失以及国内外物联网标准的不一致。现有的物联网标准和联盟，主要包括ISO/IEC、IEEE、ITU-T、ETSI、3GPP、ZigBee、Z-Wave、IETF 6LowPAN、EPC Global等。各类技术方案主要针对某一类物联网应用展开。例如Z-Wave是低速率物物互联应用的一种解决方案，面向的是家庭控制应用市场。各类方案间缺乏统一的规划、兼容和接口，处于离散状态。

另外，由于物物互联应用领域众多，各类应用特点和需求不同，当前技术解决方案无法满足共性需求，尤其是在物理世界的信息交互和统一表征方面。以上对物联网产业发展极为不利，亟须建立统一的体系架构和标准技术体系，引导和规划物联网标准的统一制定。

在大多数传统信息技术领域，我国已经失去了国际标准制定的话语权。目前我国的信息产业存在着本土企业掌握的核心专利相对不足、受制于人的问题。与此严峻形势相对的是，我国物联网的研究与国际上相比具有同发优势、同等水平，在研究、应用及标准化等方面与国际先进水平基本同步，个别领域甚至超前。当前国际标准化组织对物联网国际标准的研究刚刚启动，尚未形成统一标准。通过物联网各个标准化组织的共同努力，力图抢先制定适合我国产业发展特点的标准，引领国际标准走向，引导我国物联网产业的兴起，这无疑给我国提供了参与国际信息产业重新洗牌的机会。

制定我国物联网技术标准的目标是根据物联网技术的特点和发展趋势，掌握国际物联网技术标准的发展动态，制定符合我国国情的、有利于推动我国物联网技术和应用的发展，有利于促进我国对外经济交往的物联网技术标准发展规划。重点是在于深入分析国际物联网标准体系的基础上，提出制定我国物联网标准体系的研究思路和原则；在分析物联网系统各基本要素相互关系的基础上，建立物联网体系架构和物联网标准体系。

确立我国物联网标准体系更重要的目的在于，从维护国家利益、推动物联网技术和应用的发展的角度出发，从系统和整体角度考虑，建立我国物联网基础标准体系结构，并分析标准体系中各个层次标准和各个标准的作用和相互关系；结合我国国情和物联网基础标准体系的特点，给出物联网标准体系优先级列表。进而为国家的宏观决策和指导提供技术依据，为与物联网技术相关的国家标准和行业标准的立项和制定提供指南。

6.2 国内外物联网标准机构简介

1. 国外物联网标准机构

目前开展物联网相关标准化研究工作的国际组织有欧洲电信标准研究所(ETSI)、国际电信联盟(ITU)、国际标准化组织/国际电工协会(ISO/IEC)等。从总体上看，标准化研究主要处于架构分析和需求分析阶段。

1) ETSI

欧洲电信标准化协会是由欧共体委员会建立的一个非营利性的电信标准化组织，ETSI是国际上较早系统展开 M2M 相关研究的标准化组织，2009 年初成立了专门的 TC 来负责统筹 M2M 的研究，旨在制定一个水平化的、不针对特定 M2M 应用的端到端解决方案的标准。

2) ITU-T

国际电信联盟远程通信标准化组织(ITU Telecommunication Standardization Sector, ITU-T)是国际电信联盟管理下的专门制定远程通信相关国际标准的组织。ITU-T 主要以物联网下属的泛在传感网(USN)为研究目标。SG13、SG16、SG17 都参与了相关的研究讨论。

3) ISO/IEC

ISO/IEC 数据通信分技术委员会 JTC1 SC6 于 2007 年底成立传感网研究组(SGSN)。我国全国信息及数据标准化技术委员会也非常重视这一领域的国际标准化工作，先后 4 次组织国内的专家参与 SGSN 工作会议。2008 年 6 月，项目组成员中国电子技术标准化研究所和中科院上海微系统所在上海承办了 ISO/IEC JTC1 SGSN 成立大会暨第一次工作会议。同时，积极参与了 SGSN 中《传感器网络技术报告》的编写工作，我国提出的传感器网络标准体系和大量技术文献被该技术报告所采纳。在 2009 年 10 月的 JTC1 全会上，JTC1 宣布成立传感器网络工作组(JTC1 WG7)，正式开展传感器网络的标准化工作。

2. 国内物联网标准机构

目前，国内主要标准工作组为中国物联网标准联合工作组。联合工作组成立于 2010 年 6 月 8 日，包含全国 11 个部委及下属的若干标准工作组。此联合工作组将紧紧围绕物联网发展需求，统筹规划，整合资源，坚持自主创新与开放兼容相结合的标准战略，加快推进物联网国家标准体系的建设和相关国家标准的制定，同时积极参与相关国际标准的制定，以掌握发展的主动权。

(1) 工信部电子标签工作组。电子标签工作组下设7个专题组,分别是总体组、标签与读写器组、频率与通信组、数据格式组、信息安全组、应用组和知识产权组。

(2) 全国信标委传感器网络标准工作组(WGSN)。目前开展6项标准制定工作,分别由标准体系与系架构项目组、协同信息处理项目组、通信与信息交互项目组、标识项目组、安全项目组和接口项目组负责。

(3) 信息设备资源共享协同服务(闪联)标准工作组。主要负责制定信息设备智能互联与资源共享协议(IGRS)。

(4) 中国通信标准化协会(CCSA)泛在网技术工作委员会TC10。先后启动了《无线泛在网络体系架构》《无线传感器网络与电信网络相结合的网关设备技术要求》等标准的研究与制定。

(5) 中国电信。中国电信开发了M2M平台,该平台基于开放式架构设计,可在一定程度上解决标准化问题。

(6) 中国移动。中国移动制定了WMMP(企业)标准,并在网上公开进行M2M的终端认证测试工作。

3. 物联网标准体系框架

物联网覆盖的技术领域非常广泛,涉及总体架构、感知技术、通信网络技术、应用技术等各个方面。物联网标准组织有的从机器对机器(M2M)通信的角度进行研究,有的从泛在网的角度进行研究,有的从互联网的角度进行研究,有的专注传感网的技术研究,有的关注移动网络的技术研究,有的关注总体架构研究。在标准方面,与物联网相关的标准化组织较多,目前介入物联网领域主要的国际标准组织有IEEE、ISO、ETSI、ITU-T、3GPP、3GPP2等。

(1) 国际电信联盟提出了泛在传感网(USN/UN)的概念,通过智能传感器节点实现人与人、人与物、物与物之间按需进行的信息获取、传递、存储、认知、决策、使用等服务。

(2) ITU-T泛在网通信组(USN-CG)主要从用户和服务而不是技术角度对泛在网进行了探讨,目前尚未发布标准,在2008年发布的观察报告中描述了泛在网的概念和特点、体系架构、标准化进展状况、应用模式、服务方案、术语等内容。

(3) ITU内部泛在网的标准化工作主要与下一代网络全球标准草案(NGN-GSI)合并进行。

6.3 泛在网标准化

在国际标准化方面与泛在网研究相关的标准化组织较多,下面按照技术方向介绍主要的标准组织在泛在网研究方面的情况。

1. 总体框架研究方面

针对泛在网总体框架方面进行系统研究的、具有代表性的国际标准组织是国际电信联盟ITU-T及欧洲电信标准化协会M2M技术委员会(ETSI M2M TC)。

1）国际电信联盟 ITU-T

ITU-T 研究内容主要集中在泛在网总体框架、标识及应用 3 个方面。ITU-T 在泛在网研究方面已经从需求阶段逐渐进入到框架研究阶段，目前研究的框架模型还处在高层层面。ITU-T 在标识研究方面和 ISO 通力合作，主推基于 OID（Object Identifier，对象标识符）解析体系。ITU-T 在泛在网应用方面已经逐步展开了对健康医疗和车载方面的研究。

ITU-T 各个相关研究课题组的研究情况简要介绍如下。

（1）SG13 主要从 NGN 角度展开泛在网相关研究，标准主要由韩国主导。目前标准化研究内容集中在基于 NGN 的泛在网络和泛在传感器网络需求及架构研究、支持标签应用的需求和架构研究、身份管理（IDM）相关研究、NGN 对车载通信的支持等。

（2）SG16 组成立了专门的 Question 展开泛在网应用相关的研究，日本、韩国共同主导。研究内容集中在业务、应用和标识解析方面：Q25/16 泛在感测网络应用和业务、Q27/16用于通信和智能交通系统（ITS）业务及应用的车载网关平台、Q28/16 用于电子健康（E-health）应用的多媒体架构等，Q21 和 Q22 还展开了一些标识研究，主要给出了针对标签应用的需求和高层架构。

（3）SG17 组成立了专门的 Question 展开泛在网安全、身份管理、解析的研究，具体如下：Q6/17 泛在通信业务安全方面、Q10/17 身份管理架构和机制、Q12/17 抽象语法标记（ASN. 1）和对象标识（OIDs）及相关注册等。

（4）SG11 组成立有专门的 Question 12"NID 和 USN 测试规范"，主要研究 NID 和 USN 的测试架构、H. IRP 测试规范以及 X. oid-res 测试规范等。

2）欧洲电信标准协会 M2M 技术委员会（ETSI M2M TC）

由于 M2M 市场前景巨大，ETSI 专门成立了一个专项小组：M2M TC，以研究如何对快速成长的机器对机器技术进行标准化。目前，虽然已经有一些 M2M 的标准存在，涉及各种无线接口、格状网络、路由和标识机制等方面，但这些标准主要是针对某种特定应用场景，相互独立。如何将这些相对分散的技术和标准放到一起并找出标准化的缺口和不足，这方面所做的工作还很少。为此，ETSI M2M TC 的主要研究目标是从端到端的全景角度研究机器对机器通信，并与 ETSI 内 NGN 的研究及 3GPP 已有的研究进行协同工作。

M2M TC 的职责是：从利益相关方收集和制定 M2M 业务及运营需求；建立一个端到端的 M2M 高层体系架构（如果需要会制定详细的体系结构）；找出现有标准不能满足需求的地方并制定相应的具体标准；将现有的组件或子系统映射到 M2M 体系结构中；M2M 解决方案间的互操作性（制订测试标准）；硬件接口标准化方面的考虑；与其他标准化组织进行交流及合作等。

ETSI M2M TC 目前首先进行的是 M2M 相关定义及两个 M2M 行业应用实例，以此为基础，同步进行业务需求和体系架构标准工作，目前尚未开始涉及具体技术。

2. 网络能力增强方面

M2M 作为泛在网中网络能力增强方面的一个研究热点，受到了众多标准组织的关注。

（1）3GPP（The 3rd Generation Partnership Project）即第三代合作伙伴计划，是领先的 3G 技术规范机构，是由欧洲的 ETSI、日本的 ARIB 和 TTC、韩国的 TTA 以及美国的 T1 在 1998 年底发起成立的，旨在研究制定并推广基于演进的 GSM 核心网络的 3G 标准，即

WCDMA、TD-SCDMA、EDGE 等。中国无线通信标准组(CWTS)于 1999 年加入 3GPP。

3GPP 的目标是实现由 2G 网络到 3G 网络的平滑过渡,保证未来技术的后向兼容性,支持轻松建网及系统间的漫游和兼容性。其主要职能是制定以 GSM 核心网为基础,UTRA(FDD 为 W-CDMA 技术,TDD 为 TD-CDMA 技术)为无线接口的第三代技术规范。

为了满足新的市场需求,3GPP 规范不断增添新特性来增强自身能力。为了向开发商提供稳定的实施平台并添加新特性,3GPP 使用并行版本体制,3GPP 技术规范的系统版本包括 Release1～Release9。

3GPF 针对 M2M 的研究主要从移动网络出发,研究 M2M 应用对网络的影响,包括网络优化技术等。3GPP 对于 M2M 的研究范围为,只讨论移动网的 M2M 通信、定义 M2M 业务,不具体定义特殊的 M2M 应用、无线侧和网络侧的改进,不讨论与(x)SIMs 和/或(x)SIM 管理的新模型相关的内容。

(2) 3GPP2(第三代合作伙伴计划 2)成立于 1999 年 1 月,由北美 TIA、日本的 ARIB 和 TTC、韩国的 TTA 等 4 个标准化组织发起,主要是制定以 ANSI-41 核心网为基础、CDMA 2000 为无线接口的第三代技术规范。

3GPP2 下设 TSG-A、TSG-C、TSG-S、TSG-X 等 4 个技术规范工作组,这些工作组向项目指导委员会(SC)报告本工作组的工作进展情况。SC 负责管理项目的进展情况,并进行一些协调管理工作。TSG-A、TSG-C 和 TSG-S 发布的标准有技术报告和技术规范两种类型,TSG-X 只有技术规范一种类型。

(3) IEEE 802.16 和无线 MAN。

IEEE 802.16 是为用户站点和核心网络(如公共电话网和 Internet)间提供通信路径而定义的无线服务。无线 MAN 技术也称为 WiMAX。这种无线宽带访问标准解决了城域网中"最后一英里"问题,因为 DSL、电缆及其他带宽访问方法不是行不通,就是成本太高。

IEEE 802.16 负责对无线本地环路的无线接口及其相关功能制定标准,由 3 个小工作组组成,每个小工作组分别负责不同的方面: IEEE 802.16.1 负责制定频率为 10～60GHz 的无线接口标准; IEEE 802.16.2 负责制定宽带无线接入系统共存方面的标准; IEEE 802.16.3 负责制定频率为 2～10GHz 的获得频率使用许可的应用的无线接口标准。IEEE 802.16.1所负责的频率是非常高的,而它的工作也是在这 3 个组中走在最前沿的。由于其所定位的带宽很特殊,在将来 IEEE 802.16.1 最有可能会引起工业界的兴趣。

IEEE 802.16 无线服务的作用就是在用户站点同核心网络之间建立起一个通信路径,这个核心网络可以是公用电话网络也可以是因特网。IEEE 802.16 标准所关心的是用户的收发机同基站收发机之间的无线接口。其中的协议专门对在网络中传输大数据块时的无线传输地址问题做了规定,协议标准是按照三层结构体系组织的。

三层结构中的最底层是物理层,该层的协议主要是关于频率带宽、调制模式、纠错技术以及发射机同接收机之间的同步、数据传输率和时分复用结构等方面的内容。对于从用户到基站的通信,标准使用的是按需分配多路寻址——时分多址(DAMA-TDMA)技术。按需分配多路寻址(DAMA)技术是一种根据多个站点之间的容量需要的不同而动态地分配信道容量的技术。时分多址(TDMA)是一种时分技术,将一个信道分成一系列的帧,每个帧都包含很多的小时间单位,称为时隙。时分多路技术可以根据每个站点的需要为其在每个帧中分配一定数量的时隙来组成每个站点的逻辑信道。通过 DAMA-TDMA 技术,每个信道的时隙分配可以动态地改变。

在物理层之上是数据链路层，在该层上 IEEE 802.16 规定的主要是为用户提供服务所需的各种功能。这些功能都包括跨介质访问控制 MAC 层中，主要负责将数据组成帧格式来传输和对用户如何接入到共享的无线介质中进行控制。MAC 协议对基站或用户在什么时候采用何种方式来初始化信道做了规定。因为 MAC 层之上的一些层如 ATM 需要提供服务质量服务（QoS），所以 MAC 协议必须分配无线信道容量。位于多个 TDMA 帧中的一系列时隙为用户组成一个逻辑上的信道，而 MAC 帧则通过这个逻辑信道来传输。IEEE 802.16.1 规定每个单独信道的数据传输率为 2～155Mb/s。

在 MAC 层之上是一个会聚层，该层根据提供服务的不同提供不同的功能。对于 IEEE 802.16.1 来说，能提供的服务包括数字音频/视频广播、数字电话、异步传输模式（ATM）、因特网接入、电话网络中无线中继和帧中继。

3. 感知末梢技术方面

传感器网是泛在网的末梢网络的一种，主要用于环境等信息的采集，是泛在网不可或缺的重要组成部分，下面主要介绍两个有代表性的国际标准组织的研究情况，包括国际标准化组织（ISO）、美国电气及电子工程师学会（IEEE）。

1）国际标准化组织

ISO JTC1 SC6 SGSN（Study Group on Sensor Networks，SGSN）的研究工作目前主要在应用场景、需求和标准化范围。SGSN 给出了 SN 标准化的 4 个接口。

（1）网络内部节点之间的接口。SN 节点之间的接口涉及物理层、MAC 层、网络层和网络管理。该接口需要考虑 SN 的网络协议、有线和无线通信协议及其融合、路由协议以及安全问题。SN 的网络和路由协议在 MAC 层以上，提供传感器节点之间、传感器节点到传感器网关的连接，不同的应用可能需要不同的通信协议。

（2）与外部网络接口。该接口就是 SN 网关接口。该接口通过光纤、长距离无线通信方式提供 SN 与外网的通信能力，需要与相关标准组织合作。此外，该接口需要支持中间件，中间件实现多种应用共性功能，例如网络管理、数据过滤、上下文传输等。

（3）路由器接口。接口解决模拟、数字和智能传感器硬件即插即用问题，并规范接口数据准确性。

（4）业务和应用模块。该接口支持多种类型的传感器、基于不同业务的传感器功能以及应用软件模块。为了支持多种业务和应用，该接口的标准化需要研究这些应用并进行归类，制定一系列业务和基本功能要求。

2）美国电气及电子工程师学会

传感器网络的特征与低速无线个人局域网（WPAN）有很多相似之处，因此传感器网络大多采用 IEEE 802.15.4 标准作为物理层和媒体存取控制层（MAC 层）。

IEEE 中从事无线个人局域网研究的是 IEEE 802.15 工作组。该组致力于 WPAN 网络的物理层和媒体存取控制层的标准化工作，目标是为个人操作空间内相互通信的无线通信设备提供通信标准。在 IEEE 802.15 工作组内有 5 个任务组，分别制定适合不同应用的标准，这些标准在传输速率、功耗和支持的服务等方面存在差异。

（1）TG1。制定 IEEE 802.15.1 标准，即蓝牙无线通信。中等速率、近距离，适用于手机、PDA 等设备的短距离通信。

(2) TG2。制定 IEEE 802.15.2 标准,研究 IEEE 802.15.1 标准与 IEEE 802.11 标准的共存。

(3) TG3。制定 IEEE 802.15.3 标准,研究超宽带(UWB)标准。高速率、近距离,适用于个域网中多媒体方面的应用。

(4) TG4。制定 IEEE 802.15.4 标准,研究低速无线个人局域网。该标准把低能量消耗、低速率传输、低成本作为重点目标,旨在为个人或家庭范围内不同设备之间的低速互联提供统一标准。

(5) TG5。制定 IEEE 802.15.5 标准,研究无线个人局域网的无线网状网(Mesh)组网,研究提供 Mesh 组网 WPAN 的物理层与 MAC 层的必要机制。

4. 泛在网国内标准化情况

国内关于泛在网的研究及标准化工作刚刚起步,正在逐步探索研究方式,建立合适的标准体系。2009 年底,中国通信标准化协会(CCSA)在综合考虑泛在网标准影响的情况下,决定在协会成立“泛在网技术工作委员会”,技术工作委员会代号为 TC10。TC10 将从通信行业的角度统一对口、统一协调政府和其他行业的需求,系统规划泛在网络标准体系,满足政府以及其他行业对泛在网络的标准要求,提高通信行业对政府和其他行业泛在网络的支持力度和影响力。可以预见,随着 TC10 的成立,泛在网标准化工作在我国将系统有序地开展,形成一套适合我国国情的标准化体系。

在我国,泛在网总体的系统研究虽然刚刚起步,但是泛在网的相关技术早已落地生根。WMMP(Wireless M2M Protocol)协议是中国移动制定 M2M 平台与终端,M2M 平台与应用之间交互的企业标准;中国移动制定 WMMP 的目的是规范 M2M 业务的发展,降低终端、平台和应用的开发部署成本。目前,国外的主流厂商还很少支持,WMMP 还没能很好地在 M2M 中得到应用。需要通过企业及相关部门的进一步努力来提升我国企业标准在国际上的地位。

我国其他的与泛在网相关的技术标准等也在研究和制定过程中(如传感器网、RHD、物联网等),但如果要让我国主导的标准在国际上形成较大的影响,还需要较长时间,需要相关部门的进一步努力。

6.4 国际物联网标准制定

国际标准方面,目前有很多标准化组织均开展了与物联网相关的标准化工作,主要包括 ISO/IEC JTC1、IEEE、ITU-T、IETF、EPC global、ETSI、3GPP、ZigBee 等。

6.4.1 ISO/IEC JTC1

ISO/IEC JTC1 是国际标准化组织(International Organization for Standardization, ISO)和国际电工委员会(International Electro technical Commission,IEC)的第一联合技术

委员会,主要从事信息技术标准化工作。1987 年由国际标准化组织的第 97 技术委员会和国际电工委员会的第 83 技术委员会联合成立,随后国际电工委员会第 47B 分技术委员会也加入其中。这样跨组织联手,突破了传统的、单一的技术委员会在信息技术标准化过程中的局限性。ISO/IEC JTC1 主要以全球市场为基准,发展和推进能满足用户需求的 IT 标准,包括以下几方面。

(1) 设计和开发 IT 系统和工具。

(2) IT 产品和系统的性能。

(3) IT 系统和信息的安全性。

(4) 应用程序的可移植性。

(5) IT 产品和系统的互操作性。

(6) 通用工具和环境。

(7) IT 术语。

(8) 用户友好及人体工程设计的用户界面。

1. ISO/IEC JTC1 WG7

由于传感器网络的重要性日益显现,越来越多的国际标准化组织开展了传感器网络技术领域和相关标准的制定。

ISO/IEC JTC1 在 2007 年的澳大利亚全会上通过了成立传感器网络专门的研究组 SGSN(Study Group for Sensor Network)的决议。2008 年 6 月,首届国际传感器网络标准化大会(ISO/IEC JTC1 SGSN)在中国上海举行,并取得圆满成功。来自中国、美国、韩国、英国、德国、奥地利、日木、挪威等国家,以及 ISO、IEC、ITU-T、IEEE 等相关国际标准化组织的 120 余名代表和技术专家参与了会议讨论,旨在推动传感器网络国际标准的制定。

在 2008 年的大会上,中国提出三层传感器网络体系架构得到了各成员国的一致认可。该项决议的确立将对传感器网络发展和标准化产生深远影响,同时也标志着中国在传感器网络这一新兴领域的国际标准制定中拥有了重要话语权。此外,中国提出的传感器网络体系架构、标准体系、演进路线、协同架构等代表传感器网络发展方向的顶层设计被 ISO/IEC 国际标准认可。其中的传感器设备体系架构已被 ISO/IEC JTC1 SGSN 纳入总技术文档中。

在经过一年多的研究和论证后,2009 年 10 月,2009 年 ISO/IEC JTC1 全体会议在以色列的特拉维夫召开,会上正式通过了成立传感器网络标准化工作组(ISO/IEC JTC1 WG7)的决议。根据 SGSN 的论证结果,计划按照统一的标准技术体系和架构来协调各个相关分技术委员会和其他国际标准组织,并处理传感网中新方向的技术标准提案,全面启动传感网国际标准的制定工作。WG7 主要的成员国包括中国、美国、韩国、德国、法国、英国等,中国通过前期的努力,已在 JTC1 传感网标准制定方面占据了重要的地位。

2010 年 3 月底,中国提出的《传感器网络协同信息处理服务和接口规范》通过了 NP 投票,这是我国第一个在国际标准化组织取得立项的传感器网络领域的国际提案。目前 WG7 开展的工作主要围绕以下主题。按照统一的标准体系和架构来协调各个分技术委员会和其他国际标准组织,并直接处理以下标准工作。

(1) 术语的标准化。

(2) 分类的标准化。

(3) 体系架构的标准化。

(4) 新的技术方向标准化。

要实现标准化，首先需明确传感器网络各应用领域的共性和差异。其次，与JTC1之外的其他标准组织，取得信息的共享。若无其他类似的实体，将由该工作组履行以下职责。

(1) 协调JTC1下的分技术委员会(SC)在技术上的分歧。

(2) 拓展传感器网络各应用领域实现标准化的机会。

为促进传感器网络领域内，各工作组之间的交流和信息共享，开展以下标准工作：发展与JTC1下各分技术委员会(SC)/工作组(WG)的联系；发展与JTC1外各标准化组织的联系，如ISOTCs、IECTCs、ITU-TSGs、IEEE 1451、IEEE 1588、IEEE P2030、IEEE 802.15、开放地理信息联盟(OGC)、ZigBee联盟、IETF 6LoWPAN、IETF ROLL WG、ETSI、IPSO联盟、EPC global、ISA100、LONMARK、KNX协会等；考虑与ITU_TSG等组织的合作；寻求相关研究项目和协会的投入。

图6-1描绘了传感器网络4个主要的接口(由阴影表示)以及传感节点的组成部分。

(1) 节点服务层和节点应用服务层。

(2) 节点服务层和节点硬件(包括传感器、执行器、通信单元等)。

(3) 传感器网络中经有线或无线方式连接的节点。

(4) 传感器网络和物理世界(例如服务供应商或用户)。

ISO/IEC JTC1 WG7传感器网络标准化的主要范围位于图6-1所示的这些通用接口之间，为图上这些接口规范通用定义的目的是促进传感节点(包括传感器、执行器和通信单元以及节点上其他硬件)、网络、传感器网络开发者和用户所需数据间的协同性。

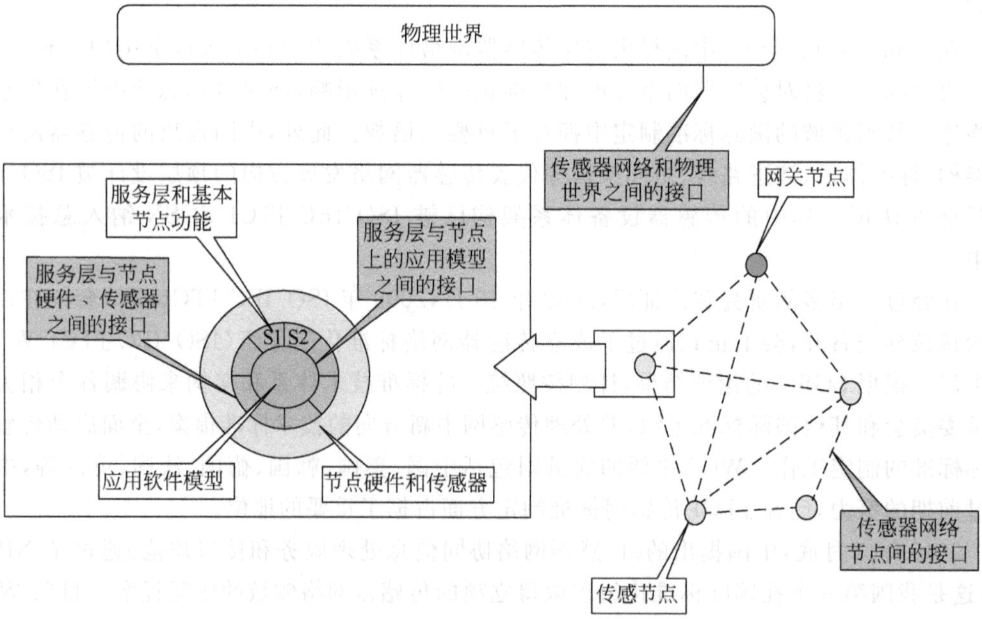

图6-1 传感器网络标准化范围的主要接口和组成

1）传感器网络节点间的接口

传感节点与连接“物理世界”的网关需要实现通信，“物理世界”包括工业和服务提供商的 IT 系统。从网络角度来看，标准应包括物理层、MAC 层、网络层，实现或支持有线/无线通信和网络中的数据路由，同时也要考虑安全标准化。

(1) 有线/无线通信。涉及物理层和媒体访问控制层。主要目标包括与传感器网络单个实体（如传感节点、传感器网络网关等）的互联，为数据传输提供预处理，不同的应用需要不同的通信协议。

(2) 网络中的数据路由。与传感节点有线连接不同，无线连接允许根据移动性、节点失效、环境变化，动态地确定数据路由路径。标准应定义相应路由机制。

(3) 安全问题。在标准化过程中，针对每一种参考应用，均应分析其安全威胁，以定义安全需求并确定采用的标准。

2）传感器网络和物理世界之间的接口

用户访问传感器网络以配置和控制网络。网络具备从应用领域获取数据、将数据输入应用领域的能力，对应用领域和传感器网络之间的数据通信进行标准化，以支持不同传感器网络应用，需要解决的标准化问题如下。

(1) 传感器网络中间件。中间件连接传感器网络网关和商业组织提供的应用整合平台。中间件处理许多应用的共性功能，如数据过滤、数据挖掘、文本建模和预测等。中间件的另一个功能是管理传感节点和其他传感器网络实体。

(2) 有线/无线传感器网络和其他无线通信系统的互操作。一些无线通信系统和传感器网络不能在同一个网络基础设施下互操作。由于传感器网络通信的发射功率有限，很容易受到其他无线设备的干扰。因此，需要考虑传感器网络和其他无线通信系统的共存问题。

3）服务层与节点硬件、传感器之间的接口

它是描述传感节点硬件和传感器与不同服务和功能之间的数据和信息的接口机制。

(1) 有线和无线传感节点的结合。在一些应用中，可能需要同时使用有线和无线传感节点。在为无线传感器网络制定标准时，要考虑如何将现有的有线传感节点、智能传感节点/变频器标准与无线传感节点相结合。

(2) 节点硬件特征。由于传感节点硬件通过应用软件支持不同服务和基本功能，所以有必要对传感节点硬件的特征进行明确定义，在标准化进程中分析和说明重要的硬件特征参数。

(3) 感知信号/数据特征。需要开发传感器物理信号质量参数，支持以传输物理数据/信息为目的的传感器网络服务。

4）服务层与节点上的应用模型之间的接口

传感节点由硬件和不同类型的传感器、多种服务和传感节点基础功能以及应用软件模块组成，应针对下述方面进行标准化工作。

(1) 确定、分析所需的传感器网络服务和基本功能。传感器网络标准的主体要确保标准能涵盖传感器网络所有可能的应用。对各类试点应用都要进行分析，列举出所需的服务和基本功能。

(2) 应用程序接口（APIs）。需要为每个服务和基本功能开发标准接口。应用程序员可以根据 APIs，开发针对传感器网络用户需求的解决方案。还要对服务调度描述进行定义，执行传感节点应用模块的请求。

(3) 服务和基本功能操作的反馈描述。需要建立一种机制,不仅能反映服务和基本功能的执行情况(如 QoS),更能反映用户请求服务和基本功能间数据/信息交互的响应情况。

2. ISO/IEC JTC1 SC6

ISO/IEC JTC1 第 6 分技术委员会主要从事以下工作。

(1) 系统间远程通信和信息交换的标准化。

(2) 开放系统之间的信息交换,包括系统功能、规程、参数、设备及其使用条件,涵盖物理层、数据链路层、网络层、运输层和更高层的规范和服务,包括专用综合业务网络的较低层以及支持上层应用的各种协议和服务。如个域网(PAN)、局域网(LAN)、城域网(MAN)的物理层和 MAC 层规范;RFID 的相关协议;IP 网络中的多播协议;抽象语法计法(ASN.1);客体标识符(OID)等。

SC6 与 ITU-T 和其他全球及地方的标准化组织(如 IEEE 和 IETF)开展长期有效的合作。目前已通过"传感网的网络方面应用和服务的参考模型"的提案立项,鉴于新 WG7 的工作范围,该项目已转交至 WG7 负责。

3. ISO/IEC JTC1 SC 7

ISO/IEC JTC1 第 7 分技术委员会主要从事以下工作。

(1) 软件和系统工程标准化。

(2) 软件产品和系统在工程上的进程、支撑工具和支撑技术。

该组织与传感器网络的相关程度如下。

(1) 不处理网络协议。

(2) 应用于传感器网络软件的开发。

4. ISO/IEC JTC1 SC 17

ISO/IEC JTC1 第 17 分技术委员会主要从事以下工作。

(1) 相关设备和识别卡管理。

(2) 参与 RFID 标准制定。

5. ISO/IEC JTC1 SC22

ISO/IEC JTC1 第 22 分技术委员会主要从事以下工作。

(1) 编程语言、环境和系统软件接口的标准化。

(2) 标准化领域包括技术规范、公共工具和接口。

该组织与传感器网络的相关程度如下。

(1) 传感器网络的高屋协议栈设计。

(2) 其技术本身与传感器网络标准化工作无关。

6. ISO/IEC JTC1 SC 24

ISO/IEC JTC1 第 24 分技术委员会主要从事以下工作。

（1）计算机图形、图像处理和环境数据表示。

（2）基于下述应用的信息技术的接口，包括计算机图形、图像处理、虚拟实现、环境数据表示、信息的互动和虚拟表示。

该组织与传感器网络的相关程度：传感器网络用到环境数据表示的标准化。

7. ISO/IEC JTC1 SC 25

ISO/IEC JTC1 第 25 分技术委员会主要从事以下工作。

（1）信息技术设备互联。

（2）微型处理器系统的标准化，包括其接口、协议和相关的互联媒体，一般用在商业和个人住宅领域。电信网络和与电信网络接口的标准化不在此范围内。

该组织与传感器网络的相关程度如下。

（1）WG1 处理需要传感器和传感器网络的家庭网络。

（2）WG3 处理建筑群布缆，可以为与传感器网络连接的骨干网服务。

8. ISO/IEC JTC1 SC 27

ISO/IEC JTC1 第 27 分技术委员会主要从事以下工作。

（1）IT 安全技术。

（2）用于信息、信息技术和通信安全的一般方法、技术和指南。包括需求捕获方法；安全技术和机制；安全组件的注册进程；信息、信息技术和通信安全的管理；管理支持文档，包括术语；符合性评估和安全评价准则标准。

该组织与传感器网络的相关程度如下。

（1）安全是传感器网络需要考虑的重要元素。

（2）数据加密。

（3）网络安全。

9. ISO/IEC JTC1 SC 28

ISO/IEC JTC1 第 28 分技术委员会主要从事以下工作。

（1）办公设备标准化。

（2）基本特性、测试方法和其他相关信息，不包括系统和设备之间的接口。

该组织与传感器网络的相关程度：SC28 将会是传感器网络最大的用户之一，主要用于办公设备的控制。

10. ISO/IEC JTC1 SC 29

ISO/IEC JTC1 第 29 分技术委员会主要从事以下工作。

（1）音频、图像、多媒体和超媒体信息的编码。

（2）音频、图像、多媒体和超媒体信息的编码表示，以及使用这些信息的压缩集和控制功能，如声音信息；双层和受限的每像素比特静态图片；数字连续调次静态图片；计算机图形图像；动态图片和相关的音频；用于实时最终格式互换的多媒体和超媒体信息；音视频互动脚本。

该组织与传感器网络的相关程度如下。

(1) ROSE。传感效果信息的表示。

(2) MPEG-V。与虚拟世界的信息交换,包括真实世界数据表示和真实世界与虚拟之间的数据表示。

(3) M3W。多媒体中间件。

(4) MPEG-7。多媒体内容描述接口,包括多种传感器网络中与元数据相关的描述机制和描述者。

(5) MPEG-M。MPEG 可扩展中间件。

(6) 基于照相机的传感器和数据压缩是传感器网络的一部分。

11. ISO/IEC JTC1 SC 31

ISO/IEC JTC1 第 31 分技术委员会主要从事以下工作。

(1) 自动标识和数据捕获技术。

(2) 数据格式、数据语法、数据结构、数据编码以及用于行业间应用和国际商务交流的设备相关的处理自动标识和数据捕获技术的标准化。

该组织与传感器网络的相关程度:SC31 关注于 RHD 和移动 RFID 技术的扩展。

SC 31 和 IEEE 1451 已经在传感器接口以及与 RFID 之间的接口描述方面展开了积极的工作。SC31 和 IEEE1451 讨论了传感器节点的唯一标识,传感器唯一标识符标准已于 2004 年制定并出版,即 IEEE 1451.4。IEEE 1451.7 中清楚地标识了 1451.4 的传感器 ID 结构,如表 6-1 所示。

表 6-1 IEEE 1451.7 中的设备标识结构

厂商 ID	模型序号	版本符	版本号	序号
14b(17~16 381)	15b(0~32 767)	5b(A~Z,数据类型 cha5)	6b(0~63)	24b(0~16 777 215)

此外,ISO/IEC JTC1 SC 31 下设 7 个工作组(WG1~WG7),分别涉及数据载体、数据内容、一致性、RFID、实时定位系统。其中 WG4 主要负责 RHD 技术方面的标准。

随着蜂窝移动通信业务的快速发展,将手机与 RFID 相结合,为移动用户提供自动识别服务的技术日益受到关注。在韩国的推动下,2007 年 ISO/IEC JTC1 SC 31 成立了第 6 工作组 WG6,负责移动单品识别与管理(Mobile Item Identification & Management,MIIM),相关标准包括移动 RFID 空中接口协议(ISO/IEC 29143)和参考框架、设备接口、编码格式等标准(ISO/IEC 29172-29179),这些标准处在不断修订与完善的阶段。

目前韩国主导的 ISO/IEC JTC1 SC 31 WG6 移动 RFID 标准主要关注 UHF 860~960MHz 频段,其他频段尚未受到重视。但早在 WG6 成立之前,由诺基亚、索尼等企业组成的近场通信(Near Field Communication,NFC)论坛就在移动 RFID 领域进行了一系列标准化工作,它们集中于利用 HF13.56MHz 频段通信的 RFID 技术,参考 ISO/IEC 15693、ISO 14443 智能卡的标准,由于通信领域大企业的支持,其影响力不容忽视。

另外,三星等韩国企业也是 NFC 论坛的成员,因此,WG6 努力地和 NFC 论坛开展合作,HF 频段移动 RFID 领域的标准也会逐渐纳入 WG6 的工作范围。2009 年 8 月 ISO/IEC JTC1 SC 31 成立了第 7 工作组 WG7,专门负责物品管理方面的信息安全标准工作。

12. ISO/IEC JTC1 SC 32

ISO/IEC JTC1 第 32 分技术委员会主要从事以下工作。

(1) 数据管理和交换。

(2) 本地和分布式信息系统环境内,与本地和分布式信息系统环境之间的数据管理。

该组织与传感器网络的相关程度如下。

(1) SC32 已开始研究传感器信息的获取、存储(丢弃)和融合。

(2) SC32 是与传感器网络标准化合作的主要服务数据对象(SDO)。

13. ISO/IEC JTC1 SC 35

ISO/IEC JTC1 第 35 分技术委员会主要从事以下工作。

(1) 用户接口。

(2) 用户和系统外围输入输出设备之间的用户-系统接口,优先满足 JTC1 对于文化和语言适用性的要求。

该组织与传感器网络的相关程度:需要用户接口系统的应用。

14. ISO/IEC JTC1 SC 37

ISO/IEC JTC1 第 37 分技术委员会主要从事以下工作。

(1) 生物特征。

(2) 应用和系统之间支持互操作和数据交换的有关人类的一般生物特征技术,包括公共文件框架、生物特征应用编程接口、生物特征数据交换格式、相关的生物特征轮廓、生物特征技术评价准则的应用、性能测试和报告方法。

与传感器网络的相关程度:生物特征数据交换格式、相关的生物特征轮廓和生物特征技术评价准则的应用与传感器网络存在很多共性。

6.4.2 IEEE

美国电气和电子工程师协会(Institute of Electrical and Electronics Engineers, IEEE)成立于 1963 年 1 月 1 日,由美国电气工程师学会(AIEE)和美国无线电工程师学会(IRE)合并而成,是一个国际性的电子技术与信息科学工程师协会,在全球有近 175 个国家的 36 万多名会员。

通过多元化的会员,该组织在太空、计算机、电信、生物医学、电力及消费性电子产品等领域中都成为主要的权威。在电气及电子工程、计算机及控制技术领域中,IEEE 发表的文献占了全球将近 30%。IEEE 每年也会主办或协办 300 多项技术会议。

为了适应物联网发展形势,满足低功耗、低成本的无线网络需求,IEEE 标准委员会在 2000 年 12 月正式批准成立了 IEEE 802.15.4 工作组,该工作组的任务是开发支持低速率数据传输的 WPAN 标准。IEEE 802.15.4 标准就是 IEEE 802.15.4 工作组开发出的标准。

为解决传感器与各种网络连接的问题,早在 1994 年,IEEE 就与美国国家技术标准局(NIST)共同组织了一次关于制定智能传感器接口和智能传感器连接网络通用标准的研讨会，即 IEEE 1451 传感器/执行器智能变送器接口标准。经过几年的努力，IEEE 会员分别在 1997 年和 1999 年投票通过了其中的 IEEE 1451.2 和 IEEE 1451.1 两个标准。随后在 2003 年和 2004 年又分别通过了 IEEE 1451.3 和 IEEE 1451.4 两个标准。本节中将分别介绍 IEEE 802.15.4 系列和 IEEE 1451 系列标准。

1. IEEE 802.15.4 系列标准

IEEE 802.15.4 标准是 2003 年发布实施的，满足国际标准化组织（ISO）开放系统互连（OSI）参考模式。它包括物理层、介质访问层、网络层和高层。IEEE 802.15.4 标准定义了无线个域网（WPAN）中的设备互联进行无线通信的协议，采用 CSMA/CA 介质访问机制和支持星状、对等拓扑结构网络，在网络中一般有 PAN 协调器。

在 IEEE 802.15.4 标准中主要是对物理层和介质访问层进行了规范，对其他层没有进行说明。IEEE 802.15.4 系列标准包括以下部分。

（1）IEEE 802.15.4a。低速 UWB 的测距和定位能力。

（2）IEEE 802.15.4b。工作在 1GHz 以下的、基于信标传输调度方式的 IEEE 802.15.4 的 PHY 增强。

（3）IEEE 802.15.4c。779～787MHz 频段下的中国 WPAN。

（4）IEEE 802.15.4d。900MHz 频段下的日本 WPAN。

IEEE 802.15.4 标准的特点如下。

（1）2.45GHz 频带分为 16 个信道，915MHz 频带分为 10 个信道，868MHz 频带为 1 个信道。

（2）网络中数据传输提供 250kb/s、40kb/s 和 20kb/s 共 3 个速度，根据所选择的频段来确定不同的传输速率。

（3）网络是星状或对等拓扑结构。

（4）网络中每个设备分配一个 16 位的短地址或者 64 位的扩展地址。

（5）采用 CSMA/CA 信道访问技术。

（6）采用基于完全确认的协议来提供可靠的传输。

（7）低功耗。

（8）能量发现。

（9）链路质量指示。

IEEE 802.15.4 的特点决定了它在个体消费者和家庭自动化市场中有广泛的应用前景。IEEE 802.15.4 LR-WPAN 技术产品将低成本地转换用户的有线电子设备，从而提高人们的生活、娱乐质量。之所以成本低，是因为它削减了产品的功能集，同时提高了产品的专用性和使用效率。潜在的产品类型包括电视、VCRs、PC 外围设备与互动玩具和游戏，应用范围包括监测和控制家庭的安全系统、照明、空调系统和其他设施。在一个家庭内，这样的网络设备可安装 100～150 个，很适合构架一个星状拓扑网络。

对于工业市场领域来说，无线传感网是主要市场对象。将传感器节点和 IEEE 802.15.4 WPAN 设备组合，进行数据收集、处理和分析，就可以决定是否需要或何时需要用户操作。无线传感器应用实例包括恶劣环境下的检测，诸如涉及危险的火和化学物质的现场、监测和维护正在旋转的机器等。在这些应用上，使用 IEEE 802.15.4 WPAN 技术来组建无线传感网可以降低组网费用，也可以为以后网络的扩展提供方便。

2. IEEE 1451 系列标准

IEEE 1451 标准族是通过定义一套通用的通信接口，使工业变送器（传感器＋执行器）能够独立于通信网络，并与现有的微处理器系统、仪表仪器和现场总线网络相连，解决不同网络之间的兼容性问题，并最终能够实现变送器到网络的互换性与互操作性。

IEEE 1451 标准族定义了变送器的软硬件接口，将传感器分成两层模块结构：第一层用来运行网络协议和应用硬件，称为网络适配器（Network Capable Application Processor，NCAP）；第二层为智能变送器接口模块（Smart Transducer Interface Module，STIM），其中包括变送器和电子数据表格 TEDS。

IEEE 1451 工作组先后提出了 5 项标准提案（IEEE 1451.1～IEEE 1451.5），分别针对不同的工业应用现场需求，其中 IEEE 1451.5 为无线传感通信接口标准。IEEE 1451.5 标准提案于 2001 年 6 月推出，在已有的 IEEE 1451 框架下提出了一个开放的标准无线传感器接口，以满足工业自动化等不同应用领域的需求。

IEEE 1451.5 尽量使用无线的传输介质，描述了智能传感器与网络适配器模块之间的无线连接规范，而不是网络适配器模块与网络之间的无线连接，实现了网络适配器模块与智能传感器的 IEEE 802.11、Bluetooth、ZigBee 无线接口之间的互操作性。

(1) IEEE Draft 1451.0。传感器和执行器的智能传感器接口标准草案——功能、通信协议和传感器电子数据参数表（Transducer Electronic Data Sheet，TEDS）格式。

(2) IEEE Std 1451.1—1999。传感器和执行器的智能传感器接口标准——网络能力应用处理器（Network Capable Application Processor，NCAP）信息模型。

(3) IEEE Std 1451.2—1997。传感器和执行器的智能传感器接口标准——传感器与微处理器的通信协议以及 TEDS 格式。

(4) IEEE Std 1451.3—2003。传感器和执行器的智能传感器接口标准——分布式多支路系统的数字通信和 TEDS 格式。

(5) IEEE Std 1451.4—2004。传感器和执行器的智能传感器接口标准——混合方式通信协议和 TEDS 格式。

(6) IEEE Draft 1451.5。传感器和执行器的智能传感器接口标准——无线通信协议和 TEDS 格式。

(7) IEEE Draft 1451.6。传感器和执行器的智能传感器接口标准——固有安全和非固有安全（Intrinsically Safe and Non-intrinsically Safe）应用的基础基于 CAN open 的传感器网络接口。

(8) IEEE Draft 1451.7。RFID 传感器。

6.4.3 ITU-T

国际电信联盟远程通信标准化组织（ITU-T for ITU Telecommunication Standardization Sector）是国际电信联盟管理下的专门制定远程通信相关国际标准的组织。其创建于 1993 年，主要从事研究和制定除无线电以外的所有电信领域设备和系统标准。它的前身是国际电报和电话咨询委员会（CCITT），总部设在瑞士日内瓦。ITU-T 在下一代网络标准框架中将泛在传感器网络作为其中的一个组成部分。

ITU-T 将泛在传感网自下而上分为底层传感网、泛在传感网接入网络、泛在传感网基础骨干网络、泛在传感网中间件、泛在传感网应用平台等 5 个层次。

(1) 底层传感网。由传感器节点、RFID 标签、RFID 读卡器等设备组成，负责对物理世界的感知与反馈。

(2) 泛在传感网接入网络。实现底层传感网与上层基础骨干网络的连接，由网关、sink 节点等组成。

(3) 泛在传感网基础骨干网络。基于因特网、下一代网络(Next Generation Network，NGN)构建泛在传感网基础骨干网络。

(4) 泛在传感网中间件。处理、存储传感数据并以服务的形式提供对各类传感数据的访问。

(5) 泛在传感网应用平台。实现各类传感网应用的技术支撑平台。

图 6-2 所示为 ITU-T 传感器网络标准化领域。此外，ITU-T 工作组 SG13、SG16、SG17、SG11 的研究中也涉及了传感网的应用和服务需求、中间件需求以及安全需求等。以下将详细介绍 ITU-T 各个相关研究课题组的研究情况。

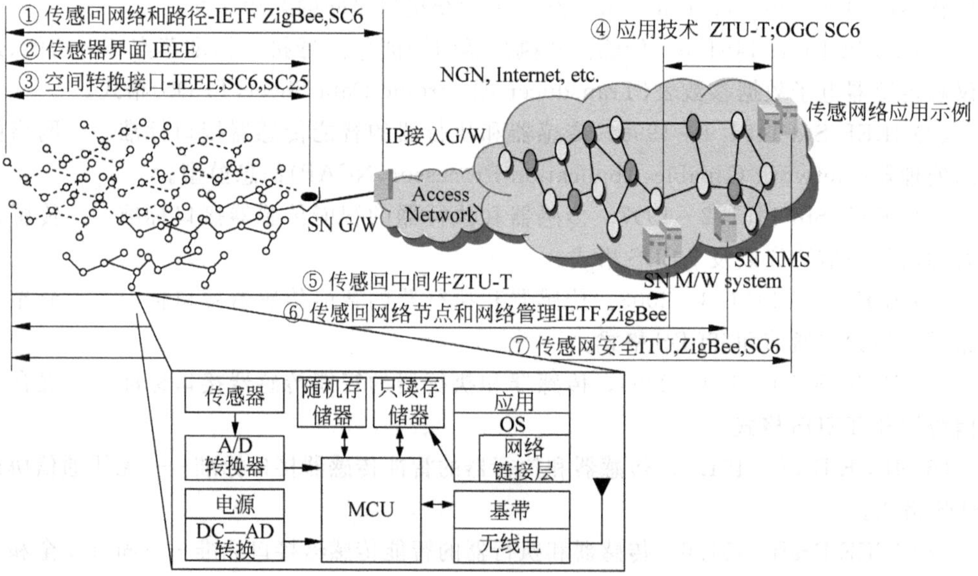

图 6-2 ITU-T 传感器网络标准化领域

(1) SG13 组主要从 NGN 角度展开泛在网相关研究，标准主要由韩国主导，目前标准化范畴集中在基于 NGN 的泛在网络/泛在传感器网络需求及架构研究、支持标签应用的需求和架构研究、身份管理(IDM)相关研究、NGN 对车载通信的支持。

(2) SG16 组成立了专门的 Question 展开泛在网应用相关的研究，日、韩共同主导，集中在业务和应用、标识解析方面，具体为：Q25/16 泛在感测网络(USN)应用和业务；Q27/16用于通信/智能交通系统(ITS)业务/应用的车载网关平台；Q28/16 用于电子健康(E-health)应用的多媒体架构；Q21 和 Q22 还展开了一些标识研究，主要给出了针对标签应用的需求和高层架构。

(3) SG17 组成立有专门的 Question 展开泛在网安全、身份管理、解析的研究，具体为：Q6/17 用于泛在通信业务安全方面；Q10/17 用于身份管理架构和机制；Q12/17 用于抽象语法标记(ASN.1)、对象标识(OIDs)及相关注册。

(4) SG11 组成立有专门的 Question12“NID 和 USN 测试规范”，主要研究 NID 和 USN 的测试架构、H.1RP 测试规范以及 X.oid-res 测试规范。

6.4.4 IETF

互联网工程任务组(Internet Engineering Task Force,IETF)成立于 1985 年底，是全球互联网最具权威的技术标准化组织，主要任务是负责互联网相关技术规范的研发和制定，当前绝大多数国际互联网技术标准出自 IETF。

IETF 成立了 3 个工作组来进行低功耗 IPv6 网络方面的研究。

(1) 6LoWPAN(IPv6 over Low-power and Lossy Networks)工作组主要讨论如何把 IPv6 适配到 IEEE 802.15.4 MAC 层和 PHY 层协议栈上的工作。

(2) RoLL(Routing over Low-power and Lossy Networks)主要讨论低功耗网络中的路由协议，制定了各个场景的路由需求以及传感器网络的 RPL(Routing Protocol for LLN)路由协议。

(3) CoRE(Constrained Restful Environment)工作组由 6LowApp 兴趣小组发展而来，主要讨论资源受限网络环境下的信息读取操控问题，旨在制定轻量级的应用服务层协议(Constrained Application Protocol,CoAP)。

1. IETF 6LoWPAN

6LoWPAN 工作组成立于 2006 年，属于 IETF 互联网领域。该工作组已完成两个 RFC:《在低功耗网络中运行 IPv6 协议的假设、问题和目标》(RFC 4919,Informational)；《在 1EEE 802.15.4 上传输 IPv6 报文》(RFC 4944,Proposed Standard)。

IETF 6LoWPAN 定义如何利用 IEEE 802.15.4 链路支持基于 IP 的通信的同时，遵守开放标准以及保证与其他 IP 设备的互操作性，基于 IEEE 802.15.4 的 MAC 和 PHY，采用 IPv6 地址，支持 P2P(端到端)、星状和自修复树状拓扑、自动路由形成和修复、端到端消息应答机制。

2. IETF RoLL

RoLL(Routing over Low-power and Lossy Networks)工作组于 2008 年 2 月成立，属 IETF 路由领域的工作组。IETF RoLL 工作组致力于制定低功耗网络中 IPv6 路由协议的规范。RoLL 工作组的思路是从各个应用场景的路由需求开始，目前已经制定了 4 个应用场景的路由需求，包括家庭自动化应用(Home Automation,RFC 5826)、工业控制应用(Industrial Control,RFC 5673)、城市应用(Urban Environment,RFC 5548)和楼宇自动化应用(Building Automation,draft-ietf-roll-building-routing-reqs)。

为了制定出适合低功耗网络的路由协议，Roll 工作组首先对现有的传感器网络的路由协议进行了综述分析，工作组文稿 draft-ietf-roll-routing-survey 分析相关协议的特点以及不足，然后研究了路由协议中路径选择的定量指标。

RoLL 工作组文稿 draft-ietf-roll-routing-metrics 包含两个方面的定量指标：一方面是节点选择指标，包括节点状态、节点能量、节点跳数(Hop Count)；另一方面是链路指标，包括链路吞吐率、链路延迟、链路可靠性、ETX、链路着色(区分不同流类型)。为了辅助动态路由，节点还可以设计目标函数(Objective Function)，指定如何利用这些定量指标来选择路径。

在路由需求、链路选择定量指标等工作的基础上，RoLL 工作组研究制定了 RPL (Routing Protocol for LLN)协议。RPL 协议目前是一个工作组文稿(draft-ietf-roll-rpl)，已经更新到第 8 版本。

RPL 协议支持 3 种类型的数据通信模型，即低功耗节点到主控设备的多点到点的通信、主控设备到多个低功耗节点的点到多点的通信以及低功耗节点之间点到点的通信。RPL 协议是一个距离向量路由协议，节点通过交换距离向量，构造一个有向无环图(Directed Acyclic Graph，DAG)。DAG 可以有效防止路由环路问题，DAG 的根节点通过广播路由限制条件来过滤掉网络中的一些不满足条件的节点，然后节点通过路由度量来选择最优的路径。

6.4.5 EPC Global

EPC Global 是 RFID 的国际性标准化组织，是为全球提供 RFID 应用服务的非营利性组织。其前身是 1999 年 10 月 1 日在美国麻省理工学院(MIT)成立的 Auto-ID 中心。2003 年 11 月 1 日，国际物品编码协会(EAN/UCC)正式接管 EPC 的全球推广工作，成立了 EPC Global 标准化组织。2005 年 1 月，EAN 正式更名为全球第一标准化组织(GS1)，同年 6 月，UCC 正式更名为 GS1US。目前，EPC Global 就是由 GS1 和 GS1US 两大标准化组织联合运营管理。

EPC Global 计划将使用 EPC 电子标签应用到所有流通环节，以实现流通过程中各类信息的自动识别。为构建全球范围的商品流通管理系统，该组织对各种规范和技术要求进行研究，开展标准化工作，逐步形成 EPC Global 网络系统并提供相关服务。

目前，EPC Global 的主要职责是在全球范围内为各行业建立和维护 EPC 网络，采用全球统一标准，实现供应链各环节信息能够实时的自动识别。通过发展和管理 EPC 网络标准，提高供应链上各个合作组织间信息的透明度以及全球化供应链的运作效率。

EPC Global 网络是实现自动实时识别和供应链信息共享的网络平台。通过整合现有信息系统和技术，EPC Global 网络使得企业可以更高效弹性地运行，更好地实现基于用驱动的运营管理。EPC Global 为企业提供以下服务。

(1) 分配、维护和注册 EPC 管理者代码。

(2) 对用户进行 EPC 技术和 EPC 网络相关内容的教育培训。

(3) 参与 EPC 商业应用案例的实施和 EPC Global 网络标准的制定。

(4) 参与 EPC Global 网络、网络组成、研究开发和软件系统等的规范制定和实施。

(5) 指导 EPC 研究方向。

(6) 测试和认证。

(7) 试点和用户测试。

EPC Global 提出的“物联网”体系架构由 EPC 编码(96 位 EPC 编码结构见表 6-2)、EPC 标签、EPC 读写器、EPC 中间件、ONS 服务器和 EPCIS 服务器等构成。

表 6-2　96 位 EPC 编码结构

	标　头	厂商识别代码	对象分类代码	序　列　号
EPC-96	8	28	24	36

(1) EPC 标签是产品电子代码的信息载体。

(2) EPC 读写器是用来识别 EPC 标签的电子装置,与信息系统连接,实现数据交换。

(3) EPC 中间件是加工和处理来自读写器的信息和事件流的软件,主要任务是在将数据送往企业应用程序之前进行标签数据校对、读写器协调、数据传输、数据存储和任务管理。

(4) ONS 服务器根据 EPC 编码及用户需求进行解析,以确定与 EPC 编码相关的信息存放在哪个 EPCIS 服务器上。

(5) EPCIS 服务器提供了一个模块化、可扩展的数据和服务接口,使得 EPC 的相关数据可以在企业内部或者企业之间共享。它有两种运行模式:一种是 EPCIS 信息被已经激活的 EPCIS 应用程序直接调用;另一种是将 EPCIS 信息存储在资料档案库中,以备今后查询时进行检索。EPC Global 的标准化结构框架如图 6-3 所示。

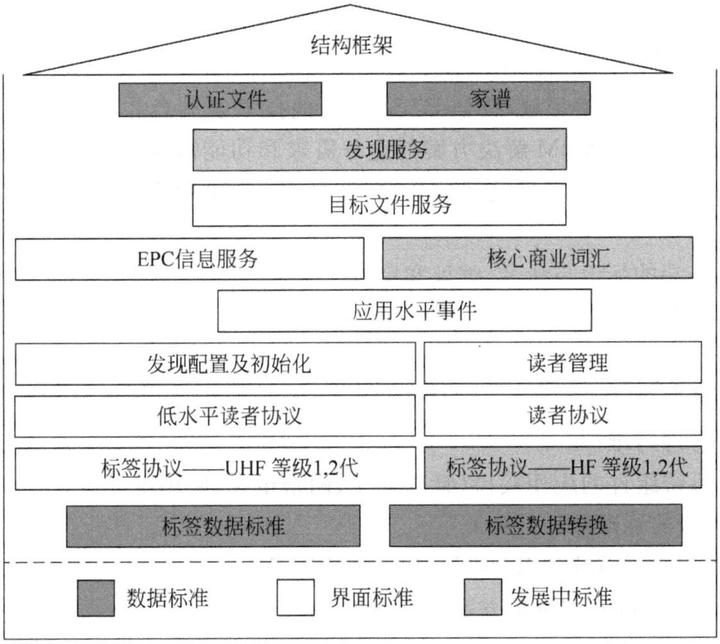

图 6-3　EPC global 的标准化结构框架

6.4.6　ETSI

欧洲电信标准协会(European Telecommunications Standards Institute,ETSI)是欧洲地区性标准化组织,创建于 1988 年,总部设在法国南部的尼斯。

该协会的宗旨是为贯彻欧洲邮电管理委员会(CEPT)和欧共体委员会(CEC)确定的电信政策,满足市场各方及管制部门的标准化需求,为实现开放、统一、竞争的欧洲电信市场而及时制定高质量的电信标准,以促进欧洲电信基础设施的融合,同时确保欧洲各电信网间互通,确保未来电信业务的统一,实现终端设备的相互兼容,通过实现电信产品的竞争和自由流通,为开放和建立新的泛欧电信网络和业务提供技术基础。该组织制定的推荐性标准常被欧共体作为欧洲法规的技术基础而采用并被要求执行,为世界电信标准的制定做出了贡献。

2008 年 11 月,ETSI 专门成立 M2M 技术委员会(Machine-to-Machine Technical Committee,M2MTC),以研究如何对快速成长的 M2M 技术进行标准化,ETSI 成立 M2MTC 主要是考虑目前虽然已经有一些 M2M 的标准存在,并涉及各种无线接口、格状网络、路由和标识机制等方面,但这些标准主要是针对某种特定应用场景,相互独立。如何将这些相对分散的技术和标准放到一起并找出标准化的缺口和不足,这方面所做的工作还很少。在这样的研究背景下,ETSI M2MTC 的主要研究目标是从端到端的全景角度研究机器对机器通信,并与 ETSI 内 NGN 的研究及 3GPP 已有的研究开展协同工作。

ETSI M2MTC 的职责是:从利益相关方收集和制定 M2M 业务及运营需求;建立一个端到端的 M2M 高层体系架构(如果需要会制定详细的体系结构);找出现有标准不能满足需求的地方并制定相应的具体标准;将现有的组件或子系统映射到 M2M 体系结构中;M2M 解决方案间的互操作性(制定测试标准);硬件接口标准化方面的考虑;与其他标准化组织进行交流及合作。

ETSI M2MTC 的主要工作领域如下。

(1) 在以下 M2M 相关领域,指导 ETSI 的其他技术委员会并进行协调,开发针对以下工作领域的 ETSI 规范:M2M 解决方案的业务需求和功能需求;M2M 端到端顶层架构及部分架构细节;发现并填补标准之间的鸿沟,例如无线末梢网络及其设备、广域电信网络之间的互联和集成。

(2) M2M 终端的标识与命名、编址和定位。

(3) M2M 服务质量。

(4) M2M 安全和隐私。

(5) M2M 计费。

(6) M2M 管理与维护。

(7) M2M 系统组件的应用接口(管理实体、网络单元、应用组件等)。

(8) 硬件接口的标准化。

(9) 现有组件或子系统到 ETSI M2M 架构的映射。

(10) 多个 M2M 端到端解决方案的互操作性。

(11) 开发 ETSI 测试规范,以支持 M2M 互操作性。

(12) 建立 ETSI 在 M2M 系统规范领域的专家中心,为 ETSI 技术部门、董事会和 General Assembly 提供专业建议。

(13) 与合适的共同利益方合作,定期举办会议和研讨会。

(14) 与相关的外部组织(例如 SDO)进行联络。

(15) 与外界建立良好关系,可在合适的时间和地点考虑组建联合工作组;正式合作关系的确立需要经过 ETSI 秘书处的正规流程。

M2M 体系结构如图 6-4 所示。

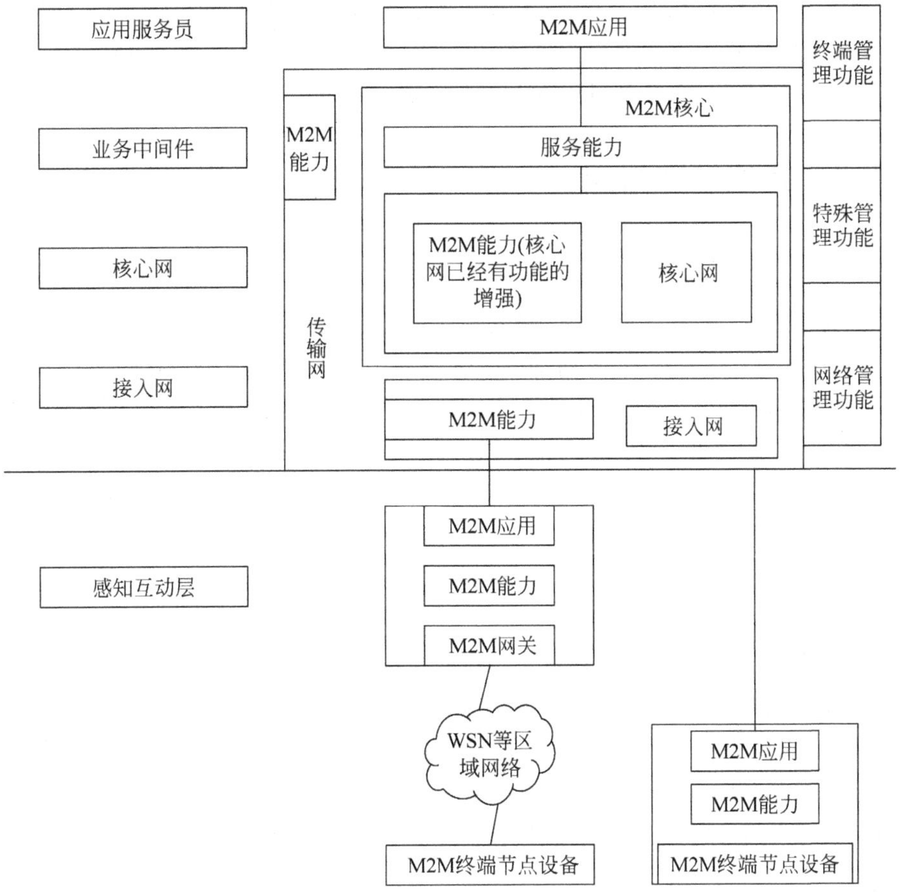

图 6-4 M2M 体系结构

6.4.7 3GPP

第三代合作伙伴计划(3GPP)是领先的 3G 技术规范机构，是由欧洲的 ETSI、日本的 ARIB 和 TTC、韩国的 TTA 以及美国的 TI 在 1998 年底发起并成立的，旨在研究制定并推广基于演进的 GSM 核心网络的 3G 标准，即 WCDMA、TD-SCDMA、EDGE 等。3GPP 的目标是实现由 2G 网络到 3G 网络的平滑过渡，保证未来技术的后向兼容性，支持轻松建网及系统间的漫游和兼容性。

3GPP 针对 M2M 的研究是以网络增强为重点，主要从移动网络出发，研究 M2M 应用对网络的影响，包括网络优化技术等。3GPP 对于 M2M 的研究范围为：只讨论移动网的 M2M 通信；只定义 M2M 业务，不具体定义特殊的 M2M 应用；无线侧和网络侧的改进，不讨论与(x)SIMs 和/或(x)SIM 管理的新模型相关的内容。

3GPP 于 2010 年进一步开展了 M2M 规范工作，旨在支持具有互操作性的解决方案，鼓励厂商通过研发来提高产品创新性，支持开拓更广阔的产品市场，并用以满足重要的监管要求。

目前，3GPP 主要在 SA1、SA2、SA3 和 RAN2 等工作组展开 M2M 的规范工作。其中，

SA1 工作组是面向服务，SA2 工作组是面向体系架构，SA3 工作组是面向安全，RAN2 工作组是面向无线接入，已经在 MTC 需求和特性、支持 MTC 对核心网络的增强要求、MTC 安全特性、无线网络优化等方面取得了进展，包括 SA1 的 22 系列(M2M、NIMTC)、SA2 的 23 系列(NIMTC)、SA3 的 33 系列(USIMM2M)及 RAN2 的 NUMTC。

6.4.8 其他标准组织

1. ZigBee

ZigBee 联盟成立于 2001 年 8 月，最初成员包括霍尼韦尔(Honeywell)、Invensys、三菱(MITSUBISHI)、摩托罗拉和飞利浦等公司，目前拥有超过 200 个会员。ZigBee 1.0(Revision7)规格于 2004 年 12 月正式推出，2006 年 12 月推出了 ZigBee 2006(Revision13)，即 1.1 版，2007 年又推出了 ZigBee 2007 Pro，2008 年第一季度又有一定的更新。ZigBee 技术具有功耗低、成本低、网络容量大、时延短、安全可靠、工作频段灵活等诸多优点，目前是被普遍看好的无线个域网解决方案，也被很多人视为无线传感器网络的事实标准。ZigBee 联盟对网络传输层协议和应用程序接口(Application Programming Interfaces，API)进行了标准化。

ZigBee 协议栈架构基于开放系统互连模型 7 层模型，包含 IEEE 802.15.4 标准以及由该联盟独立定义的网络层和应用服务层协议。ZigBee 所制定的网络层主要负责网络拓扑的搭建和维护，以及设备寻址、路由等，属于通用的网络层功能范畴，应用服务层包括应用支持子层(Application Support Sub-layer，APS)、ZigBee 设备对象(ZigBee Device Object，ZDO)以及设备商自定义的应用组件，负责业务数据流的汇聚、设备发现、服务发现、安全与鉴权等。

2. ISA-100/ISA-100.11

无线系统与现有系统的共存性(Coexistence)、不同厂家设备的互操作性(Interoperability)以及系统之间的相互协作性(Interworking)是无线传输在工控领域中 3 个重要的概念。目前，将无线技术应用于工业自动化领域，对现场设备进行检测和控制还缺乏一个统一的标准。为此，美国仪器仪表协会(Instrument Society of America，ISA)专门成立了一个由终端用户和技术提供者组成的 ISA-100 委员会，该委员会的主要任务是制定标准、推荐操作规程、起草技术报告等，以定义工业环境下的无线系统相关规程和实现技术。

ISA-100 标准定义的工业无线设备包括传感器、执行器、无线手持设备等现场自动化设备。主要内容包括工业无线的网络构架、共存性、健壮性、与有线现场网络的互操作性等。该组织希望工业无线设备以低复杂度、合理的成本和低功耗、适当的通信数据速率支持工业现场应用。

在 ISA-100 委员会成立之初，在众多的工作组中有两个独特的工作组：SP100.14 与 SP100.11。其中 SP100.14 工作组定义用于各种工业监控、记录与报警的无线连接标准，希望通过对标准的优化获得独特的性能与成本优势；SP100.11 工作组定义应用于各种控制的无线连接标准，该标准同样经过优化，以适应从闭环调节控制到开环手动操作的各种控制应用。要求两个工作组相互协调，以确保 SP100 可以提供完整与集成的工业无线应用标准。2006年10月，在美国休斯敦会议上，通过投票的方式确定了将SP100.14与SP100.11工作组合并成ISA-100.11a工作组。

ISA-100.11a工作组的任务是制定ISA-100.11a工业无线标准，负责定义OSI的7层规范（包括物理层、数据链路层等）、安全规范和管理（包括网络和设备配置）规范，为固定设备、便携式设备和移动设备提供从1～5级（0级是可选的）的应用服务。工程应用的重点是周期监控和过程控制的执行，容许延迟是100ms，更短的延迟定义为可选，具体内容如下。

（1）满足有延迟和延迟可变性限制的大规模低功耗设备系统的应用需求。

（2）定义一种具有与旧体系结构和应用兼容，满足安全和网络关系需求、可以升级的无线体系结构。

（3）在恶劣工业现场或其他系统干扰的环境中，要求具有很好的健壮性。

（4）能够与应用在工业现场的其他无线设备共存，如IEEE 802.11x、IEEE 802.16X、蜂窝电话等。

（5）SP100设备的互操作性。

2009年5月，ISA-100标准委员会投票通过了ISA-100.11a标准。ISA-100.11a是一种无线组网技术开放标准，官方描述为"无线工业自动化系统：进程控制和相关应用"。该标准制定的目标是为了确保在恶劣的工业环境以及多方干扰的情况下，用户依然可以实施部署以及与网络实现连接，为监测、报警、监控、开环控制和闭环控制提供可靠、安全的无线操作。

6.5 中国物联网标准制定

随着近年我国政府对物联网的支持，以及研究机构的努力，目前已经具有一定的研究成果，与国外的技术研究和标准制定几乎同步，因此具备了在制定具有自主知识产权的国家标准基础上，大力推进国际标准化工作的条件。目前国内已成立的物联网标准化组织有传感器网络标准工作组、电子标签标准工作组、国家物联网标准联合工作组等。

6.5.1 传感器网络标准工作组

传感器网络标准工作组成立于2009年9月11日，由国家标准化管理委员会批准筹建全国信息技术标准化技术委员会批准成立并领导，从事传感器网络（简称传感网）标准化工作的全国性技术组织。

传感器网络标准工作组的主要任务是根据国家标准化工作的方针政策，研究并提出有关传感网标准化工作方针、政策和技术措施的建议；按照国家标准制、修订原则，以及积极采用国际标准和国外先进标准的方针，制定和完善传感网的标准体系表；提出制定、修订传感网国家标准的长远规划和年度计划的建议；根据批准的计划，组织传感网国家标准的制定、修订工作及其他标准化有关的工作。

目前工作组有国内外80多家成员单位，200余名专家，成员单位包括了传感网领域的优势单位：中科院等各大科研院所、国内知名大学、三大运营商、设备集成商等。组长单位为中科院上海微系统与信息技术研究所，秘书处单位为中国电子技术标准化研究所。

工作组下设13个项目组：国际标准化(PG1)、标准体系与体系架构(PG2)、通信与信息交互(PG3)、协同信息处理(PG4)、标识(PG5)、安全(PG6)、接口(PG7)、电力需求调研(PG8)、传感器网络网关(PG9)、无线频谱研究与测试(PG10)、传感器网络设备技术要求和测试规范(PG11)、机场围界传感器网络防入侵系统技术要求(HPG1)、面向大型建筑节能监控的传感器网络系统技术要求(HPG2)。各项目组的工作内容如下。

(1) 国际标准化(PG1)。

主要负责向工作组成员介绍国外在传感器网络标准化方面的进展情况，同时组织国内标准向国际标准的转化，推进我国传感器网络国际标准化进程。主要负责 ISO/IEC JTC1 WG7 的相关工作，并鼓励成员单位参与 IEEE、3GPP 等组织的标准化工作。

(2) 标准体系与体系架构(PG2)。

主要研究内容如下。

① 传感器网络共性需求和功能要求分析。

② 传感器网络参考模型。

③ 传感器网络体系架构。

④ 传感器网络标准体系。

(3) 通信与信息交互(PG3)。

标准研究与制定范围包括：从物理层、MAC层、网络层等多个方面，制定、修订保证传感网络协议具有自组织、自配置、鲁棒性和可扩展性的标准技术规范。

(4) 协同信息处理(PG4)。

研究范围是基于传感器的信息采集和通信与信息交互层提供的信息交互传输服务，制定分布式传感器网络下协同信息处理相关技术规范，实现从底层原始数据到高层抽象信息的转化，为传感器网络信息服务提供技术支撑。项目组具体工作内容包括传感器网络协同信息处理支撑服务及接口、传感器网络协同信息处理参考模型和基础协议等标准和规范的制定。

(5) 标识 PG5。

研究传感器网络节点身份唯一性和传感器网络节点应用属性的标识方法，涉及传感器网络节点身份唯一的描述符和网络节点应用属性的标识符的内容及构成方式。

(6) 安全 PG6。

根据技术、产业和应用现状，明确安全需求，开展信息安全相关的标准研究，为工作组整体规划提供支撑。根据工作组整体规划，完成信息安全项目组标准制定、修订计划。

(7) 接口 PG7。

完成各种类型传感器接入节点，实现传感器互换和即插即用功能所涉及的传感器接口问题，这里的传感器包括传统的模拟量传感器、数字化传感器和智能化传感器。

(8) 电力需求调研 PG8。

(9) 传感器网络网关 PG9。

(10) 无线频谱研究与测试 PG10。

(11) 传感器网络设备技术要求和测试规范 PG11。

(12) 机场围界传感器网络防入侵系统技术要求 HPG1。

(13) 面向大型建筑节能监控的传感器网络系统技术要求 HPG2。

截至2009年底，该工作组起草的6项传感器网络规范已获国家标准化管理委员会批准正式立项，它们分别是《传感器网络　第 1 部分　总则》《传感器网络　第 2 部分　术语》《传感器网络　第 3 部分　通信与信息交互》《传感器网络　第 4 部分　接口》《传感器网络　第 5 部分　安全》《传感器网络　第 6 部分　标识》。两项行业标准为《机场围界传感器网络防入侵系统技术要求》和《面向大型建筑节能监控的传感器网络系统技术要求》。

经过传感器网络标准工作组及各成员单位的努力，现已基本确定了“共性平台＋应用子集”的传感器网络标准体系（见图 6-5）。该体系很好地分离了各类不同的传感网应用之间的共性技术特征和差异性，为形成统一体系的传感网标准体系提供了很好的解决思路，根据传感网标准制定工作的逐步深入，该标准体系也将进一步完善。其中共性平台部分主要标准介绍如下。

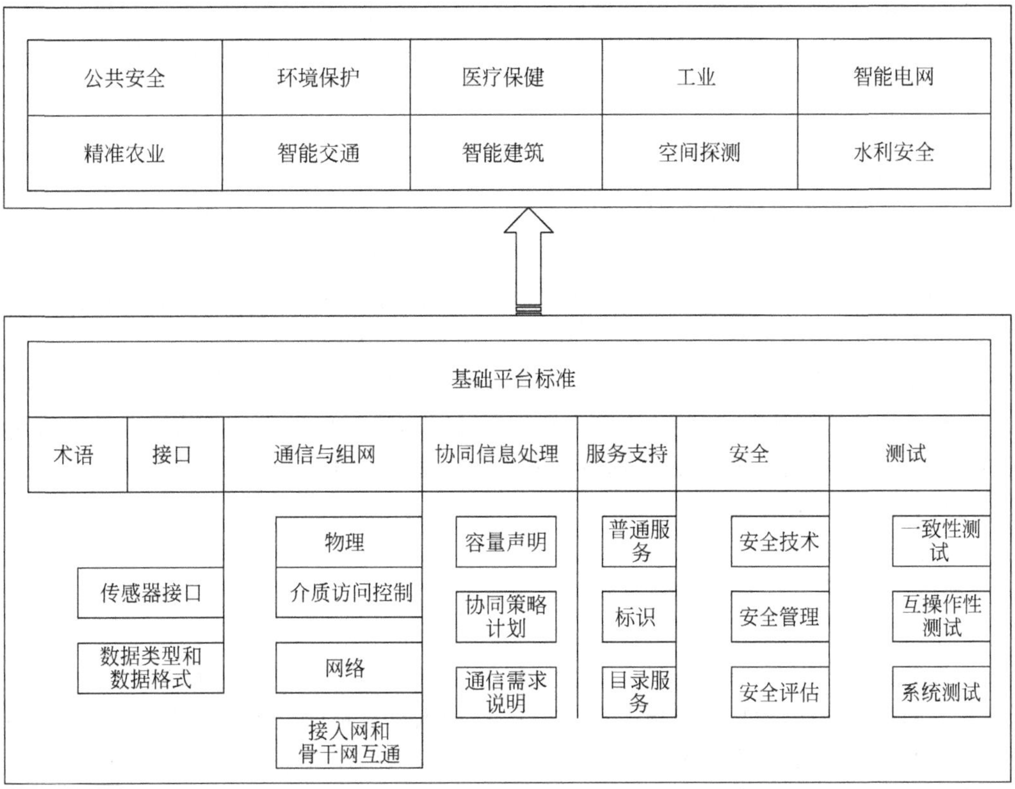

图 6-5　传感器网络标准体系

（1）术语。规定了各种类型的传感网、共性平台、应用子集的基本术语和定义。

（2）接口。

① 传感器接口规范的主要内容。规定了传感网节点中与传感器/执行器接口，以及与各种网络、总线接口的专用集成电路的规范。

② 数据类型和数据格式的主要内容。本规范面向典型测控系统、通信网络的数据描述，定义传感数据描述、协议交互模型和传感数据类型集合，利用信息系统数据描述技术，规范传感数据描述协议。

（3）通信与组网。

① 物理层的主要内容。物理层定义了物理无线通道和 MAC 子层之间的接口，提供物

理层数据服务和物理层管理服务。物理层数据服务在无线物理信道上收发数据，物理层管理服务维护一个由物理层相关数据组成的数据库。

② MAC层的主要内容。MAC层提供两种服务：MAC层数据服务和MAC层管理服务(MLME)。前者保证MAC协议数据单元在物理层数据服务中的正确收发，后者维护一个存储MAC层协议状态相关信息的数据库。

③ 网络层的主要内容。网络层向MAC层提供确保传感网的MAC层能够正确操作的实体，提供相应的网络路由协议服务接口。面向应用服务层接口，网络层提供两个概念性实体：路由服务和路由管理服务。网络层路由服务实体(NLRE)通过相应的路由服务接入点(NLRE-SAP)提供数据传输路由服务，网络层路由管理实体(NRME)通过网络路由管理服务接入点(NRME-SAP)提供路由管理服务。网络层路由管理实体(NLRE)利用网络层路由服务实体(NLRE)获取管理任务，并维护管理对象的数据库，如网络路由信息库(RJB)。

(4) 协同信息处理。

① 能力声明的主要内容。能力声明协议完成参与协同信息处理过程的物理或抽象实体的能力宣告和说明。实体能力包括信息交互能力、信息获取及处理能力和可用资源等。信息交互能力指点对点通信距离、数据传输速率等，它用于表征实体与实体之间信息交互的性能。

② 协同策略的主要内容。协同策略规划协议规范对协同机制和规划结果进行语法、语义和时序的定义，包括参与实体选择、组织方式、流程安排和时序定义等内容。

③ 通信资源需求描述说明的主要内容。协议规范中通信需求包括近邻网络节点间、簇间直至整个网络内实体间点到点、点到多点的单跳或多跳通信过程。通信需求描述协议规范中通信质量，包括通信带宽、通信时延和时延抖动等。通信需求描述协议规范给出上述信息的语法、语义和时序定义。

(5) 服务支持。

信息服务支持包括普通服务、标识和目录服务等。

(6) 安全。

在传感网中，安全和隐私是很重要的两个方面。因为安全和隐私一旦发生意外，不仅会影响传感网的完整性，而且将影响用户的安全，例如人身威胁、个人数据滥用(如医疗、财务、个人身份数据等)。在制定标准时需要全面考虑这些内容，提供体系结构来保证传感网安全和机密以及网络中数据/信息流向，主要涉及的标准化技术包括安全技术、安全管理和安全评估。

(7) 测试。

标准的制定必然带来产品或系统的标准符合性测试的问题。一般来说，标准的测试和验证主要包括一致性测试、互操作性测试、共存性测试和性能符合测试等。

6.5.2 电子标签标准工作组

为了促进我国电子标签技术和产业的发展，加快国家标准和行业标准的制定、修订速度，充分发挥政府、企事业单位、研究机构、高校的作用，2005年10月由原信息产业部科技司正式发文批准成立中国电子标签标准工作组。截至2009年10月31日，该工作组共有96家成员单位，包括89家全权成员和7家观察成员。电子标签标准工作组下设7个专题组。

(1) 总体组。负责制定RFID标准体系框架并协调各个组的工作。

(2) 标签与读写器组。负责制定标签与读写器物理特性、试验方法等标准。

(3) 频率与通信组。负责提出我国RF1D频率需求、制定RFID通信协议标准及相应的检测方法。

(4) 数据格式组。负责制定基础标准、术语、产品编码、网络架构等标准。

(5) 信息安全组。负责制定RFID相关的信息安全标准，包括读写器与标签之间的信息安全，读写器与后台系统的信息安全。

(6) 应用组。在国家总体电子标签应用指南的框架下，制定RFID相关应用标准。

(7) 知识产权组。制定RFID标准知识产权政策，起草知识产权法律文件，提供知识产权咨询服务。电子标签标准工作组的总体目标是努力建立一套基本完备的、能为我国RFID产业提供支撑的RFID标准体系；积极参与国际标准化工作，争取具有自主知识产权的我国的RFID标准成为国际标准；完成基础技术标准，包括电子标签、读写器、RFID中间件、数据内容、空间接口、一致性测试等方面的标准；完成主要行业的应用标准，包括物流、生产制造、交通、安全防伪等方面的标准，积极推动我国RFID技术的发展与应用。

目前电子标签标准工作组的工作主要处于研究阶段，已立项的RFID标准主要是对应ISO 18000系列标准。工作组正在研究和制定的标准项目共41项，包括已有国家标准计划项目24项，其中空中接口通信协议标准6项，数据协议标准5项，产品标准3项，测试标准5项，实施指南2项，术语2项，唯一标识1项。

工作组结合行业应用需求，开展了行业标准研究与制定10项，已开始研究并拟上报国标计划的标准7项。上述标准涵盖了RFID技术术语标准、协议标准、设备标准、测试标准、安全标准、网络标准和应用标准。这些标准的制定对于规范我国目前的RFID产品市场，促进RFID产业健康、有序的发展将起到重要的作用。

此外，中国在食品安全追溯方面正在研究相关标准，包括食品安全追溯方法及一般原则、食品安全追溯系统数据规范、食品安全追溯系统管理与维护规范。在集装箱方面相关的RFID标准已经在ISO TC104讨论。2010年8月9日，国际标准化组织(ISO)正式发布了集装箱货运标签系统《ISO/PASS 18186：集装箱RFID货运标签系统》。

这是在物流和物联网领域，首个由我国提出并推动制定，并由ISO正式发布的可公开提供的规范。它的推广有助于加速开发低成本、安全可靠、使用方便的集装箱电子装置，将对提升国际集装箱安全运输水平发挥作用。图6-6所示为我国RFID标准体系图。RFID系统的目标是为用户提供及时、准确、方便的分类甚至是单件物品信息，这些信息是为管理服务的。它以完善先进的基础设施和技术装备为基础，利用信息技术整合资源，实现各种服务功能。RFID标准化框架按照上述指导思想确立，并考虑了相关的法律和技术法规，以及行业主管部门的规章制度、其他相关标准体系的关系。

RFID系统标准可以分为基础类标准、管理类标准、技术类标准和应用标准等。

(1) 基础类标准。包含术语标准、信息安全标准等。

(2) 管理类标准。包含编码注册管理标准、无线电管理标准等。

(3) 技术类标准。包括RFID标签、读写器产品标准、空中接口协议、中间件标准和网络服务标准，以及相应的测试标准几个方面。

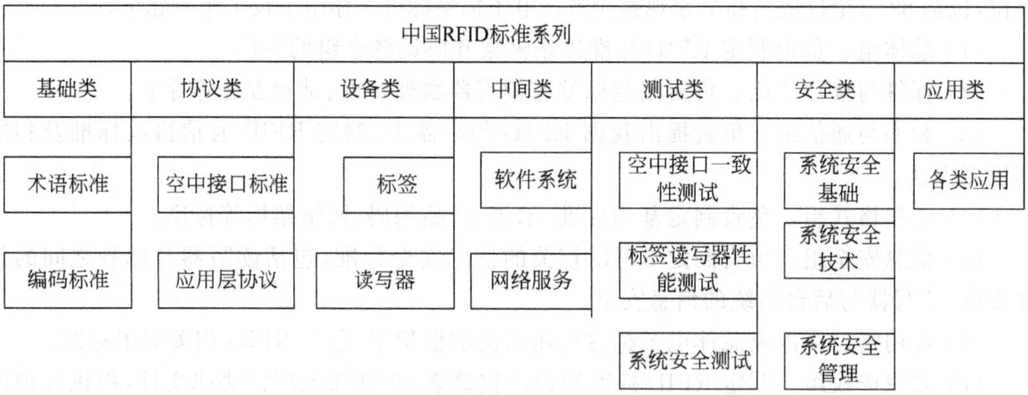

图 6-6 RFID 标准体系图

(4) 应用标准。应用标准是在 RFID 关于 RFID 标签编码、空中接口协议、读写器协议等基础技术标准之上，针对不同应用对象和应用场合，在使用条件、标签尺寸、标签位置、标签编码、数据内容和格式、使用频段等方面的特定应用要求的具体规范。此外还包括数据的完整性、人工识别、信息系统的数据存储与交换、系统配置、工程建设、应用测试等扩展规范。

6.5.3 其他工作组

1. 中国物联网标准联合工作组

2010 年 6 月 8 日，中国物联网标准联合工作组在北京成立，以推进物联网技术的研究和标准的制定。

在国家标准化管理委员会、工业和信息化部等相关部委的共同领导和直接指导下，由下列 19 家国内现有标准化组织联合倡导并发起成立物联网标准联合工作组。

(1) 全国工业过程测量和控制标准化技术委员会。

(2) 全国智能建筑及居住区数字化标准化技术委员会。

(3) 全国智能运输系统标准化技术委员会。

(4) 全国集装箱标准化技术委员会。

(5) 全国电力系统管理及信息交换标准化技术委员会。

(6) 全国家用电器标准化技术委员会。

(7) 全国安全生产标准化技术委员会。

(8) 中国急诊医师协会技术标准委员会。

(9) 工业和信息化部电子标签标准工作组。

(10) 工业和信息化部信息资源共享协同服务标准工作组。

(11) 工业和信息化部宽带无线 IP 标准工作组。

(12) 工业和信息化部数字音视频编解码技术标准工作组。

(13) 工业和信息化部家庭网络标准工作组。

(14) 全国信息技术标准化技术委员会传感器网络标准工作组。

(15) 总后信息化专家咨询委员会标准化专业委员会。

(16) 卫生行业 RFID 与物联网标准工作组。

(17) 商务领域射频识别标签数据格式标准工作组。

(18) 国家密码管理局电子标签密码应用体系研究专项工作组。

(19) 香港物流与供应链管理应用技术研发中心。

该联合工作组的主要任务是将紧紧围绕物联网产业与应用发展需求,统筹规划,整合资源,坚持自主创新与开放兼容相结合的标准战略,加快推进我国物联网国家标准体系的建设和相关国标的制定,同时积极参与有关国际标准的制定,以掌握发展的主动权。

2. 中国通信标准化协会泛在网技术委员会(CCSA TC10)

2010 年 2 月 2 日,中国通信标准化协会(CCSA)泛在网技术工作委员会(TC10)成立大会暨第一次全会在北京召开。

为推动与支持泛在网的应用与发展,中国通信标准化协会已先后启动了《无线泛在网络体系架构》《无线传感器网络与电信网络相结合的网关设备技术要求》等标准的研究与制定,并多次召开相关技术研讨会,组织专家对泛在网的关键技术、研究热点、发展趋势等进行交流与探讨。

CCSA 成立 TC10 技术委员会的目的是深入开展泛在网技术与标准化的研究,建立健全泛在网标准化体系,保障泛在网的可用性和互通性,构建真正的、无处不在的信息通信网络。

该技术委员会主要面向泛在网相关技术,根据各运营商开展的与泛在网相关的各项业务,研究院所、生产企业提出的各项技术解决方案,以及面向具体行业的信息化应用实例,形成若干项目组,有针对性地开展标准研究。

该技术委员会下设 4 个工作组。

(1) 总体工作组(WG1)。

通过对标准体系的研究,重点负责泛在网络所涉及的名词术语、总体需求、框架以及码号寻址和解析、频谱资源、安全、服务质量、管理等方面的研究和标准化。

(2) 应用工作组(WG2)。

对各种泛在网业务的应用及业务应用中间件等内容进行研究及标准化。

(3) 网络工作组(WG3)。

研发网络中业务能力层的相关标准,负责现有网络的优化、异构网络间的交互、协同工作等方面的研究及标准化。

(4) 感知/延伸工作组(WG4)。

对信息采集、获取的前端及相应的网络技术进行研究及标准化。重点解决各种泛在感知节点以多种信息获取技术(包括传感器、RFID、近距离通信等)、多样化的网络形态进行信息的获取及传递的问题。

6.6 RFID 标签编码标准

由于 RFID 的应用牵涉到众多行业,因此其相关的标准非常复杂。从类别看,RFID 标准可以分为以下 4 类:技术标准(如 RFID 技术、IC 卡标准等);数据内容与编码标准(如编码格式、语法标准等)；性能与一致性标准(如测试规范等)；应用标准(如船运标签、产品包装标准等)。具体来讲，RFID相关的标准涉及电气特性、通信频率、数据格式和元数据、通信协议、安全、测试、应用等方面。

与RFID技术和应用相关的国际标准化机构主要有国际标准化组织(ISO)、国际电工委员会(EC)、国际电信联盟(ITU)、世界邮联(UPU)。此外，还有一些区域性标准化机构(如EPC Global、UID Center、CEN)、国家标准化机构(如BSI、ANSI、DIN)和产业联盟(如ATA、AIAG、EIA)等，也制定与RFID相关的区域、国家、产业联盟标准，并通过不同的渠道提升为国际标准。表6-3列出了目前RFID系统主要频段的标准与特性。

表6-3 RFID系统主要频段的标准与特性

	低 频	高 频	超 高 频	微 波
工作频率	125～134Hz	13.56Hz	868～915Hz	2.45～5.8GHz
读取距离	1.2	1.2	4(美国)	15(美国)
速度	慢	中等	快	很快
潮湿环境	无影响	无影响	影响较大	影响较大
方向性	无	无	部分	有
全球适用频率	是	是	部分	部分
现有ISO标准	11784/85,14223	14443,18000-3,15693	18000-6	18000-4/555

RFID是从20世纪80年代开始逐渐走向成熟的一项自动识别技术。近年来由于集成电路的快速发展，RFID标签的价格持续降低，因而在各个领域的应用发展十分迅速。为了更好地推动这一新产业的发展，国际标准化组织(ISO)、以美国为首的EPC Global、日本UID等标准化组织纷纷制定RFID相关标准，并在全球积极推广这些标准。

6.6.1 ISO/IEC RFID标准体系

RFID标准化工作最早可以追溯到20世纪90年代。1995年，国际标准化组织ISO/IEC联合技术委员会JTC1设立了子委员会SC31(以下简称SC31)，负责RFID标准化研究工作。SC31子委员会由来自各个国家的代表组成，如英国的BS1IST34委员、欧洲CENTC225成员。他们既是各大公司内部咨询者，也是不同公司利益的代表者。因此在ISO标准化制定过程中，有企业、区域标准化组织和国家三个层次的利益代表者。SC31子委员会负责的RFID标准可以分为4个方面：数据标准(如编码标准ISO/IEC 15691、数据协议ISO/IEC 15692、ISO/IEC 15693，解决了应用程序、标签和空中接口多样性的要求，提供了一套通用的通信机制)；空中接口标准(ISO/IEC 18000系列)；测试标准(性能测试ISO/IEC 18047和一致性测试标准ISO/IEC 18046)；实时定位(RTLS)(ISO/IEC 24730系列应用接口与空中接口通信标准)方面的标准。这些标准涉及RFID标签、空中接口、测试标准以及读写器与应用程序之间的数据协议，它们考虑的是所有应用领域的共性要求。

ISO对于RFID的应用标准由应用相关的子委员会制定。RFID在物流供应链领域中的应用方面的标准由ISO TC122/104联合工作组负责制定，包括ISO 17358(应用要求)、ISO 17363(货运集装箱)、ISO 17364(装载单元)、ISO 17365(运输单元)、ISO 17366(产品包装)、ISO 17367(产品标签)。RFID在动物追踪方面的标准由ISO TC23SC19来制定,包括ISO 11784/11785(动物RFID畜牧业的应用)、ISO 14223(动物RFID畜牧业的应用高级标签的空中接口、协议定义)。

从ISO制定的RFID标准内容来看,RFID应用标准是在RFID编码、空中接口协议、读写器协议等基础标准之上,针对不同使用对象,确定了使用条件、标签尺寸、标签粘贴位置、数据内容格式、使用频段等方面特定应用要求的具体规范,同时也包括数据的完整性、人工识别等其他一些要求。通用标准提供了一个基本框架,应用标准是对它的补充和具体规定。这一标准制定思想,既保证了RFID技术具有互通性与互操作性,又兼顾了应用领域的特点,能够很好地满足应用领域的具体要求。

6.6.2 EPC Global RFID 标准

EPC Global是由美国统一代码协会(UCC)和国际物品编码协会(EAN)于2003年9月共同成立的非营利性组织,其前身是1999年10月1日在美国麻省理工学院成立的非营利性组织——Auto-ID中心。Auto-ID中心以创建物联网为使命,它与众多成员企业共同制定一个统一的开放技术标准。EPC Global旗下有沃尔玛集团、英国Tesco等100多家欧美零售流通企业,同时有IBM、微软、飞利浦、Auto-ID Lab等公司提供技术研究支持,目前已在加拿大、日本、中国等国建立了分支机构,专门负责EPC码段在这些国家的分配与管理,EPC相关技术标准的制定,以及EPC相关技术在本国宣传普及和推广应用等工作。

与ISO通用性RFID标准相比,EPC Global标准体系面向物流供应链领域,可以看成一个应用标准。EPC Global的目标是解决供应链的透明性和追踪性,透明性和追踪性是指供应链各环节中所有合作伙伴都能够了解单件物品的相关信息,如位置、生产日期等。为此,EPC Global制定了EPC编码标准,它可以实现对所有物品提供单件唯一标识;也制定了空中接口协议、读写器协议。这些协议与ISO标准体系类似。在空中接口协议方面,目前EPC Global的策略尽量与ISO兼容,如EPC Cl Gen2 UHF RFID标准已递交到ISO,将成为ISO 180006C标准。但EPC Global空中接口协议有它的局限范围,仅仅关注UHF(860~930MHz)。

除了信息采集以外,EPC Global有非常强调供应链各方之间的信息共享,为此制定了信息共享的物联网相关标准,包括EPC中间件规范、对象名解析服务(Object Naming Service,ONS)、物理标记语言(Physical Markup Language, PML)。这就从信息的发布、信息资源的组织管理、信息服务的发现以及大量访问之间的协调等方面做出规定。"物联网"的信息量和信息访问规模大大超过普通的因特网;但"物联网"是基于因特网的,与因特网具有良好的兼容性。因此,"物联网"系列标准是根据自身的特点参照因特网标准制定的。

EPC Global物联网体系架构由EPC编码、EPC标签及读写器、EPC中间件、ONS服务器和EPCIS服务器等部分构成。EPC赋予物品唯一的电子编码,其位长通常为64b或96b,也可扩展为256b。

物联网标准是EPC Global所特有的,ISO仅仅考虑自动身份识别与数据采集的相关标准,而对数据采集以后如何处理、共享并没有做出规定。物联网是未来的一个目标对当前应用系统建设来说具有指导意义。

6.6.3 UID编码体系

日本在电子标签方面的发展，始于20世纪80年代中期的实时嵌入式系统TRON，T-Engine是其中核心的体系架构。日本泛在中心制定RFID相关标准的思路类似于EPC Global，其目标也是构建一个完整的标准体系，即从编码体系、空中接口协议到泛在网络体系结构。

在T-Engine论坛领导下，泛在中心于2003年3月成立，并得到日本经济产业省、总务省和大企业的支持，目前包括微软、索尼、三菱、日立、日电、东芝、夏普、富士通、NTT DoCoMo、KDDI、J-Phone、伊藤忠、大日本印刷、凸版印刷、理光等重量级企业。

泛在中心的泛在识别技术体系架构由泛在识别码(uCode)、信息系统服务器、泛在通信器和uCode解析服务器4部分构成。uCode采用128b记录信息，提供了340×1036编码空间，并可以以128b为单元进一步扩展至256b、384b或512b。uCode能包容现有编码体系的元编码设计，以兼容多种编码，包括JAN、UPC、ISBN、IPv6地址，甚至电话号码。uCode标签具有多种形式，包括条码、射频标签、智能卡、有源芯片等。泛在ID中心把标签进行分类，设立了9个级别的不同认证标准。信息系统服务器用来存储和提供与uCode相关的各种信息。uCode解析服务器用于确定与uCode相关的信息存放在哪个信息系统服务器上，其通信协议为uCodeRP和eTP，其中eTP是基于eTron (PKI)的密码认证通信协议。泛在通信器主要由标签、标签读写器和无线广域通信设备等部分构成，用来把读到的uCode送至uCode解析服务器，并从信息系统服务器上获得有关信息。

6.6.4 国内RIFD标准体系的研究与发展

目前全球RFID标准呈三足鼎立局面，国际标准ISO/IEC 18000、美国的EPC Global和日本的Ubiquitous ID，技术差别不大却各不兼容，因此造成了几大标准在中国的混战局面。

在我国由于技术标准的不统一，RFID技术在应用中遇到了很多问题，如缺乏RFID系列技术标准，编码与数据协议冲突等。为使RFID技术在我国得到更广阔的应用，“十一五”期间，中国物品编码中心联合中国标准化协会等单位，承担国家科技部“863”计划——“RFID技术标准的研究”项目，系统开展了RFID相关标准的研究制定工作。此外，中国物品编码中心以全国信息技术标准化技术委员会自动识别与数据采集技术分委会和我国自动识别技术企业为依托，结合物联网应用，全方位推进我国RFID技术的技术研究和标准化工作。

全国信息技术标准化技术委员会自动识别与数据采集技术分技术委员会(SC31标委会)于2002年组建成立，其秘书处设在物品编码中心，对口国际SC31开展标准化研究工作，是负责全国自动识别和数据采集技术及应用的标准化工作组织。

2004年初，中国国家标准化管理委员会宣布，正式成立电子标签国家标准工作组，负责起草、制定中国有关电子标签的国家标准，使其既具有中国的自主知识产权，同时和目前国际的相关标准互通兼容，促进中国的电子标签发展纳入标准化、规范化的轨道。

2005 年 4 月，中国信息产业商业联合会联合众多组织和企业成立“中国 RFID 联盟”(下称“R 盟”)，据悉，国际 RFID 联盟组织也将成为 R 盟常务理事。R 盟将致力于促进 RFID 的产业化进程，以解决目前市场推广中存在的技术标准、实施成本和市场需求等三大难题。

2006 年 6 月，发表了《中国射频识别(RFID)技术政策白皮书》。

2010 年 5 月，第十六届国际自动识别和数据采集技术标准化分委员会(SC31)年会在北京成功举行。该会议是我国第一次承办的自动识别与数据采集技术领域标准化国际会议，吸引了来自全球 10 多个国家的国家团体和机构代表出席会议。SC31 标委会将致力于国际 RFID 标准进展的跟踪，对于标准的过程性投票文件严格审核，加快 RFID 关键技术标准的制修订工作，填补国内 RFID 标准的空白，履行 SC31 标委会与国际 SC31 的对口职责，对国内企业提交的 RFID 技术提案组织专家组审评，对于有创新性的技术提案尽快提交国际 SC31，争取国内 RFID 技术提案在国际标准中的地位。

6.7　无线传感器网络标准化

无线传感器网络的标准化工作受到了许多国家及国际标准组织的普遍关注，已经完成了一系列草案甚至标准规范的制定。其中最出名的就是 IEEE 802.15.4/ZigBee 规范，它甚至已经被一部分研究及产业界人士视为标准。IEEE 802.15.4 定义了短距离无线通信的物理层及链路层规范，ZigBee 则定义了网络互联、传输和应用规范。尽管 IEEE 802.15.4 和 ZigBee 协议已经推出多年，但随着应用的推广和产业的发展，其基本协议内容已经不能完全适应需求，加上该协议仅定义了联网通信的内容，没有对传感器部件提出标准的协议接口，所以难以承载无线传感器网络技术的梦想与使命；另外，该标准在落地不同国家时，也必然要受到该国家地区现行标准的约束。为此，人们开始以 IEEE 802.15.4/ZigBee 协议为基础，推出更多版本，以适应不同应用、不同国家和地区。

尽管存在不完善之处，IEEE 802.15.4/ZigBee 仍然是目前产业界发展无线传感网技术当仁不让的最佳组合。本文将重点介绍 IEEE 802.15.4/ZigBee 协议规范，并适当顾及传感网技术关注的其他相关标准。当然，无线传感器网络的标准化工作任重道远：首先，无线传感网络毕竟还是一个新兴领域，其研究及应用都还显得相当年轻，产业的需求还不明朗；其次，IEEE 802.15/ZigBee 并非针对无线传感网量身定制，在无线传感网环境下使用有些问题需要进一步解决；另外，专门针对无线传感网技术的国际标准化工作还刚刚开始，国内的标准化工作组也还刚刚成立。为此，我们要为标准化工作的顺利完成做好充分的准备。

1. PHY/MAC 层标准

无线传感器网络的底层标准一般沿用了无线个域网(IEEE 802.15)的相关标准部分。无线个域网(Wireless Personal Area Network，WPAN)的出现比传感器网络要早，通常定义为提供个人及消费类电子设备之间进行互联的无线短距离专用网络。无线个域网专注于便携式移动设备(如个人计算机、外围设备、PDA、手机、数码产品等消费类电子设备)之间的双向通信技术问题，其典型覆盖范围一般在 10m 以内。IEEE 802.15 工作组就是为完成这一使命而专门设置的，且已经完成一系列相关标准的制定工作，其中就包括了被广泛用于传感器网络的底层标准 IEEE 802.15.4。

1) IEEE 802.15.4 规范

IEEE 802.15.4 标准主要针对低速无线个域网(Low-Rate Wireless Personal Area Network,LR-WPAN)制定。该标准把低能量消耗、低速率传输、低成本作为重点目标(这和无线传感器网络一致),旨在为个人或者家庭范围内不同设备之间低速互联提供统一接口。由于 IEEE 802.15.4 定义的 LR-WPAN 网络的特性和无线传感器网络的簇内通信有众多相似之处,很多研究机构把它作为传感器网络节点的物理及链路层通信标准。

IEEE 802.15.4 标准定义了物理层和介质访问控制子层,符合开放系统互连模型(OSI)。物理层包括射频收发器和底层控制模块,介质访问控制子层为高层提供了访问物理信道的服务接口。图 6-7 给出了 IEEE 802.15.4 层与层之间的关系以及 IEEE 802.15.4/ZigBee 的协议架构。

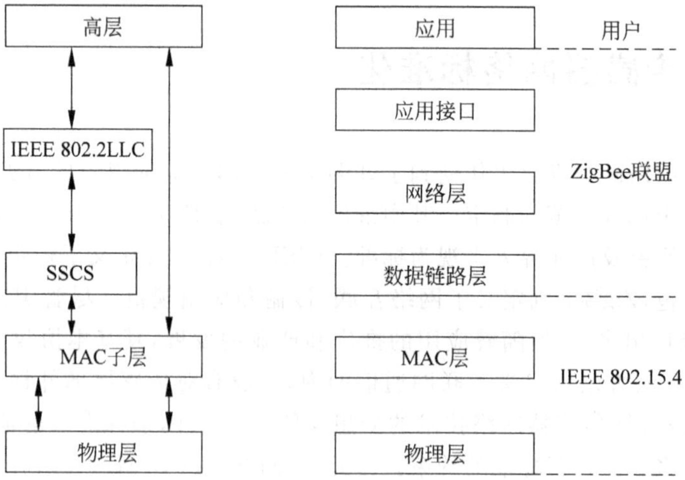

图 6-7 IEEE 802.15.4 以及 ZigBee 协议架构

IEEE 802.15.4 在物理(PHY)层设计中面向低成本和更高层次的集成需求,采用的工作频率分为 868MHz、915MHz 和 2.4GHz 3 种,各频段可使用的信道分别有 1 个、10 个、16 个,各自提供 20kb/s、40kb/s 和 250kb/s 的传输速率,其传输范围为 10~100m。由于规范使用的 3 个频段是国际电信联盟电信标准化组定义的用于科研和医疗的 ISM(Industrial Scientific and Medical)开放频段,被各种无线通信系统广泛使用。为减少系统间干扰,协议规定在各个频段采用直接序列扩频(Direct Sequence Spread Spectrum,DSSS)编码技术。与其他数字编码方式相较,直接序列扩频技术可使物理层的模拟电路设计变得简单,且具有更高的容错性能,适合低端系统的实现。

IEEE 802.15.4 在介质访问控制层方面定义了两种访问模式。其一为带冲突避免的载波侦听多路访问方式(Carrier Sense Multiple Access with Collision Avoidance, CSMA/CA)。这种方式参考无线局域网(WLAN)中 IEEE 802.11 标准定义的 DCF 模式,易于实现与无线局域网(Wireless LAN,WLAN)的信道级共存。所谓的 CSMA/CA 是在传输之前先侦听介质中是否有同信道(co-channel)载波,若不存在,意味着信道空闲,将直接进入数据传输状态;若存在载波,则在随机退避一段时间后重新检测信道。这种介质访问控制层方案简化了实现自组织网络应用的过程，但在大流量传输应用时给提高带宽利用率带来了麻烦；同时，因为没有功耗管理设计，所以要实现基于睡眠机制的低功耗网络应用，需要做更多的工作。

IEEE 802.15.4 定义的另外一种通信模式类似于 802.11 标准定义的 PCF 模式，通过使用同步的超帧机制提高信道利用率，并通过在超帧内定义休眠时段，很容易实现低功耗控制。PCF 模式定义了两种器件：全功能器件(Full-Function Device，FFD)和简化功能器件(Reduced-function Device，RFD)。FFD 设备支持所有的 49 个基本参数，而 RFD 设备在最小配置时只要求支持 38 个基本参数。在 PCF 模式下，FFD 设备作为协调器控制所有关联的 RFD 设备的同步、数据收发过程，可以与网络内任何一种设备进行通信。而 RFD 设备只能和与其关联的 FFD 设备互通。在 PCF 模式下，一个 IEEE 802.15.4 网络中至少存在一个 FFD 设备作为网络协调器(PAN Coordinator)，起着网络主控制器的作用，担负簇间和簇内同步、分组转发、网络建立、成员管理等任务。

IEEE 802.15.4 标准支持星状和点对点两种网络拓扑结构，有 16 位和 64 位两种地址格式。其中 64 位地址是全球唯一的扩展地址，16 位段地址用于小型网络构建，或者作为簇内设备的识别地址。IEEE 802.15.4b 标准拥有多个变种，包括了低速超宽带的 IEEE 802.15.4a，及最近中国力推的 IEEE 802.15.4c 和 IEEE 802.15.4e，以及日本主要推动的 IEEE 802.15.4d。

2) 蓝牙(Bluetooth)技术

1998 年 5 月，在 IEEE 802.15 无线个域网工作组成立不久，爱立信(Ericsson)、IBM、英特尔(Intel)、诺基亚(Nokia)和东芝(Toshiba)等公司联合宣布了一项叫作“蓝牙(Bluetooth)”的研发计划。1999 年 7 月，蓝牙工作组推出了蓝牙协议 1.0 版，2001 年更新为 1.1 版，即 IEEE 802.15.1 协议。该协议旨在设计通用的无线空中接口(Radio Air Interface)及其软件的国际标准，使通信和计算机进一步结合，让不同厂家生产的便携式设备具有在没有电缆的情况下实现近距离范围内互通的能力。计划一经公布，就得到了包括摩托罗拉(Motorola)、朗讯(Lucent)、康柏(Compaq)、西门子(Siemens)、3Com、TDK 以及微软(Microsoft)等大公司在内的近 2000 家厂商的广泛支持和采纳。

蓝牙技术工作在 2.4GHz 的 ISM 频段，采用快速跳频和短包技术减少同频干扰，保证物理层传输的可靠性和安全性，具有一定的组网能力，支持 64Kb/s 的实时语音。蓝牙技术日益普及，市场上的相关产品也在不断增多，但随着超宽带技术、无线局域网及 ZigBee 技术的出现，特别是其安全性、价格、功耗等方面的问题日益显现，其竞争优势开始下降。2004 年蓝牙工作组推出 2.0 版，带宽提高三倍，且功耗降低一半，在一定程度上重建了产业界信心。蓝牙技术与 ZigBee 技术存在一定的共性，经常被应用于无线传感器网络中。

2. 其他无线个域网标准

无线传感器网络要构建从物理层到应用层的完整的网络，而无线个域网标准为其提前制定了物理层及介质访问控制层规范。除了前面讨论的 IEEE 802.15.4 及蓝牙技术外，无线个域网技术方案还包括超宽带(UWB)技术、红外(IrDA)技术、家用射频(HomeRF)技术等，其共同的特点是短距离、低功耗、低成本、个人专用等，它们均在不同的应用场景中被用于无线传感器网络的底层协议方案，简单介绍如下。

1) 超宽带(UWB)技术

超宽带(Ultra Wide-Band,UWB)技术起源于20世纪50年代末,是一项使用从几Hz到几GHz的宽带电波信号的技术。通过发射极短暂的脉冲,并接收和分析反射回来的信号,就可以得到检测对象的信息。UWB因为使用了极高的带宽,故其功率谱密度非常平坦,表现为在任何频点的输出功率都非常小,甚至低于普通设备放射的噪声,故其具有很好的抗干扰性和安全性。超宽带技术最初主要作为军事技术在雷达探测和定位等应用领域中使用,美国FCC(联邦通信委员会)于2002年2月准许该技术进入民用领域。除了低功耗外,超宽带技术的传输速率轻易可达100Mb/s以上,其第二代产品可望达到500Mb/s以上,仅这一项指标就让其他众多技术望尘莫及。围绕UWB的标准之争从一开始就非常激烈,Freescale的DS-UWB和由TI倡导的MBOA逐步脱颖而出,近几年国内在这方面的研究也非常热门。

由于其功耗低、带宽高、抗干扰能力强,超宽带技术无疑具有梦幻般的发展前景,但超宽带芯片产品却迟迟未曾面市,这无疑留给人们一个大大的遗憾。近年来开始出现相关产品的报道,不过这项底蕴极深的技术还需要整个产业界的共同推动。目前超宽带技术可谓初露锋芒,相信它属于大器晚成、老而弥坚的类型,在无线传感器网络应用中必会大有作为。

2) 红外(IrDA)技术

红外技术是一种利用红外线进行点对点通信的技术,由成立于1993年的非营利性组织——红外线数据标准协会IrDA(Infrared Data Association)负责推进的,该协会致力于建立无线传播连接的世界标准,目前拥有130个以上的正式企业会员。红外技术的传输速率已经从最初FIR的4Mb/s上升为现在VFIR的16Mb/s,接收角度也由最初的30°扩展到120°。由于它仅用于点对点通信,且具有一定方向性,故数据传输所受的干扰较少。由于产品体积小、成本低、功耗低、不需要频率申请等优势,红外技术从诞生到现在一直被广泛应用,可谓无线个域网领域的一棵常青树。经过多年的发展,其硬件与配套的软件技术都已相当成熟,目前全世界有至少5000万台设备采用IrDA技术,并且仍然以年递增50%的速度在增长。当今有95%的手提电脑都安装了IrDA接口,而遥控设备(电视机、空调、数字产品等)更是普遍采用红外技术。

但是IrDA是一种视距传输技术,核心部件红外线LED也不是十分耐用,更无法构建长时间运行的稳定网络,造成红外技术终究没能成为无线个域网的物理层标准技术,仅在极少数无线传感器网络应用中进行过尝试(如定位跟踪),并且是与其他无线技术配合使用的。

3) 家用射频(HomeRF)技术

家用射频工作组(Home Radio Frequency Working Group,HomeRF WG)成立于1998年3月,是由美国家用射频委员会领导的,首批成员包括英特尔、IBM、康柏、3Com、飞利浦(Philips)、微软、摩托罗拉等公司,其主旨是在消费者能够承受的前提下,建设家庭中的互操作性语音和数据网络。家用射频工作组于1998年即制定了共享无线访问协议(Shared Wireless Access Protocol,SWAP),该协议主要针对家庭无线局域网。该协议的数据通信采用简化的IEEE 802.11协议标准,沿用了以太网载波侦听多路访问/冲突检测(CSMA/CD)技术;其语音通信采用DECT(Digital Enhanced Cordless Telephony)标准,使用时分多址(TDMA)技术。家用射频工作频段是2.4GHz,最初支持数据和音频最大数据的传输速率为2Mb/s,在新的家用射频2.x标准中采用WBFH(Wide Band Frequency

Hopping，宽带跳频）技术，增加跳频调制功能，数据带宽峰值可达 10Mb/s，能够满足大部分应用。

2000 年左右，家用射频技术的普及率一度达到 45%，但由于技术标准被控制在数十家公司手中，并没有像红外技术一样开放，特别是 IEEE 802.11b 标准的出现，从 2001 年开始，家用射频的普及率骤然降至 30%，2003 年家用射频工作组更是宣布停止研发和推广，曾经风光无限的家用射频终于退出无线个域网的历史舞台，犹如昙花一现。

3. 路由及高层标准

在前面讨论的底层标准的基础之上，已经出现了一些包括了路由及应用层的高层协议标准，主要包括 ZigBee/IEEE 802.15.4、6LoWPAN、IEEE 1451.5（无线传感通信接口标准）等，另外，Z-Wave 联盟、Cypress（Wireless USB 传感器网络）等也推出了类似的标准，但是在专门为无线传感器网络设计的标准出来以前，ZigBee 无疑是最受宠爱的，也受到了较多的应用厂商的推崇，这里简单介绍一下。

1）ZigBee 协议规范

ZigBee 联盟成立于 2001 年 8 月，最初成员包括霍尼韦尔（Honeywell）、Invensys、三菱（MITSUBISHI）、摩托罗拉和飞利浦等，目前拥有超过 200 多个会员。ZigBee 1.0（Revision 7）规格正式于 2004 年 12 月推出，2006 年 12 月，推出了 ZigBee 2006（Revision 13），即 1.1 版，2007 年又推出了 ZigBee 2007 Pro，2008 年春天又有一定的更新。ZigBee 技术具有功耗低、成本低、网络容量大、时延短、安全可靠、工作频段灵活等诸多优点，目前是被普遍看好的无线个域网解决方案，也被很多人视为无线传感器网络的事实标准。

ZigBee 联盟对网络层协议和应用程序接口（Application Programming Interfaces，API）进行了标准化。ZigBee 协议栈架构基于开放系统互连模型七层模型，包含 IEEE 802.15.4 标准以及由该联盟独立定义的网络层和应用层协议。ZigBee 所制定的网络层主要负责网络拓扑的搭建和维护，以及设备寻址、路由等，属于通用的网络层功能范畴，应用层包括应用支持子层（Application Support Sub-layer，APS）、ZigBee 设备对象（ZigBee Device Object，ZDO）以及设备商自定义的应用组件，负责业务数据流的汇聚、设备发现、服务发现、安全与鉴权等。

另外，ZigBee 联盟也负责 ZigBee 产品的互通性测试与认证规格的制定。ZigBee 联盟定期举办 ZigFest 活动，让发展 ZigBee 产品的厂商有一个公开交流的机会，完成设备的互通性测试；而在认证部分，ZigBee 联盟共定义了 3 种层级的认证：第一级（Level 1）是认证物理层与介质访问控制层，与芯片厂有最直接的关系；第二级（Level 2）是认证 ZigBee 协议栈（Stack），又称为 ZigBee 兼容平台认证（Compliant Platform Certification）；第三级（Level 3）是认证 ZigBee 产品，通过第三级认证的产品才允许贴上 ZigBee 的标志，所以也称为 ZigBee 标志认证（Logo Certification）。

2）IEEE 1451.5 标准

除了以上两种通用规范以外，在无线传感器网络的不同应用领域，也正在酝酿着特定行业的专用标准，如电力水力、工业控制、消费电子、智能家居等。这里以工控领域为例简单讨论一下 IEEE 1451.X，当然工业标准纷繁复杂，最近正在制定专门面向工业自动化应用的无线技术标准 ISA SP100，我国有很多工业及学术界同仁努力参与了该标准的制定工作。

IEEE 1451 标准族是通过定义一套通用的通信接口，以使工业变送器（传感器＋执行器）能够独立于通信网络，并与现有的微处理器系统、仪表仪器和现场总线网络相连，解决不同网络之间的兼容性问题，并最终能够实现变送器到网络的互换性与互操作性。IEEE 1451 标准族定义了变送器的软硬件接口，将传感器分成两层模块结构。第一层用来运行网络协议和应用硬件，称为网络适配器（Network Capable Application Processor，NCAP）；第二层为智能变送器接口模块（Smart Transducer Interface Module，STIM），其中包括变送器和电子数据表格 TEDS。IEEE 1451 工作组先后提出了 5 项标准提案（IEEE 1451.1～IEEE 1451.5），分别针对了不同的工业应用现场需求，其中 IEEE 1451.5 为无线传感通信接口标准。

IEEE 1451.5 标准提案于 2001 年 6 月最新推出，在已有的 IEEE 1451 框架下提出了一个开放的标准无线传感器接口，以满足工业自动化等不同应用领域的需求。IEEE 1451.5 尽量使用无线的传输介质，描述了智能传感器与网络适配器模块之间的无线连接规范，而不是网络适配器模块与网络之间的无线连接，实现了网络适配器模块与智能传感器的 IEEE 802.11、Bluetooth、ZigBee 无线接口之间的互操作性。IEEE 1451.5 提案的工作重点在于制定无线数据通信过程中的通信数据模型和通信控制模型。IEEE 1451.5 建议标准必须对数据模型进行具有一般性的扩展，以允许多种无线通信技术可以使用。主要包括两方面：一是为变送器通信定义一个通用的服务质量（QOS）机制，能够对任何无线电技术进行映射服务；另外对每一种无线射频技术都有一个映射层用来把无线发送具体配置参数映射到服务质量机制中。关于该标准具体内容，这里就不再详细讨论了。

3）6LoWPAN 草案

无线传感器网络从诞生开始就与下一代互联网相关联，6LowPan（IPv6 over Low Power Wireless Personal Area Network）就是结合这两个领域的标准草案。该草案的目标是制定如何在 LoWPAN（低功率个域网）上传输 IPv6 报文。当前 LowPAN 采用的开放协议主要指 IEEE 802.15.4 介质访问控制层标准，在上层并没有一个真正开放的标准支持路由等功能。由于 IPv6 是下一代互联网标准，在技术上趋于成熟，并且在 LowPan 上采用 IPv6 协议可以与 IPv6 网络实现无缝连接，因此互联网工程任务组（Internet Engineering Task Force，IETF）成立了专门的工作组制定如何在 IEEE 802.15.4 协议上发送和接收 IPv6 报文等相关技术标准。

在 IEEE 802.15.4 上选择传输 IPv6 报文主要是因为现有成熟的 IPv6 技术可以很好地满足 LowPan 互联层的一些要求。首先，在 LowPan 网络里面很多设备需要无状态自动配置技术，在 IPv6 邻居发现（Neighbor Discovery）协议里基于主机的多样性已经提供了两种自动配置技术：有状态自动配置与无状态自动配置。其次，在 LowPan 网络中可能存在大量的设备，需要很大的 IP 地址空间，这个问题对于有着 128 位 IP 地址的 IPv6 协议不是问题。最后，在包长受限的情况下，可以选择 IPv6 的地址包含 IEEE 802.15.4 介质访问控制层地址。

IPv6 与 IEEE 802.15.4 协议的设计初衷是应用于两个完全不同的网络，这导致了直接在 IEEE 802.15.4 上传输 IPv6 报文会有很多的问题。首先两个协议的报文长度不兼容，IPv6 报文允许的最大报文长度是 1280 字节，而在 IEEE 802.15.4 的介质访问控制层最大报文长度是 127 字节。由于本身的地址域信息（甚至还需要留一些字节给安全设置）占用了

25 字节，留给上层的负载域最多 102 字节，显然无法直接承载来自 IPv6 网络的数据包。其次两者采用的地址机制不相同，IPv6 采用分层的聚类地址，由多段具有特定含义的地址段前缀与主机号构成；而在 802.15.4 中直接采用 64 位或 16 位的扁平地址。另外，两者设备的协议设计要求不同，在 IPv6 的协议设计时没有考虑节省能耗问题。而在 802.15.4 很多设备都是电池供电，能量有限，需要尽量减少数据通信量和通信距离，以延长网络寿命。最后，两个网络协议的优化目标不同，在 IPv6 中一般关心如何快速地实现报文转发问题，而在 802.15.4中，如何在节省设备能量的情况下实现可靠的通信是其核心目标。

总之，由于两个协议的设计出发点不同，要 IEEE 802.15.4 支持 IPv6 数据包的传输还存在很多技术问题需要解决，如报文分片与重组、报头压缩、地址配置、映射与管理、网状路由转发、邻居发现等，这里就不再讨论了。

4. 国内标准化及国际化

国内无线传感器网络领域的标准化工作在全国信息技术标准化技术委员会（简称信标委）推动下，取得了较大进展。信标委于 2005 年 11 月 29 日在中国电子技术标准化研究所召开第一次"无线个域网技术标准研讨会"，讨论无线个域网标准进展状况、市场分析及标准制定等事宜，会议建议将无线传感器网络纳入无线个域网范畴，并成立专门的兴趣小组（还有低速无线个域网、超宽带等兴趣小组），自此中国无线传感器网络标准化工作迈出了第一步。

工作组提出了低速无线个域网使用的 780MHz（779～787MHz）专用频段及相关技术标准，获得国家无管委的正式批准（日本使用 950MHz、美国使用 915MHz）。针对该频段，工作组提出了拥有自主产权的 MPSK 调制编码技术，摆脱了国外同类技术的专利束缚。2008 年 3 月，工作组对《信息技术系统间远程通信和信息交换局域网和城域网特定要求第 15.4 部分：低速率无线个域网（WPAN）物理层和媒体访问控制层规范》意见函进行了投票，并通过了 780MHz 工作频段采用 MPSK 和 O-QPSK 调制编码技术提案作为低速率无线个域网共同可选（Co-alternative）的物理层技术规范（MPSK 和 O-QPSK 分别由中国和美国相关团体提出，并各自拥有知识产权），即 LR-WPAN 可以采用 MPSK 和 OQPSK 其中之一，或共同使用，并最终将形成 IEEE 802.15.4c 标准。另外，由中国及华人专家主要负责起草的包括了 MAC/PHY 两层协议的 IEEE 802.15.4e 也在顺利推进中（在 IEEE 802.15.4—2006 介质访问控制中加入工业无线标准支持 ISA SP-100.11a，并兼容 IEEE 802.15.4c）。这是国内标准化工作的一个重要进展，也是我国参与国际标准制定的重要一步。最近，国内及国际无线传感器网络的标准化工作又取得了新的发展。首先，信标委已正式批复无线传感器网络从无线个域网工作组中分离出来，成立了直属于全国信息技术标准化管理委员会的无线传感器网络标准工作组（秘书处现挂靠微系统所，计算所作为其成员单位之一，将致力于该标准的制定工作）。工作组于 2008 年 4 月完成筹备工作，这标志着传感器网络的标准化工作向前迈进了一大步；其次，国际标准化组织也成立了 ISO/IEC JTC1/SGSN 研究小组，开始了传感器网络相关国际标准的制定。中国和美国、韩国、日本等国家一起作为重要成员单位参与其中。其第一次会议于 2008 年 6 月底在上海隆重召开。会议不但有国内外相关领域专家对其中若干关键问题展开技术讨论，也会有众多从事传感器网络应用的企业携最新产品参加展览。与此同时，各会员国将对传感器网络标准框架开展深入探讨，为标准草案的详细设计奠定基础。

标准是连接科研和产业的纽带，而芯片正是标准的最直接的实现形式。参与标准化工作，特别是参与国际标准的制定，对提升我国产品的竞争力和技术水平，占领行业制高点，有着举足轻重的作用。制定标准的最终目的还是为提升产业水平，满足产品国际化，保护自主知识产权，兼容同类或配套产品等方面提供便利。如果能参与无线传感器网络相关的国内和国际标准的制定，就会在本领域的芯片设计、方案提供及产品制造等方面获得有力保障。系统芯片作为标准最直接的体现形式，将是无线传感器网络应用系统的关键部件，不但是成本的主要决定因素，更是知识产权的主要体现形式。缺少产业的标准显得苍白无力，只是一纸空文；缺少芯片的标准制定显得有名无实，只是纸上谈兵。但是，目前国内在芯片设计及产业化(特别是射频芯片)方面的水平都较低，能力比较弱，这是无线传感器网络领域亟须取得突破的两个关键环节。标准制定和通信芯片是目前传感器网络领域的两个不可或缺的方面。

6.8 本章小结

本章指出了物联网标准制定的意义，介绍了现有的国内外物联网标准机构以及泛在网标准化，在此基础上，着重介绍了物联网两个关键技术的标准，为我国物联网标准化体系的发展和完善提供参考。

第 7 章 CHAPTER 7 物联网功能实验示例

全功能物联网教学科研平台(标准版)是北京赛佰特科技有限公司基于物联网多功能、全方位教学科研需求,推出的一款集无线 ZigBee、IPv6、Bluetooth、WiFi、RFID 和智能传感器等通信模块于一体的全功能物联网教学科研平台,如图 7-1 所示。

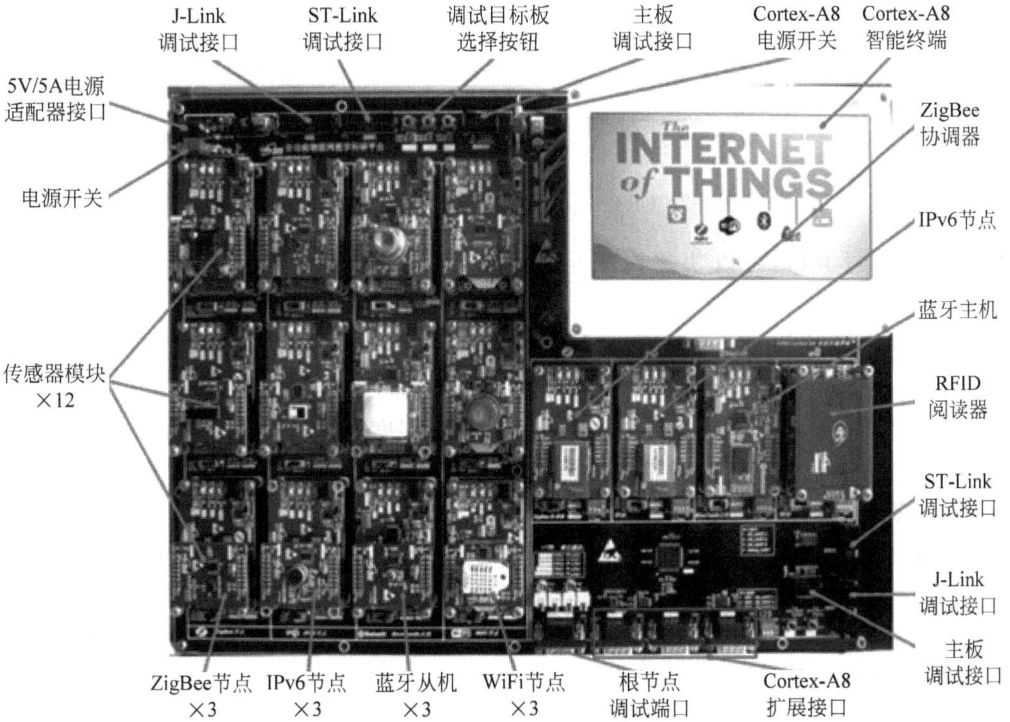

图 7-1 全功能物联网教学科研平台

该平台以强大的 Cortex-A8(可支持 Linux/Android/WinCE 操作系统)嵌入式处理器作为核心智能终端,结合自主开发的通用型 IPv6 物联网网关,支持多种无线传感器通信模块组网方式。由浅入深,提供丰富的实验例程和文档资料,便于物联网无线网络、传感器网络、RFID 技术、嵌入式系统及下一代互联网等多种物联网课程的教学和实践。全功能物联网教学科研平台的应用结构拓扑图如图 7-2 所示,该平台具有如下的特点。

(1) 丰富快捷的无线组网功能。系统配备 ZigBee、IPv6、蓝牙、WiFi 4 种无线通信节

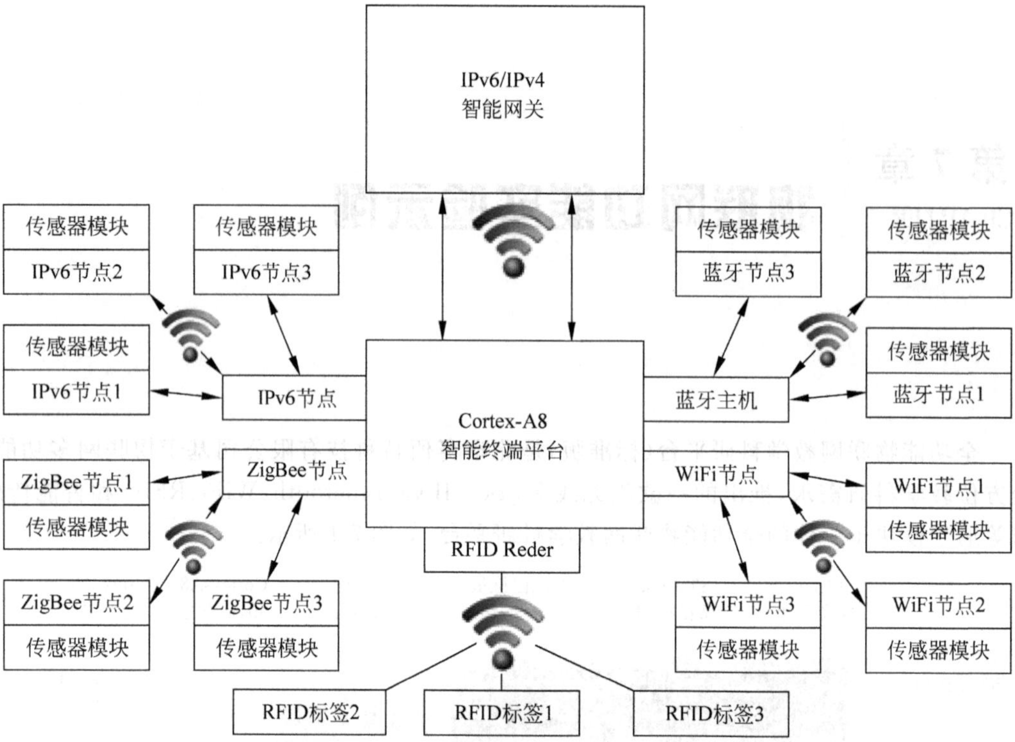

图 7-2 CBT-Super IoT 型平台应用拓扑结构

点及 RFID 读/写卡器，可以快速构成小规模 ZigBee、IPv6、蓝牙、WiFi 无线传感器通信网络。

(2) IPv6 网络协议的无线网络应用。通过 IPv6/IPv4 智能网关，各节点可以快速连接 IPv6，同时通过支持 802.15.4 的 IPv6 节点，可以构建基于 IPv6 的无线传感器网络。

(3) 丰富的传感器数据采集和扩展功能。配备温湿度、光敏、振动、三轴加速计、红外热释、烟雾等 12 种基于 MCU 的智能传感器模块，可以通过标准接口与通信节点建立连接，实现传感器数据的快速采集和通信。

(4) 可视化终端界面开发。基于 Qt 的跨平台图形界面开发，用户可以快速开发友好的人机界面。

(5) 方便快捷的 Web 访问。IPv6/IPv4 智能网关内嵌 Web Server，可以通过智能网关，直接访问通信节点。

7.1 物联网平台资源

1. 硬件资源

全功能物联网科研教学平台硬件由 Cortex-A8 嵌入式智能终端、IPv6/IPv4 智能网关、无线通信模块和智能传感器模块几部分构成，硬件资源如表 7-1 所示。

表 7-1 全功能物联网科研教学平台硬件资源

Cortex-A8 智能终端	
CPU 处理器	处理器 Samsung S5PV210，基于 Cortex-A8，运行主频 1GHz 内置 PowerVR SGX540 高性能图形引擎 支持流畅的 2D/3D 图形加速 最高可支持 1080p@30fps 硬件解码视频流畅播放，格式为 PEG4、H. 263、H. 264 等 最高可支持 1080p@30fps 硬件编码(Mpeg-2/VC1)视频输入
RAM 内存	1G DDR2 32b 数据总线，单通道 运行频率：200MHz
FLASH 存储	SLC NAND Flash 1GB
显示	7 寸 LCD 液晶电阻触摸屏
接口	1 路 HDMI 输出 1 路 mini PCIE 3G 模块接口，板载 SIM 卡插座 1 路 SIM900 GSM/GPRS 模块，板载 SIM 卡插座 1 路 CAN 总线接口 1 路 RS-485 接口 4 路串口，RS-232×2、TTL 电平×4 USB Host 2.0、mini USB Slave 2.0 接口 3.5mm 立体声音频(WM8960 专业音频芯片)输出接口、板载麦克风 1 路标准 SD 卡座 10/100M 自适应 DM9000AEP 以太网 RJ-45 接口 SDIO 接口 CMOS 摄像头接口 AD 接口×6，其中 AIN0 外接可调电阻，用于测试 I2C-EEPROM 芯片(256B)，主要用于测试 I^2C 总线 用户按键(中断式资源引脚)×8 PWM 控制蜂鸣器 板载实时时钟备份电池
电源	电源适配器 5V(支持睡眠唤醒)
IPv6 智能网关	
CPU 处理器	Broadcom 5354 基于 MIPS32 架构，主频 240MHz
内存及 FLASH	32MB 内存，16MB Flash
网络接口	5 端口交换机(2.4GHz 802.11b/g 芯片，支持最高 125Mb/s)
无线/网络通信	ZigBee/IPv6 802.15.4 无线射频芯片
电源	电源适配器 12V
无线通信模块	
ZigBee 节点 (ST 方案可选)	处理器 STM32W108，基于 ARM Cortex-M3 高性能的 32 位微处理器，集成了 2.4GHz IEEE 802.15.4 射频收发器，板载天线
	存储器：128KB 闪存和 8KB RAM
	射频数据速率：250kb/s，RX 灵敏度：−99dBm(1%收包错误率)
	用户自定制：按键×2，LED×2
	供电电压：3.7V 收发电流：27mA/40mA，支持电池供电
	扩展 ST-Link 调试接口

续表

无线通信模块		
ZigBee 节点（TI 方案标配）	处理器 CC2530，内置增强型 8 位 51 单片机和 RF 收发器，符合 IEEE 802.15.4/ZigBee 标准规范，频段为 2045M～2483.5MHz，板载天线	
	存储器：256KB 闪存和 8KB RAM	
	射频数据速率：250kb/s，可编程的输出功率高达 4.5dB	
	用户自定制：按键×2，LED×2	
	供电电压：2～3.6V，支持电池供电	
	扩展调试接口	
IPv6 节点	处理器 STM32W108，基于 ARM Cortex-M3 高性能的微处理器，集成了 2.4GHz IEEE 802.15.4 射频收发器，板载天线	
	存储器：128KB 闪存和 8KB RAM	
	用户自定制：按键×1，LED×2	
	供电电压：3.7V　收发电流：27mA/40mA，支持电池供电	
	扩展 J-Link 调试接口	
蓝牙节点	BF-10 蓝牙模块，BlueCore4-Ext 芯片，板载天线	
	处理器 STM32F103 基于 ARM Cortex-M3 内核，主频 72MHz	
	完全兼容蓝牙 4.0 规范，硬件支持数据和语音传输，最高可支持 3M 调制模式	
	支持 UART 透传，IO 配置	
	扩展 J-Link 接口，外设主从开关，支持一键主从模式转换	
	支持电池供电	
WiFi 节点	型号：嵌入式 WiFi 模块（支持 IEEE 802.11b/g/n 无线标准）内置板载天线	
	处理器 STM32F103 基于 ARM Cortex-M3 内核，主频 72MHz	
	支持多种网络协议：TCP/IP/UD，支持 UART/以太网数据通信接口	
	支持无线工作在 STA/AP 模式，支持路由/桥接模式网络架构	
	支持透明协议数据传输模式，支持串口 AT 指令	
	扩展 J-Link 接口	
	支持电池供电	
RFID 阅读器	MF RC531（高集成非接触读写卡芯片）支持 ISO/IEC 14443A/B 和 MIFARE 经典协议	
	处理器 STM8S105 高性能 8 位架构的微控制器，主频 16MHz	
	支持 Mifare1 S50 等多种卡类型	
	用户自定制：按键×1，LED×1	
	最大工作距离：100mm，最高波特率：424kb/s	
	Crypto1 加密算法并含有安全的非易失性内部密钥存储器	
	扩展 ST-Link 接口	
传感器模块		
处理器	STM8S103 高性能 8 位框架结构的微控制器，主频 1MHz	
外设	LED 灯、UART 串口及电源接口	
传感器种类	磁检测传感器	人体检测传感器
	光照传感器	三轴加速度传感器
	红外对射传感器	声响检测传感器
	红外反射传感器	温湿度传感器
	结露传感器	烟雾传感器
	酒精传感器	振动检测传感器

2. 软件资源

全功能物联网科研教学平台软件如表 7-2 所示。

表 7-2 全功能物联网科研教学平台软件资源

Cortex-A8 智能终端平台	操作系统：Linux-3.0.8+Qt4.7/Qtopia2/Qtopia4、Android 4.0、WinCE 6.0 实验内容：可进行 Linux 系统嵌入式编程开发，包括开发环境搭建、Bootloader 开发、嵌入式操作系统移植、驱动程序调试与开发、应用程序的移植与项目开发等
IPv6 智能网关 (选配)	操作系统：Openwrt，实现 IPv6 网络的全部功能、IPv4 到 IPv6 的自动转换 开发工具：Linux(RHEL6)、openwrt 源码包 实验内容：可进行 Linux 编程开发，包括 Linux 内核移植与裁剪、文件系统定制、驱动程序调试与开发、应用程序的移植与开发、交叉编译、shell 编程、网络通信、防火墙技术、路由技术、Web 配置系统、数据库技术等
ZigBee 通信 节点(ST 方案选配)	开发环境：IAR for STM32W108 协议：ZigBee Pro 协议(EmberZNet 4.30 协议栈) 功能：自动组网、无线数据传输等
ZigBee 通信 节点(TI 方案标配)	开发环境：基于 IAR for 8051 协议：ZigBee Pro 协议(Z-Stack2007 协议栈) 功能：自动组网、自动路由、无线数据传输等
IPv6 通信节点	操作系统：Contiki 2.5 协议：基于 Contiki OS 在 IEEE 802.15.4 平台上实现完整的 IPv6 协议(Contiki OS uIPv6 协议栈) 功能：自动组网、自动路由、无线数据传输等
蓝牙通信节点	协议：完整的蓝牙通信 4.0 协议 功能：蓝牙模块组网、SPP 蓝牙串行服务、无线数据传输等
WiFi 通信节点	网络类型：Station/AP 模式 安全机制：WEP/WAP-PSK/WAP2-PSK/WAPI 加密类型：WEP64/WEP128/TKIP/AES 工作模式：透明传输模式，协议传输模式 串口命令：AT+命令结构 网络协议：TCP/UDP/ARP/ICMP/DHCP/DNS/HTTP 最大 TCP 连接数：32 功能：自动组网、支持 AP 模式/AT 命令、无线数据传输等
RFID 阅读器	功能：支持与节点通信、组网，支持快速 CRYPTO1 加密算法、IC 卡识别、IC 卡读写
传感器模块	功能：基于 IAR for STM8 的开发环境，实现传感器数据采集与串口协议通信

7.2 Windows 系统开发环境

1. ZigBee 模块(ST 方案)

CBT-Super IOT 型全功能物联网平台，ZigBee 模块(ST 方案)与 IPv6 模块采用相同的 32 位高性能低功耗的 STM32W108 处理器，其上位机 Windows 开发环境使用嵌入式集成开发环境 IAR EWARM。该开发环境针对目标处理器集成了良好的函数库和工具支持。

1）软件安装准备工作

（1）嵌入式集成开发环境 IAR EWARM 5.41 安装包。

（2）J-Link 4.20 驱动程序安装包。

（3）emberznet-4.3.0 协议栈安装包。

2）软件安装

（1）嵌入式集成开发环境 IAR EWARM 安装。

① 打开 IAR 安装包，如图 7-3 所示。

名称
修改日期
类型
大小
autorun 2012/6/18 10:54 文件夹
doc 2012/6/18 10:54 文件夹
dongle 2012/6/18 10:55 文件夹
drivers 2012/6/18 10:55 文件夹
ewarm 2012/6/18 10:55 文件夹
license-init 2012/6/18 10:55 文件夹
windows 2012/6/18 10:55 文件夹
autorun 2011/10/14 12:01 应用程序 348 KB
autorun 2011/10/14 12:01 安装信息 1 KB
IAR kegen 2011/10/14 12:01 应用程序 800 KB

图 7-3　打开 IAR 安装包

② 执行 autorun.exe，进入安装界面，选择 Install Embedded Workbench 安装选项，进入 IAR 安装过程，再单击 Next 按钮，如图 7-4 所示。

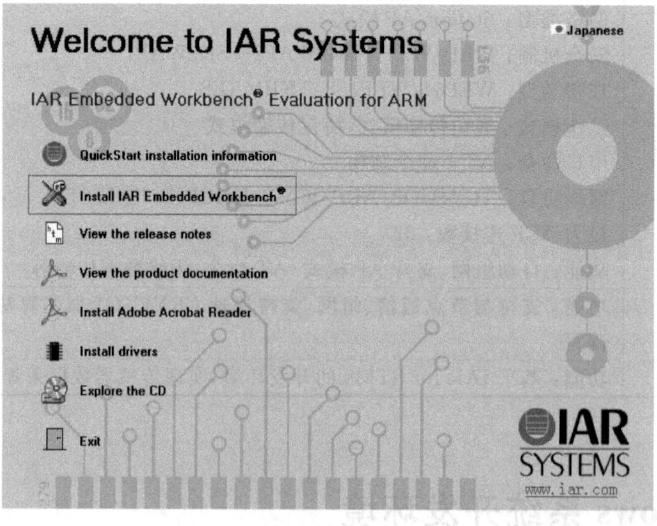

(a)

图 7-4　安装 IAR

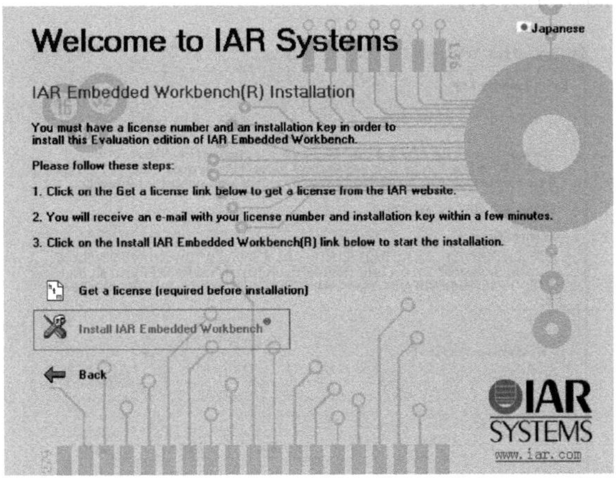

(b)

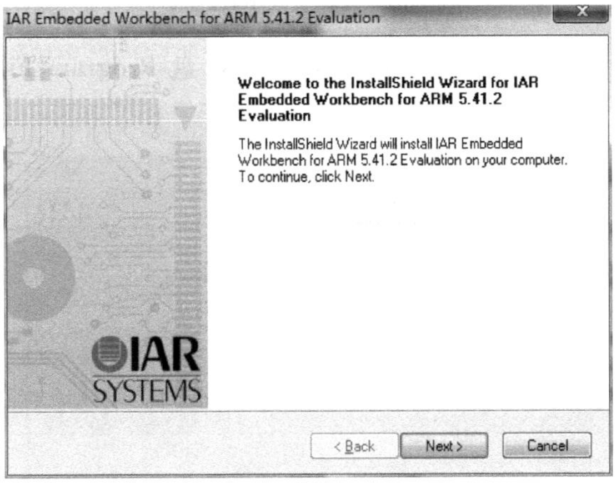

(c)

图 7-4 （续）

③ 进入 License 输入界面，如图 7-5 所示。

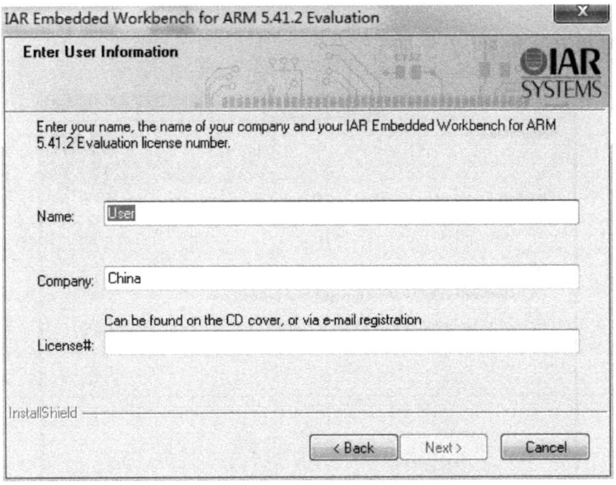

图 7-5 输入用户信息和 License

④ 输入 KEY，如图 7-6 所示。

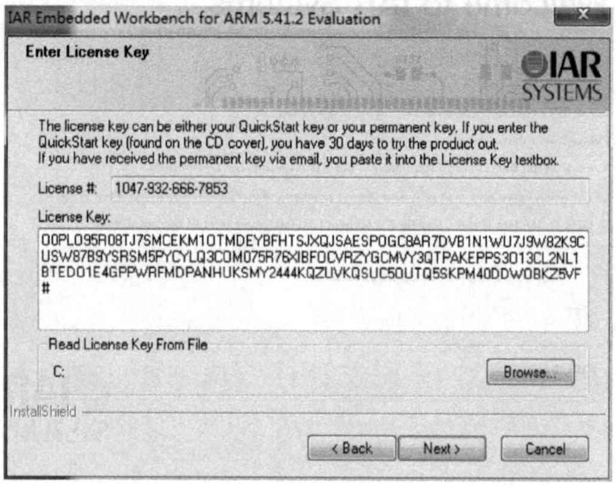

图 7-6 输入 KEY

⑤ 选择 IAR 软件安装路径，这里选择默认的 C 盘 Program Files，建议默认安装，如图 7-7 所示。

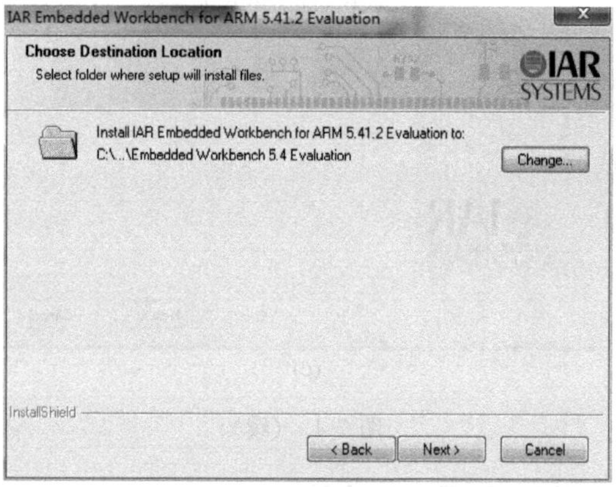

图 7-7 安装到 C 盘默认路径

⑥ 进入安装过程界面，如图 7-8 所示。

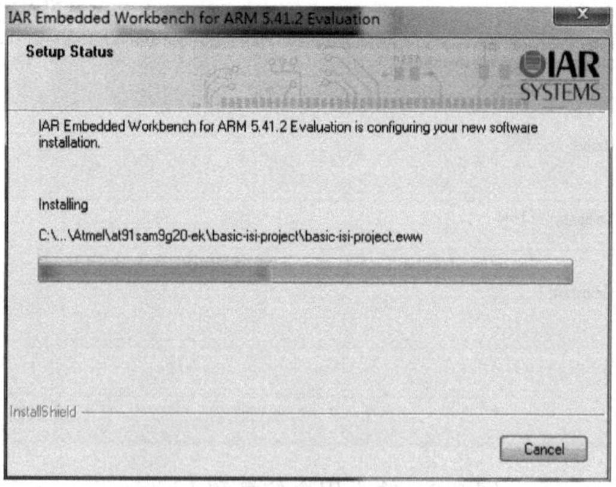

图 7-8 进入安装过程界面

⑦ 安装完成，如图 7-9 所示。

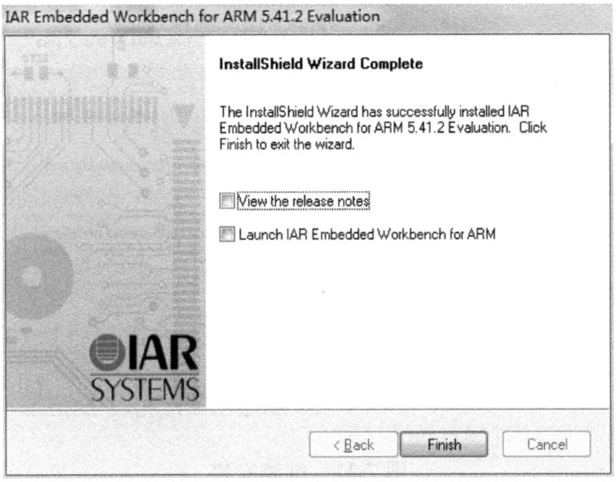

图 7-9　安装完成

(2) Jlink 4.20 驱动程序安装过程。

① 运行安装程序 Setup_JLinkARM_V420p 安装包，单击 Yes 按钮，如图 7-10 所示。

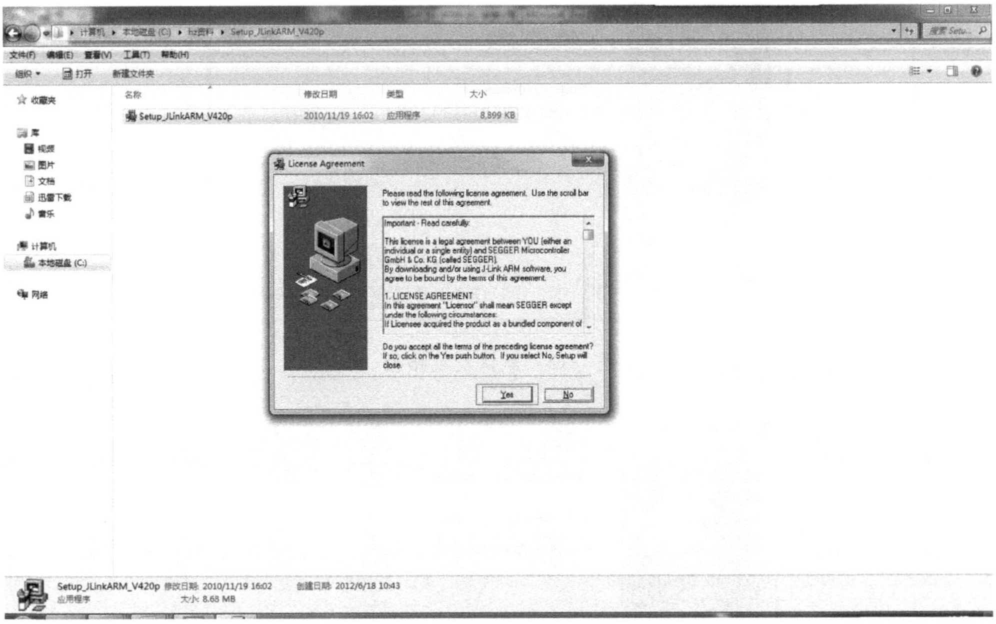

图 7-10　安装仿真器驱动

② 单击 Next 按钮，继续安装过程，如图 7-11 所示。

③ 选择驱动安装路径，单击 Next 按钮，如图 7-12 所示。

④ 选择在桌面创建快捷方式，单击 Next 按钮，如图 7-13 所示。

⑤ 进入安装状态，单击 Next 按钮，如图 7-14 所示。

⑥ 进入 SEGGER J-Link DLL Updater V4.20p 界面，勾选相应的 IAR 版本，单击 Next 按钮，如图 7-15 所示。

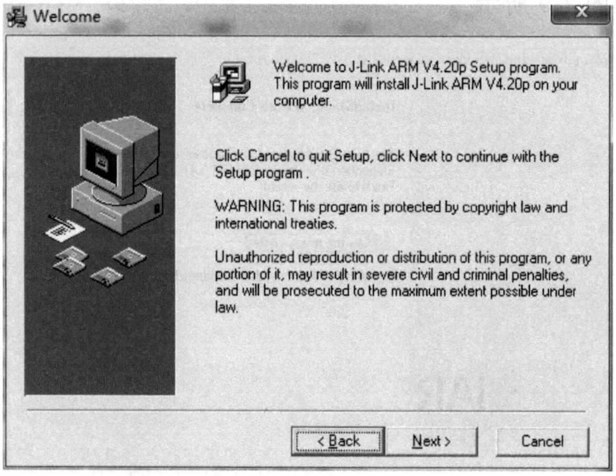

图 7-11　继续安装

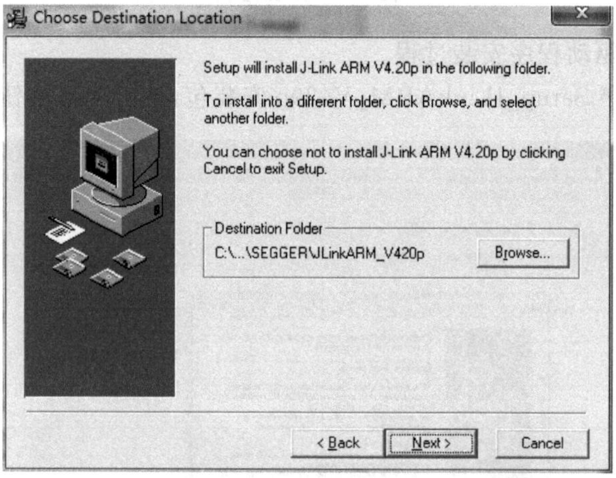

图 7-12　默认安装路径

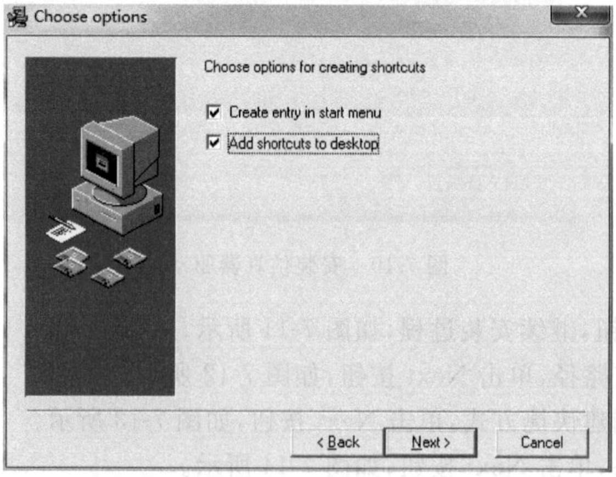

图 7-13　创建图标

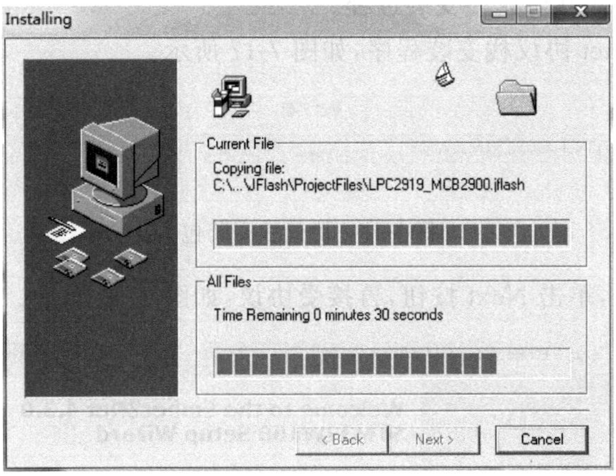

图 7-14　开始安装

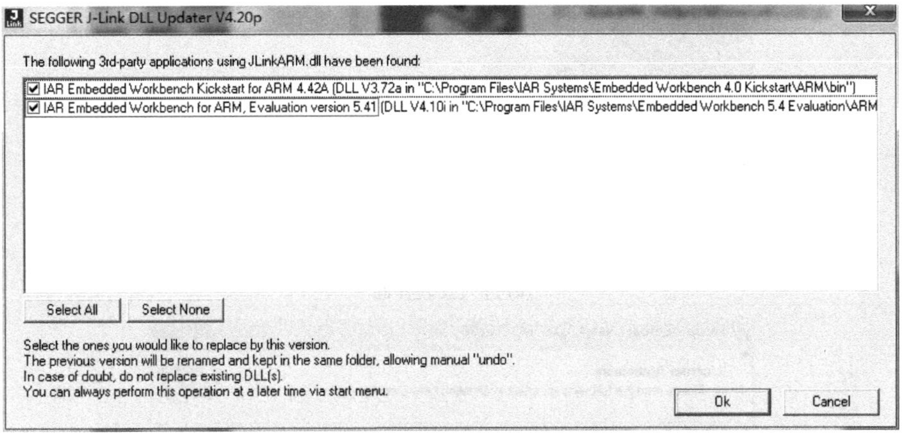

图 7-15　选择第三方环境支持

⑦ 完成 J-Link 驱动程序安装，如图 7-16 所示。

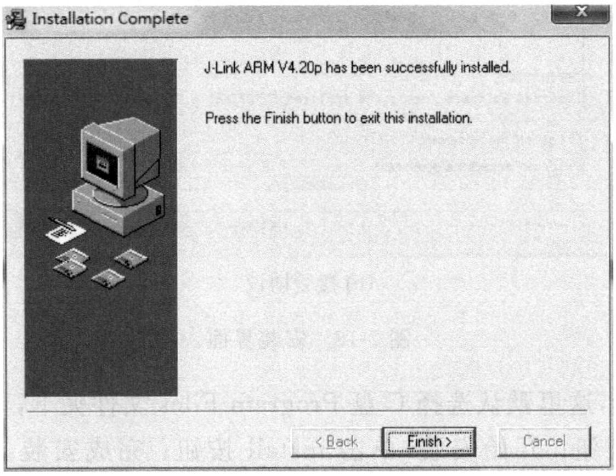

图 7-16　完成安装

(3) emberznet-4.3.0 协议栈安装过程。

① 运行 EmberZnet 协议栈安装程序,如图 7-17 所示。

图 7-17 协议栈安装包

② 进入安装界面,单击 Next 按钮,再接受协议,如图 7-18 所示。

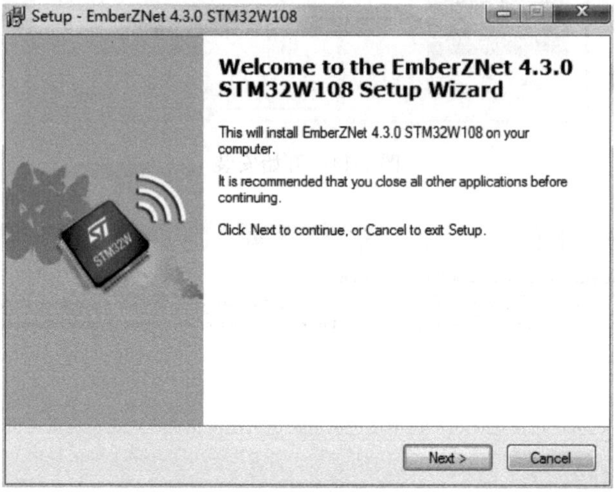

(a) 进入安装界面

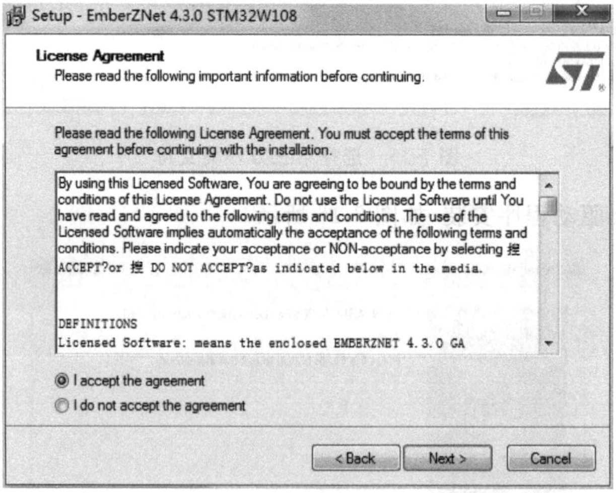

(b) 接受协议

图 7-18 安装界面

③ 选择安装路径,这里默认选择 C 盘 Program Files 文件夹下,单击 Next 按钮;安装父目录,单击 Next 按钮;开始安装,单击 install 按钮;完成安装,单击 Finish 按钮,如图 7-19 所示。

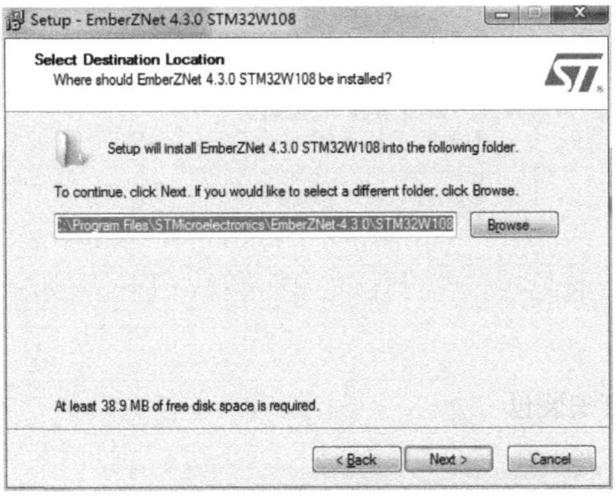

(a) 默认C盘安装路径

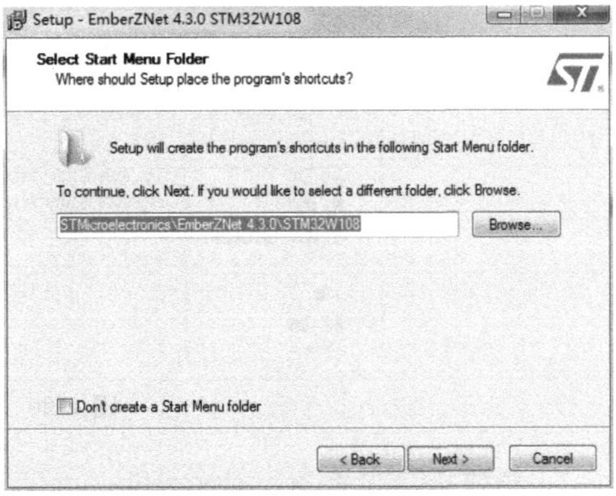

(b) 安装父目录

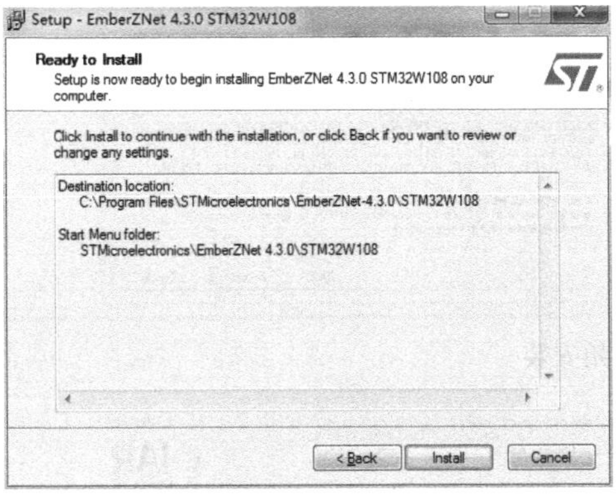

(c) 开始安装

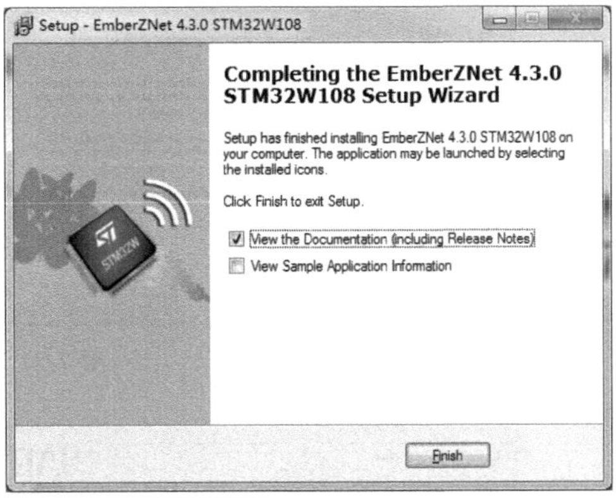

(d) 完成安装

图 7-19　安装过程

2. ZigBee 模块(TI 方案)

CBT-Super IOT 型全功能物联网平台,ZigBee 模块(TI 方案)采用 TI 的 CC2530 处理器,其上位机 Windows 开发环境使用嵌入式集成开发环境 IAR EWARM。该开发环境针对目标处理器集成了良好的函数库和工具支持。

1) 软件安装准备工作

(1) 嵌入式集成开发环境 IAR EW8051-EV-751A 安装包。

(2) ZStack-CC2530-2.3.0-1.4.0 ZigBee 协议栈安装包。

(3) Setup_SmartRFstudio_6.11.6.exe 仿真器驱动安装包。

(4) Setup_SmartRFProgr_1.6.2 烧写工具安装包。

2) 软件安装

(1) 嵌入式集成开发环境 IAR EW8051-EV-751A 安装。

① 打开 IAR 安装包,双击 EW8051-EV-751A 进行安装,如图 7-20 所示。

② 在安装界面,单击 Next 按钮,再接受许可协议,如图 7-21 所示。

③ 输入正确的序列号和 KEY,如图 7-22 所示。

④ 设置安装路径,单击 Next 按钮,如图 7-23 所示。

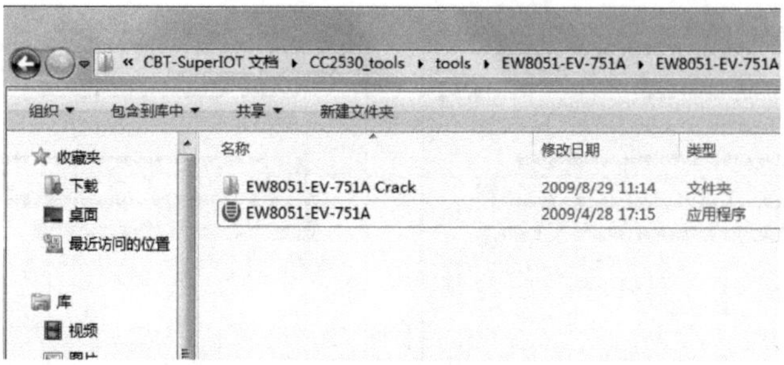

图 7-20　打开安装包

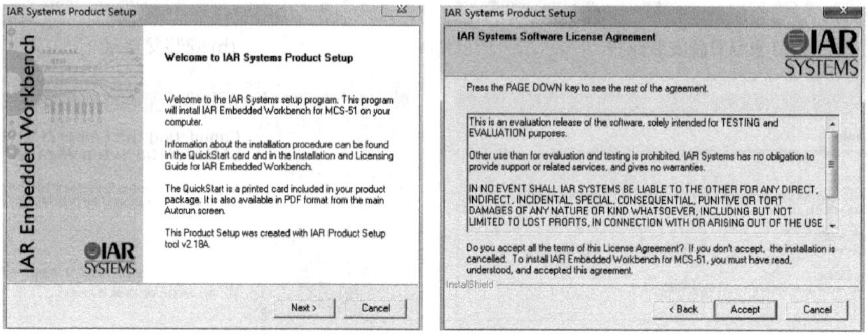

图 7-21　开始安装

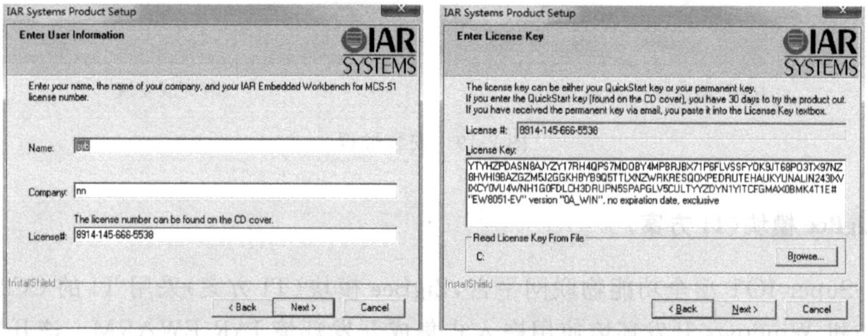

(a) 输入序列号　　　　(b) 输入KEY

图 7-22　输入序列号和 KEY

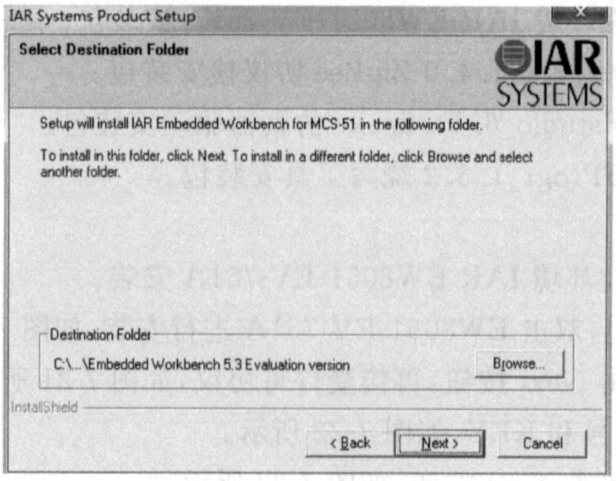

图 7-23　安装路径

⑤ 选择完整安装，三击 Next 按钮，如图 7-24 所示。

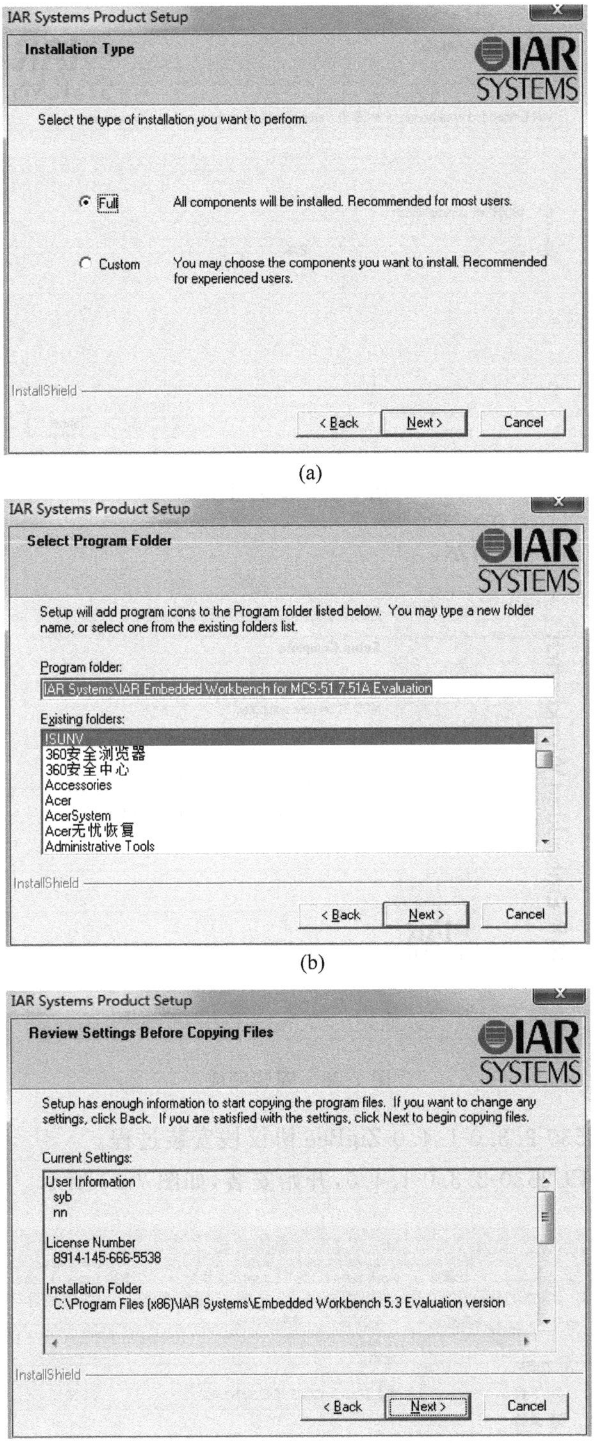

(a)

(b)

(c)

图 7-24　选择完整安装

⑥ 开始安装，如图 7-25 所示。

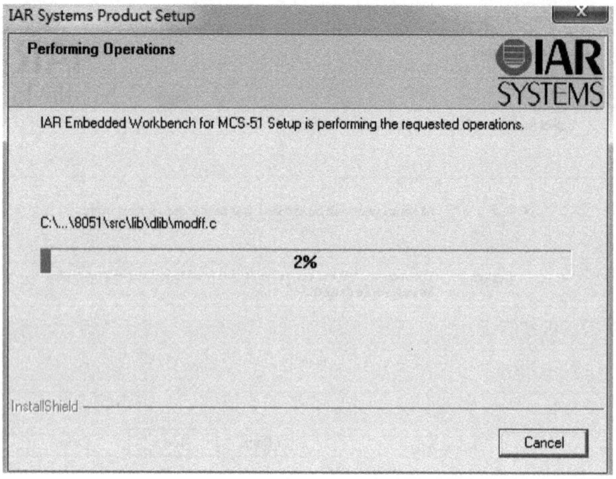

图 7-25 安装进度

⑦ 安装完成，如图 7-26 所示。

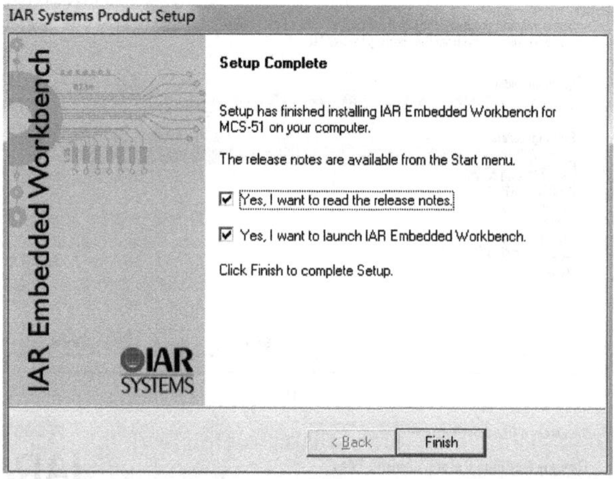

图 7-26 安装完成

(2) ZStack-CC2530-2.3.0-1.4.0 ZigBee 协议栈安装过程。

① 双击 ZStack-CC2530-2.3.0-1.4.0，开始安装，如图 7-27 所示。

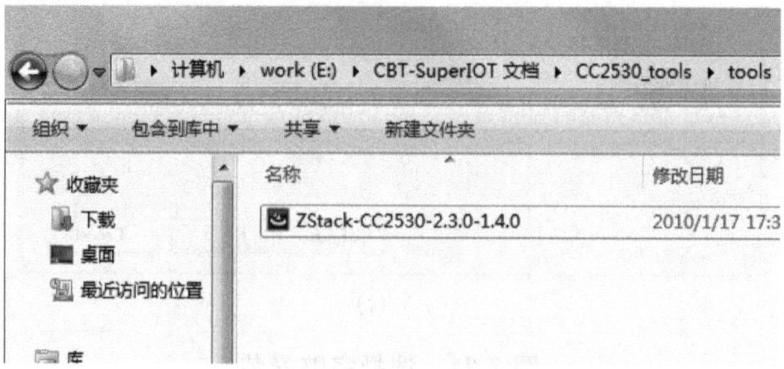

图 7-27 协议栈安装包

② 选择典型安装，再单击 Next 按钮，如图 7-28 所示。

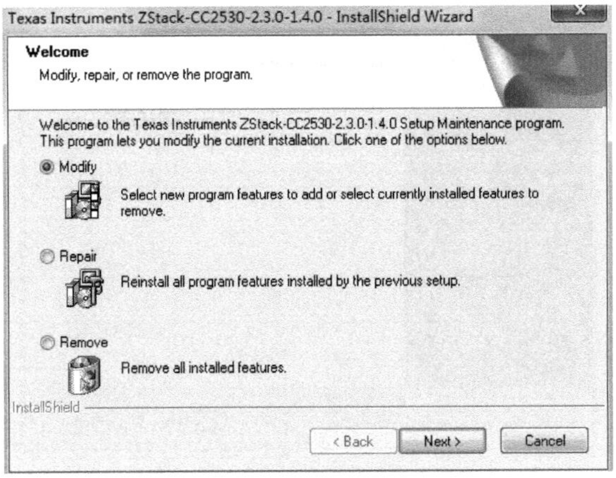

图 7-28　选择典型安装

③ 选择安装支持的工具，如图 7-29 所示。

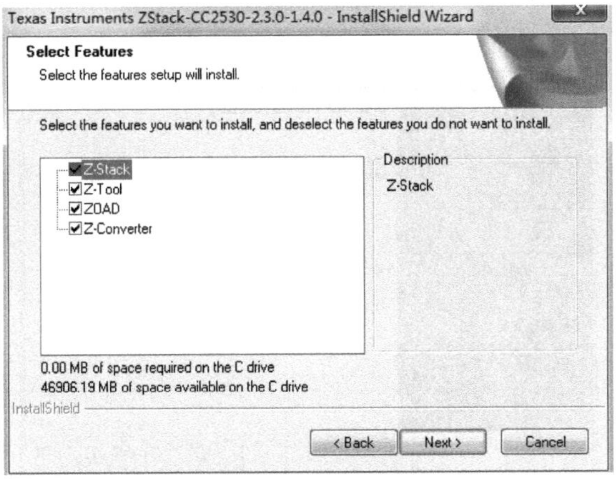

图 7-29　安装支持工具

④ 开始安装，如图 7-30 所示。

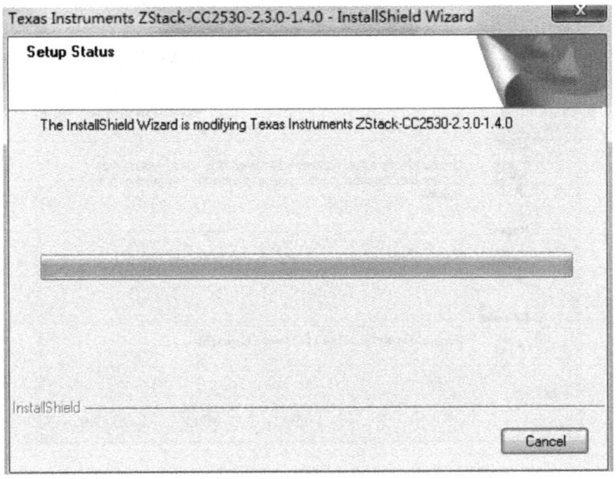

图 7-30　安装进度

⑤ 安装完成,如图 7-31 所示。

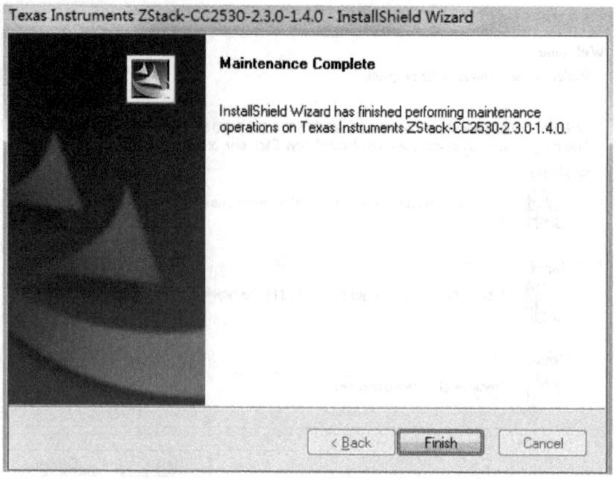

图 7-31 安装完成

(3) Setup_SmartRFstudio_6.11.6.exe 仿真器驱动安装过程。

① 双击 Setup_SmartRF_Studio_6.11.6 开始安装,单击 Next 按钮,如图 7-32 所示。

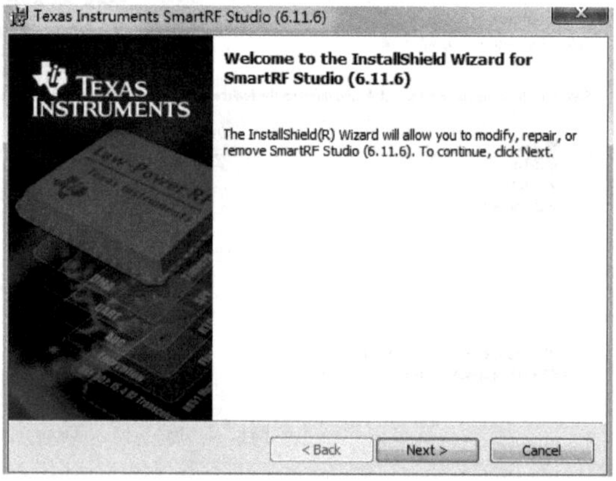

图 7-32 开始安装

② 选择典型安装模式,如图 7-33 所示。

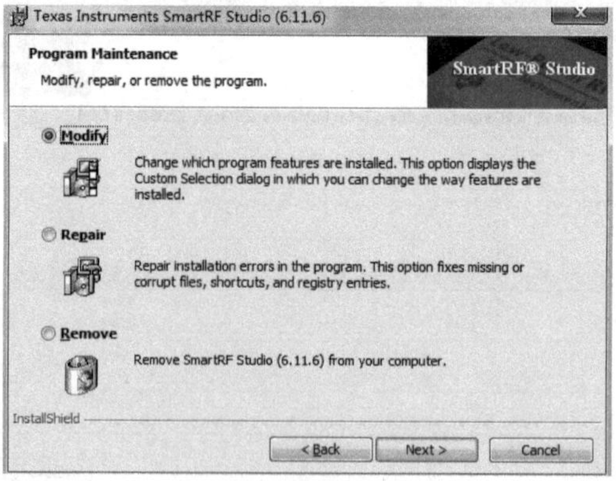

图 7-33 选择典型安装

③ 选择安装选项，如图 7-34 所示。

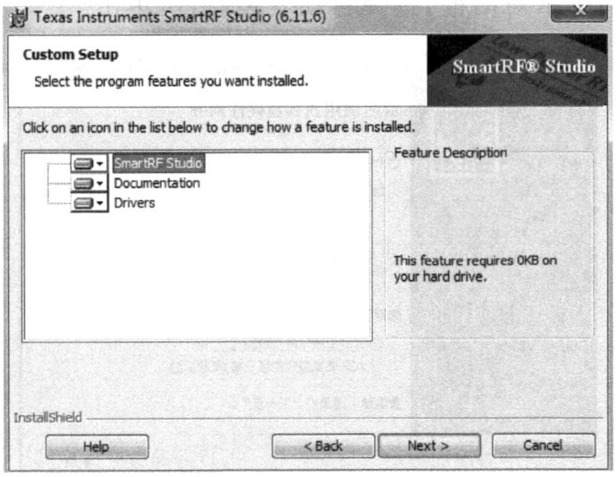

图 7-34　安装选项

④ 开始安装，如图 7-35 所示。

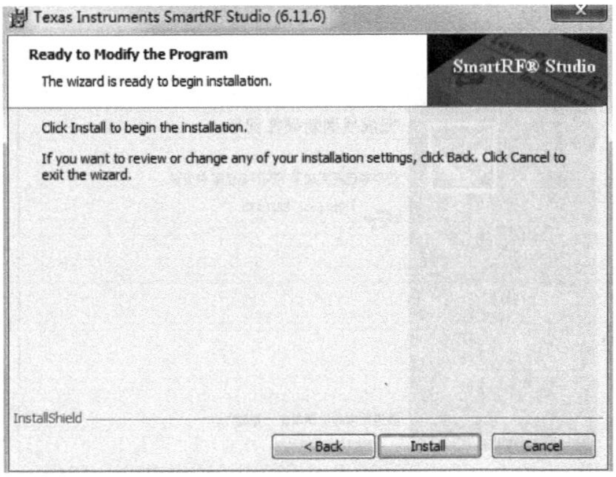

图 7-35　开始安装

⑤ 安装完成，如图 7-36 所示。

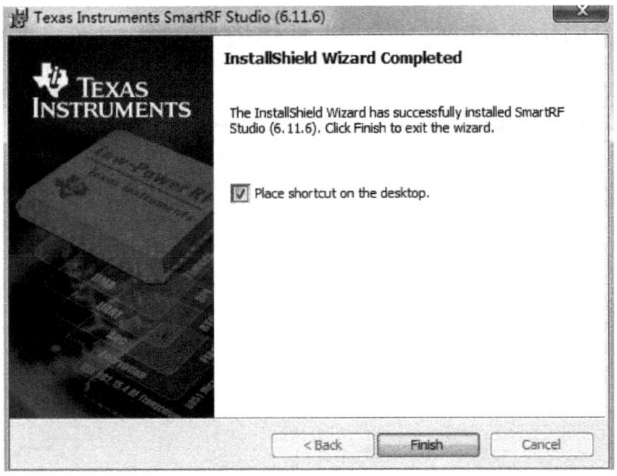

图 7-36　安装完成

将仿真器通过开发系统附带的 USB 电缆连接到 PC，在 Windows XP 系统下，系统找到新硬件后提示如图 7-37 所示对话框，选择自动安装软件，单击“下一步”按钮。

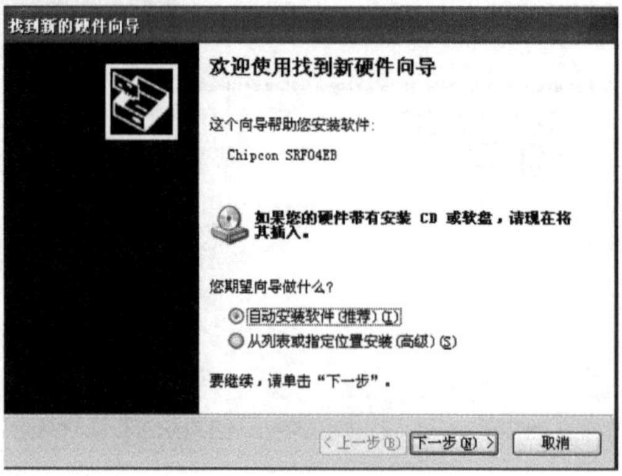

图 7-37　自动安装

向导会自动搜索并复制驱动文件到系统。系统安装完驱动后，弹出如图 7-38 所示对话框，单击“完成”按钮，退出安装。

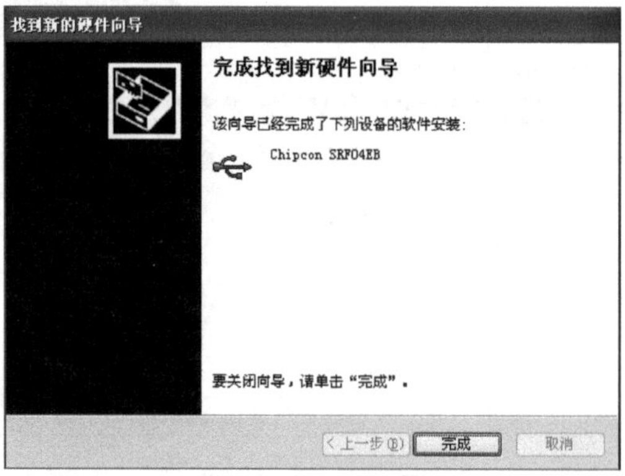

图 7-38　安装完成

(4) Setup_SmartRFProgr_1.6.2 烧写工具安装过程。

双击 Setup_SmartRFProgr_1.6.2 安装，具体安装过程如图 7-39 所示。

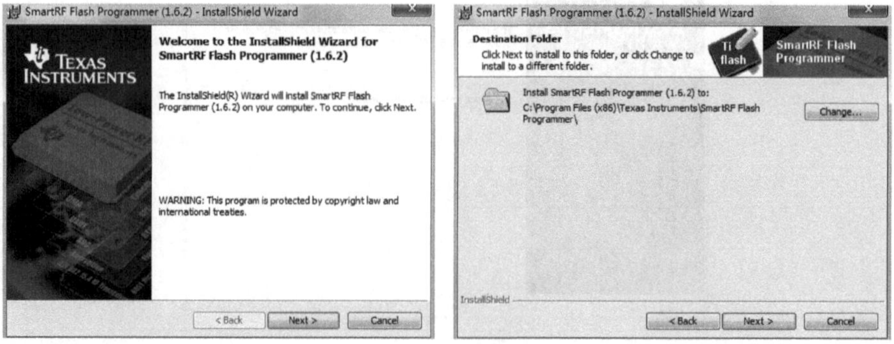

(a)　　(b)

图 7-39　安装过程

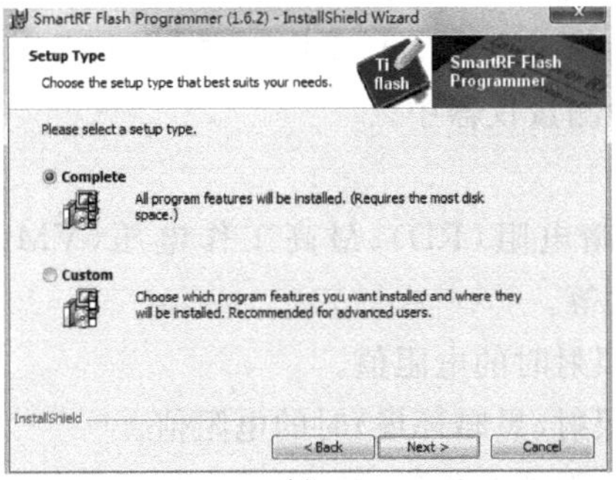

(c)

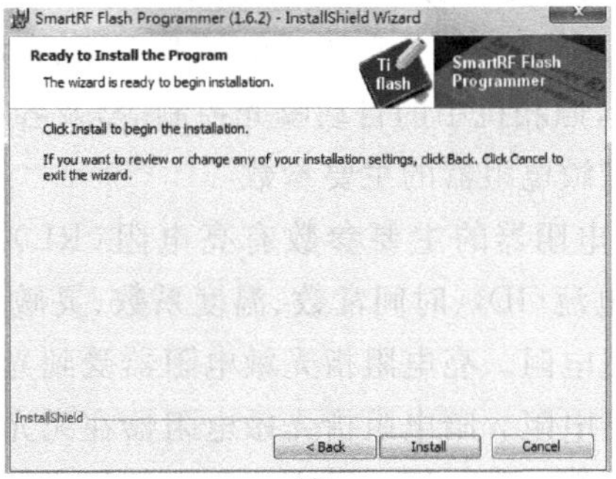

(d)

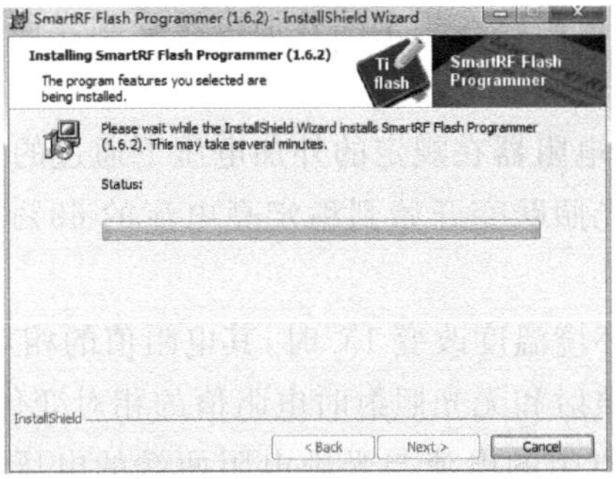

(e)

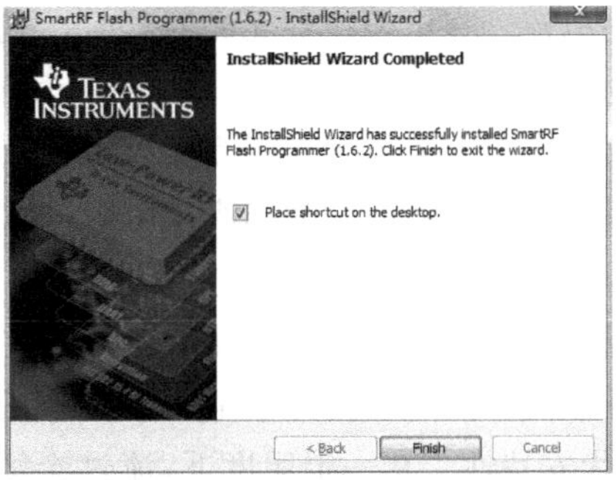

(f)

图 7-39 (续)

7.3 智能传感器模块部分

7.3.1 光照传感器

1. 实验原理

1) 光敏电阻器

光照传感器使用光敏电阻。光敏电阻又称光导管，常用的制作材料为硫化镉，另外还有硒、硫化铝、硫化铅和硫化铋等材料。这些制作材料具有在特定波长的光照射下，其阻值迅速减小的特性。这是由于光照产生的载流子都参与导电，在外加电场的作用下作漂移运动，电子奔向电源的正极，空穴奔向电源的负极，从而使光敏电阻器的阻值迅速下降。

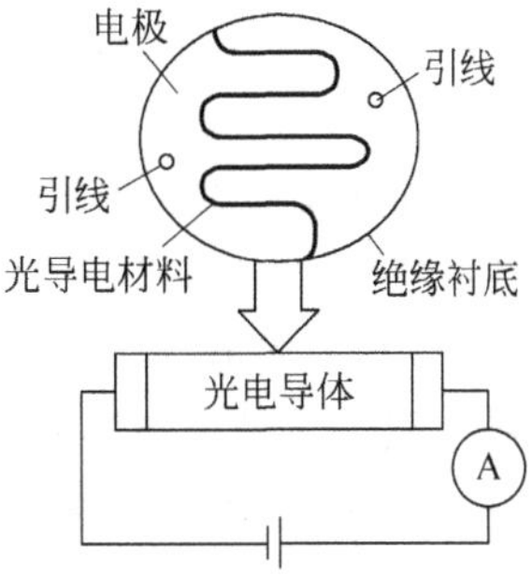

图 7-40 光敏感的元件

光敏电阻器是一种对光敏感的元件，如图 7-40 所示，其电阻值能随着外界光照强弱（明暗）变化而变化。光敏电阻器的结构与特性光敏电阻器通常由光敏层、玻璃基片（或树脂防潮膜）和电极等组成，光敏电阻器是利用半导体光电导效应制成的一种特殊电阻器，对光线十分敏感。它在无光照射时，呈高阻状态；当有光照射时，其电阻值迅速减小。光敏电阻器的应用光敏电阻器广泛应用于各种自动控制电路(如自动照明灯控制电路、自动报警电路等)、家用电器(如电视机中的亮度自动调节，照相机中的自动曝光控制等)及各种测量仪器中。

2）光敏电阻器的主要参数

光敏电阻器的主要参数有亮电阻(RL)、暗电阻(RD)、最高工作电压(VM)、亮电流(IL)、暗电流(ID)、时间常数、温度系数、灵敏度等。

- 亮电阻。亮电阻指光敏电阻器受到光照射时的电阻值。
- 暗电阻。暗电阻指光敏电阻器在无光照射(黑暗环境)时的电阻值。
- 最高工作电压。最高工作电压指光敏电阻器在额定功率下所允许承受的最高电压。
- 亮电流。亮电流指在无光照射时，光敏电阻器在规定的外加电压受到光照时所通过的电流。
- 暗电流。暗电流指在无光照射时，光敏电阻器在规定的外加电压下通过的电流。
- 时间常数。时间常数指光敏电阻器从光照跃变开始到稳定亮电流的63%时所需的时间。
- 温度系数。温度系数指光敏电阻器在环境温度改变1℃时，其电阻值的相对变化。
- 灵敏度。灵敏度指光敏电阻器在有光照射和无光照射时电阻值的相对变化。

(1) 伏安特性。在一定照度下，流过光敏电阻的电流与光敏电阻两端的电压的关系称为光敏电阻的伏安特性。图7-41为硫化光敏电阻的伏安特性。可见，光敏电阻在一定的电压范围内，其曲线为直线。

(2) 光照特性。光敏电阻的光照特性描述光电流和光照强度之间的关系，不同材料的光照特性是不同的，绝大多数光敏电阻光照特性是非线性的。图7-42为硫化光敏电阻的光照特性。

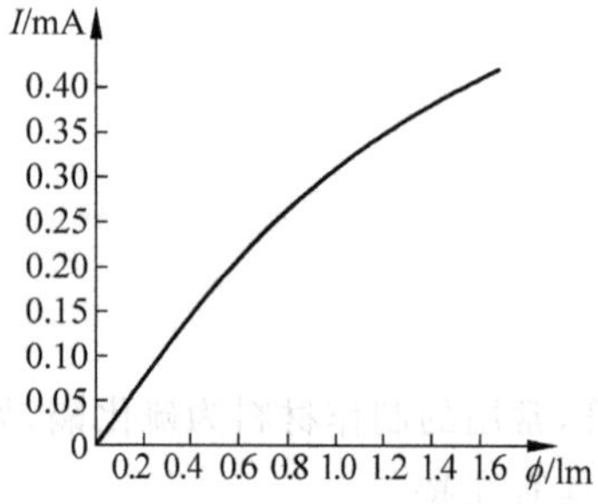

图7-41　硫化光敏电阻伏安特性

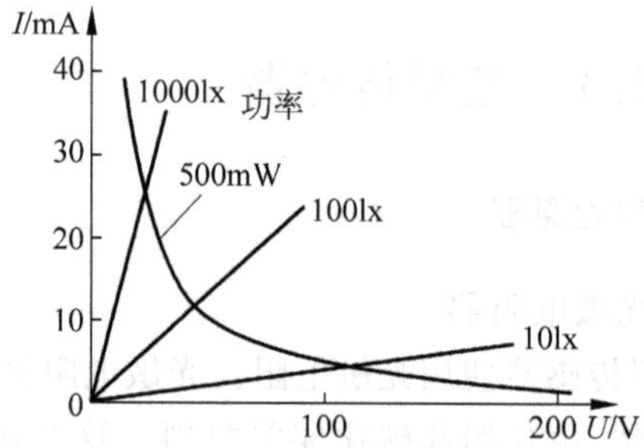

图7-42　硫化光敏电阻光照特性

(3) 光谱特性。光敏电阻对入射光的光谱具有选择作用，即光敏电阻对不同波长的入射光有不同的灵敏度。光敏电阻的相对光敏灵敏度与入射波长的关系称为光敏电阻的光谱特性，亦称为光谱响应。图7-43为几种不同材料光敏电阻的光谱特性。对应于不同波长，光敏电阻的灵敏度是不同的，而且不同材料的光敏电阻光谱响应曲线也不同。

3）光敏传感器模块原理图

光敏电阻阻值随光照强度变化而变化，在引脚Light_AD输出电压值也随之变化。用STM8的PD2引脚采集Light_AD电压模拟量并转为数字量，当采集的AD值大于某一阈

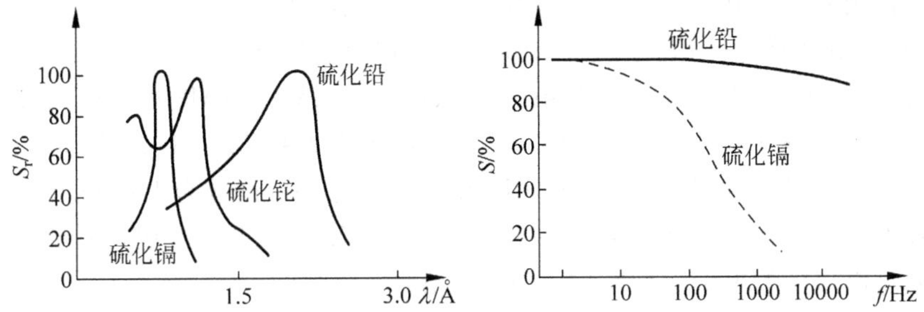

图 7-43 光敏电阻响应时间

值(本程序设置为 700),则将 PD3 即 Light_IO 引脚置低,表明有光照,其原理如图 7-44 所示。

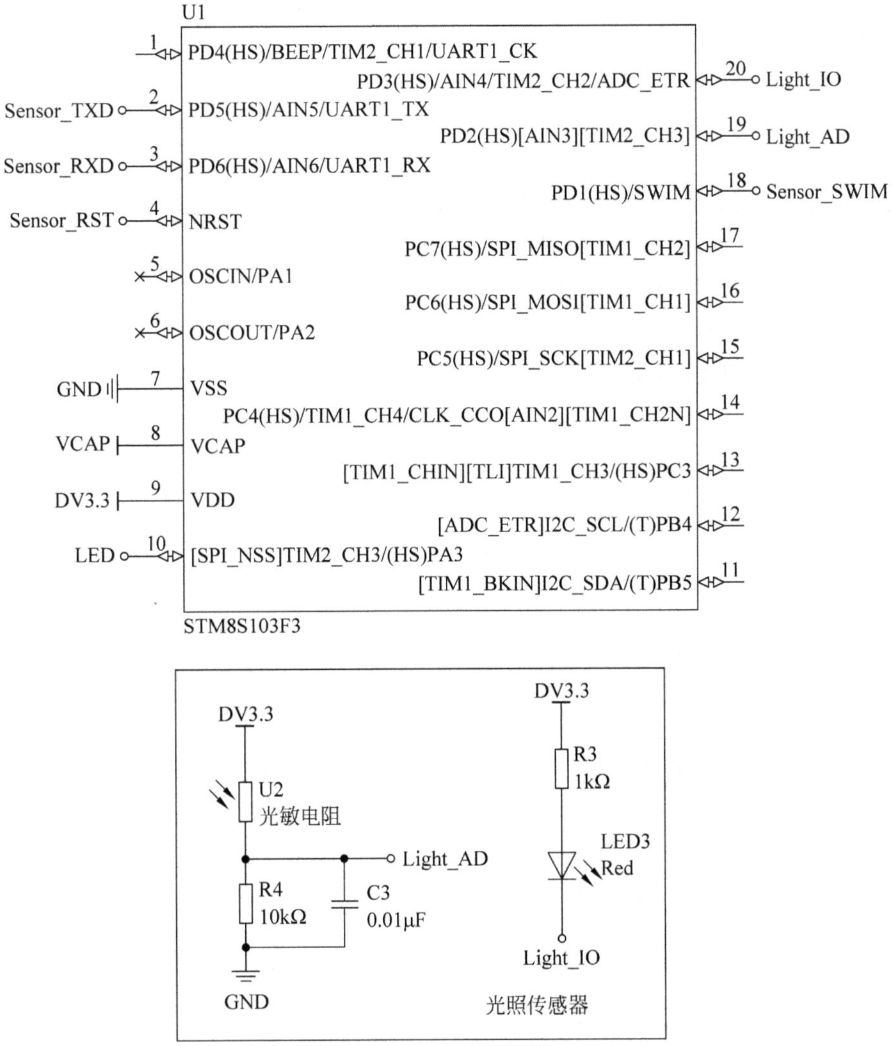

图 7-44 光敏传感器原理图

传感器使用的光敏电阻的暗电阻约为 2MΩ，亮电阻约为 10kΩ。可以计算出：在黑暗条件下，Light_AD 的数值为 3.3V×2000kΩ/(2000kΩ+10kΩ)=3.28V。在光照条件下，Light_AD 的数值为 3.3V×10kΩ/(10kΩ+10kΩ)=1.65V。STM8 单片机内部带有 10 位 AD 转换器，参考电压为供电电压 3.3V。根据上面计算结果，选定 1.65V(需要根据实际测量结果进行调整)作为临界值。当 Light_AD 为 1.65V 时，AD 读数为 1.65/3.3×1024=512，当 AD 读数大于 512 时说明无光照，当 AD 读数小于 512 时说明有光照，并点亮 LED3 作为指示。并通过串口函数来传送触发(有光照时)信号。

2. 实验步骤

(1) 确定实验环境件。IAR SWSTM8 1.30，软硬件为 CBT-Super IOT 型教学实验平台、人体监测传感器模块、USB2UART 模块。

(2) 首先把传感器插到实验箱的主板上子节点的串口上，再把 ST-Link 插到标有 ST-Link 标志的 JTAG 口上，最后把仿真器一端的 USB 线插到 PC 的 USB 端口，通过主板上的"加""减"按键选择要编程实验的传感器(会有黄色 LED 灯提示)，硬件连接完毕。

(3) IAR SWSTM8 1.30 软件，打开..\2-Sensor_光照传感器\Project\Sensor.eww，如图 7-45 所示。

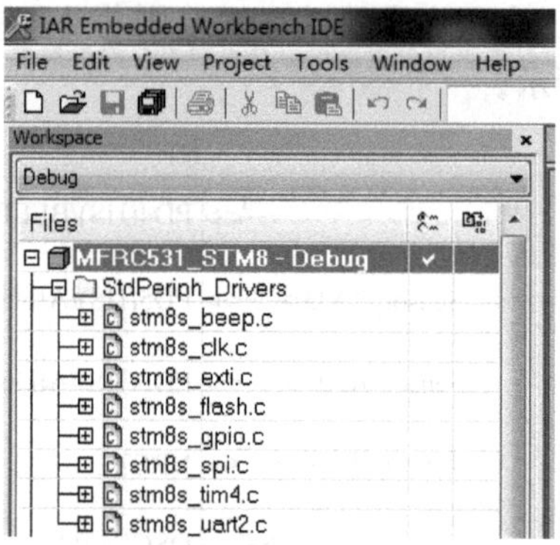

图 7-45 打开软件

(4) 选择 Project→Rebuild All 或选中工程文件右击 Rebuild All，编译工程，如图 7-46 所示。

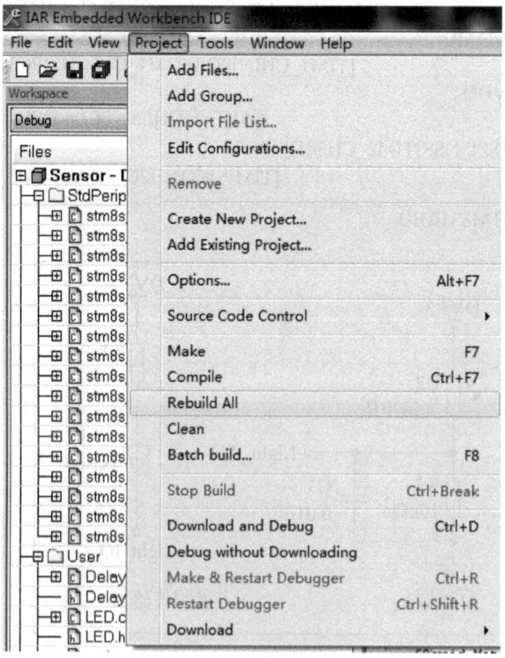

图 7-46 编译工程

(5) 单击 Rebuild All 按钮，编译完成，无警告，无错误，如图 7-47 所示。

(6) 编译完成后，要把程序烧到模块里，单击“ ”中的 Download and Debug 进行烧写，如图 7-48 所示。

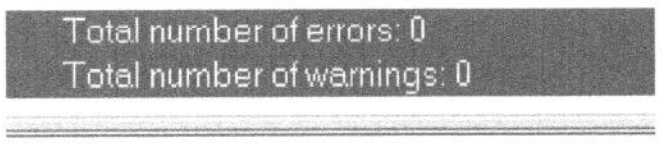

图 7-47　编译完成

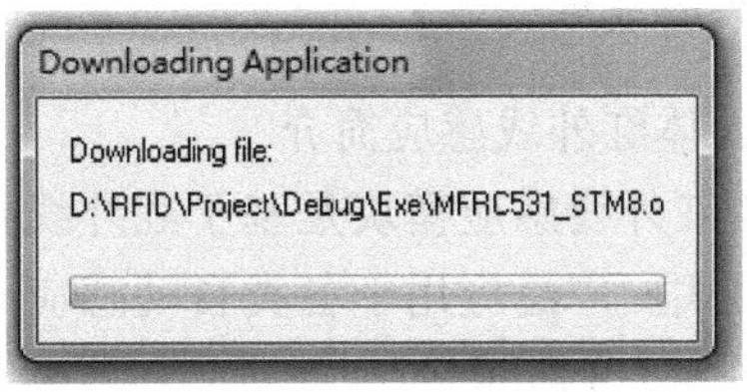

图 7-48　烧写程序

(7) 烧写完毕后，把传感器模块从主板上取下来，连接到平台配套的 USB 转串口模块上，将 USB2UART 模块的 USB 线连接到 PC 的 USB 端口，再打开串口工具，配置好串口，波特率 115 200，8 个数据位，1 个停止位，无校验位。

(8) 传感器底层串口协议返回 14 字节，第 1 位和第 2 位字节是包头，第 3 位字节是传感器类型，第 4 位字节是传感器 ID，第 5 位字节是节点命令 ID，第 6～11 位字节是数据位，其中第 11 位字节是传感器的状态位，第 12 位和第 13 位字节是保留位，第 14 位字节是包尾。

例如，返回 EE CC 02 01 01 00 00 00 00 00 00 00 00 FF 时，第 11 位字节为 0，表示无光照，返回 EE CC 02 01 01 00 00 00 00 00 01 00 00 FF 时，第 11 位字节为 1，表示有光照。

(9) 根据协议，显示测试结果，如图 7-49 所示。

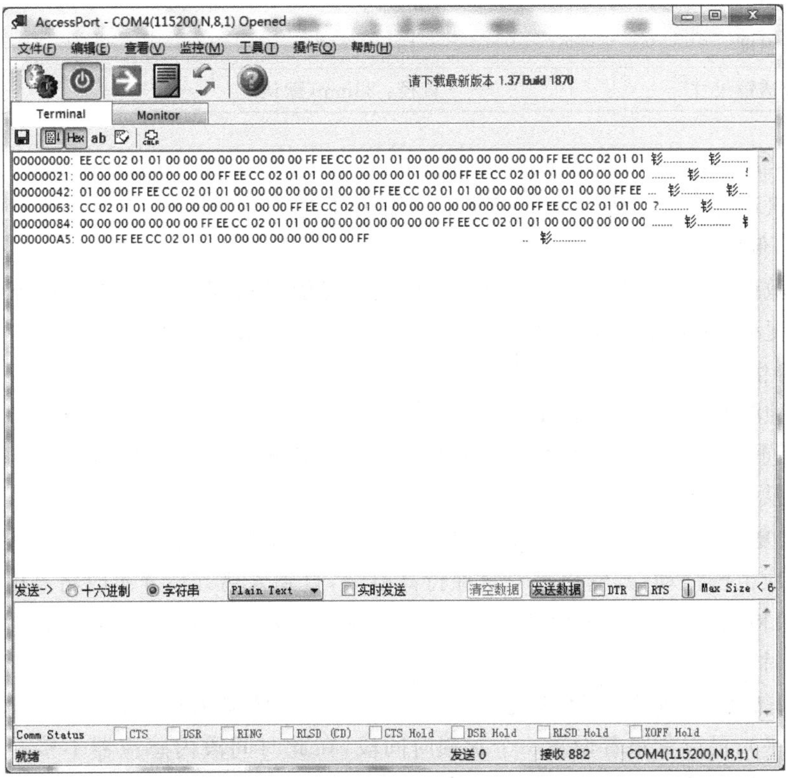

图 7-49　测试结果

7.3.2 人体检测传感器

1. 实验原理

1）人体红外线感应简介

人体红外线感应模块是基于红外线技术的自动控制产品，灵敏度高，可靠性强，超低电压工作模式。广泛应用于各类自动感应电器设备，尤其是干电池供电的自动控制产品，其电气参数如表 7-3 所示。

表 7-3 电气参数

电气参数	DYP-ME003 人体感应模块
工作电压范围	DC 4.5～20V
静态电流	小于 50μA
电平输出	高 3.3V/低 0V
触发方式	L 不可重复触发/H 重复触发
延时时间	5s(默认)可制作范围为零点几秒至几十分钟
封锁时间	2.5s(默认)可制作范围为零点几秒至几十秒
电路板外形尺寸	32mm×24mm
感应角度	小于 100 度锥角
感应距离	7m 以内
工作温度	－15～＋70℃
感应透镜尺寸	直径：23mm(默认)

2）人体红外线感应功能特点

(1) 全自动感应。人进入其感应范围则输出高电平，人离开感应范围则自动延时关闭高电平，输出低电平。

(2) 光敏控制(可选择，出厂时未设)。可设置光敏控制，白天或光线强时不感应。

(3) 温度补偿(可选择，出厂时未设)。在夏天当环境温度升高至 30～32℃，探测距离稍变短，温度补偿可作一定的性能补偿。

(4) 两种触发方式(可跳线选择)。

① 不可重复触发方式。不可重复触发方式即感应输出高电平后，延时时间段一结束，输出将自动从高电平变为低电平。

② 可重复触发方式。可重复触发方式即感应输出高电平后，在延时时间段内，如果有人体在其感应范围活动，其输出将一直保持高电平，直到人离开后才延时将高电平变为低电平(感应模块检测到人体的每次活动后会自动顺延一个延时时间段，并且以最后一次活动的时间为延时时间的起始点)。

(5) 具有感应封锁时间(默认设置：无封锁时间)。感应模块在每次感应输出后(高电平变成低电平)，可以紧跟着设置一个封锁时间段，在此时间段内感应器不接受任何感应信号。此功能可以实现"感应输出时间"和"封锁时间"两者的间隔工作，可应用于间隔探测产品；同时此功能可有效抑制负载切换过程中产生的各种干扰。(此时间可设置在零点几秒至几十秒)。

(6) 工作电压范围宽。默认工作电压 DC 4.5～20V。

(7) 微功耗：静态电流小于 50μA，特别适合干电池供电的自动控制产品。

(8) 输出高电平信号。可方便与各类电路实现对接。

3) 人体红外线感应使用说明

(1) 感应模块通电后有 1min 左右的初始化时间，期间模块会间隔地输出 0～3 次，1min 后进入待机状态。

(2) 应尽量避免灯光等干扰源近距离直射模块表面的透镜，以免引进干扰信号产生误动作；使用环境尽量避免流动的风，风也会对感应器造成干扰。

(3) 感应模块采用双元探头，探头的窗口为长方形，双元(A 元、B 元)位于较长方向的两端，当人体从左到右或从右到左走过时，红外光谱到达双元的时间、距离有差值，差值越大，感应越灵敏；当人体从正面走向探头或从上到下或从下到上走过时，双元检测不到红外光谱距离的变化，无差值，因此感应不灵敏或不工作；所以安装感应器时应使探头双元的方向与人体活动最多的方向尽量相平行，保证人体经过时先后被探头双元所感应。为了增加感应角度范围，本模块采用圆形透镜，也使得探头四面都感应，但左右两侧仍然比上下两个方向感应范围大、灵敏度强，安装时仍须尽量按以上要求。感应范围如图 7-50 所示。

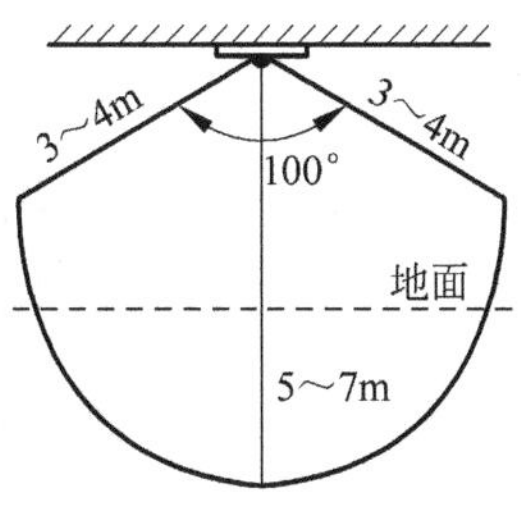

图 7-50　感应范围

4) 人体检测传感器模块原理图

人体检测传感器模块原理图如图 7-51 所示，传感器检测到人时，输出高电平，Q1 导通，IO 输出低电平；未检测到人时，Q1 截止，IO 输出高电平。通过 STM8 单片机读取 PD3 IO 值可知现在的传感器状态。热释电人体红外线感应模块只对人体活动产生感应信号，对静止的人体不做反应，因此，使用时在模块上方挥舞手模拟人体活动。

2. 实验步骤

(1) 实验环境。软件：IAR SWSTM8 1.30；硬件：CBT-Super IOT 型教学实验平台、人体监测传感器模块、USB2UART 模块。

首先把传感器插到实验箱的主板上子节点的串口上，再把 ST-Link 插到标有 ST-Link 标志的 JTAG 口上，最后把仿真器一端的 USB 线插到 PC 的 USB 端口，通过主板上的“加”“减”按键选择要编程实验的传感器(会有黄色 LED 灯提示)，硬件连接完毕。

(2) 使用 IAR SWSTM8 1.30 软件，打开..\7-Sensor_人体检测传感器\Project\Sensor.eww，如图 7-52 所示。

(3) 选择 Project→Rebuild All 或选中工程文件，右击 Rebuild All 编译工程，如图 7-53 所示。

(4) 单击 Rebuild All 按钮，编译完成后，无警告，无错误，如图 7-54 所示。

(5) 编译完成后要把程序烧到模块里，选择“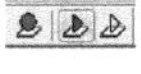”中的 Download and Debug 进行烧写，如图 7-55 所示。

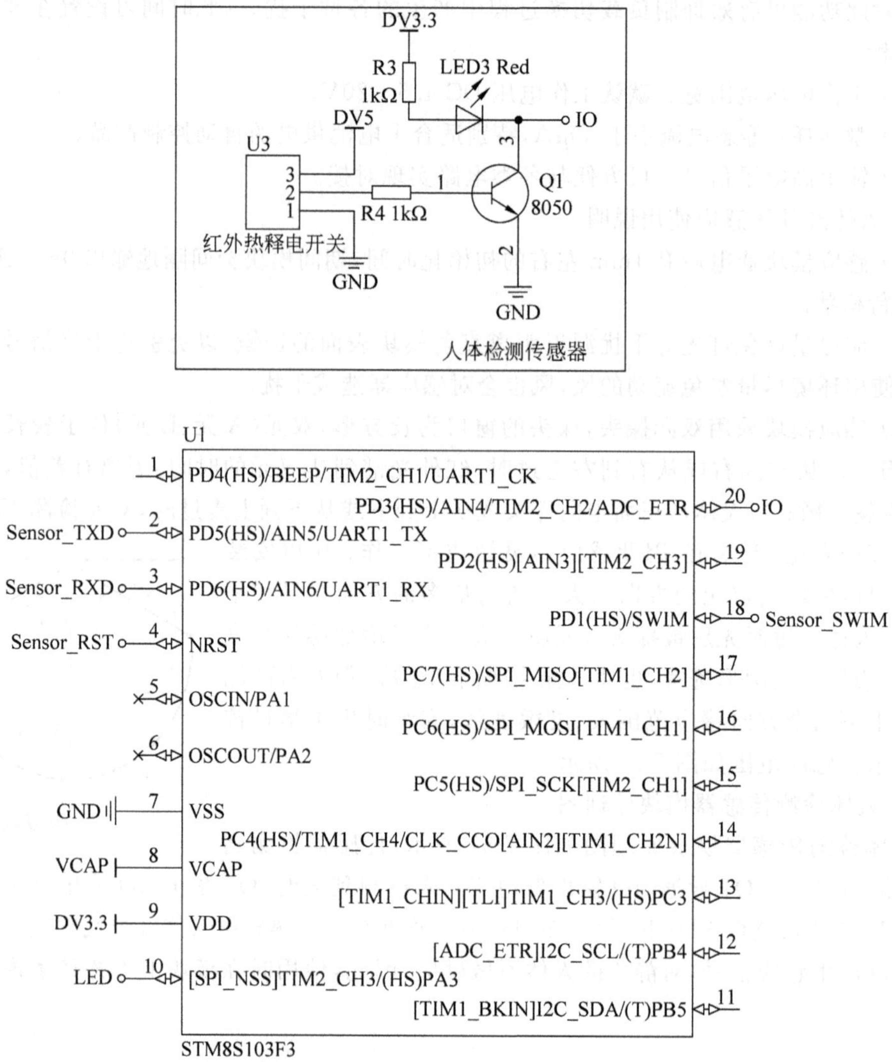

图 7-51 原理图

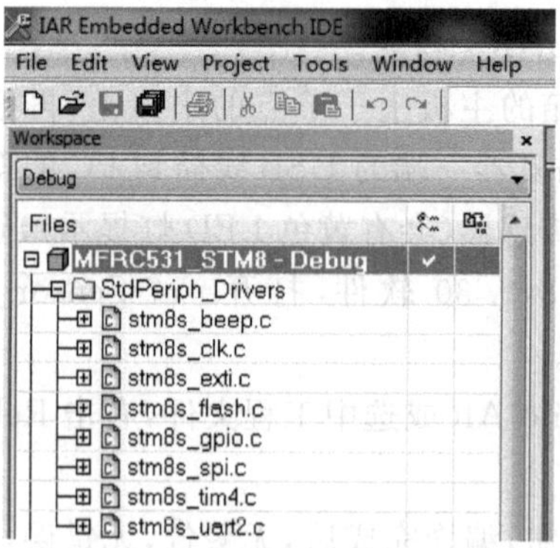

图 7-52 打开软件

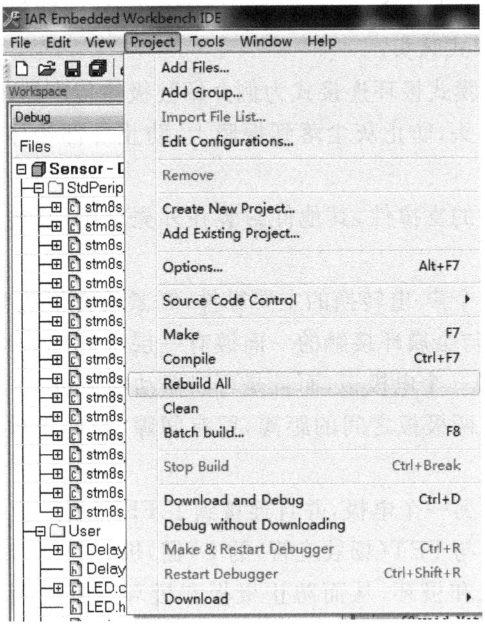

图 7-53　编译工程

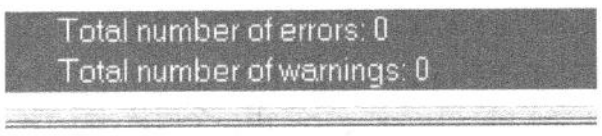

图 7-54　编译完成

图 7-55　烧写程序

(6) 烧写完毕后，把传感器模块从主板上取下来，连接到平台配套的 USB 转串口模块上，将 USB2UART 模块的 USB 线连接到 PC 的 USB 端口，再打开串口工具，配置好串口，波特率 115200，8 个数据位，1 个停止位，无校验位。

(7) 传感器底层串口协议返回 14 字节，第 1 位和第 2 位字节是包头，第 3 位字节是传感器类型，第 4 位字节是传感器 ID，第 5 位字节是节点命令 ID，第 6～11 位字节是数据位，其中第 11 位字节是传感器的状态位，第 12 位字节和第 13 位字节是保留位，第 14 位字节是包尾。

例如，返回 EE CC 07 01 01 00 00 00 00 00 00 00 00 FF 时，第 11 位字节为 0，表示无人，返回 EE CC 07 01 01 00 00 00 00 00 01 00 00 FF 时，第 11 位字节为 1，表示有人。

(8) 根据协议查看测试结果。

7.3.3　声音检测传感器

1. 实验原理

1) 声音检测传感器简介

声音检测传感器使用麦克风(咪头)作为拾音器，经过运算放大器放大，单片机 AD 采集，获取声响强度信号。咪头是将声音信号转换为电信号的能量转换器件，与喇叭正好相反。这里选用驻极体电容式咪头。

下面以全向MIC、振膜式极环连接式为例介绍驻极体传声器的结构。

（1）防尘网。保护咪头，防止灰尘落到振膜上，防止外部物体刺破振膜，还有短时间的防水作用。

（2）外壳。整个咪头的支撑件，其他件封装在外壳之中，是传声器的接地点，还可以起到电磁屏蔽的作用。

（3）振膜。振膜是一个声-电转换的主要零件，绷紧的特氟珑塑料薄膜（聚氯乙烯）粘在一个金属薄圆环上，薄膜与金属环接触的一面镀有一层很薄的金属层，薄膜可以充有电荷，也是组成一个可变电容的一个电极板，而且是可以振动的极板。

（4）垫片。支撑电容两极板之间的距离，留有间隙，为振膜振动提供一个空间，从而改变电容量。

（5）背极板。电容的另一个电极，并且连接到了FET（场效应管）的G（栅）极上。

（6）铜环。连接极板与FET（场效应管）的G（栅）极，并且起到支撑作用。

（7）腔体。固定极板和极环，从而防止极板和极环对外壳短路（FET（场效应管）的S（源极）、G（栅）极短路）。

（8）PCB组件。装有FET、电容等器件，同时也起到固定其他件的作用。

（9）PIN。有的传声器在PCB上带有PIN（脚），可以通过PIN与其他PCB焊接在一起，起连接另外前极式作用，背极式在结构上也略有不同。

由静电学可知，对于平行板电容器，有如下的关系式：

$$C = \varepsilon S/L \qquad ①$$

即电容的容量与介质的介电常数成正比，与两个极板的面积成正比，与两个极板之间的距离成反比。另外，当一个电容器充有 Q 量的电荷，那么电容器两个极板要形成一定的电压，有如下关系式：

$$C = Q/V \qquad ②$$

对于一个驻极体咪头，内部存在一个由振膜，垫片和极板组成的电容器，因为膜片上充有电荷，并且是一个塑料膜，因此当膜片受到声压强的作用，膜片要产生振动，从而改变了膜片与极板之间的距离，从而改变了电容器两个极板之间的距离，产生了一个 Δd 的变化，因此由式①可知，必然要产生一个 ΔC 的变化，由式②又知，由于 ΔC 的变化，充电电荷又是固定不变的，因此必然产生一个 ΔV 的变化。这样初步完成了一个由声信号到电信号的转换。由于这个信号非常微弱，内阻非常高，不能直接使用，因此还要进行阻抗变换和放大。FET场效应管是一个电压控制元件，漏极的输出电流受源极与栅极电压的控制。

由于电容器的两个极是接到FET的S极和G极的，因此相当于FET的S极与G极之间加了一个 Δv 的变化量，FET的漏极电流 I 就产生一个 ΔID 的变化量，因此这个电流的变化量就在电阻RL上产生一个 ΔVD 的变化量，这个电压的变化量就可以通过电容C0输出，这个电压的变化量是由声压引起的，因此整个咪头就完成了一个声电的转换过程。

2）声音检测传感器模块原理图

声音检测传感器模块原理图如图7-56所示，由于麦克风输出的信号微弱，必须经过运放放大才能保证AD采样的精度。麦克风输入的是交流信号，C7和C6用于耦合输入；运放 LMV321 将信号放大了 101 倍，经过 D1 保留交流信号的正向信号，最后输入单片机 AD 进行采样。在实验室测得，静止条件下，MIC_AD 为 0V；给一个拍手的声响信号，MIC_AD 最大到 1V，此时 AD 值约为 300。因此，取 300 作为临界值，AD 采样值大于 300 时，表明检测到声响，并点亮 LED3 作为指示。

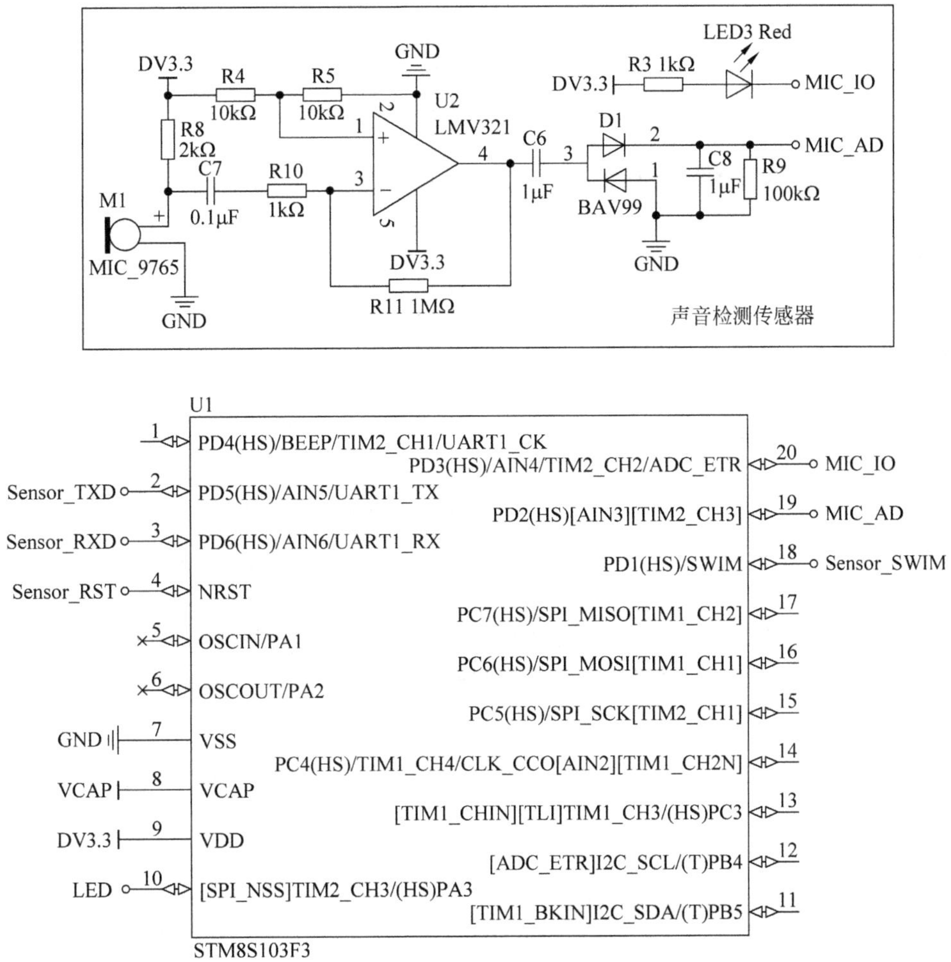

图 7-56　声音传感器原理图

2. 实验步骤

(1) 实验环境。软件：IAR SWSTM8 1.30；硬件：CBT-SuperIOT 型教学实验平台、声音检测传感器模块、USB2UART 模块。

(2) 首先把传感器插到实验箱的主板子节点的串口上，再把 ST-Link 插到标有 ST-Link 标志的 JTAG 口上，最后把仿真器一端的 USB 线插到 PC 的 USB 端口，通过主板上的“加”“减”按键选择要编程实验的传感器(会有黄色 LED 灯提示)，硬件连接完毕。

(3) 使用 IAR SWSTM8 1.30 软件，打开..\9-Sensor_声音检测传感器\Project\Sensor.eww，如图 7-57 所示。

(4) 选择 Project→Rebuild All 或者选中工程文件右击 Rebuild All 编译工程，如

图 7-58 所示。

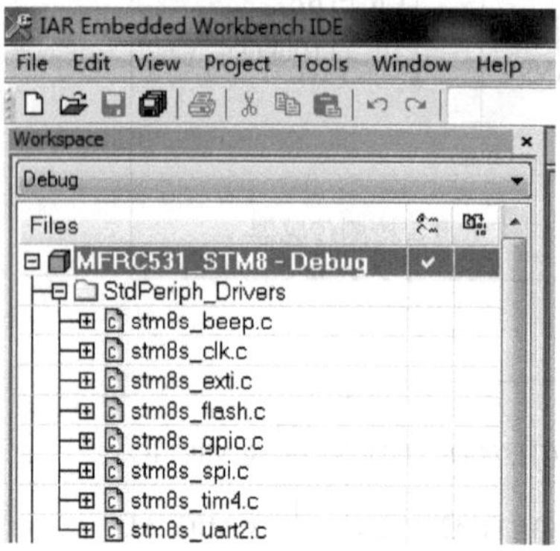

图 7-57 打开软件

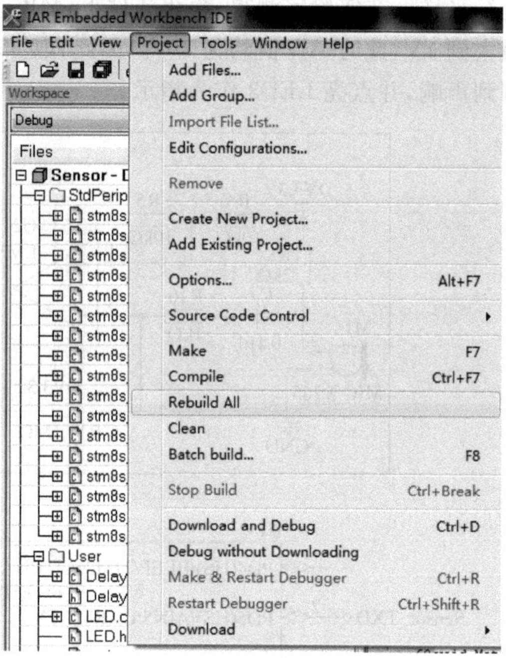

图 7-58 编译工程

（5）单击 Rebuild All 按钮，编译完成后，无警告，无错误，如图 7-59 所示。

（6）编译完成后要把程序烧到模块里，选择中的 Download and Debug 进行烧写，如图 7-60 所示。

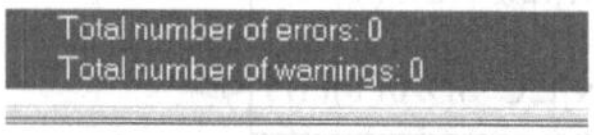

图 7-59 编译完成

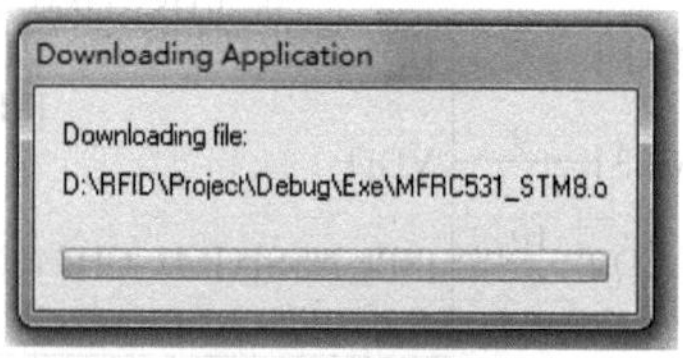

图 7-60 烧写程序

（7）烧写完毕后，把传感器模块从主板上取下来，连接到平台配套的 USB 转串口模块上，将 USB2UART 模块的 USB 线连接到 PC 的 USB 端口，然后打开串口工具，配置好串口，波特率 115 200，8 个数据位，1 个停止位，无校验位。

（8）传感器底层串口协议返回 14 字节，第 1 位和第 2 位字节是包头，第 3 位字节是传感器类型，第 4 位字节是传感器 ID，第 5 位字节是节点命令 ID，第 6～11 位字节是数据位，其中第 11 位字节是传感器的状态位，第 12 位字节和第 13 位字节是保留位，第 14 位字节是包尾。

例如，返回 EE CC 09 01 01 00 00 00 00 00 00 00 00 FF 时，第 11 位字节为 0，表示无声，返回 EE CC 09 01 01 00 00 01 00 00 00 00 00 FF 时，第 11 位字节为 1，表示有声。

```
/* 根据不同类型的传感器进行修改 */
    Sensor_Type = 1;                    //传感器类型
    Sensor_ID = 1;                      //传感器 ID
    CMD_ID = 1;                         //节点命令 ID
    DATA_tx_buf[0] = 0xEE;              //包头
    DATA_tx_buf[1] = 0xCC;              //包头
    DATA_tx_buf[2] = Sensor_Type;
    DATA_tx_buf[3] = Sensor_ID;
    DATA_tx_buf[4] = CMD_ID;
    DATA_tx_buf[13] = 0xFF;             //包尾
```

7.3.4 温湿度传感器

1. 实验原理

1）温湿度传感器简介

AM2302 湿敏电容数字温湿度模块是一款含有已校准数字信号输出的温湿度复合传感器。它应用专用的数字模块采集技术和温湿度传感技术，确保产品具有极高的可靠性与卓越的长期稳定性。传感器包括一个电容式感湿元件和一个高精度测温元件，并与一个高性能 8 位单片机相连接。该产品具有品质卓越、超快响应、抗干扰能力强、性价比极高等优点。每个传感器都在极为精确的湿度校验室中进行校准。校准系数以程序的形式存储在单片机中，传感器内部在检测信号的处理过程中要调用这些校准系数。标准单总线接口使系统集成变得简易快捷。超小的体积、极低的功耗，信号传输距离可达 20m 以上，使其成为各类应用甚至最为苛刻的应用场合的最佳选择。产品为 3 引线(单总线接口)连接方便。传感器元件尺寸如图 7-61 所示，引脚分配如图 7-62 所示。

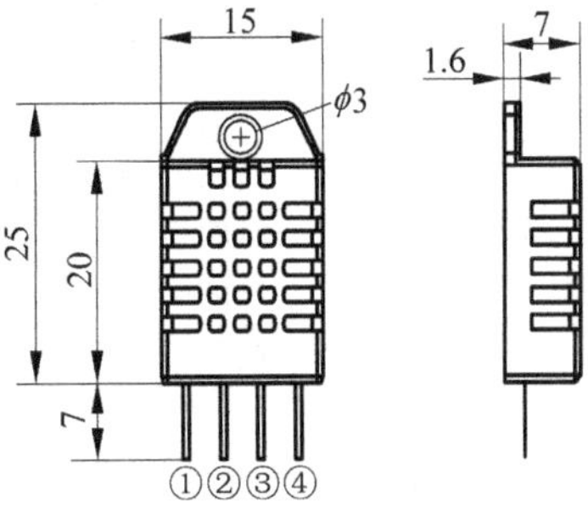

图 7-61　元件尺寸

引脚	名称	描述
①	VDD	电源(3.5V～5.5V)
②	SDA	串行数据，双向口
③	NC	空脚
④	GND	地

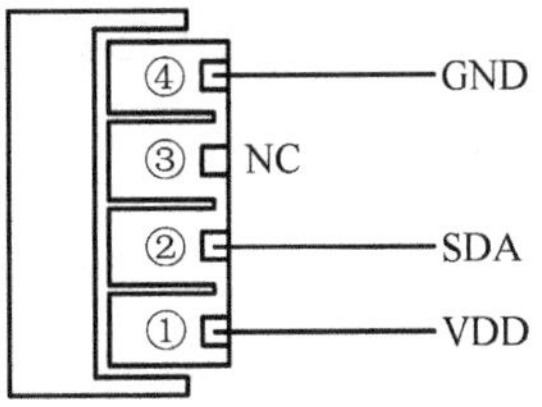

图 7-62　引脚分配

(1) 特点。

超低能耗、传输距离远、全部自动化校准、采用电容式湿敏元件、完全互换、标准数字单总线输出、卓越的长期稳定性、采用高精度测温元件。

(2) 单总线说明。

AM2302 器件采用简化的单总线通信。单总线即只有一根数据线，系统中的数据交换、控制均由数据线完成。设备(微处理器)通过一个漏极开路或三态端口连至该数据线,以允许设备在不发送数据时能够释放总线,而让其他设备使用总线;单总线通常要求外接一个约 5.1kΩ 的上拉电阻,这样,当总线闲置时,其状态为高电平。由于它们是主从结构,只有主机呼叫传感器时,传感器才会应答,因此主机访问传感器都必须严格遵循单总线序列,如果出现序列混乱,传感器将不响应主机。单总线通信特殊说明如下。

① 典型应用电路中建议连接线长度短于 30m 时用 5.1kΩ 上拉电阻,大于 30m 时根据实际情况降低上拉电阻的阻值。

② 使用 3.3V 电压供电时连接线长度不得大于 30cm,否则线路压降会导致传感器供电不足,造成测量偏差。

③ 读取传感器最小间隔时间为 2s;读取间隔时间小于 2s,可能导致温湿度不准或通信不成功等情况。

④ 每次读出的温湿度数值是上一次测量的结果,欲获取实时数据,需连续读取两次,建议连续多次读取传感器,且每次读取传感器间隔大于 2s 即可获得准确的数据。

单总线格式定义如表 7-4 所示。

表 7-4 单总线格式定义

名　　称	单总线格式定义
起始信号	微处理器把数据总线(SDA)拉低一段时间(至少 800μs),通知传感器准备数据
响应信号	传感器把数据总线(SDA)拉低 80μs,再接高 80μs 以响应主机的起始信号
数据格式	收到主机起始信号后,传感器一次性从数据总线(SDA)串出 40 位数据,高位先出
湿度	湿度分辨率是 16b,高位在前;传感器串出的湿度值是实际湿度值的 10 倍
温度	温度分辨率是 16b,高位在前;传感器串出的温度值是实际温度值的 10 倍; 温度最高位(b15)等于 1 表示负温度,温度最高位(b15)等于 0 表示正温度; 温度除了最高位(b14～b0)表示温度值
校验位	校验位=湿度高位+湿度低位+温度高位+温度低位

单总线读取流程如图 7-63 所示。

2) 温湿度传感器模块原理图

温湿度传感器模块原理如图 7-64 所示,STM8 单片机通过 PD3 引脚,软件实现总线线序完成对 DHT22 温湿度传感器的数据采样。

2. 实验步骤

(1) 实验环境。软件:IAR SWSTM8 1.30;硬件:CBT-SuperIOT 型教学实验平台、温湿度传感器模块、USB2UART 模块。

(2) 首先把传感器插到实验箱的主板子节点的串口上,再把 ST-Link 插到标有 ST-Link 标志的 JTAG 口上,最后把仿真器一端的 USB 线插到 PC 的 USB 端口,通过主板上的“加”“减”按键选择要编程实验的传感器(会有黄色 LED 灯提示),硬件连接完毕。

(3) 使用 IAR SWSTM8 1.30 软件,打开..\10-Sensor_温湿度测传感器\Project\Sensor.eww,如图 7-65 所示。

(4) 单击 Project→Rebuild All 或者选中工程文件,右击 Rebuild All 编译工程,如图 7-66 所示。

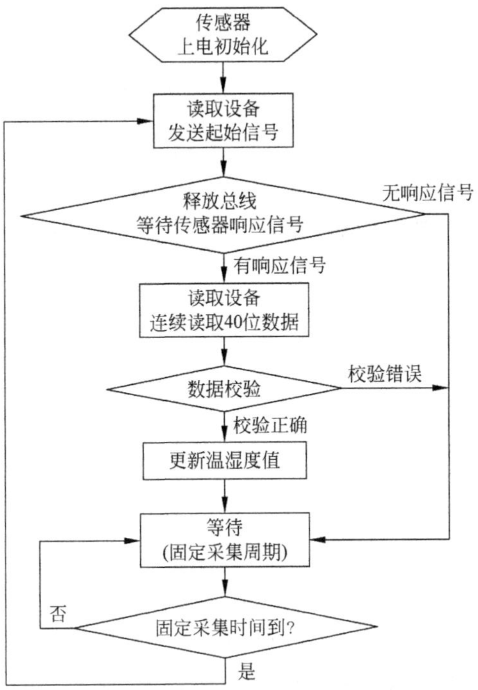

图 7-63 单总线读取流程图

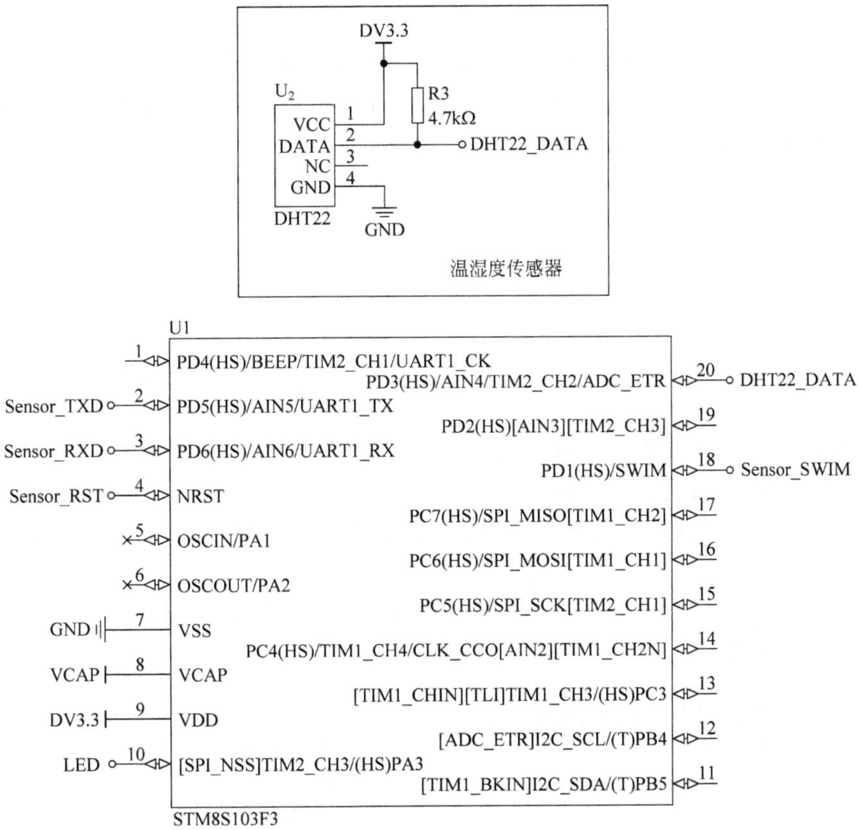

图 7-64 温湿度传感器模块原理图

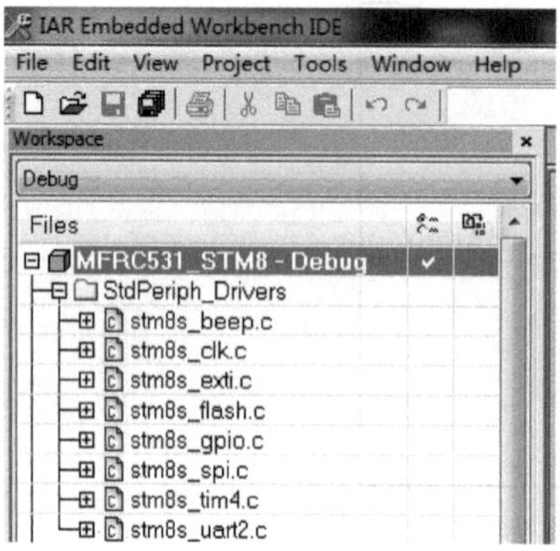

图 7-65　打开软件

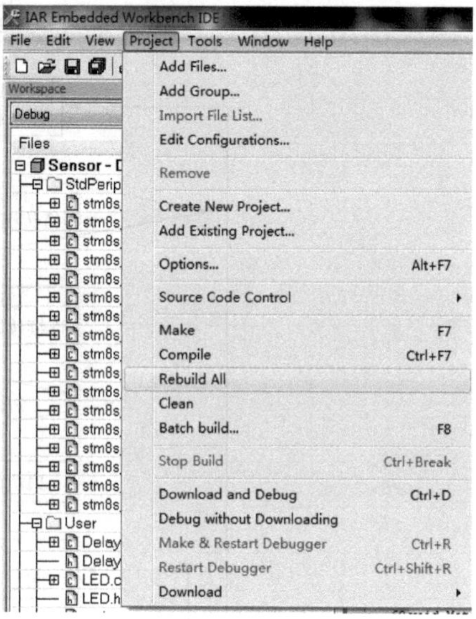

图 7-66　编译工程

(5) 单击 Rebuild All 编译完成后，无警告，无错误，如图 7-67 所示。

(6) 编译完成后要把程序烧到模块里，选择“”中的 Download and Debug 进行烧写，如图 7-68 所示。

(7) 烧写完毕后，把传感器模块从主板上取下来，连接到平台配套的 USB 转串口模块上，将 USB2UART 模块的 USB 线连接到 PC 的 USB 端口，然后打开串口工具，配置好串口，波特率 115 200，8 个数据位，1 个停止位，无校验位。

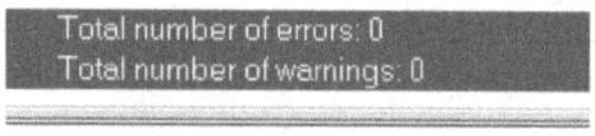

图 7-67　编译完成

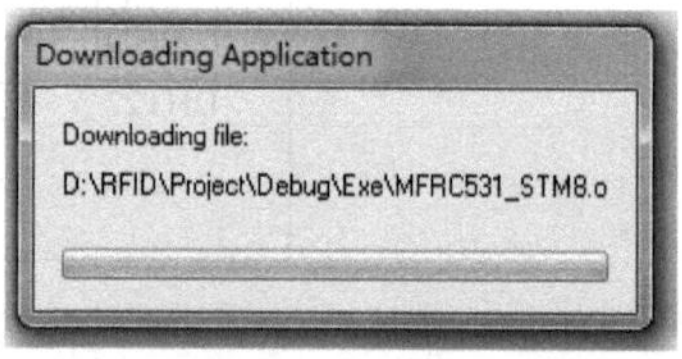

图 7-68　烧写程序

(8) 传感器底层串口协议返回 14 字节，第 1 位和第 2 位字节是包头，第 3 位字节是传感器类型，第 4 位字节是传感器 ID，第 5 位字节是节点命令 ID，第 6～11 位字节是数据位，其中第 11 位字节是传感器的状态位，第 12 位字节和第 13 位字节是保留位，第 14 位字节是包尾。

例如，返回 EE CC 0A 01 01 00 00 HH HL TH TL 00 00 FF，HH、HL 代表温度变化，TH、TL 代表湿度变化。

```
/* 根据不同类型的传感器进行修改 */
    Sensor_Type = 1;                    //传感器类型
    Sensor_ID = 1;                      //传感器 ID
    CMD_ID = 1;                         //节点命令 ID
    DATA_tx_buf[0] = 0xEE;              //包头
```

```
DATA_tx_buf[1] = 0xCC;                //包头
DATA_tx_buf[2] = Sensor_Type;
DATA_tx_buf[3] = Sensor_ID;
DATA_tx_buf[4] = CMD_ID;
DATA_tx_buf[13] = 0xFF;               //包尾
```

7.4 无线通信模块的 RFID 通信实验

7.4.1 RFID 自动读卡实验

1. 实验原理

1) STM8S 处理器概述

本实验所使用 RFID 模块是由 STM8 处理器和 MFRC531(高集成非接触读写芯片)两片芯片搭建而成的。

STM8 是基于 8 位框架结构的微控制器,其 CPU 内核有 6 个内部寄存器,通过这些寄存器可高效地进行数据处理。STM8 的指令集支持 80 条基本语句及 20 种寻址模式,而且 CPU 的 6 个内部寄存器都拥有可寻址的地址。

STM8 内部的 FLASH 程序存储器和数据 EEPROM 由一组通用寄存器来控制。用户可以使用这些寄存器来编程或擦除存储器的内容、设置写保护或者配置特定的低功耗模式。用户也可以对器件的选项字节(Option Byte)进行编程。

2) MF RC531 概述

MF RC531 是应用于 13.56MHz 非接触式通信中高集成读写卡芯片系列中的一员,如图 7-69 所示。该读写卡芯片系列利用先进的调制和解调概念,完全集成在 13.56MHz 下所有类型的被动非接触式通信方式和协议。芯片引脚兼容 MF RC500、MF RC530 和 SL RC400。

图 7-69 MF RC531

MF RC531 支持 ISO/IEC14443A/B 的所有层和 MIFARE 经典协议,以及与该标准兼容的标准。支持高速 MIFARE 非接触式通信波特率。内部的发送器部分不需要增加有源电路就能够直接驱动近操作距离的天线(可达 100mm)。接收器部分提供一个坚固而有效的解调和解码电路,用于 ISO 14443A 兼容的应答器信号。数字部分处理 ISO 14443A 帧和错误检测(奇偶校验和 CRC)。此外,它还支持快速 Crypto1 加密算法,用于验证 MIFARE 系列产品。与主机通信模式有 8 位并行和 SPI 模式,用户可根据不同的需求选择不同的模式,这样给读卡器/终端的设计提供了极大的灵活性。

MF RC531 的特性如下。

(1) 高集成度的调制解调电路。

(2) 采用少量外部器件，即可输出驱动级接至天线。

(3) 最大工作距离 100mm。

(4) 支持 ISO/IEC 14443 A/B 和 MIFARE 经典协议。

(5) 支持非接触式高速通信模式，波特率可达 424kb/s。

(6) 采用 Crypto1 加密算法并含有安全的非易失性内部密匙存储器。

(7) 引脚兼容 MF RC500、MF RC530 和 SL RC400。

(8) 与主机通信的两种接口：并行接口和 SPI，可满足不同用户的需求。

(9) 自动检测微处理器并行接口类型。

(10) 灵活的中断处理。

(11) 64 字节发送和接收 FIFO 缓冲区。

(12) 带低功耗的硬件复位。

(13) 可编程定时器。

(14) 唯一的序列号。

(15) 用户可编程初始化配置。

(16) 面向位和字节的帧结构。

(17) 数字、模拟和发送器部分经独立的引脚分别供电。

(18) 内部振荡器缓存器连接 13.56MHz 石英晶体。

(19) 数字部分的电源(DVDD)可选择 3.3V 或 5V。

(20) 在短距离应用中，发送器(天线驱动)可以用 3.3V 供电。

MF RC531 适用于各种基于 ISO/IEC 14443 标准，并且要求低成本、小尺寸、高性能以及单电源的非接触式通信的应用场合。

(1) 公共交通终端。

(2) 手持终端。

(3) 板上单元。

(4) 非接触式 PC 终端。

(5) 计量。

(6) 非接触式公用电话。

MF RC531 的功能框图如图 7-70 所示。

并行微控制器接口自动检测连接的 8 位并行接口的类型。它包含一个双向 FIFO 缓冲区和一个可配置的中断输出。这样就为连接各种 MCU 提供了很大的灵活性。即使使用非常低成本的器件也能满足高速非接触式通信的要求。带 FIFO 的 SPI 从机接口，其串行时钟 SCK 由主机提供。

数据处理部分执行数据的并行-串行转换。它支持的帧包括 CRC 和奇偶校验。它以完全透明的模式进行操作，因而支持 ISO 14443A 的所有层。状态和控制部分允许对器件进行配置，以适应环境的影响并使性能调节到最佳状态。当与 MIFARE Standard 和 MIFARE 产品通信时，使用高速 Crypto1 流密码单元和一个可靠的非易失性密钥存

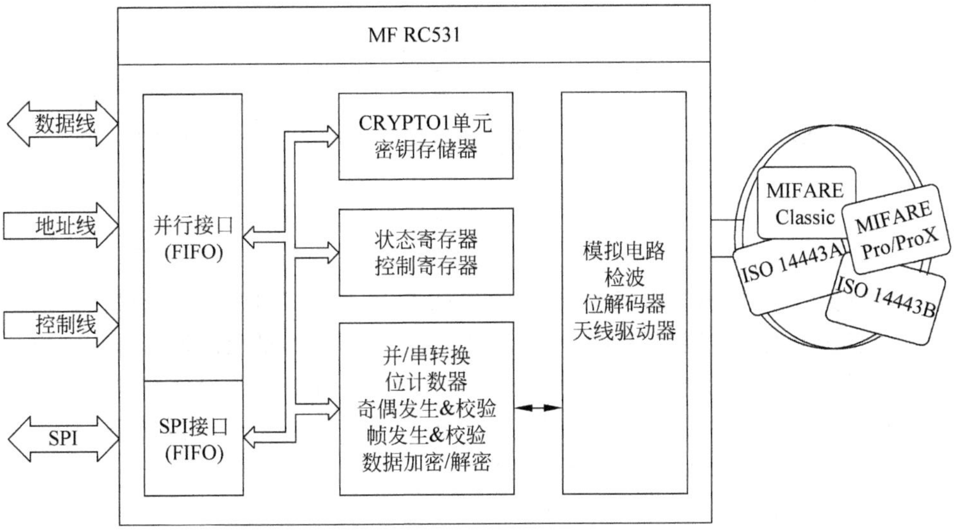

图 7-70　MF RC531 的功能框图

储器。

模拟电路包含了一个具有非常低阻抗桥驱动器输出的发送部分。这使得最大操作距离可达 100mm。接收器可以检测并解码非常弱的应答信号。由于采用了非常先进的技术，接收器已不再是限制操作距离的因素了。

该器件为 32 脚 SO 封装，其引脚如图 7-71 所示。器件使用 3 个独立的电源以实现在 EMC 特性和信号解耦方面达到最佳性能。MF RC531 具有出色的 RF 性能，模拟和数字部分可适应不同的操作电压。

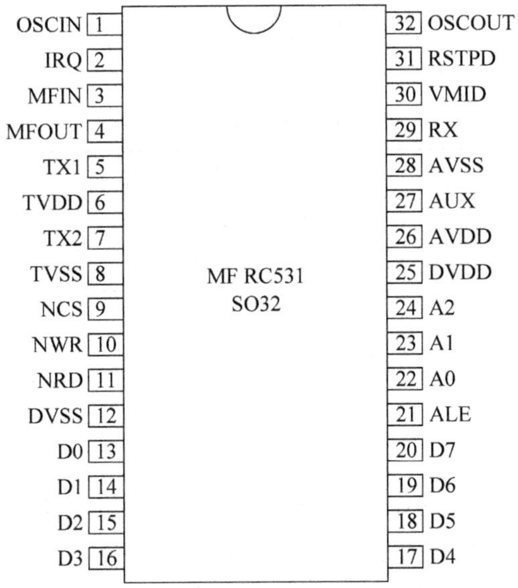

图 7-71　引脚图

非接触式天线使用 4 个引脚，如表 7-5 所示。

表 7-5 天线引脚描述

名　称	类　型	功　能
TX1,TX2	输出缓冲	天线驱动器
WMID	模拟	参考电压
RX	输入模拟	天线输入信号

为了驱动天线，MF RC531 通过 TX1 和 TX2 提供 13.56MHz 的能量载波。根据寄存器的设定对发送数据进行调制得到发送的信号。卡采用 RF 场的负载调制进行响应。天线拾取的信号经过天线匹配电路送到 RX 脚。MF RC531 内部接收器对信号进行检测和解调并根据寄存器的设定进行处理，然后数据发送到并行接口由微控制器进行读取。

MF RC531 支持 MIFARE 有源天线的概念。它可以处理引脚 MFIN 和 MFOUT 处的 MIFARE 核心模块的基带信号 NPAUSE 和 KOMP，引脚描述如表 7-6 所示。

表 7-6 MIFARE 接口引脚描述

名　称	类　型	功　能
MFIN	带施密特触发器的输入	MIFARE 接口输入
MFOUT	输出	MIFARE 接口输出

MIFARE 接口可采用下列方式与 MF RC531 的模拟或数字部分单独通信。

(1) 模拟电路可通过 MIFARE 接口独立使用。这种情况下，MFIN 连接到外部产生的 NPAUSE 信号。MFOUT 提供 KOMP 信号。

(2) 数字电路可通过 MIFARE 接口驱动外部信号电路。这种情况下，MFOUT 提供内部产生的 NPAUSE 信号，而 MFIN 连接到外部输入的 KOMP 信号。

4 线 SPI 接口如表 7-7 所示。

表 7-7 SPI 接口引脚描述

名　称	类　型	功　能
A0	带施密特触发器的 I/O	MOSI
A2	带施密特触发器的 I/O	SCK
D0	带施密特触发器的 I/O	MISO
ALE	带施密特触发器的 I/O	NSS

2. 实验步骤

(1) 实验环境。软件：IAR SWSTM8 1.30。硬件：RFID 射频模块、电子标签、ST-Link。

(2) 首先把 RFID 模块插到实验箱的主板上的串口(注意：不要插到无线模块上的串口，直接插到主板上的串口)，再把 ST-Link 插到标有 ST-Link 标志的串口上，最后把仿真器一端的 USB 线插到 PC 的 USB 端口，通过主板上的"加""减"按键调整要实验的 RFID 模块(会有黄色 LED 灯提示)，硬件连接完毕。

（3）使用 IAR SWSTM8 1.30 软件，打开..\RFID_读卡号实验\Project\MFRC531_ATM8.eww，如图 7-72 所示。

（4）选择 Project→Rebuild All 或选中工程文件，右击 Rebuild All 编译工程，如图 7-73 所示。

（5）单击 Rebuild All 按钮，编译完成后，无警告，无错误，如图 7-74 所示。

（6）编译完成后要把程序烧到模块里（见图 7-75），选择“”中间的 Download and Debug 进行烧录，烧录成功会听到蜂鸣器响一声。

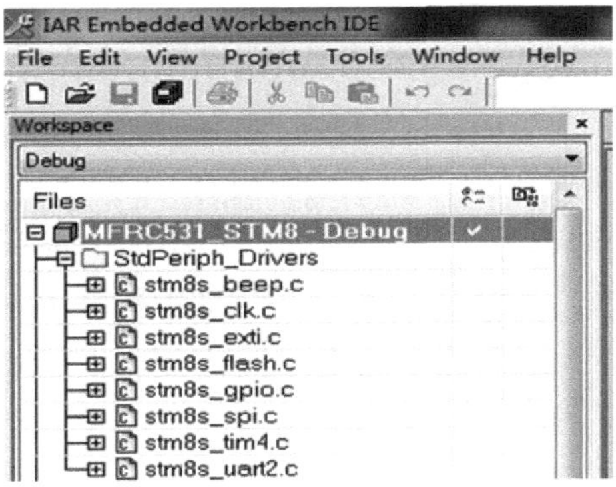

图 7-72　打开软件

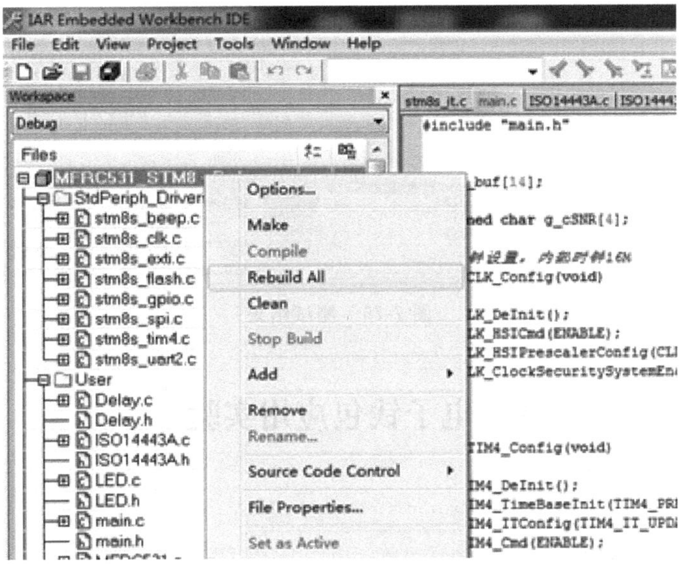

图 7-73　编译工程

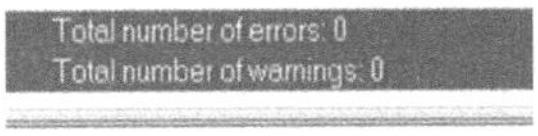

图 7-74　编译完成

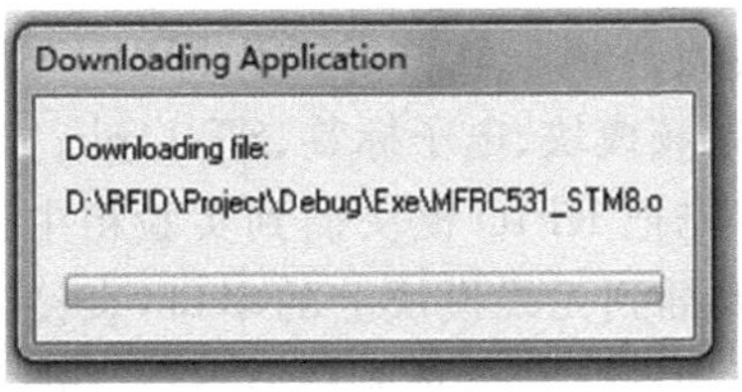

图 7-75　烧写程序

（7）用串口测试一下，把传感器模块连接到串口转 USB 模块上，将 USB2UART 模块的 USB 线连接到 PC 的 USB 端口，再打开串口工具，配置好串口，波特率 115200，8 个数据位，1 个停止位，无校验位，串口开始工作，无卡时串口返回：EE CC FE NO 01 00 00 00 00 00 00 00 00 FF，当有卡时串口返回 EE CC FE NO 01 01 00 7B DA 08 E4 00 00 FF，如

图 7-76 所示。

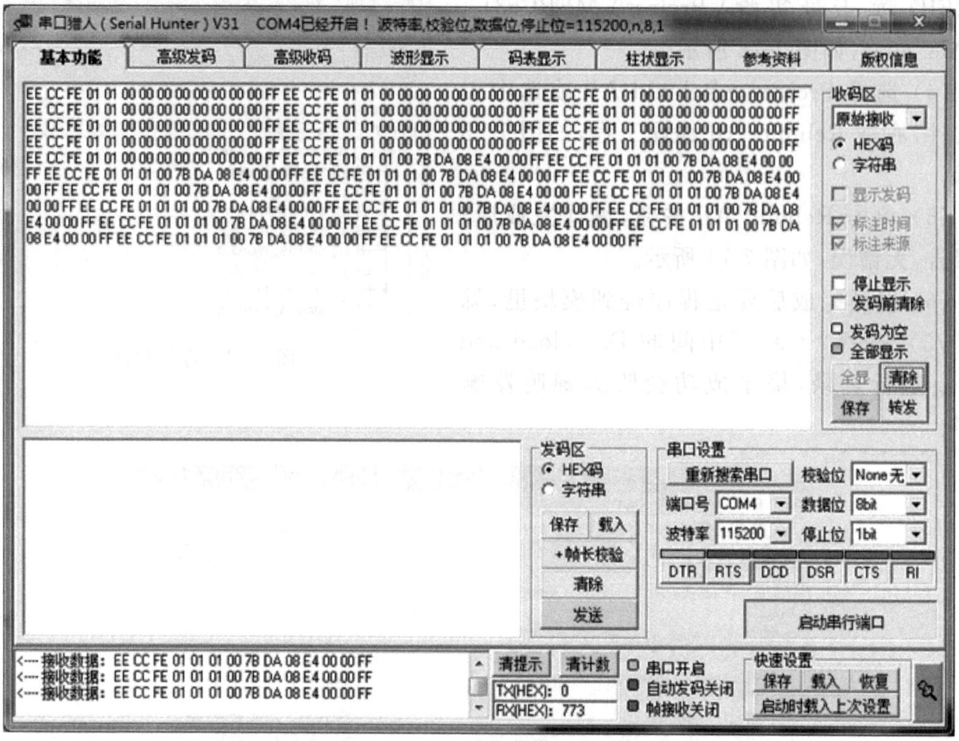

图 7-76 测试结果

7.4.2 基于 RFID 的电子钱包应用实验

1. 实验原理

实验原理与上述相同。

2. 实验步骤

(1) 实验环境。软件：IAR SWSTM8 1.30；硬件：RFID 射频模块、电子标签、ST-Link。

(2) 首先把 RFID 模块插到实验箱主板上的串口(注意：不要插到无线模块上的串口，直接插到主板上的串口)，再把 ST-Link 插到标有 ST-Link 标志的串口上，最后把仿真器一端的 USB 线插到 PC 的 USB 端口，通过主板上的"加""减"按键调整要实验的 RFID 模块(会有黄色 LED 灯提示)，硬件连接完毕。

(3) 使用 IAR SWSTM8 1.30 软件，打开..\RFID_电子钱包实验\Project\MFRC531_ATM8.eww，如图 7-77 所示。

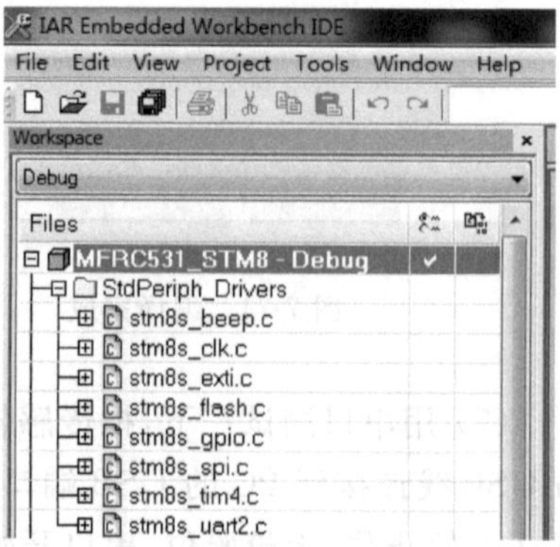

图 7-77 打开软件

(4) 选择 Project→Rebuild All 或选中工程文件，右击 Rebuild All 编译工程，如图 7-78 所示。

(5) 单击 Rebuild All 按钮，编译完成后，无警告，无错误，如图 7-79 所示。

(6) 编译完成后，要把程序烧到模块里，选择“”中间的 Download and Debug 进行烧录，烧录成功会听到蜂鸣器响一声，如图 7-80 所示。

(7) 用串口工具(用户也可自行选择其他串口软件)测试一下，打开串口工具，配置一下端口，波特率为115 200，8 个数据位，1 个停止位，无校验位，串口开始工作。先发送一组充值命令：CC EE FE NO 01 XX XX XX XX FF(HEX 格式数据)，串口会返回一组字符。充值功能实验完毕，如图 7-81 所示。

备注：

NO 为阅读器的编号，程序中设置为 01 ，在做本实验时应发送：CC EE FE 01 01 XX XX XX XX FF。

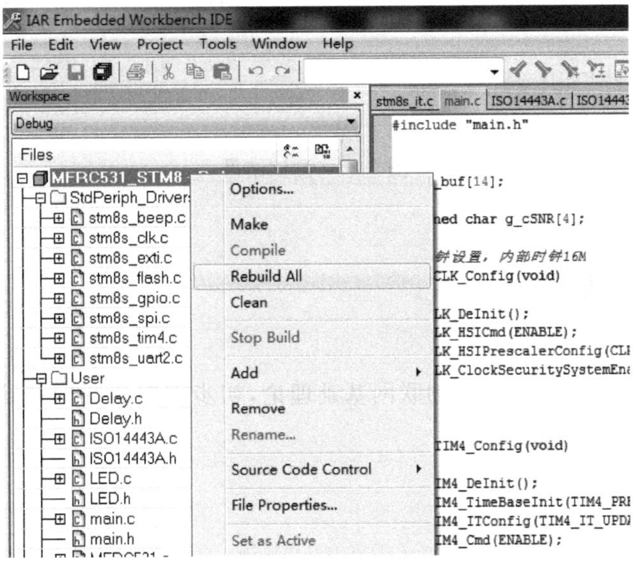

图 7-78　编译工程

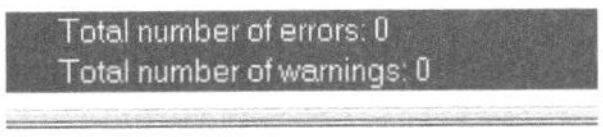

图 7-79　编译完成

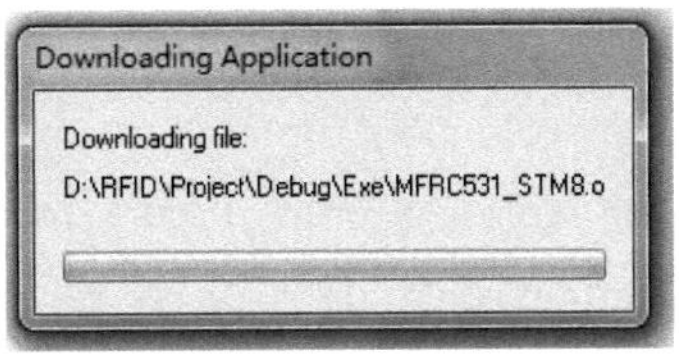

图 7-80　烧写程序

XX 为要充值的金钱数，例如：CC EE FE 01 01 00 00 00 01 FF 表示为充值 1。

再看扣款功能，发一组扣款命令：CC EE FE NO 02 XX XX XX XX FF，串口会返回一组字符。

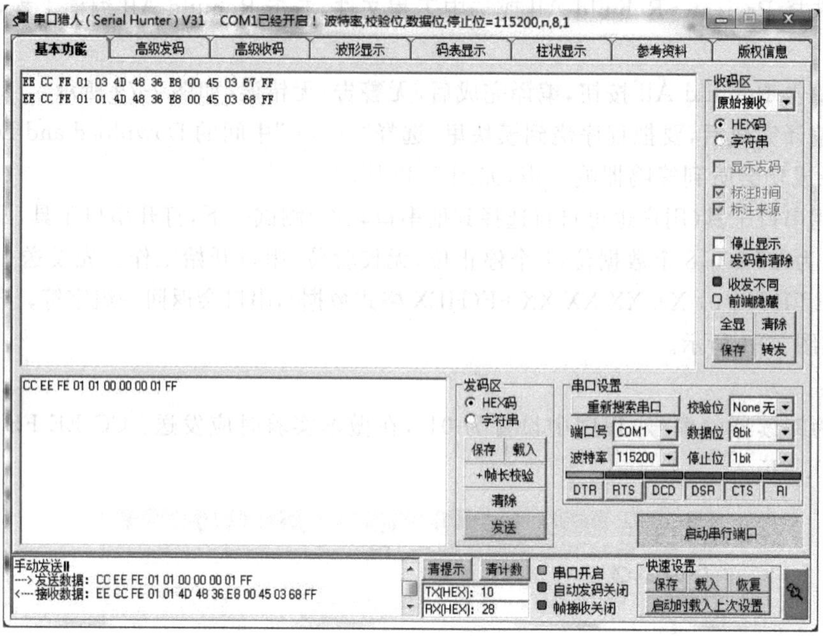

图 7-81 测试结果

7.5 本章小结

通过以上实验，可以加深理解物联网基础理论，初步掌握物联网基础知识，为更深入地学习物联网知识打下坚实的基础。

第 8 章 CHAPTER 8 智能农业

我国人口占世界总人口的 22%，耕地面积只占世界耕地面积的 7%。随着经济的飞速发展，人民生活水平不断提高，资源短缺、环境恶化的问题日益突出。因此，如何提高我国农产品的质量和生产效率，如何对大面积土地的规模化耕种实施信息技术指导下科学的精确管理，是一个既前沿又当务之急的课题。而现实情况是，粗放管理与滥用化肥，低效益与环境污染令人震惊。智能农业是一项综合性很强的系统工程，是农业实现低耗、高效、优质、环保的根本途径，是世界农业发展的新趋势。

智能农业(或称工厂化农业)是指在相对可控的环境条件下，采用工业化生产，实现集约、高效、可持续发展的现代超前农业生产方式，就是农业先进设施与陆地相配套、具有高度的技术规范和高效益的集约化规模经营的生产方式。

实例 1：高品质的葡萄酒对土壤的温度、湿度等有极严格的要求，美国加州 Napa 谷土壤及环境监测系统每隔 100～400m 埋一个传感节点，利用传感网络对土壤温度、湿度、光照进行实时监控并有效控制滴灌，提高了葡萄酒的品质，提高产能 20%，节约用水 25%。

实例 2：在泰州，正在建设的高港区农业生态园将实现智能化农业管理。近日，中国电信泰州分公司和高港区农业生态园签订全业务合作协议，双方将携手共同打造信息化农业生态园，建成全市首家“智能农业”物联网应用项目。泰州分公司将为农业生态园区提供虚拟网、光纤宽带、ITV 和天翼工作手机等基础通信服务以及园区内综合布线、视频监控等 ICT 应用，实现园区内安防监控和网上实景视频展示。通过农业生态园的实时视频监控，实现基于互联网的园区网上信息发布和园区视频展示。泰州分公司还将和高港区农业生态园共同推进物联网在现代农业项目中的应用，打造“智能农业”样板工程。通过传感技术、定位技术和移动互联网等技术的整合，实时采集温度、湿度、光照等环境参数，对农业综合生态信息进行自动监测和远程控制。

8.1 智能农业概述

传统农业生产的物质技术手段落后，主要依靠人力、畜力和各种手工工具以及一些简单机械。在现实中主要存在的问题是：农业科技含量、装备水平相对滞后。据农业、水利部门测算，我国每年农业所消耗化肥、农药和水资源量都在飞速增长，农业生产存在严重的污染和惊人的浪费，农业的污染问题使得不少人民群众的饮水安全受到影响；农业产出少，农民收入低；农产品的品种少等。

1. 智能农业

智能农业（或称工厂化农业）是指在相对可控的环境条件下，采用工业化生产，实现集约高效可持续发展的现代超前农业生产方式，农业先进设施与陆地相配套，具有高度的技术规范和高效益的集约化规模经营的生产方式。它集科研、生产、加工、销售于一体，实现周年性、全天候、反季节的企业化规模生产；集成现代生物技术、农业工程、农用新材料等学科，以现代化农业设施为依托，科技含量高，产品附加值高，土地产出率高，劳动生产率高，是我国农业新技术革命的跨世纪工程。

2. 精确农业

精确农业（Precision Agriculture）是当今世界农业发展的新潮流，是由信息技术支持的根据空间变异，定位、定时、定量地实施一整套现代化农事操作技术与管理的系统，其基本含义是根据作物生长的土壤性状，调节对作物的投入，即一方面查清田块内部的土壤性状与生产力空间变异；另一方面确定农作物的生产目标，进行定位的"系统诊断、优化配方、技术组装、科学管理"，调动土壤生产力，以最少的或最节省的投入达到同等收入或更高的收入，改善环境，高效地利用各类农业资源取得经济效益和环境效益。

3. 农业信息化

农业信息化是指人们运用现代信息技术，搜集、开发、利用农业信息资源，以实现农业信息资源的高度共享，从而推动农业经济发展。农业信息化的进程，是不断扩大信息技术在农业领域的应用和服务的过程。农业信息化包括农业资源环境信息化、农业科学技术信息化、农业生产经营信息化、农业市场信息化、农业管理服务信息化、农业教育信息化等。

8.1.1 智能农业在国内外的发展现状

1. 国外发展现状

精确农业在国外发达国家发展十分迅速，其应用已涉及施肥、播种、耕作、水分管理等相关领域。精确农业逐渐为农场经营者了解和熟悉。欧洲的一项调查表明，约 2/5 的农场主知道精确农业技术。发达国家在大型拖拉机上配置 GPS 进行耕作已较普遍。例如，英国夏托斯农场在联合收割机上装的 GPS 和产量测定仪，每隔 1.2s，GPS 测量记录一次。这样，在收割完成的同时，就可以产生当季准确的产量分布图。在施肥方面，明尼苏达的扎卡比林甜菜农场采用精确施肥技术减少了氮肥用量，肥料投入每公顷平均减少 15.5 美元，收益平均每公顷增加 358.3 美元。在以色列，用水管理已实现高度的自动化，全国已全部实施节水灌溉技术，其中 25%为喷灌，75%为微灌（滴灌和微喷灌）。所有的灌溉都由计算机控制，实现了因时、因作物、因地用水和用肥自动控制。荷兰的蔬菜温室生产的自动化水平堪称世界一流，温室的光照、需水量、需氧量等均由计算机自动控制，定时定量供给。其所需数据均来自现场的测试车，平均每 20 个温室即备有一辆测试车，24h 进行循环流动作业，每 2h 就能将植株体内营养液的含量以及植株根部酶的活性测定一次，劳动生产率及专业化水平非常高，平均每个劳动力可管理 20 个温室的蔬菜生产，产量却比传统农业提高 8～10 倍。

2. 国内发展现状

我国在精确农业的应用研究方面也取得了不少研究成果。但在整体水平上，特别是实用性方面与发达国家差距很大，主要存在以下问题。①人才培养滞后。农学专家中懂计算机技术的人并不多，而一些计算机专业人员对农业科学又很陌生，这样在应用的结合点上就存在较大矛盾。②信息标准不统一。我国计算机农业应用信息管理目前还没有完全做到标准化。信息库、数据库描述的语言和方法不尽相同，开发的应用系统软件在计算机运行平台、信息接口、软硬件等的兼容性上较差。这些不利于进行数据的交换、传播和使用，也不便于计算机农业应用网络系统的研究和开发。③技术不成熟。我国计算机农业应用专家系统的知识表述、推理等方面普遍存在不同程度的缺陷，而且整体功能单一。农用实时控制处理开发成果少，应用范围窄，数据采集和监测手段落后，速度慢，精度低。已开发的系统功能弱，使用效率不高，不适合推广和使用。农用模式识别、数字图像处理、计算机农业应用网络由于受人力、物力、财力的影响，与农业发达国家相比差距较大，从已开发的系统来看，档次低，领域窄，可靠性、稳定性还不高。

8.1.2 基于物联网的智能农业的意义

传统农业的模式已远不能适应农业可持续发展的需要。产品质量问题、资源严重不足且普遍浪费、环境污染、产品种类不能满足需求多样化等诸多问题使农业的发展陷入恶性循环，而精确农业为现代农业的发展提供了一条光明之路，精确农业与传统农业相比，最大的特点是以高新技术和科学管理换取对资源的最大节约。

1. 物联网是加强农产品质量安全的有效举措

农产品质量安全是当前社会普遍关注的热点问题。运用物联网技术，可以加大对农产品从生产、流通到消费整个流程的监管，完善农产品安全追溯系统，保障农产品安全。江阴市以 RFID 为主要信息载体，建立“放心肉”安全信息追溯平台，实现政府对养殖、屠宰、销售等环节的有效监管，使得每块放心肉“来可追溯、去可跟踪、信息可保存、责任可追查、产品可召回”。无锡惠山精细蔬菜园传感网管控系统利用温度、湿度、气敏、光照等多种传感器对蔬菜生长过程进行全程数据化管控，保证蔬菜生长过程“绿色环保、有机生产”。

2. 物联网是发展现代农业的重要支撑

应用物联网技术改造传统农业，可实现对农业用药、用水、用肥以及畜禽和水产养殖的精准控制，减少浪费，降低污染，加强疾病防疫与疫情防控，实现农业高效、可持续发展。无锡宜兴市应用的水产养殖智能监控系统，具有数据实时自动采集、无线传输、智能处理和预警预报功能，可实现对河蟹养殖池水质的自动调节，有效改善河蟹生长环境，提高河蟹产量和品质，减少对周边水体环境的污染。江苏东众大牧业养鸡场运用智能监控管理系统后，实现饲喂、繁育、清理等环节自动化、精准化控制，减少养鸡场35%用工量，养鸡成活率由93%提高到98%以上，经济效益提高20%以上。

3. 物联网是提升农业决策指挥水平的重要手段

通过物联网技术对农作物生长、森林防护、畜禽和水产养殖等进行监测，可实现准确感知、及时反馈，提升农业决策指挥水平。2012年初，安徽省蒙城、定远等地安装的苗情监测系统，及时传递小麦禾苗受灾和生长情况，对“抗旱保苗”发挥了重要的决策支撑作用。南京市建立的森林防火远程监测及应急通信指挥系统，通过森林防火远程图像监控指挥系统，在发生森林火灾后，实现网络化的远程监控，进行多级控制和视频图像共享，方便开展会商、现场扑救、指挥部署等。

4. 物联网能够给农民带来实惠

将物联网应用到农业领域，还可将农民就地转化为现代农业工人，增加农民收入。南京联创集团建立了基于物联网技术的有机蔬菜基地和质量追溯系统，实现“从田间到餐桌”的有机农产品配送服务，给有机蔬菜基地的农民带来实惠，不仅劳动强度下降，而且收入还有了较大提高，男工每天收入达到80元，女工每天达50元，该企业计划用5年时间建成长三角最大的有机农业物联网企业，帮助10 000名农民不离地、不离家实现就业。

8.1.3 基于物联网的智能农业的优点

1. 节约方便

对于移动测量或距离很远的野外测量，采用无线方式可以很好地实现并节省大量费用。目前的无线网络可以把分布在数千米范围内不同位置的通信设备连在一起，实现相互通信和网络资源共享。

2. 安全可靠

无线传输技术较不易受到地域和人为因素的影响。无线传输中广域网的远程传输主要依靠大型基站及卫星通信，抗干扰能力强，稳定性比有线通信更强。

3. 接入灵活

无线通信的接入方式灵活。在无线信号覆盖的范围内，可以使用不同种类的通信设备进行无缝接入。

8.2 农产品批发市场信息系统建设

长期以来，受城乡二元经济结构和“重生产、轻流通”观念的影响，农产品流通存在着设施不足、方式陈旧、成本较高、农民进入市场较难等问题。近年来，农产品流通不畅，农民卖难问题尤为突出，不仅影响了农业生产和农民增收，也抑制了农民消费，延缓了农村的市场化进程。另外，近年来食品安全事故时有发生，损害了广大消费者的身体健康。食品不安全既有生产环节的原因，也有流通环节的原因。因此，需要对食品“从农田到餐桌”实行全过程综合监管。培育大型流通企业，发展连锁配送业务，建设农产品生产基地，建设冷链系统，健全农产品质量安全可追溯体系，从流通环节把好农产品质量安全关，是保障农产品流通安全的重要手段。

为了促进农产品流通和农业结构调整，增加农民收入，扩大就业，保证人民消费安全，提高我国农产品的竞争力，对现有大中型农产品批发市场进行信息化建设已迫在眉睫。通过加强农产品批发市场的业务应用系统的建设，完善信息全方位、网络化、即时化的传递，通过电子商务、网络交易等现代交易手段实现信息的共享，提高农产品批发市场的辐射力，构建与国际市场接轨的农产品现代流通体系，促进农民增收和保障农产品流通安全，发挥农产品现代流通体系的整体功能。

8.2.1 信息系统总体设计

结合各类农产品批发市场的现状和发展方向，充分考虑市场的实际需求，建立农产品批发市场信息平台，加强信息化基础设施的建设，实现信息管理、信息采集发布、电子结算、质量可追溯、电子监控、电子商务、数据交换、物流配送等应用系统的服务功能，最大限度地实现信息化、网络化管理。

信息系统主要包括市场综合管理、信息采集发布、信息基础、物流、电子商务、农产品质量安全检测信息等 8 大平台。另外，同方公司 RFID 食品安全追溯管理系统以及 RFID 供应链管理系统也为农产品批发市场信息系统建设提供了很好的补充配套。在上述 8 大平台的基础上，具体构建了 8 个系统，形成一套完整的信息系统解决方案。农产品批发市场信息系统功能示意如图 8-1 所示。

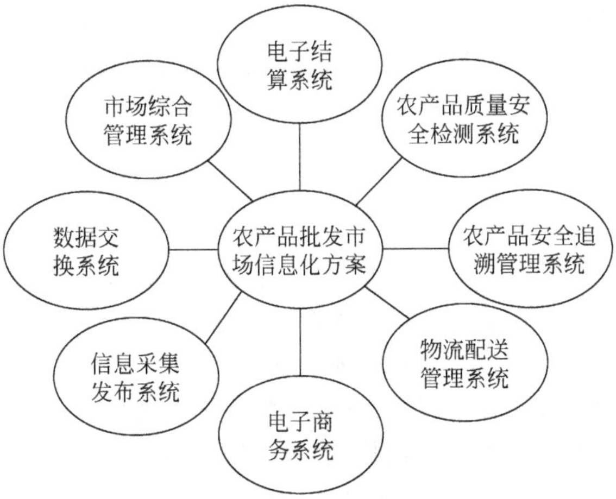

图 8-1 农产品批发市场信息系统功能示意

8.2.2 市场业务管理平台

市场业务管理平台用于市场综合业务的管理，包括电子结算系统、综合管理系统、数据交换系统、电子监控系统。

1. 电子结算系统

电子结算系统是批发市场业务管理平台的核心，掌握批发市场中的全部市场交易和供求信息，便于为客户提供服务，建立科学、严谨的结算和交易方式，满足交易管理、资金结算及市场各项费用的收缴，同时为信息发布提供准确及时的交易信息和供求信息。可实现中央结算方式、交易现场结算方式、电子地磅结算方式、进出门收费方式等。

(1) 系统结构。电子结算系统结构如图 8-2 所示。

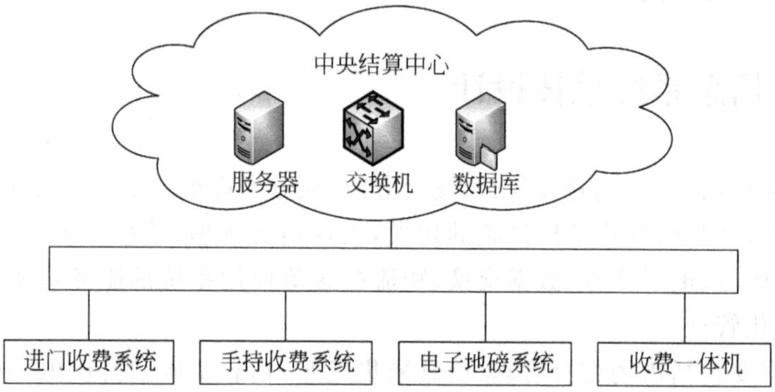

图 8-2 电子结算系统结构

(2) 系统功能。系统功能有对账系统、市场统计、客户管理、外设支持、银联转账、农残超标追溯，包括 IC 卡管理、会员管理、交易管理、交易结算、费用管理、使用者管理、综合统计查询、票据打印、品种管理等部分。

(3) 系统意义。本系统在保证交易速度、提高交易效率的基础上，增强了市场管理方对市场运营情况的全面了解；在保障商户资金安全、方便商户资金周转的基础上，提高了商户对市场的信赖程度；公开的交易统计信息促进了农产品的有效交易和流通，丰富了市场的交易功能。

2. 综合管理系统

实现批发市场的人、财、物集成化管理，提高市场自身的工作质量和效率。综合管理系统主要包括市场经营管理、财务管理和办公自动化系统功能；综合信息管理系统主要包括人事管理、租赁管理、财务管理、摊位管理、水电车辆管理、仓储管理、结算管理、信息发布管理、系统管理、市场网站等相关功能模块，涵盖了整个批发市场各个功能部门。

(1) 系统结构。基于 B/S 的三层结构，客户端通过 IE 实现访问和管理。

(2) 系统功能。综合管理系统的功能结构如图 8-3 所示。

(3) 系统特点。该系统的投入运营，可以加强农产品批发市场的人、财、物集成化管理，提高市场自身的工作质量和效率，为市场的低成本合理化运作及实现效益最大化提供了一条最佳渠道。

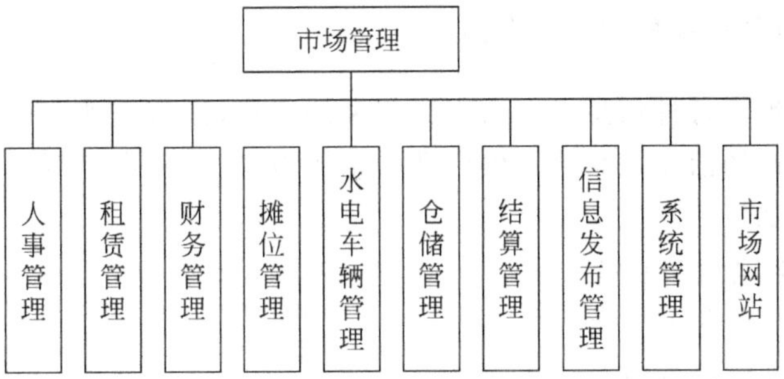

图 8-3　综合管理系统的功能结构

3. 数据交换系统

数据交换系统是批发市场信息系统与国家指定数据上报中心的数据交换接口及运行模式，具有较好的开放性，兼顾各类平台下批发市场的数据交换需求。另外，充分考虑到目前各地通信发展不平衡的状况，系统内的数据交换不受限于特定的网络状况，可支持 Modem、ISDN、DDN、无线等各种通信网络。其中数据采集插件、数据导入插件由同方自主开发。数据传输系统工作模型如图 8-4 所示。

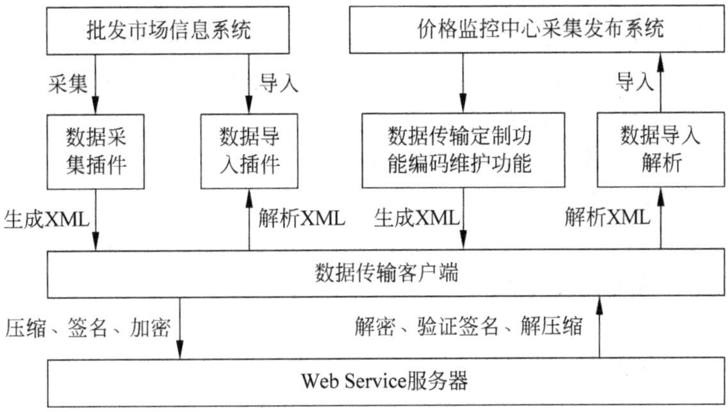

图 8-4　数据传输系统工作模型

4. 质量可追溯系统

本系统与结算中心对接，在电子结算系统基础上增加了产品产地信息管理、农残检测追溯管理、卖方商户档案管理、买方交款结算管理、卖方交款结算管理、退货处理、结算信息查询和统计等功能。

8.2.3　信息采集发布平台

该平台负责市场内外用户的信息发布管理，包括 LED 显示屏与触摸屏信息发布系统、市场门户网站以及信息采集发布系统。

1. LED显示屏与触摸屏信息发布系统

系统能够及时地将各种信息发布给市场相关的商户，涉农企业、农产品生产者，方便不同层次的用户了解市场信息。系统提供标准信息接口，方便发布市场各信息平台的相关信息。系统具体功能如下。

(1) 行情信息自动发布功能。

(2) 供求信息自动发布功能。

(3) 重要通知自动发布功能。

(4) 交易公告自动发布功能。

(5) 市场介绍自动发布功能。

(6) 办事指南自动发布功能。

(7) 气象预报自动发布功能。

(8) 法律法规自动发布功能。

2. 市场门户网站信息采集发布系统

系统能够将批发市场的动态新闻、供求信息、产品展销等栏目信息，通过互联网的方式发布。系统具体功能如下。

(1) 信息采集及维护功能。采集接收市场各信息平台的信息。

(2) 发布信息功能。发布动态新闻、行情信息、供求信息、产品展销、交易公告、招商引资、市场介绍、办事指南、气象农情、企业名录。

(3) 信息检索功能。全文检索数据库信息。

(4) 网上调查功能。根据管理需要维护调查问卷。

信息平台主要的内容(文本和图片)是动态、可维护的，操作者可灵活选择要发布的信息，便于实现批发市场间信息共享。

8.2.4 电子商务平台

电子商务系统包括网上协商系统、网上拍卖(竞价)系统、网上招投标交易系统、支付与结算系统、会员管理与认证系统、交易分析和监控系统。电子商务系统功能框架如图8-5所示。

(1) 网上协商交易系统。本系统包括信息搜索、在线洽谈。

(2) 网上拍卖(竞价)系统。本系统包括拍卖(竞价)公告、拍卖(竞价)申请、在线竞价、结果查询、合同管理、费用管理、现场电子竞价与网上竞价交易的接口。

(3) 网上招投标交易系统。本系统包括招标公告、招投标申请、在线竞标、结果查询、合同管理、费用登记、供求信息发布、信息查询和搜索、快速采购、查看订货、查看购物车、采购订单、销售订单、商品维护、模拟交易等。

(4) 会员管理与认证系统。本系统包括会员权限维护、会员档案管理、CA认证。电子商务交易平台在设计上要做到安全、完善、灵活、高效。在交易过程中通过电子证书(CA证书)保证信息安全传输。

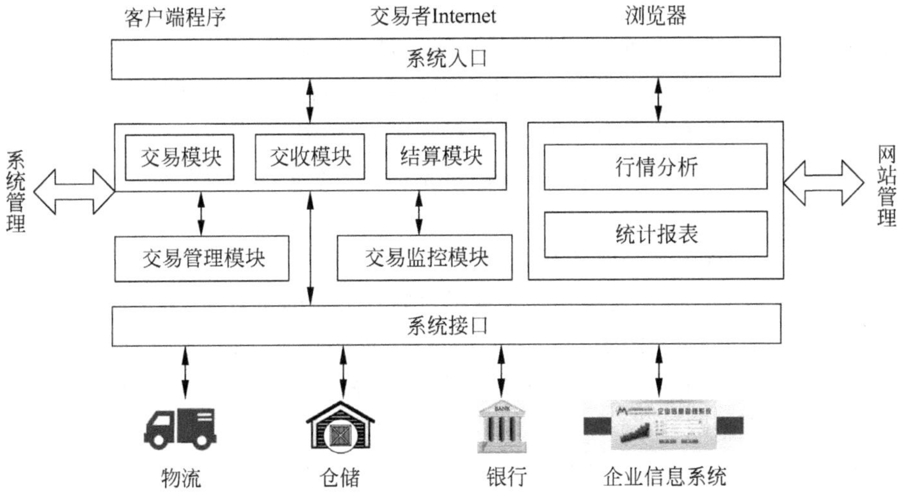

图 8-5 电子商务系统功能框架

(5) 支付与结算系统。本系统包括网上支付、离线支付、费用结算、费用查询。

(6) 交易分析与监控系统。本系统包括交易查询、交易汇总、交易分析、交易信誉管理。

8.2.5 物流配送平台

建立物流配送体系，目的是以信息为载体，实现农产品物流和商流的分离，满足供需双方用户交易的需要。物流配送系统是涵盖整个供应链范围的成熟平台，从供应、采购到销售、服务，其中包含了库存控制、仓库管理和分销管理。它能够和后台财务系统实现无缝连接，是涵盖企业物流和分销过程全部需求的物流配送平台。

1. 系统的主要功能

(1) 订单管理。客户可以通过网络或人工下订单的方式购买商品。其主要功能有生成、修改、确认、查询销售订单等。

(2) 采购管理。系统根据市场已确认的客户订单自动或人工生成采购计划单，经相关人员确认，生成采购订单。其主要功能有系统自动生成采购计划单、采购计划单管理、采购工作单管理等。

(3) 配送管理。配送调度中心是整个系统的调度中心，对系统优化生成的任务进行调度安排，并对整个任务运行过程实施跟踪，以提高整个配送过程的服务质量和客户满意度。同时还对企业的运力资源进行管理。其主要功能有系统自动生成配送计划单管理、调度工作单管理、运输工作单管理、供货工作单管理、送货单管理、人员管理、代收费等。

(4) 仓库管理。仓库管理用于管理库房之间的货物调拨，可实时查询每个库房及总库房的库存情况，并可按各种条件对出入库进行快速查询。配货中心的库位分为普通区、临时区、分拣区、理货区、退货区等。通过出入库及移库操作管理商品的库位。其主要功能有仓库基本信息、货物出入库管理、库位管理、库存盘点、货物调拨、库存查询、仓租合同管理、仓租服务计费、超期货物管理、货物破损管理等。

(5) 基本设置。设置系统内的一些基本信息如下。

① 运力及车辆设置。设置不同类型的运输车辆和运输能力。

② 运杂费设置。设置运输过程中发生的费用,如过桥费、油费、维修费等。

③ 驾驶员设置。设置驾驶员档案,包括驾驶证、驾龄等。

④ 运输线路设置。设置常用运输线路,包括起点、终点、公里数、指定各路线的提成比例,以便计算运费。

⑤ 仓库设置。设置多个仓库的基本信息。

(6) 客户关系管理。客户关系管理实现了对客户资料的全方位、多层次管理,存储和管理与调度配送中心有业务往来的单位、个人的情况,提供往来记录、业务记录、单位背景、联系方式等信息。其主要功能有客户信息登记及维护、客户业务查询、客户信誉统计、客户意见反馈及相应的处理跟踪。

(7) 财务结算。财务结算主要包括与经销商结算、与供货商结算、与承运商结算、仓库费用结算等。

(8) 统计报表。统计报表对系统信息进行综合统计和汇总。报表主要包括配送业务执行情况表、长途运输台账查询表、短途提货台账查询表、单位运费结算表、单位运费汇总表、货物流量流向表等。

(9) 系统管理。系统管理对系统的用户权限、功能、参数进行设置,主要功能包括用户角色管理、用户权限管理、密码设定、系统参数设置、数据库备份、历史数据转储、数据整理、操作日志等。

2. 同方公司 RFID 供应链管理系统

同方公司基于 RFID 射频识别技术,根据农业行业中实际情况和需求,整合企业现有应用及条码技术,开发了 RFID 供应链管理系统,如图 8-6 所示。

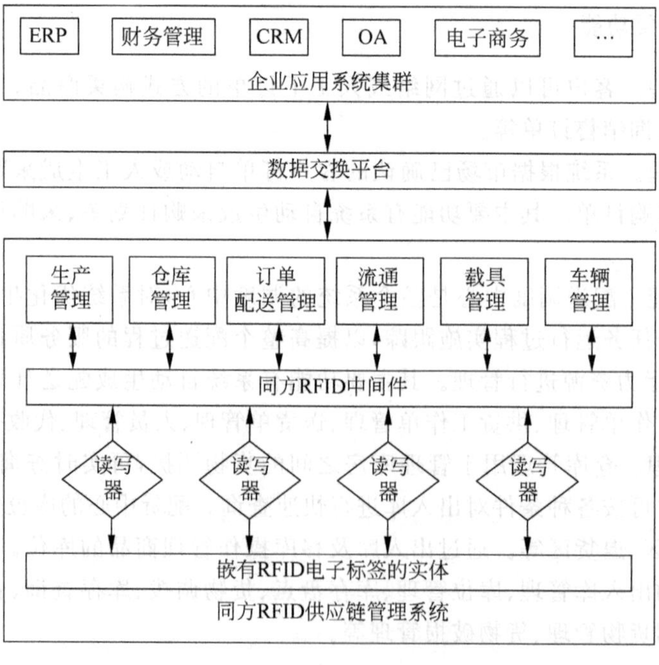

图 8-6 RFID 供应链管理系统模型

(1) 标签生成管理。标签生成管理由电子标签专用打印机和标签编码管理软件组成，负责完成库位标签、物品标签、箱标签、载具标签、运载车辆标签的信息初始化和标签表面信息打印工作。

(2) 生产管理。生产管理通过融合 RFID 技术、工业自动化技术、条码技术，实现生产环节的数据采集、数据处理自动化和生产控制自动化。

(3) 仓储管理。仓储管理对原料库、成品库进行管理，实现出入库自动化、盘库管理自动化、库内调整规范化、库存货品可视化及预警。

(4) 订单配送管理。订单配送管理从系统中获取订单配送计划，为每个订单分配通道，通过集成 RFID 器与大屏幕显示功能，将订单信息、装车信息显示在通道出口，实时监控订单的执行情况。

(5) 流通管理。流通管理包括销售过程中对物品的清点、确认、记载；客户售后服务过程中客户序列号及相关物品的信息查询管理；退换过程中物品信息的确认记载，物品维修记录查询。

(6) 载具管理。载具管理主要关注系统中流转的托盘、集装箱。通过整合、分析各系统中载具的流转信息，实现载具使用与流通情况的监控。

(7) 车辆管理。车辆管理对运载车辆的出入、所载货品信息及任务执行情况进行监控与管理。

(8) 分析、决策管理。分析、决策管理对系统的数据进行统计查询，可生成相关报表；对数据进行挖掘分析，为决策提供依据。

本系统完整地解决了供应链管理中存在的问题，打破了制约企业发展的技术瓶颈，提高了生产智能化程度、仓储管理效率、配送的精度和吞吐量，实现了从生产到消费全过程追踪和可视化管理，帮助企业降低了经营成本，增强了核心竞争实力，为农产品物流配送系统的重要补充环节。本系统通过嵌有 RFID 电子标签的货物或托盘、RHD 标签发行系统、布设在各关键节点的读写设备与辅助设备以及相关的业务软件系统，完美地融合了现有技术与软硬件系统，实现了准确高效、可视可控、大吞吐量的智能化流通企业供应链管理。

8.2.6 信息基础平台

批发市场信息基础平台是整个市场信息系统的基础工程，承担着整个网络架构，整体信息系统的安全及网络基础设施的建设，包括网络基础设施、硬件设备、电子监控、网络中心、网络管理及安全、系统运行平台。农产品批发市场网络结构拓扑图如图 8-7 所示。

1. 市场网络综合布线系统

综合布线系统应是开发式结构，能支持电话及多种计算机数据系统，还应支持会议电视、监控等系统需要。建筑物综合布线系统分为以下子系统：工作区子系统、配线(水平)子系统、干线(垂直)子系统、设备间子系统、管理子系统、建筑群子系统。

1) 工作区子系统

工作区子系统由终端设备到连接信息插座的连线组成，包括连接计算机的软线、连接器和连接所需的扩展软线，并在终端设备和输入输出间搭建。工作区子系统是包括办公室、写

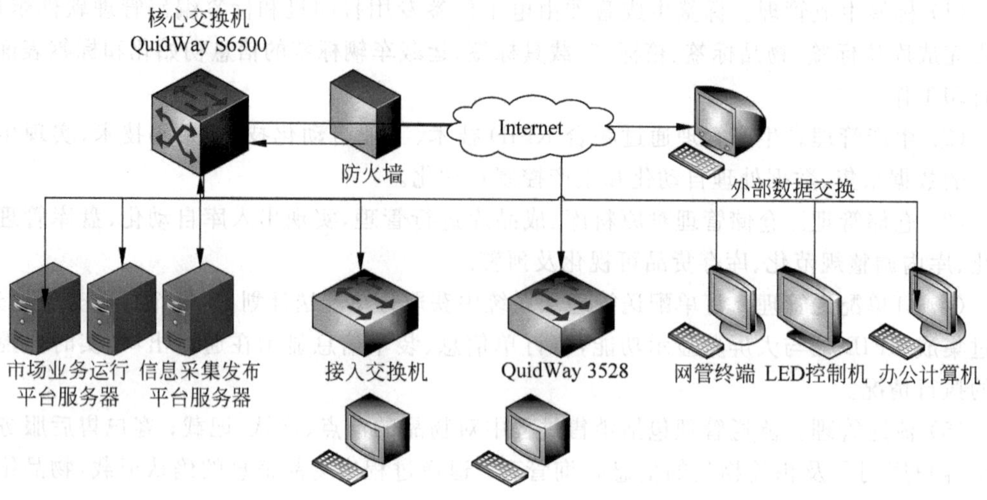

图 8-7　农产品批发市场网络结构拓扑图

字间、作业间、技术室等需要使用电话、计算机终端、电视机等设施区域和相应设备的统称。

2）配线(水平)子系统

将干线子系统延伸到用户工作区，是由用户工作区的信息插座、楼层配线设备到信息插座的配线电缆、楼层配线设备和跳线组成。配线(水平)子系统宜采用 4 对对绞电缆，在高速率应用场合，也宜采用光缆。配线子系统根据整个综合布线系统要求，在二级交接间、交接间或设备间的配线设备上进行连接。

3）干线(垂直)子系统

干线(垂直)子系统提供建筑物干线电缆的路由，子系统由布线电缆组成，或由电缆和光缆以及将此干线连接到相关的支撑硬件组合而成。干线(垂直)子系统应由设备间的配线设备和跳线以及设备间各楼层配线间的连接线缆组成。

4）设备间子系统

设备间子系统把中继线交叉连接处和布线交叉连接处连接到共用系统设备上。由设备间中的电缆、连接器和相关支撑硬件组成，把共用系统设备的各种不同设备相互连接起来。设备间是在每栋大楼的适当地点设置进线设备，进行网络管理及管理人员值班的场所。设备间子系统也应由建筑物的进线设备、电话、数据、计算机等各种主机设备及其保安配线设备组成。

2. 中心机房建设

机房建设工程应充分体现新技术、新材料、新工艺、新设备的特点。一方面，机房建设要满足被保护系统的安全可靠、正常运行，延长设备使用寿命，提供符合国家各项有关标准的优秀的技术场地；另一方面，机房建设为机房工作人员提供了舒适、典雅的工作环境。在设计施工中应确保机房先进、可靠、安全、精致。既满足机房专业的有关国标的各项技术条件，又具有建筑装饰现代艺术风格的现代化机房，是农产品批发市场的需要。

3. 市场中的电子监控系统

同方公司多年来致力于数字视频产业的开拓，以多媒体视音频压缩技术和嵌入式系统为核心，以专业化数字监控系统和视频会议系统为视频业务主营方向，在数字视频领域研制、开发、销售业内领先的“威迅”数字多媒体视音频产品，并面向不同行业提供专业化的、完善的数字视频解决方案。产品涉及数字视频存储、数字视频通信以及数字视频处理等专业领域。同方拥有自主知识产权的“威迅”数字监控系统涵盖了从 MPEG-1、MPEG-2 到 MPEG-4 等视频压缩算法，在运行稳定性、安全性、可操作性、扩展性等方面都有杰出表现。同方公司在产品研发、技术支持、服务等方面具有雄厚实力，针对用户的各种实际需求提供个性化专业解决方案，广泛应用于农业、金融、楼宇、教育、工业系统、气象系统、政府等多个领域。

8.2.7　农产品质量安全信息平台

1. 农产品质量安全检测信息系统

本系统把先进的信息处理和计算机技术融入监管工作，通过互联网把实时监督、控制和预警耦合于一体，实现智能化检测。适用于各级农产品安全检测机构和各类检测中心，是用户单位提高检测实效的得力助手和综合管理平台。集检测任务、数据管理、数据网络传输、结果判定、数据汇总、统计分析、报表生成等功能于一体，实现智能化检测。农产品质量安全处理流程如图 8-8 所示，系统特点如下。

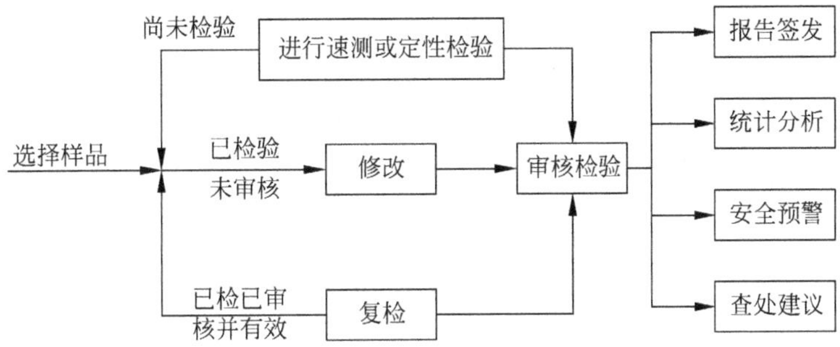

图 8-8　农产品质量安全处理流程

(1) 技术先进。开放性设计，高技术集成，综合应用 ASP、报表控件、信息智能处理、数据传输转换等技术，支持多用户、多权限、实名制管理，通用性、兼容性、扩展性强。

(2) 功能齐全。检测系统由任务分配、业务处理、生成检测报告、数据传输、统计分析、评估预警、用户管理、系统管理、信息发布系统等部分组成，包含了农产品检测工作的方方面面，能满足用户多元化和个性化管理目标的需求。

(3) 操作方便。“傻瓜”式操作，不需要计算机专业技术人员，一般工作人员使用鼠标就可轻松完成操作。可大大降低检测工作强度，同时便于整合优化资源，减少人力、物力、财力的投入，提高检测时效。

(4) 运行稳定。采用网络数据库，保证了系统运行的稳定性、安全性、兼容性和扩展性。

2. 同方 RFID 食品安全追溯管理系统

RFID 食品安全追溯管理系统应用 RFID 技术贯穿于食品安全始终，包括种植/养殖、屠宰或生产加工、流通、消费等各环节，全过程严格控制，建立了一个完整产业链的食品安全追溯控制体系，并利用数据库技术、网络技术、分布式计算技术，建立食品安全与追溯中心数据库，实现信息融合、查询、监控，为每一环节以及到最终消费领域的过程提供针对食品安全、食品成分来源及合理决策，实现食品安全预警机制。RFID 食品安全追溯管理系统模型如图 8-9 所示。

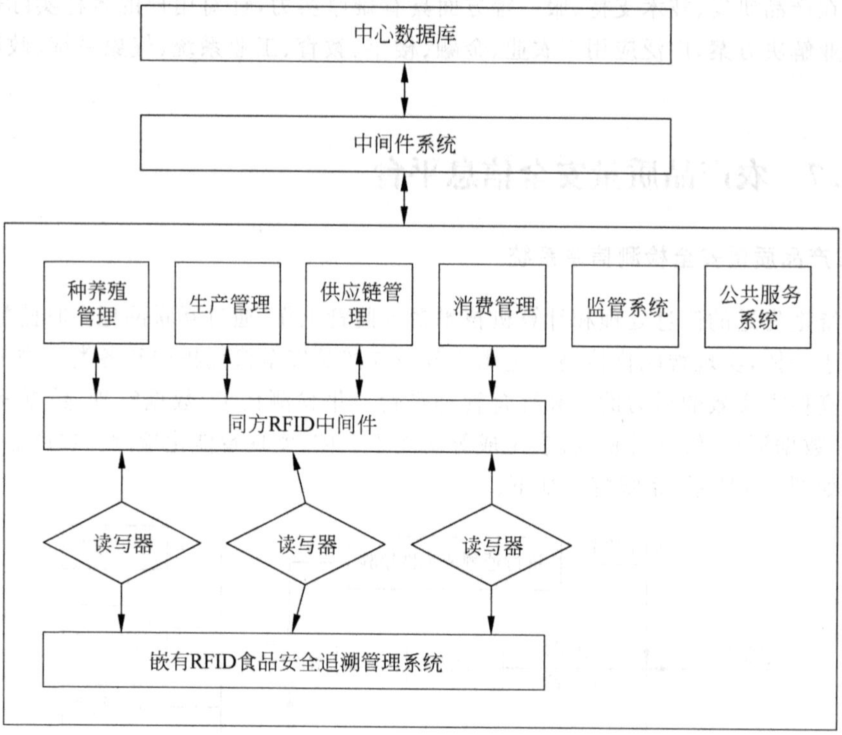

图 8-9 RFID 食品安全追溯管理系统模型

1）系统结构

RFID 食品追溯管理系统可以保障食品安全及可全程追溯，规范食品生产、加工、流通和消费 4 个环节，对肉、大米、面粉、油、奶制品等食品都颁发“电子身份证”，即全部加贴 RFID 电子标签，并建立食品安全数据库，从食品种植养殖及生产加工环节开始加贴，实现“从农田到餐桌”全过程的跟踪和追溯，包括运输、包装、分装、销售等流转过程中的全部信息，生产基地、加工企业、配送企业等都能通过电子标签在数据库中查到。RFID 食品安全追溯管理系统包括以下内容。

(1) 三个层次结构。网络资源平台系统、公共服务平台系统和应用服务平台系统。

(2) 二级节点。由食品供应链及安全生产监管数据管理中心和食品产业链中各关键监测节点组成。数据中心为海量的食品追溯与安全监测数据提供充足的存储空间，保证信息共享的开放性、资源共享及安全性，实现食品追踪与安全监测管理功能。各关键检测节点包括种植养殖场节点、生产与加工衔接点、仓储与配送节点、消费节点，实现各节点的数据采集和信息链的连接，并使各环节可视。

(3) 一个数据中心与基础架构平台。一个中心为食品供应链及安全生产监管数据管理中心，本中心是构建于同方基础支撑平台RFID上的管理平台。

2）系统功能

RFID食品安全追溯管理系统由中心数据库系统、种植/养殖安全管理系统、安全生产与加工管理系统、食品供应链管理系统、检测检疫与监控系统、食品安全公共信息服务平台系统等各子系统组成，通过种植/养殖生产、加工生产、流通、消费的信息化建立起来的信息链接，实现企业内部生产过程的安全控制和流通环节的实时监控，达到食品的追溯与召回。

3）系统特点

（1）信息完整、高效。利用RFID的优势特性达到对食品的安全与追溯的管理，相比记录档案追溯方式更加高效、实时、便捷。通过网络，消费者可查询所购买食品的完整追踪信息。

（2）过程透明。在食品供应链中提供完全透明的管理能力，保障食品安全全程可视化控制、监控与追溯，并可对问题食品召回。可以全面监控种植养殖源头污染、生产加工过程的添加剂以及有害物质、流通环节中的安全隐患。

（3）安全预警。可以对有可能出现的食品安全隐患进行有效评估和科学预警提供依据。

（4）科学分析。数据能够通过网络实现实时、准确报送，便于快速高效做更深层次的分析研究。

4）应用领域

本系统可广泛应用于农、林、渔、牧、副各类食品的安全追溯管理，适用于粮油食品、畜禽食品、果蔬食品、水产食品、调味品、乳制品、方便食品、婴幼儿食品、食品添加剂、饮料、化妆品、保健食品等领域。

8.3 基于物联网的智能大棚（中国电信方案）

该方案利用物联网技术和通信技术，将大棚种植中的空气温度、湿度及土壤温度、湿度等关键要素通过各种传感器动态采集，将数据及时传送到智能专家平台，使设施蔬菜管理人员、农业专家通过计算机、手机或手持终端就可以时刻掌握农作物的生长环境，及时采取控制措施，预防病虫害，提高蔬菜品质，增加种植效益，同时把有限的农业专家整合起来，提高对大棚的生产指导和管理效率。利用该系统，实现对设施蔬菜的信息化管理，提高产品质量和管理效益，精确测量设施环境，利用实用、先进的技术手段帮助农民提高产品质量，加强对病虫害的监控水平、预测水平，减少农药使用量。建立科学的生产环境数据库，可以帮助专业生产企业、管理和研究机构等单位强化管理手段。

8.3.1 智能大棚系统总体设计

智能大棚系统主要分为大棚现场、采集传输、业务平台和终端展现4层架构，如图8-10所示。大棚现场主要负责大棚内部环境参数的采集和控制设备的执行，采集的数据主要包括农业生产所需的光照、空气温度、空气湿度、土壤温度、土壤水分等数值。传感器的数据上传有 ZigBee 模式和 RS-485 模式两种，RS-485 模式中数据信号通过有线的方式传送，涉及大量的通信布线。在 ZigBee 传输模式中，传感器数据通过 ZigBee 发送光照、空温、空湿、土温等信息。

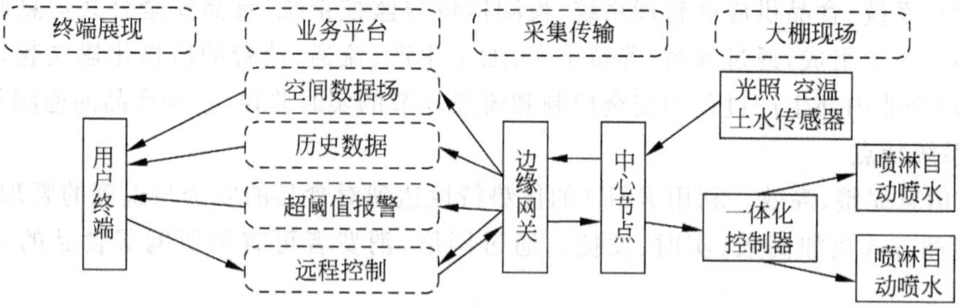

图 8-10 智能大棚系统架构

模块传送到 ZigBee 中心节点上，用户终端和一体化控制器间传送的控制指令也通过 ZigBee 发送模块传送到中心节点上，省却了通信线缆的部署工作。中心节点再经过边缘网关将传感器数据、控制指令封装并发送到位于 Internet 上的系统业务平台。用户可以通过有线网络/无线网络访问系统业务平台，实时监测大棚现场的传感器参数，控制大棚现场的相关设备。ZigBee 模式具有部署灵活、扩展方便等优点。

控制系统主要由一体化控制器、执行设备和相关线路组成，通过一体化控制器可以自由控制各种农业生产执行设备，包括喷水系统和空气调节系统等。喷水系统可支持喷淋、滴灌等多种设备，空气调节系统可支持卷帘、风机等设备。

采集传输部分主要将设备采集到的数值传送到服务器上，现有大棚设备支持 3G、有线等多种数据传输方式，在传输协议上支持 IPv4 和 IPv8 协议。

业务平台负责对用户提供智能大棚的所有功能展示，主要功能包括环境数据监测、数据空间/时间分布、历史数据、超阈值告警和远程控制 5 个方面。用户还可以根据需要添加视频设备，实现远程视频监控功能。数据空间/时间分布将系统采集到的数值通过直观的形式向用户展示时间分布状况（折线图）和空间分布状况（场图）；历史数据可以向用户提供历史一段时间的数值展示；超阈值告警则允许用户制定自定义的数据范围，并将超出范围的情况反映给用户。上述功能均可以让用户通过浏览器实时观看。

业务平台通过互联网向用户提供服务，提供支持多种类型终端的客户端/浏览器；支持 Windows XP、Windows Vista、Windows 7 等操作系统；支持的 IE 浏览器为 Internet Explorer 7.0 版本及以上；支持 Android 2.0.1 版本及以上的手机操作系统。

8.3.2 监控软件功能

系统提供智能农业系统所需的下述 3 套功能子系统，以网页形式提供给用户使用。

1. 用户操作子系统

(1) 用户登录时的身份验证功能。只有正确的用户名和密码才可以登录并使用网站。

(2) 超阈值报警功能。能够判断各类数据是否在正常范围，如果超出正常范围，则报警提示，并填写数据库中的错误日志。

(3) 报警处理功能。用户如果已经注意到某报警，可以标记报警提示，系统会在数据库中记录为已处理。

(4) 智能展示功能。可以直观地展示传感器采集的数据，包括实时地显示现场温度、湿度等数据的分布和历史数据。

(5) 阈值设置功能。可以设置各种传感器的阈值，即上、下限，系统根据此阈值判断数据的合法性。

(6) 视频功能。网站能够显示现场布置的各摄像头的内容，并可以远程控制摄像头。

2. 用户管理子系统

(1) 用户登录时的身份验证功能。只有正确的用户名和密码才可以登录并使用网站。

(2) 用户密码管理。网站提供用户修改当前设置的密码值的功能。

(3) 查看授权设备。网站提供用户查看自己被授权设备清单的功能。

3. 系统管理子系统

1) 客户管理

(1) 添加客户。必须通过业务管理平台添加后，客户才有权利进入视频监控系统。客户注册信息是通过邮件获取，密码皆为 MD5 加密，管理员无法获得客户密码。对于违约和未缴费的客户，管理员可以通过设置客户进入黑名单，禁止该客户登录平台。取消黑名单，该客户可以再次进入系统。

(2) 删除客户。客户被删除后，则不能再登录到视频监控系统。

(3) 在线客户。管理员可以查询出哪些客户在线，统计客户的在线信息，以方便运营和管理。

2) 设备管理

(1) 添加设备。必须通过业务管理平台添加后，设备才能进入视频监控系统。

(2) 删除设备。设备被删除后，则不能再注册到视频监控系统。

(3) 在线设备。管理员可以查询出哪些设备在线，统计设备的在线信息，以方便运营和管理。

3) 设备权限

(1) 客户和设备建立权限。客户和设备原本没有权限关系。而客户要查看某一设备的远程信息，必须先授权才能获取。

(2) 客户和设备权限改变。客户和设备之间有多种权限，系统默认对视频设备只有视频连接和查看远程录像的权限。系统支持默认的权限定义，企业可以根据实际情况选择默认权限。管理员和私有设备所属客户可对已经授权设备进行不同权限设备设置，以方便更好和更安全地控制远程设备。

(3) 删除设备权限。管理员对于违约或者未缴费客户，可以删除对某设备的权限。删除后，即使该客户正在观看该设备，也会立即被停止连接。

4) 会话管理

管理员可以通过会话管理实现异常或者错误客户的连接。

8.3.3 智能大棚系统的关键技术

1. 关键技术

(1) 在恶劣环境下,用于采集各种信息的传感器的安全问题。

(2) 基于 ZigBee 和 3G 网络的连接问题。

(3) 基于 ZigBee 和 3G 网络的数据融合问题。

(4) 手机客户端访问的速度、可靠性、界面友好性等问题。

(5) 智能大棚专家系统的构建问题。

2. 系统功能

(1) 手机客户端访问功能。通过 3G 网络利用手机访问监控系统,实时、高效、方便。

(2) 实时监测和报警。对温室大棚实时监测和告警是基于物联网的设施农业智能专家系统的基本功能,使用无线传感器可以实时采集大棚内的环境因子,包括空气温度、空气湿度、土壤温度、土壤水分、光照强度等数据信息及视频图像信息,再通过 GPRS 网络传输到智能大棚监控专家系统,为数据统计分析提供依据。对不适合作物生长的环境条件自动报警。

(3) 远程设施控制系统。通过网站远程控制农业设施,可以对加热器、卷膜机、通风机、滴灌等设备进行远程控制,实现农业设施的远程手动/自动控制。

(4) 远程生产指导系统。根据农作物生长模型库,对大棚实时环境监测数据对比分析,高于作物生长的上限或低于作物生长下限系统自动报警。

(5) 远程生产活动跟踪。系统根据现场活动监测终端的报告,跟踪特定生产活动完成的情况。

(6) 远程生产指导系统。根据农作物生长模型库,对大棚实时环境监测数据对比分析,高于作物生长的上限或低于作物生长下限系统自动报警。

3. 产品跟踪服务系统

农业智能专家管理系统可以支持对温室生产的农业产品进行跟踪,提供产品溯源服务。

4. 客户关系管理

系统支持专业农业生产企业对客户关系管理的需要,为用户提供客户数据库服务,从而提高用户的销售能力。

8.3.4 技术方案

1. 设备部署方案

在每个智能农业大棚内部署空气温度和湿度传感器,用来监测大棚内空气温度、空气湿度参数;每个农业大棚内部署土壤温度传感器、土壤湿度传感器、光照度传感器,用来监测大棚内土壤温度、土壤水分、光照等参数。所有传感器一律采用直流24V电源供电，大棚内仅需提供交流220V市电即可。

每个农业大棚园区部署一套采集传输设备(包含中心节点、无线3G路由器、无线3G网卡等)，用来传输园区内各农业大棚的传感器数据、设备控制指令数据等到Internet上并与平台服务器交互。

在每个需要智能控制功能的大棚内安装智能控制设备一套(包含一体化控制器、扩展控制配电箱、电磁阀、电源转换适配设备等)，用来传递控制指令，响应控制执行设备，实现大棚内的电动卷帘、智能喷水、智能通风等。每个大棚内部根据用户需求安装上述设备并部署相关线缆，实现农业大棚智能化。智能大棚内部设备部署平面图如图8-11所示。

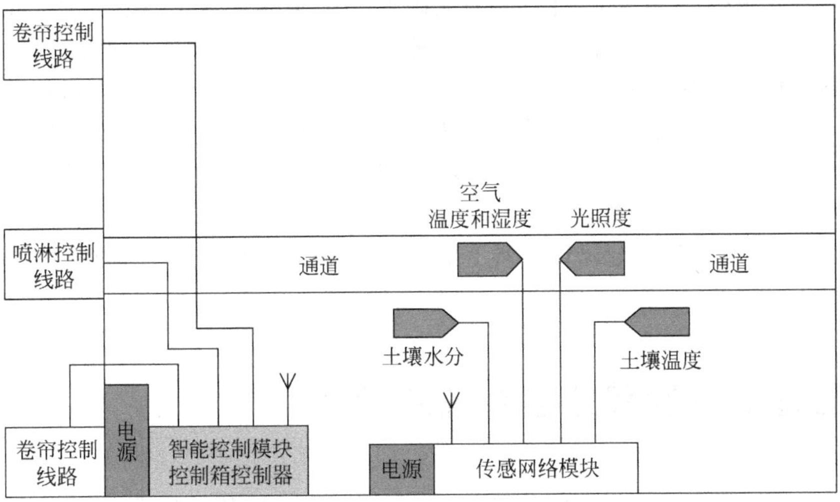

图8-11 智能大棚内部设备部署平面图

2. 功能解决方案

1) IE访问功能

用户可以通过IE浏览器(IE 7.0版本以上)访问智能农业管理系统平台，在登录界面上输入用户名和密码(密码自动以密文显示)，单击“登录”按钮，即可进入系统平台。在智能展示功能模块，用户可以根据需要，单击要查看传感器的图标来查看传感器数据。将鼠标放在绿色场图的传感器图标上，传感器的实时数据就会立刻显示出来，将传感器选中(变为黄色)，还可以查看传感器在近期内的数据趋势曲线，大棚环境监测一目了然。

对于控制柜功能模块，用户可以选择手动控制和智能控制。其中，手动控制为用户在平台界面上手动操作，单击“卷帘上升”的灰色小球，小球由灰色变为绿色，现场的电动卷帘将会上升。而智能控制需要用户有丰富的生产经验，单击“智能控制开启”后，在规则设置中设定触发智能控制的传感器临界数值，从而实现农业大棚的电动设施根据传感器数据自动调整运行，实现真正的农业智能化，解放人力。

在阈值设置功能模块，用户可以根据需要设置相应传感器的阈值上、下限，以及传感器数据的显示周期等。设定好相应的阈值后，单击“提交”按钮，系统便保存了传感器的阈值上、下限。一旦传感器数据超出阈值设定范围，传感器数据会在主界面上实时告警。在视频功能模块，用户可以远程实时观看棚内现场情况。

2）手机客户端访问功能

通过在 Android 操作系统（2.0.1 版本以上）智能 3G 手机上安装客户端软件可以实现手机实时访问系统平台。手机客户端在输入用户名、密码后单击“登录”按钮即可，还可以选择“下次自动登录”选项，免去每次都输入用户名、密码的烦琐工作。

8.3.5 系统集成方案

将每个大棚门口的市电交流 220V 电线接通入棚，作为大棚设备供电的主干线使用。主干线一律采用 PVC 管封装，主干线穿越大棚主体时，管线埋藏于地下。主干线在大棚内部走线时，PVC 管线固定在大棚侧面棚体金属管上。在大棚内部署一个铁箱子，安装漏电保护器、导轨、电源转换器等设备，大棚内部主干线通达铁箱子并经由漏电保护器控制设备电源通断。铁箱子安装在靠近大棚电机和电磁阀一侧 15～25m 处为宜。一体化控制器安装在大棚靠近电机和电磁阀一侧，在主干线上并联取电。电机连线到一体化控制器。电磁阀安装在大棚水网管线入口处，并连线到一体化控制器。传感器安装在大棚内部铁箱子附近，并连线到铁箱子内部的电源转换器上取电。传感器和铁箱子中间的线路可以不必用 PVC 管封装。

8.4 智能温室远程监控系统的设计

智能温室是在普通日光温室的基础上，应用计算机技术、传感技术、智能控制技术等发展起来的一种高效设施农业技术。随着智能控制技术、网络技术和无线通信技术的广泛应用，智能温室监控研究向合理化、智能化、网络化方向发展。

智能温室远程监控系统的设计方案很多，但有些系统存在温室控制功能单一、结构难扩展、价格较贵、难以推广等缺陷。本系统以开发成本低、运行可靠、适于不同用户群的智能温室监控系统为目标，设计集控制、智能决策与无线网络于一体的智能温室远程监控系统。

本系统构建了温室监控系统的系统结构，阐述了下位机硬件系统和上、下位机软件系统的设计思想和实现方法，研究了模糊控制及基于 IEEE 802.lib 标准的无线通信的实现技术，采用可视化编程技术和数据库技术进行了上位机系统集成，开发了智能温室远程监控系统。

8.4.1 监控系统总体设计

在现行的温室控制系统中，多采用基于 PLC 的温室控制系统、集散型控制系统、现场总线控制系统。这些系统操作不便，控制精度低，成本过高且通信方式不灵活。为有效解决上述不足，采用上、下位机控制结构，其突出优点是能根据应用需求选择不同的控制方案，对大型连栋温室可采用上、下位机结合控制方案；对小规模农家温室，仅需要选择下位机系统单独完成温室控制。上、下位机采用 RS-232 串行通信或基于 IEEE 802.lib 的无线通信，上位机系统通过 Internet 与远端计算机互连，实现温室环境与设备的远程监控。智能温室远程监控系统结构如图 8-12 所示。

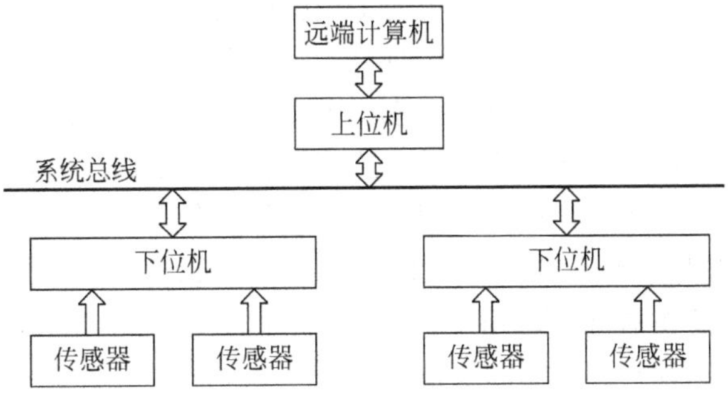

图 8-12　智能温室远程监控系统结构

8.4.2　下位机系统设计

下位机位于温室控制现场，由传感器、前端控制器和控制设备组成。下位机系统结构见图 8-13，主要实现温室环境数据实时采集、处理与显示；通过 RS-232 接口或无线通信模块，将监测的环境参数传输到上位 PC，并接受上位机的控制产生控制决策；具有脱机运行功能，可在上位 PC 关机情况下独立工作，用户或专家通过键盘预设环境参数及实时采集的环境参数，自主运行下位机决策程序，通过模糊运算产生智能决策，实现温室模糊智能控制。

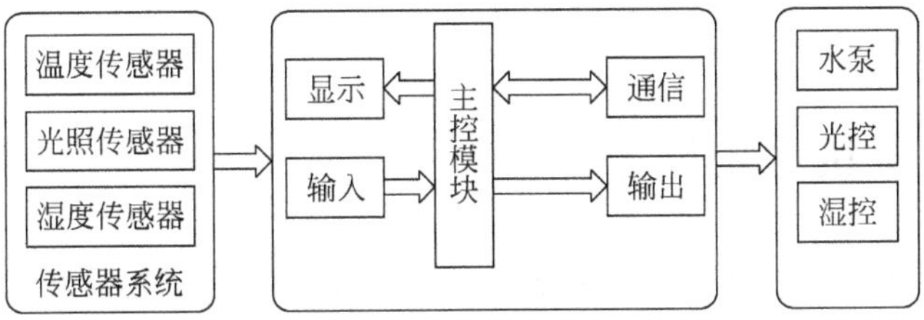

图 8-13　下位机系统结构

1. 下位机硬件设计

1）传感器系统设计

根据温室作物生长特点和环境要求，选择性价比较优的传感器，如温度、湿度、光照、二氧化碳等类型的，设计相应的接口电路，使传感器采集的信息以 0～10mA 的电流信号形式输出，作为前端控制器的输入。

2）前端控制器设计

前端控制器是监控系统的核心，以单片机应用系统为基础，外加传感器输入接口、控制输出接口、键盘接口以及 LED 接口电路等组成。选用 ATMEL 公司的 ATmega 48 单片机系统。ATmega 48 的通用性、可扩展性强，性价比高，内部集成 4KB 的 Flash ROM 及 8 路 10 位 AD 转换，与传统 8 位 ADC 相比，具有采集精度精确、控制精度更高的特点。

3) 通信模块设计

为满足不同控制需要，提高通信质量，设计通信子模块，提供有线通信和无线通信两种通信方式，方便地实现下位机之间、下位机与上位机的通信。

(1) 基于 RS-232 串行通信是温室控制中广泛采用的通信方式。其特点是电路设计简单，但抗干扰能力差，容易出错，且传输距离短(最长 15m)、传输速率低(最高 20kb/s)。因此，基于 RS-232 串行通信仅适于温室规模不大、控制可靠性要求不高的情况。

(2) IEEE 802.lib 无线通信是基于 IEEE 标准的通信方式。其特点是数据传送可靠，采用 2.4GHz 直接序列扩频，传输无须直线传播，距离长、速率高(最高 11Mb/s)。无线通信的设计，主要是通过主控器 ATmega 48 单片机的 I/O 口，模拟 SPI(Serial Program Interface)接口与无线模块(BGW200)通信。

4) 控制设备接口

在下位机的控制过程中，要根据需要对温控、光控等设施控制部件的开启、关闭等。选择合适的继电器型号，设计继电器接口电路，实现前端控制器对机械设备的控制作用。

2. 下位机软件设计

下位机软件固化在 Flash ROM 中，实现对下位机系统统一管理。设计目标为：实现单片机系统的启动、状态检测、掉电保护；模拟信号的采集、转换、对照、存储以及控制信号的输出；通过模糊算法实现模糊控制；与上位机通信以及通信异常处理；相关环境参数处理与显示。采用 C 语言编写，使用仿真器在线调试和无线模块现场测试。采用结构化程序设计的方法，设计主程序和模糊控制子程序、I/O 控制、A/D 采样、时钟子程序、通信子程序，显示子程序等。程序采用基于查询和中断结合的运行机制。串口和无线模块通信采用中断方式，A/D 采集采用查询方式。

8.4.3 上位机系统设计

上位机位于管理室，由 PC 组成，是整个系统的管理核心，主要由数据库管理、通信管理、控制决策生成等功能模块组成。采用可视化编程语言 Visual Basic 8.0 和数据库管理系统 SQL Sever 2000，实现上位机系统功能和数据管理。

1. 数据库设计

建立作物生长环境数据库，设计温室环境数据表，存储下位机采集来的温室现场环境数据；设计温室历史数据表，存储每日平均环境数据；设计温室控制信息状态表，存储温室设备的开关运行状态；设计温室空闲表，存储温室种植的作物种类和作物生长运行时间等；设计专家数据表，存储各作物生长的专家级数据，为控制决策提供依据。

2. 通信功能设计

基于 Internet 的远程通信子程序，应用控件 Winsock(在 TCP、UDP 的协议基础上)实现；基于 RS-232 串行通信子程序设计，应用串行通信控件 MComm 实现；基于 IEEE 802.lib的无线通信子程序设计，使用 Socket Wrench 控件，发送 TCP/IP 包到下位机的

BGW200 模块。

3. 控制决策生成

基于智能控制的思想，结合作物生长专家系统采取线性插值、相似度计算等方法，形成控制决策，并通过 RS-232 串口通信或无线通信模块传送到下位机。本系统各模块独立设计，具有较大的灵活性和扩展性；集成无线通信模块，通信便捷可靠；上位机集成作物生长专家数据库使控制决策达到了专家级水平；下位机采用单片机系统，结构简单，同时增设模糊控制模块，确保了下位机单独工作时也可实现智能控制。该智能温室远程监控系统可适用于瓜果、蔬菜、花卉、鸡舍等，应用前景十分。

8.5　5G 在智能农业中的应用前景

5G 是继 4G 之后的新一代移动通信系统，预计 2020 年将投入商用。5G 将拥有比 4G 更高的频谱利用率和传输速度，能满足未来十年信息海量传输、机器间通信、网络智能化等要求。物联网是使用信息传感设备，把物品和互联网相互连接，进行信息交互和通信，以实现识别、跟踪、定位、监控、管理的一种网络；物联网技术与农业生产有机结合之后，可以实现高效、高产、优质、环保、安全等目标，从而实现农业智能化、农业现代化。精准农业是由信息技术支持的，根据空间变异，定位、定时、定量地实施一整套现代化农事操作技术与管理的系统。目前 3G 技术已经应用其中，4G 技术正在逐步推进，预计 5G 时代的到来将会给这个产业带来翻天覆地的变化。

我国自 2013 年初就开始了对 5G 移动通信系统的研究，成立了 IMT-2020(5G)推进组，并相继发布了 5 部白皮书。2014 年 5 月发布的《5G 愿景与需求》白皮书描述了 5G 对未来生活将要带来的改变，其中物联网的高速发展将对精准农业带来革新。农业物联网主要用来采集农作物生长的环境监测信息，并将这些信息进行处理，进而制定出精准农业的生产方案。精准农业需要网络支持海量设备连接和大量小数据包频发，由于农业物联网设备常常部署在山区、森林、水域等信号难以到达的地方，这就需要 5G 具备更强的覆盖能力、灵活性、可扩展性以及更低的功耗、时延和成本。2015 年 2 月发布的《5G 概念》白皮书，提出了无线技术和网络技术领域的关键技术。精准农业在我国主要应用在农情监测和精细化控制，这些领域中的场景一般都具有小数据包、低功耗、海量连接、强突发性等特点。对于农业中的低功耗大连接场景，新型多址技术、新型多载波技术和终端直接通信(Device to Device, D2D)将被应用。由于精准农业中的终端分布范围极广、数量庞大，这就要求网络具备对超千亿连接总量、百万/km^2 连接数密度的强大支持能力，还要能够保证各个终端的超低功耗和成本。2015 年 5 月 IMT-2020(5G)推进组发布了《5G 无线技术架构》和《5G 网络技术架构》白皮书。《5G 无线技术架构》提出了 5G 新空口(包括高频空口和低频空口)，其中 5G 低频新空口工作在 6GHz 以下频段，可以满足农业中大连接场景的体验速率、时延、连接数量、能效等指标要求。虽然农业物联网设备总体数量庞大，但对流量需求较低，因此可以采用低频段零散、碎片频谱或 OFDM 子载波。《5G 网络技术架构》中提出了利用简化的新型连接管理、移动性管理、漫游等，通过优化控制协议来实现低功耗大连接，从而避免信令风暴、报头开销大、处理数据效率低等风险。对于农业物联网，可采用简化改进位置管理相关协议，减少信令交互。2016 年 6 月发布的《5G 网络架构设计》白皮书，提出了新型 5G 网络架构设计方案，提炼了移动边缘计算、网络切片、以用户为中心的无线接入网、按需网络重构、网络能力开放等创新技术，为了实现农业物联网中"万物互联"的愿景，5G 网络将采用这些新技术。随着这些白皮书的发布，5G 的轮廓逐渐清晰，各国共同推进 5G 通信系统的关键技术研究，将促进 5G 网络标准的确立和精准农业产业的蓬勃发展

8.6 本章小结

为了能够深入认识物联网在日常生活中的应用，本章对智能农业进行介绍，在阐述智能农业重要意义的基础上，分别完成基于物联网的农产品批发市场信息系统的建设、智能大棚的构建、智能温室的远程监控的研究和设计，最后基于 5G 技术，介绍智能精准农业的发展前景。

第9章 CHAPTER 9 物联网技术应用实践

应用物联网技术，可以提升企业的科技水平和运营管理水平。本章以仓储智能管理和智能物流监管系统为例，全面介绍其实现过程。

9.1 仓储智能管理系统

仓储管理就是对仓库及仓库内的物资所进行的管理，是仓储机构为了充分利用所具有的仓储资源，提供高效的仓储服务所进行的计划、组织、控制和协调过程。具体来说，仓储管理包括仓储资源的获得、仓储商务管理、仓储流程管理、仓储作业管理、保管管理、安全管理等多种管理工作及相关操作。

仓储管理的内涵是随着其在社会经济领域中的作用不断扩大而变化的。仓储系统是企业物流系统中不可缺少的子系统。物流系统的整体目标是以最低成本提供令客户满意的服务，而仓储系统在其中发挥着重要作用。仓储活动能够促进企业提高客户服务水平，增强企业的竞争能力。现代仓储管理已从静态管理向动态管理发展，产生了根本性的变化。

9.1.1 研究目的

仓储管理已成为供应链管理的核心环节。仓储总是出现在物流各环节的结合部，例如采购与生产之间、生产的初加工与精加工之间、生产与销售之间、批发与零售之间、不同运输方式转换之间等。仓储是物流各环节之间存在不均衡性的表现，仓储也正是解决这种不均衡性的手段。仓储环节集中了上、下游流程整合的所有矛盾，仓储管理就是在实现物流流程的整合。如果借用运筹学的语言来描述仓储管理在物流中的地位，可以说就是在运输条件为约束力的情况下，寻求最优库存(包括布局)方案作为控制手段，使得物流达到总成本最低的目标。在许多具体的案例中，物流的整合、优化实际上归结为仓储的方案设计与运行控制。

仓储及其管理对于物流系统具有重要意义，下面从供应链的角度来进一步认识。物流过程可以看作是由一系列"供给"和"需求"组成，当供给和需求节奏不一致，也就是两个过程不能很好地衔接，出现生产的产品不能即时消费或者存在需求却没有产品满足，就需要建立产品的储备，并进行有效管理，将不能即时消费的产品储存起来，以备满足后来的需求。供给和需求之间既存在实物的“流动”，同时也存在实物的“静止”，静止状态即是将实物进行储存，处于静止是为了更好地衔接供给和需求这两个动态的过程。

尽管我国仓储及其管理有了长足的发展，但还是在很多方面暴露了其存在的问题。

(1) 仓库数量大，但布局不够合理。由于各行业各部门为了满足需要，纷纷建立自己的仓库，导致仓库数量众多，而且一般都建设在经济集中和交通便利的地区，以至于仓储布局极不合理，造成了部分地区仓储大量剩余和部分地区仓储能力不足的两极分化局面。

(2) 仓储技术发展落后，很多企业对提高仓库作业机械化、自动化、信息化程度的认识不足。很多企业虽然拥有很多机械化设备进行货物搬运，但是在管理方面仍旧采用条码扫描、人工录入的方式，严重地影响着我国仓储行业的运作效率。

(3) 仓储人才缺乏，仓储管理人才更不多。发展仓储行业，既需要掌握一定专业的技术型人才，也需要善于操作的运用型人才，更需要仓储管理型人才，我国目前这些人才都很匮乏。

(4) 仓储管理方面的法制、法规不够健全。我国已经建立的仓储方面的规章制度，随着生产的发展和科学水平的提高，有些已经不适合实际情况。目前我国还没有一部完整的《仓库法》，仓储管理人员的法制观念不强，仓储内部的依法管理水平也比较低下，所以仓储企业很难运用法律手段来维护企业的利益。

现代仓库存储，物流配送不仅要对货品的存放功能，还要对库内货品的种类、数量、所有者储位等属性有清晰、实时的标记。同时，防止非法利益，仿造、假冒产品的大量出现，保证消费者、用户以及生产企业的利益，需要有更加安全、有效地防伪及追踪保障措施。

随着物联网概念的提出和相关技术的发展，仓储物流行业的运转模式将面临巨大的变革。物联网利用感知技术与智能装置对物理世界进行感知识别，通过网络传输互联进行计算、处理和知识挖掘，实现人与物、物与物信息交互和无缝链接，达到对物理世界实时控制、精确管理和科学决策的目的，能够弥补现有大型仓库物品管理中的诸多不足。

9.1.2 系统总体结构

现代物流中，仓储系统不仅起到对货物进行简单的存放、保管作用，还要对货物的种类、数量、属性、货位等信息进行详细记录，以便在供应链的各个环节得到准确的货物信息。本设计中的 UHF RFID 仓库管理系统在完成货品信息记录的基础上能够对货品的出入库等状态的改变进行实时盘点。

1. 仓库管理系统总体架构

本设计中的 UHF RFID 仓库管理系统由固定式 RFID 阅读器、手持式 RFID 终端、上位机以及电子标签构成，系统的总体设计架构如图 9-1 所示。

2. 系统组成概述

1) 固定式 UHF RFID 读写器

固定式读写器安放在仓库入口，对出入库的货品进行批量登记，电子标签安放在货品

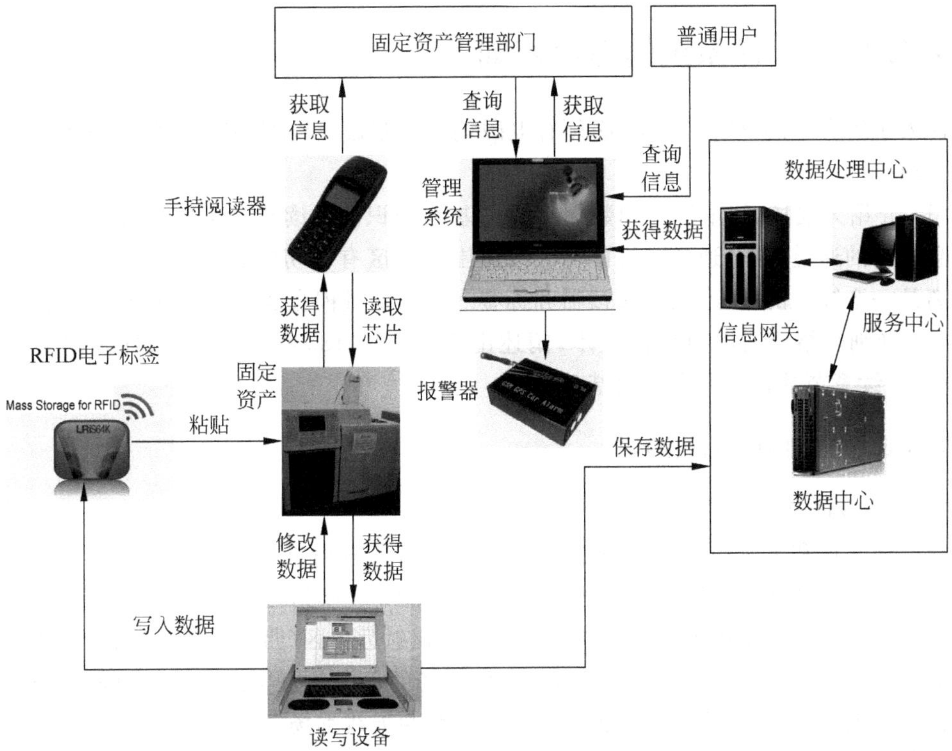

图 9-1　仓库管理系统总体设计架构

上，读写器将电子标签 ID 读出，通过 RS-232 协议与上位机通信，将货品信息录入上位机。由于出入库货品数量较多，固定式读写器主要功能为多标签识别，设计工作集中在标签防碰撞方案和与上位机通信。

2）手持式 UHF RFID 读写终端

手持式 RFID 读写终端主要用来定期对货品进行盘点。出入库次数较多的货品状态经常发生改变，采用手持式 RFID 终端可以对货品上的电子标签进行灵活的读写设置。手持式读写器以 ARM9 处理器 S3C2440 为核心，搭建嵌入式操作系统完成对 RFID 芯片组的设置和协议解析，通过 3.5 英寸（1 英寸＝2.54 厘米）电阻触摸屏进行人机交互，完成盘点时的电子标签内存读写工作。

3）UHF RFID 模块

本设计中的射频识别模块采用 PHYCHIPS 公司的 PR9000 UHF RFID 芯片组为核心设计而成，工作频率 860MHz～960MHz，支持 ISO 18000-6C、EPC Class1 Gen 2 协议标准，同时内嵌 MCU，具有很高的集成度，功耗低，成本低，非常适合移动终端应用。

4）电子标签

系统中选用的电子标签为 Alien 公司生产的 ALN964X 无源 UHF 电子标签。该产品具有极高的灵敏度和读取范围。Alien RFID 芯片均采用“全球通用标签”设计，可在全球范围内使用，其工作频率为 860～960MHz（±1.5dB），符合 ISO/IEC 18000 6C 和 EPC Class1 Gen2 标准，拥有 12B EPC 存储区、4B 密码存储区、64B 用户存储区，可重复擦写 10 万次，数据可保存 10 年，拥有很高的性价比。

9.1.3 RFID系统的理论基础

深入了解和应用RFID系统，必须有电磁理论的基础。UHF RFID系统的物理原理分两点介绍。

(1) 介绍天线场、能量耦合和数据传输的基本知识。阅读器和标签通过各自的天线建立信息传输的通道，这个通道的性能与天线周围的场区有密切的关系。射频识别系统的作用距离是一个综合的指标，它与阅读器和标签之间的能量耦合及数据传输有密切的关联。

(2) 详细介绍反向散射调制技术，阐述出ISO/IEC 18000-6C标准选择调制方式的原因，并为后续章节的设计奠定理论基础。

1. RFID技术的电磁理论基础

1) 天线场的基本理论

根据观测点和天线的距离将场区分为无功近场区、辐射近场区和辐射远场区。无功近场区电磁场的转换类似于变压器原理，它是一个储能场。辐射近场区中辐射场占优势，并且辐射场的角度分布与距离天线口径的距离有关。辐射远场区(弗朗荷费区)的显著特点是辐射场的角度分布与距离无关。广义上认为：辐射场的角度分布与无穷远处的角度分布误差在允许的范围内时，可以将该点至无穷远处的区域为天线远场区。

2) 能量耦合和数据传输

根据标签与阅读器间的电磁耦合方式的不同，RFID系统又可以分为电感耦合系统和辐射耦合系统。电感耦合系统工作于阅读器天线的近场，其工作原理类似于变压器的工作原理。阅读器的天线激发出感应磁场。当标签天线进入该磁场后获得供电，并通过电感耦合，以及调整标签的天线匹配阻抗的方式，将数据传回阅读器。

辐射耦合系统工作于大线的远场，其工作原理类似于雷达信号的工作原理。阅读器通过天线发射出电磁波，当标签天线收到强度足够的电磁波时，整流出能量供标签使用，并通过调整天线散射孔径的形式，完成对载波的调制，使得信息传回阅读器。

UHF RFID系统是一种无源、辐射耦合的RFID系统。UHF RFID系统具有载波频率高、通信距离较远、标签无源、读写速度快等优点，其应用越来越广泛。

2. 反向散射调制技术

物体的雷达截面(RCS)是物体反射雷达脉冲强度的表达式，通常与其起始点有关，且物体的形状、材料、信号的波长以及极化等对它起决定性的作用。RCS是天线与标签之间接口的反射系数的函数。当天线和负载功率匹配时，RCS为最小值；当天线短路和开路时，RCS为最大值。两个极限值的公式如下：

$$\sigma_{\max} = \frac{\lambda^2 G_t}{4\pi} \bigg|_{R_{ant,t} \to \infty}^{R_{ant,t} \to 0} \tag{9.1}$$

$$\sigma_{\max} = 0 \mid R_{ant,t} \to R_s \tag{9.2}$$

反向散射技术或调制雷达截面在阅读器和标签之间建立通信。这一原理是基于电磁波的反射，即电磁波从阅读器的天线向周围发射，当标签进入阅读器的作用区，电磁波的一部分能量会被标签吸收用来激活标签，另一部分以不同的强度散射到各个方向，其中的小部分最终返回到发送天线。这样可以根据反射回阅读器天线信号的强弱变化表征出电子标签的内部信息。该原理利用了标签天线和标签输入电路之间接口处的反射系数的变化，而后一个反射系数是复数值，因此可以改变振幅和相位。可以明显得到，当处理二进制数据时，该技术限制了可能采用的 RF 调制类型：幅度调制（AM）与相位调制（PM）、幅移键控调制（ASK）与相移键控调制（PSK）。

为了详细描述，考虑一个由连接到负载阻抗的天线所组成的标签。如果天线阻抗与其负载匹配，在接口处没有反射发生。相反，如果负载短路或开路将出现全反射。因此可以通过在这两种状态之间进行切换，所接收到的功率会以 ASK 方式进行调制，在天线方面等同于其 RCS 或有效孔径被调制。后一种调制是基于反射系数的调制，通过改变反射系数的相位，则得到 PSK 调制方案。在这种情况下，反射系数的虚部被改变，所以调制质量取决于工艺的阻抗控制。

9.1.4　RFID 系统传输模型与链路计算

1. UHF RFID 系统的传输模型

典型 UHF RFID 系统的传输模型如图 9-2 所示。其中阅读器向标签发射载波信号及下行的查询命令，标签从载波中提取能量，并利用负载的变化完成信号的反向调制。

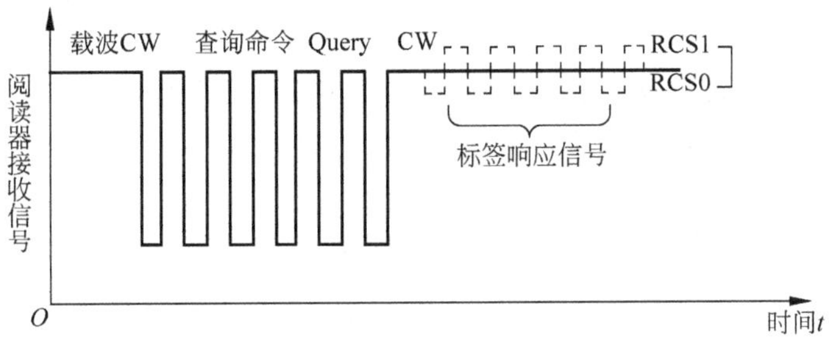

图 9-2　典型 UHF RFID 系统的传输模型

图 9-2 中的 UHF RFID 系统能够正常完成标签查询任务的基本条件如下。

(1) 阅读器发射的载波信号到达标签后，信号的强度应足够强，以满足标签整流后产生的供电能量能够达到标签的最低能耗要求，使标签能够正常工作。

(2) 标签响应的反向散射信号到达阅读器之后，信号的强度和信噪比也足够大，使得阅读器能够正常地接收并识别标签返回的信号。

(3) 标签响应的信号没有受到太多的干扰与破坏，使得阅读器能够正确地识读标签返回的信息。

(4) 标签和阅读器应遵循相同的工作频率、链路速率和通信协议。

前面两条决定于信号的链路，包括阅读器的发射功率、链路损耗、标签的最小驱动能耗、阅读器的接收门限等因素。为完成从发送方到接收方的数据传递，要求发送方所发射的信号能量大小叫作链路预算。链路预算由前向链路预算和后向链路预算两部分组成。其中从阅读器到标签方向的链路预算叫作前向链路预算，从标签到阅读器方向的链路预算叫作反向链路预算。下面分析这两种链路预算的决定因素，以及阅读器与标签之间通信距离和链路预算的关系。

2. UHF RFID 系统的链路计算

假设阅读器的发射功率为 $P_{T,reader}$，其天线增益为 G_{reader}，标签到天线的距离为 r，标签天线的增益为 G_{tag}，载波信号的波长为 λ，那么根据弗里斯(Friis)方程可得标签接收天线所接收到的信号功率为：

$$P_{R,tag} = \frac{\lambda^2}{(4\pi r)^2} P_{T,reader} G_{reader} G_{tag} \tag{9.3}$$

标签接收功率 $P_{R,tag}$ 与阅读器发射功率 $P_{T,reader}$ 的比值为前向链路损耗，即：

$$\eta_{forward} = \frac{P_{R,tag}}{P_{T,reader}} = \frac{\lambda^2}{(4\pi r)^2} G_{reader} G_{tag} \tag{9.4}$$

假定标签要求的最小功率为 $P_{min,tag}$，那么由此决定的阅读器到标签的传输距离为：

$$R_{forward} = \frac{\lambda}{4\pi} \sqrt{\frac{P_{T,reader} G_{reader} G_{tag}}{P_{min,tag}}} \tag{9.5}$$

这个传输距离叫作前向链路限定距离。

一般情况下，$P_{min,tag}$ 为 30～100μW，假定其为 100μW(－10dBm)，阅读器采用全向天线，$G_{reader}=1$，若标签采用偶极子天线，其增益 G_{tag} 为 2.2dB，载波频率为 915MHz，阅读器发射功率 $P_{T,reader}$ 为 1W(30dBm)，这时候的前向链路损耗为 40dB，可以得到前向链路限定距离 $R_{forward} \approx 3.36$m。

标签将接收的功率部分反向散射回阅读器，假定其反射系数，即标签反射功率与其接收功率的比值为 α(约为 1/3，即－5dB)，那么标签发射功率为：

$$P_{T,tag} = \alpha P_{R,tag} \tag{9.6}$$

同样，根据弗里斯方程可得阅读器接收天线所能接收到的功率为：

$$\begin{aligned} P_{R,reader} &= \frac{\lambda^2}{(4\pi r)^2} P_{T,tag} G_{reader} G_{tag} \\ &= \frac{\lambda^2}{(4\pi r)^2} \alpha P_{R,tag} G_{reader} G_{tag} \\ &= \left(\frac{\lambda}{4\pi r}\right)^4 \alpha P_{T,reader} (G_{reader} G_{tag})^2 \end{aligned} \tag{9.7}$$

阅读器接收天线功率与标签反射功率的比值为反向链路损耗，即：

$$\eta_{reverse} = \frac{P_{R,reader}}{P_{T,tag}} = \frac{\lambda^2}{(4\pi r)^2} G_{reader} G_{tag} \tag{9.8}$$

假定阅读器要求的最低接收功率为 $P_{min,reader}$，那么，由此功率决定的阅读器到标签的传输距离为：

$$R_{reverse} = \frac{\lambda}{4\pi} \sqrt[4]{\frac{\alpha P_{T,reader} G_{reader}^2 G_{tag}^2}{P_{min,reader}}} \tag{9.9}$$

阅读器接收最小功率 $P_{min,reader}$ 与其硬件接收电路的灵敏度，以及阅读器所处的环境噪声强度、自身引入噪声强度等因素有关，一般为－75dB 左右，这里假定为－75dB，同样假定 $G_{reader}=1$，$G_{tag}=2.2$dB，载波频率为 915MHz，阅读器发射功率 $P_{T,reader}$ 为 1W(30dBm)，取为

1/3，可以得到后向链路限定距离 $R_{reverse}=21.79\text{m}$。

式(9.5)和式(9.9)计算前向链路限定距离 $R_{forward}$ 和反向链路限定距离 $R_{reverse}$ 时都没有考虑信号的调制深度、本振相位噪声、环形器隔离度(传输功率与泄漏功率的比值)等因素的影响，如果加上这些因素，假定采用 ASK 调制，且调制深度为 τ，则前向链路限定距离为：

$$R_{forward}=\frac{\lambda}{4\pi}\sqrt{\frac{(1-\tau/2)P_{T,reader}G_{reader}G_{tag}}{P_{min,tag}}} \tag{9.10}$$

反向链路限定距离为：

$$R_{reverse}=\frac{\lambda}{4\pi}\left(\frac{\tau\xi G_{reader}^2G_{tag}^2\int_{f_l}^{f_h}S\{S(t)\}\mathrm{d}f}{2\psi \text{SNR}_{req}\int_{f_l}^{f_h}S\{\theta_P(t)\}\mathrm{d}f}\right)^{1/4} \tag{9.11}$$

其中，τ 为调制深度；$\theta_P(t)$为本振相位噪声；ψ 为由实验确定的相位噪声因子；ξ 为环行器收发隔离度；SNR_{req} 为阅读器接收器所要求的最小信噪比；$S(t)$为标签的二进制随机序列；$S(\cdot)$表示求取频谱；f_h 和 f_l 分别表示带通滤波器的上、下截止频率。

$R_{forward}$ 主要由标签的最小功率决定，因此又称为标签决定的距离，$R_{reverse}$ 主要由阅读器的最小输入信噪比、本振相位噪声、环行器隔离度等因子决定，因此又称为阅读器决定的距离。如若想提高 $R_{reverse}$，应该提高信号的调制深度，降低本振相位噪声，增加阅读器的环行器的收发隔离度。

整个 RFID 系统的通信距离应该由 $R_{forward}$ 和 $R_{reverse}$ 之间的最小值来确定，如果 $R_{forward}\leqslant R_{reverse}$，则称该 RFID 系统为由标签决定的 RFID 系统，反之，如果 $R_{forward}\geqslant R_{reverse}$，则称该 RFID 系统为由阅读器决定的 RFID 系统。

如果阅读器与标签的天线都是线极化天线，并且它们的极化方向之间具有一个角度偏差，式(2.3)将变为式(2.12)：

$$P_{R,tag}=\frac{\lambda^2}{(4\pi r)^2}\cos^2(\phi)P_{T,reader}G_{reader}G_{tag} \tag{9.12}$$

式(2.5)将变为式(2.13)：

$$R_{forward}=\frac{\lambda\mid\cos(\phi)\mid}{4\pi}\sqrt{\frac{P_{T,reader}G_{reader}G_{tag}}{P_{min,tag}}} \tag{9.13}$$

由此可见，前向限定距离与阅读器和标签天线极化方向夹角的余弦值成正比。对于密集标签环境，各标签天线与阅读器天线之间的极化夹角是随机的，这就有可能出现即使各标签天线的增益一致而接收到的功率也不一致的情况，甚至有的标签能够通信，而有的标签无法完成通信。

如果阅读器采用圆极化天线，而标签采用线极化天线，由于任何一个圆极化波都可以由两个正交的线极化波合成，因此这时：

$$\cos^2(\phi)=\frac{1}{2} \tag{9.14}$$

这是一个常数值，与标签具体的摆放位置无关。在密集标签的应用环境里，应尽量采用这种搭配。

依照前面的论述，只是考虑了阅读器与标签之间的信号直达情况，而在实际应用环境中，还会存在各种空间散射、反射、阴影，对于阅读器和标签其中有一个或者两者都是移动的情况，还要考虑多普勒效应，因此式(9.3)和式(9.14)还要加上这样一些随机因素。

这里分析UHF RFID的链路预算以及其组成因素，为后期利用现代信号处理技术完成电子标签和阅读器之间的协议解析奠定了物理基础。

9.1.5 ISO/IEC 18000-6C协议与标签识别方法简析

1. ISO/IEC 18000-6C协议简介

国际上存在3个主要的RFID技术标准体系组织。其中，在UHF工作频段，EPC推出的Class1Gen2和ISO/IEC推出的ISO/IEC 18000-6标准解决了RFID技术在UHF频段编解码、通信速率、空气接口和数据共享问题，最大限度地促进了RFID技术及相关系统的应用。

2005年6月，ISO/IEC在新加坡会议上提出在对Gen2标准中标签存储器部分的功能和内容做了局部修改，在此基础上形成了ISO/IEC 18000-6C。标准中详细规定了信号在空气中传输的接口协议，阐述了读写器和标签之间的调制方式和解调方式。同时，准确分析了标签在被识别过程中状态的变化，为开发者奠定了理论基础。同时，继承了Gen2的所有优点，为在供应链的应用中使用的UHF RFID提供了全球统一的标准，给物流带来了革命性的变革。ISO/IEC 18000-6C是在现有4个标准的基础上整合而成的，这4个标准是英国大不列颠科技集团(BTG)的ISO 180006A标准、美国Intermec科技公司的ISO 180006B标准、美国Matrics公司的Class0标准以及Alien Technology公司的Class1标准。与ISO/IEC 18000-6A、ISO/IEC 18000-6B以及此前的Gen1相比，ISO/IEC 18000-6C(EPC Class1Gen2)具有以下特点，如表9-1所示。

表9-1 ISO/IEC 18000-6协议对比

特征	类型	TYPE A	TYPE B	TYPE C
读写器到标签	工作频段/MHz	860～960	860～960	860～960
	速率/(kb/s)	33	10或40	26.7～128
	调制方式	ASK	ASK	DSB/SSB/PR-ASK
	编码方式	PIE	Manchester	PIE
标签到读写器	速率/(kb/s)	40	40	FM0：40～640
	调制方式	ASK	ASK	DSB/SSB/PR-ASK
	编码方式	FM0	FM0	FM0/Miller
	标示符长度/b	64	64	16～49
防碰撞	算法	ALOHA	自适应二进制树	时隙随即防碰撞
	类型	概率	概率	概率
	线形	250个标签/256个时隙自适应分配	多达2^{256}个标签呈线性进入	多达2^{15}个标签呈线性，大于此数的$N\log N$
	标签查询能力	不少于250个	不少于250个	具有唯一标识的标签数不受限制

ISO/IEC 18000-6C(Gen2)标准是RFID技术在UHF频段发展的新阶段，它的主要新特点如下。

(1) 开放的标准。ISO/IEC 18000 6C是在对Gen2修改的基础上建立的，这意味着更多的技术提供商根据此标准而不用交纳专利授权费就可以生产产品，降低终端用户的

RFID系统费用,可以吸引更多的用户采用RFID技术。

(2) 尺寸缩小、存储容量增大、设置了专门的口令。芯片尺寸缩小,扩大了RFID技术的使用范围,满足更多种应用场合的需要。标签存储能力增强标识符的长度14～496b。为更好的安全加密功能,在Unconceal(公开)、Unlock(解锁)和Kill(灭活)指令中都设有专门的口令,使标签不能随意被公开、解锁和灭活。

(3) 设置了"灭活"指令Kill。ISO/IEC 18000-6C继承了Gen2的这一优点,使人们具有控制标签的能力。

(4) 具有了更高的读取标签的速率,美国为1500标签/秒,欧洲为600标签/秒。

(5) 允许用户对同一个标签进行多次读写,支持长达256位的唯一物品识别码UII(例如EPC)。

2. UHF RFID电子标签防碰撞方法概述

在密集标签RFID应用系统中,一个阅读器的作用范围内常常同时存在两个或者两个以上的标签,这时,阅读器发出的查询命令往往会造成多个标签同时响应,从而引起了多标签冲突(Multi-Tags Collision)。

阅读器必须利用多标签防碰撞算法将标签进行排序或者将标签逐个区分开来,然后和它们逐个进行通信。在标签密集的RFID应用系统中,阅读器的多标签防碰撞能力是影响整个系统效率的一个重要因素。

目前,常用的UHF RFID多标签防碰撞算法可分为两大类:一类是以ALOHA系列算法为代表的随机性多标签防碰撞算法;另一类是以BTS算法为代表的确定性多标签防碰撞算法。在随机性多标签防碰撞算法中,应用最多的就是动态帧时隙(DFSA)算法。在本设计中,多标签的读取就是以DFSA算法为基础实现的。

9.1.6 系统硬件设计

1. 系统总体硬件设计

总体来说,本系统包含两大硬件子系统:固定式RFID读写终端与手持式RFID移动终端。固定式RFID终端主要完成大批量电子标签的读取,以便快速对出入库货品进行登记。该设备主要由主控制器MC9S12DG256、UHF RFID芯片组PR9000以及圆极化天线构成,侧重于多标签读取和标签数据的上传。手持式RFID终端由ARM9核心处理器模块、人机交互模块、UHF RFID芯片组以及微带天线构成,侧重于便携式和友好性,以便库管人员对货品进行盘点,及时对标签状态进行设定。系统硬件总体框图如图9-3和图9-4所示。

2. 嵌入式UHF RFID移动终端硬件设计

1) UHF RFID模块电路设计

(1) PR9000 UHF RFID芯片介绍。

PR9000是一款高集成单片UHF RFID读写器SoC解决方案,其芯片内部继承了UHF RFID射频前端收发器、基带处理器、增强型80C52微处理器以及64KB的Flash和16KB SRAM的片内存储空间,对外提供UART、SPI、I2C等通信接口,并且提供了20个

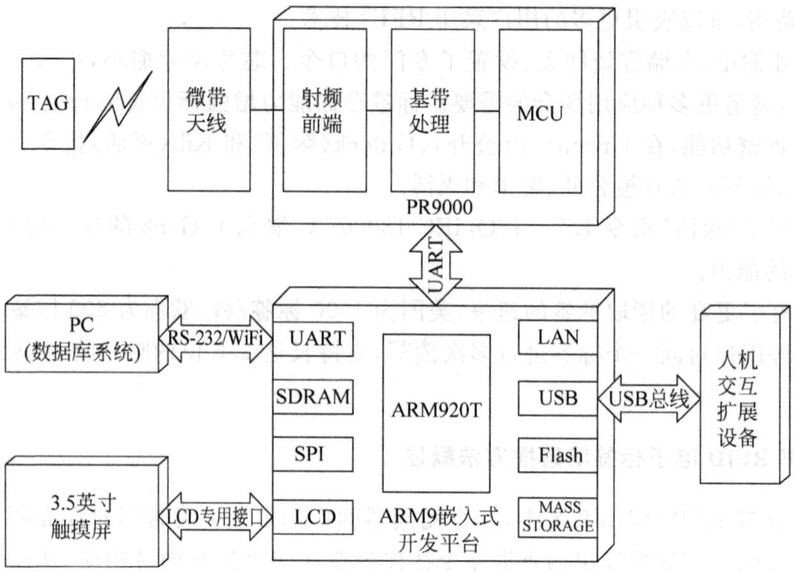

图 9-3　手持式 RFID 终端框图

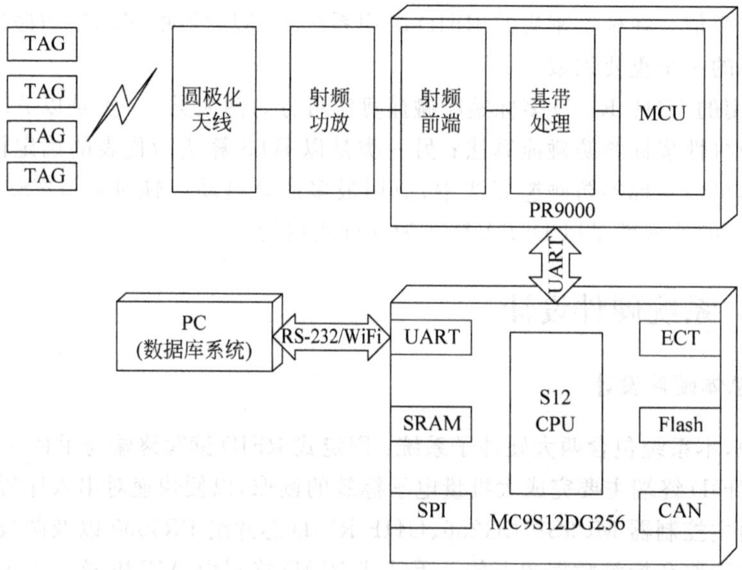

图 9-4　固定式读写器设计框图

IO 口、6 个外部中断源以及 2 个定时器。其内部还集成了电源管理模块，采用单电源即可完成对 CPU 内核及外部 IO 的供电，可读写符合 ISO/IEC 18000 6C 和 EPC Class1Gen2 协议的 UHF RFID 标签，其内部结构如图 9-5 所示。

PR9000 内部继承了各种模块，简化了外围电路的设计，在实际应用中只需要设计简单的外围电路就可以实现对 UHF RFID 标签的识别，这些电路包括收发端电路、环路滤波器、外部时钟电路以及数据通信接口。PR9000 的外围电路结构如图 9-6 所示。

为了使该处理器芯片正常工作，根据设计手册设计硬件电路，具体的硬件电路如图 9-7 所示。为了方便模块化设计，将预留的应用接口及通用引脚全部引出。

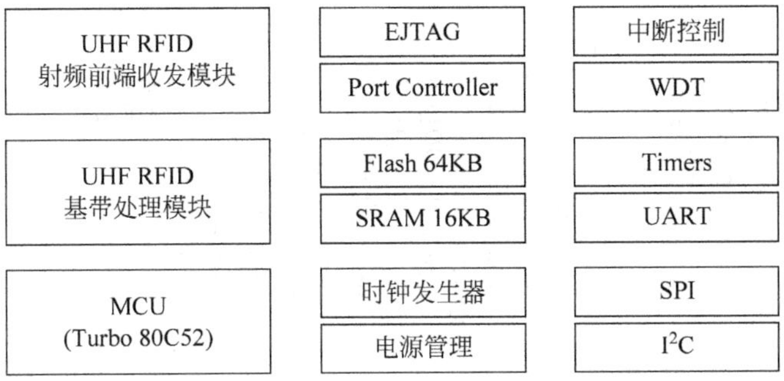

图 9-5 PR9000 内部架构

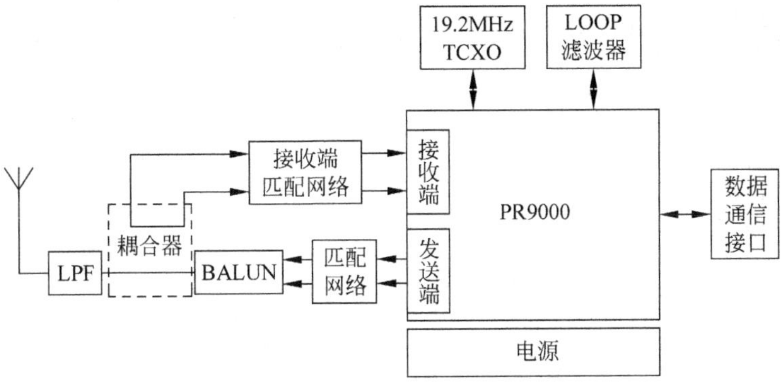

图 9-6 PR9000 外围电路结构

(2) 时钟电路设计。

时钟是时序的基础,时钟电路的设计是电路设计中一个非常重要的环节。时钟电路是用于向处理器及相关功能模块提供工作时钟,由于外部振荡器的具有稳定性好、精确度高,节约资源等优点,故采用外部振荡器电路作为处理器时钟电路,外部振荡器选用东京电波公司的 19.2MHz 有源晶振作为系统输入时钟。

(3) 射频输入匹配网络电路设计。

PR9000 芯片的射频接收分为两路差分接收信号,可以通过 LC 匹配网络和 50∶50 平衡-不平衡转换器将阻抗匹配到 50Ω,以便和天线匹配,从而能够接收射频信号。但是通过平衡-不平衡转换器的阻抗匹配方式信号隔离度不强,因此本设计中采用 π 型衰减器配合 LC 网络完成射频输入回路的阻抗匹配,其电路设计如图 9-8 所示。

(4) 输出匹配网络与射频功率控制电路设计。

射频差分输出信号通过 PR9000 内部的驱动放大器输出给匹配网络,将输出阻抗匹配至 200Ω,而后经过 50∶200 平衡-不平衡转换器 0900BL18B200 将不平衡的射频信号输送给射频功率放大器 SKY77189,如图 9-9 所示。

SKY77189 是一款宽带码分多址功率放大芯片。只需要 3.2～4.2V 电压便能正常工作。其工作带宽为 880～915MHz,其增益为 27dB,能够提供最大 28dBm 的输出。其数字使能方式和输出功率调节可以方便手持设备微控制器对其设备功率进行控制,以便发挥电池最大性能。放大后的射频信号通过芯片的射频信号输出引脚,通过隔离器 CEG23911MDB000、耦合器 CP0603A942CL 和滤波网络,最后由微带天线输出,如图 9-10 所示。

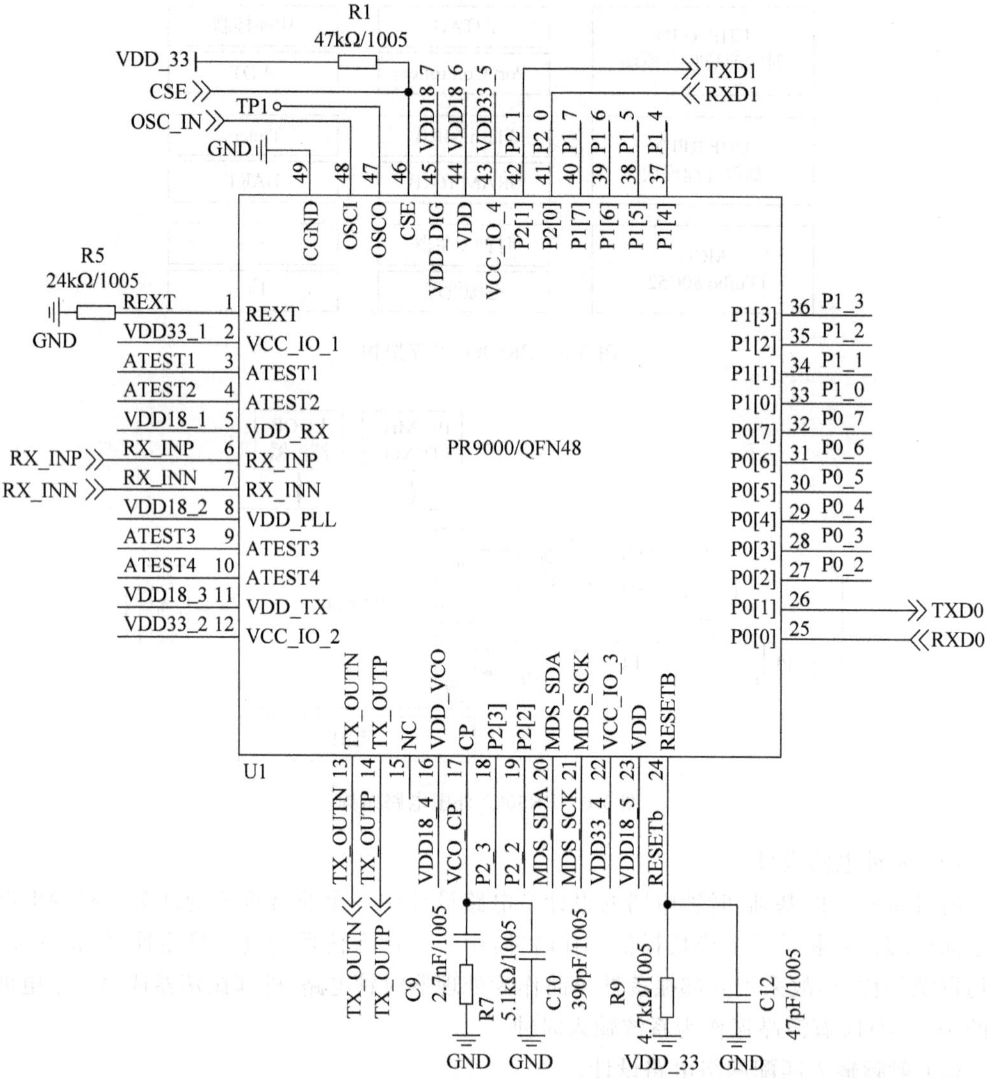

图 9-7 PR9000 最小系统

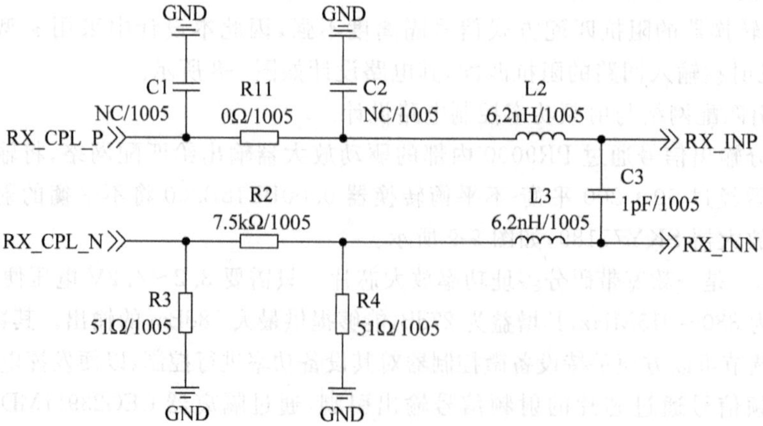

图 9-8 输入回路阻抗匹配电路

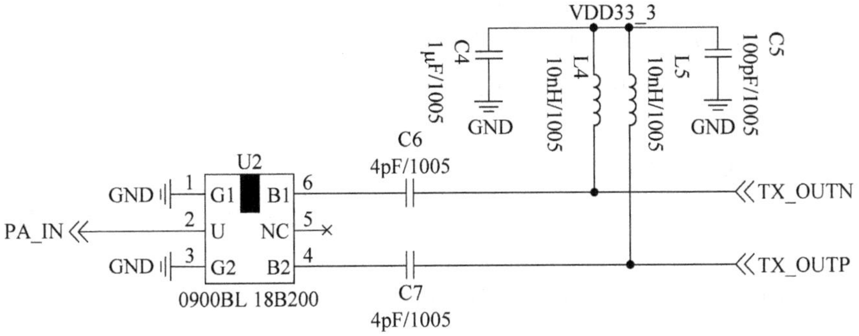

图 9-9　平衡不平衡转换电路

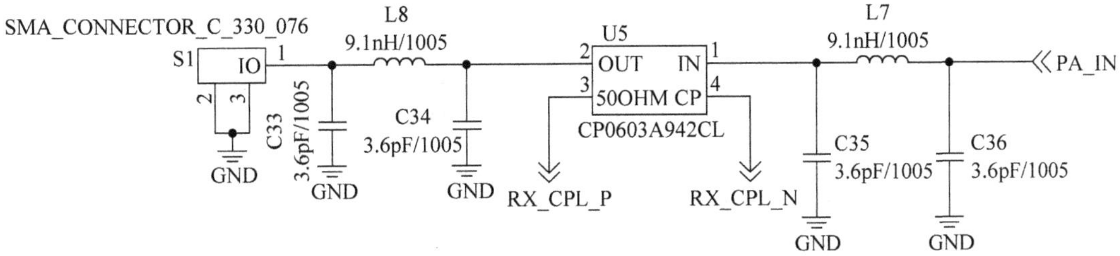

图 9-10　射频功率调节电路

2）嵌入式处理器系统电路设计

（1）S3C2440 嵌入式处理器简介。

三星公司推出的 16/32 位 RISC 微处理器 S3C2440A，为手持设备和一般类型应用提供了低价格、低功耗、高性能小型微控制器的解决方案。为了降低整体系统成本，S3C2440A 提供了丰富的内部设备，采用 ARM920t 的内核，0.13μm 的 CMOS 标准宏单元和存储器单元。其低功耗，简单，优雅，且全静态设计特别适合于对成本和功率敏感型的应用。它采用了新的总线架构。

S3C2440A 最大的特点是其核心处理器——由 ARM 公司设计的 16/32 位 ARM920T 的 RISC 处理器。ARM920T 实现了 MMU、AMBA BUS 和 Harvard 高速缓冲体系结构。这一结构具有独立的 16KB 指令 Cache 和 16KB 数据 Cache。

每个 Cache 都是由具有 8 字节的行组成。通过提供一套完整的通用系统外设，S3C2440A 减少了整体系统成本和外部组件。下面对 S3C2440 处理器片上资源进行介绍。

- 外部存储控制器（SDRAM 控制和片选逻辑）。
- LCD 控制器（最大支持 4K 色 STN 和 256K 色 TFT）提供 1 通道 LCD 专用 DMA。
- 4 通道 DMA 并有外部请求引脚。
- 3 通道 UART（IrDA1.0，64 字节 Tx FIFO 和 64 字节 Rx FIFO）。
- 2 通道 SPI。
- 1 通道 IIC-BUS 接口（多主支持）。
- 1 通道 IIS-BUS 音频编解码器接口。
- AC'97 解码器接口。

- 兼容 SD 主接口协议 1.0 版和 MMC 卡协议 2.11 兼容版。
- 2 端口 USB 主机/1 端口 USB 设备(1.1 版)。
- 4 通道 PWM 定时器和 1 通道内部定时器/看门狗定时器。
- 8 通道 10b ADC 和触摸屏接口。
- 具有日历功能的 RTC。
- 相机接口(最大 4096 像素×4096 像素的投入支持。2048 像素×2048 像素的投入,支持缩放)。
- 130 个通用 I/O 口和 24 通道外部中断源。
- 具有普通,慢速,空闲和掉电模式。
- 具有 PLL 片上时钟发生器。

S3C2440 处理器体系结构如图 9-11 所示。

(2) 电源电路设计。

电源的设计目标是为整个嵌入式系统提供稳定可靠的能量。在系统中,S3C2440 内核工作电压为 1.25V,CPU 的 I/O 外设电压为 3.3V,LCD 触摸屏工作电压为 5V。因此选用高质量 5V 直流电源为 S3C2440 主控板供电,总电源通过各类 LDO 线性稳压芯片给主控板各个部分提供合适的工作电压,如图 9-12 所示。

(3) 时钟与复位电路设计。

S3C2440 嵌入式处理器需要外部提供 CPU 内核时钟和内部 RTC 时钟,CPU 时钟由 12MHz 无源晶振提供,经过内部锁相环倍频,实现 400MHz 的高速内核时钟频率。RTC 时钟由 32.768kHz 无源晶振提供,其时钟电路设计如图 9-13 所示。

复位电路采用专用复位芯片 MAX811 实现,MAX811 是一款微处理器电压监视器,具有精密电源监控和低功耗特点,能监视 3V/3.3V 和 5V 的电源电压,其工作电压为 1.0~5V,本设计中采用 3.3V 供电。MAX811 为低电平有效复位,上电复位脉冲宽度最小为 140ms。当 S3C2440 电压低于 MAX811 的门限电压的时候,内部定时器复位,并且芯片输出端为低电平;当电压高于门限电压时,芯片内部定时器开始计数,当定时器溢出时,输出端变为高电平。复位电路设计如图 9-14 所示。

(4) JTAG 接口电路设计。

JTAG(Joint Test Action Group)是一种国际标准测试协议,主要用于芯片内部测试及对系统进行仿真、测试。标准的 JTAG 接口是 4 线:TMS、TCK、TDI 和 TDO,如图 9-15 所示,分别为测试模式选择、测试时钟、测试数据输入和测试数据输出。通过 JTAG 接口,可以为 S3C2440 系统烧写 bootloader,进而定制 Windows CE 嵌入式操作系统。

(5) Flash 接口电路设计。

Flash 存储器是一种可在系统进行电擦写,掉电后信息不丢失的存储器,它具有低功耗、大容量、擦写速度快、可整片或分扇区在系统编程(烧写)、擦除等特点,并且可由内部嵌入的算法完成对芯片的操作,因而在各种嵌入式系统中得到了广泛的应用。作为一种非易失性存储器,Flash 在系统中常用于存放程序代码、常量表以及一些在系统掉电后需要保存的用户数据等。本系统中,采用 K9F1G08 Nand Flash 作为系统存储区。Nand Flash 存储器是 Flash 存储器的一种,其内部采用非线性宏单元模式,为固态大容量内存的实现提供了廉价有效的解决方案。Nand Flash 存储器具有容量较大、改写速度快等优点,适用于大量

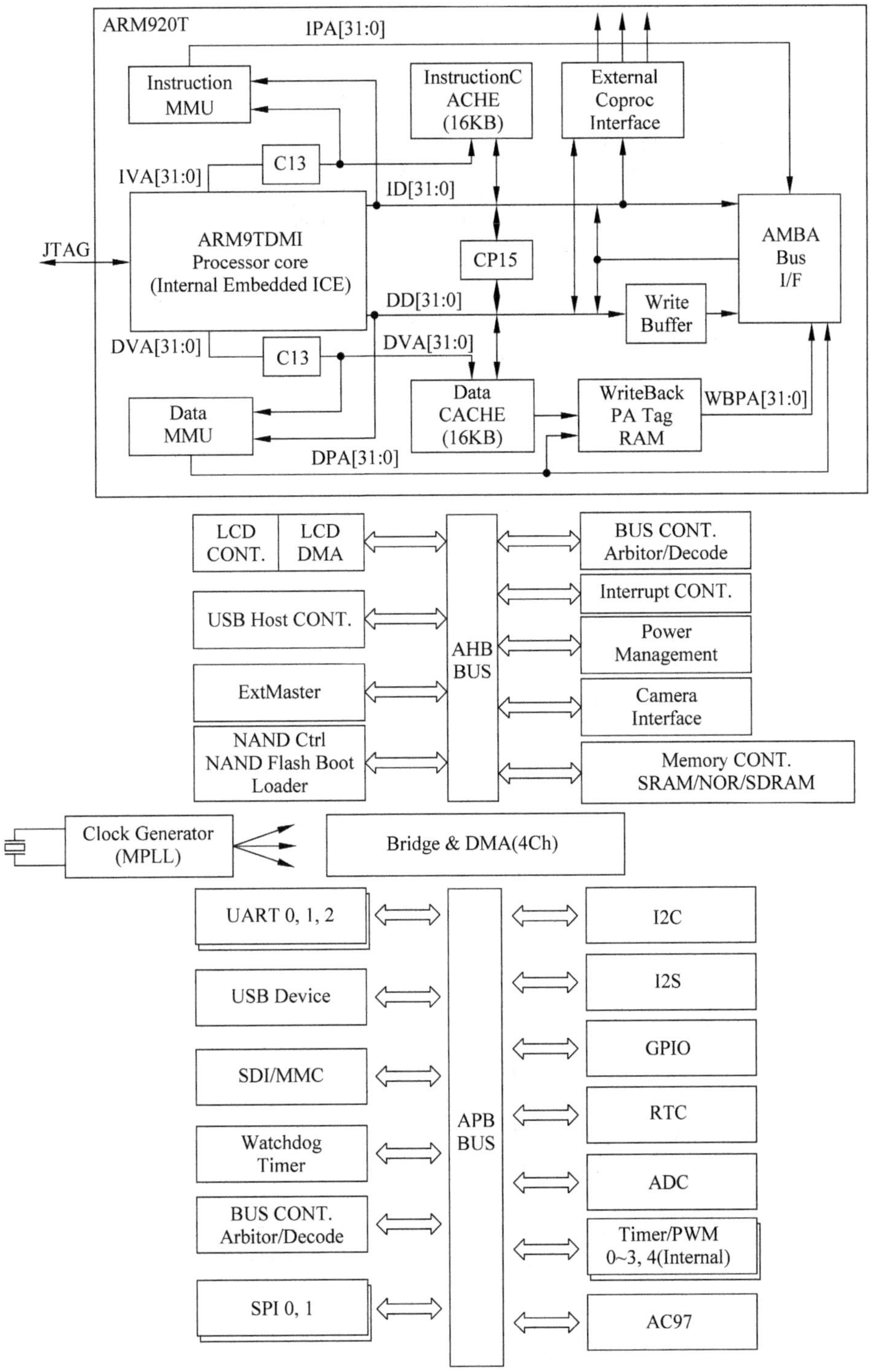

图 9-11　S3C2440 内部体系结构

数据的存储，因而在业界得到了越来越广泛的应用，如嵌入式产品中包括数码相机、MP3 随身听记忆卡、体积小巧的 U 盘等。Nand Flash 不具有地址线，但是有专用控制接口与 CPU 相连，S3C2440 与 K9F1G08 的接口电路如图 9-16 所示。

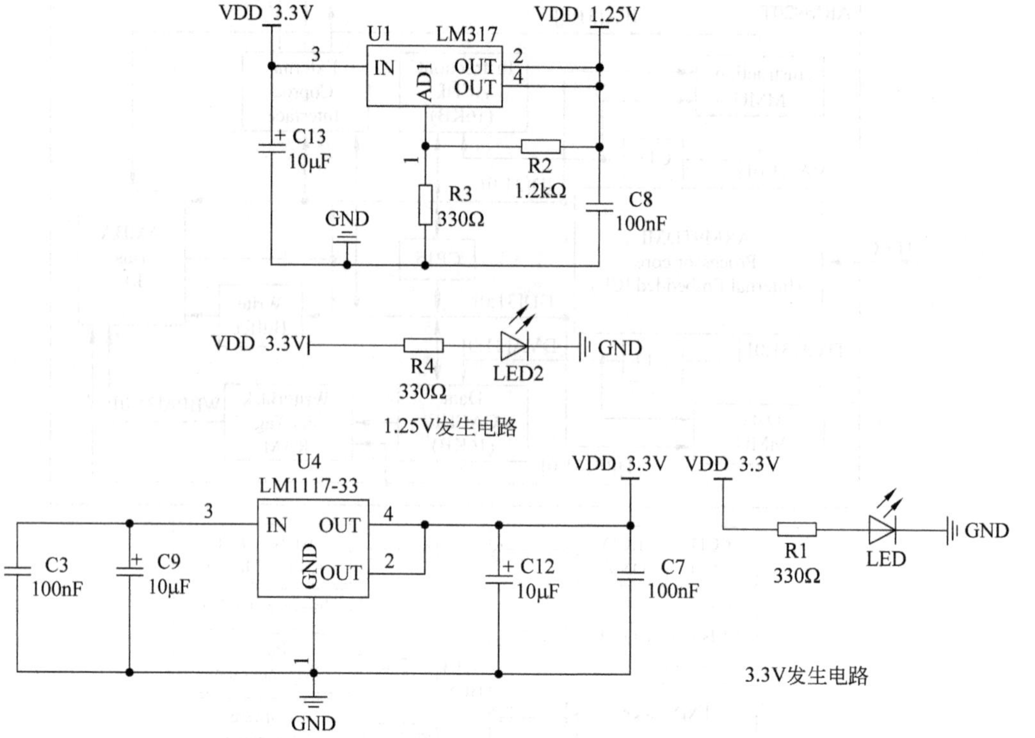

图 9-12 电源电路

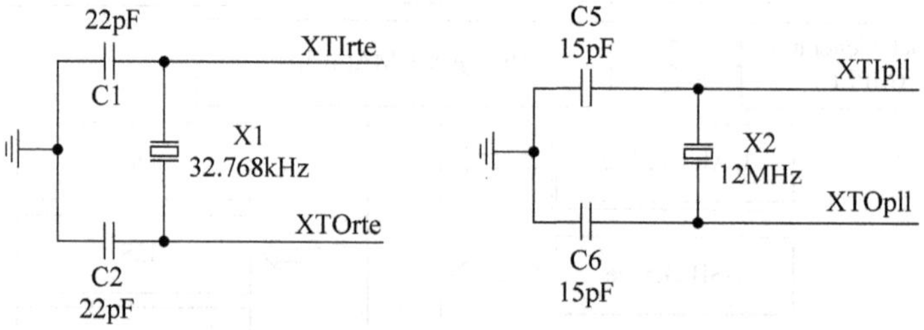

图 9-13 时钟电路

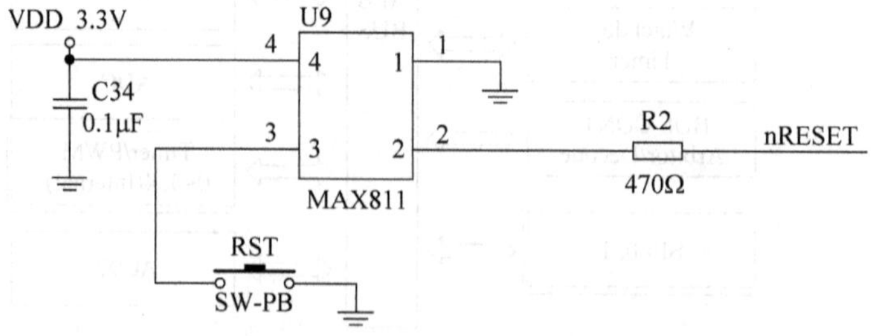

图 9-14 复位电路

(6) SDRAM接口电路设计。

与Flash存储器相比较，SDRAM不具有掉电保持数据的特性，但其存取速度大大高于Flash存储器，且具有读/写的属性，因此，SDRAM在系统中主要用作程序的运行空间、数据

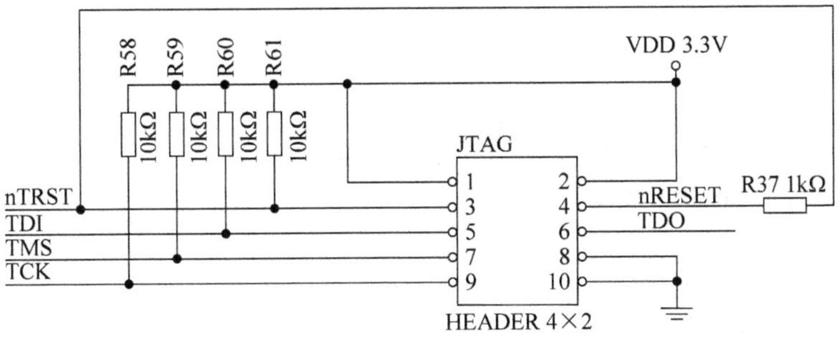

图 9-15　JTAG 接口电路

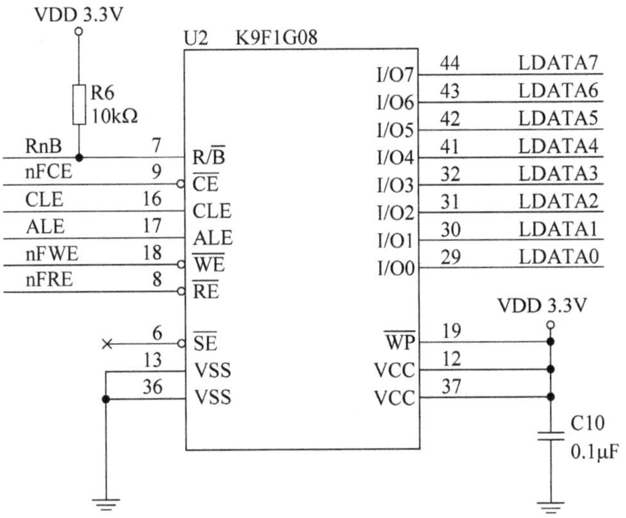

图 9-16　Flash 接口电路

及堆栈区。当系统启动时，CPU 首先从复位地址 0x00 处读取启动代码，在完成系统的初始化后，程序代码一般应调入 SDRAM 中运行，以提高系统的运行速度，同时，系统及用户堆栈、运行数据也都放在 SDRAM 中。

本设计中采用两片 32MB SDRAM 芯片 HY57V561620FTP 并联组成 32b 总线宽度，以便提高数据和指令执行速度。SDRAM 与 S3C2440 接口电路如图 9-17 所示。

(7) 串口通信接口电路设计。

本系统中移动终端与上位机通信使用的是串口方式，所以选取了很常用的串行数据传输总线标准——RS-232 标准，而 RS-232 标准所定义的高、低电平信号与 S3C2440 系统的 TTL 电路所定义的高、低电平信号完全不同：TTL 的标准逻辑“1”对应 2～3.3V 电平，标准逻辑“0”对应 0～0.4V 电平，而 RS-232 标准采用负逻辑方式，标准逻辑“1”对应－15～－5V电平，标准逻辑“0”对应＋5～＋15V 电平。所以，两者间要进行通信，必须经过信号电平的转换，本系统选用电平转换芯片 MAX3232 完成这部分工作，相应电路如图 9-18 所示。同时移动终端与 UHF RFID 模块采用 UART 接口通信，因此引出了 S3C2440 处理器的 UART 接口，以供设备扩展。

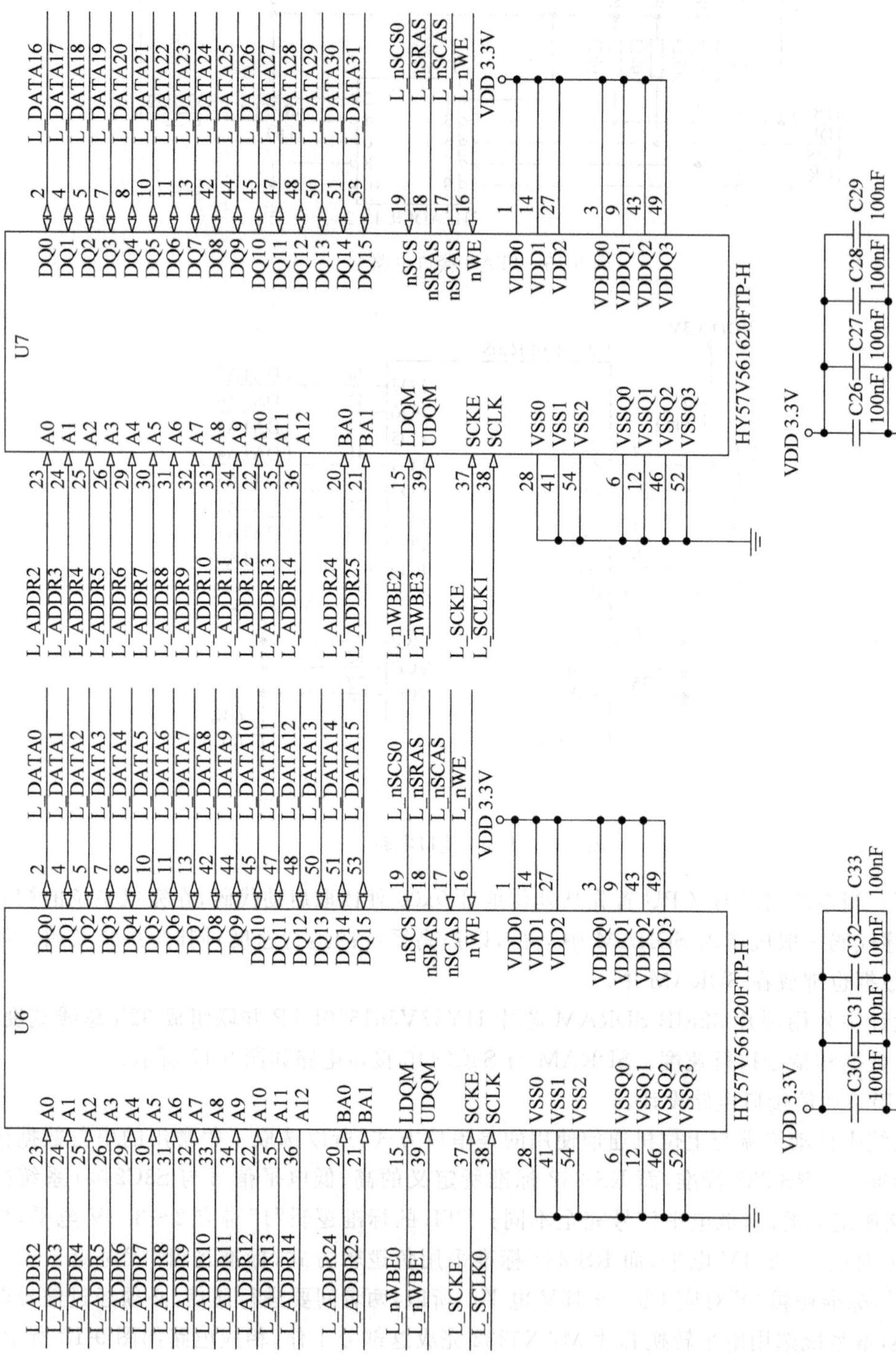

图 9-17 SDRAM 接口电路

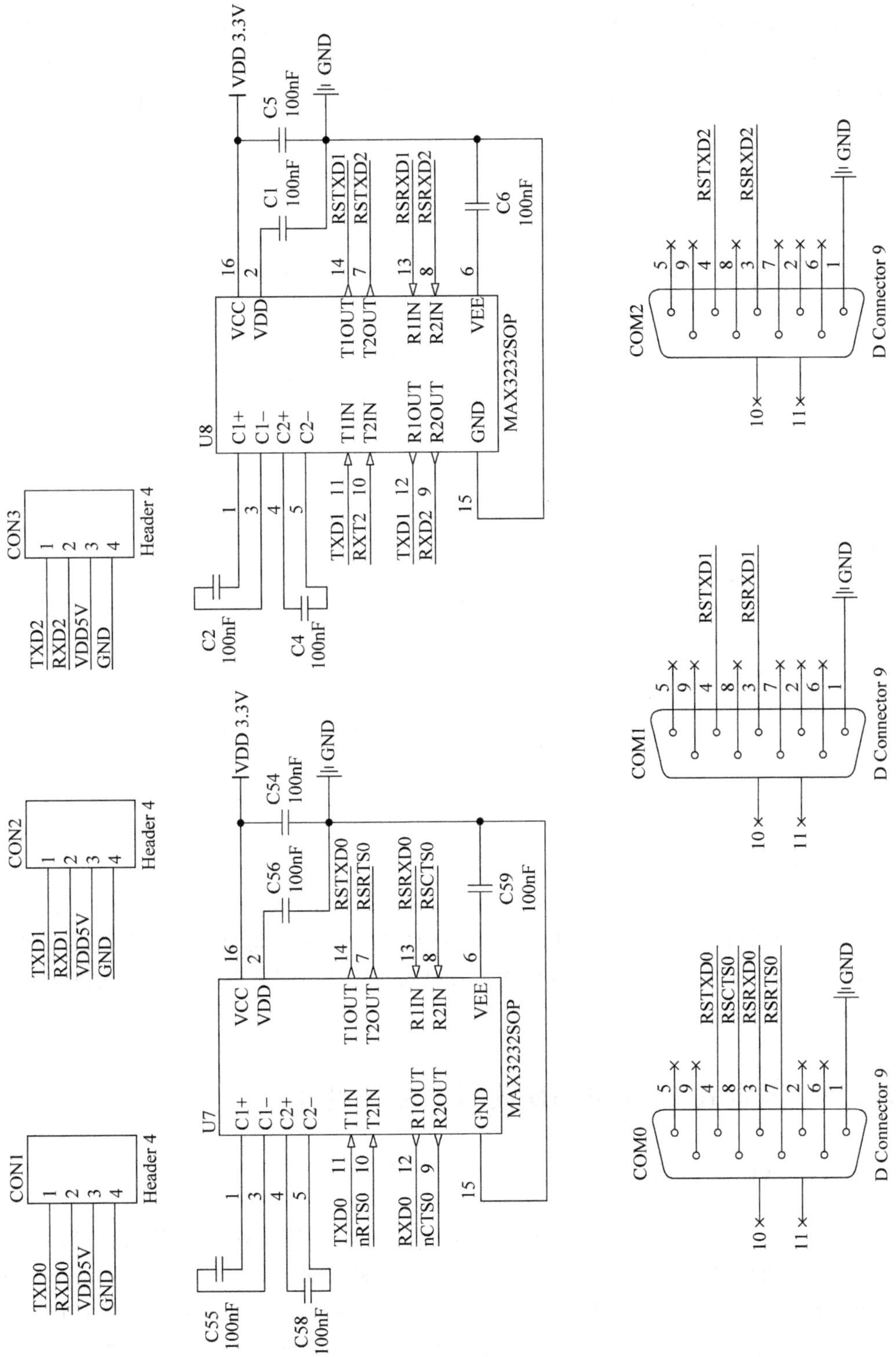

CON1
Header 4
TXD0
RXD0
VDD5V
GND
CON2
TXD1
RXD1
CON3
TXD2
RXD2
U7
MAX3232SOP
U8
VCC
VDD
C1+
C1−
C2+
C2−
T1IN
T2IN
R1OUT
R2OUT
T1OUT
T2OUT
R1IN
R2IN
VEE
VDD 3.3V
C54
C55
C56
C58
C59
C1
C2
C4
C5
C6
100nF
nRTS0
nCTS0
RXT2
RXD2
RSTXD0
RSRTS0
RSRXD0
RSCTS0
RSTXD1
RSRXD1
RSTXD2
RSRXD2
COM0
COM1
COM2
D Connector 9

图 9-18　串口通信电路

(8) USB接口电路设计。

S3C2440处理器内含2个符合OHCI 1.1标准的USB主机模块和一个USB从机模块。其中USB主机模块可以实现S3C2440与各类USB从设备间的通信,USB从机模块用来和上位机通信,实现程序的同步仿真和数据传输。USB模块接口电路如图9-19所示。

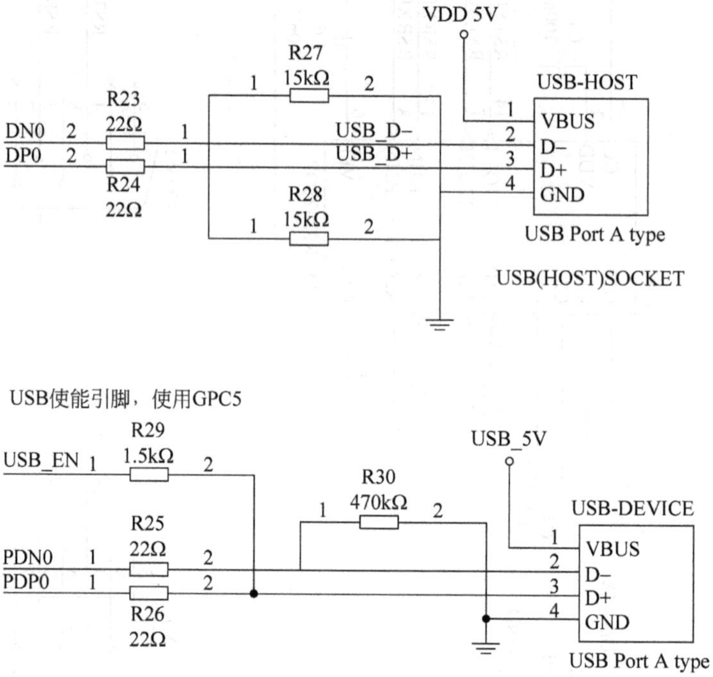

图9-19 USB接口电路

(9) LCD接口电路设计。

S3C2440处理器支持彩色TFT液晶触摸屏的1、2、4或8bbp调色显示,这也是S3C2440作为RFID移动终端的优势所在。通过触摸屏可以直观地显示和操作各类应用程序,为货品的盘点工作打下了基础。本系统中采用3.5英寸电阻式触摸屏作为人机交互媒介,LCD接口电路如图9-20所示。

9.1.7 固定式UHF RFID读写器硬件设计

1. 固定式RFID模块电路设计

为了简化设计,固定式RFID读写模块也采用PR9000 UHF RFID芯片进行设计。与手持式RFID模块相比,该RFID模块通过功率控制电路实现了更大的射频发射功率。在天线匹配方面,选用UHF频段圆极化天线。整个频段内轴比小于3dB,可实现任意角度读卡。方位面波束宽度达到75°超宽覆盖范围,俯仰面波束宽度也达到了约40°,覆盖范围较广,增益12dBi,达到了仓库用固定式读写器的标签读写数量和距离要求。

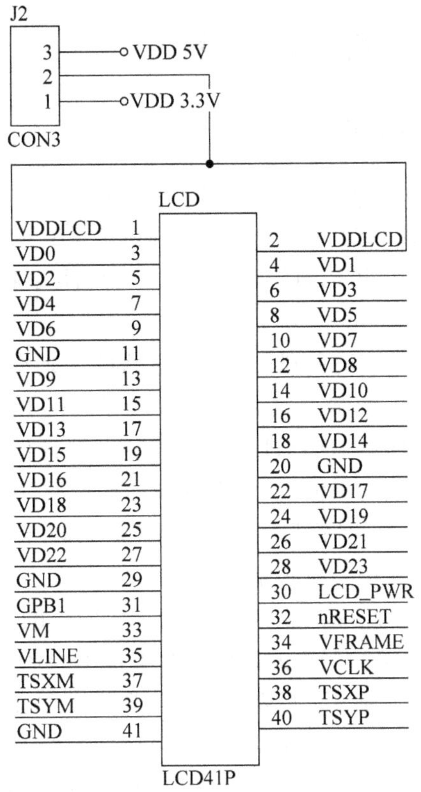

图 9-20 LCD 接口电路

2. 固定式读写器通信接口电路设计

固定式 RFID 模块本身为 UART 接口，无法与上位机直接通信，因此需要将 UART 接口的 TTL 电平转换为 RS-232 电平，从而实现与上位机通信，实时更新出入库货品信息。其接口电路设计如图 9-21 所示。

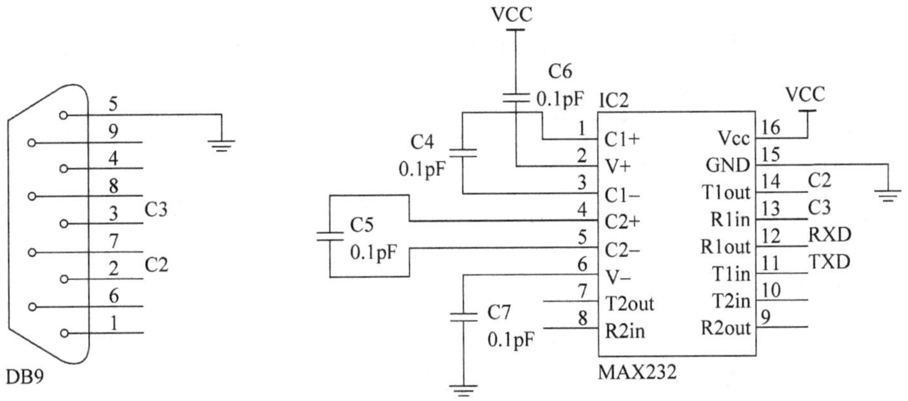

图 9-21 RS-232 接口电路

9.1.8 通信协议分析与软件设计

1. ISO/IEC 18000-6C 协议层次解析

ISO/IEC 18000-6C 协议规定了读写器和标签间的物理相互作用，即通信线路的发信层，它规定了读写器发出的代码信息在空气中传播的方式；规定了读写器用以识别和修改标签的命令即操作程序。因此，可以将协议的层次分为两层：物理层和标签识别层。

1）物理通信层

物理层是读写器和标签通信的基础，规定了通信的物理介质、连接波的频率（CW）、信号传输的速率、编解码的方式、调制方式和解码方式等。在 ISO/IEC 18000-6C 协议当中，超高频载波信号的频率是 860～960MHz，读写器发出携带信息的基带信号以 ASK 或者 PSK 调制的方式加载到超高频的载波上，这个载波即连接波（CW）。一般而言，连接波是既定频率的正弦曲线，但更为常见的情况是适于启动无源射频标签的询问机波形，振幅和（或）足够数量的相位调制被标签解释为所传输的数据。ISO/IEC 18000-6C 为适应不同的工作环境设置了不同的通信速率，通信速率由读写器对标签发信的基准时间间隔 Tari 的大小来决定，其中低通信速率适用于干扰严重的环境。在干扰小的环境中应用较高的通信速率，提高识别的速度。就编码方式而言，读写器对标签（R＝＞T）通信采用脉冲间隔编码方式（PIE），以前同步码或者帧同步开始所有（R＝＞T）通信。标签的回波采用的是 FM0 或者 Miller 方式的编码，读写器通过分析标签反向散射的回波信号来决定标签进入不同的状态，以便完成符合要求的通信。

2）标签识别层

标签识别层规定了标签的 7 种状态、识别标签群的基本操作、多标签防碰撞实现的基础等。

标签的 7 种状态：就绪状态、仲裁状态、应答状态、确认状态、开放状态、保护状态、灭活（杀死）状态。这 7 种状态的相互转换，是识别、修改、销毁标签的理论基础。

识别标签群的基本操作：选择、盘存、访问。

（1）选择。根据选择命令，选择特定的标签，以供标签后面的操作，这是识别标签的前提，这个操作类似于从数据库中选择记录。

（2）盘存。盘存即标签被识别的过程。盘存指令包括 Query、QueryAdjust、QueryRep、ACK 和 NAK。Query 启动一个盘存周期，单个或多个标签可以响应，再通过判断槽计数器的值，决定是否识别标签，标签是否可以进入确定状态。只有进入确定状态的标签，读写器才可以对标签进行读、写、锁存等操作。强调指出，在一个盘存周期中，只能一次识别出单个标签。

（3）访问。访问即与标签通信，换而言之，读、写、锁存、修改标签的过程。访问由多个命令构成，包括 Req_RN、Read、Write、Kill、Lock、Access、BlockWrite 和 BlockErase。访问前必须要对标签进行识别，识别之后的标签处在开放状态或者保护状态，此时访问命令可以访问标签的所有存储单元。

槽计数器和标签伪随机数发生器是多标签防碰撞的基础，只有对它们有深入的了解，才能在实践中设计出高效的具有防碰撞功能的读写器，因此在这里特别强调。

(1) 槽计数器。15 位计数器。收到读写器发送的相应命令，标签将从该标签的伪随机数发生器(RNG)中抽出的(0,2Q)范围内的整数载入槽计数器内。这样各个被选中的标签因槽计数器中的数值不同就有了差别，这也相当于给每个选中的标签设置了一个标志，只不过这个标志是以随机数的形式出现的，这时候标签就可以根据槽计数器内部的值来决定是否响应读写器。

(2) 标签伪随机数发生器(RNG)。标签采用 RNG 生成 16 位随机或伪随机数据(RN16)，通过 Query 或 QueryAdjust 命令中的参数 Q，来决定随机数产生的范围，然后将产生的随机数载入槽计数器。

2. 读写器到标签通信

UHF RFID 手持机(读写器)和标签的通信由手持机首先发送携带信息的调制载波开始，这个携带信息的载波有 3 个作用：激活标签、校准标签内部的时钟、携带通信命令。

1) 通信方式介绍

在 ISO/IEC 18000-6C 中，设计时最关注两点：通信的调制方式和基带信号的编码方式。

读写器对标签(R=> T)通信采用脉冲间隔编码方式(PIE)，data-0 和 data-1 采用的编码方式如图 9-22 所示。

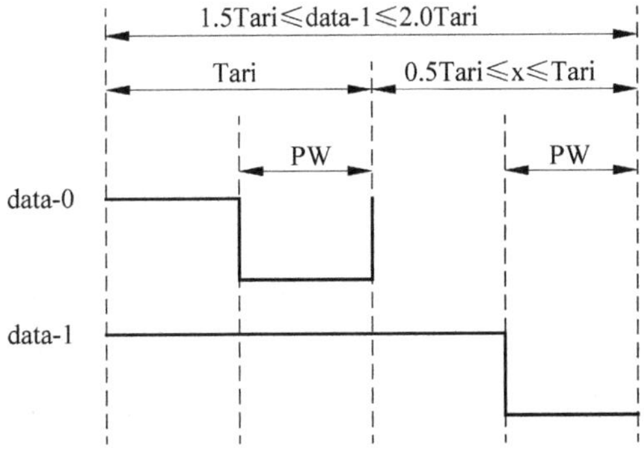

图 9-22 PIE 基本编码方式

读写器发送的二进制 01 代码，就是以图 9-22 所示的 PIE 数据编码形成相应的基带信号。PW(射频脉冲的宽度)是射频包络中重要的参数，为了保证无源标签能够正常工作且有足够的能量向读写器发送信号，PW 规定的最小值为 MAX(0.265Tari，2)，最大值是 0.525Tari。Tari 为读写器与标签通信的基准时间间隔，取值为 6.25～25μs。此处应强调 data-0 与 data-1 的脉冲宽度必须保持相同，且读写器在一个盘存周期期间内采用一个固定的 PW 和 Tari 值。PW 和 Tari 值担负着调节标签内部的时钟和读写器与标签相互通信的通信速率的重任。

UHF RFID 读写器与无源标签之间的通信属于无线通信，那么标签如何在激活的状态下来识别读写器发过来的有用信息，又从何处开始检测出有用信息，又怎样才可以发出和读写器接收相匹配的有用信号，标签的回波用什么时钟来调整，解决这些问题的关键是前同步码或帧同步信号。

UHF RFID 手持机与无源标签之间的通信首先是由读写器发起的，且发出的信息是基于命令的，标签识别发过来的命令是通过判断前同步码(Preamble)或帧同步信号。ISO/IEC 18000-6C 协议规定读写器发送信号的格式是前导码＋命令＋参数，或帧同步信号＋命令＋参数。当标签检测到前导码或帧同步码之后，就会通过自身内部的电路来识别命令以及后面的参数，同时做出响应。R=>T 前同步码如图 9-23 所示，R=>T 帧同步码如图 9-24 所示。

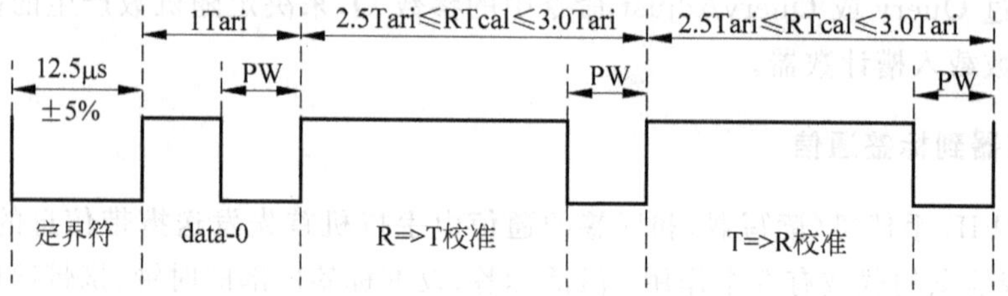

图 9-23 R=>T 前同步码

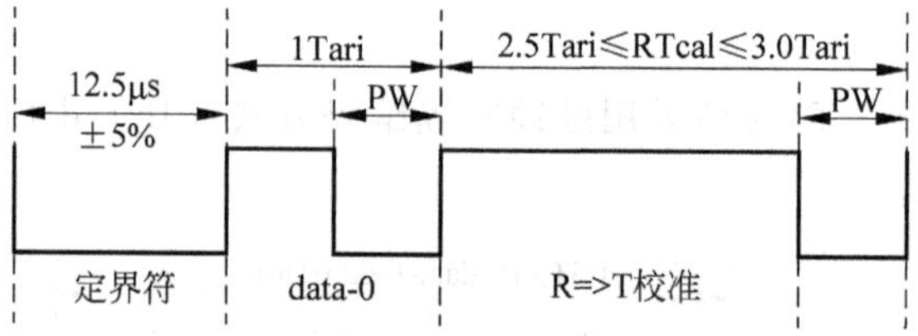

图 9-24 R=>T 帧同步码

读写器发出的基带信号是以 PIE 的编码方式，解码的关键是判断码元高电平的持续时间来区别 0 和 1 信号。因此在标签的内部需要一个时钟，而且这个时钟必须知道读写器发出编码 Tari 的持续时间，那么就可以根据高电平的持续时间来识别信号。分析图 9-24 就能深入了解前同步码或帧同步码可以调节标签的内部时钟。可以看出，前同步码包括固定长度的起始分界符、data-0 符、R=>T 校准(RTcal)符和 T=>R 校准(TRcal)符。很明显 R=>T 校验的时间长度是 data-0 和 data-1 的时间和，在标签收到 RTcal 之后，就能计算 Pivot：

$$\text{Pivot} = \frac{\text{RTcal}}{2} \tag{9.15}$$

Pivot 是 R=>T 数据符号的平均长度，而且是标签解码的关键。标签在接收码元的过程中，码元的长度大于 Pivot 则接收到的是 data-1，反之是 data-0。标签应说明比 4RTcal 长的符号为不良数据，在改变 RTcal 之前，询问机应最少为 8 个 RTcal 传输 CW。

读写器应利用启动盘存周期的 Query 命令的前同步码中 TRcal 和除法比率(DR)规定标签的反向散射链路频率(LF)，LF 即标签发出的 FM0 编码的数据速率，LF 的计算公式为：

$$\text{LF} = \frac{\text{DR}}{\text{TRcal}} \tag{9.16}$$

DR 为除法比例，在 Query 命令中设置，ISO/IEC 18000-6C 标准中 DR 的值为 64/3 和

8,且允许两个不同的 TRcal 值(带有两个不同的 DR 值)规定相同的 LF,以便于灵活规定 Tari 和 RTcal。

读写器在盘存周期中 RTcal 和 TRcal 必须满足以下限制条件:

$$1.1 \times RTcal \leqslant TRcal \leqslant 3 \times RTcal \tag{9.17}$$

在深入了解 R=> T 通信之后,强调以下几点。

(1) 帧同步码等于前同步码与 TRcal 的差值。同一个盘存周期内的 RTcal 在帧同步码和前同步码中的长度相同。

(2) R=> T 通信是基于命令的,不同的命令作用不同,根据功能不同适当的选择前同步码或帧同步码。选择帧同步码的命令集为 Select、QueryAdjust、QueryRep、ACK、NAK、Req_RN、Read、Write、Kill、Lock、Access、BlockWrite 和 BlockErase,选择前同步码的命令集 Query。

(3) Query 命令为强制命令,它选择前同步码一方面可以开启一个新的盘存周期,同时可以向标签提供 TRcal 和 DR 参数,这样可以决定链路的频率即回波的频率。因此,在设计通信过程中一定要注意 Query 中参数的设定。

(4) 为保证 Select 命令能够始终被接收到,在 R=> T 通信过程中,下行速率由 Tari 决定且保持不变,上行速率在 Query 命令之后才确定。

2) PIE 编码方法的设计

要想设计符合要求的 PIE 编码,必须注意以下几点。

(1) 掌握基本的 PIE 编码特点。

(2) PIE 编码同 ISO/IEC 18000-6C 标准的要求相结合。

(3) 读写器信号编码的关键点是时间的准确性。

(4) 根据 Tari 的值精确计算前同步码、帧同步码、data-0 和 data-1 高低电平的时间延迟,形成准确的待调制的基带信号。

(5) Tari 的值决定着下行速率,为适应通信速率的变化,在程序的设计中,一定要注意 Tari 的值,可以根据需要进行调整和改变。

在设计基带信号的时候,一定要注意延时的准确性,在实践的过程中选择了两种方式:内部时钟定时和循环语句延时。假设现在输出基带信号的 I/O 口定义为 PIE_Out,根据选择的参数和图 9-22、图 9-23 和图 9-24,编程的子程序模式如下。

(1) 前同步码。

```
PIE_Out = 0;Delay 12.5μs;          //定界符
PIE_Out = 1;Delay 6.5μs;
PIE_Out = 0;Delay 6μs;             //data - 0
PIE_Out = 1;Delay 26μs;
PIE_Out = 0;Delay 6μs;             //RTcal 校验
PIE_Out = 1;Delay 54μs;
PIE_Out = 0;Delay 6μs;             //TRcal 校验
```

(2) 帧同步码。

```
PIE_Out = 0;Delay 12.5μs;          //定界符
PIE_Out = 1;Delay 6.5μs;
PIE_Out = 0;Delay 6μs;             //data - 0
```

```
PIE_Out = 1;Delay 26μs;
PIE_Out = 0;Delay 6μs;                    //RTcal 校验
```

（3）data-0。

```
PIE_Out = 1;Delay 6.5μs;
PIE_Out = 0;Delay 6μs;                    //data - 0
```

（4）data-1。

```
PIE_Out = 1;Delay 18μs;
PIE_Out = 0;Delay 6μs;                    //data - 0
```

有了上边的几个子函数，就可以根据 ISO/IEC 18000-6C 标准规定的信号命令，适当调用上边的子函数就可以形成含有同步码、命令、参数的 PIE 编码的基带信号，在经过硬件的调制，就可以实现 R=> T 通信。

9.1.9 标签到读写器通信

标签被激活以后，在接收到读写器发来的命令后，会通过自身的内部电路计算回波速率，设置标签内部槽计数器的值，利用反向散射调制与读写器进行通信。本小节的重点是分析回波的基带信号，找出读写器解码的方法。

1. 回波基带信号的编码方式

标签反向散射调制采用 ASK 和(或)PSK 调制，数据编码的方式为 FM0 编码。

FM0 编码即双相码，编码规则：在每个符号边界倒转基带相位，data-0 有一个附加的中间符号相位倒转，data-1 中间符号不发生跳转。编码的特点：具有记忆性，当前信号的编码除了与当前的信号有关，还与前一个状态的编码有联系。FM0 有 4 个基本信号 S1、S2、S3、S4，如图 9-25 所示。

图 9-26 表明 FM-编码符号有 S1～S4 共 4 种可能的状态，4 种状态的切换决定了传输的 FM0 波形。根据 FM0 编码的编码规则，状态 S2 转换到状态 S3 是不允许的，因为传输符号在边界上没有倒转。因此，FM0 的状态转换图尤为重要，它有利于推到被编码的数据序列的逻辑值，产生正确的 FM0 波形，同时为高效正确的解码奠定了基础。FM0 发生器的状态转换如图 9-26 所示。

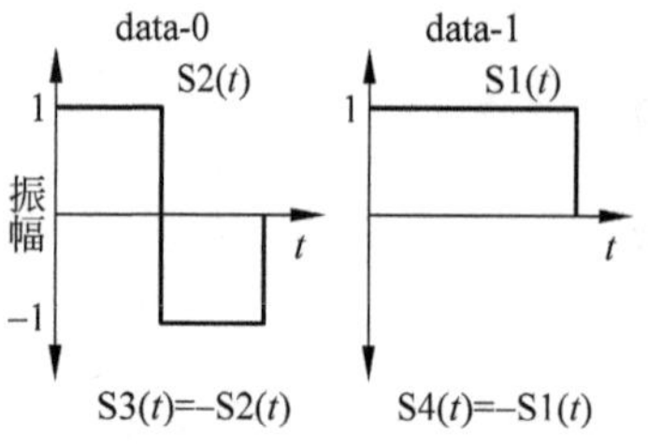

图 9-25　FM0 基本信号

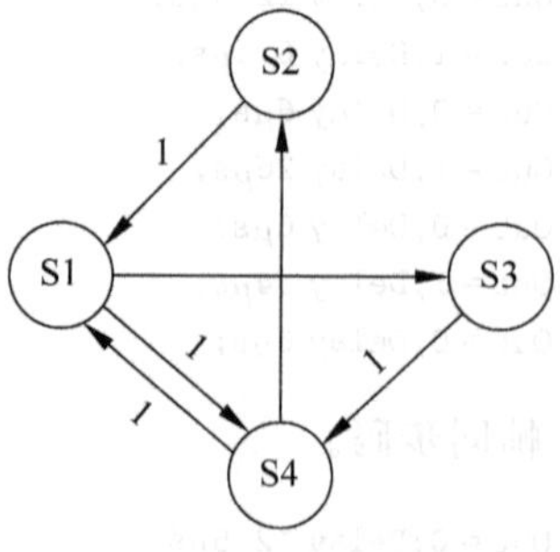

图 9-26　FM0 发生器状态机

图 9-25 和图 9-26 显著表明 FM0 编码的特点、基本的两个相位。要在后续的工作中成功解码，必须清楚了解该编码可能的序列组合的情况。FM0 编码波形的所有组合如图 9-27 所示。

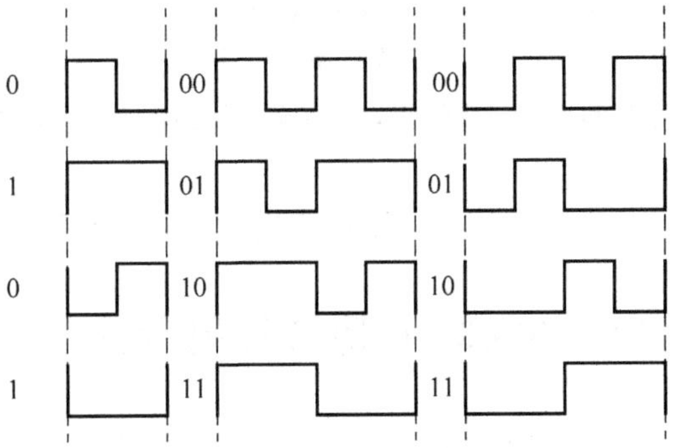

图 9-27　FM0 编码组合

标签的回波以 FM0 的编码方式，利用反向散射调制与读写器通信。因 FM0 的编码具有记忆性，寻找回波中有用信号从何时开始尤为重要。ISO/IEC 18000-6C 规定，T=>R 发信的回波以 FM0 前同步码引导，当 TRext=1 时，有 12 个前导码，当 TRext=0 时，无 12 个前导码。FM0 前同步码如图 9-28 所示。

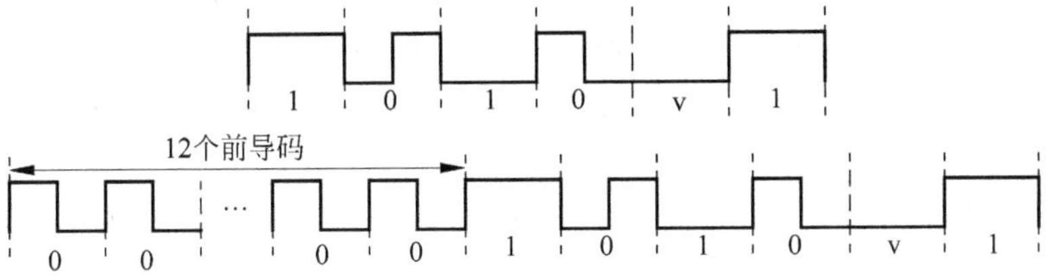

图 9-28　FM0 前同步码

盘存周期以 Query 命令规定的 TRext 位的数值为准，选择相应的 FM0 前同步码。

图 9-28 中所示的"v"表示 FM0 偏移(即信号产生的传输在符号边界上应该相互转化，但事实上没有，这也恰好标出了前同步码的唯一性)。FM0 前同步码的格式和作用如下。

(1) 标签回波结构。FM0 前同步码+数据。

(2) 通过前同步码，读写器可以确定是否有回波。

(3) 通过前同步码，读写器可以唯一确定回波的开始。

(4) 读写器可以在大量的干扰数据中寻找前同步码才开始后边的标签识别工作，提高了读写器的抗干扰能力。

2. FM0 基带信号解码的设计

UHF RFID 读写器是半双工的通信方式，即一次仅向一个方向传输，因此要想读写器和标签正常的通信，FM0 基带信号的正确解码十分关键。

前面详细介绍了 FM0 编码的规则以及在 ISO/IEC 18000-6C 中的特点，解码的思路是：根据 data-0 和 data-1 的脉冲时间不同进行解码。解码工作使用 PR9000 芯片的一个中断引脚和一个内部的时钟来完成。在每次边沿触发中断的时候，通过计算时钟的值，就可以得到脉冲的宽度，根据 FM0 编码的特点，利用 0 和 1 的脉冲宽度不同来解码，这种解码的优点如下。

(1) 不用考虑 FM0 编码的记忆性，降低了解码难度。

(2) 中断＋内部时钟定时，增强了解码的速度，提高了准确度。

(3) 减少了存放临时数据的存储空间，实时解码，当解码不正确的时候，可以及时将没有用的数据舍掉。

当然存在的缺点很明显：多应用了一个内部定时器，浪费了一定的硬件资源。

9.1.10 ISO/IEC 18000-6C 协议解码设计

UHF RFID 读写器和标签之间的通信，需要先对标签进行分类。因此，本节介绍会话、盘存标志和选择标志，为后面的识别单个标签和多个标签做好理论基础。对于标签而言，最基本的操作是对标签内部存储器的访问、修改，同时标签在不同的状态下的转换；对于读写器而言，发出选择命令、盘存命令、标签操作命令，同时对标签反向散射的回波做出相应的应答。

1. 会话和盘存标记

ISO/IEC 18000-6C 中规定读写器应该支持而且标签可以提供 4 种会话（S1、S2、S3、S4），会话（通话）是 R<=>T 之间相互通信。会话的作用：标签在一个盘存的周期内参加且只能参加一个会话，这个会话由读写器的 Query 来决定；读写器可以利用会话的切换来分类识别标签。

标签为每个会话提供设定已盘标记 A 和 B，这两个标记可以相互转换。读写器在识别过程中，利用已盘标记的两种状态将识别标签和未识别标签分开，从而实现每张标签只能识别一次。

ISO/IEC 18000-6C 还规定选定标记 SL，读写器可以利用 Select 命令或 Query 命令中的 Sel 参数对选择标记确认或取消确认。无论其 SL 值如何，SL 与任何通话无关，SL 适用于所有标签，无论是哪个通话。

下面对 4 个会话和选择标志的动作进行详细的介绍。

(1) S1 读写器自行定义动作且上电初态为 A。特点：在修改已盘标记之前，已盘标记会保持原来的状态。

(2) S2 定义通电和未通电的动作。S2 的上电初始状态为 A，在标签通电时，已盘标记在标称温度下持续的时间是 500ms～5s，当超出这个时间，S2 的已盘标记会翻转；未通电情况下，已盘标记在标称温度下持续的时间是 500ms～5s，当超出这个时间，在上电的时候必须重新通过 Select 来设置已盘标记。

(3) S3 定义掉电的已盘标记状态转换。未通电情况下，已盘标记在标称温度下持续的时间大约为 2s，即 S3 具有保持功能。在一定的时间内，标签重新上电，可以不必重新设置已盘标记。

(4) S4 定义掉电的已盘标记状态转换。未通电情况下，已盘标记在标称温度下持续的时间大约为 2s，即 S4 具有保持功能。在一定的时间内，标签重新上电，可以不必重新设置已盘标记。

(5) SL 定义掉电的状态。选择标记在标称温度下的原状态持续时间大约为2s,当超出这个时间的时候上电,选择标志会是SL。

适当选择相应的通话,可以调高读卡速率和减小外界噪声的干扰,同时便于搜索标签。

2. 标签存储器和标签的状态

1) 标签存储器

读卡器对标签的识别、读写操作,实际上就是对标签内部存储器的访问和修改。标签存储器从逻辑上分为4个存储体:用户存储器(USER)、TID存储器、EPC存储器、保留存储器(RESERVED),存储器逻辑映像如图9-29所示。

(1) 用户存储器(USER)。存储用户指定数据。

(2) TID存储器。包含8位协议识别码、12位任务掩模识别码、标签指定数据和提供商指定数据。

(3) EPC存储器。包含EPC、PC、CRC-16,EPC标签唯一识别码即序列号。

同时强调此处的CRC-16是存储器中唯一不能修改的,因为它是标签载接收到数据后自动生成的。

(4) 保留存储器(RESERVED)。包括杀死密码和访问密码。

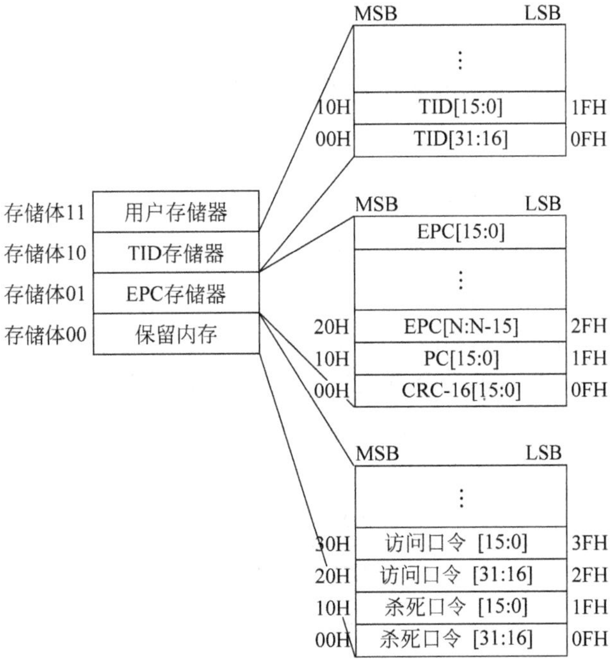

图9-29 标签存储器逻辑镜像

2) 标签的状态

标签有7种状态:就绪状态(Ready)、仲裁状态(Arbitrate)、应答状态(Reply)、确认状态(Acknowledged)、开放状态(Open)、保护状态(Secured)和杀死状态(Killed)。

清楚地掌握标签的7种状态是识别、修改标签操作的基础。标签7种状态的转换是设计对标签操作的基础。只有认清楚标签可能存在的状态和此刻的临时状态可能转换到的下一个状态，设计者才可以设计出正确的程序，在相应的标签状态下发送相应的标签命令，对标签做出相应的操作。

标签状态的转换取决于标签上电和读写器发出的命令，下面介绍标签的状态，为后边设计读写标签夯实基础。

(1) 就绪状态。经过 CW 激活的未被杀死的标签处在就绪状态。此处强调，在除被灭活之外的标签，不管处于任何状态遇到电源断电(无 CW 提供能量)，都在恢复电源后即进入该状态。

(2) 仲裁状态。处于盘存周期且槽计数器不为 0 的状态。处于仲裁状态的标签，等待接收与当前盘存周期匹配的 QueryRep 命令，从而控制槽计数器数值的变化，若槽计数器的值为 0，则标签转向应答状态，反之保持仲裁状态。

(3) 应答状态。标签反向散射 RN16，若标签接收到 ACK 则转向确认状态，反之转向仲裁状态。

(4) 确认状态。标签接收到 ACK 且返回了 PC、EPC 和 CRC-16 的状态，该状态根据命令可以转向标签的任何状态。

(5) 开放状态。确认状态下的标签，在收到访问口令为 0 和 Req_RN 命令之后处于该状态，处于开放状态的标签可以执行除 lock 以外的所有命令。

(6) 保护状态。该状态可以执行所有的访问命令，且可以转换到除了开放和确认之外的任何状态。

(7) 杀死状态。被灭活的标签处在杀死状态，并以后再上电就立即进入该状态，且不再对读写器做出响应。

3. ISO/IEC 18000-6C 中的命令集

从前面的介绍就可以看出读写器向标签发出命令的重要性。命令是读写器和标签彼此了解对方状态、同时做出相应响应的桥梁。实际而言，命令也只不过是 0、1 代码不同的组合，根据组合读写器和标签做出相应的响应。因此，命令仅仅是通信的 0、1 代码的排列组合。ISO/IEC 18000-6C 规定的命令分成选择命令、盘存命令和标签访问命令。对于各个命令及其作用请参考标签识别层。下面仅以 Select 命令为例，代表性介绍 Select 命令，如表 9-2 所示。

表 9-2 Select 命令

	命令	目标	动作	存储体	指针	长度	掩模	截断	CRC16
位号	4	3	3	2	EVB	8	变量	1	16
描述	1010	000：S0 001：S1 010：S2 011：S3 100：S4	表 9-3	00：RFU 01：EPC 10：TID 11：USER	启动掩模地址	掩模长度位	掩模值	0：禁止 1：启动	

命令：Select 命令为 1010，标签就可以根据 1010 识别出读写器所发命令的意图。同理，Query Rep(00)、ACK(01)、Query(1000)、Read(1100011)等。目标：选择标签处于哪个会话，参考会话和已盘标记；动作：设置标签的动作，如表 9-3 所示。

表 9-3　标签动作设置

动　作	匹　配	不　匹　配
000	确认 SL 标志或已盘标志→A	取消确认 SL 标志或已盘标志→B
001	确认 SL 标志或已盘标志→A	无作为
010	无作为	取消确认 SL 标志或已盘标志→B
011	否定 SL 标志或(A→B,B→A)	无作为
100	取消确认 SL 标志或已盘标志→B	确认 SL 标志或已盘标志→A
101	取消确认 SL 标志或已盘标志→B	无作为
110	无作为	确认 SL 标志或已盘标志→A
111	无作为	否定 SL 标志或(A→B,B→A)

存储体：参考标签存储体，命令就是这样去选择读写标签内部的某个存储体。指针、长度和掩模：指针和长度指示标签存储位置的数据是否为掩模，以此来判断选择命令是否匹配；若长度为 0，则表示所有的标签匹配。截断：截断应答不包括 PC 位。ISO/IEC 18000-6C 中的其他命令和选择命令大同小异，只要根据标准中规定的格式写好命令码，就可以对标签操作。

9.1.11　读写器与单标签通信

1. 单标签识别设计

单标签识别是指读写器和单一标签通信。识别过程为：读写器发送一定的命令，将标签内部的唯一序列号读出来，此时标签处于确认状态。注意：标签识别仅仅是在标签应答状态到确认状态转换的时候向读写器发送的 PC、EPC、CRC-16，识别之后标签处于确认状态；标签指令 Read 是针对标签存储器中 4 个块中数据的读取，且指令要在标签处于开放状态、保护状态下才起作用。

单标签识别与多标签识别的关系：此处的单标签是指在读写器可以识别的有效范围内只有一个标签。多标签识别是指在读写器的有效范围内可以激活多标签，其实在一个盘存周期中，只能一次仅识别一个标签，只不过是多标签在多个盘存周期中逐个识别出来的。因此，单标签识别是多标签识别的基础。

在单标签识别之后，标签经过相应的指令就可以进入开放状态、保护状态。读写器发出访问标签命令集就可以对标签内部存储器进行读、写和锁定等。单标签识别的优势：速度快、准确度高，极少有漏读现象，应用在很多实际的场合。

单标签识别的原理：读写器发送 CW 激活标签，发送 Select 命令，选中标签，标签处于就绪状态，Query 命令开启新的盘存周期，标签进入仲裁状态。标签的内部槽计数器值为 0

时标签会发送 RN16,进入应答状态。当标签收到 ACK 命令之后,标签将会返回唯一的序列卡号。

单标签的识别过程如图 9-30 所示,标签上电之后,经过 Select(S2,Action0,EPC、length=0)选择符合要求的标签。Select 启动 S2 会话,确认 SL 标志或已盘标志设置为 A,Query(DR=8,M=1,TRext=0,S2,Target=A,Q)命令开启一个新的盘存周期,DR 决定链路的速率,M=1 表示基带信号的一个周期代表 0 或者 1,TRext=0 表示 T=> R 同步码中无导频音,目标选择的是已盘标记为 A 的标签。Query 命令中决定 Q 值,若仅仅针对读写器有效范围内只有一个标签的情况,Q=0,则标签一定会发射 ACK,由仲裁状态进入应答状态。此流程图中加入了 QueryRep(作用:槽计数器值变化)是为了与多标签防碰撞中相结合,在这里也不会影响读一个标签的情况,N 值的确定如式(9.18)所示。

$$N = 2^Q - 1 \tag{9.18}$$

当 Q 值为 0 时,重复次数为 0,即标签一定被识别且发送回波,回波中携带 RN16。注意:此处要注意一种情况,标签发出的回波不一定能被读写器完全接收到,所以在这里有一个定时,当 $T > T_1 + T_2$ 时,阅读器将重新发送 Query。

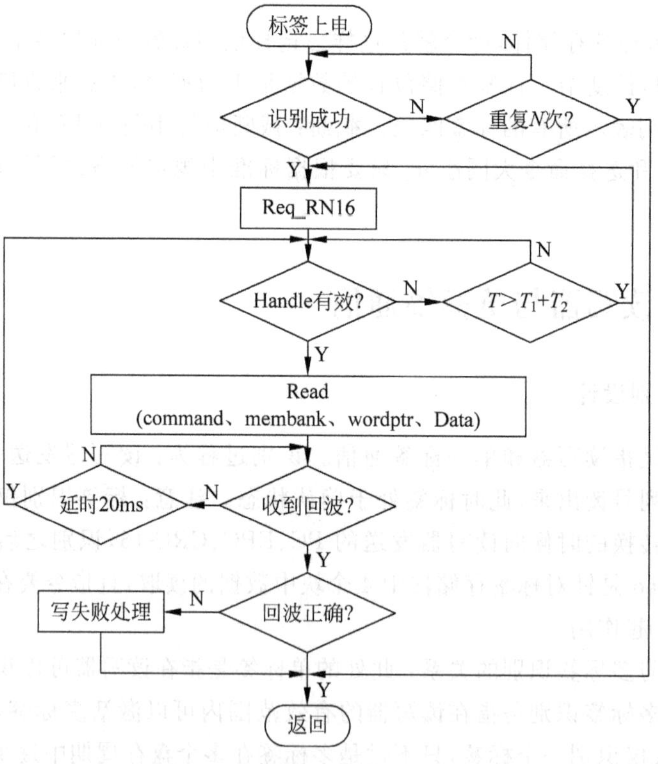

图 9-30 单标签识别过程流程

T_1 表示从询问机发送到标签响应的时间,T_2 表示从标签响应到询问机发送的时间;当 Q 值不为 0 时,标签就会从(0,2Q-1)的范围内随机选择一数,那么只要循环 N 次,肯定有一次标签的槽计数器值为 0,标签就可以发送 RN16。若重复 N 次没有标签响应,说明天线范围内没有标签了。

读写器接收到 RN16 后将发送 ACK(RN16),标签接收到命令后发送 PC、EPC、

CRC-16，同时转向确认状态。处于确认状态的标签在接到相应的读写器访问命令后就可以对标签读写操作。所以，书中对标签内部存储器操作的叙述，都是默认标签已经处于确认状态。可以看出，识别出标签是基础。

2. 单标签读取设计

ISO 18000-6C 规定了 Read 指令，它和标签识别不同，标签识别仅是标签在应答状态下向读写器发送唯一的序列号；读指令可以读取标签整个或部分存储区内的 4 个块：保留内存、TID 存储器、EPC 存储器和用户存储器。读指令的使用只能在开放状态和保护状态。同时指出，当标签供电不足或者读锁定存储器部分不能读出信息。Read 指令中，membank 用来选择读哪个存储体，wordptr、wordcount 分别为起始地址指针和读取的字数。这样就可以确定存储体读取的位置。单标签读取流程如图 9-31 所示。

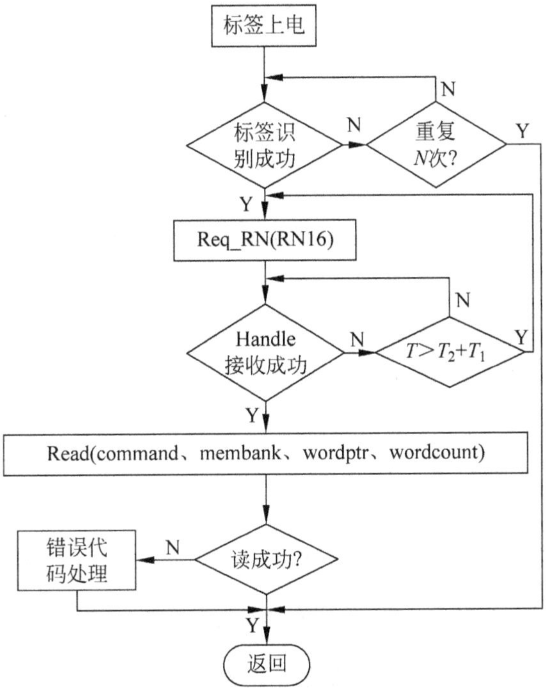

图 9-31　单标签读操作流程

读操作详细解析：当标签识别成功后，标签进入确认状态，在读写器发出 Req_RN(RN16)，在接收到标签发来 Handle 句柄之后，标签进入开放状态或者保护状态(特别指出，读写器在 T_1+T_2 的时间内收不到有效句柄，则表示通信失败，此时读写器会重新发送 Req_RN(RN16))。这种状态下的标签才能够对接收的 Read 指令做出一定的响应。Read 指令规定了读取存储器具体 bank 和字节数。标签根据不同的情况发出不同的应答回波。应答回波的格式为：前同步码＋标号＋存储字＋句柄＋CRC-16，当标号为 0 表示应答成功，反之失败。读操作失败，进入错误代码处理程序，当因存储位置读锁定，造成读失败，读写器将不再重新发送 Read 指令，同时返回相应的值来显示读操作失败原因；当存储器超限，和上一个错误的处理方式相同，只是返回的标志有区别。注意：在读操作程序中，一定要清楚标签所处的状态。在实际的操作过程中，读写器和标签之间的通信会受到周围不定环境的干扰，在每一次的通信中都要有一个内部时钟来定时，当超过一定时间之后，通信会失败，一定要重新发送相应的命令，否则会进入到程序的死循环，出现有卡在但无响应的情况。

3. 单标签写入设计

标签的写操作和读操作类似，写操作的流程如图 9-32 所示。

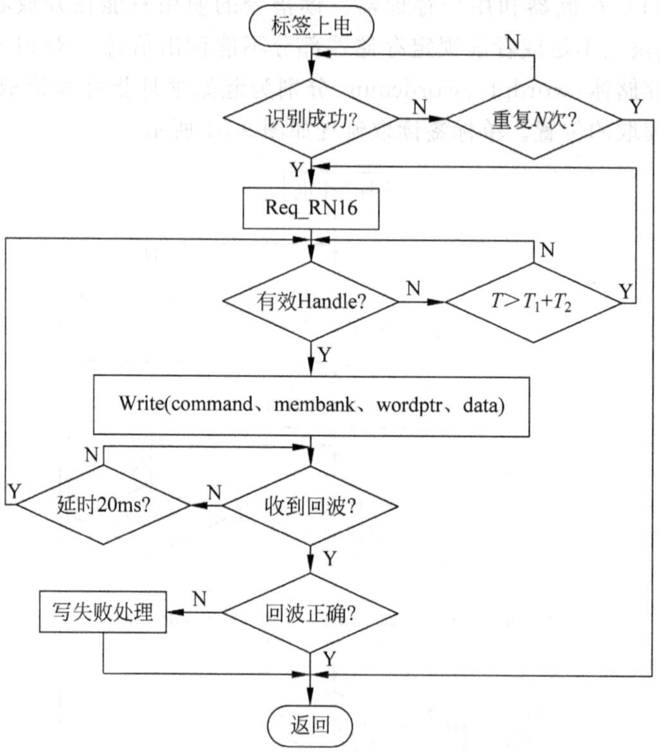

图 9-32 标签写操作流程

一般而言，虽然表面上看来标签内部的所有数据块都可以写，但是为防止误操作，破坏标签物理层参数、反向散射参数等，一般的普通用户仅仅在 bank3 用户存储区中存放自己的数据。

4. 单标签操作小结

(1) 标签状态变化是标签操作的关键，不管是在哪一个操作，编程者必须清楚标签所处的状态和标签可能转化的状态，防止标签陷入死循环。

(2) 读写器和标签之间的相互通信，不管是信号在空气中传播，还是信号在标签内部处理，都需要一定的时间。只有精确的确定计时，才可以判断标签的应答时间。若超出一定的时间，则表示标签应答不成功，读写器再发送相应命令。这样就可以去掉读写器长时间的去等待标签返回的回波，提高读卡的效率。

9.2　仓储智能管理系统实现

9.2.1　搭建测试平台

整个仓储管理系统的测试平台分为硬件平台和软件平台。硬件平台主要包括 UHF RFID 电子标签、UHF RFID 模块、ARM9 嵌入式终端以及固定式 RFID 读写器；软件平台主要包括上位机的标签设置软件、货品登记软件以及基于 Windows CE 的移动终端盘点软件。

1. 硬件测试平台

1）搭建测试平台所需硬件设备

（1）天线。

（2）UHF RFID 电子标签 ALN9640。

（3）UHF RFID 模块。

（4）S3C2440 核心板：S3C2440、1GB Nand Flash、32MB SDRAM。

（5）S3C2440 外设扩展板：RS-232 接口、SD 卡接口、USB 接口、LCD 接口及 3.5 英寸触摸屏等。

（6）固定式 RFID 读写器。

（7）RS-232 线缆、USB 线缆。

（8）直流稳压电源。

2）硬件平台测试过程

（1）将天线与 RFID 模块相连。

（2）将 RFID 模块和 S3C2440 核心板嵌入外设扩展板之上。

（3）将 RS-232 线缆和 USB 电缆正确连接。

（4）给设备上电，将符合 ISO/IEC 18000-6C 标准的电子标签放置于天线覆盖范围内，开始进行测试。

3）硬件测试平台

整个系统的硬件测试平台如图 9-33 所示。

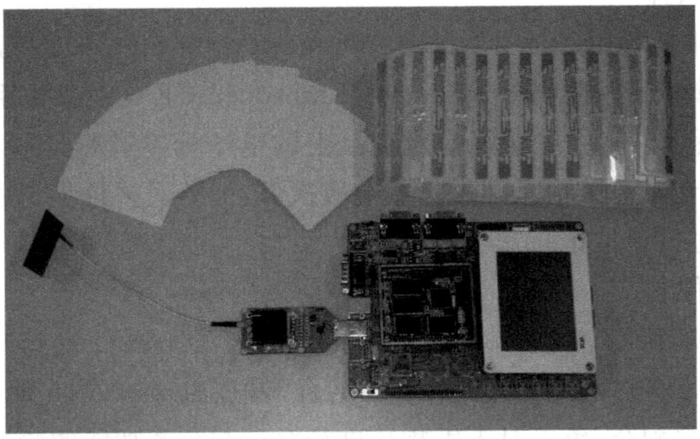

图 9-33　系统硬件测试平台

2. 软件测试平台

系统软件测试平台分为 3 部分：模块设置软件、嵌入式盘点软件、货品登记软件。

1）模块设置软件

该软件基于. Net Framework 2.0 软件支持库，在 Visual Studio 2008 下设计完成，如图 9-34 所示。其主要功能为通过串口通信控件进行 UHF RFID 模块的工作频段、工作方式以及射频功率等参数的设置。软件设计流程如图 9-35 所示。

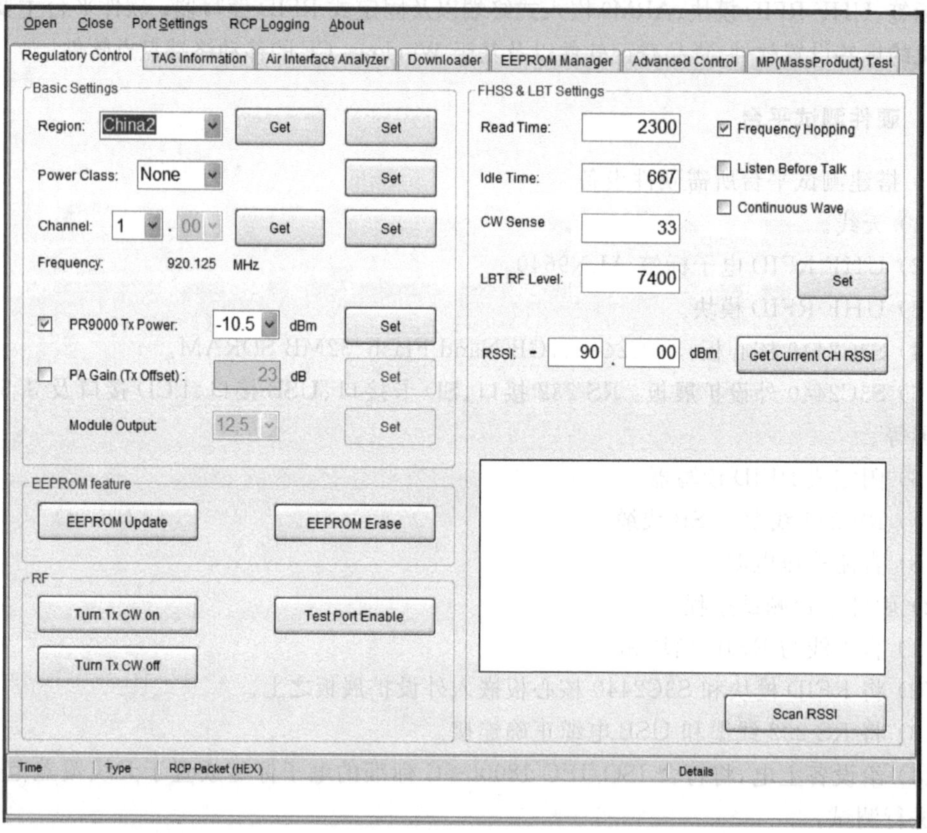

图 9-34 模块及标签设置界面

2）嵌入式盘点软件

嵌入式盘点软件是利用. Net Compact Framework 3.5 软件支持库，在 Visual Studio 2008 编译环境下设计成的，适用于 Windows Embedded CE 6.0 操作系统的移动式货品盘点软件，如图 9-36 所示。其主要功能是对货品上的电子标签进行读写，以确定货品所处状态。同时，软件能够记录一个信息帧内标签响应次数，能够对多标签识别情况下识别效率和算法设计的合理性进行评估。

3）货品登记软件

货品登记软件是利用. Net Compact Framework 3.5 软件支持库，在 Visual Studio 2008 编译环境下设计成的，如图 9-37 所示。结合 SQL Server 2005 数据库软件，在上位机运行，与固定式读写器配合，负责对入库货品进行登记与分类功能的验证。

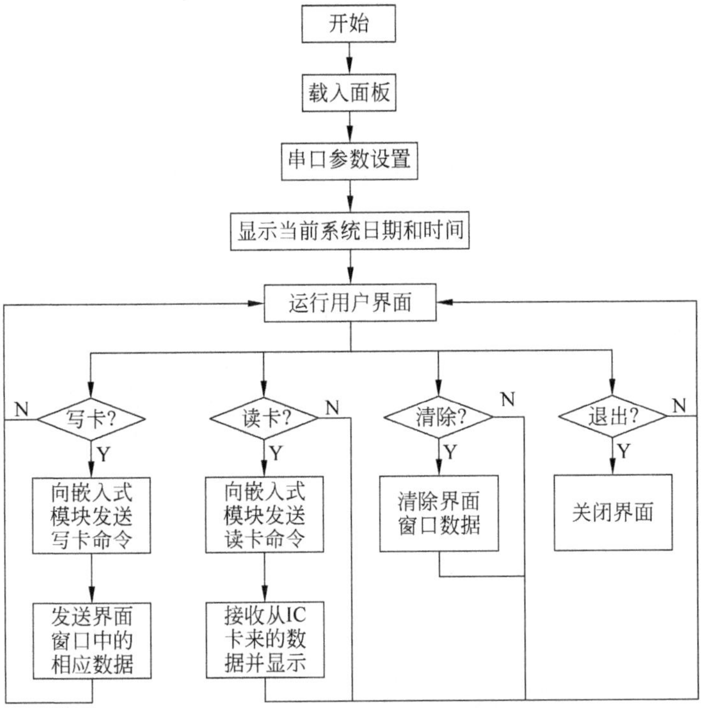

图 9-35 模块及标签设置软件流程

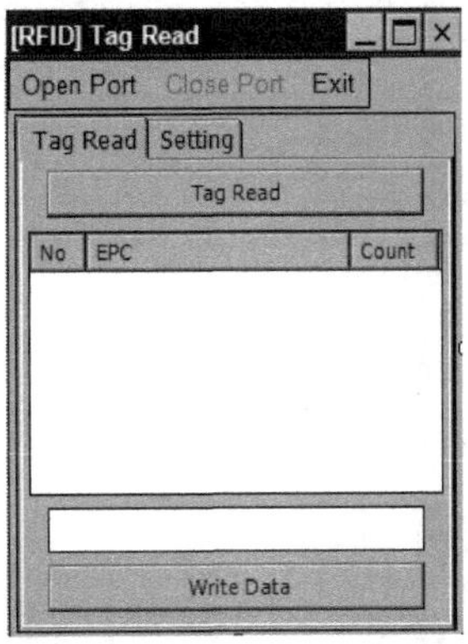

图 9-36 嵌入式盘点软件

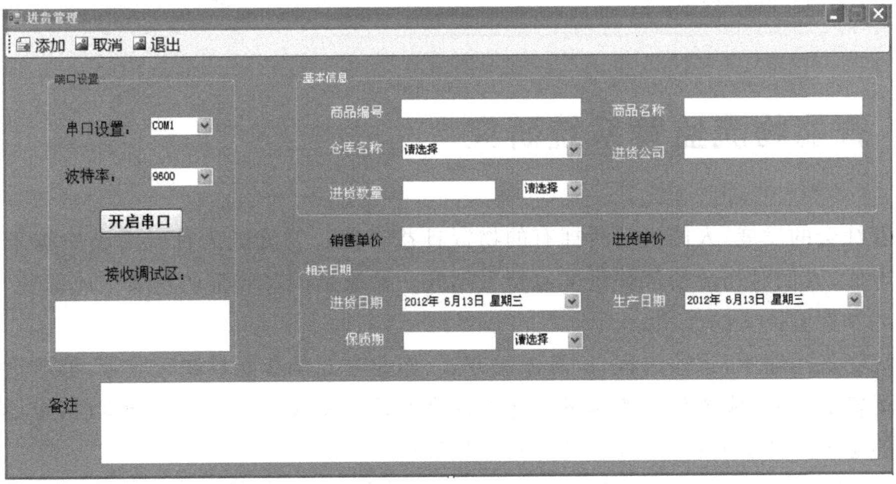

图 9-37 货品登记软件

9.2.2 货品操作测试

1. 单标签测试

首先将硬件平台上电初始化,而后打开上位机货品登记软件和 ARM9 终端上的盘点软件,设置串口通信波特率 115 200b/s,打开串口,准备对标签进行识读。系统对单一货品的登记和盘点效果如图 9-38 所示。同时,对货品登记和盘点的识别距离分别进行测试。

2. 多标签测试

首先完成测试前准备工作,而后将带识别标签随机放在固定式读写器和嵌入式终端 RFID 模块周围,模拟多货品同时进库和盘点的情况。利用嵌入式终端的标签统计功能对多标签识别效果进行评估,测试情况如图 9-39 所示。

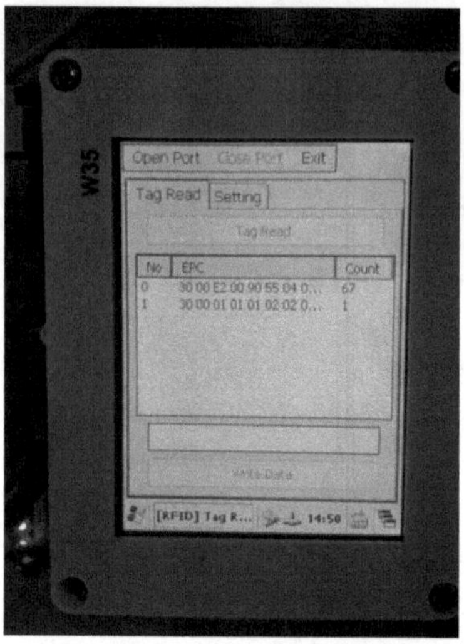

图 9-38 单标签测试

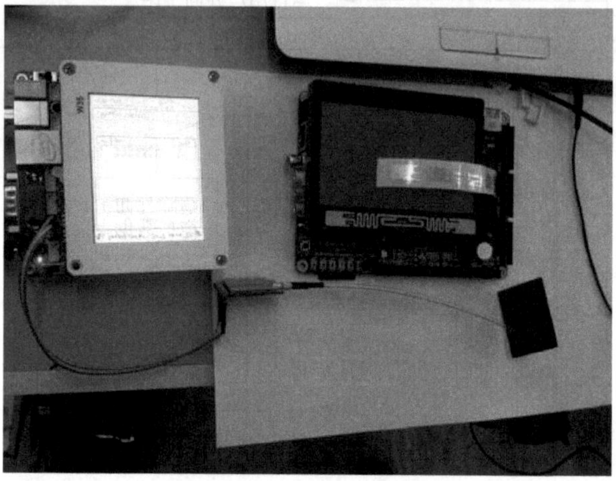

图 9-39 多标签测试

9.3 智能物流监管系统研究

随着社会的发展,人民生活所拥有的物资日益丰富。物流成为社会活动中越来越重要的一个方面,人们对物流的依赖程度也越来越高。物流是国民经济的重要组成部分,对促进社会发展发挥着巨大的作用。

传统物流运输中,运输流程、信息流通方式、作业方式低智能且缺乏监管,都严重地影响了物流运输的效率、成本和服务质量。智能物流就是开发或改进一些智能算法,使得物流系统像人的思维一样具有自行解决某些问题的能力。

在 2014 年国务院发布的物流规划中,长期发展方向在这次规划中明确指出。规划将要把物流业作为国家的基础性、战略性产业,带动国家经济发展。另外,国务院 2017 年 8 月发布《国务院办公厅关于进一步推进物流降本增效,促进实体经济发展的意见》,我国在高速发展物流行业的同时,还强调了利用智能物流提高效率、降低成本、增加安全性。智能物流为将来物流信息化提供了发展手段。因此,无论是国家政策还是国民需求,大力发展智能物流行业都是重中之重。

未来我国物流行业飞速发展,产业规模迅速扩大,服务质量明显提升,技术和装备不断改良更新,基础设施日益完善。但是,目前物流业总体还存在诸多问题,主要表现如下。

(1) 物流存在成本高、效率低的问题。物流投入与产出不成正比，全社会的物流总费用占国内生产总值的比例过高，比发达国家高出一倍左右，也明显高于一般发展中国家的比例。这说明我国的资源存在很大的浪费。物流资金和资源利用率过低。

(2) 行业分割严重，企业之间存在很大的壁垒，信息流通受阻，严重阻碍了物流融合发展。物流行业是最依赖行业之间融合的行业，只有物流企业上下游进行良好的沟通和融合，才能促进整个行业的协同式发展。而目前我国出现的物流企业规模较小，未出现良性联合，没有建立统一标准。所以也没有足够的资金引进国外先进技术，促进物流行业良性循环发展。

(3) 物流行业发展的基础是硬件设施。要想发展物流行业，必须先建设良好的基础设施。我国物流行业的基础设施较差。需要建立现代化的仓储系统、智能的物流园区、多级联运系统以及配套的综合交通网络。

(4) 政策法规体系是促进物流行业自行良好发展的根本。只有良好的法律法规才能保证人尽其能，才能引导市场合理配置资源，促进物流行业发展，减少现存的不合理行为，规范市场行为。同时还需要进一步提升物流行业人员的素质，促进专业技能发展。人才也是保证行业健康发展的基础。但目前从业人员的数量和专业性都亟待提升。了解智能物流的相关概念以及核心技术后，需要从如下三方面进一步了解国内外的研究现状：智能物流的总体发展现状、关键技术的研究现状、关键技术在智能物流的应用现状。

物流企业可以改善物流信息的流通速度、流通手段来降低物流成本。另外，物流系统中可以利用物联网、RFID 技术、云监管等加强物流控制、监管，以改进物流服务质量。我国传统物流企业在智能化方面存在诸多问题，不仅物流系统信息化程度较低，而且物流组织效率低下和管理方法粗放，严重阻碍了物流的发展。接下来需要实现物流系统的信息化、智能化。发展智能物流成为我国的根本性任务。促进物流健康发展，提升物流专业化水平，主要面临如下任务。

(1) 提高物流信息化。

(2) 加速物流技术、硬件装备智能化。

(3) 加强物流标准化建设。

(4) 推进区域物流协调发展。

(5) 积极推动国际物流发展。

在大力发展智能物流和研究物流的同时，先要了解国内外的研究现状，再从设计问题出发，不断加以改进和创新，才能实现物流的飞速发展。

9.3.1 智能物流监管系统总体方案设计

当前我国的物联网发展速度很快，但存在一定的问题，上、下游都是分而治之，缺乏整体性和系统性。为了避免这种情况，需要有总体设计原则，实现整体的融合。一个完整成熟的智能物流系统需要满足以下要求。

(1) 安全。确保物流处于可跟踪的状态，确保物流的安全。

(2) 可靠。总体架构要基于成熟的技术和模型，确保系统的稳定性。

(3) 信息共享。新一代的智能物流系统利用信息共享是综合整个物流体系的关键，从而促进上、下游协作，达到提高效率的目的。

(4) 可扩展、兼容。物流体系构架应充分在已有的物流构架模型上，融合新的技术和需求，为以后与其他行业的融合打下基础。

(5) 节能。充分考虑节能环保，这样才能达到资源利用最大化。

(6) 可管理。为应对紧急情况或进行系统调整，整个系统应方便管理，可根据需要灵活操作。

(7) 高效。整体架构的核心是提高物流的效率，这是提高物流竞争力的基础。

1. 智能物流监管体系方案

基于物联网的智能物流监管系统架构的总模型设计如图 9-40 所示。

智能物流监管体系架构模型主要包括信息安全共享体系、标准规范体系、门户系统、运营维护体系和具体应用子系统 5 部分。

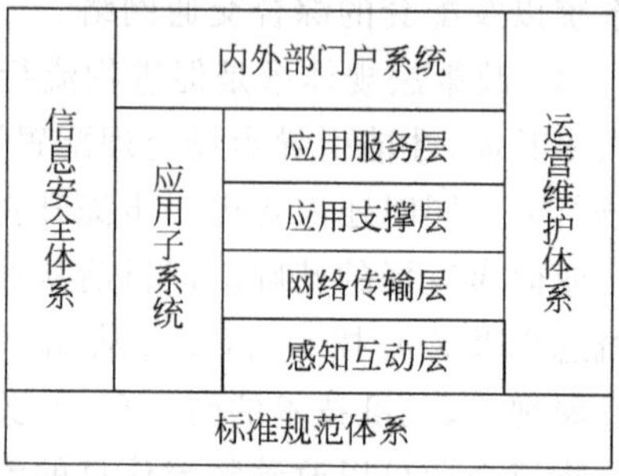

图 9-40 智能物流监管系统的架构模型

应用子系统包括 4 个层面，分别是感知互动层、网络传输层、应用支撑层、应用服务层。为了区分系统的数据处理服务和应用服务的差别，将应用支撑层单独分出来做详细阐述。完整的智能物流系统及其下的子系统的划分都应该按照如图 9-40 所示的结构。通过车载终端的各种传感器模块采集物流相关的各种数据。然后通过有线、无线等各种网络传输方式传输到智能物流系统服务器；然后再利用云计算、大数据开发等技术进行处理，再通过门户将信息和数据用于具体的服务。

制定标准规范体系是为了智能物流系统推广和应用。为了减少上、下游之间信息的摩擦，在多个技术中需要设定标准。这样才能使得不同企业、不同人员、不同设备之间进行无障碍的信息传递。主要设定的标准包括使用的 RFID 频段、物联网协议、标签编码格式、第三方信息接口标准、数据库建立标准、数据格式等。只有在技术标准化的基础上才能做到管理标准化、服务标准化，进而能极大地提高信息流通的效率以及减少浪费。通过建立技术标准，才能将物流系统标准化，这样才能将物流系统进行推广，从而建立全球标准。

至于内外部门户主要是为系统的相关人员提供了解信息的门户，包括信息的发布、查询、修改等，提供网络、电话、接口等多种信息渠道，方便信息的流通。

信息安全体系和运营维护体系是系统正常运行的保障。其中信息安全共享体系主要保证整个系统的信息安全，运营维护体系是为了保证系统的正常运行，处理多种情况包括网络故障、系统更新、维护、硬件的换代、软件的升级等。信息安全体系主要包括设备、信息、服务器、数据库、操作等多重安全。只有在这两重系统的保护下才能保证整个智能物流系统的正常运行和安全。

2. 智能物流监管体系架构设计

在物流系统架构的基础上对基于物联网的智能物流监管体系构架模型进行完善，整体构架设计如图 9-41 所示。

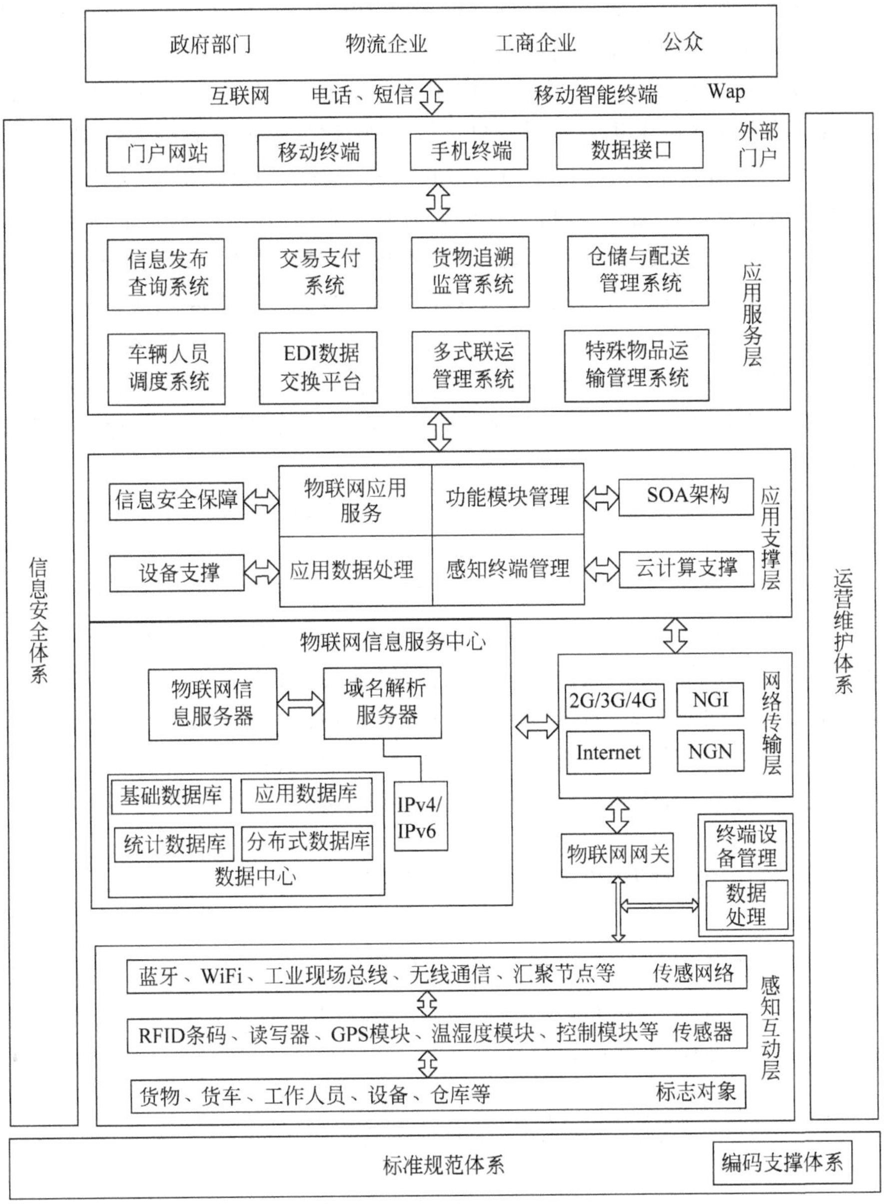

图 9-41　基于物联网的智能物流体系架构总图

基于物联网的智能物流监管系统的总体系架构图中，除了三大支撑保障体系进行支撑外，还有核心感知层，包括感知互动层、网络传输层、应用支撑层、应用服务层，简单描述如下。

（1）感知互动层。主要包括标识对象、传感器、传感网络、物联网网关，分别实现标识对象（RFID、二维码）、信息采集（温湿度模块、GPS 模块、视频采集模块等）、短距离通信和组网、网络接入及终端设备功能。主要是为整个智能物流系统提供信息采集、感知信息传输硬件基础。

（2）网络传输层。主要完成端到端的通信，包括承载网络、连接网络等，以及感知层到服务器层、服务器层到客户端层。现有的有线(Internet)、无线(2G/3G/4G)、又包括下一代通信网络,它们负责系统的长短距离的信息传输。

(3) 应用支撑层。总体来说是直接为应用服务层服务,先是对信息进行管理,准确、全面地确认信息,并在此基础上进一步对信息进行处理,比如根据服务层需要调用、查找、修改信息;还需要为信息进行解码、解析。因为物联网是多对多的信息传输,通过路由确保信息准确到达,需要对信息进行编码、解析。智能物流有一定的智能性,以海量物流数据为基础,在此基础上利用大数据开发、人工智能、云计算等技术,对数据进行进一步处理,以便系统拥有智能决策、差错、服务功能,从而提高了系统的智能性,进一步提高效率。

(4) 应用服务层。该层主要直接为管理人员或者顾客服务,包括各个子系统、门户网站,负责相关的服务。例如订单发布、接收、修改分配、检查等信息的公布;系统的管理和监督,提供直接操作的网络化手段,例如管理人员、订单存储、地图导航;同时还要为外部人员提供信息查询渠道。

内部门户主要用于智能物流相关部门和内部工作人员的协调、内部管理、运营,主要用于直接相关人员对物流系统的管理。外部门户包括各种对外的交互方式,如外部 Web 网站、手机、电脑客户端软件、短信中心、公众号,方便外部用户通过手机及其他终端完成信息的访问,其主要是为外部人员服务。物流系统还应建立数据交换标准,有助于系统之间完成数据交换,进一步加快了信息的流通和融合,达到信息共享的目的。

感知互动层为物联网网关、信息服务中心提供分布式的信息服务。这为信息的存储与服务提供了极大的便捷,同时也为其他运营商的外包、建设、管理提供了方便。而支撑层和服务层为外部用户建立,为访问用户和管理部门提供了统一门户,这样为服务提供了便捷。

9.3.2 智能物流监管系统工作流程

智能物流系统各子系统之间的关系主要是信息的传递,这也是系统正常运行的关键。信息的流动包括两个过程:有信息采集端向应用端的向上流动、客户端向硬件端的向下流动。向上的信息传输过程如图 9-42 所示。

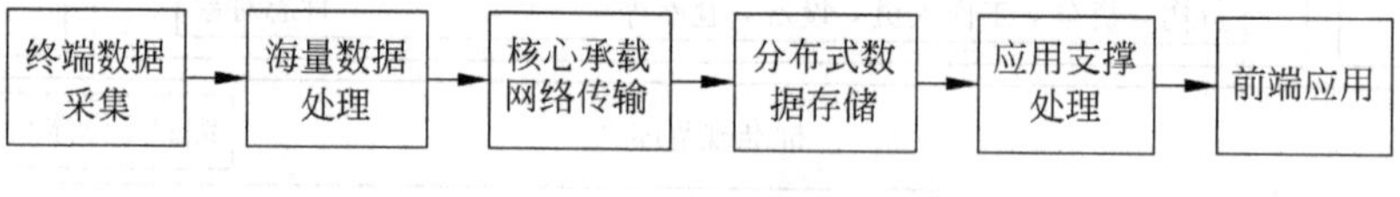

图 9-42 向上的信息传输流程(前端应用)

向上的信息具体流动如下。

(1) 终端数据采集。通过移动端设备如 RFID 读写器、位置、温湿度等传感器实现移动数据的采集,然后利用通信设备发送到物联网网关,进行初步信息处理。

(2) 海量数据处理。利用网关的控制器对收集的信息进行初步处理,例如数据的筛选、编译、重发、删除、传输等和对终端硬件设备参数进行设置等。

(3) 核心承载网传输。将网关处理过的信息发送给物流分布式服务器,这部分主要起远距离传输的作用。

(4) 分布式数据存储。由于物流系统信息庞大,需要对数据进行分布式处理,这样能更好地维护系统,以及对区域的信息进行更新和存储。

（5）应用支撑服务。这部分是为前端应用服务，利用海量数据，根据系统和人员的需要开发出潜在信息，以及对前段所需要的服务进行数据准备、处理、分析，达到为前端应用服务的目的。

（6）前端应用。这部分是管理人员、客户直接接触的部分，利用应用支撑层的服务，结合可视化界面，完成对整个系统的操作，包括业务的正常进行、纠错、管理等。

信息向下流动的过程有两种方式：一种是通过向下传递信息传输查询结果；另一种是根据指令完成对终端硬件设备的管理。两种方式有不同的用途。

物流系统分布式存储信息的查询过程如图 9-43 所示，图中展示的是信息从客户端用户的服务界面到系统数据中心的传递过程。

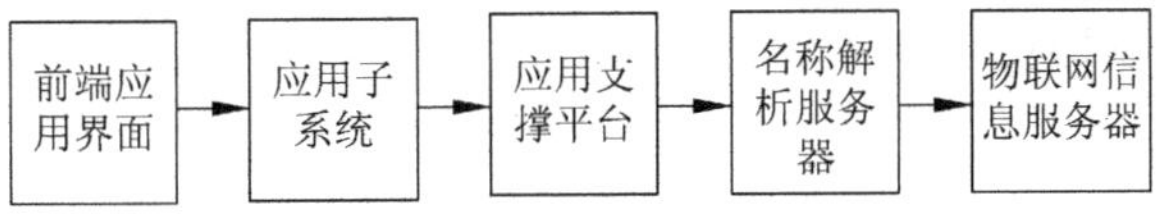

图 9-43　向下的信息查询流程

过程描述如下。

（1）前端应用界面。利用编程语言编写的可视化界面，为管理人员或者客户提供相应的功能。

（2）应用子系统。应用子系统为用户界面提供支撑。

（3）应用支撑平台。应用子系统将所需数据需求告知应用支撑平台，应用支撑平台利用数据库信息管理功能，根据需求调用、修改、查找所需要的数据。

（4）名称解析服务器。多终端多服务器所连接的系统需要名称解析器来帮助信息寻址，这样才能保证信息不混乱，并对信息进行解码。

（5）物联网信息服务器。根据查询指令，寻找服务器数据库相应的信息，完成信息的提取、发送操作，从而完成整个信息查询操作。

另外一种向下的信息的查询流程如图 9-44 所示，图中展示了信息指令从前端应用界面流向设备终端的过程。

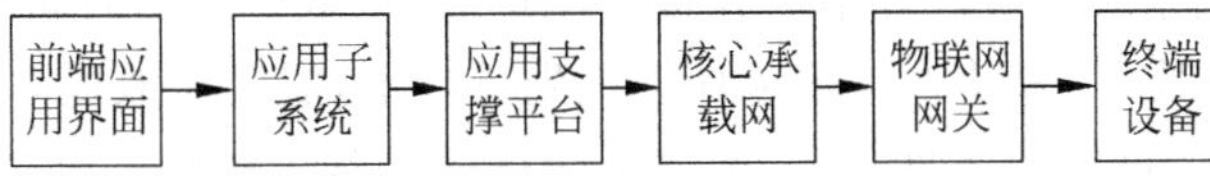

图 9-44　向下的终端管理流程

流程描述如下。

（1）前端应用界面。利用编程系统编写的可视化界面，为工作人员公布指令提供便利。

（2）应用子系统。为用户界面提供支撑。

（3）应用支撑平台。平台为物流子系统服务，提供可供参考的基础框架并对所管理的硬件设备进行寻址，提供最优路由路径。

（4）核心承载网。通过最优的路由路为信息寻址，防止信息混乱。

（5）物联网网关和终端设备。即向下传播的终端，通过路由寻址、中间件找到相应终端设备，从而完成设备调试、设置、控制、监控等操作，完成另一条向下的信息路径。

9.3.3 智能物流监管系统子系统的构成

1. 信息系统

信息系统主要包括各种物流信息的公布和共享,主要包括两个方面:一是客户需要信息的发布、物流信息的共享、物流公司的信息查询;二是管理人员信息的获取。

在信息系统中,客户可以根据货物、订单需要联系合适的物流公司,甚至可以选择物流的车型、司机等。在物流公司接单后,客户可以在系统中随时查询货物的信息。例如货物的地点、数量、状态等。同样,如果客户觉得挑选麻烦,也可以直接在系统中发布自己的信息,等待物流公司主动联系即可。

2. 管理系统

管理系统是利用计算机编程技术编写可视化软件,完成实时异地物流系统的网络化管理操作。同时客户也可以寻找核实物流公司发布订单,物流公司则完成接单操作。完成接单后,根据订单做出一系列指示:仓库分配、打包、出库、车辆配送、人员配送等。直到物流安全到达顾客指定地点,完成交接。出现意外环节,则监管人员进行临时调控,保证系统平稳运行。

3. 仓储系统

仓储系统在物流系统中占有重要地位,好的仓储系统能极大的物流系统效率。仓储系统的设计主要考虑以下 3 方面:库存最优控制、仓储的布局设计、仓储作业流程设计。通过自动化作业机器人以及电子标签的识别功能基本可以完成仓储作业的自动化操作。再联合订单,仓储系统根据订单联合传感器、车辆、机器人等完成仓储部分的自动化作业。

4. 配送系统

配送系统是物流系统的实现环节。在提高配送效率、减少浪费的同时,还需要确保物流的安全。借助 RFID 技术、云计算等多项计算机先进技术,能极大地提高物流配送效率。通过电子标签扫描物流,再借助信息共享,配送员获得配送路线和配送地点。系统利用传感器和无线传输可以获取货物配送信息,完成对货物的监控,保证配送的质量。

9.3.4 系统硬件设计

1. 硬件系统总体设计

为了更好地解释硬件设计,先描述智能物流配送总体框架结构,图 9-45 为智能物流总体框架实现图。为了实现智能物流配送系统,这个结构由 3 部分组成:客户端、车载终端、服务器(包括数据库)。车载终端主要实现信息的采集、服务器负责数据处理与存储,而客户端主要为各级管理人员提供相关服务。

在了解总体实现框架后,进一步进行硬件部分设计。系统的硬件包括通信模块、传感

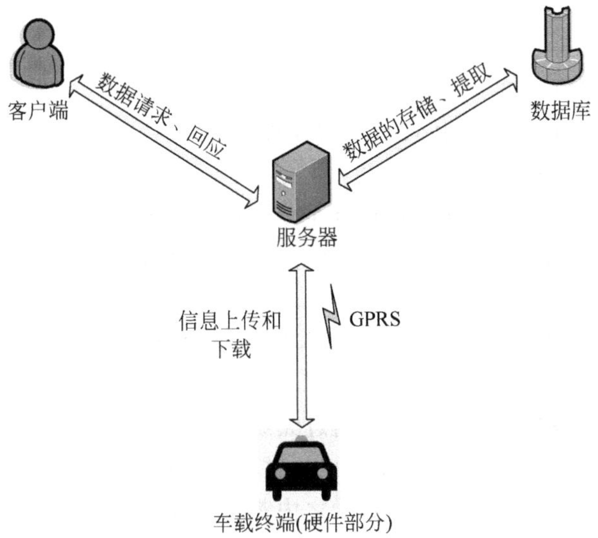

图 9-45　智能物流总体实现框架

器、控制模块以及标识模块(即 RFID 模块)等。为了更好地了解硬件的组成部分,图 9-46 展示了硬件部分的运作原理。

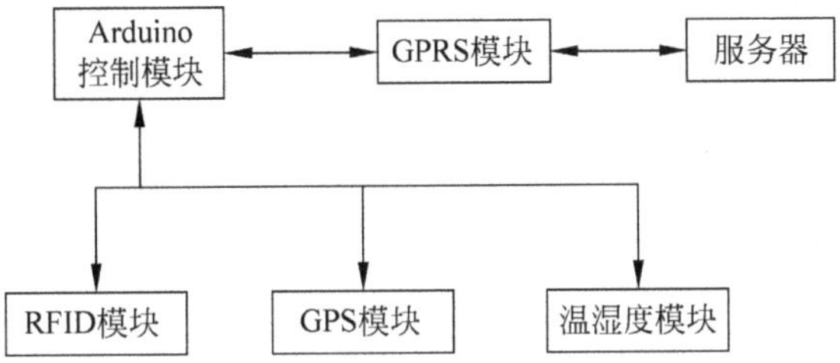

图 9-46　硬件部分设计框架

2. 基于 Arduino 的信息处理系统

移动终端的目的是完成相关信息采集和上传,基于 Arduino mega 2560 便捷、开源、串口数量多的特点,采用 Arduino mega 2560 作为控制模块。然后根据物流需要收集 GPS 模块、温湿度模块、RFID 模块的信息,通过 GPRS 转发给服务器。

1) Arduino 控制模块设计

下面主要阐述 Arduino 的工作原理。Arduino 是一款开源电子原型平台,由硬件(也就是这次选用的 Arduino mega 2560 板)和软件(Arduino IDE)组成。Arduino 可以连接各种各样的传感器,传输信息给板子的中心控制器,板子上的微控制器可以通过 Arduino IDE 用 Arduino 的编程语言来编写程序,再烧录进微控制器,完成控制处理信息的功能;然后通过正确的电路、串口连接,从而达到特定的控制功能。

Arduino 开发板以 ATmegaMCU 控制器为基础,同时包含多个数字输入、输入引脚、多个模拟输入插口,以及一些串口、电源接口、接地引脚等。主要使用其中的串口功能,利用 Arduino 编写程序,程序需要完成对信息的读取、存储、加工、转发等操作。选用的型号其基本参数如下。

- 工作电压：5V。
- 模拟输入输出口：16。
- 数字输入输出口：54(其中 15 个支持 PWM)。

2) 信息采集模块简介

基于智能物流监督系统，这次硬件设计主要采集位置信息、货物信息、温湿度信息，再通过通信模块转发出去。下面主要阐述硬件部分的信息采集模块，这部分以 RFID 为核心，其他感知模块作为辅助功能。

其中信息采集的核心模块是 RFID 模块，只有通过 RFID 模块物联网才成为了可能。下面介绍 RFID 模块的工作原理、组成等。

(1) RFID 模块。该模块是一种可以通过无线电信号识别目标并读写数据且无须与目标之间建立机械或光学接触。某些标签可以从磁场中得到能量，也有些标签需要携带电池，发出无线电波。标签包含存储的信息，数米之内都可以识别。射频标签一般只要在要求范围内就可以。RFID 系统包括电子标签、读写器和系统高层 3 部分，图 9-47 是 RFID 系统的结构框图。

电子标签里包含一定的存储单元，达到记录存储货物相关信息的目的，阅读器通过读取和写入操作，从而对货物信息进行采集、标记、改变的作用。选用的型号其基本参数如下。

- 电源接口：直流 12V。
- 通信接口：RS-232 接口。
- 标签协议：EPC GEN2。
- 读写距离：0～1m。

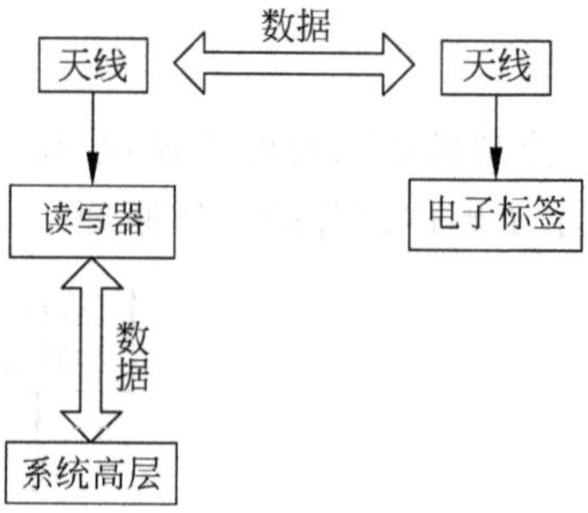

图 9-47 RFID 系统的结构框图

(2) GPS 模块。GPS 模块相当于一个定位、导航模块，通过测量和卫星之间的距离，经过计算就可以得到接收器的具体位置。并结合其他数据可以提供接收模块所在的经度、纬度、高度、时间等信息，从而提供货物的位置信息。选用型号的基本参数如下。

- 工作电压：兼容 3.3V/5V 系统。
- 接口特性：TTL 电平。
- 串口通信波特率：9600b/s。
- 定位精度：2.5m CEP。
- 通信协议：NMEA。

(3) 温湿度模块。温湿度模块即提供当前环境的温湿度信息。选用型号的基本参数如下。

- 工作电压：3.3～5.5V。
- 接口说明：DOUT/GND/VCC。
- 传输速率：11 520b/s。
- 测量范围：0～50℃。

(4) GPRS 模块。可以提供移动通信服务功能，完成移动终端和服务器的信息交换，从而实现物联网，利用这种功能达到货物监管、标记、采集的目的。选用型号的基本参数如下。

- 网络协议：TCP/UDP/DNS。
- 接口标准：TTL 串口。
- 波特率：2400～921 600b/s。
- 网络速率：14.4～57.6kb/s。
- 工作电压：5～16V。

3）通信接口电路设计

为完成各个模块的信息传输，移动终端需要对多个物理量进行采集，包括温度、湿度、经纬度、RFID 信息等。这些信息再通过串口发送到 Arduino 控制器上，信息经过处理、编译、检查后，再通过 GPRS 模块发送到服务器。根据控制器特性和传感器各项参数设计硬件控制系统。如图 9-48 所示为硬件整体设计电路图。

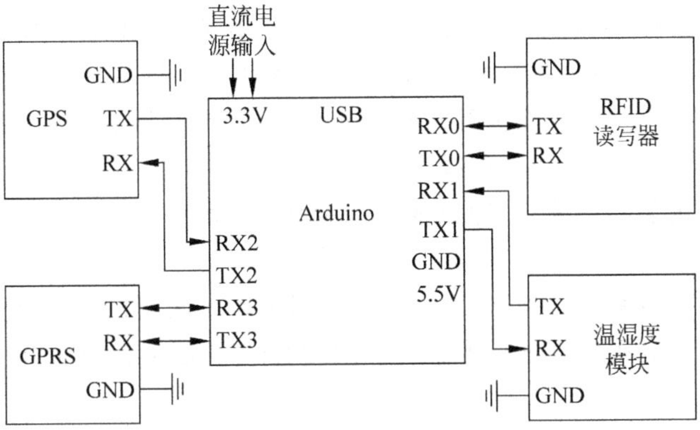

图 9-48 硬件整体设计电路图

4）移动终端 RFID 标签编码设计

为了完成物流的追踪，需要对每个货物粘贴唯一的标签，从而完成每一件货物的跟踪。而且为了提高效率，方便分类识别，需要对标签进行编码设计。目前，RFID 编码规则一直是各国以及各大标准组织争论的焦点，每个组织都想把自己的标准推广为国际标准。这里采用 EPC 编码，所谓编码即为不同的信息分配不同的存储单元。EPC 编码具有固定结构、无含义、全球唯一的编码特点。选择 EPC-64 TYPE Ⅰ型，这种类型的具体结构如表 9-4 所示。

表 9-4 EPC-64 TYPE Ⅰ型编码具体结构

版本号	域名管理	对象分类	序列号
2	21	17	24

(1) 版本号。一般不需要更改，只要整个物流系统上下游配套即可。

(2) 域名管理。又叫作 EPC 管理者，可以用来标识企业和生产地代码，即公司代码加上生产地代码。

(3) 对象分类。可以用于下游企业订单号，方便实现追踪、查询进一步信息。例如下一步是物流配送，则用于存储物流配送单号，根据物流单号可以查询物流的位置、状态、送货员等，实现物流上、下游匹配。

(4) 序列号。用于存储具体某一货物编码,可以通过产品代码+生产日期+生产序列号来实现具体货物的唯一编码。

现在回顾编码方式,通过公司名称、生产地代码、生产日期、产品代码+产品序列号的方式能实现任意产品的唯一编码,通过编码和下游企业的订单号,能追踪货物的整个物流过程。当然,不太可能所有的存储单元都以耗尽,剩下的存储单元作为备用、校验等功能。

9.3.5 改进的自适应动态时隙 ALOHA 算法

1. ALOHA 算法

RFID 读写器在读写标签时,由于信息被多个标签接收,多个标签会同时做出反应,可能导致电子标签的碰撞,从而不能正常读写标签。近年来,RFID 标签防碰撞引起众多专家的关注,因为这是调高读写效率的关键,本书基于 ALOHA 算法采用动态时隙 ALOHA 防碰撞算法,这种算法经过验证,确实极大地提高了 RFID 读写器的读写工作。

ALOHA 算法是 1968 年美国夏威夷大学研究计划中的一部分,用于解决无线数据通信。ALOHA 算法的思路很简单,即只要有数据代发,就可以发送。ALOHA 算法的模型如图 9-49 所示。

为了减小碰撞的概率,采用减少周期汇总数据传输时间所占的比例。所以纯 ALOHA 算法的效率并不高。利用数学分析传输效率,ALOHA 算法的信道吞吐率 S 和帧产生率 G 之间的关系为:

$$S = Ge^{-2G}$$

对上式进行求导可以得出,当 $G=0.5$ 时,得到了最大吞吐率 $S \approx 18.4\%$。

此时的传输效率还是较低,为了进一步调高信道效率,1972 年,Roberts 的研究取得了进展,发表了一种时隙 ALOHA 算法。这种算法的思想是把时间划分为一个一个单独的时间段,每个时间段称为一帧,所有的应答器必须在规定的时间段内完成数据传输工作。每一帧开始时才传送其数据,并在该时隙内完成,如图 9-50 所示为其模型图。

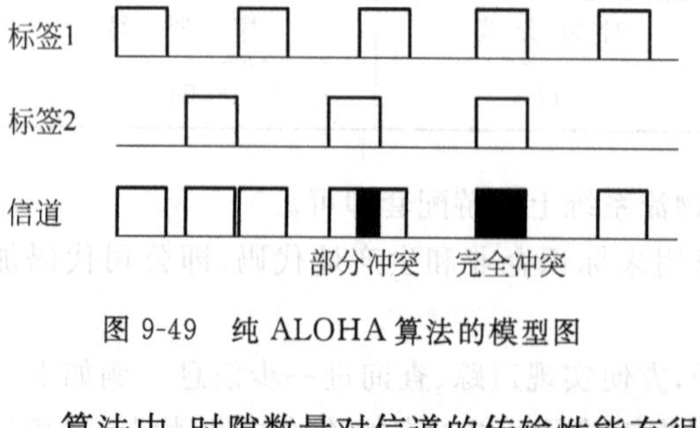

图 9-49 纯 ALOHA 算法的模型图

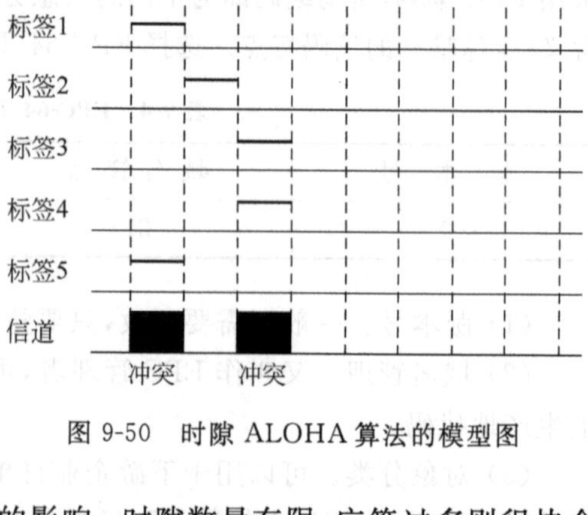

图 9-50 时隙 ALOHA 算法的模型图

算法中,时隙数量对信道的传输性能有很大的影响:时隙数量有限,应答过多则很快会发生过多碰撞;时隙数量过多,则导致有时无应答。

同理，时隙 ALOHA 算法的信道吞吐率 S 和帧产生率 G 之间的关系为：

$$S = Ge^{-G}$$

当 $G=1$ 时，最大吞吐率 $S\approx 36.8\%$。

改进后的防碰撞算法识别多标签的程序流程如图 9-51 所示。

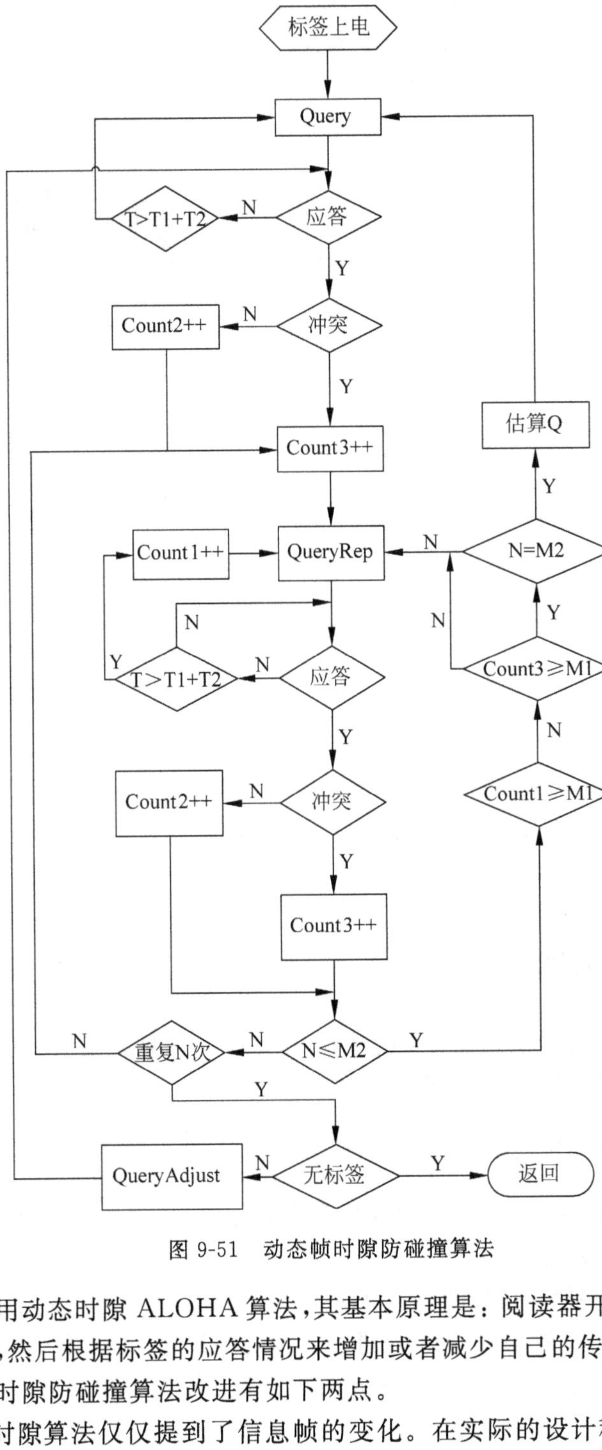

图 9-51　动态帧时隙防碰撞算法

本书最终采用动态时隙 ALOHA 算法，其基本原理是：阅读器开始提供固定数量的时隙给应答器使用，然后根据标签的应答情况来增加或者减少自己的传送时隙。

针对动态帧时隙防碰撞算法改进有如下两点。

(1) 动态帧时隙算法仅仅提到了信息帧的变化。在实际的设计程序中，根据实际情况灵活调整时隙(Slot),可以节省时间,提高效率,另一方面提高读写器的吞吐率。算法发生碰撞或者无响应时,可以开启另一个新的时隙,即动态时隙算法的实质。

(2) 利用标签预测模型和抽样理论。将标签预测植入到动态帧时隙算法中,实现未读标签的精确计算,提高识别标签的速度。

动态时隙算法是在时隙算法上的优化,使得时隙算法有了更好的自适应性。在应对不同情况下,能够自适应调整时隙数量,从而极大地提高效率。

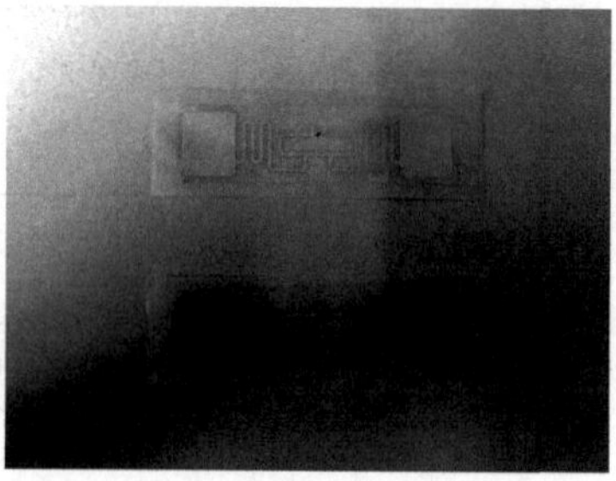

图 9-52 测试标签

2. 算法验证

对改进的 ALOHA 算法进行验证,通过对标签读写效率的监测来证明算法的有效性。利用 RFID 标签进行读写测试。如图 9-52 所示为测试标签。

直接通过几个测试指标显示算法的有用性,用 20 个标签在半分钟内的读取结果进行测试。表 9-5 为测试结果。

表 9-5 RFID 标签读写效率对比

	无 算 法	ALOHA 算法	改进的自适应动态时隙 ALOHA 算法
第一次	11	13	17
第二次	12	15	18
第三次	9	14	19
平均	10.6	14	18
平均成功率/%	53	70	90

根据结果显示,改进的自适应动态时隙 ALOHA 算法读写效率有了明显的提升,无论是对比无算法的情况下还是对比 ALOHA 算法。这样有助于在硬件终端提升物流的读写效率。从而帮助提升整个系统的效率。

9.3.6 硬件实现

硬件实现是整个智能物流系统实现的基础,是系统的信息采集以及执行部分。根据设计思想对每个模块采购,然后进行整合。

1. RFID 射频模块测试与实现

如图 9-53 所示为选取的 RFID 读写模块和射频标签,将模块和计算机连接,设置虚拟串口,利用串口助手对模块进行测试。

先根据模块参数,将模块按如图 9-54 所示进行连接,然后对模块进行读写测试。

图 9-55 为 RFID 测试效果图,对模块进行了读写测试,可见无论对标签进行写入操作还是读取操作,模块均可正常工作,从而完成设计意义上的货物联网工作,利用标签编码设计,即可解码数据,获取货物的信息。

图 9-53 RFID 读写模块

图 9-54 RFID 测试连接图

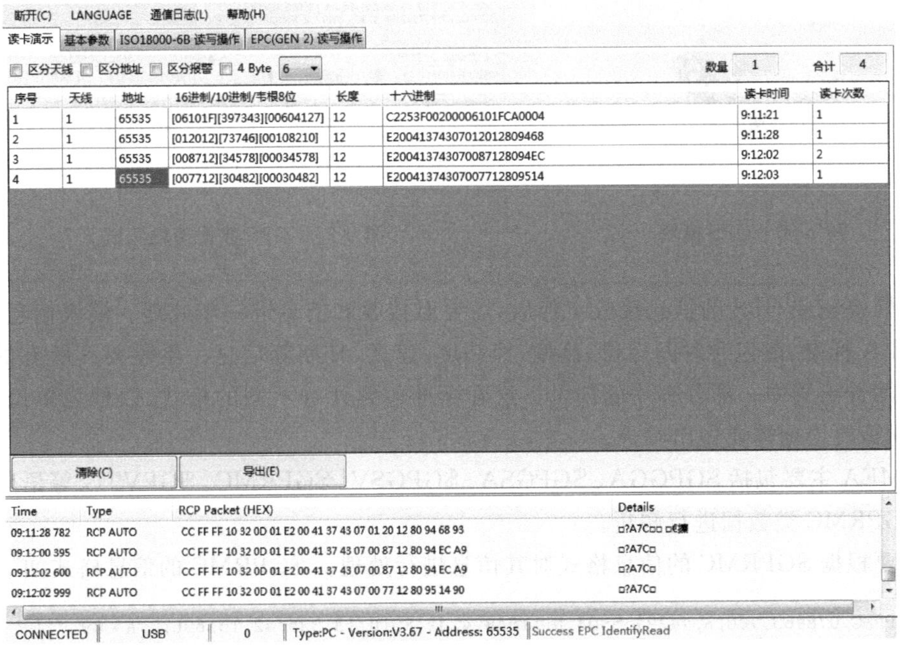
断开(C) LANGUAGE 通信日志(L) 帮助(H)
读卡演示 基本参数 ISO18000-6B 读写操作 EPC(GEN 2) 读写操作
区分天线 区分地址 区分报警 4 Byte 6
数量 1
合计 4
序号 天线 地址 16进制/10进制/韦根8位 长度 十六进制 读卡时间 读卡次数
1 1 65535 [06101F][397343][00604127] 12 C2253F00200006101FCA0004 9:11:21 1
2 1 65535 [012012][73746][00108210] 12 E20041374307012012809468 9:11:28 1
3 1 65535 [008712][34578][00034578] 12 E200413743070087128094EC 9:12:02 2
4 1 65535 [007712][30482][00030482] 12 E20041374307007712809514 9:12:03 1
清除(C)
导出(E)
Time Type RCP Packet (HEX) Details
09:11:28 782 RCP AUTO CC FF FF 10 32 0D 01 E2 00 41 37 43 07 01 20 12 80 94 68 93
09:12:00 395 RCP AUTO CC FF FF 10 32 0D 01 E2 00 41 37 43 07 00 87 12 80 94 EC A9
09:12:02 600 RCP AUTO CC FF FF 10 32 0D 01 E2 00 41 37 43 07 00 87 12 80 94 EC A9
09:12:02 999 RCP AUTO CC FF FF 10 32 0D 01 E2 00 41 37 43 07 00 77 12 80 95 14 90
CONNECTED USB 0 Type:PC - Version:V3.67 - Address: 65535 Success EPC IdentifyRead

图 9-55 RFID 读写测试图

完成模块的测试后，需要通过 Arduino 模块控制器进一步对 RFID 读取信息进行处理。鉴于篇幅有限，仅展示部分代码，如下所示。

```
void setup()
{
  Serial.begin(9600);
}
void loop()
{
    if(Serial.available())
    {
    char inChar = Serial.read();
  Serial.print(inChar);
    }
}
```

2. GPS 模块测试与实现

图 9-56 为实现选取的 GPS 模块，将模块线连接好后，对模块进行数据传输测试。

图 9-57 为 GPS 模块数据传输测试。可以看出，GPS 模块正常工作，提供了系统所需的经纬度、速度、时间、日期等，也可以根据需要对模块的传输速率、信息格式等进行设置。

图 9-56　GPS 模块

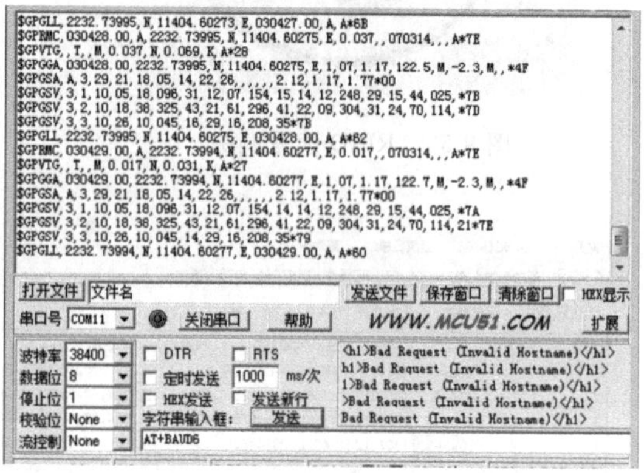

图 9-57　GPS 数据传输测试

在模块完成 GPS 的信息接收工作后，需要对接收的信息进一步处理。模块信息采用的是 NMEA 标准，能包含时间定位、高度、经纬度、速度、日期等信息。不需要其所有的信息，只需要筛选出其中一部分有用的即可。这套标准包含几种不同的格式，以秒为单位进行传输，因此需要根据需要做出筛选。

NMEA 主要包括 $GPGGA、$GPGSA、$GPGSV、$GPRMC、$GPVTG 等语句，本书选取 $GPRMC 类数据进行解析。

需要根据 $GPRMC 的信息格式对其信息进行处理。$GPRMC 的信息格式如下：

```
$GPRMC,078963.780,A,44297.5503,N,11848.4242,E,10.13,335.42,151696,,,A*49
```

字段 0：$GPRMC，语句 ID，表明该语句为 Recommended Minimum. Specific GPS/TRANSIT. Data(RMC)推荐最小定位信息。

字段 1：UTC 时间，aabbcc. ccc 格式。

字段 2：状态，A＝定位，V＝未定位。

字段 3：纬度 ddee. eeee，度分格式。

字段 4：纬度 N 或 S。

字段 5：经度 dddee. eeee，度分格式。

字段 6：经度 E 或 W。

字段 7：速度。

字段 8：方位角，度。

字段 9：UTC 日期。

字段 10：磁偏角，(000～180)度。

字段 11：磁偏角方向，E＝东，W＝西。

字段 12：模式，A＝自动，D＝差分，E＝估测。

字段 13：校验值（$ 与 * 之间的数异或后的值）。

为了精简信息，减少传输量。只选取必要信息，对非必要信息进行删除。

根据需要保留经度、纬度、状态、速度等字段，其他非必要字段直接删除。对保留字段需要进一步处理。

假如接收到的纬度数据为 8855.65111，需要完成度分秒的转换，以便服务器使用。

由式(9.19)可计算出纬度为 88 度。

$$8\,855.651\,11/100 = 88.556\,511\,1 \tag{9.19}$$

由式(9.20)可计算出纬度为 55 分。

$$(88.556\,511 - 88) \times 100 = 55.651\,11 \tag{9.20}$$

由式(9.21)可以计算出纬度为 39 秒。

$$(55.651\,11 - 55) \times 60 = 39.066\,6 \tag{9.21}$$

由以上步骤可以将数据转换为需要的度、分、秒，所以纬度为 88 度 55 分 39 秒。

模块测试完成后，需要通过 Arduino 模块控制器进一步对 GPS 模块收集信息进行处理。鉴于篇幅有限，仅展示部分代码，如下所示。

```
SoftwareSerial gps(11,12);
void setup()
void loop()
{
  Serial.print("c");
  while(gps.available())
  {
   Serial.write(gps.read());
  }
}
```

3. Arduino 模块实现与测试

Arduino 是整个硬件系统的控制中心，主要从各个模块完成数据的收集以及处理工作，再利用 GPRS 转发给服务器。硬件连接实物如图 9-58 所示。

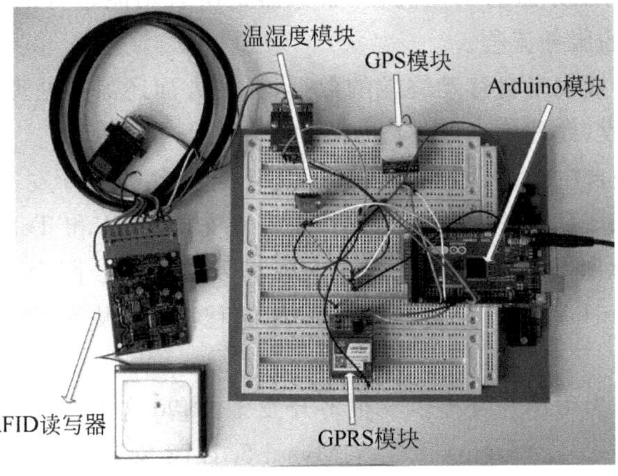

图 9-58　硬件连接实物图

同时利用 Arduino IDE 对 Arduino 模块烧录程序，如图 9-59 所示。

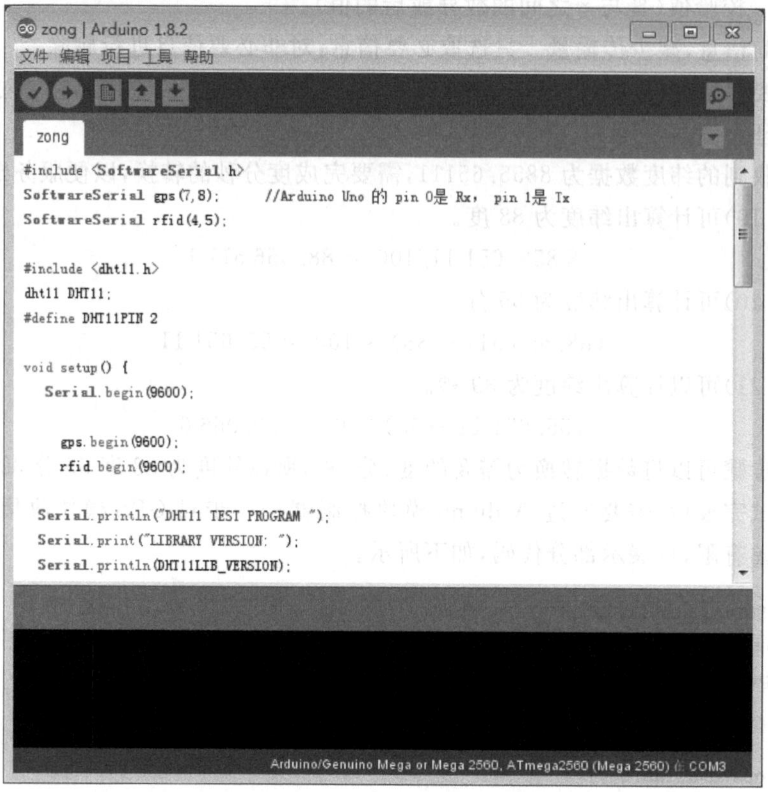

图 9-59 Arduino 烧录程序图

9.3.7 基于云服务器的软件设计及实现

为了有效利用资源，并利于整个软件系统的管理和分层实现。服务器主要实现了中转站的作用，完成信息的入库和出库，根据需要在数据库中存储、提取所需信息。

如图 9-60 所示为服务器的工作流程，服务器是所有功能运行的基础，所以服务器需要设计合理、安全高效的服务流程。

服务器一方面要接收来自移动终端的数据，另一方面还需要处理客户端的请求，这里选择阿里云服务器，接收、处理信息的过程如图 9-60 所示。

由于服务器端是自主构建，因此需要远程登录控制台进行开发。登录云服务器有多种连接工具，这里使用 PuTTY 软件。PuTTY 是一款支持 SSH 和 Telnet 远程登录服务器的终端软件程序。选择 SSH2 登录方式后，输入阿里云服务器公网 IP 用户名为 root，登录服务器后的信息如图 9-61 所示。分析服务器设计流程需要，服务器选择 Linux 版本并结合 MySQL 的开发环境。

阿里云服务已经为用户开发提供了很多开发工具包，这里选择 sh-1.3.0.zip 工具。其中包含所需的 apache-2.4.2、nginx-1.2.5、Mysql-5.1.73 安装文件，执行 yum install lvzsz-y 将工具压缩包传入云服务器的/root 目录下。进入控制台主目录，执行命令./install.sh 开

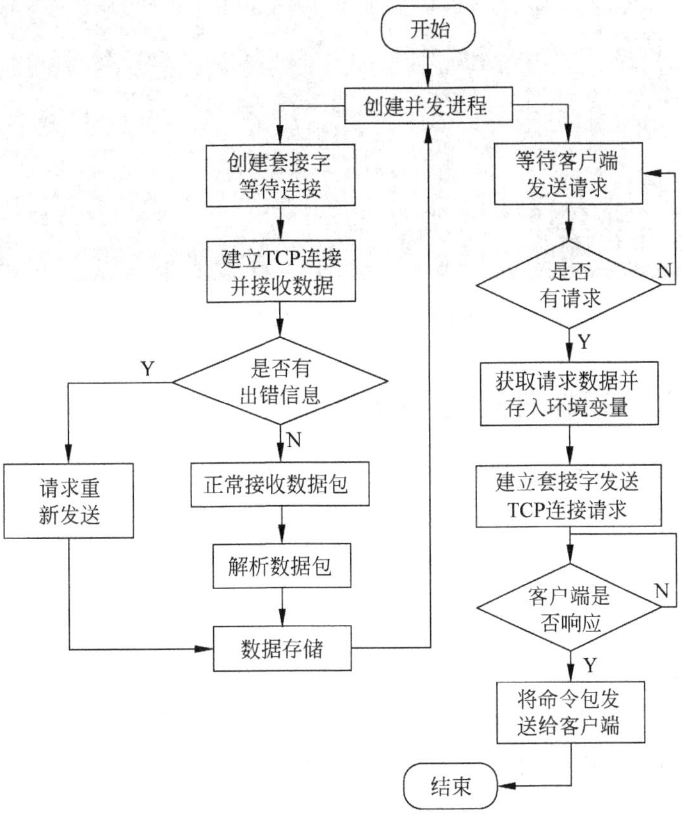

图 9-60　服务器工作流程

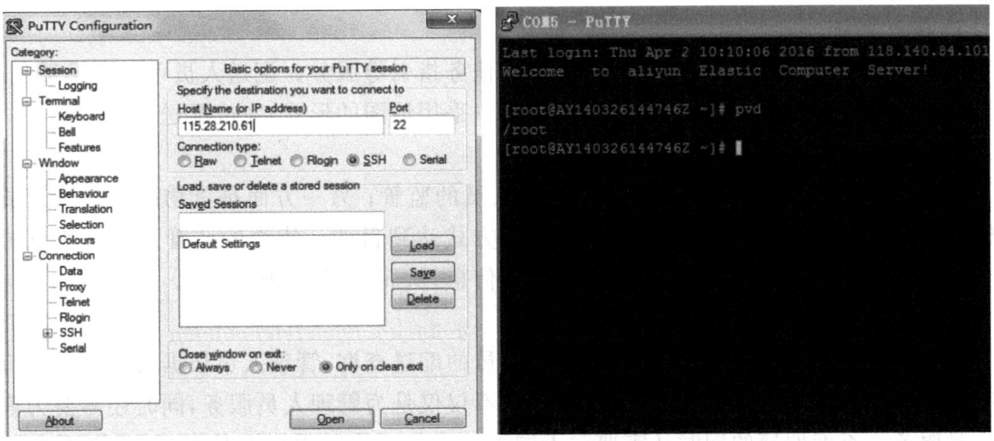

(a)　　　　　　　　　　　　(b)

图 9-61　登录 Linux 云服务器界面

始安装文件系统和数据库等开发环境。当开发环境安装完成后，服务器内便自动运行了 nginx 系统并可通过 ps 命令查看内部进程运行情况，nginx 和 mysql 进程信息如图 9-62 所示。

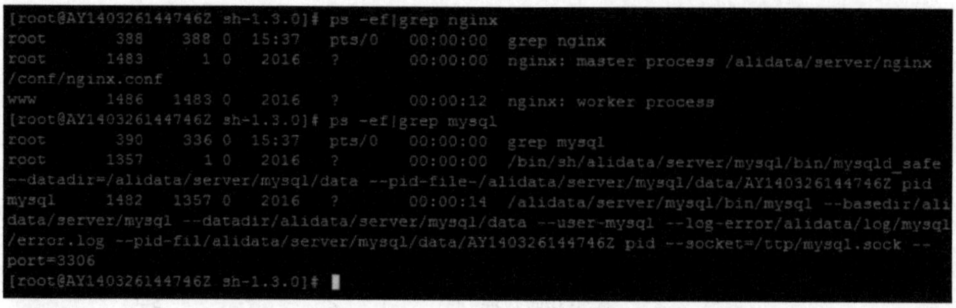
[root@AY1403261447462 sh-1.3.0]# ps -ef|grep nginx
root 388 388 0 15:37 pts/0 00:00:00 grep nginx
root 1483 1 0 2016 ? 00:00:00 nginx: master process /alidata/server/nginx
/conf/nginx.conf
www 1486 1483 0 2016 ? 00:00:12 nginx: worker process
[root@AY1403261447462 sh-1.3.0]# ps -ef|grep mysql
root 390 336 0 15:37 pts/0 00:00:00 grep mysql
root 1357 1 0 2016 ? 00:00:00 /bin/sh/alidata/server/mysql/bin/mysqld_safe
--datadir=/alidata/server/mysql/data --pid-file-/alidata/server/mysql/data/AY1403261447462 pid
mysql 1482 1357 0 2016 ? 00:00:14 /alidata/server/mysql/bin/mysql --basedir/ali
data/server/mysql --datadir/alidata/server/mysql/data --user-mysql --log-error/alidata/log/mysql
/error.log --pid-fil/alidata/server/mysql/data/AY1403261447462 pid --socket=/ttp/mysql.sock --
port=3306
[root@AY1403261447462 sh-1.3.0]#

图 9-62　搭建 Linux 服务器环境

9.3.8　客户端软件设计与实现

上位机软件也就是客户端软件，其主要目的是方便管理和服务。在进行软件的实现之前要对系统的功能需求和工具进行分析。利用合适的编程 IDE，以及对软件所需功能进行完整的设计及其实现关键技术进行掌握，才能进行下一步实现。

1. 功能设计

1）信息传输系统

信息传输系统主要负责与服务器进行连接，保证相关信息的上传和下载，这是其他功能实现的基础。实现技术则是利用 IP 和端口，再进行监听和通信完成软件的信息传输功能。

2）员工管理系统

员工管理系统主要负责记录员工的信息，为员工注册、注销、分工等提供方便。员工管理是利用数据库及可视化操作完成员工的信息化管理，帮助系统提高效率。

3）配送系统

配送系统主要为配送人员提供路线指引、任务指引等服务。配送人员可以登录系统，接收到自己的配送任务后就可以按照系统的指引（采用地图的形式）完成配送任务。

4）监管系统

监管系统包括两方面的监管：一方面是人员的监管；另一方面是货物的监管。人员的监管主要是行为的监管，可以通过记录日志的方式达到目的。货物的监管主要是信息的记录，记录货物的温度和湿度、位置、配送人员等信息，从而保证货物的安全。

5）查询系统

查询系统是为多方人员提供方便，配送人员的配送查询、管理人员根据管理任务进行相关查询、客户对配送货物进行查询。查询系统不仅仅是为管理人员服务，同时还需要为客户等人员服务。查询便捷的同时还需要对不同人员提供不同的渠道和信息量，保证可以获取必要的信息，同时对关键信息进行保密。

6）控制系统

控制系统主要是完成对任务分工、配送异常、任务更改等情况下进行的对系统上、下游人员进行的调控，主要包括配送任务更改、人员更换、地址调整等信息。

7）安全系统

安全系统主要是保证两方面的安全：一方面是信息的安全，设立不同管理权限，对不同级别的管理人员开放不同层次的信息；另一方面是操作行为的安全，为确保操作人员合理操作，不滥用权限，需要利用日志对操作人员的操作进行记录，达到监管的目的。

2. 软件实现

客户端采用 Microsoft Visual Studio 2015 环境开发、MFC 等多种技术，以及使用 C# 语言编程。C# 语言有继承多种语言的优点，语法的简洁、可视化编程、灵活且兼容性良好，同时对于非专业计算机人员来说，提高了编程人员的工作效率。

应用支承层是客户端软件系统的核心，为应用层提供各类组件服务。采用技术主要包括.NET、DevExpress 控件、信息安全技术、数据库技术。

如图 9-63 所示，Client 是整个客户端软件的父类，其他类为它的子类，包括员工(Employee)、配送(Distribution)、通信(Transmit)、订单(Orders)等子类，而配送派生出地图(Map)等子类。

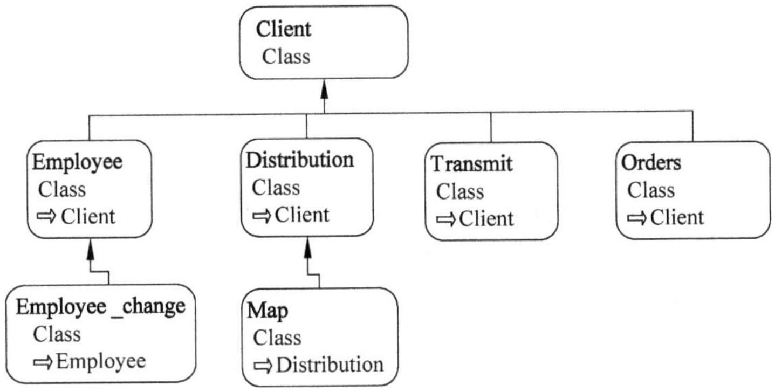

图 9-63 客户端实现类关系图

1) 登录功能

管理人员和基层人员使用同一软件，利用角色进行分类，有利于为角色提供相应的权限。管理人员可以使用所有功能，而基层员工只能查看与自己相关的查询、展示功能等。登录系统界面如图 9-64 所示。

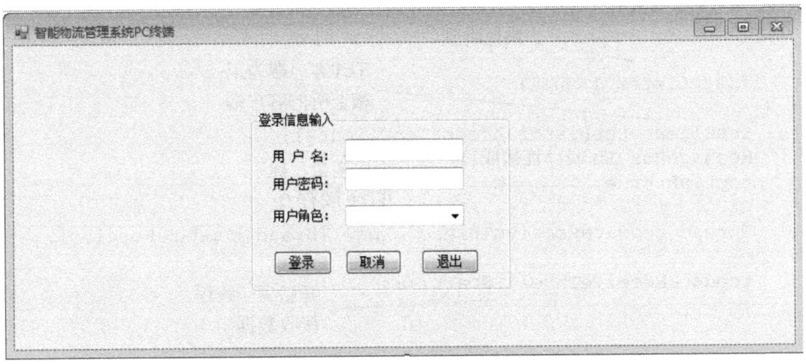

图 9-64 客户端登录界面

输入管理人员的账号密码，选择相应的角色，且通过数据验证后就可以进入系统总界面，再根据需要使用软件。

2）货物管理功能界面

对于货物管理功能，起到了监督的作用，客户和管理人员能够准确掌握货物的相关信息，从而根据任务对业务员进行计划指导，直到货物安全到达目的地。为了方便货物管理，增加了货物的查询、增减、修改等功能，如图 9-65 所示。

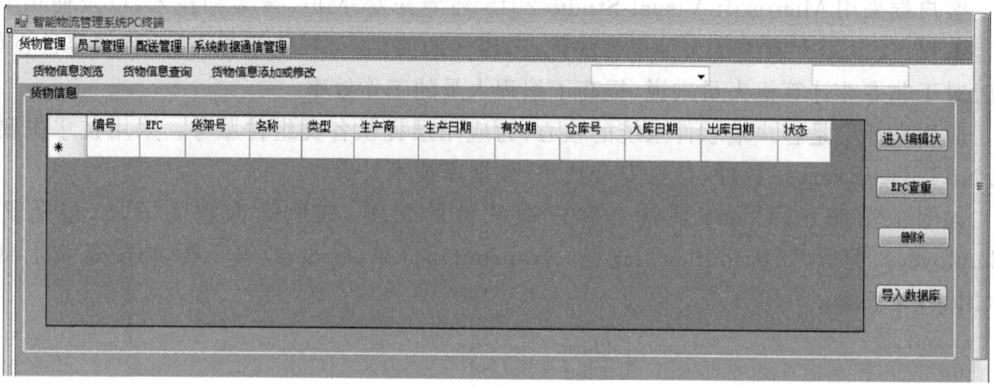

图 9-65　货物管理功能界面

3）远程数据通信功能

为了使客户端能够接收到服务器远程传输的数据，服务器在连接外网后，必须设置监听端口，并将 IP 地址和监听端口公布给客户端，等待客户端发起连接申请时，再启动 acceptThread 线程，其代码如图 9-66～图 9-68 所示。

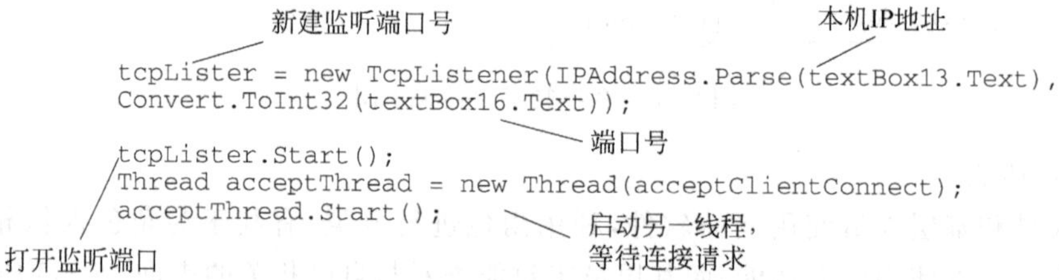

图 9-66　C＃设置 TCP 监听端口

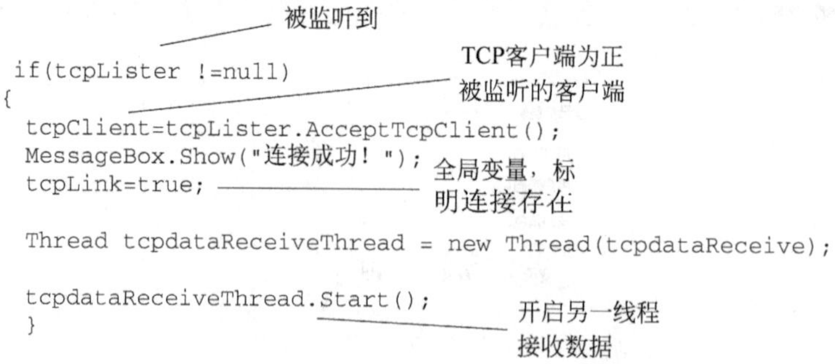

图 9-67　C＃新建线程接收客户端数据

客户端的 TCP/IP 通信界面如图 9-69 所示。

百度地图 API 是百度为开发者免费提供的地图应用接口。这样可以利用百度 API 开

```
while(tcpLink)
{
  byte[] Data = new Byte[1024];
  NetworkStream nsData = tcpClient.GetStream();
  Int32 bytes = nsData.Read(Data, 0, Data.Length);
  string receiveData = Encoding.ASCII.GetString(Data, 0, bytes);

  this.Invoke(updateText, new string[] { receiveData });
  Thread.Sleep(1000);
}
```

连接存在

始终从接收缓冲区读取数据

格式转换

启用委托进行处理

线程睡眠100ms

图 9-68　C#接收数据线程

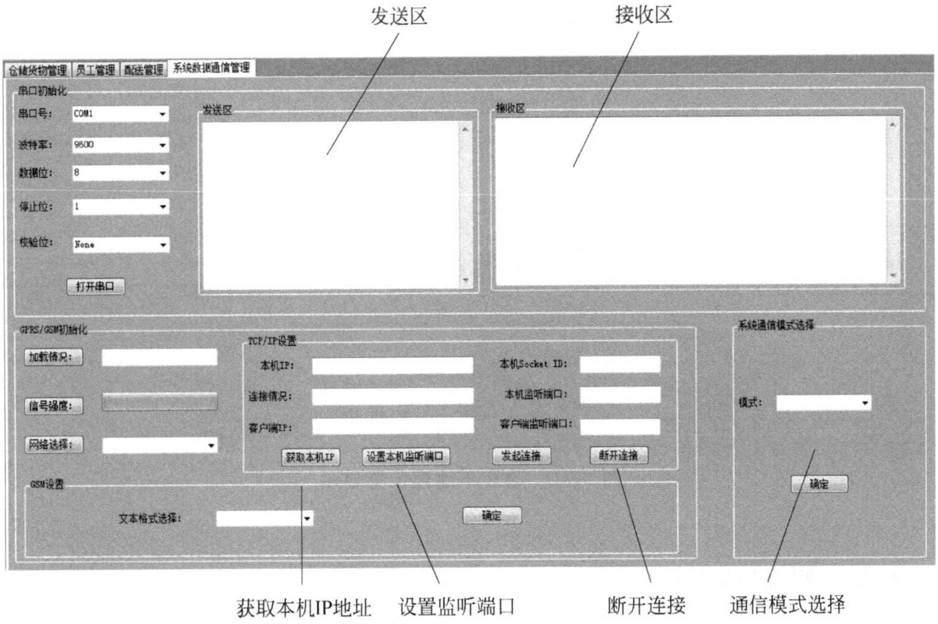

图 9-69　TCP/IP 通信界面

发出地图展示功能，从而为物流配送提供直观路线展示。在客户端也可以随时查看物流的位置。查询相关资料，开发所需功能，在百度地图官网上申请密钥后，利用 JavaScript 语言编写 html 文件。

在 C# 中调用 html 文件，可以添加如图 9-70 所示代码。

```
string str_url=Application.StartupPath + "\\地图.html";
Uri url= new Uri(str_url);//html文件存放路径

webBrowser1.Url = url;
webBrowser1.ObjectForScripting=this;
```

利用webBrowser控件加载地图

```
String str_url=Application.StartuiPath + \\地图.html;
Uri url= new Uri(str_url);//html文件存放路径
webBrowser1.Url=url;
webBrowser1.ObjectForScripting=this;//利用webBrowser控件加载地图
```

图 9-70　地图功能 C#程序

为了能够在冷藏车运输中实现远程可视化管理，包括冷藏车运输轨迹的查询，可以先将移动终端传送回来的数据存储在 Locationadd 中，然后再将数据从数据库中调用出来，按照经度、纬度在地图上标记出来，按位置信息添加 Maker 的程序如下：

```
//将视野移动到浏览器中心，级别调整为 15
var Locationpoint = new BMap.Point(arguments[0],arguments[1]);
map.centerAndzoom(Locationpoint,15);
//添加 maker 将位置标记出来
Var marker1 = new BMap.Marker(Locationpoint);
map.addOverlay(marker1);
```

当配送人员或管理人员在客户端中单击显示实时位置按键后，可以获取送货车的当前位置，并配合百度地图能知道具体地点，如图 9-71 所示。

图 9-71　送货车地理位置显示

9.3.9　数据库设计

存储系统是整个系统实现的基础。为了对信息有效管理，需要对采集的信息进行结构化的处理，便于以后能够根据特殊需要查询特定信息。

1. 数据库设计原则

根据智能物流系统的目标和需求，在设计数据库系统时，应当按照以下几个原则进行。

(1) 完整性。实体完整性，例如员工的标志属性不能为空。参照完整性，例如货物已经开始运输，但订单还没生成的情况下，订单可以为空但不能为错值。还有用户定义完整性，例如年龄是 18～65 岁，不能超过这个范围，超过就不合理了。

(2) 必须设立合理的机构，确保数据不会混乱。有一定的标准才能继续添加新的数据，同时注意为第三方应用开发提供统一标准。

(3) 设计合适的冗余。适当的冗余有利于降低开发难度并提高运行速度，因此在实际设计时需要根据实际情况保留相应的冗余。

(4) 差异性可能引发决策错误，因此必须保证系统数据的准确性。

2. 数据库表设计

数据库是整个系统数据中心，影响整个系统的运行以及第三方的进一步开发。根据智能物流系统的需要，数据库主要包括以下实体：客户信息、员工信息、订单信息、货物信息、日志信息等，它们各自主要的属性如下。

(1) 客户信息。基本资料，如用户名、年龄、手机号、地址等，包括商业公司、淘宝卖家等。

(2) 物流信息。物流信息主要记录物流运送过程中的信息，包括订单号、送货地址、收获地址、货物名称、温度、湿度、路线、送货员 ID 等。这也是监管系统的核心，方便对物流的状态、地点、配送人员等进行监管。

(3) 员工信息。员工信息主要方便对员工进行管理，从而进一步对员工进行任务分配和指引，提高物流效率。员工信息主要包括员工 ID、姓名、性别、身份证号码、联系方式、照片等。

(4) 日志信息。日志信息记录所有与物流系统相关人员的有关操作。例如管理员的登录日志、查询日志，以及客户的查询习惯，分析客户的关心事项，从而改善物流体验，提高盈利能力。还可以监管员工的行为，防止系统受到恶意攻击或者篡改。

在具体数据库的设计过程中，根据不同的需要设计不同信息表。具体操作则利用服务器环境，采用 MySQL 数据库，建立一个可供服务器使用的数据库。由于篇幅有限，这里不展示所有的数据库，只展示部分关键数据库的创建方式。

如表 9-6 所示为运输信息表，表中包含了关键的温度、湿度、时间、经纬度、配送员等。

表 9-6　运输信息

名　称	字段的类型	另 加 说 明	是否可以为空
name	短文本	配送员姓名	否
longitude	短文本	经度	否
latitude	短文本	纬度	否
time	日期/时间	时间	否
speed	短文本	速度	否
temperature	短文本	温度	否
humidity	短文本	湿度	否
Starting_point	短文本	起点	否
destination	短文本	目的地	否

如表 9-7 所示为员工信息表，表中包含了与员工有关的信息，例如员工 ID、员工姓名、电话、职位等，这些信息有利于物流的配送。

表 9-7　员工信息表

名　称	字段的类型	另 加 说 明	是否可以为空
Staff_ID	数字	员工编号	否
Staff_name	短文本	员工姓名	否
Staff_sex	短文本	员工性别	否
Staff_age	数字	员工年龄	否
Staff_address	短文本	员工籍贯	否
Staff_cellphone	数字	员工电话	否

续表

名　　称	字段的类型	另加说明	是否可以为空
Staff_role	短文本	员工职位	否
Staff_login	短文本	员工用户名	否

如表 9-8 所示为货物信息表,表中包含了与运送货物有关的信息,包括电子码信息、货物名称、货物类别、货物编码等。

表 9-8　货物信息表

名　　称	字段的类型	另加说明	是否可以为空
Goods_NO	自动编号	货物编号	否
Goods_EPC	短文本	电子码信息	否
Goods_name	短文本	货物名称	否
Goods_producer	短文本	生产商	否
Goods_staff	短文本	运输员工	否
Goods_type	短文本	货物类别	否

在数据库设计完成后,就可以根据需要数据进行存储,添加到数据库中。例如员工张三,他的员工信息表为:用户名 zhangsan、密码 123456、手机号 188xxxxxxxx、员工 ID001、性别男、籍贯哈尔滨、职位配送员、年龄 35。

3. 数据库的实现

数据库在服务器端实现,通过执行初始化 Sql 代码,生成需要的数据库,包括数据库表,表中相应的规则,以及维护性代码和兼容设计且有利于后续的软件升级。

员工信息表创建的代码如下。

```
USE[SynRFID]
GO
SET ANSI_NULLS ON
GO
SET QUOTED_IDENTIFIER ON
GO
CREATE TABLE [dbo].[Dim_ Staff](
[Staff_ID][int] NOT NULL,              //员工编号 Staff_ID 数字
[Staff_name] [nchar](20),             //员工名称 Staff_name       短文本
[Staff_sex] [nchar](20),              //员工性别 Staff_sex        短文本
[Staff_age] [int](20),                //员工年龄 Staff_age        数字
[Staff_role] [nchar](20),             //员工职位 Staff_role       短文本
[Staff_cellphone    ] [int](20),      //员工电话 Staff_cellphone  数字
[Staff_login] [nchar](20),            //员工登录名 Staff_login    短文本
[Staff_address] [nchar](20),          //员工籍贯 Staff_address    短文本
CONSTRAINT [PK_Dim_Staff] PRIMARY KEY CLUSTERED
(
[Staff_ID] ASC
)WITH (IGNORE_DUP_KEY = OFF) ON [PRIMARY]
) ON [PRIMARY]
```

数据库的业务逻辑实现是服务器上的数据库和客户端软件的桥梁，也就是对数据库访问层实行包装。

业务逻辑层封装了大量可调用的函数，对于管理人员来说不需要熟悉具体参数，因为业务逻辑层可以准确传递参数，这样就能完成查询、修改、删除等操作。而且操作的同步软件系统自动生成日志，这样可以用日志进行数据库的跟踪操作，完成对管理人员操作行为的监控。对于外查询操作，系统可以根据需要返回整个结果集，也可以仅仅返回某行某列。系统同时可以批量操作多条记录。为了保证数据库的事务完整性，只要某一条记录操作失败，则整体失败，代码如下：

```
public override DateTable ExecuteSelect(string sql, ref string
  errMsg) {
      if (执行的 sql 语法有误)
      返回 null;
      {
          if (查询连接未打开)重新建立数据库连接;
          comm.CommandText = sql;
          SqlDataAdapter sda = new SqlDataAdapter(comm);
          DataTable dt = new DataTable();
          sda.Fill(dt);
          return dt;
      }
  }
```

采用微软的.NET 技术和 C# 语言的开发包，从而不需要直接输入相应的 SQL 语言，可以直接利用 C# 就可以完成开发。例如查询所有 Gods 清单 SELECT[Goods_ID]、[Goods_Name]、[Goods_EPC]、[Goods_producer]、[Goods_type][FROM[Syn Goods].[dbo].[Dim_Reader]，代码如下：

```
执行数据库命令
public override bool ExecuteSQL(string sql, out string errMsg)
    { if (验证失败)
        }
        return false;
        if(conn.State == ConnectionState.Closed)
        conn.Open();
        comm.CommandText = sql;
        comm.ExecuteNonQuery();
        return true;
        }
    }
```

9.4 智能物流系统实现

为了验证整个智能物流配送系统的可行性，对系统进行了实现和验证。但受到成本和时间等多重限制，实现过程重点在于体现整个系统的思想，无法做到百分之百还原设计思想，所以实际的实现过程有所侧重。同样，实现过程的阐述也会突出重点，一些细节可能不会一一展开。

9.4.1 智能物流系统连接测试平台的搭建

智能物流系统的测试，需要先搭建系统联机测试平台。测试主要从客户端展开，因为客户端测试会包括其他测试，如图 9-72 所示。

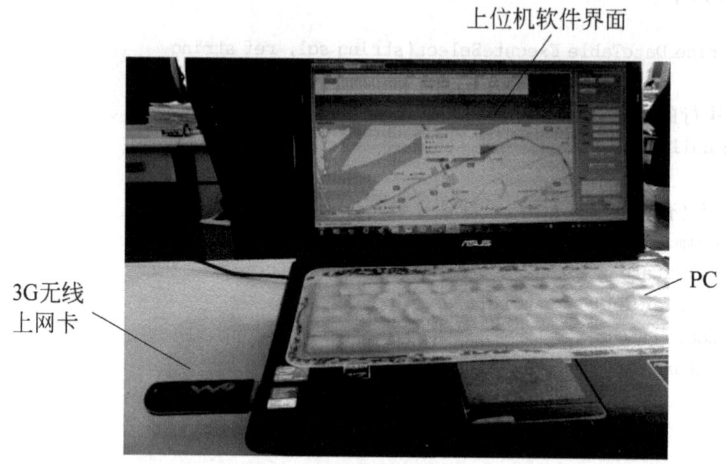

图 9-72 系统联机测试平台

9.4.2 智能物流系统联机测试与结果分析

软件的测试有很多方法，例如静态测试、功能测试、白盒测试、黑盒测试、系统测试、验证测试等。不同的测试方法有不同的特点。静态测试对代码的语法、编程格式进行测试。功能测试是对于应用比较实用的一种方法，顾名思义就是对系统所需要的各种功能逐一进行测试，看是否能够完成系统需要。白盒测试主要针对源代码进行的测试，发现代码的路径、条件等问题。下面主要研究使用静态测试语法和结构，然后再利用功能测试来检验软件的功能。

1. 移动终端货物盘点

当车载终端连接完毕后，同时参数设置完毕。单击“货物盘点”按钮后，客户端界面机会显示车载货物盘点结果，如图 9-73 所示。

由图 9-73 可知，RFID 读取器可正常工作，货物盘点功能可正常运行。

2. 客户端软件员工管理功能测试及结果分析

客户端软件在功能设计上包含员工管理的各种功能，包含员工信息浏览、员工信息查询、添加等。如图 9-74 所示为客户端软件员工信息浏览功能。

由图 9-74 可知，员工管理功能可正常使用。

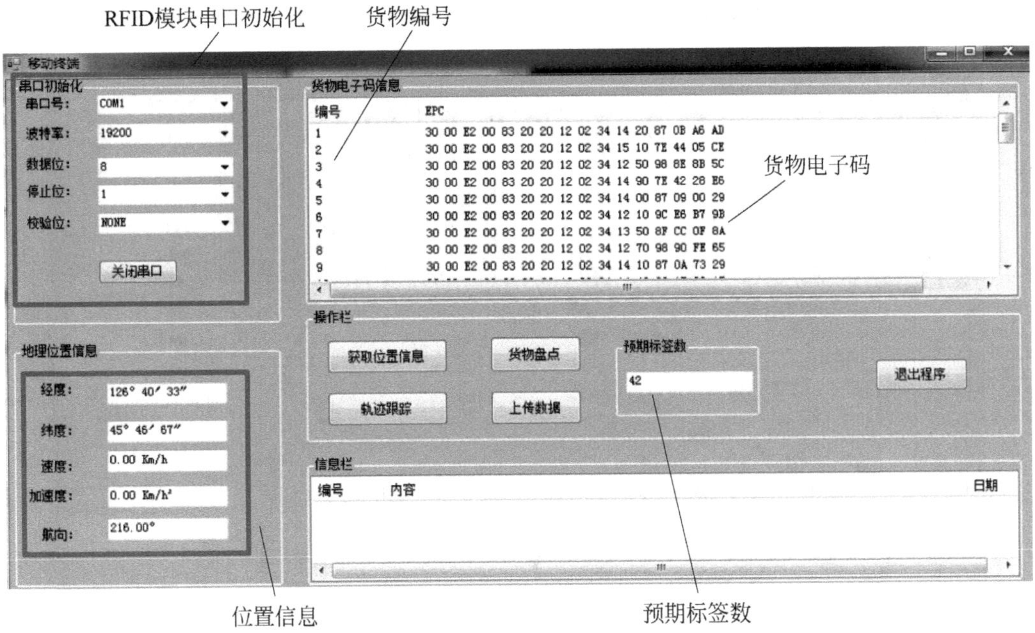

图 9-73 移动终端货物盘点测试

员工信息浏览
员工信息查询
员工信息添加或修改
编号 姓名 性别 年龄 住址 联系电话 角色 用户名 密码
1 刘 男 23 哈尔滨南岗区 15245123867 系统管理员 liu 123456
2 孙 男 32 哈尔滨市南岗区 15234567891 物流配送员 sun 123456
3 赵 男 32 哈尔滨市南岗区 15212345678 1号仓库管理员 zhao 123456
4 李 男 32 哈尔滨市南岗区 15267891234 物流配送员 li 123456

图 9-74 客户端软件员工信息查询功能测试

3. 客户端软件配送功能测试及结果分析

货物配送功能是物流系统中重要的一环，包括很多环节：配送任务的分配、员工的分配、任务的修改、配送状态的查询、配送导航等。这些需要在客户端软件上一一实现。如图 9-75 所示为货物配送任务分配功能，如图 9-76 所示为配送路线查询结果。

根据结果显示，客户度配送任务分配功能正常。百度地图正常显示，使用导航功能后可进行路径规划，配送路线查询结果也可正常使用。

为了保证系统的可靠性，需要完成系统联合时的功能测试。如表 9-9 所示为所测试内容。测试结果均符合系统的功能需求，从而论证了系统功能符合规定。

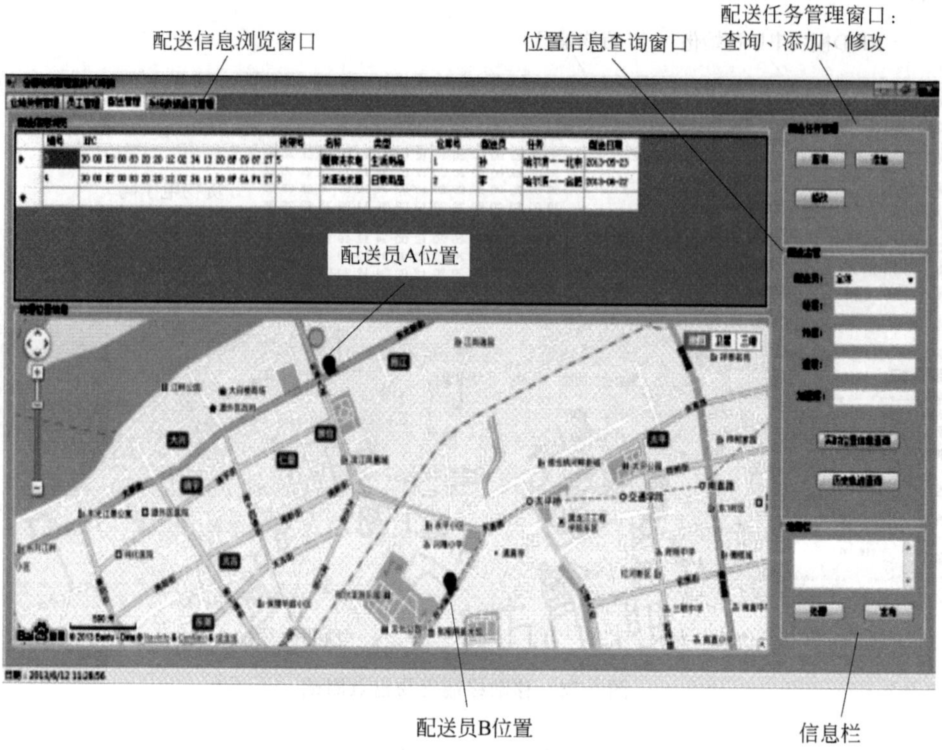

图 9-75 客户端配送任务分配

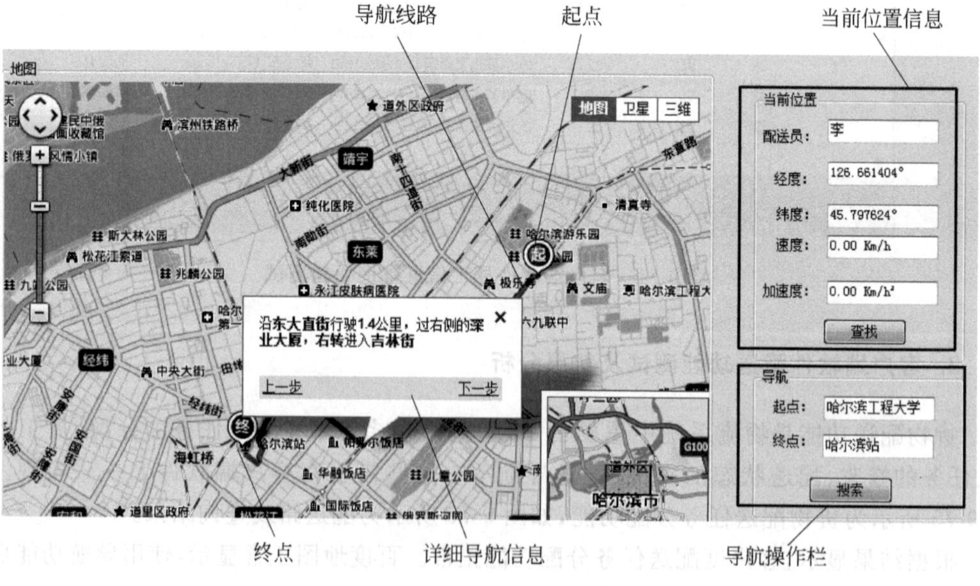

图 9-76 配送路线查询结果

表 9-9　系统功能测试报告

序　　号	测 试 任 务	测 试 内 容	测 试 结 果
1	RFID 读写	RFID 读写标签的成功率、准确率	合格
2	用户登录	用户登录验证功能、输入错误提示	合格
3	员工管理	角色的添加、修改、查询、权限的分配等	合格
4	物流查询	货物状态的查询、货物的信息	合格
5	订单配送	订单任务的分配、查询、修改、路线的规划等	合格
6	配送功能	任务的分配查询、地图查询、导航查询	合格
7	参数修改	客户端修改 RFID 读取器、GPRS 模块的参数	合格
8	联机测试	客户端连接服务器、设置端口、IP 等	合格
9	服务器	服务器的并发修改、安全、数据的上传与下载	合格
10	数据库	数据库的修改、查询、增减操作	合格
11	硬件	温湿度模块、GPRS 模块、GPS 模块功能测试、参数调整	合格
12	Arduino	Arduino 功能测试、对硬件模块的设置、程序的录制	合格

9.5　本章小结

本章主要讨论了智能仓储管理和智能物流监管体系方案，给出了智能仓库管理的系统的总体设计、技术基础、软硬件设计，最后进行了系统试运行分析等，包括工作流程、系统构成、软件硬件设计、系统集成运行，论证了物联网在创新实践中的可行性和优越性。

附录 APPENDIX 程序附件

1. 人体传感器源码分析

实现代码如下：

```
u8 CMD_rx_buf[8];                             //命令缓冲区
u8 DATA_tx_buf[14];                           //返回数据缓冲区
u8 CMD_ID = 0;                                //命令序号
u8 Sensor_Type = 0;                           //传感器类型编号
u8 Sensor_ID = 0;                             //相同类型传感器编号
u8 Sensor_Data[6];                            //传感器数据区
u8 Sensor_Data_Digital = 0;                   //数字类型传感器数据
u16 Sensor_Data_Analog = 0;                   //模拟类型传感器数据
u16 Sensor_Data_Threshod = 0;                 //模拟传感器阈值
/* 根据不同类型的传感器进行修改 */
    Sensor_Type = 7;
    Sensor_ID = 1;
    CMD_ID = 1;
    DATA_tx_buf[0] = 0xEE;
    DATA_tx_buf[1] = 0xCC;
    DATA_tx_buf[2] = Sensor_Type;
    DATA_tx_buf[3] = Sensor_ID;
    DATA_tx_buf[4] = CMD_ID;
    DATA_tx_buf[13] = 0xFF;
     delay_ms(1000);
     while (1)
    {
        //获取传感器数据
        if(GPIO_ReadInputPin(GPIOD, GPIO_PIN_3))
            Sensor_Data_Digital = 0;          //无人
        else
            Sensor_Data_Digital = 1;          //有人
   //组合数据帧
        DATA_tx_buf[10] = Sensor_Data_Digital;
            //发送数据帧
        UART1_SendString(DATA_tx_buf, 14);
```

```
        LED_Toggle();
        delay_ms(1000);
    }
void UART1_SendByte(u8 data)
{
    UART1_SendData8((unsigned char)data);
    /* Loop until the end of transmission */
    while (UART1_GetFlagStatus(UART1_FLAG_TXE) == RESET);
}
void UART1_SendString(u8 * Data,u16 len)
{
    u16 i=0;
    for(;i<len;i++)
        UART1_SendByte(Data[i]);
}
```

2. 光照传感器源码分析

实现代码如下：

```
u8 CMD_rx_buf[8];                        //命令缓冲区
u8 DATA_tx_buf[14];                      //返回数据缓冲区
u8 CMD_ID = 0;                           //命令序号
u8 Sensor_Type = 0;                      //传感器类型编号
u8 Sensor_ID = 0;                        //相同类型传感器编号
u8 Sensor_Data[6];                       //传感器数据区
u8 Sensor_Data_Digital = 0;              //数字类型传感器数据
u16 Sensor_Data_Analog = 0;              //模拟类型传感器数据
u16 Sensor_Data_Threshold = 0;           //模拟传感器阈值
/* 根据不同类型的传感器进行修改 */
    Sensor_Type = 2;
    Sensor_ID = 1;
    CMD_ID = 1;
    DATA_tx_buf[0] = 0xEE;
    DATA_tx_buf[1] = 0xCC;
    DATA_tx_buf[2] = Sensor_Type;
    DATA_tx_buf[3] = Sensor_ID;
    DATA_tx_buf[4] = CMD_ID;
    DATA_tx_buf[13] = 0xFF;
    GPIO_Init(GPIOD, GPIO_PIN_3, GPIO_MODE_OUT_PP_HIGH_SLOW);
    //ADC
    ADC1_Init(ADC1_CONVERSIONMODE_CONTINUOUS,
              ADC1_CHANNEL_3,
              ADC1_PRESSEL_FCPU_D4,
              ADC1_EXTTRIG_TIM,
              DISABLE,
              ADC1_ALIGN_RIGHT,
              ADC1_SCHMITTTRIG_CHANNEL3,
```

```
                DISABLE);
    ADC1_Cmd(ENABLE);
    ADC1_StartConversion();
    Sensor_Data_Analog = 0;
    Sensor_Data_Threshod = 700;
    delay_ms(1000);
    while (1)
    {
        //获取传感器数据
        Sensor_Data_Analog = ADC1_GetConversionValue();
        if(Sensor_Data_Analog < Sensor_Data_Threshod)
        {
            Sensor_Data_Digital = 0;                    //无光照
            GPIO_WriteHigh(GPIOD, GPIO_PIN_3);
        }
        else
        {
            Sensor_Data_Digital = 1;                    //有光照
            GPIO_WriteLow(GPIOD, GPIO_PIN_3);
        }
                //组合数据帧
        DATA_tx_buf[10] = Sensor_Data_Digital;
        //发送数据帧
        UART1_SendString(DATA_tx_buf, 14);              //串口发送
        LED_Toggle();
        delay_ms(1000);
    }
}
void UART1_SendByte(u8 data)
{
    UART1_SendData8((unsigned char)data);
    /* Loop until the end of transmission */
    while (UART1_GetFlagStatus(UART1_FLAG_TXE) == RESET);
}
void UART1_SendString(u8 * Data,u16 len)
{
    u16 i = 0;
    for(;i<len;i++)
        UART1_SendByte(Data[i]);
  }
```

3. 声音传感器实验源程序

实现代码如下：

```
u8 CMD_rx_buf[8];                           //命令缓冲区
u8 DATA_tx_buf[14];                         //返回数据缓冲区
u8 CMD_ID = 0;                              //命令序号
```

```
u8 Sensor_Type = 0;                              //传感器类型编号
u8 Sensor_ID = 0;                                //相同类型传感器编号
u8 Sensor_Data[6];                               //传感器数据区
u8 Sensor_Data_Digital = 0;                      //数字类型传感器数据
u16 Sensor_Data_Analog = 0;                      //模拟类型传感器数据
u16 Sensor_Data_Threshod = 0;                    //模拟传感器阈值
/* 根据不同类型的传感器进行修改 */
    Sensor_Type = 9;
    Sensor_ID = 1;
    CMD_ID = 1;
    DATA_tx_buf[0] = 0xEE;
    DATA_tx_buf[1] = 0xCC;
    DATA_tx_buf[2] = Sensor_Type;
    DATA_tx_buf[3] = Sensor_ID;
    DATA_tx_buf[4] = CMD_ID;
    DATA_tx_buf[13] = 0xFF;
    GPIO_Init(GPIOD, GPIO_PIN_3, GPIO_MODE_OUT_PP_HIGH_SLOW);
    //ADC
    ADC1_Init(ADC1_CONVERSIONMODE_CONTINUOUS,
              ADC1_CHANNEL_3,
              ADC1_PRESSEL_FCPU_D4,
              ADC1_EXTTRIG_TIM,
              DISABLE,
              ADC1_ALIGN_RIGHT,
              ADC1_SCHMITTTRIG_CHANNEL3,
              DISABLE);
    ADC1_Cmd(ENABLE);
    ADC1_StartConversion();
    Sensor_Data_Analog = 0;
    Sensor_Data_Threshod = 300;
    enableInterrupts();
    delay_ms(1000);
    while (1)
    {
        //获取传感器数据
        Sensor_Data_Analog = ADC1_GetConversionValue();
        if(Sensor_Data_Analog > Sensor_Data_Threshod)
        {
            Sound_Cnt = 1;
        }
        delay_ms(100);
    }
void UART1_SendByte(u8 data)
{
    UART1_SendData8((unsigned char)data);
    /* Loop until the end of transmission */
    while (UART1_GetFlagStatus(UART1_FLAG_TXE) == RESET);
}
void UART1_SendString(u8 * Data,u16 len)
```

```
{
    u16 i = 0;
    for(;i<len;i++)
        UART1_SendByte(Data[i]);
}
```

4. 温湿度传感器源程序代码

实现代码如下：

```
u8 CMD_rx_buf[8];                           //命令缓冲区
u8 DATA_tx_buf[14];                         //返回数据缓冲区
u8 CMD_ID = 0;                              //命令序号
u8 Sensor_Type = 0;                         //传感器类型编号
u8 Sensor_ID = 0;                           //相同类型传感器编号
u8 Sensor_Data[6];                          //传感器数据区
u8 Sensor_Data_Digital = 0;                 //数字类型传感器数据
u16 Sensor_Data_Analog = 0;                 //模拟类型传感器数据
u16 Sensor_Data_Threshod = 0;               //模拟传感器阈值
/* 根据不同类型的传感器进行修改 */
    Sensor_Type = 10;
    Sensor_ID = 1;
    CMD_ID = 1;
    DATA_tx_buf[0] = 0xEE;
    DATA_tx_buf[1] = 0xCC;
    DATA_tx_buf[2] = Sensor_Type;
    DATA_tx_buf[3] = Sensor_ID;
    DATA_tx_buf[4] = CMD_ID;
    DATA_tx_buf[13] = 0xFF;
    delay_ms(1000);
    while (1)
    {
        //获取传感器数据
        if(DHT22_Read())
        {
            Sensor_Data[2] = Humidity >> 8;
            Sensor_Data[3] = Humidity&0xFF;
            Sensor_Data[4] = Temperature >> 8;
            Sensor_Data[5] = Temperature&0xFF;
        }
        //组合数据帧
        for(i = 0;i<6;i++)
            DATA_tx_buf[5+i] = Sensor_Data[i];
        //发送数据帧
        UART1_SendString(DATA_tx_buf, 14);
        LED_Toggle();
        delay_ms(1000);
}
```

```
void DHT22_Init(void)
{
    DHT22_DQ_IN();
    DHT22_DQ_PULL_UP();
    delay_s(2);
}
H_H = DHT22_ReadByte();
    H_L = DHT22_ReadByte();
    T_H = DHT22_ReadByte();
    T_L = DHT22_ReadByte();
    Check = DHT22_ReadByte();
          temp = H_H + H_L + T_H + T_L;
    if(Check != temp)
        return 0;
    else
    {
        Humidity = (unsigned int)(H_H<<8) + (unsigned int)H_L;
        Temperature = (unsigned int)(T_H<<8) + (unsigned int)T_L;
    }
```

5. RFID 识别代码

实现代码如下：

```
//////////////////////////////////////////////////////////////////////
//功 能:寻卡
//参数说明: req_code[IN]:寻卡方式
//        0x52 = 寻感应区内所有符合 14443A 标准的卡
//        0x26 = 寻未进入休眠状态的卡
//    pTagType[OUT]:卡片类型代码
//        0x4400 = Mifare_UltraLight
//        0x0400 = Mifare_One(S50)
//        0x0200 = Mifare_One(S70)
//        0x0800 = Mifare_Pro
//        0x0403 = Mifare_ProX
//        0x4403 = Mifare_DESFire
//返 回: 成功返回 MI_OK
//////////////////////////////////////////////////////////////////////
signed char PcdRequest(unsigned char req_code,unsigned char * pTagType)
{
   signed char status;
   struct TransceiveBuffer MfComData;
   struct TransceiveBuffer * pi;
   pi = &MfComData;
   MFRC531_WriteReg(RegChannelRedundancy,0x03);
   MFRC531_ClearBitMask(RegControl,0x08);
   MFRC531_WriteReg(RegBitFraming,0x07);
   MFRC531_SetBitMask(RegTxControl,0x03);
```

```
    MFRC531_SetTimer(4);
    MfComData.MfCommand = PCD_TRANSCEIVE;
    MfComData.MfLength = 1;
    MfComData.MfData[0] = req_code;
    status = MFRC531_ISO14443_Transceive(pi);
    if (!status)
    {
        if (MfComData.MfLength != 0x10)
        { status = MI_BITCOUNTERR; }
    }
    *pTagType = MfComData.MfData[0];
    *(pTagType+1) = MfComData.MfData[1];
    return status;
}
//////////////////////////////////////////////////////////////////////
//将存在 RC531 的 EEPROM 中的密钥调入 RC531 的 FIFO
//input: startaddr=EEPROM 地址
//////////////////////////////////////////////////////////////////////
char PcdLoadKeyE2(unsigned int startaddr)
{
    char status;
    struct TransceiveBuffer MfComData;
    struct TransceiveBuffer *pi;
    pi = &MfComData;
    MfComData.MfCommand = PCD_LOADKEYE2;
    MfComData.MfLength = 2;
    MfComData.MfData[0] = startaddr & 0xFF;
    MfComData.MfData[1] = (startaddr >> 8) & 0xFF;
    status = MFRC531_ISO14443_Transceive(pi);
    return status;
}
//////////////////////////////////////////////////////////////////////
//功能:将已转换格式后的密钥送到 RC531 的 FIFO 中
//input:keys=密钥
//////////////////////////////////////////////////////////////////////
signed char PcdAuthKey(unsigned char *pKeys)
{
    signed char status;
    struct TransceiveBuffer MfComData;
    struct TransceiveBuffer *pi;
    pi = &MfComData;
    MFRC531_SetTimer(4);
    MfComData.MfCommand = PCD_LOADKEY;
    MfComData.MfLength = 12;
    memcpy(&MfComData.MfData[0], pKeys, 12);
    status = MFRC531_ISO14443_Transceive(pi);
    return status;
}
//////////////////////////////////////////////////////////////////////
```

```
//功能:用存放 RC531 的 FIFO 中的密钥和卡上的密钥进行验证
//input:auth_mode = 验证方式,0x60:验证 A 密钥,0x61:验证 B 密钥
//     block = 要验证的绝对块号
//     g_cSNR = 序列号首地址
/////////////////////////////////////////////////////////////////////
signed char PcdAuthState(unsigned char auth_mode,unsigned char block,unsigned char * pSnr)
{
    signed char status;
    struct TransceiveBuffer MfComData;
    struct TransceiveBuffer * pi;
    pi = &MfComData;
    MFRC531_WriteReg(RegChannelRedundancy,0x0F);
    MFRC531_SetTimer(4);
    MfComData.MfCommand = PCD_AUTHENT1;
    MfComData.MfLength = 6;
    MfComData.MfData[0] = auth_mode;
    MfComData.MfData[1] = block;
    memcpy(&MfComData.MfData[2], pSnr, 4);
    status = MFRC531_ISO14443_Transceive(pi);
    if (status == MI_OK)
    {
        if (MFRC531_ReadReg(RegSecondaryStatus) & 0x07)
        { status = MI_BITCOUNTERR; }
        else
        {
            MfComData.MfCommand = PCD_AUTHENT2;
            MfComData.MfLength = 0;
            status = MFRC531_ISO14443_Transceive(pi);
            if (status == MI_OK)
            {
                if (MFRC531_ReadReg(RegControl) & 0x08)
                { status = MI_OK; }
                else
                { status = MI_AUTHERR; }

            }
        }
    }
    return status;
}
/////////////////////////////////////////////////////////////////////
//读 mifare_one 卡上一块(block)数据(16 字节)
//input: addr = 要读的绝对块号
//output:readdata = 读出的数据
/////////////////////////////////////////////////////////////////////
signed char PcdRead(unsigned char addr,unsigned char * pReaddata)
{
    signed char status;
    struct TransceiveBuffer MfComData;
```

```
    struct TransceiveBuffer * pi;
    pi = &MfComData;
    MFRC531_SetTimer(4);
    MFRC531_WriteReg(RegChannelRedundancy,0x0F);
    MfComData.MfCommand = PCD_TRANSCEIVE;
    MfComData.MfLength = 2;
    MfComData.MfData[0] = PICC_READ;
    MfComData.MfData[1] = addr;
    status = MFRC531_ISO14443_Transceive(pi);
    if (status == MI_OK)
    {
        if (MfComData.MfLength != 0x80)
        { status = MI_BITCOUNTERR; }
        else
        { memcpy(pReaddata, &MfComData.MfData[0], 16); }
    }
    return status;
}
////////////////////////////////////////////////////////////////////////
//写数据到卡上的一块
//input:adde = 要写的绝对块号
//writedata = 写入数据
////////////////////////////////////////////////////////////////////////
signed char PcdWrite(unsigned char addr,unsigned char * pWritedata)
{
    signed char status;
    struct TransceiveBuffer MfComData;
    struct TransceiveBuffer * pi;
    pi = &MfComData;
    MFRC531_SetTimer(5);
    MFRC531_WriteReg(RegChannelRedundancy,0x07);
    MfComData.MfCommand = PCD_TRANSCEIVE;
    MfComData.MfLength = 2;
    MfComData.MfData[0] = PICC_WRITE;
    MfComData.MfData[1] = addr;
    status = MFRC531_ISO14443_Transceive(pi);
    if (status != MI_NOTAGERR)
    {
        if(MfComData.MfLength != 4)
        { status = MI_BITCOUNTERR; }
        else
        {
            MfComData.MfData[0] &= 0x0F;
            switch (MfComData.MfData[0])
            {
                case 0x00:
                    status = MI_NOTAUTHERR;
                    break;
                case 0x0A:
```

```
                status = MI_OK;
                break;
            default:
                status = MI_CODEERR;
                break;
        }
      }
   }
   if (status == MI_OK)
   {
      MFRC531_SetTimer(5);
      MfComData.MfCommand = PCD_TRANSCEIVE;
      MfComData.MfLength = 16;
      memcpy(&MfComData.MfData[0], pWritedata, 16);
      status = MFRC531_ISO14443_Transceive(pi);
      if (status != MI_NOTAGERR)
      {
         MfComData.MfData[0] &= 0x0F;
         switch(MfComData.MfData[0])
         {
            case 0x00:
               status = MI_WRITEERR;
               break;
            case 0x0A:
               status = MI_OK;
               break;
            default:
               status = MI_CODEERR;
               break;
         }
      }
      MFRC531_SetTimer(4);
   }
   return status;
}
//////////////////////////////////////////////////////////////////////
//命令卡进入休眠状态
//////////////////////////////////////////////////////////////////////
signed char PcdHalt()
{
   signed char status = MI_OK;
   struct TransceiveBuffer MfComData;
   struct TransceiveBuffer *pi;
   pi = &MfComData;
   MfComData.MfCommand = PCD_TRANSCEIVE;
   MfComData.MfLength = 2;
   MfComData.MfData[0] = PICC_HALT;
   MfComData.MfData[1] = 0;
   status = MFRC531_ISO14443_Transceive(pi);
```

```
    if (status)
    {
        if (status == MI_NOTAGERR || status == MI_ACCESSTIMEOUT)
        status = MI_OK;
    }
    MFRC531_WriteReg(RegCommand,PCD_IDLE);
    return status;
}
//硬件版本号
const unsigned char hardmodel[12] = {"SL601F-0512"};
unsigned char g_bReceOk;                    //正确接收到上位机指令标志
unsigned char g_bReceAA;                    //接收到上位机发送的 AA 字节标志
unsigned char g_bRc531Ok;                   //RC531 复位正常标志
unsigned int g_cReceNum;                    //接收到上位机的字节数
unsigned int g_cCommand;                    //接收到的命令码
unsigned char g_cSNR[4];                    //M1 卡序列号
unsigned char g_cIcdevH;                    //设备标记
unsigned char g_cIcdevL;                    //设备标记
unsigned char g_cFWI;
unsigned char g_cCidNad;
unsigned char g_cReceBuf[64];               //和上位机通讯时的缓冲区
        UART2_Cmd(ENABLE);
    }
}
//////////////////////////////////////////////////////////////////////
//响应上位机发送的读取硬件版本号命令
//////////////////////////////////////////////////////////////////////
void ComGetHardModel(void)
{
    memcpy(&g_cReceBuf[0], &hardmodel[0], sizeof(hardmodel));
    AnswerOk(&g_cReceBuf[0], sizeof(hardmodel));
}
//////////////////////////////////////////////////////////////////////
//响应上位机发送的设置 RC531 协议命令,ISO14443A/B
//////////////////////////////////////////////////////////////////////
void ComPcdConfigISOType(void)
{
    if (MI_OK == MFRC531_CfgISOType(g_cReceBuf[6]))
    { AnswerCommandOk(); }
    else
    { AnswerErr( -1); }
}
  //////////////////////////////////////////////////////////////////////
//响应上位机发送的天线命令
//////////////////////////////////////////////////////////////////////
void ComPcdAntenna(void)
{
    char status;
    if (!g_cReceBuf[6])
```

```
    { status = MFRC531_CloseAnt(); }
    else
    {
        delay_ms(10);
        status = MFRC531_OpenAnt();
        delay_ms(10);
    }
    if (status == MI_OK)
    { AnswerCommandOk(); }
    else
    { AnswerErr(FAULT10); }
}
/////////////////////////////////////////////////////////////////////
//响应上位机发送的 A 卡休眠命令
/////////////////////////////////////////////////////////////////////
void ComHlta(void)
{
    if (MI_OK == PcdHalt())
    { AnswerCommandOk(); }
    else
    { AnswerErr(FAULT10); }
}
/////////////////////////////////////////////////////////////////////
//正确执行完上位机指令,应答(有返回数据)
//input:answerdata = 应答数据
// answernum = 数据长度
/////////////////////////////////////////////////////////////////////
void AnswerOk(unsigned char * answerdata, unsigned int answernum)
{
     unsigned char chkdata;
     unsigned int i;
     disableInterrupts();
     UART2_SendByte(0xAA);                                  //发送命令头
     UART2_SendByte(0xBB);
     chkdata = (((unsigned char)((answernum + 6) & 0xFF))); //长度字,包括状态字和校
                                                            //验字
     UART2_SendByte(chkdata);
     chkdata = (((unsigned char)(((answernum + 6)>>8) & 0xFF)));
     UART2_SendByte(chkdata);
     UART2_SendByte(g_cIcdevH);                             //发送设备标识
     if (g_cIcdevH == 0xAA)
     {
     UART2_SendByte(0);
     }
     UART2_SendByte(g_cIcdevL);
     if (g_cIcdevL == 0xAA)
     {
     UART2_SendByte(0);
     }
```

```
        i = (unsigned char)(g_cCommand & 0xFF);                    //发送命令码
        UART2_SendByte(i);
        chkdata ^= i;
        i = (unsigned char)((g_cCommand >> 8) & 0xFF);
        UART2_SendByte(i);
        chkdata ^= i;
        UART2_SendByte(0);                                         //发送状态字
        chkdata ^= g_cIcdevH ^ g_cIcdevL;
        for (i = 0; i < answernum; i++)
        {
            chkdata ^= *(answerdata + i);
            UART2_SendByte(*(answerdata + i));
            if (*(answerdata + i) == 0xAA)
            {
                UART2_SendByte(0);
            }
        }
        UART2_SendByte(chkdata);                                   //校验字
        if (chkdata == 0xAA)
        {
            UART2_SendByte(0);
        }
        enableInterrupts();
    }
```

6. RFID 电子钱包实验代码

实现代码如下：

```
//RC531 初始化,上电后需要延时一段时间 500ms
signed char MFRC531_Init(void)
{
    signed char status = MI_OK;
    signed char n = 0xFF;
    unsigned int i = 3000;
    //CS - PC4
    GPIO_Init(MFRC531_CS_PORT, MFRC531_CS_PIN, GPIO_MODE_OUT_PP_HIGH_FAST);
    MFRC531_SPI_DIS();
    //RST - PC3
    GPIO_Init(MFRC531_RST_PORT, MFRC531_RST_PIN, GPIO_MODE_OUT_PP_HIGH_FAST);
//读寄存器
unsigned char MFRC531_ReadReg(unsigned char addr)
{
    unsigned char SndData;
    unsigned char ReData;
        //处理第一字节,bit7:MSB = 1,bit6～1:addr,bit0:0
    SndData = (addr << 1);
    SndData |= 0x80;
```

```
    SndData &= 0xFE;
     MFRC531_SPI_EN();
    SPI_RWByte(SndData);
    ReData = SPI_RWByte(0x00);
    MFRC531_SPI_DIS();
    return ReData;
}
//写寄存器
void MFRC531_WriteReg(unsigned char addr, unsigned char data)
{
    unsigned char SndData;
     //处理第一字节,bit7:MSB = 0,bit6～1:addr,bit0:0
    SndData = (addr << 1);
    SndData &= 0x7E;
    MFRC531_SPI_EN();
    SPI_RWByte(SndData);
    SPI_RWByte(data);
    MFRC531_SPI_DIS();
}
//置 RC531 寄存器位
void MFRC531_SetBitMask(unsigned char addr,unsigned char mask)
{
    unsigned char temp;
    temp = MFRC531_ReadReg(addr);
    MFRC531_WriteReg(addr, temp | mask);
}
//清 RC531 寄存器位
void MFRC531_ClearBitMask(unsigned char addr,unsigned char mask)
{
    unsigned char temp;
    temp = MFRC531_ReadReg(addr);
    MFRC531_WriteReg(addr, temp & ~mask);
}
//清空缓冲区
unsigned char MFRC531_ClearFIFO(void)
{
    unsigned char i;
     MFRC531_SetBitMask(RegControl, 0x01);
    delay_us(100);
    //判断 FIFO 是否被清除
    i = MFRC531_ReadReg(RegFIFOLength);
   if(i == 0)
        return 1;
    else
        return 0;
}
//读缓冲区
unsigned char MFRC531_ReadFIFO(unsigned char * Send_Buf)
{
```

```
    unsigned char len, i;
    len = MFRC531_ReadReg(RegFIFOLength);
    for(i = 0;i < len; i++)
        Send_Buf[i] = MFRC531_ReadReg(RegFIFOData);
    return len;
}
//写缓冲区
void MFRC531_WriteFIFO(unsigned char * Send_Buf,unsigned char Length)
{
    unsigned char i;
    for(i = 0; i < Length; i++)
        MFRC531_WriteReg(RegFIFOData, Send_Buf[i]);
}
/*************************** MFRC531 底层驱动 ************************/
extern signed char MFRC531_Init(void);                //RC531 初始化,上电后需要延时一段时间
extern unsigned char MFRC531_ReadReg(unsigned char addr);           //读 RC531 寄存器
extern void MFRC531_WriteReg(unsigned char addr, unsigned char data);//写 RC531 寄存器
extern void MFRC531_SetBitMask(unsigned char addr,unsigned char mask); //置 RC531 寄存
                                                                      //器位
extern void MFRC531_ClearBitMask(unsigned char addr,unsigned char mask); //清 RC531 寄
                                                                         //存器位
extern unsigned char MFRC531_ClearFIFO(void);                    //清空缓冲区
extern unsigned char MFRC531_ReadFIFO(unsigned char * Send_Buf);    //读缓冲区
extern void MFRC531_WriteFIFO(unsigned char * Send_Buf,unsigned char Length);  //写缓冲区
extern signed char MFRC531_CfgISOType(unsigned char type);       //设置 RC531 工作方式
extern signed char MFRC531_ReadE2(unsigned int startaddr,
               unsigned char length,
               unsigned char * readdata);                       //读 RC531 EEPROM 数据
extern signed char MFRC531_WriteE2(unsigned int startaddr,
                unsigned char length,
                unsigned char * writedata);                    //写数据到 RC531 EEPROM
extern signed char MFRC531_OpenAnt(void);             //开启天线发射
extern signed char MFRC531_CloseAnt(void);            //关闭天线发射
extern void MFRC531_SetTimer(unsigned char TimerLength);              //设置 RC531 定时器
///////////////////////////ISO14443 通讯函数//////////////////////////////
extern signed char MFRC531_ISO14443_Transceive(struct TransceiveBuffer * pi);
//指定 PCD 接收缓冲值
#ifndef FSDI
    #define FSDI 4
#endif
//硬件版本号
const unsigned char hardmodel[12] = {"SL601F - 0512"};
unsigned char g_bReceOk;                          //正确接收到上位机指令标志
unsigned char g_bReceAA;                          //接收到上位机发送的 AA 字节标志
unsigned char g_bRc531Ok;                         //RC531 复位正常标志
unsigned int g_cReceNum;                          //接收到上位机的字节数
unsigned int g_cCommand;                          //接收到的命令码
```

```
unsigned char g_cSNR[4];                    //M1 卡序列号
unsigned char g_cIcdevH;                    //设备标记
unsigned char g_cIcdevL;                    //设备标记
unsigned char g_cFWI;
unsigned char g_cCidNad;
unsigned char g_cReceBuf[64];               //和上位机通讯时的缓冲区
//////////////////////////////////////////////////////////////////////
//响应上位机发送的设置波特率命令
//////////////////////////////////////////////////////////////////////
void ComSetBaudrate(void)
//////////////////////////////////////////////////////////////////////
//响应上位机发送的读取硬件版本号命令
//////////////////////////////////////////////////////////////////////
void ComGetHardModel(void)
//////////////////////////////////////////////////////////////////////
//响应上位机发送的设置 RC531 协议命令,ISO14443A/B
//////////////////////////////////////////////////////////////////////
void ComPcdConfigISOType(void)
//////////////////////////////////////////////////////////////////////
//响应上位机发送的天线命令
//////////////////////////////////////////////////////////////////////
void ComPcdAntenna(void)
//////////////////////////////////////////////////////////////////////
//响应上位机发送的寻 A 卡命令
//////////////////////////////////////////////////////////////////////
void ComRequestA(void)
//////////////////////////////////////////////////////////////////////
//响应上位机发送的 A 卡防冲撞命令
//////////////////////////////////////////////////////////////////////
void ComAnticoll(void)
//////////////////////////////////////////////////////////////////////
//响应上位机发送的 A 卡锁定命令
//////////////////////////////////////////////////////////////////////
void ComSelect(void)
//////////////////////////////////////////////////////////////////////
//响应上位机发送的 A 卡休眠命令
//////////////////////////////////////////////////////////////////////
void ComHlta(void)
//////////////////////////////////////////////////////////////////////
//响应上位机发送的 A 卡验证密钥命令
//////////////////////////////////////////////////////////////////////
void ComAuthentication(void)
//////////////////////////////////////////////////////////////////////
//响应上位机初始化钱包命令
//////////////////////////////////////////////////////////////////////
void ComM1Initval(void)
//////////////////////////////////////////////////////////////////////
```

```
//正确执行完上位机指令,应答(有返回数据)
//input:answerdata = 应答数据
// answernum = 数据长度
/////////////////////////////////////////////////////////////////////////
void AnswerOk(unsigned char * answerdata, unsigned int answernum)
/////////////////////////////////////////////////////////////////////////
//未能正确执行上位机指令,应答
//input:faultcode = 错误代码
/////////////////////////////////////////////////////////////////////////
void AnswerErr(signed char faultcode)
```

参考文献

[1] 刘化君.网络安全技术[M].2版.北京：机械工业出版社，2015.

[2] 熊茂华.物联网技术及应用开发[M].北京：清华大学出版社，2014.

[3] 崔艳荣，周贤善.物联网概论[M].北京：清华大学出版社，2014.

[4] 薛燕红.物联网导论[M].北京：机械工业出版社，2014.

[5] 曾宪武.物联网通信技术[M].西安：西安电子科技大学出版社，2014.

[6] Azodolmolky S.软件定义网络：基于 OpenFlow 的 SDN 技术揭秘[M].徐磊，译.北京：机械工业出版社，2014.

[7] 刘传清，刘化君.无线传感网技术[M].北京：电子工业出版社，2015.

[8] 刘化君.物联网体系结构的构建[J].物联网技术，2015(1)：18-20.

[9] 杨彬棋.面向5G通信的射频关键技术研究[D].东南大学，2015：75-116.

[10] 武奇生，姚博彬.物联网技术与应用[M].北京：机械工业出版社，2016.

[11] 陈河.面向5G通信的射频关键技术探究[J].通信技术与应用，2018(3)：65-67.

[12] 曹辉.物联网中的RFID技术及物联网的构建[J].信息与电脑，2017(12)：150-154.

[13] 濮赞成.基于物联网形势下的5G通信技术应用分析[J].数字技术与应用，2018，8(36)：8-10.

图书资源支持

感谢您一直以来对清华版图书的支持和爱护。为了配合本书的使用，本书提供配套的资源，有需求的读者请扫描下方的“书圈”微信公众号二维码，在图书专区下载，也可以拨打电话或发送电子邮件咨询。

如果您在使用本书的过程中遇到了什么问题，或者有相关图书出版计划，也请您发邮件告诉我们，以便我们更好地为您服务。

我们的联系方式：

清华大学出版社计算机与信息分社网站：https://www.shuimushuhui.com/

地　　址：北京市海淀区双清路学研大厦 A 座 714

邮　　编：100084

电　　话：010-83470236　010-83470237

客服邮箱：2301891038@qq.com

QQ：2301891038（请写明您的单位和姓名）

资源下载：关注公众号“书圈”下载配套资源。

资源下载、样书申请

书圈

图书案例

清华计算机学堂

观看课程直播